U0342075

# 氢基竖炉冶金学

唐 珏　李 峰　田宏宇　李 煜　储满生　著

北 京
冶 金 工 业 出 版 社
2025

## 内容提要

本书涵盖氢基竖炉直接还原新工艺基础理论、关键技术和核心装备多方面内容，包括世界范围内的氢冶金研究及发展情况，氢冶金原理，氢基竖炉炉料制备，竖炉还原理论与工艺，氢基竖炉短流程工艺模型及多维度评价，竖炉工艺模拟优化，氢冶金技术在中低品位特色资源的应用，以及东北大学万吨级氢气竖炉示范工程等。

本书可为低碳炼铁和冶金资源高效清洁利用技术的研发和应用提供参考，期待为积极推动炼铁产业低碳绿色化发展做出应有的贡献。

**图书在版编目（CIP）数据**

氢基竖炉冶金学／唐珏等著. -- 北京 ：冶金工业出版社，2025. 2. -- ISBN 978-7-5240-0106-5

Ⅰ. TF111. 13

中国国家版本馆 CIP 数据核字第 2025X8J121 号

**氢基竖炉冶金学**

**出版发行** 冶金工业出版社　　**电　话**（010）64027926
**地　址** 北京市东城区嵩祝院北巷 39 号　　**邮　编** 100009
**网　址** www. mip1953. com　　**电子信箱** service@ mip1953. com

责任编辑　卢　敏　姜恺宁　李泓璇　美术编辑　吕欣童　版式设计　郑小利
责任校对　王永欣　责任印制　禹　蕊

北京捷迅佳彩印刷有限公司印刷
2025 年 2 月第 1 版，2025 年 2 月第 1 次印刷
710mm×1000mm　1/16；32. 75 印张；641 千字；512 页

**定价 189. 00 元**

**投稿电话**　**（010）64027932**　**投稿信箱**　**tougao@cnmip. com. cn**
**营销中心电话**　**（010）64044283**
**冶金工业出版社天猫旗舰店**　**yjgycbs. tmall. com**
（本书如有印装质量问题，本社营销中心负责退换）

# 前　言

为了应对全球变暖，2015 年世界主要国家签署了《巴黎协定》。2020 年 9 月中国国家主席习近平在第 75 届联合国大会代表中国政府郑重承诺，中国将力争于 2030 年前达到碳排放峰值，努力争取 2060 年前实现碳中和的“双碳”目标。据国际能源署数据，2019 年全球与能源相关的 $CO_2$ 排放量约 330 亿吨，其中近 14%是由钢铁工业产生。2019 年我国钢铁总产量 9. 96 亿吨，占全世界总产量的 53. 3%，而钢铁产业 $CO_2$排放量为 22. 27 亿吨，约占我国碳排放总量的 16%，是碳排放量最多的行业之一。钢铁工业是国民经济的基础产业，对支撑其他产业发展、保障国家安全以及提升国际地位具有极其重要的作用。因此，钢铁工业有效降低碳排放强度，实现低碳绿色化是钢铁工业未来的发展方向。

在应对全球气候变化和能源转型的背景下，各国都高度重视无碳和低碳能源的开发利用。氢能被视为 21 世纪最具发展潜力的清洁能源，由于具有来源多样、清洁低碳、灵活高效、应用场景丰富等诸多优点，被多国列入国家能源战略部署。发展氢经济是 21 世纪世界经济新的竞争领域，中国应当审时度势，把建立取代化石能源的“氢经济”产业革命作为实现新型工业化、发展新质生产力的重要战略目标。将氢能用于钢铁制造的氢冶金工艺变革性技术，是钢铁产业彻底实现低碳绿色可持续发展的根本途径之一。为此，1999 年徐匡迪院士提出了铁矿氢还原工艺设想，并在 2002 年再次提出了氢冶金的技术思想。随后，国外冶金界纷纷提出氢冶金的战略设想。2018 年干勇院士指出“21 世纪是氢时代，氢冶金就是氢代替碳还原生成水，不但没有碳排放，而且反应速度极快”。当前德国、日本、韩国、瑞典、奥地利、日本等产钢国分别提出了氢冶金规划，研发的热点主要是氢基竖炉直接还原短流程，如瑞典 SSAB 的 HYBRIT、德国的 tk$H_2$Steel 和 SALCOS、美国的 MIDREX $H_2$等，并且各自提出了不同的碳减排目标，有些甚至是碳近零排放的碳中和冶炼。我国钢铁生产以高炉-转炉长流程占绝对主力，绿色发展水平与生态环境需求不匹配已成为钢铁工业面临的主要矛盾。为了实现钢铁产业低碳绿色转型升级，我国高度关注氢冶金前沿技术的研发和应用，中国宝武、河钢等钢企分别提出了氢冶金发展规划，建设了规模不等的氢基竖炉示范工程，开展氢冶金探索。针对我国钢铁生产实际和资源能源条件，合理选择适合于我国国情的氢基竖炉工艺路线对实现钢铁产业低碳绿色可持续发展至关重要。

深度探究氢基竖炉冶金工艺原理，充分理解氢基竖炉冶金工艺特性，全面掌握氢基竖炉关键技术是推动我国氢冶金工艺发展的重要前提。本书首先调研了氢冶金工艺国内外研发现状，梳理出了氢基竖炉是目前国内外研发的主流氢冶金工艺，进而分析了我国发展氢基竖炉的可行性和所面临的关键问题，为我国发展氢冶金提供参考。接下来，针对国内资源和能源条件，系统研究了氢基竖炉工艺理论和关键技术，揭示了不同禀赋的铁矿资源对氢基竖炉的适应性以及氢基竖炉冶金过程的工艺特性，阐明了氢基竖炉过程物质-能量-环境负荷转换机制以及工艺优化途径，探索了氢基竖炉应用于中低品位铁矿资源高效综合利用的可行性，并自主设计开发氢基竖炉核心装备，开展工程示范，以期为完善氢基竖炉工艺理论和技术体系以及发展自主知识产权的氢基竖炉工艺技术起到积极作用。

本书共分为 8 章，第 1 章氢冶金概论，简要介绍了我国钢铁产业低碳化发展的重大需求和发展氢冶金的重要意义，初步进行了我国发展氢冶金的可行性分析；第 2 章氢冶金研发与应用现状，重点讲述了国内外气基竖炉直接还原和氢冶金工艺发展现状的调研结果，通过对比分析明晰了氢基竖炉是当前国内外氢冶金研发的主导技术，同时指出了氢基竖炉存在的亟待解决的关键问题，明确了研究的主要方向；

第 3 章氢基竖炉炉料，重点介绍了超高品位铁精矿、高品位铁精矿以及块矿对氢基竖炉适用性的研究成果，为氢基竖炉稳定运行提供炉料保障基础条件；第 4 章氢基竖炉工艺配置与还原动力学研究，重点介绍了关于工艺气温度、$\varphi_{H_2}/\varphi_{CO}$对氢基竖炉工艺过程影响以及氢基竖炉还原动力学特性的研究结果；第 5 章氢基竖炉过程数学模拟及其工艺优化，介绍了核心工艺参数对氢基竖炉冶炼过程和技术经济指标影响的数学模拟研究成果，得出了最佳工艺参数优化配置；第 6 章氢基竖炉短流程工艺模型及多维度评价，介绍了基于不同氢源的氢基竖炉-电炉短流程物质-能量-环境负荷转换机制定量化解析的研究成果；第 7 章基于氢冶金的钒钛矿高效低碳利用新工艺，重点介绍了氢基竖炉应用于钒钛矿低碳高效综合利用新工艺的研究成果；第 8 章东北大学万吨级氢气竖炉示范工程，主要介绍了基于上述基础研究成果开展万吨级氢气竖炉中试示范的基本思路、工程设计和核心装备等方面的概况。

本书主要由东北大学唐珏、李峰、田宏宇、储满生以及中国钢铁工业协会李煜撰写，全书由储满生负责统稿、审核并定稿。其中李煜和储满生负责第 1、2 章的撰写，田宏宇和储满生负责第 3 章的撰写，唐珏和储满生负责第 4、5、7 章的撰写，李峰和储满生负责第 6、8 章的撰写。在本书科研和撰稿过程中，得到了东北大学特聘教授周渝生和毕传光两位教授级高工的倾心指导。另外，东北大学赵子川、冯金格、张泽栋、刘西财、张智峰、韩英泽、胡志敏、李梦港等研究生全力参加了本书的科学研究、数据整理、编排以及修改工作。

本书所涉及的研究成果得到了 NSFC-辽宁联合基金重点项目（U23A20608）、国家自然科学基金（52304349）和中央高基本科研业务费项目（N2325030）以及国家、辽宁省等相关部门的项目资助。在本书编辑出版过程中，还得到了东北大学钢铁共性技术创新中心、低碳钢铁前沿技术教育部工程研究中心、辽宁省低碳钢铁前沿技术工程研究中心和冶金工业出版社的全力支持。另外，书中还引用了国内外同行文献中的部分科研成果，作者们在此一并表示最诚挚的谢意。

由于作者学术水平有限，书中不妥之处诚请各位专家和读者不吝赐教。

作　者

2024 年 12 月

于东北大学

# 目　　录

# 1 氢冶金概论

## 1.1 钢铁产业低碳化发展的重大需求

应对气候变化和减排 $CO_2$，是国际社会的普遍共识和各国共同面对的巨大挑战。我国政府 2020 年提出了“碳达峰、碳中和”的国家战略，力争 2030 年前实现碳达峰，2060 年前实现碳中和。钢铁工业作为国民经济发展的支柱产业，是大变局与双循环背景下筑牢我国产业链和供应链安全的保障，党的十九大以来，我国钢铁行业向高质量发展迈进，钢铁产能严重过剩问题得到明显缓解，但由于钢铁行业总产量仍处在很高的水平，2023 年我国粗钢产量仍在 10 亿吨以上，达到 10.19 亿吨。

根据国际能源署发布的全球统计数据，钢铁产业的温室气体排放占全球人为排放总量的 4%～7%，而 2023 年我国钢铁生产的 $CO_2$ 排放占全国碳排放总量的 15%[1]，如图 1.1 所示，远高于全球的平均水平。究其原因，主要在于：（1）我国钢铁产量大，使得生产所排放的 $CO_2$ 量大；（2）我国钢铁生产以高炉-转炉长流程为主，其粗钢产量占我国总产量的 90%，高于世界 70%的平均值，而高炉-转炉长流程吨钢 $CO_2$ 排放量远高于电弧炉工艺，见表 1.1[2]；（3）我国吨钢能耗高，$CO_2$ 排放量大。降低化石能源消耗，减少 $CO_2$ 排放总量和排放强度，确保国家实现“双碳”目标，已成为钢铁行业的重要任务。

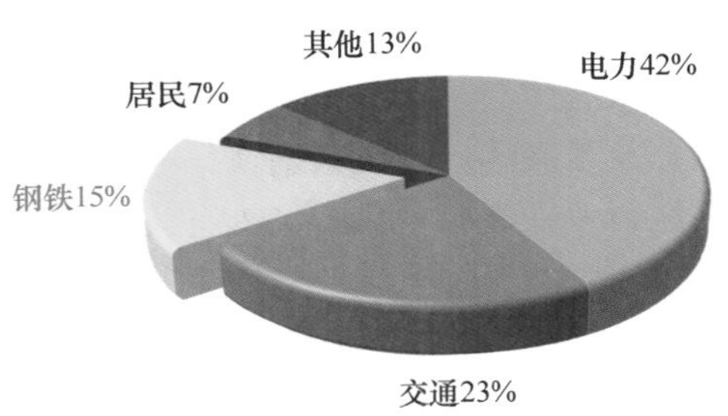


图 1.1　2023 年中国各产业 $CO_2$ 排放占比

表 1.1 不同工艺生产粗钢的碳排放 (t/t)

| 来源 | 高炉-转炉 | 基于天然气的氢基竖炉直接还原-电弧炉 | 基于废钢的电弧炉 |
| --- | --- | --- | --- |
| 国际能源署（直接排放） | 1.2 | 1.0 | 0.04 |
| 国际能源署（间接排放） | 1.0 | 0.4 | 0.26 |
| 国际能源署（直接+间接排放） | 2.2 | 1.4 | 0.3 |
| 世界钢铁协会 | 2.2 | 1.4 | 0.3 |

高炉冶炼以焦炭和煤粉为燃料，以碳素还原为主，是钢铁生产中 $CO_2$ 排放的主要来源。长期以来，我国钢铁生产以高炉-转炉长流程为主，产量占比 90%，$CO_2$ 排放量约每吨钢 1.8~2.0 t。目前国内外均在研究降碳技术，主要是提高入炉原料的品位、减少烧结矿的用量、提高入炉球团比例，以及全球团冶炼技术、富氧冶炼技术、富氢气体（如焦炉煤气、天然气、氢气等）高炉风口喷吹技术、炉顶煤气喷吹、炉身喷吹热合成气技术、生物质在冶金领域的应用（生物质碳可用于生产烧结矿，也可代替煤粉，用于高炉风口喷吹，部分替代焦粉）技术等。然而，高炉-转炉长流程工艺特性决定了减碳幅度有限，高炉的冶炼特性决定了焦炭的骨架作用无法被完全替代，难以经济地实现更大幅度的碳减排以及碳中和的目标。

氢气因其来源丰富、能量密度高、绿色低碳等诸多优点被公认为是最理想的清洁能源，是未来能源发展格局中的关键组成部分，已成为全球未来能源发展的重要方向，被视为“21 世纪终极能源”。2016 年，国家发展和改革委员会等部门联合发布的《能源技术革命创新行动计划（2016—2030 年）》明确提出了能源技术革命重点创新的行动路线图，氢能产业上升到国家战略[3]。在我国能源转型中，氢能扮演“高效低碳的二次能源，灵活智慧的能源载体，绿色清洁的工业原料”角色。氢能源作为无碳能源，与钢铁行业资源、环境和可持续发展的诉求不谋而合，在全球低碳经济发展和“脱碳”大潮的背景下，以减少碳足迹、降低碳排放为中心的冶金工艺技术变革，已成为钢铁行业绿色发展的新趋势，将氢能应用于钢铁生产成为钢铁行业低碳绿色化转型的有效途径之一。

传统冶金行业是以碳作为还原剂参与钢铁生产，其基本反应式为 $Fe_2O_3+3CO=2Fe+3CO_2$，还原后碳转变生成产物 $CO_2$。而氢冶金的概念是基于碳冶金的概念提出的，是一种理想的绿色冶金模式。氢冶金工艺一般是指，入炉还原气含氢量大于 55%、$\varphi_{H_2}/\varphi_{CO}$ 高于 1.5 的条件下还原铁矿石生产直接还原铁（Direct

Reduced Iron，DRI）的，以氢基竖炉直接还原为主要代表的非高炉炼铁工艺。氢冶金的基本反应式为 $Fe_2O_3+3H_2 = 2Fe+3H_2O$，$H_2$ 作为还原剂且还原产物是水，$CO_2$ 的排放量为零。相较于传统的钢铁冶炼，氢冶金具有以下优势：（1）反应速率快。$H_2$ 作为还原气，具有传质速率快、抗黏结性良好、速率常数大和还原产物绿色的优势。在高温条件下，$H_2$ 的还原能力高于 CO 还原能力，且反应平衡浓度低于 CO。在相同温度下，还原气氛中 $H_2$ 含量越高，还原反应速率越快。（2）产品纯净。从热力学看，除 Fe 之外其他元素很难被氢还原，为纯净钢生产奠定基础。且氢还原不使用固体还原剂，带入的 P、S 等元素少，炼钢过程杂质少。（3）环境负荷小。氢冶金的产物为水，不仅可减少甚至避免 $CO_2$ 对大气的污染，且还原产物易于脱除，能源和水资源可循环利用。

发展氢冶金是 21 世纪世界钢铁工业 $CO_2$ 减排工艺选择的必然趋势，日本、韩国、欧盟、美国等国家和组织均出台相应政策，将发展氢能产业提升到国家能源战略高度，各钢铁企业单位也纷纷开展氢冶金研究。而我国钢铁工业的产能占世界的一半以上，钢铁生产导致的 $CO_2$ 排放量占世界比重较大，对于氢冶金的需求比其他国家更迫切。

（1）工艺流程优化的需要。我国钢铁生产以高炉-转炉长流程为主，约占 90%，电弧炉短流程仅占 10%。长流程碳排放是短流程的 2~4 倍，在碳中和愿景下，流程结构调整将成为我国钢铁工业碳减排的重要抓手之一，我国电弧炉短流程将获得显著发展，预期 2050 年占 20%以上。为保证电弧炉钢的品质，需使用适量的纯净铁基原料，而作为氢冶金产品的 DRI 是生产纯净钢的最佳铁原材料。据预测，我国对 DRI 的年需求量将达到 5000 万~6000 万吨。

（2）能源结构优化的需要。我国钢铁生产长期严重依赖煤焦，以氢能更大程度地代替化石能源，合理发展氢冶金短流程，有助于从源头彻底降低 $CO_2$ 与污染物排放量，实现能源结构优化。钢铁工业既可以是利用工业副产气制氢的产氢单位，又可以是用氢气代替焦炭作为还原剂进行钢铁冶金的用氢单位。“以氢代碳”是钢铁工业绿色低碳高质量发展的主要出路。基于当前钢铁工业传统工艺技术的创新改进难以实现深度脱碳，氢能冶金是替代碳还原最为可行的途径，是钢铁行业深度脱碳乃至“近零碳”的需求。

（3）钢铁产品结构优化的需要。我国虽然是世界第一产钢大国，但我国优质钢、洁净钢的生产无论是数量，还是品种、质量，与世界先进国家有很大的差距，成为我国钢铁产业的短板，无法满足国民经济发展的需要；我国部分高端精品特殊钢进口依存度高相关领域易受制于人；我国发展全废钢电弧炉炼钢也存在由于废钢资源短缺、废钢中有害杂质多，进而影响钢材质量等问题。而氢冶金生产的高纯净 DRI 是生产纯净钢和高端特殊钢的最佳铁原材料之一。氢气竖炉以高品位氧化球团为炉料，经过氢气还原得到的 DRI，无碳，成分近乎纯铁。以高纯无碳 DRI 作为炼钢原材料，无需吹氧脱碳，可直接通过配置一定比例清洁废钢和铁合金冶炼高品质特殊钢。

## 1.2 氢冶金原理

### 1.2.1 氢还原铁氧化物的热力学理论

铁氧化物的还原以 570 ℃为界限，按两种不同的顺序逐级进行：温度低于 570 ℃时，还原顺序为 $Fe_2O_3 \rightarrow Fe_3O_4 \rightarrow Fe$；温度高于 570 ℃时，还原顺序为 $Fe_2O_3 \rightarrow Fe_3O_4 \rightarrow Fe_{1-x}O \rightarrow Fe$。CO 和 $H_2$ 在直接还原铁氧化物过程中的还原产物主要有 Fe、$CO_2$ 和 $H_2O$，在其实际还原过程中，会受到反应体系温度、压力、$CO_2/CO$、$H_2O/H_2$ 等因素的影响。因此，氢气还原铁氧化物的热力学规律研究对确定合理的还原气用量、还原气中 $H_2$ 含量等关键参数很有必要。

$H_2$ 还原铁氧化物的反应式如下：

$$3Fe_2O_3 + H_2 = 2Fe_3O_4 + H_2O \qquad \Delta G^{\ominus} = -15547 - 74.40T\ \mathrm{J/mol} \tag{1.1}$$

$$Fe_3O_4 + H_2 = 3FeO + H_2O \qquad \Delta G^{\ominus} = 71940 - 73.62T\ \mathrm{J/mol} \tag{1.2}$$

$$\frac{1}{4}Fe_3O_4 + H_2 = \frac{3}{4}Fe + H_2O \qquad \Delta G^{\ominus} = 35550 - 30.40T\ \mathrm{J/mol} \tag{1.3}$$

$$FeO + H_2 = Fe + H_2O \qquad \Delta G^{\ominus} = 23430 - 16.16T\ \mathrm{J/mol} \tag{1.4}$$

CO 还原铁氧化物的反应式如下：

$$3Fe_2O_3 + CO = 2Fe_3O_4 + CO_2 \qquad \Delta G^{\ominus} = -52130 - 41.0T\ \mathrm{J/mol} \tag{1.5}$$

$$Fe_3O_4 + CO = 3FeO + CO_2 \qquad \Delta G^{\ominus} = 35380 - 40.16T\ \mathrm{J/mol} \tag{1.6}$$

$$\frac{1}{4}Fe_3O_4 + CO = 3Fe + CO_2 \qquad \Delta G^{\ominus} = -1030 - 2.96T\ \mathrm{J/mol} \tag{1.7}$$

$$FeO + CO = Fe + CO_2 \qquad \Delta G^{\ominus} = -13160 - 17.21T\ \mathrm{J/mol} \tag{1.8}$$

其中

$$\Delta G^{\ominus} = -RT\ln K \tag{1.9}$$

$$K = \frac{\dfrac{P_{H_2/CO}}{P^{\ominus}}}{\dfrac{P_{H_2O/CO_2}}{P^{\ominus}}} = \frac{P_{H_2/CO}}{P_{H_2O/CO_2}} \tag{1.10}$$

根据以上热力学公式计算可得各个反应过程中平衡时气体成分，以反应温度为横坐标，平衡时 CO、$H_2$ 摩尔分数为纵坐标作图，可得到铁氧化物还原优势区域，如图 1.2 所示。

由图 1.2 可以看出，820 ℃以下 $H_2$ 还原曲线位于 CO 上部，此区间 CO 还原能力高于 $H_2$；而 820 ℃以上则反之。在铁氧化物的整个还原过程中，$H_2$ 还原反

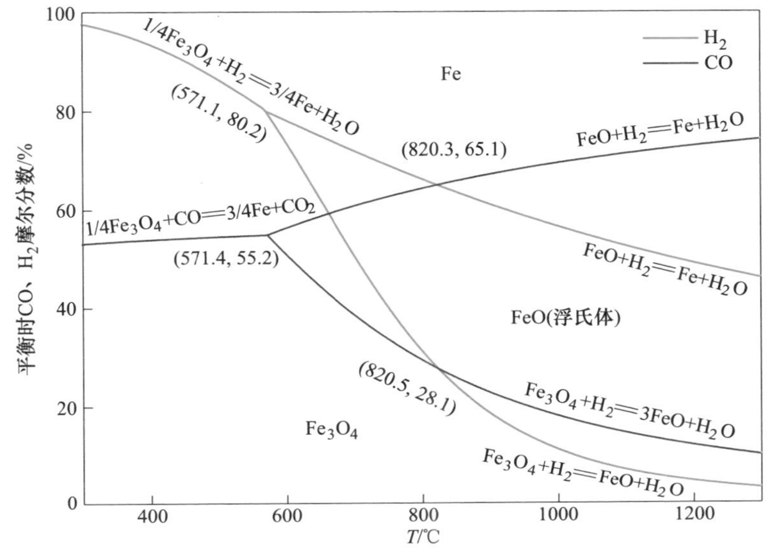


图 1.2 铁氧化物还原优势区域图

应为吸热反应，而 CO 还原反应为放热反应。氢还原铁氧化物的反应需要在尽可能高的温度下进行，升高还原温度可以使铁的稳定区间增加，理论气体利用率和还原热力学驱动力提高；而碳还原铁氧化物则不同，在较低温度下铁的稳定区间更宽，低的还原温度有利于提高气体利用率。但考虑到动力学条件的限制，CO 还原铁氧化物也必须在一定条件下进行，否则无法经济地完成还原任务。

由氧化物的标准生成自由能与温度关系（氧势图，见图 1.3）[4] 可知，从热力学角度，除铁之外其他元素很难被氢还原，后续冶炼时其余金属元素大部分进入渣中，为纯净钢生产奠定基础。同时，氢还原不使用固体碳还原剂，带入 P、S 元素少，炼钢过程杂质少，产品纯净，减轻炼钢过程中除杂的负担。氢冶金副产物水易分离处理，可实现清洁生产。因此，氢还原在处理复合矿具有明显优势，氢气具有高选择性，能够选择性地还原特定的金属氧化物，而不会对其他金属产生影响。例如，在用氢还原钒钛磁铁矿时，$TiO_2$ 不会被还原，避免 TiN、TiC 生成，有利于后续铁和钛的分离，实现同时提铁和富集其他有价组元。

氢基直接还原过程中煤气的利用率决定了冶炼每吨 DRI 的能源消耗量，在煤气供给能力一定的前提下，又决定了 DRI 产量。基于以上热力学基础理论，建立还原气利用率与各影响因素之间的数量关系，分析影响规律，对降低生产 DRI 的燃料消耗及成本有重要意义。

#### 1.2.1.1 还原气热力学利用率

温度高于 570 ℃时，$H_2$ 和 CO 气氛下，铁氧化物的还原历经 $Fe_2O_3 \rightarrow Fe_3O_4 \rightarrow$

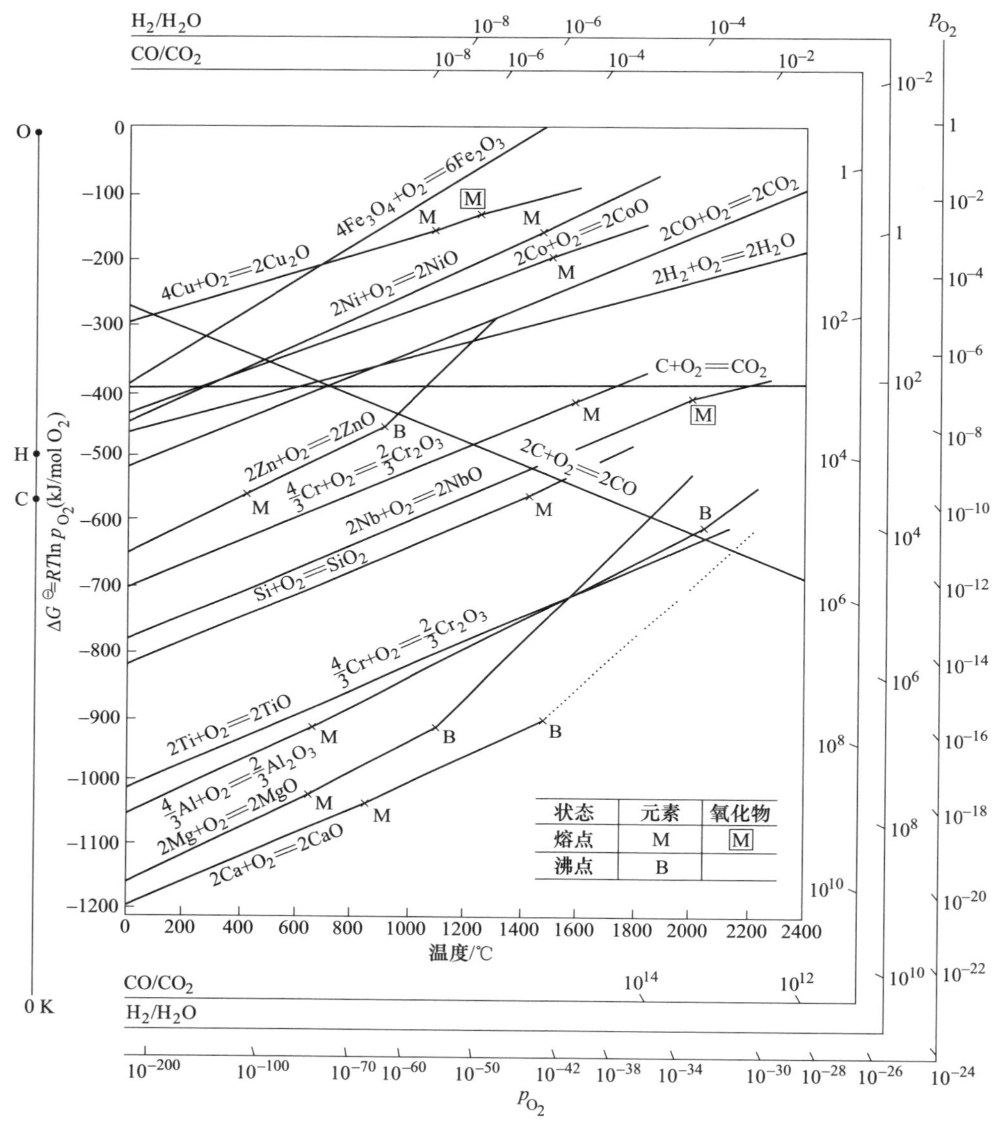


图 1.3 氧化物标准生成自由能与温度的关系

FeO→Fe 三个阶段。第一阶段（$Fe_2O_3$→$Fe_3O_4$）对还原气氛的要求极低，可视为不可逆反应，故不需要特殊考虑其对还原煤气利用率的影响。还原第二阶段（$Fe_3O_4$→FeO）和第三阶段（FeO→Fe）为可逆反应，生成的 $H_2O$ 和 $CO_2$ 有再氧化作用。为了防止金属铁被再氧化，还原气中要有足够高的 $H_2$ 和 CO 来平衡 $H_2O$ 和 $CO_2$。

$$\frac{1}{3}Fe_3O_4 + H_2O(或 CO_2) + (n-1)H_2(或 CO) = FeO + \frac{4}{3}H_2O(或 CO_2) + \left(n - \frac{4}{3}\right)H_2(或 CO) \tag{1.11}$$

$$FeO + nH_2(或 CO) = Fe + H_2O(或 CO_2) + (n-1)H_2(或 CO) \tag{1.12}$$

式中　$n$——还原气过剩系数。

以获得 1 mol 金属铁为例，为了维持气氛的还原势，保证还原反应的顺利进行，反应第二、三阶段所需的还原气量 $n_2$ 和 $n_3$ 分别为：

$$n_2 = \frac{4}{3}\frac{K_2 + 1}{K_2} \tag{1.13}$$

$$n_3 = \frac{K_3 + 1}{K_3} \tag{1.14}$$

式中　$K_2$，$K_3$——平衡常数[5]。

图 1.4 所示为 $H_2$ 和 CO 气氛下，还原第二、三阶段需气量与温度的关系，图中两线的交点处温度 $T_0$ 定义为关键步骤转换温度，均处于 600~650 ℃。在 $T_0$ 右侧，$n_3 > n_2$，反应第三阶段是决定竖炉煤气需求量和利用率的关键步骤，关键步骤以外的第一、二阶段则处于还原气过剩状态；而 $T_0$ 左侧反之。实际生产中，竖炉内的还原温度高于 $T_0$，故还原气需求量及热力学利用率应由还原第三阶段的反应平衡来决定。

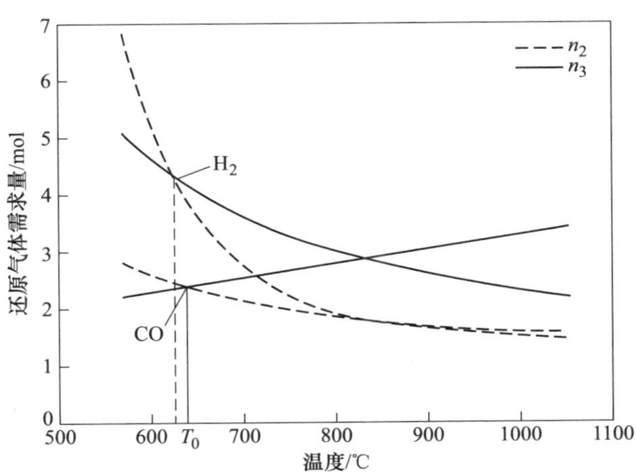


图 1.4　$H_2$ 和 CO 气氛条件下，还原第二、三阶段需气量与温度的关系

设 DRI 中金属铁含量为 $w(MFe)_{DRI}$，生产 1 t DRI 在还原第三阶段需消耗的 $H_2$ 或 CO 量为：

$$V_{H_2/CO(FeO—Fe)} = \frac{1 \times 22.4w(MFe)_{DRI}}{56} \times 1000 = 400w(MFe)_{DRI} \tag{1.15}$$

高温下，竖炉内反应较为复杂，除了铁氧化物的还原反应之外，还存在诸如式（1.16）~式（1.21）的水煤气转换反应、析碳反应、DRI 渗碳反应以及甲烷转化反应等。

$$CO + H_2O \longrightarrow CO_2 + H_2 \tag{1.16}$$

$$2CO \longrightarrow C + CO_2 \tag{1.17}$$

$$3Fe + 2CO \longrightarrow Fe_3C + CO_2 \tag{1.18}$$

$$3Fe + CH_4 \longrightarrow Fe_3C + 2H_2 \tag{1.19}$$

$$CH_4 + CO_2 \longrightarrow 2H_2 + 2CO \tag{1.20}$$

$$CH_4 + H_2O \longrightarrow 3H_2 + CO \tag{1.21}$$

由式（1.16）可知，在水煤气转换反应过程中，CO 的生成量或消耗量与 $H_2$ 的消耗量或生成量是相等的。因此，仅从热力学角度而言，水煤气转换反应对混合还原气的综合利用率没有贡献，而会影响 CO 和 $H_2$ 各自的利用率，在促进一方的同时而削弱了另一方。

含 CO 的还原气与铁矿石接触期间将伴随析碳和渗碳反应，在 DRI 中产生碳素和多种碳化物（通常以 $Fe_3C$ 的形式加以研究）。析碳反应式（1.17）只有在 400~600 ℃范围，又有金属铁的催化作用下才较为明显，而氢基竖炉生产中球团原料升温速度较快，低温段停留时间较短，且低温段几乎无金属铁的存在，故 CO 的析碳反应对炉内气氛影响甚微，可不予考虑。

当入炉煤气中不含 $CH_4$ 时，每渗 1 mol 碳需消耗 2 mol 的 CO，若 DRI 的渗碳量为 $w(C)_{DRI}$，则每吨 DRI 渗碳所消耗的 CO 量为：

$$V_{CO(渗碳)} = \frac{2 \times 22.4w(C)_{DRI}}{12} \times 1000 = 3730w(C)_{DRI} \tag{1.22}$$

甲烷转化反应式（1.20）和式（1.21）中，1 mol 的 $CH_4$ 相当于 4 mol 的（$H_2$+CO），则炉内甲烷转化所消耗的（$H_2$+CO）量为：

$$V_{H_2+CO(CH_4转换)} = 4V_{入炉}(\varphi_{CH_4(炉顶)} - \varphi_{CH_4(入炉)}) \tag{1.23}$$

式中 $V_{入炉}$ ——实际生产中每吨 DRI 供给的煤气量，$m^3$；

$\varphi_{CH_4(炉顶)}$ ——炉顶煤气中 $CH_4$ 的含量，%；

$\varphi_{CH_4(入炉)}$ ——入炉煤气中 $CH_4$ 的含量，%。

若还原煤气同时包含 CO 和 $H_2$ 时，则混合煤气综合利用率 $\eta$ 为：

$$\eta = \frac{\varphi_{H_2(入炉)}}{\varphi_{H_2(入炉)} + \varphi_{CO(入炉)}}\eta_{H_2} + \frac{\varphi_{CO(入炉)}}{\varphi_{H_2(入炉)} + \varphi_{CO(入炉)}}\eta_{CO} \tag{1.24}$$

式中 $\eta_{H_2}$ ——$H_2$ 的利用率，%；

$\eta_{CO}$ ——CO 的利用率，%；

$\varphi_{H_2(入炉)}$ ——入炉煤气中 $H_2$ 的含量,%;

$\varphi_{CO(入炉)}$ ——入炉煤气中 CO 的含量,%。

综上，为了保持氢基竖炉内所有反应的平衡，由还原第三阶段所控制的煤气最低需求量 $V_{理论}$ 为:

$$V_{理论}=\frac{V_{H_2/CO(FeO—Fe)}+V_{CO(渗碳)}+V_{H_2+CO(CH_4转换)}}{\eta_3}\frac{1}{\varphi_{H_2(入炉)}+\varphi_{CO(入炉)}}$$

$$=\frac{400w(MFe)_{DRI}+3730w(C)_{DRI}+4V_{入炉}(\varphi_{CH_4(炉顶)}-\varphi_{CH_4(入炉)})}{\dfrac{K_{H_2}\varphi_{H_2(入炉)}}{1+K_{H_2}}+\dfrac{K_{CO}\varphi_{CO(入炉)}}{1+K_{CO}}-\left(\dfrac{\varphi_{H_2O(入炉)}}{1+K_{H_2}}+\dfrac{\varphi_{CO_2(入炉)}}{1+K_{CO}}\right)}\frac{1}{\varphi_{H_2(入炉)}+\varphi_{CO(入炉)}}$$

(1.25)

式中 $K_{H_2}$，$K_{CO}$ ——分别为 $H_2$ 和 CO 气氛下铁氧化物还原第三阶段的反应平衡常数;

$\eta_3$ ——还原第三阶段 CO 和 $H_2$ 混合煤气的综合利用率,%。

当竖炉用氧化球团原料的铁氧比为 $\alpha$，生产 1 t 渗碳量为 $w(C)$、全铁含量为 $w(TFe)_{DRI}$ 的理想 DRI（金属化率 100%），还原反应和渗碳反应需要消耗的煤气量 $V_{理想}$ 为:

$$V_{理想}=\frac{V_{H_2/CO(还原)}+V_{CO(渗碳)}}{\varphi_{H_2(入炉)}+\varphi_{CO(入炉)}}=\frac{\dfrac{\alpha\times 22.4w(TFe)_{DRI}}{56}\times 1000+3730w(C)_{DRI}}{\varphi_{H_2(入炉)}+\varphi_{CO(入炉)}}$$

(1.26)

从而，可进一步推出竖炉还原过程中煤气的热力学利用率。

$$\eta_0=\frac{V_{理想}}{V_{理论}}=\frac{400\alpha w(TFe)_{DRI}+3730w(C)_{DRI}}{\dfrac{400w(MFe)_{DRI}+3730w(C)_{DRI}+4V_{入炉}(\varphi_{CH_4(炉顶)}-\varphi_{CH_4(入炉)})}{\dfrac{K_{H_2}\varphi_{H_2(入炉)}}{1+K_{H_2}}+\dfrac{K_{CO}\varphi_{CO(入炉)}}{1+K_{CO}}-\left(\dfrac{\varphi_{H_2O(入炉)}}{1+K_{H_2}}+\dfrac{\varphi_{CO_2(入炉)}}{1+K_{CO}}\right)}}\times 100\%$$

(1.27)

通过此方法计算出的煤气利用率是理论最高值，实际煤气利用率只能逼近该值，而不能超过该值。

#### 1.2.1.2 还原温度和还原气中 $\varphi_{H_2}/\varphi_{CO}$ 对还原气利用率的影响

若给定 DRI 中金属铁含量 $w(MFe)=85\%$、全铁 $w(TFe)=92\%$、渗碳量 $w(C)=1\%$，入炉还原气中 $\varphi_{H_2O}=2\%$、$\varphi_{CO_2}=4\%$、$\varphi_{N_2+其他}=4\%$，且 $\varphi_{H_2}+\varphi_{CO}+\varphi_{H_2O}+\varphi_{CO_2}+\varphi_{N_2+其他}=100\%$，则还原温度和还原气中 $\varphi_{H_2}/\varphi_{CO}$ 对还原气利用率的影响如图 1.5 和图 1.6 所示。

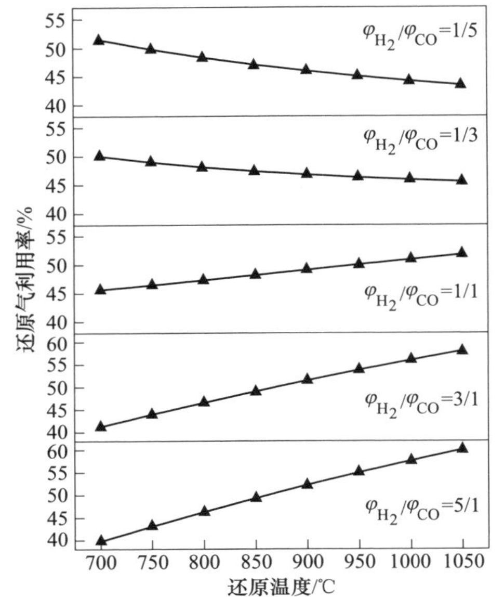


图 1.5　不同还原气氛条件下还原温度对还原气利用率的影响

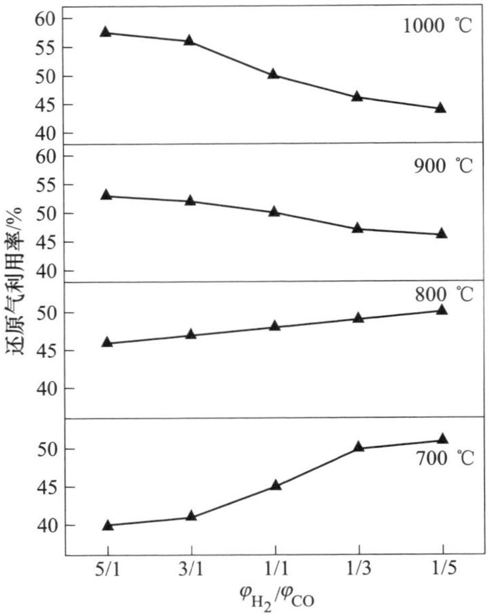

图 1.6　不同还原温度条件下还原气中 $\varphi_{H_2}/\varphi_{CO}$ 对还原气利用率的影响

由图 1.5 可知，当还原气中 $\varphi_{H_2}/\varphi_{CO} \leqslant 1/3$ 时，还原气利用率随温度的升高而降低，$\varphi_{H_2}/\varphi_{CO} \geqslant 1/1$ 时反之。这是由于 CO 还原铁氧化物为放热过程，温度升高不利于还原反应的进行。由图 1.6 可知，在 800 ℃以上，随还原气中 $\varphi_{H_2}/\varphi_{CO}$ 的增加，还原气利用率逐渐升高；但是，当温度低于 800 ℃，由于 CO 的还原能力优于 $H_2$ 的还原能力，还原气利用率随还原煤气中 $\varphi_{H_2}/\varphi_{CO}$ 的增加而降低。

#### 1.2.1.3　还原气氧化度对还原气利用率的影响

若给定金属铁含量 $w(\text{MFe}) = 85\%$、全铁含量 $w(\text{TFe}) = 92\%$、渗碳量 $w(\text{C}) = 1\%$，入炉还原气中 $\varphi_{N_2+\text{其他}} = 4\%$，在保证 $\varphi_{H_2} + \varphi_{CO} + \varphi_{H_2O} + \varphi_{CO_2} + \varphi_{N_2+\text{其他}} = 100\%$ 的前提下，分别改变 $CO_2$ 和 $H_2O$ 含量，$\varphi_{H_2}/\varphi_{CO} = 5/1$、$\varphi_{H_2}/\varphi_{CO} = 1/5$ 两种气氛和700 ℃、800 ℃、900 ℃和1000 ℃四种温度下，还原气中 $CO_2$ 和 $H_2O$ 对还原气利用率的影响如图 1.7 和图 1.8 所示。

随还原气中氧化性气氛含量的增加，还原气利用率急剧下降，下降的幅度与温度高低无关。对比不同温度和 $\varphi_{H_2}/\varphi_{CO}$ 气氛下，相同 $CO_2$ 和 $H_2O$ 含量对还原气利用率的影响，结果见表 1.2。可知，在 800 ℃以上，相比于 $H_2O$，$CO_2$ 对还原气利用率的负面影响更大；而在 800 ℃以下，情况反之。

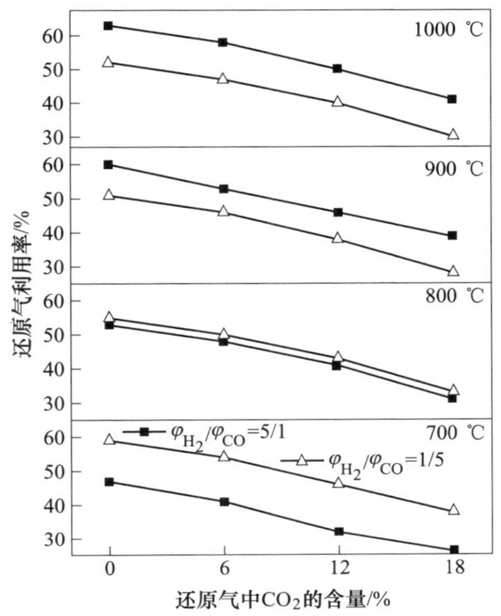


图 1.7　不同还原温度条件下还原气中 $CO_2$ 含量对煤气利用率的影响

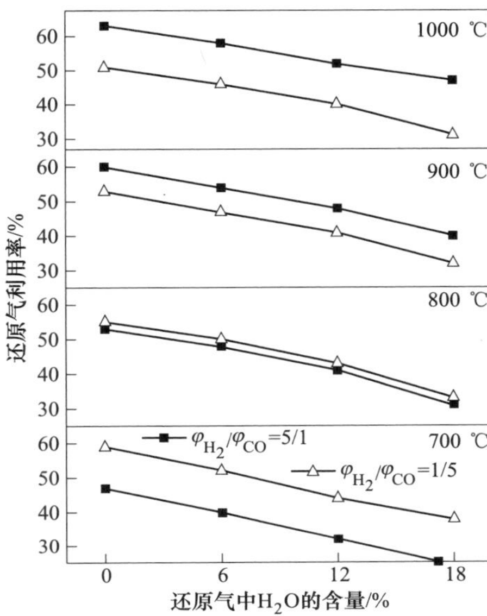


图 1.8　不同还原温度条件下还原气中 $H_2O$ 含量对煤气利用率的影响

**表 1.2　不同条件下还原气中 $CO_2$ 和 $H_2O$ 含量对还原气利用率影响的对比**　（%）

| 条　件 | | 0 | 6% | 12% | 18% |
|---|---|---|---|---|---|
| 700 ℃，$\varphi_{H_2}/\varphi_{CO}=5/1$ | $CO_2$ | 46.5 | 40.2 | 32.9 | 24.5 |
| | $H_2O$ | 46.5 | 39.0 | 30.4 | 20.4 |
| 700 ℃，$\varphi_{H_2}/\varphi_{CO}=1/5$ | $CO_2$ | 58.3 | 51.9 | 44.6 | 36.2 |
| | $H_2O$ | 58.3 | 50.7 | 42.1 | 32.2 |
| 800 ℃，$\varphi_{H_2}/\varphi_{CO}=5/1$ | $CO_2$ | 53.1 | 46.3 | 38.7 | 29.8 |
| | $H_2O$ | 53.1 | 46.1 | 38.2 | 29.1 |
| 800 ℃，$\varphi_{H_2}/\varphi_{CO}=1/5$ | $CO_2$ | 55.1 | 48.4 | 40.7 | 31.8 |
| | $H_2O$ | 55.1 | 48.2 | 40.3 | 31.1 |
| 900 ℃，$\varphi_{H_2}/\varphi_{CO}=5/1$ | $CO_2$ | 59.1 | 52.0 | 44.0 | 34.8 |
| | $H_2O$ | 59.1 | 52.7 | 45.4 | 36.9 |
| 900 ℃，$\varphi_{H_2}/\varphi_{CO}=1/5$ | $CO_2$ | 52.8 | 45.8 | 37.7 | 28.5 |
| | $H_2O$ | 52.8 | 46.4 | 39.1 | 30.6 |
| 1000 ℃，$\varphi_{H_2}/\varphi_{CO}=5/1$ | $CO_2$ | 64.4 | 57.2 | 48.9 | 39.3 |
| | $H_2O$ | 64.4 | 58.5 | 51.7 | 43.9 |
| 1000 ℃，$\varphi_{H_2}/\varphi_{CO}=1/5$ | $CO_2$ | 51.0 | 43.7 | 35.4 | 25.9 |
| | $H_2O$ | 51.0 | 45.1 | 38.3 | 30.5 |

### 1.2.2 氢还原铁氧化物的动力学理论

在冶金过程中许多反应属于气/固反应，氢直接还原铁氧化物即为典型的气/固反应，该气/固还原进程主要包括：

（1）还原气体（$H_2$、CO）通过气相扩散边界层到达固体反应物表面；

（2）还原气体（$H_2$、CO）通过多孔的还原产物层，扩散到化学反应界面；

（3）还原气体分子在反应界面的吸附；

（4）化学反应和晶格中氧的去除，气体反应物在反应界面与固体反应物反应，生成气体产物和固体产物，并伴随固体产物成核、生长，形成产物层；

（5）气体产物的脱附；

（6）气体产物通过多孔的固体产物层扩散到多孔层的表面；

（7）气体产物通过气相扩散边界层扩散到气流中。

上述步骤中，每一步都有一定阻力。气/固反应的控速步骤可能是上述步骤中的一个或某几个。如果控速步骤已知，则整个反应的速率可近似于该控速步骤的速率。

铁矿还原动力学过程的复杂性主要归因于以下三个方面[6]：（1）还原速率对固态铁矿结构的依赖性，特别是其孔隙度、孔隙结构以及还原过程铁氧化物的逐层还原的耦合；（2）固相结构在高温还原过程中的变化（膨胀/收缩、黏结性、再结晶和晶粒生长）；（3）界面化学反应速率、孔隙扩散速率以及与边界层传质速率的当量关系。

鉴于气/固反应速率在经济上的重要性以及所涉及反应的多样性，在气/固反应动力学的研究中，众多学者建立了多种不同的数学模型来解释所观察到的动力学现象，揭示还原动力学机理，为实际生产提供参考与指导。对于 $H_2$ 还原铁氧化物的反应动力学机制，国内外学者提出了不同的数学模型，常见的动力学模型包括未反应核模型、形核动力学模型、粒子模型、体积反应模型、随机孔洞模型[7-12]。

Spreitzer 等[13]认为，$H_2$ 对固态铁氧化物的还原过程符合未反应核模型，反应速率主要由外扩散、内扩散、化学反应控制。由于铁氧化物的还原是分步进行，且不同温度范围内反应历程不同，因此，不同温度条件下 $H_2$ 还原铁氧化物的动力学机制存在差异。如陈赓[10]提出，$H_2$ 还原铁氧化物，在 400~550 ℃，第一阶段发生还原反应 $Fe_2O_3 \rightarrow Fe_3O_4$，符合化学反应模型，第二阶段发生还原反应 $Fe_3O_4 \rightarrow Fe$，符合三维扩散模型；在 600~750 ℃，第一阶段发生还原反应$Fe_2O_3 \rightarrow Fe_3O_4$，符合化学反应模型，第二阶段发生还原反应 $Fe_3O_4 \rightarrow FeO$，符合随机成核和随后生长模型，第三阶段发生还原反应 FeO→Fe，符合三维扩散模型。

不同学者对于 $H_2$ 还原铁氧化物动力学机制的研究结果存在一定差异，主要原因是采用的反应条件（如温度）以及铁矿原料成分、形态存在差异。Xu 等[14]和 Wang 等[15]通过实验证明了矿物种类（褐铁矿、赤铁矿、鲕状赤铁矿）、铁矿成分对铁矿中铁氧化物的还原速率有显著影响。下文将在第 4 章详细讨论不同参数对直接还原反应的影响，此处不作过多描述。

表 1.3 为 $H_2$ 与 CO 还原铁氧化物的比较，除产物清洁易脱除外，从动力学角度分析，$H_2$ 分子尺寸（碰撞直径 0.292 nm）小于 CO 分子尺寸（碰撞直径 0.359 nm），$H_2$-$H_2O$ 的互扩散系数大于 CO-$CO_2$，$H_2$ 的传质速率达到 $7.47\times10^{-5}$ $m^2/s$，传质速率是 CO 的 5~6 倍，这就导致在同等温度下，$H_2$ 的扩散阻力远低于 CO，动力学条件更优。在 800~900 ℃条件下，$H_2$ 还原速率达到 0.01~0.02 m/s，而 CO 还原速率为 0.001~0.002 m/s，$H_2$ 高温还原速率比 CO 快一个数量级，如图 1.9 所示，国外学者相关研究表明，$H_2$ 还原铁氧化物的高温还原速率更快。

**表 1.3　$H_2$ 与 CO 还原铁氧化物的比较**

| 项目 | $H_2$ | CO | 特点比较 |
|---|---|---|---|
| 还原产物 | $H_2O$ | $CO_2$ | $H_2$ 还原绿色，产物清洁且易脱除；CO 还原产生 $CO_2$ |
| 传质速率 | $7.47\times10^{-5}$ $m^2/s$ | $1.39\times10^{-5}$ $m^2/s$ | $H_2$ 传质速率是 CO 的 5~6 倍 |
| 反应速率常数（800~900 ℃） | 0.01~0.02 m/s | 0.001~0.002 m/s | $H_2$ 还原速率比 CO 快一个数量级 |
| 化学反应热 | 79.9 kJ/mol | −39.2 kJ/mol | $H_2$ 还原吸热，CO 还原放热 |
| 热值 | 25.7 $MJ/m^3$ | 30.2 $MJ/m^3$ | CO 更适合作为燃料 |
| 渗碳性能 | 不渗碳，不易黏结 | 渗碳，易黏结 | $H_2$ 还原具有更高的抗黏结性能 |
| 总评价 | 适合作为还原剂 | 适合作为能源介质，也可适当加入 $H_2$ 中弥补氢还原吸热 | — |

因此，从动力学角度而言，$H_2$ 因具有更快的传质速率和高温下还原反应速率，结合其还原产物清洁的特性，相比 CO 更适宜作为高效的炼铁还原剂。而 CO 由于还原铁氧化物放热，可适当加入 $H_2$ 中，从而弥补氢还原吸热导致的炉内热量不足，从而降低还原气量，达到更经济的生产目标。

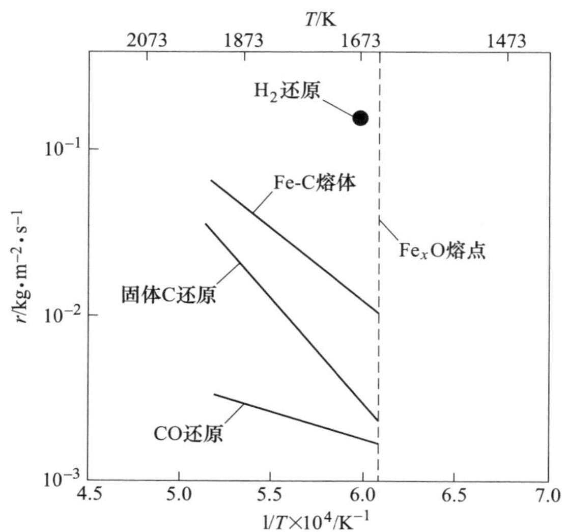


图 1.9　不同温度条件下 $H_2O$、CO 和固体 C 还原的速率对比

## 1.3 氢冶金的重要意义

### 1.3.1 氢能对我国能源结构和消费体系的重要影响

联合国政府间气候变化专门委员会（Intergovernmental Panel on Climate Change，IPCC）的相关报告指出，人类活动带来的温室气体排放是造成全球气候变暖的主要因素。在导致气候变暖的各种温室气体中，$CO_2$ 的“贡献率”达一半以上。$CO_2$ 排放与能源生产和消费密切相关，据国际能源署 IEA 的数据，全球 95%的 $CO_2$ 排放源自化石能源消耗，中国的能源结构以煤炭化石能源为主，2022 年，煤炭在能源消费结构中的占比，中国为 57.7%，而全球为 27%（见图 1.10）。

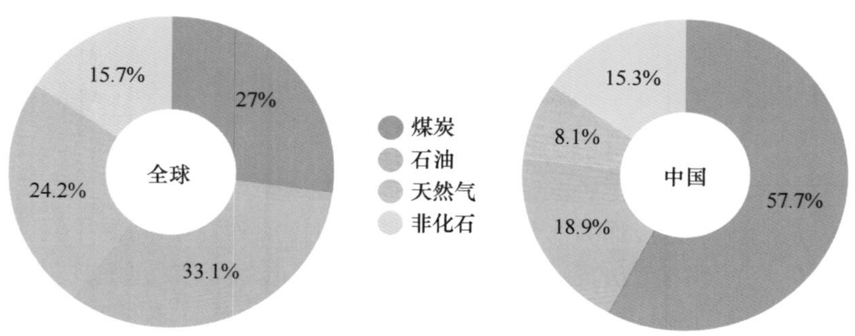


图 1.10　2022 年全球与中国的能源结构比较[16]

氢气因其来源丰富、能量密度高、绿色低碳等诸多优点被公认为是最理想的清洁能源，是未来能源发展格局的关键组成部分，已成为全球未来能源发展的重要方向。在能源安全、气候变化和技术进步三大动力驱动下，世界各国都将发展氢能提升到国家战略层面。

在全球气候目标及我国碳中和目标的约束下，我国能源消费结构和 $CO_2$ 排放量将发生重大变化。氢能作为来源广泛、使用过程清洁、应用领域多元化的新型能源，生产和利用技术日臻成熟，在未来绿色低碳清洁能源发展过程中，将发挥越来越重要的作用。在我国能源结构转型中，氢能扮演“高效低碳的二次能源，灵活智慧的能源载体，绿色清洁的工业原料”角色。

### 1.3.2　氢冶金是我国钢铁产业产品结构优化的重大需求

我国虽是钢铁生产第一大国，但高端钢材在数量、品种、质量方面均与世界先进国家差距较大，国防军工、航天航空、高端模具制造等重点领域所需的部分关键核心材料仍主要依赖进口，并制约相关产业的健康快速发展。长期以来，西方国家出于国家战略、贸易保护等因素考虑，把特殊钢生产工艺、关键部件及设备制造作为制造业的核心环节，避免产能转移及技术输出，限制产品和技术出口，使得我国高端制造业发展长期处于受制于人的局面，近年来形势更加凸显。高质量和高性能的特殊钢的供应无法满足国民经济发展的需要，多数高端钢材仍需进口，2016—2023 年我国高端钢材进口数量、进口金额及进口均价如图 1.11 所示[17-18]。

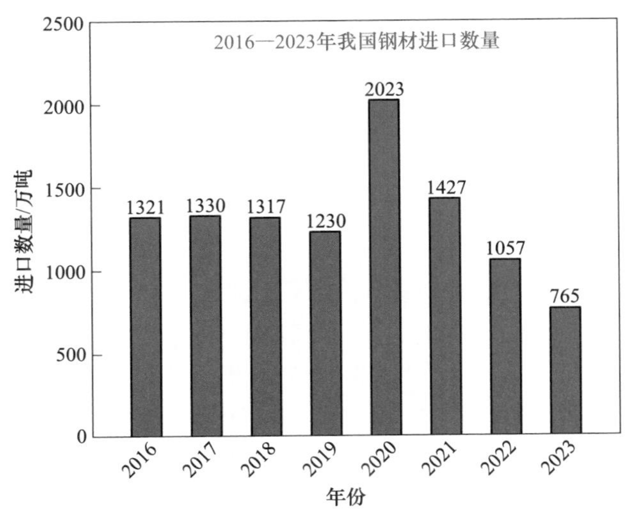

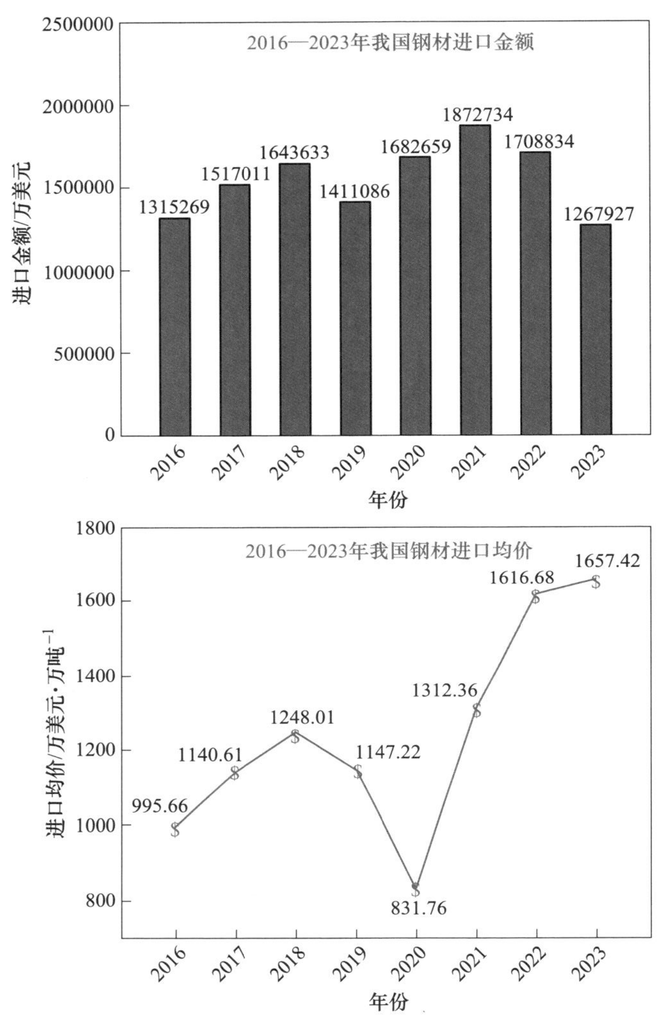


图 1.11　2016—2023 年我国高端钢材进口数量、进口金额及进口均价统计

总体而言，无论是从品种质量状况，还是从产业竞争力上来看，与先进国家相比仍有很大差距，严重限制了军工武器装备和高端装备制造等领域的发展，钢铁产业亟须产品结构调整和升级换代。例如，在航空航天发动机及燃气轮机用钢方面，我国仍处于跟跑阶段，与发达国家存在明显代差。此外，在针对特定产品冶炼时工艺技术与国际先进水平差距甚大，导致产品洁净度低、组织均匀性差、质量不稳定等突出问题，这些关键工艺技术方面的显著差距导致我国高端特殊钢的质量普遍低于国外先进水平。

以氢基竖炉直接还原工艺为例，该工艺对入炉氧化球团化学成分的要求为：$w(TFe) \geqslant 67\%$、$w(SiO_2) \leqslant 3\%$、$w(Na_2O)+w(K_2O) \leqslant 0.1\%$、$w(P) \leqslant 0.025\%$、$w(S) \leqslant 0.012\%$，可见，氢冶金从原料角度出发已经具备较高的清洁优势。此外，如上文所述，从热力学角度分析，氢冶金生产过程中除铁之外其他元素很难被氢还原，且不使用固体还原剂，带入的 P、S 等元素少，炼钢过程杂质少。以氢冶金直接还原制备的超纯净铁基原料是生产高纯净钢和高端特殊钢制品的最佳铁原材料，同时，高端钢材的高附加值可弥补氢冶金成本高的问题，二者相互促进、协同发展，为我国钢铁产业能源结构优化升级提供有力支撑。

### 1.3.3 氢冶金是钢铁碳中和技术体系的核心

我国钢铁产业以依赖煤炭化石能源的高炉-转炉长流程为主，整个生产过程中均伴有 $CO_2$ 排放。烧结过程由于烧结原料中燃料的燃烧和点火煤气的燃烧而产生 $CO_2$ 排放；氧化球团生产过程中球团焙烧而产生 $CO_2$ 排放；焦化过程加热用燃料燃烧产生 $CO_2$ 排放；高炉炼铁过程生成的 CO 还原含铁炉料后产生 $CO_2$ 排放；炼钢过程吹氧脱碳而产生 $CO_2$ 排放；轧钢过程热处理消耗燃料而产生 $CO_2$ 排放。整个流程中，炼铁是能耗最高、$CO_2$ 排放最多的环节。以国内长流程钢铁生产为例，炼铁过程能耗和 $CO_2$ 排放分别占整个钢铁生产流程的 69.7% 和 73.1%，如图 1.12 所示。

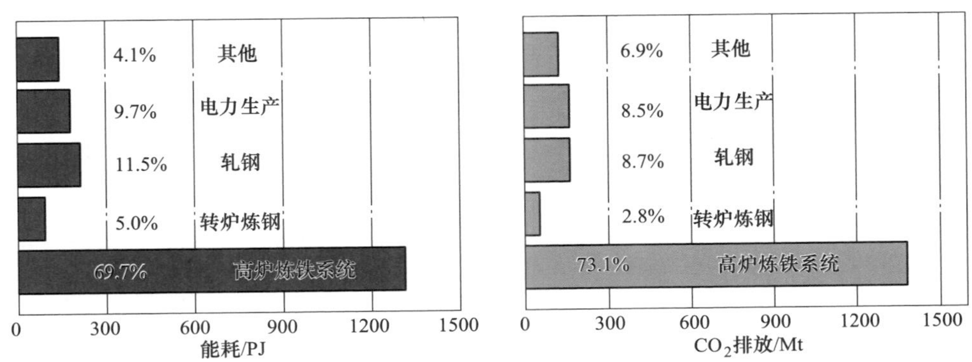


图 1.12 我国高炉-转炉长流程各工序能耗和 $CO_2$ 排放占比

“以氢代碳”是钢铁工业绿色低碳高质量发展的主要出路。基于当前钢铁工业传统工艺技术的创新改进难以实现深度脱碳，氢能冶金是替代碳冶金最为可行的途径，将对钢铁行业深度脱碳乃至“净零碳”起到决定性作用。将氢能应用于钢铁冶金的氢冶金工艺具有环境负荷小、产品纯净的显著优势，是钢铁产业低碳绿色化转型、实现碳中和的重要途径。发展氢冶金是21世纪世界钢铁工业$CO_2$减排工艺选择的必然趋势，世界各国相继推出各自的钢铁产业低碳发展路径。中钢协、河钢集团、中国宝武集团、鞍钢集团相继提出了低碳发展路线或时间表，如图1.13所示。此外，我国各部委及省市出台大量氢冶金行动方案或项目规划，大力发展氢冶金，见表1.4。可见，基于氢冶金的新工艺流程均被列为各大钢铁企业碳中和技术路线图的核心，氢冶金成为钢铁碳中和技术体系的关键。

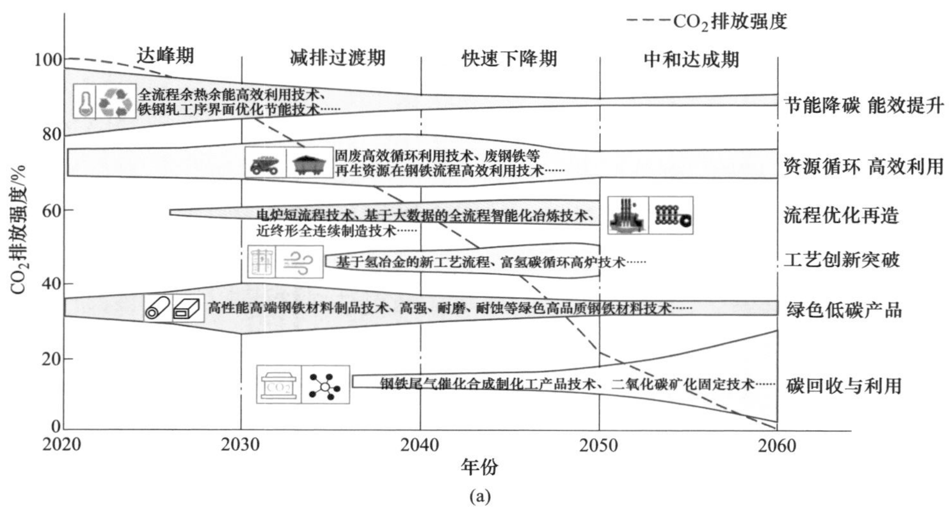

(a)

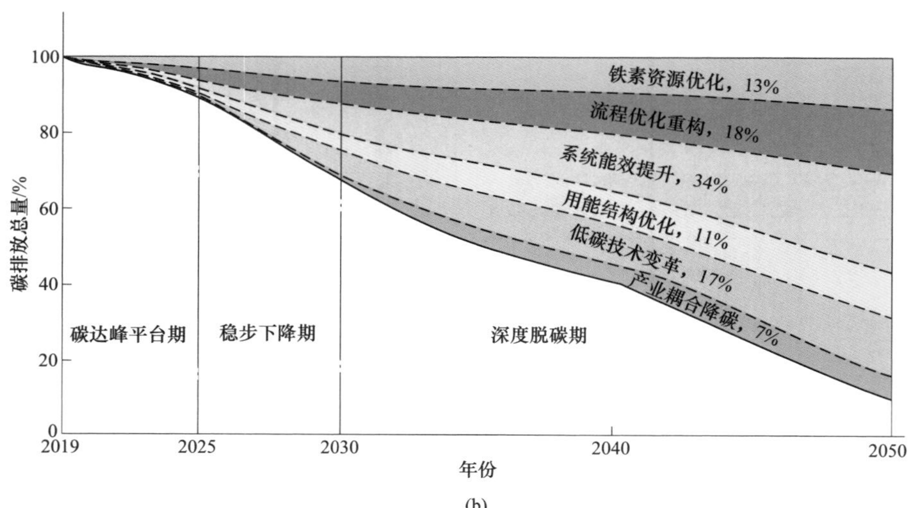

(b)

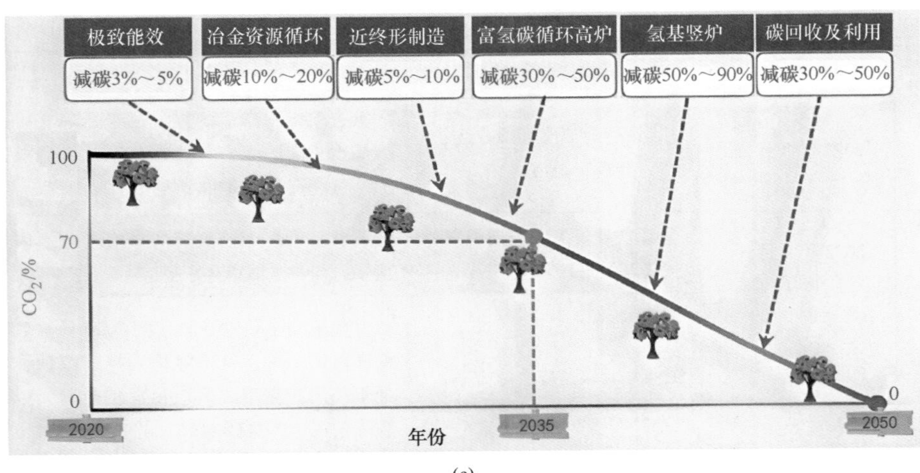


(c)

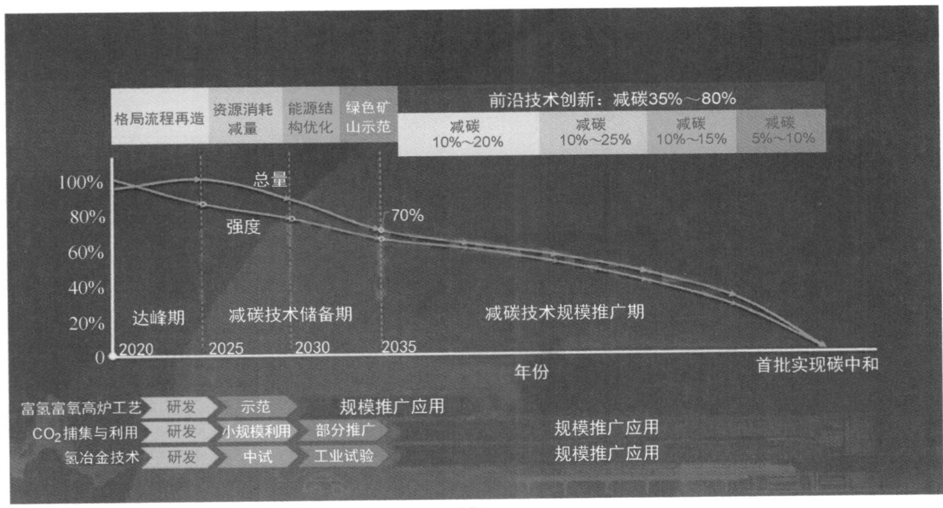


(d)

图 1.13 中国主要钢铁企业提出的低碳技术路线

（a）中钢协低碳技术路线；（b）河钢集团低碳技术路线；

（c）中国宝武集团低碳技术路线；（d）鞍钢集团低碳技术路线

**表 1.4 我国氢冶金相关规划**

| 序号 | 发布时间 | 国家及部委政策规划 | 相关内容 |
| --- | --- | --- | --- |
| 1 | 2021 年 5 月 | 《钢铁行业产能置换实施办法》 | 建设氢冶金等非高炉炼铁项目产能等量置换 |
| 2 | 2022 年 2 月 | 《关于促进钢铁工业高质量发展的指导意见》 | 制定氢冶金行动方案 |

续表 1.4

| 序号 | 发布时间 | 国家及部委政策规划 | 相关内容 |
|---|---|---|---|
| 3 | 2022 年 2 月 | 《钢铁行业节能降碳改造升级实施指南》 | 重点围绕副产焦炉煤气或天然气直接还原炼铁、高炉大富氧或富氢冶炼、熔融还原、氢冶炼等低碳前沿技术 |
| 4 | 2022 年 3 月 | 《氢能产业发展中长期规划（2021—2035 年）》 | 开展以氢作为还原剂的氢冶金技术研发应用，探索氢能冶金示范应用 |
| 5 | 2022 年 8 月 | 《工业领域碳达峰实施方案》 | 实施氢冶金行动计划，到 2030 年富氢碳循环高炉冶炼、氢基竖炉直接还原铁、碳捕集利用封存等技术取得突破应用，短流程炼钢占比 20%以上 |
| 6 | 2022 年 8 月 | 《科技支撑碳达峰碳中和实施方案（2022—2030 年）》 | 低碳零碳钢铁。研发富氢或纯氢气体冶炼技术 |
| 7 | 2020 年 6 月 | 《山东省氢能产业中长期发展规划（2020—2030 年）》 | 开展氢能-冶金耦合方面利用的示范，改变传统冶金工艺中碳还原导致的大量二氧化碳排放问题 |
| 8 | 2021 年 7 月 | 《河北省氢能产业发展“十四五”规划》 | 探索冶金、化工领域氢能替代应用，重点实施对钢铁等行业绿色化改造 |
| 9 | 2022 年 1 月 | 《甘肃省“十四五”能源发展规划》 | 示范推广绿氢冶金、绿氢化工项目 |
| 10 | 2022 年 1 月 | 《河南省“十四五”战略性新兴产业和未来产业发展规划》 | 推动钢铁行业氢气代替碳作为还原剂和能量载体的绿色钢铁技术研发 |
| 11 | 2022 年 2 月 | 《内蒙古自治区“十四五”氢能发展规划》 | 探索拓展低成本的清洁能源制氢在钢铁等行业作为高品质原材料的应用，开展氢能替代焦炭作为还原剂示范，鼓励企业攻关氢能冶金技术 |

## 1.4 发展氢冶金的可行性分析

### 1.4.1 我国直接还原铁市场需求旺盛

根据有关统计分析，2023 年世界电炉钢产量达到 5.41 亿吨，DRI 产量达到 1.36 亿吨[19-21]。我国粗钢产量已超 10 亿吨，与 2000 年相比，粗钢产量增长 6~7 倍，占据全球粗钢总产量的 50%以上；碳排放量仅增长 3~4 倍，吨钢碳排放量下降近 1/3，表明近年来中国钢铁行业减排水平大幅度提升，工作成效显著。但目前我国电炉钢产量仅占粗钢总产量的 10%左右，钢铁生产碳排放量在工业碳排放总量的占比仍呈上升趋势，已高于18%，占全球钢铁行业碳排放总量的60%以上；因此钢铁行业肩负着国家应对气候变化目标的责任和节能减排的压力，有效降低钢铁生产过程中碳排放已成为钢铁行业亟待解决的问题。

在全球范围内电炉钢产量占钢总产量比例已从20世纪50年代初的7.3%提高到近年来的32%~35%。而从历史统计数据看，2000—2011年，中国电炉钢产量处于上升阶段，至2011年达到峰值7094.60万吨；2012—2015年，电炉钢产量逐年下降，但同比降幅逐渐缩小。2016年，中国电炉钢产量达5170万吨，同比2015年增长5.94%，结束了2011年以来的五连降。但是自2000年以来，粗钢产量突飞猛进，增长速度明显快于电炉钢产量，导致自20世纪90年代以来电炉钢占比从20%不断下降，近10年来一直维持在10%以下，转炉钢产量占比在90%以上波动；2023年中国电炉钢产量为1.01亿吨，占比9.9%，远低于世界平均水平。

我国电弧炉炼钢技术不断创新，特别是电弧炉炼钢的高效化、绿色化和智能化等相关技术，以充分发挥电弧炉短流程的节能减排等优点，加快电弧炉炼钢全流程朝着连续化、紧凑化、智能化等方向发展。据中钢协预测，到2030年，电炉炼钢占比可提高20%~30%，电炉钢产品将超过3亿吨；2050年，有可能达到60%以上，电炉钢产品将超过5亿吨。随着中国钢铁产品结构的调整，钢材质量优化和强化环保的需求强烈，以及电力供应的改善，以DRI和废钢为原料的氢基竖炉-电弧炉短流程有望得到迅速发展。但由于我国优质废钢短缺，故对优质DRI的需求将不断增加。我国有充足的废钢供应，目前我国钢铁累积量已经达到100亿吨，近年来我国钢企每年使用的废钢量已达2亿吨左右。根据估计，我国未来电弧炉炼钢比例至少需达到20%，则电炉粗钢产量近2亿吨，DRI的年需求量至少为5000万~6000万吨。

因此，利用国内资源发展适合我国国情的DRI生产，促进电炉钢生产发展是我国钢铁工业节能降耗和低碳发展的迫切需要。目前，我国DRI产能仅为几十万吨，而年需求量却在几千万吨级别，供求严重不平衡。由此可以预期，氢基竖炉直接还原技术和基于氢基竖炉生产的优质DRI在我国将具有广阔的发展前景和旺盛的市场需求。

### 1.4.2 我国相关政策支持

随着双碳战略的出台，我国相继出台多项政策及战略，明确指出支持发展氢冶金，聚焦我国钢铁工业碳减排、能源结构和工艺流程优化以及高端精品特殊钢发展的需要，积极研发和应用基于氢冶金的低碳炼铁关键技术将是我国钢铁工业未来的主攻方向之一。工业和信息化部、国家发展和改革委员会、生态环境部联合发布的《关于促进钢铁工业高质量发展的指导意见》明确要求“力争到2025

年，氢冶金、低碳冶金、洁净钢冶炼等取得突破进展……制定氢冶金行动方案，加快推进低碳冶炼技术研发应用”。《“十四五”工业绿色发展规划》明确指出“推进低碳冶金、洁净钢冶炼等技术的推广应用”。《中国制造 2025》指出“全面推进钢铁、有色、化工等传统制造业绿色改造，加大先进节能环保技术、工艺和装备的研发力度；积极推行低碳化、循环化和集约化，构建高效、清洁、低碳、循环的绿色制造体系”。《国家创新驱动发展战略纲要》强调“发展安全清洁高效的现代能源技术，推动能源生产和消费革命；以优化能源结构、提升能源利用效率为重点，推动能源应用向清洁、低碳转型”。《国家中长期科学和技术发展规划纲要》明确指出“重点研究开发绿色流程制造技术，高效清洁并充分利用资源的工艺、流程和设备，重点研究开发集产品制造、能源转换和社会废弃物再资源化三大功能为一体的新一代可循环钢铁流程，主要行业 $CO_2$、甲烷等温室气体的排放控制与处置利用技术，开发高效、清洁和 $CO_2$ 近零排放的化石能源开发利用技术”。《钢铁工业调整升级规划》明确指出“低能耗冶炼技术，实施产学研用相结合的创新模式，开展行业基础和关键共性技术产业化创新”“推进钢铁、电力、化工等产业的耦合发展，实现钢铁制造、能源转换和废弃物消纳三大功能”。

虽然我国氢冶金总体处于起步阶段，但也相继开展了氢冶金工程示范。中晋太行已建成利用焦炉煤气制氢实现氢冶金的生产线，采用焦炉煤气干重整工艺制备氢基竖炉用还原气。该工艺初步验证了氢基 DRI 技术在我国的可行性和可靠性，为我国氢基竖炉生产 DRI 的发展奠定了良好的基础。河钢与特诺恩公司合作开发，建设基于焦炉煤气的氢基竖炉示范工程，2022 年 12 月 16 日，河钢 120 万吨氢冶金示范工程一期全线贯通；2023 年 5 月，安全顺利连续生产绿色 DRI 产品；2024 年 3 月 29 日，系统开展“氢基竖炉-近零碳排电弧炉”炼钢关键技术研发和工程应用研究。2023 年 12 月 23 日，由中国宝武建设的国内首套百万吨级氢基竖炉项目在广东湛江成功点火投产，采用焦炉煤气在竖炉内自处理与部分氧化法重整相结合的工艺技术，可同时使用天然气、焦炉煤气和氢气，目前已投入生产运行。2024 年 1 月，中国钢研自主研发和建设的年产能为 5 万吨纯氢多稳态竖炉示范工程，在山东省临沂市临港区正式运行，顺利运行 300 h；2024 年 4 月，完成了第二次生产运行，DRI 的金属化率达到 93%以上。东北大学正在辽宁省沈抚示范区东北大学工业技术研究院建设万吨级氢气竖炉示范线，自主研发设计了氢气加热炉、氢气竖炉等核心装备，在氢气竖炉、钢铁冶炼短流程等重大工艺和装备技术方面将取得重大突破和形成示范应用。

在国家相关政策以及战略的支持下，这些符合中国国情的，也是国内急需的氢冶金短流程新技术项目的实施和成果转化应用对氢冶金短流程在钢铁行业的推广和实现钢铁产业低碳绿色化创新发展具有重要意义，也成为我国氢冶金新工艺的先驱者，为我国发展氢冶金探索出可行之路。

### 1.4.3 我国具有氢冶金发展所需优质原料的良好基础

DRI 是铁的氧化物在不熔化、不造渣的温度条件下，固态还原生成的金属化产品。DRI 品质主要包括 DRI 的化学成分、冶金及物理特性。化学成分主要指标包括全铁含量、金属化率、$SiO_2$ 含量、碳含量、脉石总量、有害元素含量等；冶金及物理特性主要指标包括形状、尺寸、粒度及粒度组成、密度、体密度、熔化特性、抗氧化性能、抗压强度、抗磨强度等。DRI 的品质与其对应的氧化球团密切相关，氧化球团的品位决定着 DRI 的使用价值。因此，为了保证 DRI 的品位，减少炼钢过程的渣量，控制炼钢的电能以及造渣材料的消耗，对于炼钢生产用 DRI 及所需含铁原料的品位要高、脉石中 $SiO_2$ 等杂质含量要低，这样才能使直接还原产品被用户所接受。

我国已经具备了年产 2 亿吨氧化球团矿的总产能，已建设投产了 90 多台（套）链算机-回转窑球团生产线。我国众多冶金设计院具备产能为 200 万吨/年的氧化球团矿链算机-回转窑设计资质和工程承包能力，而生产球团矿的设备制造大部分可以国产化解决。

磁化焙烧-磁选是一种从复杂难选铁矿石中回收铁矿物行之有效的方法。中国科学院过程工程研究所在复杂难选铁矿石流态化焙烧动力学及循环流化床反应器优化设计等方面开展了工作，并结合研究成果形成了复杂难选铁矿流态化磁化焙烧工艺，建成年处理量 10 万吨的难选铁矿流态化焙烧示范工程；2012 年底进行调试，实现了稳定运行。东北大学提出了复杂难选铁矿悬浮焙烧技术，并设计出实验室型间歇式悬浮焙烧炉。利用设计的悬浮焙烧炉对鞍钢东鞍山烧结厂正浮选尾矿和鲕状赤铁矿进行了给矿粒度、气流速度、还原气体浓度、焙烧温度、焙烧时间条件试验，在最佳的试验条件下，获得了精矿铁品位 56%～61%、回收率 78%～84%的理想指标。根据基础研究成果，东北大学与中国地质科学院矿产综合利用研究所和沈阳鑫博工业设计有限公司合作，在四川省峨眉山市设计建成了 150 kg/h 的复杂难选铁矿悬浮焙烧中试系统。另外，马鞍山矿山研究院针对吉林省某铁矿共伴生硫、磷、钴和钒等元素的性质，采用浮硫-浮磷-磁选联合工艺流程，在原矿各品位均较低的情况下，通过条件试验，确定最佳工艺条件，并在条件试验基础上进行了闭路试验，获得了硫精矿品位 39.57%、回收率 91.72%，磷精矿品位 33.16%、回收率 86.09%，铁精矿全铁品位高达 68.36%，有益元素钴和钒得到有效富集。最终，成功开发磁铁精矿精选高品位铁精矿技术和装备，建成年处理 10 万吨普通铁精矿的示范线。以 TFe 含量 65%左右、晶粒粗大、可磨的普通磁铁精矿为原料，通过细磨、单一磁选，生产 TFe 含量 70.5%～71%、$SiO_2$ 含量小于 2%、P 含量小于 0.005%、S 含量 0.035%的高纯铁精矿，铁总回收率大于 93%，高纯铁精矿加工成本 60～80 元/t。长沙矿冶研究院、北京矿冶研究院也有红矿磁化焙烧选别获得 $w(TFe) \geq 68\%$ 铁精矿的业绩。

氢基竖炉通常使用高品位块矿、氧化球团矿或两者的混合物作为入炉炉料。鉴于我国铁矿资源条件和国际市场可供直接还原竖炉用高品位块矿的供应情况，直接还原竖炉的原料采用氧化球团矿是我国目前的最优化选择。与传统高炉对原料的要求有所不同，直接还原炼铁工艺是不造渣、不熔化，在原燃料的熔化温度以下，将铁矿物还原成金属铁的方法。直接还原产品中几乎包含着含铁原料中全部的脉石和杂质。为了保证 DRI 产品的品质，直接还原工艺对含铁原料，特别是对直接入炉铁矿球团的要求极为苛刻，不仅要求必须有足够高的含铁品位，尽可能低的有害杂质含量，还必须具有良好的冶金性能。

长期以来，国内球团矿品质与国外先进水平相比存在较大差距，具体表现在以下方面：(1) 由于铁矿原料品位低，造球过程中配加膨润土的比例高，球团矿含量升高，使渣量增加。(2) 我国球团矿生产所用铁精矿粒度偏粗，小于 0.074 mm粒级含量占 65%左右，部分甚至低于 60%，不利于成球过程，同时造成生球、预热球及焙烧球团强度差。(3) 由于原料本身成球性不佳，同时黏结剂改善成球效果差，导致球团粒度不均匀。(4) 由于生球热稳定性差，生球在干燥预热过程中发生爆裂而产生粉末，导致成品球团矿粉化率升高，同时粉化率高易造成回转窑结块、结圈现象；为防止结圈，实际生产操作通常采取降低焙烧温度的方法来控制，由此导致成品球团矿强度较差。(5) 由于原料中 $SiO_2$ 含量偏高，导致球团冶金性能较差。

我国钢铁行业一直致力于提高球团矿品质，采取的措施主要包括：(1) 提高铁精矿质量和优化原料结构提高成品球团矿品位；(2) 采用复合或有机黏结剂完全或者部分替代无机膨润土，改善原料成球性，提高生球强度和热稳定性，同时提高球团矿品位和降低 $SiO_2$ 含量；(3) 采用润磨或高压辊磨等预处理工艺来改善混合料粒度组成及原料的比表面积，提高生球强度，降低黏结剂用量；(4) 配加少量碱性熔剂（如生石灰、白云石等）改善球团冶金性能；(5) 开展高品位氧化球团制备技术集中攻关，研究高品位铁精矿固结机理。有研究表明，采用国产 TFe 含量 70%左右高纯铁精矿制备高品位氧化球团，综合冶金性能满足氢基竖炉要求[21]。基于国产高品位铁精矿资源条件，可生产出合格的氢基竖炉用氧化球团。

我国辽宁、河北、山东、山西等多地拥有可加工高品位铁精矿的铁矿资源约 30 亿吨。我国不缺乏生产高品位铁精矿原料的矿山和技术，我国的铁矿资源和选矿技术可以满足高炉炼铁及气基竖炉冶炼用球团矿生产发展的需要。我国具备发展氢冶金所需的铁精矿资源基础，且近年来国家在研发攻关、技改投资方面对我国各个地区精料生产技术-技术装备攻关-氢冶金示范推广培训中心建设进行大力扶持，将推动我国优质铁精矿及高品位球团矿的生产能力大幅度提高，为我国发展氢冶金奠定良好的资源基础。

### 1.4.4 我国具备供应氢冶金所需气源的潜力

发展氢冶金，气源是基本条件。我国富煤，但缺乏廉价的天然气资源，在煤炭到厂价格低于 500 元/吨的地区，可以采用煤制气工艺满足氢基竖炉的需要。煤制气还需要空分设备提供氧气，因此包括煤制气的氢基竖炉的投资，比起直接使用天然气的竖炉会多一倍。为了节省投资，建设氢基竖炉应该尽可能利用冶金企业、化工企业的副产煤气，或者流程尾气、余热回收生产的水蒸气等作为氢冶金的能源生产氢气。在华北、西北有许多生产煤焦油、兰炭的煤干馏炉的副产煤气，用副产兰炭气化生产的煤气也是优质氢气来源。我国钢铁企业建设了大量焦化厂，副产的焦炉煤气属于存量资产，其主要成本、排放、收益已经由主要产品焦炭承担，因此可以用变压吸附法（VPSA）从焦炉煤气中提取氢气。

2023 年我国焦炭产量达 49260 万吨[22]，生产每吨焦炭可产出焦炉煤气 300~330 $m^3$，焦炉煤气含氢量达 70%，是氢基竖炉生产 DRI 的优质气源。我国的焦化工业每年产出的焦炉煤气总量达 1414 亿~1555 亿立方米，假定其中一半用于化工生产及周边居民使用；除了企业生产必需的燃料消耗，如果将其中的三分之一存量焦炉煤气用于氢基竖炉，可生产 6900 万~7600 万吨 DRI（生产 1 t DRI 约需消耗 680 $m^3$ 焦炉煤气）。因此，只要政府出台具体政策支持引导，我国现有千万吨产能钢铁企业及煤化工企业通过置换，将其一小部分焦炉煤气制成氢气，建设一座氢基竖炉生产 DRI（50 万~120 万吨/年），对发展氢冶金工艺、培养氢冶金人才和积累工程实践经验非常有利。经济成本核算表明，在焦炉煤气用于制造的不同产品中，焦炉煤气用于生产 DRI 的经济效益最高。

除“灰氢”外，我国“绿氢”同样有巨大潜力，我国风能资源理论蕴藏量为 32.26 亿千瓦，主要分布在三北（东北、西北、华北北部）、东部沿海陆地、岛屿及近岸海域，可开发利用的地表风电资源约为 10 亿千瓦，其中陆地 2.5 亿千瓦，海上 7.5 亿千瓦；如果扩展到 50~60 m 以上高空，风力资源将有望扩展到 20 亿~25 亿千瓦，居世界首位。根据国家中长期发展规划，到 2020 年底和 2050 年底，风电总装机容量将分别超过 2 亿千瓦和 10 亿千瓦。

我国有着十分丰富的太阳能资源。三北、云南中西部、广东东南部、福建东南部、海南东西部以及台湾地区西南部等广大地区的太阳辐射总量很大，四川、贵州等地辐射量最小。据统计，2015 年太阳能光伏发电装机达到 4300 万千瓦，2016 年达 7800 万千瓦。据统计，截至 2024 年 7 月底，我国光伏发电累计装机容量达到 12.1 亿千瓦。

与传统制氢方式相比，可再生能源制氢的核心关键是电价。电解水制氢成本的 70%来源于电价，每生产 1 $m^3$ 氢耗电 4~5 kW·h，耗水 0.8 kg[23]。电解水制氢可同时按照 2∶1 副产氧气，可将氧气售卖平衡一部分制氢成本。若采用市售电制氢，则电解水制氢成本远超其余制氢手段，完全不具备经济可行性。这也是为什么电解水制氢未规模化发展的一个重要原因。随着风/光电开发建设成本的降低和发电效率的提高，以及结合风/光电发电利用小时数在超过盈亏平衡点后边际成本为零的优势，风/光电制氢正在逐步具备可行性。当电价成本控制在0.25元/(kW·h)就可与传统手段制氢成本持平，电价低于这个水平则具备价格优势。2022—2030年绿氢、灰氢、蓝氢制氢成本对比及预测见表1.5[24]，随着技术的进步，电解水制氢的成本将逐步降低。

**表1.5 2022—2030年绿氢、灰氢、蓝氢制氢成本对比及预测**

| 单位制氢成本/元·$kg^{-1}$ | 2022年 | 2023年 | 2024年 | 2025年 | 2026年 | 2027年 | 2028年 | 2029年 | 2030年（电价0.2元/(kW·h)） | 2030年（电价0.15元/(kW·h)） |
|---|---|---|---|---|---|---|---|---|---|---|
| 碱性电解水制氢 | 21.21 | 20.21 | 18.77 | 17.50 | 16.35 | 15.30 | 14.34 | 13.44 | 12.61 | 10.10 |
| PEM电解水制氢 | 39.21 | 32.08 | 27.44 | 23.81 | 20.91 | 18.56 | 16.60 | 14.96 | 13.56 | 11.33 |
| 煤制氢 | 11.60 | 11.60 | 11.55 | 11.51 | 11.47 | 11.43 | 11.39 | 11.35 | 11.31 | 11.31 |
| 天然气制氢 | 12.59 | 12.57 | 12.55 | 12.53 | 12.51 | 12.49 | 12.47 | 12.46 | 12.44 | 12.44 |
| 煤制氢（结合CCUS） | 18.80 | 18.80 | 18.26 | 17.73 | 17.20 | 16.67 | 16.14 | 15.62 | 15.09 | 15.09 |
| 天然气制氢（结合CCUS） | 17.39 | 17.37 | 17.07 | 16.76 | 16.46 | 16.15 | 15.85 | 15.55 | 15.24 | 15.24 |
| 碱性电解水制氢（生产补贴） | 6.21 | 8.21 | 9.77 | 11.50 | 13.35 | 15.30 | 14.34 | 13.44 | 12.61 | 10.10 |
| 碱性电解水制氢（电费补贴） | 8.98 | 9.51 | 9.83 | 10.25 | 10.71 | 11.19 | 11.68 | 12.15 | 12.61 | 10.10 |
| 煤制氢（征收碳税） | 12.05 | 12.05 | 13.80 | 13.76 | 15.52 | 15.48 | 15.44 | 15.40 | 15.81 | 18.51 |
| 天然气制氢（征收碳税） | 12.87 | 12.85 | 14.03 | 14.01 | 15.19 | 15.17 | 15.16 | 15.14 | 15.42 | 17.22 |

2022年是我国“氢能行业爆发元年”，自此之后，我国开始进入氢能产业的加速发展阶段，已迎来氢能产业发展的重要窗口期。国家在“十四五”初期制定了系列工业绿色发展规划以及氢能规划，此后全国多个省（自治区、直辖市）将氢能写入政府工作报告，示范城市群也发布了相应发展规划，氢能产业正加速

迈入“从 1 到 10”的进程。我国已成为世界上最大的制氢国，2022 年我国氢气产能约 4100 万吨，产量 3781 万吨，占全球制氢总量的 40%[25]。预计在 2030 年前碳达峰愿景下，我国氢气的年产量预期将超过 5000 万吨。

低碳排放和规模化的可再生能源制氢将成为我国主要氢源，针对我国制氢现状，充分利用工业副产氢气，注重制氢降成本和清洁减排高效利用技术的开发。随着我国风/光电成本的大幅度下降，可再生能源电解水制氢的综合成本也将下降。总体而言，在氢能产业快速发展的大背景下，我国具备氢冶金发展所需气源的潜力。

## 参 考 文 献


[1] IEA. Global energy-related $CO_2$ emission [DB]. Paris. https：//www. iea. org/.

[2] 张建良．氢冶金初探 [M]. 北京：冶金工业出版社，2021，15.

[3] 中国国际工程咨询有限公司氢能战略研究课题组，谢明华，陈梅涛，等．全球氢能发展态势及我国的战略选择 [J]. 财经智库，2021，6（4）：124-136，144.

[4] 朱苗勇．现代冶金工艺学 [M]. 北京：冶金工业出版社，2013，58-59.

[5] 黄希祜．钢铁冶金原理 [M]. 北京：冶金工业出版社，2007，284-288.

[6] 周美洁，艾立群，洪陆阔，等．氢冶金基础研究和新工艺探索 [J]. 材料导报，2023，37（13）：1-6.

[7] 吕建超．气基直接还原竖炉内还原过程的研究与分析 [D]. 秦皇岛：燕山大学，2017.

[8] Bai M H，Long H，Ren S B，et al. Reduction behavior and kinetics of iron ore pellets under $H_2$-$N_2$ atmosphere [J]. ISIJ International，2018，58（6）：1034-1041.

[9] 易凌云．铁矿球团混合气体气基直接还原基础研究 [D]. 长沙：中南大学，2013.

[10] 陈赓．气基还原氧化铁动力学机理研究 [D]. 大连：大连理工大学，2011.

[11] Lin H Y，Chen Y W，Li C. The mechanism of reduction of iron oxide by hydrogen [J]. Thermochimica Acta，2003，400（1）：61-67.

[12] Wei Z，Zhang J，Qin B P，et al. Reduction kinetics of hematite ore fines with $H_2$ in a rotary drum reactor [J]. Powder Technology，2018，332：18-26.

[13] Spreitzer D，Schenk J. Reduction of iron oxides with hydrogen—A review [J]. Steel Research International，2019，90（10）：201900108.

[14] Xu R S，Dai B W，Wang W，et al. Effect of iron ore type on the thermal behaviour and kinetics of coal-iron ore briquettes during coking [J]. Fuel Processing Technology，2018，173：11-20.

[15] Wang H T，Sohn H Y. Effect of CaO and $SiO_2$ on swelling and iron whisker formation during reduction of iron oxide compact [J]. Ironmaking & Steelmaking，2011，38（6）：447-452.

[16] IEA. Energy system of China [DB]. Paris. https：//www. iea. org/.

[17] 中华人民共和国海关总署．海关统计数据在线查询 [DB]. Beijing. http：//www. customs. gov. cn/customs/syx/index. html.

[18] 华经产业研究院．2023 年中国钢材进口数量、进口金额及进口均价统计分析[R].

2023. https：//www. huaon. com/channel/tradedata/963156. html.

[19] Worldsteel. 2024 world steel in figures [R]. 2024. https：//worldsteel. org/wp-content/uploads/World-Steel-in-Figures-2024. pdf.

[20] 2023 World direct reduction statistics [R]. 2024. https：//www. MIDREX. com/.

[21] 李峰，储满生，唐珏，等. 非高炉炼铁现状及中国钢铁工艺发展方向 [J]. 河北冶金，2019 (10)：8-15.

[22] 世界金属导报. 2023 年我国炼焦技术发展评述 [R]. 2024-04-30. http：//www. worldmetals. com. cn/viscms/.

[23] 张丽，陈硕翼. 风电制氢技术国内外发展现状及对策建议 [J]. 科技中国，2020 (1)：13-16.

[24] 蒋珊. 绿氢制取成本预测及与灰氢、蓝氢对比 [J]. 石油石化绿色低碳，2022，7 (2)：6-11.

[25] 王新东，侯长江，钟金红. 氢能产业发展现状及其在我国钢铁行业的应用 [J]. 河北冶金，2024 (7)：1-8.

# 2　氢冶金研发与应用现状

## 2.1　气基竖炉直接还原工艺及其发展现状

直接还原炼铁是铁氧化物不经过熔化、造渣，在固态下通过还原剂（如天然气或煤）还原为金属铁的工艺。疏松多孔的表面使得 DRI 的抗氧化性能较差，为了提高产品的抗氧化能力和体积密度，DRI 热态下挤压成型产品称为热压块（Hot Briquetted Iron，HBI），DRI 冷态下挤压成型产品称为冷压块（Cold Briquetted Iron，CBI）。DRI 可以作为冶炼优质钢、特殊钢的纯净原料，也可作为铸造、铁合金、粉末冶金等工艺的含铁原料。直接还原炼铁的优点是流程短，没有焦炉和烧结，污染小；缺点是对原料要求严格，要用高品位铁矿，且气基必须有廉价丰富的天然气或氢气，煤基回转窑要使用灰分熔点高、反应性好的煤。

目前，直接还原技术按使用还原剂的类型可分为：气体还原剂法（简称气基法）、固体还原剂法（简称煤基法）以及以电为热源、以煤为还原剂的电煤法；按反应器的类型可分为：竖炉法、流化床法、回转窑法、转底炉法、罐式法等，如图 2.1 所示。煤基直接还原法是世界上最早提出的直接还原方法，煤基直接还原装置包括转底炉、回转窑、竖炉及外热式反应罐。转底炉煤基直接还原技术采用含铁原料与还原剂混合造球，还原条件好，能源来源广泛，对原料的适应性强，在钢铁厂粉尘综合利用以及复合矿利用有明显的优势。但该工艺生产产品含铁品位低，含 S 高（$w(TFe)<85\%$，$w(S)=0.10\%\sim0.20\%$），难以直接用于炼钢生产，且设备运转部件庞大，运行维护难度大，投资及运行成本的优势、生产控制和生产产品的稳定性还有待生产证实，至今发展不足。传统手烧煤隧道窑罐式法能耗高、污染严重，而通过以燃气替代手烧煤等技术改造后，燃料消耗大幅度下降，单机产量大幅度提高，污染情况明显改善。但单窑产能难以大幅度扩大，总能耗远高于高炉炼铁能耗，产品质量稳定性差等问题难以克服，推广存在困难。回转窑法是煤基直接还原法中产能最大、技术最成熟的工艺，世界煤基 DRI 产量的 95%以上均基于回转窑法。回转窑法中因供煤方式、产品冷却方式、还原过程的控制等差异又有数十种工艺，其中最具有代表性的是 SL/RN 法、CODIR 法和 DRC 法。回转窑法虽然技术成熟，但依旧存在设备的利用率低、反应温度低、还原过程长、生产过程热效率低、能耗偏高、运行设备多、运行费用

高、操作控制难度大、占地面积大但生产能力低（世界最大的回转窑生产能力仅15万~20万吨/年）等缺点，难以成为发展DRI生产的主体工艺。2023年世界DRI产量为1.357亿吨，以煤基直接还原法生产的DRI产量占比为29.6%，其90%以上来源于印度。

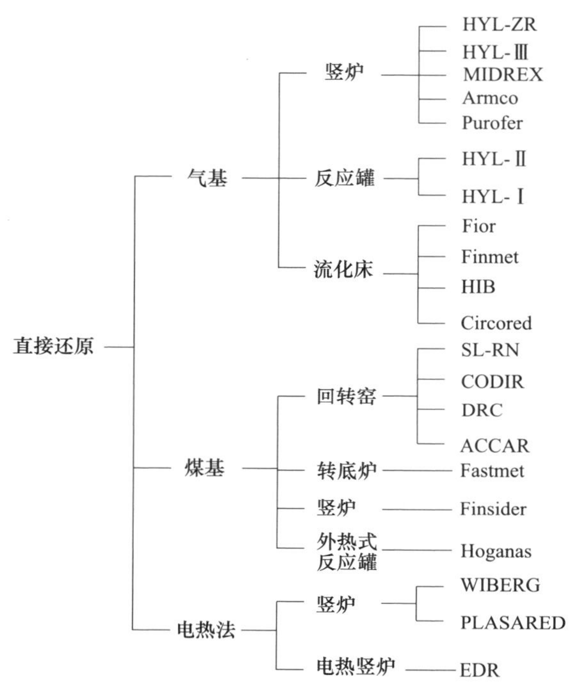


图2.1 直接还原工艺分类

气基直接还原法反应器类型包括竖炉、反应罐及流化床，罐式法作业稳定，设备可靠，推广很快；但产品质量不均匀，热耗较大，煤气利用不好。流化床法无须造块，充分利用粉矿比表面积大、还原快的优点，可以获得设备的高生产率，但其产品活性大、不稳定，必须钝化或压块处理，且总能耗偏高。而目前以竖炉为反应器的气基竖炉直接还原法是当前主流直接还原工艺，其以MIDREX法及HYL法为代表。2023年气基竖炉工艺生产的DRI产量达到了总产量的70.3%，如图2.2所示。气基竖炉直接还原法以球团及块矿作为原料，利用天然气等富氢气体作为还原剂，传热、传质效率好，产率高，质量好，装备已系列化，单机最大产量已达250万吨/年，以竖炉为主体的气基竖炉直接还原法是当前直接还原炼铁工艺的主流。

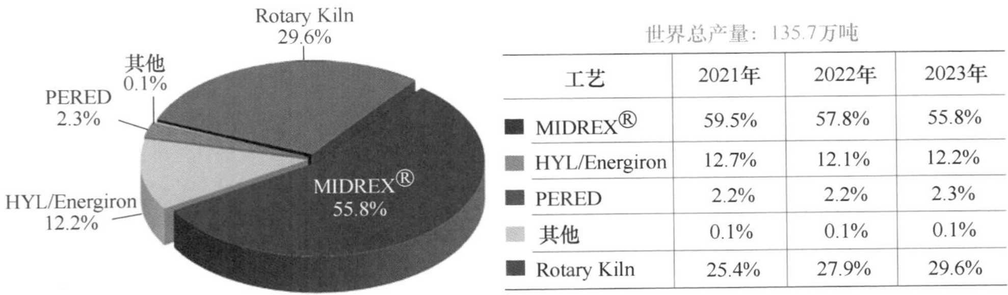


| 工艺 | 2021年 | 2022年 | 2023年 |
|---|---|---|---|
| MIDREX® | 59.5% | 57.8% | 55.8% |
| HYL/Energiron | 12.7% | 12.1% | 12.2% |
| PERED | 2.2% | 2.2% | 2.3% |
| 其他 | 0.1% | 0.1% | 0.1% |
| Rotary Kiln | 25.4% | 27.9% | 29.6% |

图 2.2　2023 年不同工艺 DRI 产量

### 2.1.1　主流气基竖炉直接还原工艺

#### 2.1.1.1　MIDREX 工艺

##### A　MIDREX 工艺发展概述

MIDREX 工艺发展历程如图 2.3 所示，MIDREX 竖炉是由 MIDREX 公司成功开发、目前运行成功、应用最广泛的气基竖炉直接还原工艺，在世界范围内发展迅速。自 1936 年以来，美国 MIDREX 公司开始研究以天然气为基础的直接还原工艺，1966 年成功突破了天然气重整还原气和气固相逆流换热还原竖炉这两项关键技术，得到进一步发展，并在俄勒冈钢厂建成 1.5 t 级别的试验装置。一年后，美国 MIDREX-Ross 公司建成了两套 20 万吨级别的天然气竖炉直接还原装置。1971 年，MIDREX 竖炉直接还原装置已达到 40 万吨级别。随后，又有近 50 套 MIDREX 装置销至近 20 个国家，2004—2007 年签约 1500 万吨。2019 年，MIDREX 在阿尔及利亚建成了两座竖炉，年最大 DRI 生产能力为 250 万吨。MIDREX 竖炉技术成熟，生产效率高，应用广泛，已经建成年产数千万吨的产能。随着技术发展，MIDREX 工艺经过不断改进，逐步开发了 MXCOL，MIDREX $H_2$，MIDREX Flex 工艺，提高了 MIDREX 工艺在各类场景的适用性。截至 2023 年底，MIDREX 工厂已累计生产超过 13.9 亿吨各种形式的 DRI（CDRI、HDRI 和 HBI）。到 2023 年，MIDREX 竖炉 DRI 产量占全球竖炉 DRI 年产量的 80%，其中 HBI 及 HDRI 产量达到了 3424 万吨/年[1]。

##### B　MIDREX 竖炉工艺原理

MIDREX 工艺采用的还原气是通过天然气催化裂化制取的，以除尘脱水炉炉顶煤气中的 $CO_2$ 作为转化剂，利用镍基催化剂在加热炉内对原料气进行改质，反应温度为 900 ℃，实现原料气中的甲烷全部分解。重整反应的反应式为 $CO_2+CH_4 = 2CO+2H_2$，其中原料气中的 $\varphi_{H_2}/\varphi_{CO}$ 控制在 1.5~1.8，得到的还原气中 $H_2$

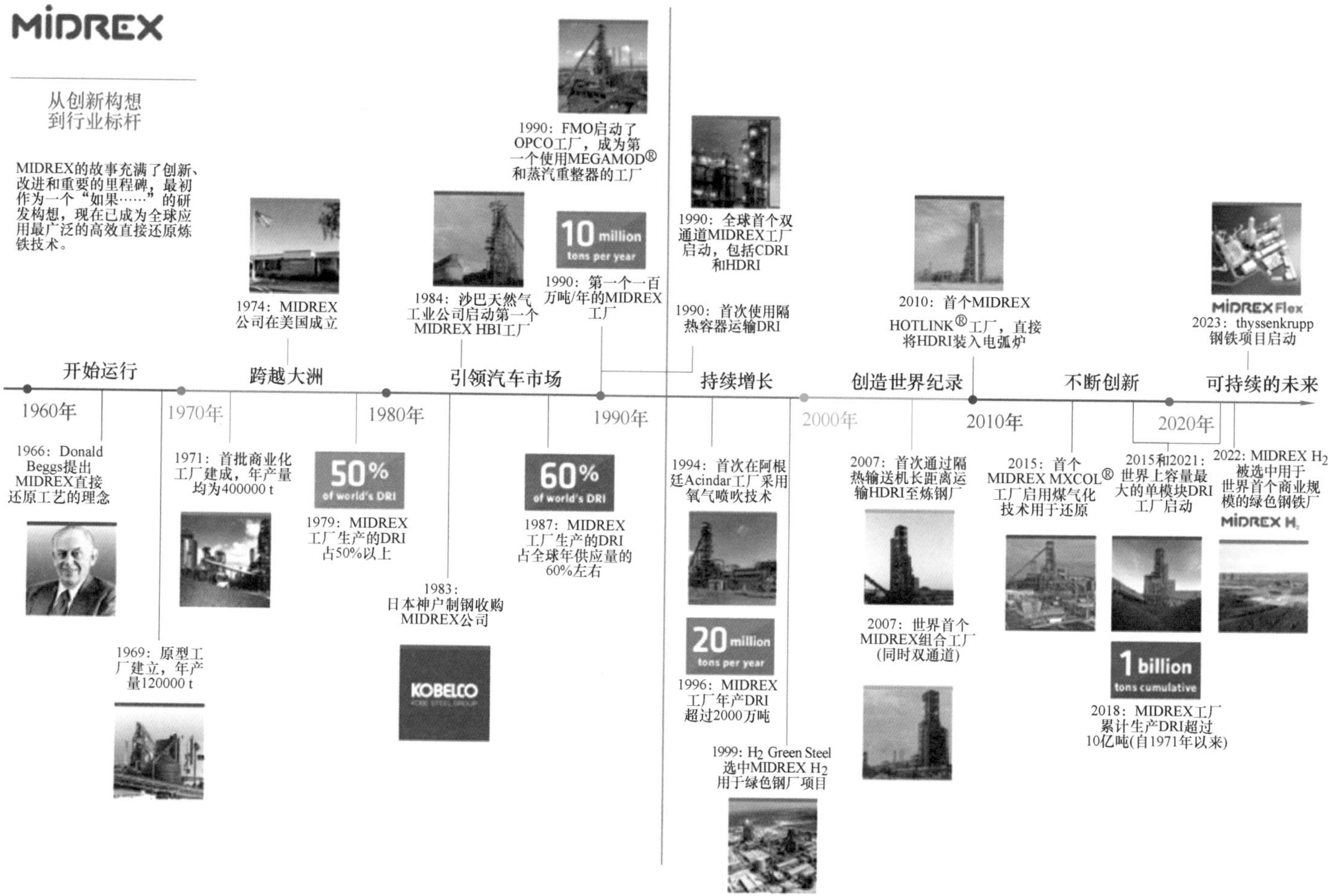

从创新构想
到行业标杆

MIDREX的故事充满了创新、改进和重要的里程碑，最初作为一个“如果……”的研发构想，现在已成为全球应用最广泛的高效直接还原炼铁技术。

开始运行
1960年
1966：Donald Beggs提出MIDREX直接还原工艺的理念
1969：原型工厂建立，年产量120000 t

1970年
1971：首批商业化工厂建成，年产量均为400000 t

跨越大洲
1974：MIDREX公司在美国成立
1979：MIDREX工厂生产的DRI占50%以上
50% of world's DRI

1980年
引领汽车市场
1983：日本神户制钢收购MIDREX公司
KOBELCO
1984：沙巴天然气工业公司启动第一个MIDREX HBI工厂
1987：MIDREX工厂生产的DRI占全球年供应量的60%左右
60% of world's DRI

1990年
1990：FMO启动了OPCO工厂，成为第一个使用MEGAMOD®和蒸汽重整器的工厂
1990：第一个一百万吨/年的MIDREX工厂
10 million tons per year
1990：全球首个双通道MIDREX工厂启动，包括CDRI和HDRI
1990：首次使用隔热容器运输DRI

持续增长
1994：首次在阿根廷Acindar工厂采用氧气喷吹技术
1996：MIDREX工厂年产DRI超过2000万吨
20 million tons per year
1999：$H_2$ Green Steel选中MIDREX $H_2$用于绿色钢厂项目

2000年
创造世界纪录
2007：首次通过隔热输送机长距离运输HDRI至炼钢厂
2007：世界首个MIDREX组合工厂(同时双通道)

2010年
2010：首个MIDREX HOTLINK®工厂，直接将HDRI装入电弧炉

不断创新
2015：首个MIDREX MXCOL®工厂启用煤气化技术用于还原
2015和2021：世界上容量最大的单模块DRI工厂启动
2018：MIDREX工厂累计生产DRI超过10亿吨(自1971年以来)
1 billion tons cumulative

2020年
可持续的未来
2022：MIDREX $H_2$被选中用于世界首个商业规模的绿色钢铁厂
MIDREX $H_2$
2023：thyssenkrupp钢铁项目启动
MIDREX Flex

图 2.3　MIDREX 工艺发展历程

和 CO 含量大于 90%，温度为 850~900 ℃，压力为 0.1~0.3 MPa，流量（标态）为 1800 $m^3/t$。热还原气从竖炉中部周边入口送入，经还原反应后的煤气从炉顶排出，称为炉顶煤气，温度 400 ~ 450 ℃，压力 0.05 ~ 0.20 MPa，粉尘含量 0.6%。炉顶煤气通过洗涤后，将 2/3 的气体加压后与一定量的天然气混合均匀，经过催化裂化反应转化后继续参与竖炉直接还原反应。经过工艺迭代，MXCOL 工艺采用煤制气工艺气及焦炉煤气作为还原气，MIDREX Flex 则采用 $H_2$ 替代原本的天然气作为还原气。MIDREX $H_2$ 全部使用 $H_2$ 作为还原气。不同工艺的迭代开发使 MIDREX 工艺可适用于不同气源条件，进一步加强了 MIDREX 工艺的推广。

图 2.4 和图 2.5 分别给出了 MIDREX 工艺流程和竖炉结构图，表 2.1 和表 2.2 分别给出了典型 MIDREX 工艺气成分和操作指标。MIDREX 工艺的典型过程是由竖炉底部的排料机控制竖炉内原料的下降速度，当原料重力下降到竖炉底部时，成品排出。顶部的装料系统由三部分组成，炉料先通过最上部的料斗装入，再通过气封管由炉料分配器进入炉内。炉料分配器由许多根分配管组成，可以使炉料在进入竖炉炉内时分布均匀。经过炉料分配管进入炉内后，炉料即进入还原

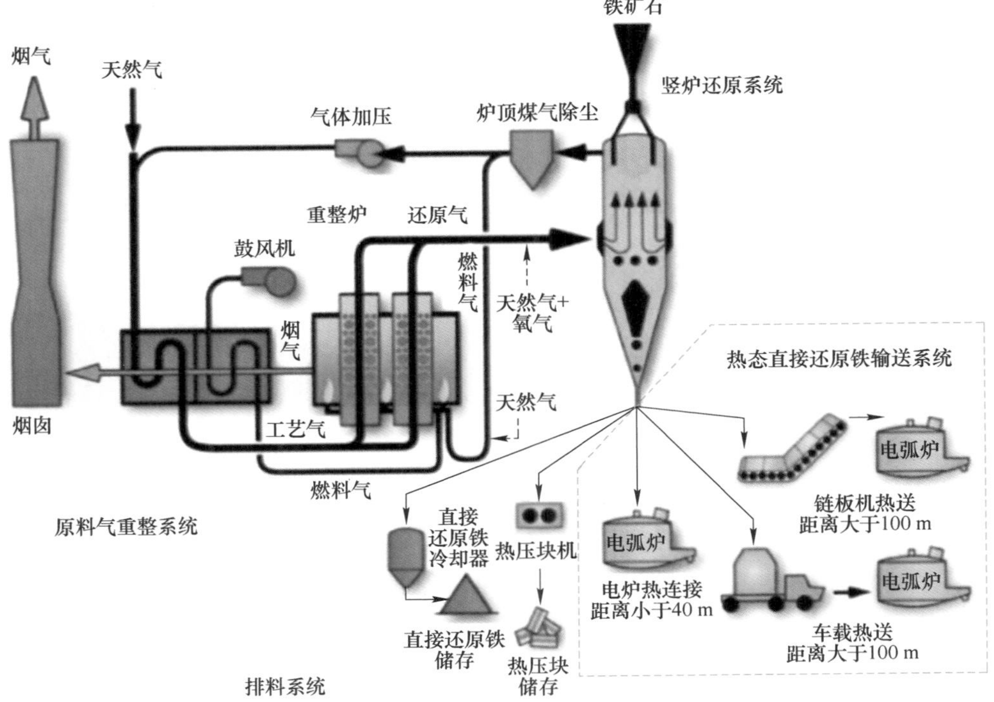


图 2.4　MIDREX 竖炉工艺流程

段。还原段分为上下两端，还原气从下端的喷嘴组进入竖炉中，又从上端的炉顶煤气出口排出，还原段内形成一个自下而上的气流，炉料在预热还原带与上行的炉气相接触被预热和还原；而在第二代工艺中，采用热回收换热器对助燃空气和原煤气依次进行预热，充分利用了烟气中的余热，比第一代装置提高了6.3%左右。入炉原料在固态下还原为金属铁，金属化率一般大于90%，碳含量为0.5%~2.5%。经过还原段的炉料继续下降，经过上输送机均匀稳定地进入冷却段。

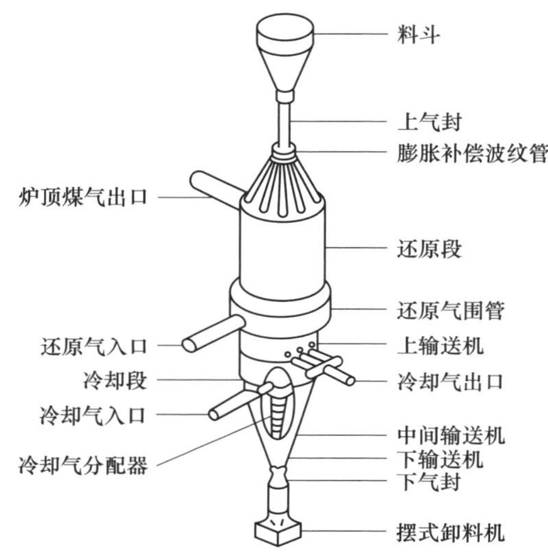

图 2.5　MIDREX 竖炉结构图

**表 2.1　典型 MIDREX 工艺气成分**　　(%)

| 组元 | 原料气成分<br>（温度 580 ℃） | 重整后入炉气成分<br>（温度 980 ℃） |
|---|---|---|
| $H_2$ | 35 | 55 |
| CO | 19 | 35 |
| $CO_2$ | 15 | 2 |
| $H_2O$ | 13 | 6 |
| $CH_4$ | 17 | 1 |
| $N_2$ | 1 | 1 |

**表 2.2　典型 MIDREX 操作指标**

| DRI | | | 其他指标 | | | |
|---|---|---|---|---|---|---|
| 金属化率 /% | $w$(TFe) /% | 抗压强度 /N·个$^{-1}$ | 天然气消耗 /GJ | 电能消耗 /kW·h | 水消耗 /$m^3$ | 日产量 /t·$m^{-3}$ |
| 92~96 | >90 | 500 | 10.5~11.0 | 110 | 1.6 | 9~12 |

冷却段由冷却气体洗涤器、加压器、脱水器、冷却气体分布器和一套复杂的管道组成，在此阶段冷却气由冷却气入口进入，冷却气进口温度低于 40 ℃，压力为 0.1~0.3 MPa；经过分配器均匀吹入 DRI 料柱后向上运动，吸收 DRI 的热量，冷却到约 50 ℃；然后从冷却段上部通过搜集罩将气体统一收集从冷却气出口排出，出炉冷却气温度为 450 ℃左右。此时炉料再继续下降，通过中间输送机与下输送机，自下气封管到达摆式卸料机，此时排出的 DRI 由带式输送机输送到铁栅筛（带式取样称重）上筛分，将筛上的结合块破碎，与成品一起放入成品仓库，供下一步流程使用[2-3]。

在 MIDREX 工艺中，还原气生成技术是关键，直接影响了竖炉还原反应的效率和 DRI 的品质。在天然气不足的地区，MIDREX 开发了 MXCOL 煤制气竖炉工艺（见图 2.6），通过煤气化技术生成合成气，使用气化炉将煤在高温条件下与氧气、水蒸气反应，生成含 CO 和 $H_2$ 的粗合成气。这个过程可以在固定床、流化床或粉煤气化炉中进行，气化后粗煤气的组成通常为 $\varphi_{H_2}=37\%\sim39\%$、$\varphi_{CO}=17\%\sim18\%$、$\varphi_{CO_2}=32\%$、$\varphi_{CH_4}=8\%\sim10\%$，这种气体组合为后续的直接还原反应提供了所需的还原性气氛。设计竖炉的工艺气入炉量为 1800 $m^3$，入炉煤气中 $\varphi_{H_2}/\varphi_{CO}=1.5$，温度设定在 900 ℃，合成气消耗量为 849 $m^3$/t，约相当于 9.25 GJ/t。这种煤制气竖炉工艺通过使用高温混合气体，能够有效避免析碳反应，并且提供了优质 DRI 作为炼钢原料。MIDREX 工艺首次商业应用煤制气是 1999 年在南非安赛乐米塔尔钢铁公司。金达尔钢铁和电力有限公司（JSPL）在印度奥里萨邦安格尔建立了第一个基于商用煤气化技术的 MIDREX 直接还原厂。该工厂将使用本地煤炭和铁矿石生产 CDRI 和 HDRI，供邻近的熔炼车间使用。热反应器系统（TRS）采用一种新的部分氧化技术，可以使用多种原料气生产 DRI，其中包括焦炉煤气，该系统将碳氢化合物燃料转化为适用于 DRI 生产的高质量、高温合成气。

MIDREX 还开发了 MIDREX Flex 及 MIDREX $H_2$ 工艺。MIDREX Flex 工艺典型流程如图 2.7 所示。MIDREX Flex 允许根据工厂的运营目标用氢气替代任何比例的天然气原料，为工厂提供了应对不断变化的市场需求和原料可用性所需的灵活性。因此，MIDREX Flex 工厂可以在建成时先使用天然气运行，当氢气量足够且价格低廉时，可以转换为纯氢条件生产。在 MIDREX Flex 工艺流程中，氢气在不预热的情况下进入炉顶煤气循环管道，可替代 75%的天然气，这有利于优化转化炉的运行，同时最大限度地提高还原炉的还原气体质量。当天然气置换量达到

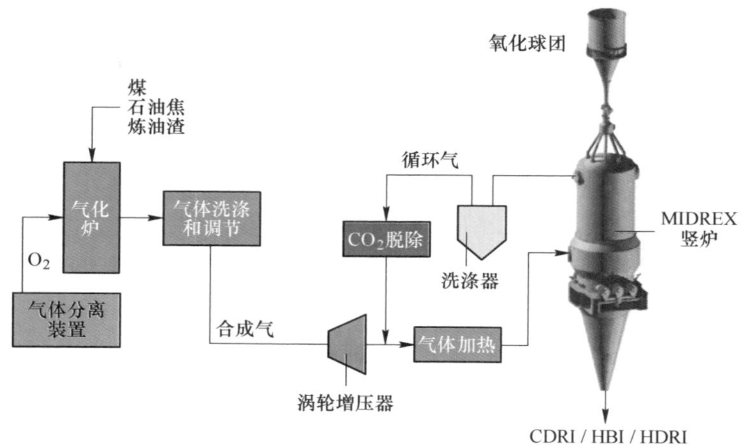


图 2.6 MXCOL 工艺典型流程

75%时，在重整器中加入氢气，以尽可能保持 DRI 产品的碳含量，同时仍能继续减少碳足迹。在 85%～100%的置换过程中，在入炉前管道内注入氢气，以保持还原气的质量，提高工艺生产效率。MIDREX 公司和 Paul Wurth 公司将为蒂森克虏伯钢铁欧洲公司在德国杜伊斯堡的工厂设计、供应和建造一座年产 250 万吨的 MIDREX Flex 工厂。该工厂最初将使用改造后的天然气运行，直到有足够的氢气可用，届时将过渡到 100% $H_2$ 运行，工厂计划于 2026 年底启动。

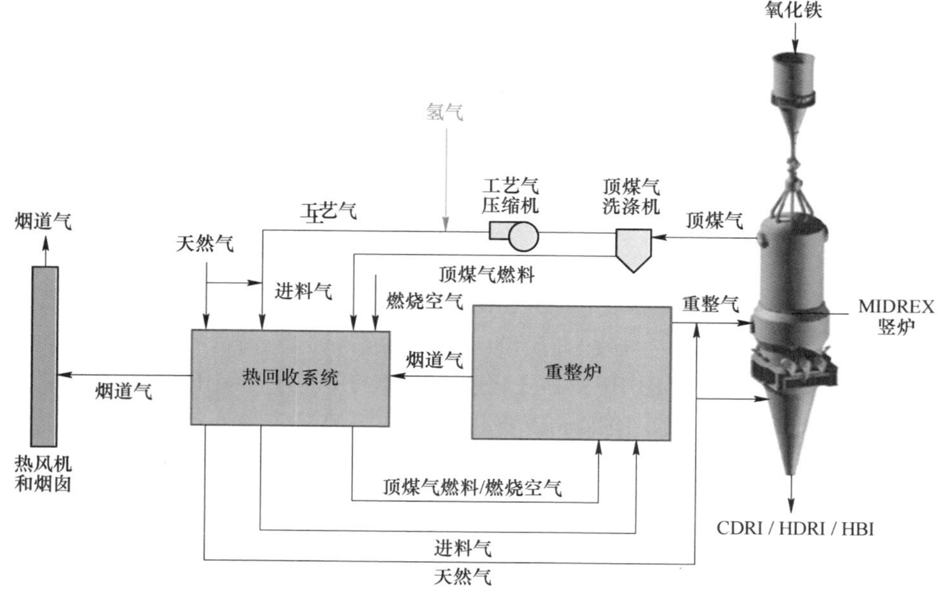


图 2.7 MIDREX Flex 工艺典型流程

MIDREX $H_2$ 工艺典型流程如图 2.8 所示。MIDREX $H_2$ 工艺是使用可再生能源产生的绿氢在 MIDREX 竖炉中制造 DRI，用于与废钢结合使用或作为电炉的主要金属原料。相较于传统高炉-转炉长流程，MIDREX $H_2$ 工艺的碳减排可以达到 90%以上，工艺用于还原的氢气消耗量（标态）为 550～650 $m^3/t$。此外，气体加热器还需要多达 300 $m^3/t$ 的氢气（标态）或其他环保热源（如废热、电力和天然气）作为燃料。MIDREX 公司和 Paul Wurth 公司被选中为位于瑞典博登的 $H_2$ Green Steel 提供世界上第一家基于完全绿色技术的新建钢厂，MIDREX $H_2$ 工艺将用于年产 210 万吨 HDRI 和 HBI，预计 2025 年建设并于 2026 年投产。

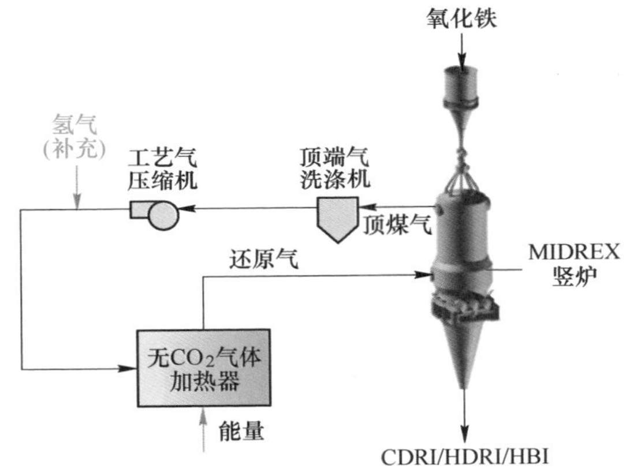


图 2.8 MIDREX $H_2$ 工艺典型流程

### C MIDREX 竖炉原料要求及工艺特点

MIDREX 工艺对大多数块矿和氧化球团都适用，首选的要求见表 2.3。

表 2.3 MIDREX 工艺对原料质量要求

| 指标 | | 球团 | 块矿 |
|---|---|---|---|
| 化学成分（质量分数）/% | TFe | ≥67.0 | ≥67.0 |
| | FeO | ≤1.0 | ≤1.0 |
| | $SiO_2+Al_2O_3$ | ≤3.0 | ≤3.0 |
| | $Na_2O+K_2O$ | ≤0.1 | ≤0.1 |
| | $TiO_2$ | ≤0.15 | ≤0.15 |
| | S | ≤0.008 | ≤0.008 |
| | P | ≤0.03 | ≤0.03 |
| | 烧损 LOI | ≤1.5 | ≤1.5 |
| 物理性能 | 粒度分布/mm | 6～16 | 10～35 |
| | 粒度分布（10～35 mm）/% | — | ≥85 |

续表 2.3

| 指　标 | | 球团 | 块矿 |
|---|---|---|---|
| 物理性能 | 粒度分布（9~16 mm）/% | ≥95 | — |
| | 粒度分布（<5 mm）/% | ≤3 | ≤5 |
| | 气孔率/% | ≥20.0 | — |
| | 抗压强度/N · 个$^{-1}$ | ≥2500.0 | — |
| | 抗压强度（<500 N）/% | ≤2 | — |
| | 转鼓指数（>6.3 mm）/% | ≥93.0 | ≥90.0 |
| 冶金性能 | 还原性指数 RI(800 ℃)/% · min$^{-1}$ | ≥3 | ≥3 |
| | 还原性指数 RI(900 ℃)/% · min$^{-1}$ | ≥4 | ≥4 |
| | 耐磨指数/% | — | ≤15 |
| | 还原膨胀指数/% | ≤10 | — |
| | 低温还原粉化指数 $LTD_{+6.3}$/% | ≥80 | ≥70 |
| | 低温还原粉化指数 $LTD_{-3.2}$/% | ≤10 | ≤20 |
| | 未破碎的球团/% | ≥60 | — |

a　对块矿的首选要求

（1）粒度：块矿粒度应较为均匀，一般要求在 10~35 mm。较大的粒度可能导致还原不均匀，而过小的粒度则容易造成炉内透气性变差，影响还原气的上升和反应效率。

（2）含铁量：$w$(TFe)>67%，高含铁量可以保证在还原过程中获得较高的金属化率，减少杂质对还原反应的干扰。

（3）杂质含量：脉石 $SiO_2+Al_2O_3$ 含量应小于 3%。脉石主要成分为二氧化硅、氧化铝等，过多的脉石会增加炉渣量，降低还原效率，同时也会影响最终产品的质量。含硫量小于 0.008%。硫在还原过程中会与铁形成硫化物，降低产品的质量，并且在后续的炼钢过程中也会带来一系列问题。含磷量小于 0.03%。磷同样会对产品质量产生不利影响，尤其是在炼钢过程中可能导致钢的脆性增加。

b　对氧化球团的首选要求

（1）粒度：粒度均匀，一般在 6~16 mm。合适的粒度有助于在竖炉中形成良好的透气性，保证还原气与球团的充分接触。

（2）抗压强度：球团应具有较高的抗压强度，一般要求在 2500 N/个以上。高强度的球团可以在竖炉中承受重力和还原气的冲刷，减少破碎和粉化现象，保证炉内的透气性和还原效果。

（3）含铁量：$w$(TFe)≥67%。高含铁量的球团可以提高还原效率，获得更高质量的 DRI 产品。

（4）氧化度：氧化球团的氧化度应较高，一般要求在 90%以上。高氧化度的球团在还原过程中反应更迅速、更彻底，有利于提高金属化率。

（5）杂质含量：脉石 $SiO_2+Al_2O_3$ 含量应小于 3.0%。低脉石含量可以减少炉渣的生成，提高还原效率和产品质量。含硫量和含磷量同样应分别小于 0.008% 和 0.003%，以保证最终产品的质量和后续炼钢过程的顺利进行。

MIDREX 竖炉具有以下特点：（1）物料气流逆流接触，传热传质效率高，运行效率高，生产效率高；（2）煤气回收，高效能利用；（3）生产稳定；（4）物料流动稳定，气流分布均匀，产品金属化率稳定；（5）产品碳含量可根据需要调整，提高炼钢生产效率；（6）煤制气系统存在脱硫过程，产品含硫量很低；（7）炉缸耐火材料无腐蚀问题，炉龄时间长；（8）多座 MIDREX 工厂的设计、生产和运行经验，保证安全、高效和稳定生产。

2.1.1.2　HYL 工艺

A　HYL 工艺发展概述

HYL-Ⅰ到 HYL-Ⅲ以及 HYL-ZR 的工艺发展和推广应用历程如图 2.9 和图 2.10 所示[3]。HYL 工艺开发始于 20 世纪 50 年代，1957 年，第一座间歇式反应器 HYL-Ⅰ工艺生产装置在墨西哥 Monterrey 蒙特雷建成，年产 DRI 10 万吨。1979 年，全世界已建成十几座 HYL-Ⅰ装置，总产能达 600 万吨。间歇式 HYL 反应器的能耗相当高，约 17~19 GJ/t。HYL-Ⅰ工艺利用天然气作为还原剂，将铁矿石中的氧气还原生成 DRI。这项技术标志着天然气还原炼铁的开端，奠定了直接还原冶金的基础，但由于采用固定床反应器，产能有限，且设备较为复杂。

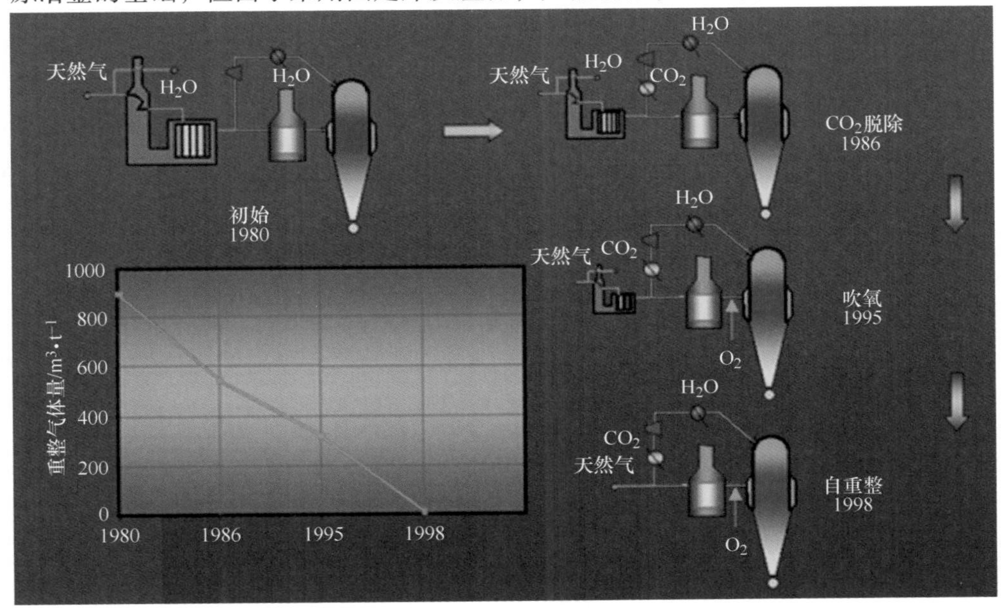


图 2.9　HYL-Ⅰ到 HYL-Ⅲ以及 HYL-ZR 的发展历程

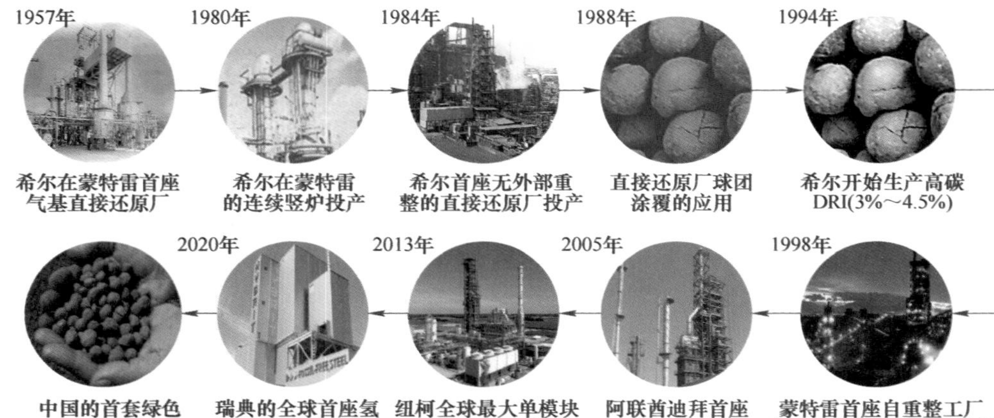


图 2.10　HYL 竖炉工艺推广应用历程

此后，HYLSA 公司启动了 HYL-Ⅱ工艺的研发，20 世纪 80 年代，HYL-Ⅱ工艺面世。相比 HYL-Ⅰ，它对还原反应进行了改进，并引入气体循环系统，以提高还原效率和天然气利用率。HYL-Ⅱ工艺仍然基于固定床设计，但工艺条件得到优化，提高了产量。然而，由于固定床结构的限制，其产能扩展仍然受限，最终 HYL-Ⅱ并未被广泛商业化。为解决固定床工艺的瓶颈，HYLSA 公司在墨西哥 Monterrey 直接还原厂开发成功 HYL-Ⅲ竖炉移动床工艺。这一代工艺引入了竖炉设计，采用单一反应器实现连续操作，显著提升了生产能力。HYL-Ⅲ工艺还实现了还原气体的闭路循环，进一步提高天然气的利用效率。HYL-Ⅲ的竖炉结构大幅提升了产能，并允许对 DRI 的碳含量进行调节，以满足电炉炼钢的多样化需求。此后，MAN GHH AG、Ferrostaal AG 和 HYLSA 联合建设了一个年产 200 万吨 DRI 的直接还原生产厂 IMEXSA，这也是 HYL-Ⅲ工艺首次在 HYLSA 公司之外投入商业化生产，该厂于 1989 年 2 月顺利投产。

进入 21 世纪后，随着技术的发展，HYL 工艺进一步升级为 HYL-ZR（Zero Reformer，自重整）工艺。HYL-ZR 工艺取消了传统的天然气重整器，通过直接加入氧气调节还原气体中的一氧化碳和氢气比例，在竖炉内实现原位重整反应和还原反应的有机结合，实现了还原气体的高效循环利用和铁矿石的连续高效还原，以提升还原效率并简化设备配置。此外，HYL-ZR 工艺提高了天然气利用率，降低了能耗和运营成本，使得工艺更加高效、环保。此外，HYL-ZR 工艺也为氢基还原提供了技术基础，以适应全球碳减排的需求。2005 年，Techint Technologies 收购了 HYL Technologies，随后被称为 Tenova HYL（特诺恩希尔公司）。2006 年，Tenova 与意大利冶金巨头 Danieli（达涅利）缔结成战略联盟，携手设计并构筑气基直接还原厂，且推出了 Energiron 商标，是较为创新性的 HYL

直接还原技术。此项技术现在已较为成功应用于河钢集团旗下的张宣高科，其Energiron ZR零重整还原铁设备位于张家口宣化原宣钢厂内，实现了连续、稳定、安全的高质量生产，是全球第一家在工业基础上使用超过60% $H_2$ 的混合原料气生产DRI的钢铁企业。该工厂每吨DRI的 $CO_2$ 排放量低至250 kg，成为世界上最低碳的工业化直接还原工厂之一。此外，宝钢湛江钢铁有限公司委托Energiron联盟为其在广东湛江建设新的年产100万吨直接还原工厂，并成功验证了高氢（70% $H_2$ 含量）冶炼条件。截至2023年，世界上采用HYL工艺生产DRI或HBI的工业装置达到29家，年总产量达2800万吨。

B　HYL工艺原理及流程

HYL-Ⅲ竖炉生产工艺流程如图2.11所示。相较于MIDREX工艺，HYL-Ⅰ、HYL-Ⅲ反应器的工作压力在0.55 MPa以上，所以它的装料系统带有一组锁斗以维持竖炉的压力，含铁原料通过4根直立管加到料线上。HYL-Ⅲ反应器的竖炉结构如图2.12所示。还原气被加热到930 ℃后由环形布置的数十个喷管喷入竖炉还原区，与铁矿石逆流接触，将铁矿石还原成DRI，还原煤气从炉顶喷出，出口煤气温度为400~450 ℃，高温、高压、高浓度氢气保证了高还原率。固相DRI下降经过还原段后进入一个等压过渡段，对于气相来说，上下部分别是还原段和冷却段，等压段保证了固相可以均匀地通过还原段，还原段与冷却段的煤气不会混合在一起。竖炉反应器下部的圆锥形区域，DRI被逆流经过的气体冷却并进行渗碳反应。DRI逐渐冷却至50 ℃左右后，通过旋转排放阀以设定速度排放。排

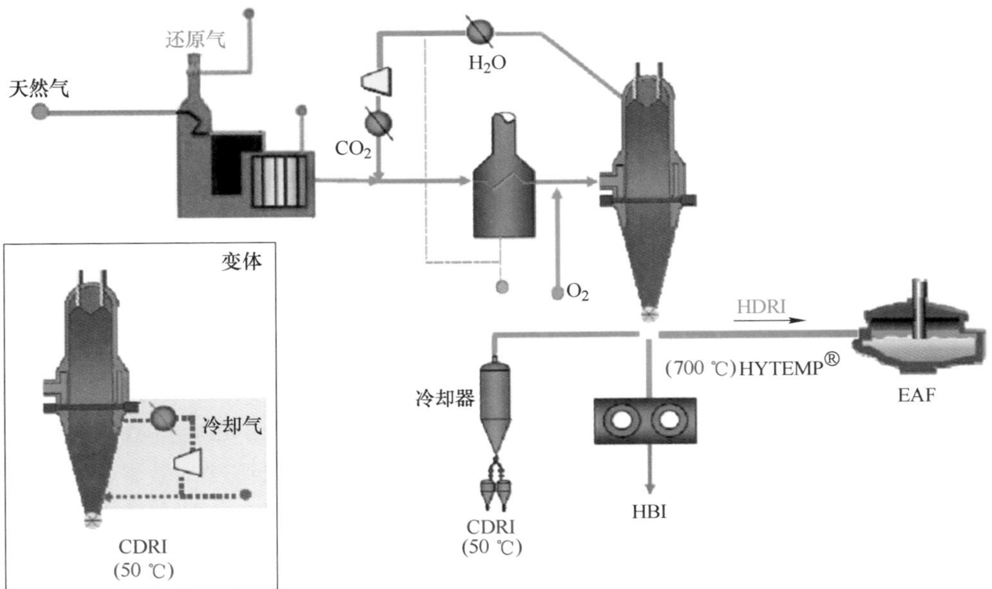


图2.11　HYL-Ⅲ竖炉生产工艺流程

出的 DRI 进入压力仓，在那里可以交替使用两个压力仓。压力仓的压力维持装置与炉顶进料仓的压力保持装置相似。离开反应器的炉顶煤气经余热回收及喷水洗涤器后温度降到 40 ℃左右，净化后的煤气有 2/3 左右被循环使用，另外 1/3 作为尾气外排以避免反应生成的 $CO_2$ 或重整工艺带入的 $N_2$ 循环累积。循环气中必须不断补充新的还原气，以保证循环气中的有效还原组分大于 DRI 还原所需的量。尾气可作为还原气加热或重整单元的燃料气。

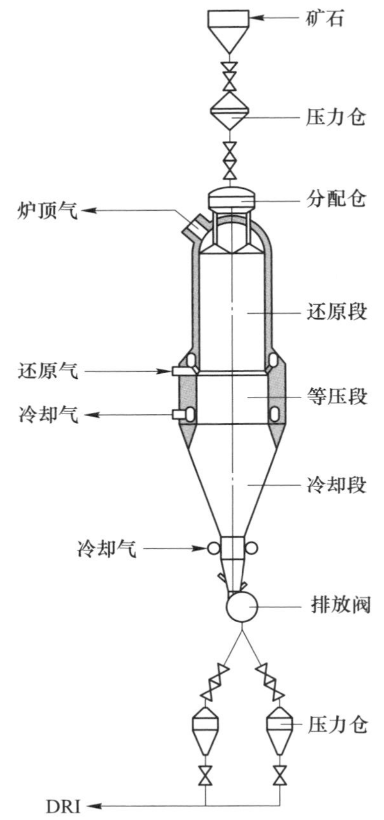


图 2.12 HYL-Ⅲ反应器的竖炉结构图

引出炉外的冷却段气体的出口温度为 500~550 ℃，经过直接喷水冷却除尘后，冷却气的温度降到 40 ℃。冷却气经过循环压缩机加压后再重新降温到40 ℃，补充部分天然气后再进入竖炉冷却段。补充部分天然气的目的是加强冷却效果，同时控制 DRI 的含碳量。除了起渗碳作用以外，补充天然气的混合气还能产生 $H_2$ 和 CO（炉内重整反应），因此可以减少还原所需的重整天然气消耗量。

对于 HYL-Ⅲ还原气制取，以利用蒸汽重整炉进行蒸汽重整技术为主，典型 HYL-Ⅲ竖炉工艺参数见表 2.4。通过 ZnO 填充床脱硫后与蒸汽一起进入填充有镍基重整催化剂的管式反应器，在重整温度约 800 ℃，反应压力 0.8 MPa 条件下发生重整反应。反应后产生的还原气通过换热、洗涤和回收重整还原气中的显热冷却至 40 ℃，冷凝顶部还原气中的水蒸气。冷却后的还原气用作新鲜气源补充还原气循环系统。重整反应所需的反应热可以通过一定量的天然气和垂直炉尾气的燃烧来提供。燃烧后的高温烟气可预热烟囱对流段和下部换热段的天然气和蒸汽。

**表 2.4 典型 HYL-Ⅲ竖炉的工艺参数**

| 参数 | 天然气脱硫装置 | 水/碳比 | 反应温度/℃ | 冷却后温度/℃ |
|---|---|---|---|---|
| 重整炉 | ZnO 填充床 | 2.4 | 800 | 40 |
| 参数 | 工作压力/MPa | 还原气温度/℃ | 炉顶煤气温度/℃ | 炉顶煤气冷却后温度/℃ |
| 竖炉还原段 | 0.55 | 930 | 400~450 | 40 |
| 参数 | DRI 冷却气温度/℃ | 冷却后的气体温度/℃ | DRI 温度/℃ | |
| 竖炉冷却段 | 40 | 500~550 | 50 | |

典型 HYL-Ⅲ竖炉技术经济指标见表 2.5。为了进一步提高 HYL-Ⅲ工艺的金属化率和收得率，可在还原气体循环系统中安装 $CO_2$ 去除装置，炉顶循环气体中的 $CO_2$ 浓度从约 10.5%降至 1.5%，能耗为 0.85 GJ/t。HYL-Ⅲ化学去除 $CO_2$ 是一种使用洗涤液通过化学反应吸收气相中 $CO_2$ 的方法。去除过程通常包括两个反应塔：吸收塔和解吸塔。反应塔可以是填料塔或带塔盘的空塔。吸收液一般为碱性溶液（$K_2CO_3$）、碳酸丙烯酯或乙醇胺等。安装 $CO_2$ 去除装置的区别和好处主要包括：选择性脱除 $CO_2$ 可以减少因尾气排放损失的 CO 和 $H_2$，可以增加 30%的还原气量，因此使用相同的重整炉可以获得更高的产量。由于还原气的氧化度降低，在竖炉生产能力保持不变的情况下可以减少还原气消耗量。

**表 2.5 HYL-Ⅲ竖炉的技术经济指标**

| 指标 | CDRI | HDRI | HBI |
|---|---|---|---|
| DRI 金属化率/% | 94.0 | 94.0 | 94.0 |
| DRI 含碳量/% | 4.3 | 4.3 | 2.0 |
| 出口 DRI 温度/℃ | 40 | 700 | 700 |
| 铁矿/$t \cdot t^{-1}$ | 1.38 | 1.38 | 1.41 |
| 天然气/$Gcal \cdot t^{-1}$ | 2.32 | 2.34 | 2.34 |
| 电耗/$kW \cdot h \cdot t^{-1}$ | 70 | 70 | 75 |
| 氧气/$m^3 \cdot t^{-1}$ | 42 | 46 | 54 |
| 氮气/$m^3 \cdot t^{-1}$ | 12 | 16 | 19 |
| 水/$m^3 \cdot t^{-1}$ | 1.1 | 1.1 | 1.2 |
| 产能/$m \cdot (h \cdot t)^{-1}$ | 0.11 | 0.11 | 0.13 |
| 维护存放/$\$ \cdot t^{-1}$ | 3.30 | 3.30 | 3.30 |

注：1 cal = 4.1868 J。

HYL-ZR 工艺典型流程如图 2.13 所示。该工艺流程包含两个主要部分，即还原线路及冷却线路。在还原线路，补充的天然气与回收的还原气体组成混合气体，通过加湿后的混合气体作为氧化剂。通过气体加热器使混合气体的温度升高至 930 ℃左右，与反应器前的输送线路注入的氧气混合，在燃烧室发生预重整反应，反应式如下：

$$2H_2 + O_2 = 2H_2O \tag{2.1}$$

$$2CH_4 + O_2 = 2CO + 4H_2 \tag{2.2}$$

$$CH_4 + H_2O = CO + 3H_2 \tag{2.3}$$

$$CO_2 + H_2 = CO + H_2O \tag{2.4}$$

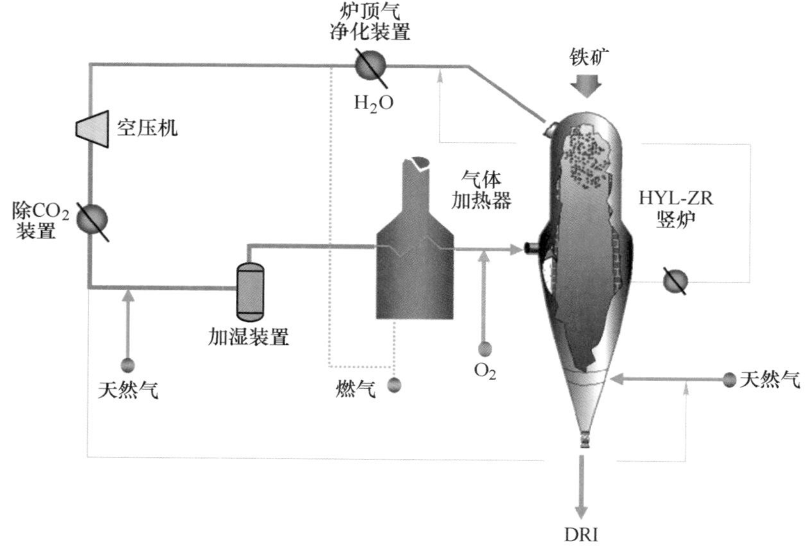


图 2.13 HYL-ZR 竖炉生产工艺流程

制备出铁的混合气体（$CH_4$、$H_2O$、$O_2$、CO、$H_2$）温度上升到 1085 ℃左右，进入竖炉反应器还原段，向炉顶方向流动，与向炉底移动的矿石床形成对流并充分接触，发生还原反应、重整反应及碳化反应，得到 $Fe_3C$。重整反应在金属铁的催化作用下进一步增强。

还原反应：

$$Fe_2O_3 + 3H_2 = 2Fe + 3H_2O \tag{2.5}$$

$$Fe_2O_3 + 3CO = 2Fe + 3CO_2 \tag{2.6}$$

重整反应：

$$CH_4 + H_2O = CO + 3H_2 \tag{2.7}$$

$$CH_4 + CO_2 = 2CO + 2H_2 \tag{2.8}$$

碳化反应：

$$3Fe + CH_4 = Fe_3C + 2H_2 \tag{2.9}$$

顶部排出的废气仍含有大量还原性气体（温度为 400 ℃左右），此气体通过顶部气体换热器产生蒸汽，以回收能量。从换热器排出的废气通过冷却/洗涤系统，使废气中的水蒸气得到浓缩，并分离粉尘。经过洗涤的废气通过工艺气体回收压缩机提升其压力。经过压缩的废气通过 $CO_2$ 吸收装置去除 $CO_2$，去除 $CO_2$ 的废气供再次循环使用。

在冷却线路，气力输送系统可以将温度高达 600 ℃的 DRI 直接送入电弧炉炼钢，也可以将 HDRI 送入外部冷却器，得到 CDRI。在外部冷却流程中，从冷却器底部注入冷却气体，冷却气体向上流动，HDRI 向下移动，冷却气体和 HDRI 形成对流并充分接触，通过热交换的方式，冷却气体带走热量并从冷却器顶部排出。完成冷却后，混合气体离开还原炉的锥形段后，通过气体调质/分离装置，用空压机将其打入循环回路。经外部冷却器冷却可得到温度约为 55 ℃的 DRI。

C　HYL 竖炉原料要求及工艺特点

HYL 的含铁原料可以是球团矿或球团矿/块矿的混合物，原料的适用范围较宽。要求球团 $w(TFe) \geqslant 67\%$，块矿 $w(TFe) \geqslant 66\%$，要求粒度尽量保持在 6.3~16 mm，脉石元素和有害元素含量低，冶金性能较好，具体要求见表 2.6。

**表 2.6　HYL 竖炉入炉炉料性能要求**

| 指　标 | | 球团 | 块矿 |
|---|---|---|---|
| 化学成分（质量分数）/% | TFe | ≥67 | ≥66 |
| | $Fe^{2+}$ | ≤1.0 | — |
| | $SiO_2$ | ≤3.0 | $SiO+Al_2O_3 \leqslant 5.0$ |
| | $Al_2O_3$ | ≤0.6 | |
| | CaO | ≤2.38 | 0.4~1.0 |
| | $Na_2O+K_2O$ | ≤0.1 | ≤0.1 |
| | $TiO_2$ | ≤0.2 | ≤0.2 |
| | P | ≤0.025 | ≤0.02 |
| | S | ≤0.012 | ≤0.01 |
| | 烧损 | — | ≤1.5 |
| 物理性能 | 粒度分布（6.3~16 mm）/% | ≥94 | ≥85 |
| | 气孔率/% | >20 | — |
| | 抗压强度/N · 个$^{-1}$ | >2000 | — |
| | 转鼓指数（>6.3 mm）/% | >93 | >90 |
| | 落下强度（>6.3 mm）/% | >95 | >90 |
| 冶金性能 | 还原性指数 RI(800 ℃)/% · $min^{-1}$ | >3 | >3 |
| | 还原性指数 RI(950 ℃)/% · $min^{-1}$ | >4 | >4 |

续表 2.6

| 指　　标 | | 球团 | 块矿 |
|---|---|---|---|
| 冶金性能 | 还原膨胀指数/% | <15 | — |
| | 耐磨指数/% | <15 | — |
| | 低温还原粉化指数 $LTD_{+6.3}$/% | >80 | >70 |
| | 低温还原粉化指数 $LTD_{-3.2}$/% | <10 | <20 |
| | 低温粉化未破损球团/% | >60 | — |

HYL 工艺可以使用天然气、炼厂气、焦炉气等多种气体作为还原剂，甚至能够通过改造后使用氢气，还原气适应性强，拥有多种气源。利用高温转换炉生成的富含 $H_2$ 和 CO 的还原气，气体转化效率高，能够在不同的条件下优化生产。HYL 工艺的金属化率较高，产品中硫、磷、碳等杂质含量低，可生产产品包括 CDRI、HDRI 和 HBI。配有热回收装置，对废气进行热量回收预热助燃空气和还原气，工艺采用的循环闭路系统，将反应后的炉顶气体回收，经除尘脱水后再利用，实现高效气体的回收再利用，很大程度上提高了能源效率。对于升级后的 HYL-ZR 工艺，DRI 金属含量高，使用该工艺生产的 DRI 铁含量可达 95%；DRI 碳含量高，在 DRI 中大量的碳是以 $Fe_3C$ 的形式存在的，该工艺生产的 DRI 含碳量可达 2.0%~4.0%。DRI 热装入炉，该工艺通过气力输送系统，将热态 DRI 直接装入电炉，可以极大地减少熔化车间里的能量消耗，节约生产成本。通常细碎的颗粒粉尘都被丢失或烧掉，在该工艺中却可以与热态 DRI 一起被直接装入电炉，从而提高钢水产量。

#### 2.1.1.3　PERED 工艺

##### A　PERED 竖炉直接还原工艺发展概述

PERED(Persian Reduction) 工艺发展起始于 20 世纪 80 年代，伊朗在外部压力下推行自主工业化，决定发展自主的矿冶技术力量，并成立了矿业和金属工程有限公司（MME）。逐步建立了具备国际化视野的工程技术团队，MME 在成立后，为伊朗胡齐斯坦钢铁公司（KSC）设计建设了两套 ZamZam DRI 装置。第一套装置 ZamZam Ⅰ于 2001 年建成，年产能为 80 万吨。经过 4 年稳定运行后，MME 在 KSC 的支持下于 2011 年完成了 ZamZam Ⅱ项目，年产能 90 万吨。这两台装置不仅实现了稳定生产，还在竖炉设计、重整炉管和催化剂使用上进行了技术改进，虽然仍有一些 MIDREX 工艺的设计特点，但 MME 的创新和工艺流程已趋于成熟，标志着其具备了独立研发和建造竖炉的能力。2006 年，MME 进一步整合其技术改进，推出自主研发的 PERED 工艺，并申请了专利，2009 年获得欧洲及其他地区的专利授权。PERED 工艺不仅提升了天然气的利用效率，还优化了竖炉设计，以适应伊朗国内的需求。凭借 PERED 工艺，MME 在伊朗获得了 4 个直接还原项目订单，包括 Shadegan、Miyaneh、Baft 和 Neyriz，每个项目的年产能为 80 万吨[4]。

B PERED 工艺原理及流程

PERED 竖炉直接还原工艺流程如图 2.14 所示，是一种基于气体的直接还原工艺，专门为天然气丰富地区设计，主要用于将铁矿石还原为 DRI。该工艺通过创新的气体流向和设备配置实现高效的还原和节能效果。使用天然气与循环气体（含 $CO_2$）在转化炉内经催化重整生成富含 $H_2$ 和 CO 的还原气体。反应主要方程式为：

$$CH_4 + CO_2 = 2CO + 2H_2 \tag{2.10}$$

生成的还原气体经加热后以约 950 ℃的温度进入竖炉，气体中 $H_2$ 和 CO 含量较高，有利于还原过程的快速反应。

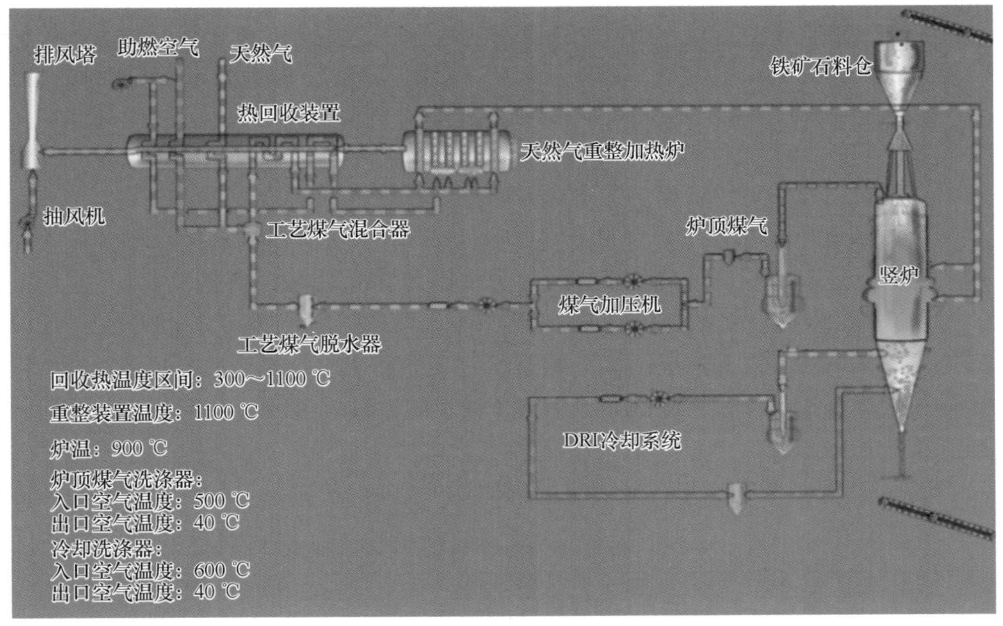


图 2.14 PERED 竖炉直接还原工艺流程

竖炉分为预热带、还原带和冷却带。铁矿石在预热带被预热，随后在还原带中与还原气体接触，逐步被还原为金属铁（DRI）。在还原过程中，CO 和 $H_2$ 分别与矿石中的氧反应生成 $CO_2$ 和 $H_2O$，实现氧化铁的还原。工艺采用双环管进气系统：下环管作为主要还原气源，上环管提供辅助还原气。这样的设计可以提高还原气的流动和分布均匀性，确保竖炉不同位置的温度场和气氛的稳定性，有助于提高产品质量并减少过熔现象，竖炉顶部排出的炉顶气包含未反应完全的 $H_2$ 和 CO，经过除尘和部分净化后可再次送入转化炉循环利用，从而节约天然气的消耗。在冷却带，DRI 被冷却气体单独循环冷却至安全温度（约 50 ℃），从而适

应后续的输送和储存。冷却气体系统由冷却气分布器、冷却气洗涤器、加压机等组成，冷却气体也经过循环和净化再利用

C PERED 竖炉工艺技术特点及原料要求

PERED 竖炉的技术特点主要有：

(1) 配备了特别设计的给料和分料系统，使得炉顶布料更为均匀，提高了透气性，利于原料顺畅下料，并确保炉顶气体的均匀排放。

(2) 炉顶气体排放采用倒 Y 形式的双管集气管设计，有效减少了炉身上部的气流偏向现象，从而降低炉顶气体中的粉尘含量，优化了竖炉内部结构，增加了炉容利用率并延长了上升管耐火材料的使用寿命。

(3) 还原气通过上下双环管分别进入竖炉，下部提供主要气源，上部提供30%的气源，从而更均匀地分布还原气流，提升还原气的利用效率，优化产品质量与产量。此系统还设置了前端喷氧装置，用于提高还原气温度与调节成分，减少了产品的过熔现象。此外，还原段加装 9 组膨胀螺栓，以消除竖炉轴向膨胀。

(4) 卸料系统由 3 组松料器组成，分别是上部和中部的顺/逆向往复摆动松料器及下部的 360°连续转动松料器，可通过正/反转消除结块和卡料现象。通过调节松料机转速，可以确保均匀下料，避免卡料。

(5) 冷却气分布器形状类似倒置草帽，冷却气仅进不出，在冷却过程中不影响还原反应，这一设计优化了冷却过程，提升了系统的稳定性。

PERED 工艺一些独具的特点包括竖炉的气动密封、适度的操作压力、还原带还原气体质量和温度的灵活性，确保了 DRI 的高质量，并且大大减小了昂贵设备如二次成型机的体积。洗涤器也使用了较新的设计，供气管底部更有效的通风减少了维护保养[5]。

PERED 竖炉工艺用氧化球团矿的具体要求见表 2.7。

**表 2.7 PERED 竖炉对氧化球团矿的要求**

| 指标 | | 要求 |
|---|---|---|
| 化学成分（质量分数）/% | TFe | ≥68 |
| | $SiO_2$ | ≤2.38 |
| | S | ≤0.012 |
| | P | ≤0.025 |
| | $Na_2O+K_2O$ | ≤0.1 |
| 物理性能 | 粒度分布 (8~18 mm)/% | >90 |
| | 粒度分布 (<5 mm)/% | ≤5 |
| | 水分/% | ≤6 |
| | 转鼓指数 (>6.3 mm)/% | ≥96 |
| | 转鼓指数 (<0.5 mm)/% | ≤3.6 |
| | 压溃强度/$N \cdot 个^{-1}$(30 个球团平均值) | ≥2500 |
| 冶金性能 | 还原性指数 RI/% | ≥68 |
| | 还原膨胀指数/% | ≤15 |
| | 还原后抗压强度/$N \cdot 个^{-1}$ | ≥200 |

#### 2.1.1.4　主流气基竖炉直接还原工艺比较

以 MIDREX 及 HYL 为主的气基竖炉 DRI 产量在世界 DRI 产量中占比超过 70%，已成为世界上主流的气基竖炉直接还原工艺。气基竖炉直接还原工艺技术满足我国钢铁工业绿色低碳转型发展的要求，对我国短流程炼钢和优质钢材生产具有重要意义，是我国钢铁工业节能降耗、减少二氧化碳排放的重要发展方向。MIDREX、HYL-Ⅲ与 PERED 工艺均有各自的优缺点，见表 2.8。

**表 2.8　主流气基竖炉直接还原工艺比较**

| 工艺 | MIDREX | HYL-Ⅲ | PERED |
|---|---|---|---|
| 主要优点 | 1. 生产工艺成熟，规模大，产能占全球 63%；<br>2. 竖炉运行压力 0.15～0.3 MPa，设备备件易本地化；<br>3. 炉顶煤气含 $CO_2$ 的占 70%，返回重整炉利用，需重整补充的工艺煤气约占 1/2；<br>4. 目前南非和印度安吉尔利用 COREX 2000 的含 60% CO 的输出煤气生产 DRI 工艺已成熟 | 1. 工艺成熟，生产规模大，产能约占全球产量的 13%；<br>2. 炉内煤气压力高，0.6～0.9 MPa，富氢还原温度较高，还原速率快，设备较昂贵；<br>3. 余热回收充分，需补充的工艺煤气比例仅占 1/4；<br>4. 解吸气全部回收利用自烧，对外界影响和依赖小；<br>5. 煤气含氢高，压力高，炉料不易发生黏结，百万吨以下竖炉内部无活动部件；<br>6. 设备空间布置紧凑 | 1. 重整炉加热管直径扩大为 25.4 cm 时，0.8 Mt/年竖炉比 MIDREX 减少 30 根炉管，重整炉内容积减少 30%，节能减排；<br>2. 采用两级离心压缩机，比 MIDREX 节省一半水蒸气消耗；<br>3. 炉顶煤气改为双导管出口，从竖炉顶部引出进入上升管，减少了煤气偏行，竖炉料面提高使竖炉有效容积扩大了约 15%，炉顶空间增大减少了煤气带走的粉尘量；<br>4. 竖炉还原气从两排围管入炉，70%还原气从下进气口入炉，其余从上排围管入炉扩大高温区，煤气流和温度分布得到改善，有利于提高生产率；<br>5. 改进了热回收系统的换热器布置，核心设备选择高效锅炉，提高了换热效果，使天然气预热温度提高到 425 ℃，助燃空气温度由原来的预热 500 ℃提高到 680 ℃，使进入重整炉的原料气预热温度由 400 ℃ 提高到 580 ℃，燃料消耗相应下降；<br>6. 竖炉冷却器的水平集气风帽通道设置成十字形，改进了黏结块破碎机的摆动模式，下部设置水平行星式排料机等，使竖炉生产率提高约 10%；<br>7. 竖炉低压运行，设备备件易本地制造 |

续表 2.8

| 工艺 | MIDREX | HYL-Ⅲ | PERED |
|---|---|---|---|
| 主要缺点 | 1. 炉内压力低，CO 还原放热，易发生局部过热结块，竖炉内部必须安装多层破碎装置及烟气密封系统，生产率降低，维修费增加；<br>2. 为了保护重整炉催化剂，对煤气和铁矿石含硫量有严格要求，需增加煤气脱硫设施；<br>3. MIDREX 工艺设备布局显得较庞大、不紧凑 | 1. 还原气含 $H_2$ 高，还原铁矿石吸热反应需要的煤气温度和压力高，对反应器制造及部件维护要求很高；<br>2. 甲烷水蒸气离线 850 ℃重整制 $H_2$ 和脱 $H_2O$ 脱 $CO_2$，然后煤气再加热至 930 ℃入炉，增加投资及热耗；<br>3. 需引进的关键设备、部件较多，如煤气压缩机、高效换热锅炉、密封阀等 | 1. 目前，投产的生产装置仅 6 套（在建 1 套）；<br>2. CO 还原放热，易发生局部过热结块，内部需安装破碎装置，增加了维修费；<br>3. 为了保护重整炉催化剂，对煤气和铁矿石含硫量有严格要求，或须增加煤气脱硫设计；<br>4. 尚无 1.5 Mt/年以上生产装置 |
| 市场占有率现状 | 截至 2023 年，有 99 套 MIDREX 竖炉运行，DRI 年产量 7573 万吨，市场占比约 55.80% | 截至 2023 年，有 29 套 HYL-Ⅲ 竖炉运行。DRI 年产量达 1661 万吨，市场占比 12.24% | 截至 2023 年，有 5 套 PERED 竖炉运行。DRI 年产量约 308 万吨，市场占比 2.27% |

A　典型气基竖炉直接还原工艺的优点

HYL-Ⅲ工艺成熟，生产规模大，产能约占全球产量的 13%。炉内煤气压力高达 0.6~0.9 MPa，富氢还原温度较高，还原速率较快，但设备较为昂贵。能够充分进行余热回收利用，因此需要进行补充的工艺煤气比例只占 1/4。解吸气能够全部回收利用进行自烧，减少对外界的影响与依赖。煤气的含氢量高，压力高，炉料不易发生黏结，百万吨以下竖炉内部无活动部件。设备的空间布置紧凑，安全性高。

MIDREX 生产工艺成熟，规模大。设备构件较为简单，设备备件更易本地化。MIDREX 工艺可回收 60%~70%的炉顶煤气，达到炉顶煤气中剩余的还原性气体（$H_2$、CO）循环利用的目的。MIDREX 工艺直接将洗涤除尘、加压后的炉顶煤气与天然气进行混合重整，炉顶煤气中的 $CO_2$ 得到充分利用，无需设置炉顶煤气脱碳工序，无需补充额外的氧化剂。炉顶煤气含 $CO_2$ 的占比达到 70%，返回重整炉利用，需要进行重整补充的工艺煤气约占 1/2。目前南非和印度安吉尔利用 COREX 2000 的含 60% CO 的输出煤气生产 DRI 工艺已经成熟。

PERED 工艺对热回收系统的换热器布置进行了改进。在核心设备的选择上，采用高效锅炉，有效提高了换热效果。将天然气预热温度提高到 425 ℃，助燃空气的预热温度由原来的 500 ℃提高到 680 ℃，同时，进入重整炉的原料气预热温度也从 400 ℃提高到 580 ℃。在此情况下，燃料消耗相应降低。将竖炉冷却器水平集气风帽通道设置为十字形，对黏结块破碎机的摆动模式进行改进，并在下部设置水平行星式排料机等。通过上述一系列举措，使竖炉生产率提高了约 10%。采用两级离心压缩机，在水蒸气消耗方面，相比 MIDREX 节省了一半，将炉顶煤气改为双导管出口，从竖炉顶部引出进入上升管，此举有效减少了煤气偏行现象。通过提高竖炉料面，使竖炉有效容积扩大了约 15%。同时，炉顶空间的增大也减少了煤气带走的粉尘量。当重整炉的加热管直径扩大为 25.4 cm 时，0.8 Mt/年竖炉相较于 MIDREX 减少了 30 根炉管。由此，重整炉内容积减少了 30%，实现了节能减排的目标[4-5]。

B　典型气基竖炉直接还原工艺的不足

首先，在 HYL-Ⅲ工艺中，还原气含氢量较高，铁矿石还原过程中的吸热反应所需煤气的温度和压力也处于较高水平，这对反应器的制造以及部件的维护提出了很高的要求。甲烷水蒸气离线在 850 ℃条件下进行重整以制取 $H_2$ 并脱除 $H_2O$ 和 $CO_2$，随后煤气再次加热至 930 ℃进入炉内。这一过程会增加投资成本以及热耗。需要引进的关键设备和部件相对较多，其中包括煤气压缩机、高效换热锅炉以及密封阀等。

MIDREX 工艺中，炉内压力较低，CO 还原过程中放热，容易发生局部过热结块现象，内部必须安装多层破碎装置以及烟气密封系统。然而，这会导致生产率降低，同时维修费用也会增加。为保护重整炉催化剂，对煤气及铁矿石中的含硫量有着严格要求，需增设煤气脱硫设施。相较于 HYL-Ⅲ工艺，MIDREX 工艺设备布局显得较为庞大、不紧凑。

PERED 工艺中，由于 CO 还原放热易发生局部过热结块现象，因此内部必须安装破碎装置，这一举措无疑使维修费用增加。为保护重整炉催化剂，对煤气和铁矿石的含硫量有着严格要求。若无法满足含硫量要求，则需要增加煤气脱硫设计。目前尚无 1.5 Mt/年以上生产装置。

C　典型气基竖炉直接还原工艺对焦炉煤气和氢气的适应性

针对发展氢冶金短流程的需求，表 2.9 对比给出了 MIDREX 和 HYL 气基竖炉直接还原工艺对焦炉煤气和氢气的适应性。可知，只有 HYL-ZR 和 MIDREX $H_2$ 工艺可以完全使用氢气进行冶炼；HYL-ZR 和 MXCOL COG 可以完全使用焦炉煤气。

**表 2.9 MIDREX 和 HYL 竖炉工艺对焦炉煤气和氢气的适应性比较**

| 工艺 | HYL-ZR | HYL-Ⅰ | MIDREX NG | MXCOL COG | MXCOL | MIDREX $H_2$ |
|---|---|---|---|---|---|---|
| 碳含量 | 1.5%~5% | 1%~3% | 1%~2.6% | 1%~2.6% | 1%~2.6% | 1%~2.6% |
| 主要回路配置 | 竖炉+$CO_2$脱除+气体加热器 | 竖炉+$CO_2$脱除+气体加热器，蒸汽重整炉 | 竖炉+重整炉 | 竖炉+$CO_2$脱除+气体加热器，焦炉煤气 TRS 炉 | 竖炉+$CO_2$脱除+气体加热器 | 竖炉+气体加热器 |
| 气体重整/加热装置 | 竖炉内自重整 | 蒸汽重整 | $CO_2$ 和 $H_2O$ 双重整 | TRS 重整 | 无重整 | 无重整 |
| 对焦炉煤气的适应性 | 可以全部使用焦炉煤气 | 基本不适应 | 配单独加热装置，可以使用 20%~30%焦炉煤气 | 适应 | 不适应 | 不适应 |
| 对氢气的适应性 | 可以全部使用 $H_2$ | 不适应 | 可以使用 20%~30% $H_2$ | 如使用 $H_2$，须取消 TRS 炉 | 不适应 | 适应 |

注：NG—Natural Gas，天然气；COG—Coke Oven Gas，焦炉煤气。

### 2.1.2 气基竖炉直接还原发展现状及方向

2023 年，全球竖炉 DRI 产量约为 9540 万吨。MIDREX 工厂在 2023 年生产了 7570 万吨的 DRI，约占全球竖炉 DRI 产量的 80%，比 2022 年的 7360 万吨增加了 3.0%，创造了年度纪录。在此期间，MIDREX 工厂生产了近 1100 万吨 HDRI 和 1080 万吨 HBI。在竖炉工艺中，天然气通常是还原气的主要来源。使用天然气生产 DRI 工艺的 $CO_2$ 排放量明显低于直接或间接使用煤炭生产的 DRI 工艺。

自 20 世纪 50 年代以来，富氢气体直接还原已经实现工业化。目前，运行的竖炉大多基于 MIDREX 和 HYL 工艺，主要使用天然气、煤制气和油制气。一般而言，竖炉还原气体应具有 55%~80%的高氢含量，以确保高温合金炉管不受腐蚀，并防止炉内氧化球团黏结。2017 年，奥钢联旗下的 MIDREX HBI 工厂建成，年产能为 200 万吨。2013 年，纽柯钢铁公司投资 7.5 亿美元在路易斯安那州建造了第一座年产能为 250 万吨的竖炉直接还原厂。在 MIDREX 中，还原气体中 $H_2$ 和 CO 的含量分别约为 55%和 36%，$H_2$/CO 摩尔比约为 1.50。由于采用了蒸汽重整技术，委内瑞拉 FMO MIDREX 工厂的 $H_2$/CO 摩尔比为 3.3~3.8。一些竖炉，如 MIDREX COL 采用煤气化技术，以获得 $H_2$/CO 摩尔比为 0.37~0.38 的还原气，成功生产 DRI。

MIDREX $H_2$ 工艺消除了重整，氢气直接加热到所需的温度。在实际生产中，还原性气体中含有约 90%的 $H_2$ 和 10%的其他气体（即 CO、$CO_2$、$H_2O$ 和 $CH_4$），主要用于控制合适的炉温，保证 DRI 渗碳。2019 年，安赛乐米塔尔宣布委托

MIDREX 设计一个示范工厂，用 100% $H_2$ 生产 DRI。示范厂最初将使用来自天然气的灰氢每年生产约 10 万吨 DRI。一旦来自可再生能源的绿氢以经济的成本获得足够的数量，就可以从德国北部沿海的风电场生产氢气。该工厂将成为世界上第一个由氢提供动力的工业规模 DRI 生产厂。

气基竖炉的优势主要包括：

（1）产品质量高，品质纯净。表 2.10 列出了气基竖炉 DRI、高炉铁水及废钢的典型成分。传统高炉使用焦炭做还原剂，不可避免地会将硫、磷等杂质带入铁水中，影响后续冶炼。气基竖炉使用一氧化碳和氢气作为主要的还原剂，避免了传统高炉煤基还原剂带入杂质的问题。同时，工艺气中的氢气在竖炉内反应后生成水蒸气，具有一定的反应活性和清洁作用，可以在一定程度上带走铁基原料所含的硫、磷等杂质，进一步提升了 DRI 品质。总的来说，气基竖炉 DRI 纯净度高、杂质少，是后续生产高端特殊钢的优质原料。

**表 2.10　气基竖炉 DRI、高炉铁水及废钢的典型成分对比**

（质量分数，%）

| 成分 | 气基竖炉 DRI | 高炉铁水 | 废钢 |
|---|---|---|---|
| TFe | 90~94 | ≥94 | ≥95 |
| MFe | 83~90 | — | — |
| C | 0.5~2.0 | 4.0~4.7 | ≤2 |
| S | 0.001~0.003 | 0.01~0.04 | ≤0.05 |
| P | 0.005~0.09 | 0.1~0.2 | ≤0.05 |
| Cu | ≤0.002 | ≤0.08 | 0.07~0.55 |
| Sn | 痕量 | ≤0.01 | 0.008~0.1 |
| Ni | ≤0.009 | ≤0.06 | 0.03~0.2 |
| Cr | ≤0.003 | ≤0.05 | 0.04~0.18 |
| Mo | 痕量 | — | 0.008~0.04 |
| Mn | 0.06~0.10 | 0.1~0.5 | 0.03~0.4 |
| 脉石 | 2.8~6.0 | — | — |

（2）污染物和碳排放显著减少。图 2.15 给出了天然气竖炉直接还原-电炉短流程与传统高炉-转炉长流程污染物排放的对比。传统高炉使用焦炭和煤粉做还原剂和燃料，首先其含有一定量的重金属（如汞、铅等），高温下会部分蒸发，混入废气或残留在渣中，污染环境；其次由于喷煤、高温环境等会产生大量粉尘颗粒。同时，焦炭和煤粉在燃烧时会产生大量硫氧化物（$SO_x$）和氮氧化物（$NO_x$），二者均严重影响空气质量，需进行尾气处理。最后，以碳基原料作为还原剂，会产生大量二氧化碳，这是钢铁生产中主要的碳排放来源。竖炉主要

使用气体做还原剂，不使用焦炭和煤粉，减少了粉尘、重金属及杂质元素的带入，因此，可以显著减少粉尘颗粒的排放，避免重金属元素的污染，降低有害气体 $SO_x$、$NO_x$ 的排放；同时，气基竖炉直接还原显著减少了二氧化碳排放，发展气基竖炉是钢铁行业降碳的有效途径之一，推动钢铁行业实现低碳转型和绿色发展，属于环境友好型工艺[6]。

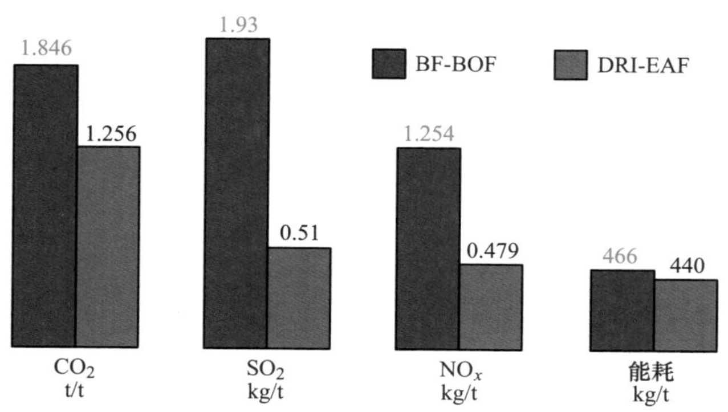


图 2.15　天然气竖炉直接还原-电炉短流程（DRI-EAF）与传统高炉-转炉长流程（BF-BOF）污染物排放对比

（3）能耗大幅降低。主要炼铁工艺的能耗对比见表 2.11。传统高炉通常需要在 2000 ℃以上的温度下进行，较高的温度要求增加了燃料消耗，使得高炉整体能耗较高；而气基竖炉在较低温度下（850～1050 ℃）即可实现高效还原反应，能耗较低[7]。同时，竖炉采用先进的温度控制系统和热能回收技术，将整个工序中释放的热量进行循环利用，减少了外部加热需求，从而进一步降低了能耗。未来，可以使用绿氢（由风电、太阳能等可再生能源制备）作为还原剂，实现清洁能源的直接使用，减少传统能源消耗。

**表 2.11　主要炼铁工艺的能耗对比**

| 工艺方法 | 能源实物消耗 | 折合能耗（标煤）/kg · $t^{-1}$ |
|---|---|---|
| 高炉 | （300～420 kg 冶金焦+<br>200～135 kg 煤粉）/t | 481.0～588.5 |
| 天然气竖炉（HYL-ZR） | 330～360 $m^3$ 天然气/t<br>10.4～11.5 GJ/t | 375.8～427.1 |
| 天然气竖炉（MIDREX） | 300～350 $m^3$ 天然气/t<br>11.0～12.5 GJ/t | 355.3～392.9 |
| 煤制气-竖炉 | 600～750 kg 动力煤/t<br>11.0～12.5 GJ/t | 445(HDRI)～460(HBI) |
| 焦炉煤气-竖炉 | 600～700 $m^3$ 焦炉煤气/t<br>10.5～12.2 GJ/t | 356.8～416.3 |

续表 2.11

| 工艺方法 | 能源实物消耗 | 折合能耗（标煤）/kg·t$^{-1}$ |
|---|---|---|
| 煤基回转窑 | 850~950 kg 褐煤/t<br>17.8~21.3 GJ/t | 650.0~750.0 |
| 煤基隧道窑 | (250~400 kg 燃烧煤+<br>460~600 kg 还原煤)/t | 700.0~800.0 |

（4）可实现特色冶金资源高效利用。我国金属矿产资源多以多金属共伴生矿为主，由于其特殊性，加工、利用、二次资源高效回收再利用以及与之相关的生态环境问题十分复杂，相应的理论、方法和工艺选择十分困难，气基竖炉直接还原在冶金资源综合利用方面具有显著的技术优势。高铬型钒钛磁铁矿是一种复合的铁矿资源，除铁之外还伴生钒、钛、铬资源，但由于其矿物组成复杂，炉料冶金性能差，高炉-转炉流程对铁、钒、钛、铬资源利用率较低；通过气基竖炉直接还原-电炉熔分工艺可使铁回收率达到99%，钒回收率达到97%，铬回收率达到92%，钛回收率达到94%，钛渣的活性大幅提升，可实现钒钛磁铁矿有价组元高效综合回收利用[8]。硼镁铁矿是一种利用价值较高的矿产资源，高炉法利用硼镁铁矿获得的富硼渣活性低，不能满足碳减法硼砂生产的要求；气基竖炉直接还原-电热熔分工艺可使铁回收率达到98%，硼回收率达到99%，可实现硼镁铁矿有价组元高效综合回收利用[9]。

（5）工艺系统简化。气基竖炉设备结构相对简单，占地面积小，可以降低初期投资和维护成本。此外，气基竖炉的操作控制相对简便，适合智能化生产线改造。

### 2.1.3 气基竖炉直接还原-电弧炉短流程与长流程的对比

高炉-转炉长流程存在众多制约性难题，主要包括：

（1）依赖焦炭和煤，经济性深度脱碳难度较大。在高炉炼铁过程中，焦炭一方面作为燃料，在风口前与鼓风中的氧反应燃烧，放出热量，提供高炉冶炼所消耗的热量；另一方面，焦炭中所含的固定碳及其燃烧所产生的一氧化碳是铁氧化物还原的还原剂；同时，焦炭在高炉下部既不熔融也不软化，能起到料柱骨架的作用，这一作用目前还没有其他燃料能代替。因此，在焦炭燃烧和还原的过程中会释放大量二氧化碳。目前，虽然高炉喷吹含氢介质、生物质、碳捕集与封存等技术取得了长足的进步，但其碳减排能力有限，运营和维护成本高昂，无法根本解决高炉-转炉流程的碳排放问题。

（2）反复增碳脱碳、增氧脱氧，工艺复杂能耗高。高炉炼铁工序中，焦炭做燃料、还原剂和料柱骨架，部分碳会溶入铁水，使得铁水中的碳含量达到3%~4%，形成高碳生铁；转炉炼钢工序中，钢水碳含量过高，需吹氧降低钢水中的碳含量，这一过程中释放大量能量，同时产生大量的废气；反复增碳、脱碳的过程不但耗能过高，还导致碳资源大量浪费，增加了冶炼成本，产生大量废气。高炉中鼓风吹氧，从而与焦炭、煤粉等燃料反应产生热量，维持炉内的高温环境，并提供还原反应所需的一氧化碳，但会导致铁水中的氧含量显著增加；转炉冶炼过程中，需吹氧降低钢水中的碳含量，但钢液中的氧在高温条件下会与硅、锰等杂质形成氧化物，其存在会降低钢材质量，因此，需添加脱氧剂进行脱氧处理，增加了能耗；高炉吹氧需要能耗支持，而转炉中的氧化反应会带走大量热量，导致温度降低，需要额外的热补偿，二者均导致能耗增加，同时，脱氧剂的添加增加了原材料消耗，并且产生的杂质会成为后续再处理的负担。总体来说，高炉-转炉流程中，各个工序都需要维持在高温状态，会导致大量热损耗，尤其是在转换工序时，铁水温度需要保持在规定范围内，进一步增加了能耗；同时高炉-转炉流程涉及多个氧化还原反应步骤，反复增碳脱碳、增氧脱氧会带来较高的能量损失和物质消耗。

（3）难以实现超纯净冶炼，高端特殊钢依赖进口。杂质控制难度大：在高炉-转炉长流程中，从原料到最终成品，会有大量杂质进入钢水，特别是硫、磷、氧、氮等杂质，现有工艺条件下很难实现极低的杂质含量。渣系控制问题：高炉和转炉冶炼中炉渣是净化钢水的关键，通过调整渣系组成，可以促使杂质脱除，然而，渣系控制要求非常精确，现有条件下难以达到超纯净冶炼的标准。氧化问题与二次氧化：在转炉吹氧过程中，高速喷射的氧气可以有效去除碳，但会导致氧含量增加，产生二次氧化现象，二次氧化带来的氧化物夹杂物会显著影响钢水的纯净度，进而影响了钢材的力学性能和抗腐蚀性能。高炉与转炉工艺之间的脱节：高炉冶炼过程中无法精确控制杂质含量和铁水成分，这会导致转炉冶炼负担加重，增加整个流程的杂质控制难度。工艺效率与经济性之间的矛盾：超纯净冶炼往往需要多次精炼，大幅增加了冶炼成本和能耗。流程链控制难度高：高炉-转炉长流程涉及多个工序和参数，任何一个工序参数的波动都会对后续流程产生连锁效应，增加了流程链的控制难度[10-11]。

气基竖炉直接还原-电弧炉短流程具有变革性优势，主要包括：

（1）工艺流程优化。传统的高炉-转炉长流程工艺严重依赖烧结和焦化工序，不仅工艺复杂且带来大量的污染物排放，其中包括二氧化硫、氮氧化物以及粉尘颗粒等，对生态环境影响恶劣。氢基竖炉直接还原-电弧炉短流程工艺通过天然气或氢气等还原剂，将铁矿石还原为金属铁，无需烧结矿和焦炭，烧结和焦化工序被完全省去；短流程工艺简化了多个中间工序，生产时间和步骤大大减少，更加灵活。

（2）能源结构优化。传统的高炉-转炉长流程中，焦炭作为主要的还原剂和燃料，导致二氧化碳排放量巨大。气基竖炉直接还原-电弧炉短流程在能源结构优化方面具有变革性优势，该工艺以天然气或氢气作为主要的还原剂，有效替代传统长流程中的焦炭，减少了化石能源的使用，使得绿色冶金成为可能。合理发展短流程工艺，可以从源头彻底降低二氧化碳与污染物排放量，为钢铁行业的低碳发展提供全新的路径。未来，直接还原可以与风能、太阳能等清洁能源相结合，进一步优化钢铁产业的能源结构，彻底摆脱其对煤炭等化石燃料的依赖。

（3）钢铁产品结构优化。气基竖炉直接还原-电弧炉短流程中，以天然气或氢气作为还原剂，避免了传统高炉-转炉流程中焦炭带来的硫、磷等杂质，生产的 DRI 产品纯度高，杂质含量低，尤其适合高端特殊钢生产。电炉工序中，DRI 与废钢的比例可根据产品需求灵活调整，以精确控制合金成分和杂质含量，这种可控性使得短流程生产能够满足不同种类的高端特殊钢需求，如高强度低合金钢、不锈钢和合金钢等。气基竖炉直接还原-电弧炉短流程将提高我国在高端装备制造领域的竞争力[11]。

## 2.2　氢冶金研发现状

氢冶金是基于碳冶金的概念提出的，是一种利用氢气作为还原剂和能量源来冶炼金属的方法，其基本原理是通过氢气还原金属氧化物，生成金属和水。与传统的碳冶金相比，氢冶金在还原过程中不产生二氧化碳，能够实现零碳排放。因此，氢冶金短流程可作为我国钢铁产业实现碳中和的兜底技术和颠覆性前沿技术，也是生产高纯净高端精品特殊钢的可靠工艺技术，逐渐成为钢铁冶金未来发展的新方向和制高点。氢冶金主要包括氢基竖炉、氢基流化床和氢基熔融还原。

气基竖炉直接还原是以气体为还原剂，以氧化球团和块矿为炉料，在竖炉反应器内生产 DRI 的直接还原工艺，一般包括气体加热或重整炉系统、竖炉本体系统、炉顶煤气处理和循环系统等。通常，气基竖炉分为普通竖炉（入炉工艺气 $\varphi_{H_2}/\varphi_{CO}<1.5$）、富氢竖炉（入炉工艺气 $\varphi_{H_2}/\varphi_{CO}>1.5$，氢气含量高于 55%）和氢气竖炉（入炉工艺气氢气含量高于 90%），后两者称为氢基竖炉。因此，氢基竖炉直接还原是一种以氢气为主要还原剂的气基竖炉工艺技术。与普通气基竖炉相比，氢基竖炉在降碳和环保方面更具有优势。

氢基流化床是一种利用氢气作为还原剂的流化床反应器，能够处理多种类型金属矿石的还原和冶炼，原料适应性较强。氢基流化床由反应器、气体分布器和固体物料进料系统组成。气体分布器能够确保氢气均匀地通过床层，固体颗粒（如金属矿石）与氢气混合，氢气从底部向上流动，使颗粒悬浮在气流中，形成良好的流化状态。氢气与固体矿石发生还原反应，反应过程中，氢气充分接触矿石，提高了反应速率和金属产量。与传统的流化床相比，氢基流化床在环保性、反应效率和产物纯度上有一定的优势。

氢基熔融还原采用氢气作为还原剂，不用高炉而通过高温熔融反应将铁矿石还原和渣铁熔分，从而生产铁水和溶渣的炼铁工艺技术。熔融还原以加速还原过程、降低能耗、简化流程和工艺设备为原则。其突出优点在于生产过程中少量使用或不用焦炭。熔融还原过程一般为两步法，即分为固相预还原及熔态终还原，并分别在两个反应中完成，改善了熔融还原过程的能量利用，降低了渣中 FeO 浓度，使熔融还原法取得了突破性的进展。

下文将对国内外氢基竖炉、氢基流化床和氢基熔融还原的相关氢冶金项目进行详细介绍。

### 2.2.1 基于氢基竖炉的氢冶金项目

#### 2.2.1.1 德国蒂森克虏伯 tkH2Steel 项目

A tkH2Steel 项目发展历程

为在 2050 年实现气候中和型钢厂转变，蒂森克虏伯的氢气战略主要包括两种路径：一是碳捕获和利用（CCU）：即 Carbon2Chem 项目，通过利用炼钢厂气体合成不同的化学品或燃料，碳被回收并用作化学工业的原料，取代化石能源，该项目已在 2020 年实现工业化。二是碳直接避免（CDA）：即 tkH2Steel 项目，采用带熔炼装置的直接还原设备代替现有高炉，由绿色氢气和可再生能源代替焦炭。该公司的降碳目标是到 2030 年每年生产 500 万吨低碳钢，减少 30%以上的 $CO_2$ 排放量，并在 2045 年实现零碳排放[12]。

2019 年，蒂森克虏伯将氢基冶炼技术确定为未来钢铁生产的核心方向，并提出 tkH2Steel 项目构想，旨在用氢替代传统的煤炭和焦炭作为还原剂。2021 年，蒂森克虏伯在德国北莱茵-威斯特法伦州的杜伊斯堡钢厂启动了 tkH2Steel 的试点项目。该项目的初期测试阶段已经开始，氢气将在杜伊斯堡钢厂的 9 号高炉内通过一个风口注入，以替代传统的煤粉喷吹。这一过程称为“以氢代煤 1.0”，其目标是验证纯氢喷吹在低碳冶炼中的可行性和安全性。为了进一步转变钢铁生产结构，蒂森克虏伯在 2020 年 8 月 8 日宣布启动“以氢代煤 2.0”计划。该计划目标是在 2025 年前建设 1 座容量为 120 万吨/年的“氢气竖炉 DRI+绿电电炉熔化单元”的生产装置，如图 2.16 所示。

2022 年起，蒂森克虏伯钢铁公司计划逐步将杜伊斯堡的其他 3 个高炉转变为氢气喷吹的生产方式。2023 年 3 月，蒂森克虏伯钢铁公司已将工程、供应和施工合同授予北莱茵-威斯特法伦州的工厂建造商西马克集团。仅工厂和设备的建设就将创造 400 多个新就业岗位。2023 年 9 月，蒂森克虏伯在德国杜伊斯堡的钢厂正进行大规模环保技术改造，预计总投资额达 20 亿欧元（约合 21 亿美元）。每年以气候友好的方式生产 250 万吨钢铁产品，并计划于 2026 年开始生产。预计最早 2029 年用氢量将达到约 14.3 万吨[12]。

2024 年 3 月，蒂森克虏伯钢铁业务与德国莱茵集团（RWE）签署了一项长

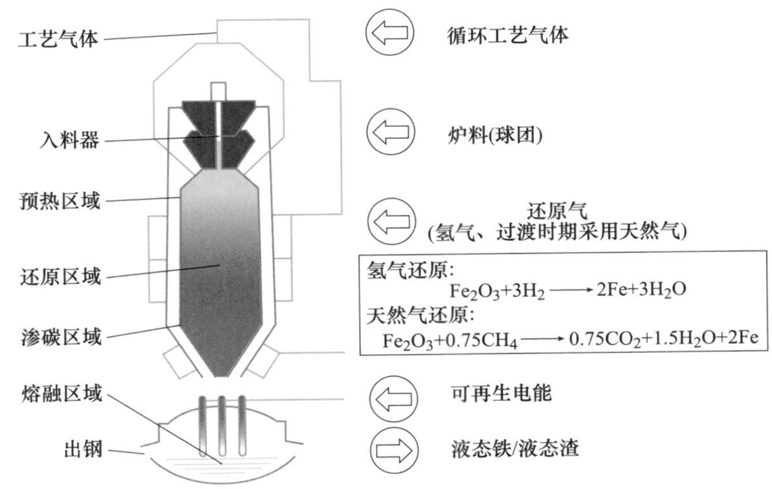


图 2.16 蒂森克虏伯“氢气竖炉+电炉熔化”装置示意图

期绿电采购协议。根据合同，莱茵集团位于北海的海上风电场将为蒂森克虏伯首座直接还原工厂提供重要的清洁能源，助力 tkH2Steel 转型项目，以实现气候中和目标[13]。

B tkH2Steel 项目工艺原理

首先，tkH2Steel 项目采用氢气直接还原工艺，将铁矿石与氢气反应生成铁和水，取代了传统的焦炭和煤炭，从根本上减少了碳排放。其次，使用可再生能源电解水制氢生产氢气的一个关键环节是用电解水技术分解水得到氢气和氧气。该过程通过可再生能源（如风能、太阳能）供电，确保生成的氢气符合零碳排放的标准。产生的氢气用于还原反应，氧气则可以回收利用。同时，tkH2Steel 项目配备废水循环系统，将生产过程中产生的水汽收集并净化处理，进一步减少了用水需求，实现资源的可持续利用。最后，通过低温直接还原工艺在较低温度下进行，减少了对高炉的需求。这种低温工艺也有助于降低能耗，实现更高效的生产。

C tkH2Steel 项目核心工艺

该项目的核心技术在于采用直接还原设备和熔炼装置的结合，能够在电网干扰较小的情况下连续运行，消除二氧化碳排放。原料连续加料，料位根据质量平衡进行控制，为操作员提供料位以定义出渣时间。在不中断设备运行的情况下，对铁水和炉渣进行抽吸。与常规电弧炉不同的是，熔炼装置是密封的，工作时有轻微的负压，能够持续回收尾气，产生的新尾气具有与碱性氧气炉气类似的特性，可供应给 Carbon2Chem 项目。由于这些气体的一氧化碳含量高、惰性成分的比例较低，用于化学合成比高炉煤气更有优势。这既减少了额外氢气的需要，又有利于气体分离。

2.2.1.2 瑞典 HYBRIT 突破性氢能炼铁项目

A HYBRIT 项目发展历程

HYBRIT 项目是由 SSAB、LKAB 及 Vattenfall 3 家钢铁与矿产企业于 2016 年共同启动的一个创新计划，目标是创建全球首个非化石能源的铁制产品制作技术。HYBRIT 项目的计划主要分为：2016—2017 年，小规模试验来探究工艺是否可行及对工艺进行优化；2018—2024 年，主要是无化石燃料球团研发、氢基还原开发、氢存储设施的开发和 DRI 冶炼的研究；2025—2035 年，在技术上和经济上的示范规模生产；最终在 2035 年之前拥有一个无碳炼铁解决方案，以氢基竖炉-电弧炉替代高炉；2045 年实现无化石燃料的目标。

从 2018 年开始，HYBRIT 在获得瑞典能源局提供的 5.28 亿瑞典克朗资助后，在瑞典吕勒奥建立 1 座电解水制氢、氢基竖炉直接还原及电炉炼钢的中试厂，来实现无碳排放的钢铁制造与氢气的生成，以及每年产能为 50 万吨的 DRI。2020 年 8 月，HYBRIT 在瑞典矿业的马尔姆贝里建立了一个非化石能源铁矿氧化球团厂，采用创新技术将生物油变成可再生生物质燃料，实现 100%可再生燃料铁矿氧化球团生产，建立世界上第一个无化石颗粒工厂。2021 年，项目在中试规模上成功生产了世界上第一批无化石钢。此外，项目还成功生产了约 100 t DRI。2022 年 6 月，一个独特的地下无化石氢气储存设施在瑞典吕勒奥落成，开始测试岩洞储氢。该设施初期容量为 100 $m^3$，以氢气的形式储存高达 100 GW·h 的电力。2024 年 8 月，HYBRIT 向瑞典能源署提交了一份六年研究报告。报告中，HYBRIT 工艺实现了高效的无化石钢铁生产，每吨钢铁的二氧化碳近零排放；其所生产的 DRI 性能明显优于化石燃料生产的铁。到目前为止，HYBRIT 在吕勒奥的试验工厂已经生产了 5000 多吨氢还原铁。2026 年目标是在 Gallivare 建立一个以工业化生产无化石 DRI 为主导的示范工厂，并且实现全面商业化的无化石钢铁生产。

B HYBRIT 项目新工艺原理及能耗对比

HYBRIT 新工艺和传统高炉工艺的对比如图 2.17 所示。在高炉生产过程中，通过以氢气替代传统煤和焦炭来实现低碳炼铁。所需氢气通过电解水制取，而电解所需的电力则由清洁能源提供。氢气可在相对较低的温度下对球团矿进行直接还原，生成 DRI。同时，从炉顶排出的水蒸气及多余氢气在经过冷凝和洗涤处理后，还能循环回用，实现资源的高效利用并进一步降低排放[14]。最后经过电弧炉炼钢，DRI 再与废钢混合，在电弧炉中熔炼成钢。传统高炉流程和 HYBRIT 新工艺二氧化碳排放、能源消耗对比（基于瑞典生产数据，以吨钢为计算单位）[15]：对于高炉流程而言，在这个过程中产生的二氧化碳排放量为 1600 kg，使用的化石燃料消耗（即煤和石油）达到了 5231 kW·h，而耗费的电力则有

235 kW · h。总体来说，这个过程需要消耗掉 5466 kW · h 的能量。与此相反，HYBRIT 的新技术更注重于造块、产生氢气并将其用于直接还原反应中，同时还涉及用电炉进行处理的部分。在这项技术的实施过程中，所产生的二氧化碳排放量只有 25 kg，并且利用到的可再生能源也占到了 560 kW · h。另外，这项技术对煤炭的需求仅为 42 kW · h，而且整个过程中所需的电力达到 3488 kW · h。从整体上看，这种新的方法可以使二氧化碳排放量下降 1575 kg，这比传统的高炉流程要低出 98.44%；同时也节省掉了 1376 kW · h 的能量。

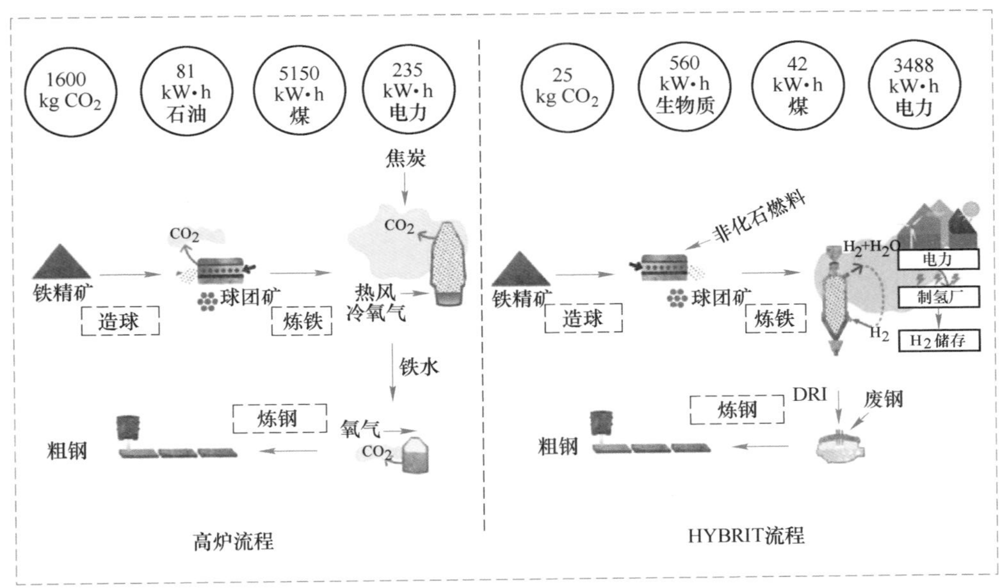


图 2.17 HYBRIT 新工艺和传统高炉工艺的技术路线及能耗对比

C HYBRIT 项目存在的问题

HYBRIT 工艺作为一种较为创新的无化石钢铁生产技术，尽管在减少碳排放方面显示出巨大的潜力，但在实施过程中仍面临多个挑战，首先是成本和经济可行性，氢气的生产成本较高，特别是通过电解水生产绿氢的成本，远高于传统的碳还原工艺；HYBRIT 工艺需要专用的氢基竖炉和电弧炉设备，新设备的投入成本相当高。其次是可再生能源供应不足，HYBRIT 工艺依赖于绿氢生产和电弧炉炼钢，这都需要大量的电力供应。

2.2.1.3 德国 SALCOS 氢冶金项目

A SALCOS 氢冶金项目发展历程

SALCOS 氢冶金项目是由萨尔茨吉特公司在 2015 年推出，目标是开发减少钢铁生产过程中碳排放的可行性方案。该项目利用氢气取代传统的焦炭和煤，从而达到低碳乃至无碳的钢铁生产效果。为了 SALCOS 项目顺利开展，2016 年 4 月，萨尔茨吉特的钢铁工厂开展名为“Green Industrial Hydrogen 1.0”的项目[16]。2017 年 5 月，该系统安装了 1500 组固体氧化物电解槽，并于 2018 年 1 月完成了工业化环境下的系统运行测试。截至 2019 年初，“Green Industrial Hydrogen 1.0”项目已经顺利完成在工业环境中的运作及长时期的试验，并已达到每小时产生 150 kW AC 的产出量[17]。随后，2019 年 1 月，萨尔茨吉特钢厂推进了“GrInHy2.0”项目，项目规划如图 2.18 所示，“GrInHy2.0”项目的目标是在工厂规模上首创 720 kW 的高温电解设备，其连续运转时间达 7000 h，且电解效能应超过 80%[18]。2020 年 5 月，萨尔茨吉特开始建造一座风力发电厂，并于 6 月下旬签署在下萨克森州 Wilhelmshaven 深水港建造带有氢电解装置的直接还原铁厂的可行性研究协议。2020 年 8 月，Sunfire（燃料电池厂商）向德国萨尔茨吉特弗拉查斯塔尔工厂交付了一台用于高效制氢的 720 kW HTE 高温电解器。到 2022 年底，该电解槽将运行至少 1.3 万小时，至少生产 100 t 绿色氢气。2023 年 4 月，萨尔茨吉特在汉诺威工博会上收到欧盟委员会的 SALCOS 低碳炼钢转型计划的资助。SALCOS 计划是在 2033 年之前，将萨尔茨吉特公司的钢铁生产分转为低碳生产，这种转型将使以煤焦为基础的传统钢铁生产逐步被新的氢气炼铁路线所取代，每年将减少约 95%的碳排放，总量约为 800 万吨，约占德国碳排放总量的 1%。

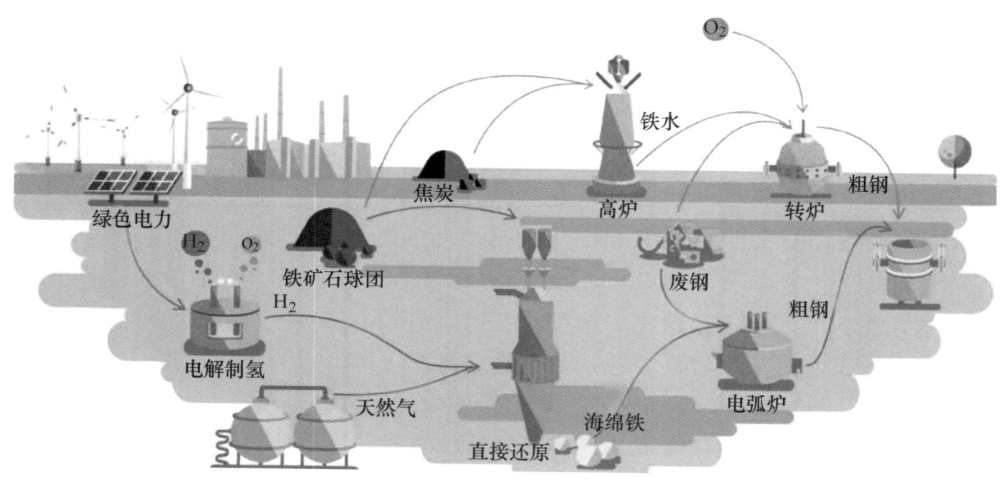


图 2.18 “GrInHy2.0”项目规划

B SALCOS 氢冶金项目工艺原理

SALCOS 氢冶金项目的工艺原理在于用氢气直接还原铁矿石中的氧，实现零碳排放的钢铁生产。首先项目依赖可再生能源（如风能和太阳能）生产的绿氢，采用电解水的方法生成氢气，并将氢气作为还原剂引入冶金过程。利用绿氢代替传统的焦炭或煤炭，避免了二氧化碳的生成。产生的氢气被送入氢基竖炉，与铁矿石进行还原反应。氢气和铁矿石中的氧反应生成水蒸气，从而减少了传统高炉炼铁过程中的二氧化碳排放。反应过程中生成的水蒸气可以被冷凝并回收，水经过净化和电解后可循环使用以生成新的氢气，从而进一步降低水资源的消耗和运行成本。这一过程中，不产生二氧化碳，从而大幅减少钢铁生产的碳足迹。生产的 DRI 被送入电弧炉中进行熔化和精炼，转化为液态钢。这一环节替代了传统的高炉工艺，进一步减少了焦炭和煤的使用需求。最后在电弧炉中熔炼出的钢液可以根据需求进行合金调节和精炼，最终被浇铸成钢坯，以供进一步加工成钢材成品。

C　SALCOS 氢冶金项目关键制氢技术

(1) Wind $H_2$ 的风力发电技术。该技术旨在通过风力发电来产生氢气与氧气，所产生的氢气将会被用作冷轧过程中的还原剂，而氧气会流向高炉以供其使用。

(2) Green Industrial Hydrogen 1.0 技术。该技术是通过使用可逆式的固态氧化物电解技术来生成氢气与氧气，该项目在运行过程中考虑到了可再生的能源供应可能出现的波动问题，因此，在风力或其他可再生能源不足的情况下，电解设备可以转为燃料电池模式，为电网供电，以满足电力需求。

(3) GrInHy2.0 技术。该技术旨在充分运用钢铁制造流程所释放的热能产生水汽，并将之与环保可持续的能量来源相结合以实现电力供应，接着采用高温电解水技术制取氢气。氢气的应用包含了 DRI 生产及钢材加工阶段，如冷轧退火环节。

#### 2.2.1.4　安赛乐米塔尔汉堡钢厂氢冶金项目

A　安赛乐米塔尔汉堡钢厂氢冶金项目发展历程

安赛乐米塔尔集团来源于安赛乐钢铁集团、米塔尔钢铁集团两个不同国度力量的融合。2002 年 2 月，欧洲三大钢铁制造商法国 USINOR、卢森堡 ARBED 和西班牙 ACERALIA，宣布以换股方式合并，合并后为安赛乐钢铁集团。2006 年，米塔尔集团以每股 40.4 欧元，总价 256 亿欧元收购当时全球第二大钢铁企业安赛乐钢铁集团，成立安赛乐米塔尔钢铁集团。2019 年 12 月，安赛乐米塔尔制定了到 2030 年将二氧化碳排放量降低 30%，到 2050 年达到碳中和的计划。

2019 年 9 月 16 日，安赛乐米塔尔与 MIDREX 公司签署合作协议，双方将投资 6500 万欧元在汉堡建造一个氢冶金示范工厂。在项目初期，工厂将通过天然气制氢作为原料气，以降低成本并确保稳定的氢气供应。在直接还原过程中替代部分碳基还原剂，可显著减少二氧化碳排放。生产大约 10 万吨的 DRI，技术经济成熟后转为可再生能源制氢。2020 年 5 月，安赛乐米塔尔德国公司和汉堡应用技术大学计划开展 WISANO 联合研究项目，以未来总产能 100 万吨/年工厂作为基础，重点研究氢基钢材的生产，现已完成初步研究。

2020 年 7 月，安赛乐米塔尔与 EWE 能源公司及其子公司 SWB 签署协议，开始生产绿氢。第一阶段包括建设一座 24MW 的电解厂，为安赛乐米塔尔不莱梅工厂提供绿氢。2021 年 8 月，安赛乐米塔尔发布集团气候行动报告公布了其在全球各地的企业到 2030 年将二氧化碳排放量减少 25%，同时，计划到 2025 年将 SESTAO 工厂打造成为世界上第一座全面实现二氧化碳净零排放的炼钢厂。

B　安赛乐米塔尔汉堡钢厂氢冶金项目工艺原理

安赛乐米塔尔汉堡钢厂的氢冶金项目采用 MIDREX 工艺，使用氢气还原铁矿石制备 DRI，工艺流程如图 2. 19 所示。传统 MIDREX 工艺中使用天然气，而在这个项目中，天然气被逐步替换为氢气。铁矿球团被送入 MIDREX 竖炉，与氢气在高温下反应生成 DRI。该工艺的核心优势在于，可以实现与现有直接还原技术的无缝衔接。将生产的 DRI 与废钢一同加入电弧炉进行进一步熔炼和精炼，生产出符合市场需求的钢材。目前，其生产以天然气为基础，未来的发展阶段包括用氢气取代天然气。

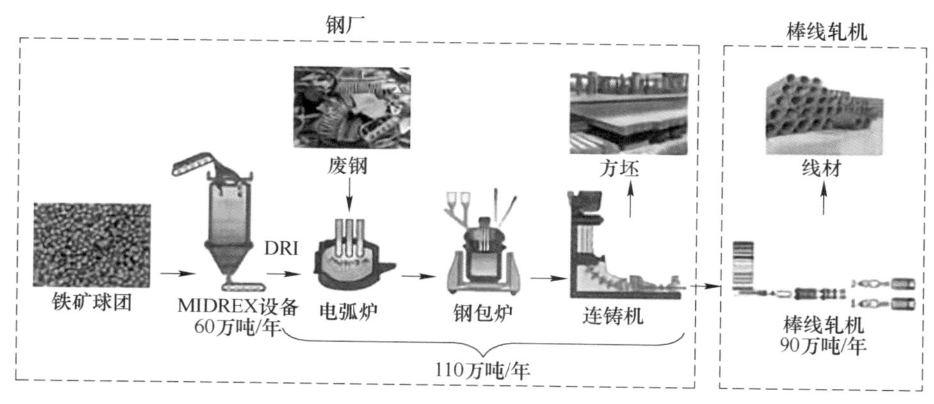


图 2. 19　安赛乐米塔尔汉堡钢厂的生产工艺流程

在使用天然气 MIDREX 竖炉设备，每吨 DRI 排放 553 kg $CO_2$；对于电弧炉和 LF 炉，每吨方坯排放 466 kg $CO_2$，电弧炉可使用 DRI 和废钢；高炉流程的二氧化碳排放量为每吨连铸方坯或板坯 1800 kg。

C　安赛乐米塔尔汉堡钢厂氢冶金项目存在的问题

虽然使用氢气还原铁矿石能够大幅减少钢铁生产过程中的碳排放，但如果氢气来源是通过天然气制氢，则碳排放减少有限，二氧化碳排放是从钢铁生产过程转移到了氢气生产阶段。氢气的生产成本较高，尤其是绿氢的生产成本，虽然初期使用的是天然气制氢，但未来过渡到绿氢将显著增加运营成本。

未来要实现绿氢的生产，将需要大量的可再生能源，如风能和太阳能。但德国的可再生能源装机容量尚不足以满足大量工业制氢的需求，尤其是在能源波动较大的情况下，随着对可再生能源的需求增加，如何保证充足和稳定的电力供应，同时避免对电网造成负担，使得保证稳定的绿氢供应更具挑战性。此外，氢气的储存、运输和分配需要特殊的基础设施，而这些基础设施的建设成本较高。氢气管道的安全要求高，且在汉堡钢厂周边区域缺乏完善的氢气供应和运输网络。

#### 2.2.1.5 Hydra 氢冶金项目

##### A Hydra 氢冶金项目发展历程

意大利船级社（RINA）于 2023 年 10 月 10 日在热那亚启动了 Hydra 项目，该项目经欧盟委员会和意大利企业部批准，旨在利用氢相关技术实现钢铁生产的碳减排。该公司在氢气脱碳方面拥有丰富经验，曾进行 30%天然气与氢气混合锻造工艺的首次测试。该研究旨在 2025 年建立一家开创性全新的氢燃料试点工厂，每小时产出 7 t 钢铁，大幅减少碳排放。目前，全球钢铁产业的温室气体排放在全球总排放中所占比例达到了 8%。据统计，每生产 1 t 钢铁平均会释放 1.63 t 二氧化碳，因此急需寻找更加可持续的解决方案。

该项目预计在意大利罗马堡的 Centro Sviluppo Materiali 安装一座 30 m 高的 HYL 直接还原塔，配备电加热器（使用氢气作为还原剂）和电弧炉。HYL 竖炉工艺能够使用不同比例的天然气和氢气，欧洲钢铁制造商将有机会使用几种不同的还原气体组合来测试钢铁生产。将测试各种铁矿石，为未来的投资和应用提供具体的结果和分析。RINA 将通过其 Castel Romano 材料开发中心指导该计划，该计划为期 6 年，预计投入 8800 万欧元。

##### B Hydra 氢冶金项目工艺原理

Hydra 项目首先进行的是通过绿色能源设施进行绿色能源生产（如太阳能板和风力发电），用于提供清洁的电力来支持整个生产过程。使用可再生电力进行水电解，生产氢气，作为绿色还原剂。该过程不排放二氧化碳，符合绿色制造的要求。生产的氢气被输送到储存设施中，便于在后续还原工序中使用。其次经过核心设施 HYL 竖炉，氢气作为还原剂与铁矿石反应，生成低碳的 DRI，用于后续的炼钢工序。生成的 DRI 被送入加热炉进行预热，以便提高电弧炉中的反应效率。加热后的 DRI 被送入电弧炉，与石灰等其他物质一起用于炼钢。电弧炉同样使用绿色电力，进一步减少了碳排放，最终生产出绿色钢材。这一项目通过整合氢气还原、绿色电力和储能技术，实现低碳或零碳的钢铁生产。Hydra 项目工艺流程如图 2.20 所示。

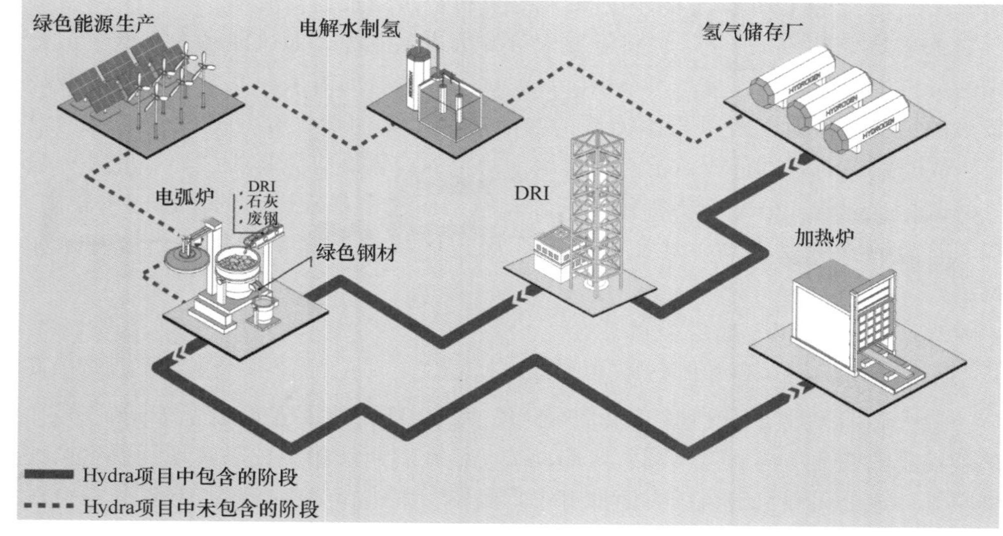


图 2.20 Hydra 工艺流程

C Hydra 项目关键技术

Hydra 项目核心是 HYL 工艺技术。HYL 竖炉工艺通过将天然气进入转化单元，在高温下分解为一氧化碳和氢气制备还原气体。这些气体作为还原剂，被注入还原炉中。除此之外，HYL 工艺允许高比例使用氢气，甚至可以完全使用氢气作为还原剂，大幅减少甚至消除二氧化碳的生成。还原后的 DRI 可以选择直接冷却生产 CDRI，或者直接在热态下压制成 HBI，以便于储存和运输。HYL 竖炉排出的炉顶煤气中仍然含有未完全反应的还原气体。该工艺配备了气体回收系统，能够净化炉顶煤气，将一氧化碳和氢气回收并重新用于还原过程，进一步提高了资源利用效率。另外还可以与 CCS 系统集成，将生成的二氧化碳捕集并储存，进一步降低碳排放。

2.2.1.6 中国宝武湛江氢冶金项目

A 中国宝武湛江氢冶金项目发展历程

中国宝武氢冶金一期和二期工艺流程分别如图 2.21 和图 2.22 所示。中国宝武在湛江钢铁进行了氢基竖炉直接还原技术的生产和应用，第一阶段主要目标每年生产 100 万吨 DRI，采用焦炉煤气、氢气和天然气为原料，并且通过调节这些气体的比例，来保证还原气中氢气含量高于 57%。第二阶段湛江钢铁基地的二期项目预计建设一套 100 万吨/年的氢基竖炉以及相关的电炉炼钢工程，力求通过光伏发电等可再生能源为竖炉提供部分气源。宝武湛江氢冶金项目 2021 年 12 月开始建设，并在 2022 年的 2 月启动了宝钢湛江钢铁氢基竖炉项目的工程，设计年产量为 100 万吨 DRI，折合铁水 85.6 万吨。2023 年 12 月 23 日，由中国宝武

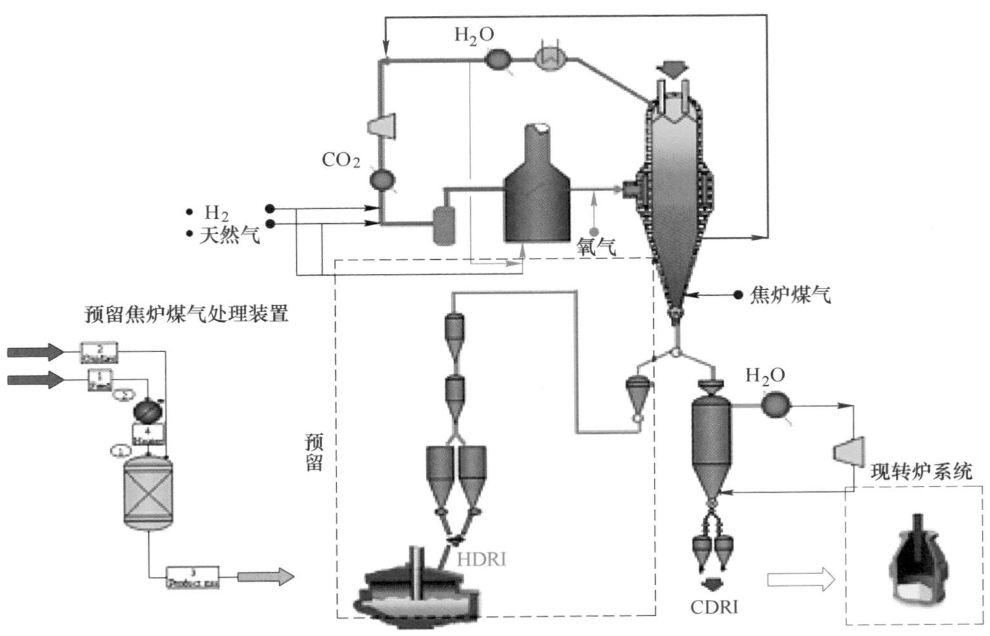


图 2.21　中国宝武氢冶金一期工艺流程

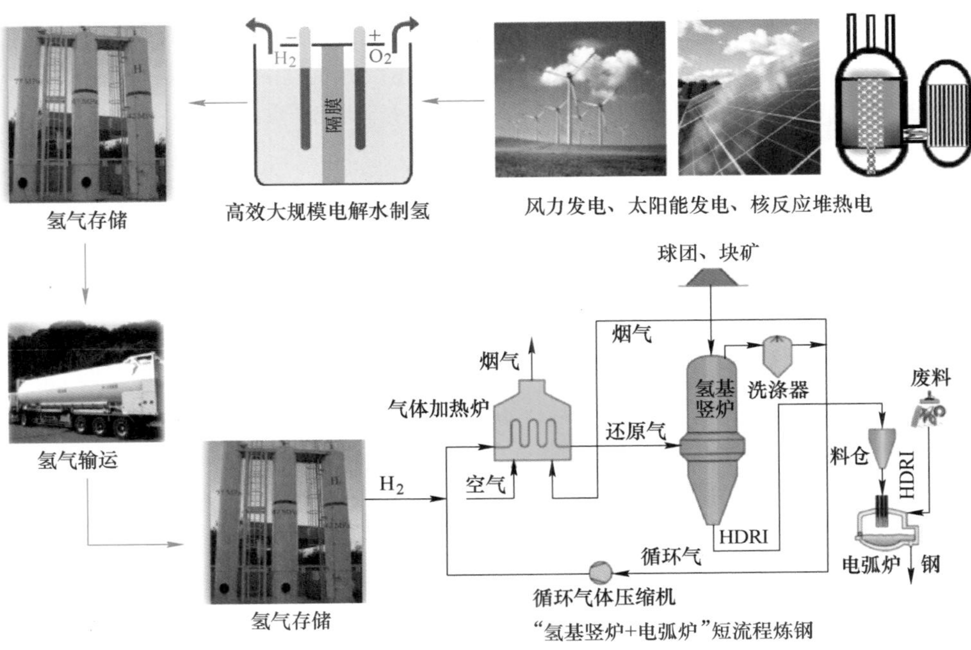


图 2.22　中国宝武氢冶金二期工艺流程

建设的国内首套百万吨级氢基竖炉项目在广东湛江成功点火投产，与同等规模铁水产量传统全流程高炉炼铁工艺相比，可降低二氧化碳排放量58%~89%，可减少二氧化碳排放50万吨以上。2024年4月，宝武湛江正式开始钢铁零碳高等级薄钢板工厂的建设。该项目是国内首个“氢基竖炉+电弧炉”短流程冶炼生产高等级薄钢板的近零碳生产线。2024年8月22日，国内首套百万吨级氢基竖炉实现168 h连续满负荷生产，顺利通过周达产功能考核，并成功验证了高氢（70% $H_2$ 含量）冶炼条件。

B 中国宝武湛江氢冶金项目核心工艺技术

湛江氢冶金项目的核心技术是氢基竖炉加电弧炉熔炼（HYRESP），结合了高效的富氢气体处理方法、氢基竖炉还原过程、二氧化碳收集和直接还原产品的冷却步骤，从而实现了多个技术的整合运用。HYRESP技术主要使用电力为熔炼过程提供热能，使铁矿石达到还原反应所需的高温环境。电力来源可以是可再生能源（如风能、太阳能等），在高温环境下将氢气作为还原剂，将氧化铁还原为金属铁，同时生成水蒸气；还原后的DRI经熔分获得铁水，再经过冷却和成型后，形成纯净的铁产品，并进入后续的精炼和加工工序。

湛江竖炉工艺技术方案提高了系统对焦炉煤气成分适应性；应对天然气成分不确定性，预留了天然气预处理设施；最大程度适应不同比例的焦炉煤气、氢气和天然气；$CO_2$ 脱除系统可回收高纯度 $CO_2$，为实现碳利用做好准备，进一步降低碳排放；优化还原气成分，调整产品碳含量，利于产品使用、存储和运输；优化工艺平面布置，一期和二期总体规划，分步建设；优化自控和系统设计，实现高可靠性稳定性，提升应急适应能力；优化物料处理系统设计，提高系统稳定性。

#### 2.2.1.7 河钢基于焦炉煤气的氢冶金项目

A 河钢氢冶金项目发展历程

河钢集团正在致力于创建世界首个氢能源开发和利用示范工程。2024年9月9日，河钢集团全球首例120万吨氢冶金示范工程，成功应用绿氢作为还原气实现稳定生产，产品合格率高，金属化率超94%，验证了“绿电-绿氢-绿钢”生产的技术可行性，丰富了氢冶金的原料气源，标志着河钢探索实现全绿氢近零碳氢冶金技术迈出重要一步。通过太阳能、风能等可再生能源发电直接制取绿氢，全程近零碳排放。河钢集团技氢冶金示范工程一期以焦炉煤气为气源，同时在氢基竖炉反应器预留了绿氢切换功能。此次利用张家口地区丰富的风/光资源制绿氢，作为氢基竖炉的还原气，成功验证了氢冶金示范工程绿氢冶炼的技术可行性[19]。2023年5月15日，河钢集团全球首例氢冶金示范工程一期投产达效，迄今已经安全稳定运行16个月，各项技术经济指标稳定保持较为先进水平，是世界钢铁工业由传统“碳冶金”向新型“氢冶金”的一次变革，实现“以氢代煤”冶炼

“绿钢”。

B 河钢氢冶金项目工艺流程

项目利用焦炉煤气作为制氢原料气体，通过净化、自重整得到富氢气体，使用氢基竖炉进行直接还原生产高品质 DRI。氢能源开发和利用工程主要包括八大系统：原料储运系统、原料处理系统、还原竖炉系统、成品处理系统、工艺气系统、还原气净化系统、$CO_2$ 脱除系统及公辅系统等，工艺流程如图 2.23 所示。

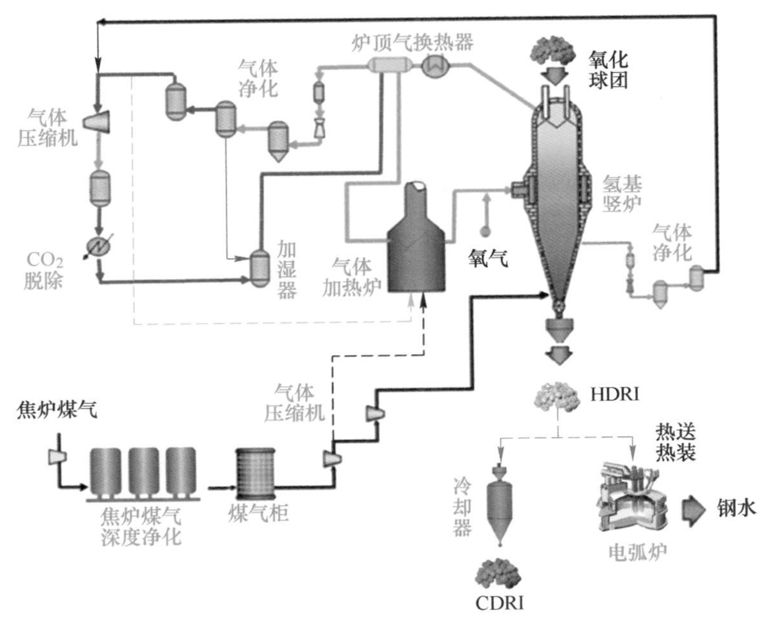


图 2.23 河钢氢基竖炉工艺流程

利用富氢气体或氢气通过化学反应将氧化球团中的氧元素逐渐去除，最终生产出质地优良的 RDI。初始阶段，这些被引入反应器的氧化球团通过来自反应器还原区域的炽热气体中的传热来预热，直到还原过程所需的温度水平。在此预热阶段后，在氢气的作用下，从矿石中去除氧。通过在自身还原阶段生成还原气，还原效率较好，无需依赖外部重整炉设备或还原气体生成系统，只需对焦炉煤气进行净化处理。氢基竖炉高压运行，提高了单位反应炉的产量，减少了通过炉顶气体携带的粉尘损失，降低了原料消耗量和运营成本[20]。

C 河钢氢冶金项目关键技术

全球首创的“焦炉煤气零重整竖炉直接还原”工艺技术，是河钢氢冶金示范工程的核心内容。焦炉煤气作为一种富氢气体，焦炉煤气本身含有 55%～65% 的氢气成分，另外在氢基竖炉内还可将甲烷催化裂解为一氧化碳和氢气，实现

“自重整”。自重整后，工艺气体中的氢碳比可达到 8：1 以上，是目前工业化生产中含氢比例最高的氢基竖炉直接还原工艺，最接近未来 100% $H_2$ 还原的工艺状态[21]。同时，河钢氢冶金示范工程竖炉反应器针对高比例氢含量进行了优化设计，预留了绿氢切换功能，不需要大规模改造即可直接开展切换为更高比例富氢还原气、纯氢做还原气的工业试验，为未来实现 100%绿氢竖炉直接还原提供基础。

通过贯通富氢气体净化、氢基竖炉还原、碳捕集及再利用、电弧炉洁净钢冶炼等绿色短流程，形成“$CO_2$ 捕集+$CO_2$ 精制”全新工艺路线等一系列技术应用，河钢拟打造出可推广、可复制的“零碳”制氢与氢能产业发展协同互补的发展模式。据测算，与同等生产规模的传统“高炉+转炉”长流程工艺相比，河钢氢冶金示范工程一期每年可减少 $CO_2$ 排放 80 万吨，减排比例达到 70%以上，同时 $SO_2$、$NO_x$、烟粉尘排放分别减少 30%、70%和 80%以上，且生产 1 t DRI 可捕集 $CO_2$ 约 125 kg。

#### 2.2.1.8 中晋太行 CSDRI 氢冶金项目

##### A 中晋太行 CSDRI 氢冶金项目发展历程

CSDRI 项目于 2017 年 8 月开始全面建设，2020 年 12 月进行试生产，生产期内各项指标均接近设计指标，目前处于设备维检和部分工艺调整阶段，预计 2025 年 5 月底全面投产。试生产阶段，2021 年 6 月 9 日至 23 日，共运行 14 天。2022 年 11 月至 12 月，该项目实现了极其恶劣气候条件下 45 天长周期连续全流程规模化试生产，将原先库存的球团全部生产为合格的还原铁产品。2023 年 3 月 17 日，在这座竖炉中，焦化厂排放出的焦炉煤气经过净化、重整等工序之后形成的还原气，与铁矿粉经精选加工而成的球团发生反应，产出 $w(\mathrm{TFe}) = 90\% \sim 92\%$ 的 DRI。项目采用铁精粉（左权-黎城铁精矿）和焦炉煤气（配套建设 100 万吨焦化）生产 30 万吨优质高纯还原铁项目；项目产品——高纯 DRI 是优质钢、特种钢以及高纯粉末冶金的原料。此项目打通生产工艺流程，验证了 CSDRI 技术的可靠性，实现了全球首套焦炉煤气重整工艺生产 DRI，实现氢基 DRI 生产零的突破，生产符合国家标准的氢基 DRI 产品 5000 余吨。

##### B 中晋太行 CSDRI 氢冶金项目工艺流程

图 2.24 为中晋太行 PERED 氢基竖炉流程。项目利用焦化副产的优质资源——焦炉煤气进行干重整，利用 $CO_2$ 与 $CH_4$ 进行重整反应，生成 CO 和 $H_2$，能大幅降低 $CO_2$ 的排放。从焦炉炭化室产生的初始煤气，在冷却和化学处理后，经过流程工艺得到净煤气（焦炉煤气）。这一过程包括脱硫、制取硫铵和粗苯等步骤。随后，将净煤气（焦炉煤气）压缩后送入净化单元，依次经过脱萘、脱油、粗脱硫和脱有机硫单元，以去除气中的萘、焦油、无机硫和有机硫物质。经过重整炉对流段 350 ℃加热处理后，通过精脱硫塔，将硫含量降至 $10^{-6}$以下。鉴

于焦炉煤气富氢缺碳特性，进行竖炉炉顶气与焦炉煤气联合供给补充碳。炉顶气经处理后与精脱硫后的焦炉煤气混合，分为两路。一股气体作为工艺气流进入重整炉，主要用于促使 $CH_4$ 和 $CO_2$ 进行催化重整反应，生产出符合要求的还原气体；另一股气体作为燃料气体与助燃空气一同进入重整炉进行燃烧，为反应提供热量。炉内构造包含辐射区和对流区，辐射区用于实施重整反应和燃烧反应，生成适用还原气和高温烟气；对流区设有急速蒸发器、料预热器、过热器、煤气预热器、气预热器、空气预热器，高温烟气通过对流区回收热量后排放。然后还原气与球团反应生成热压块铁。

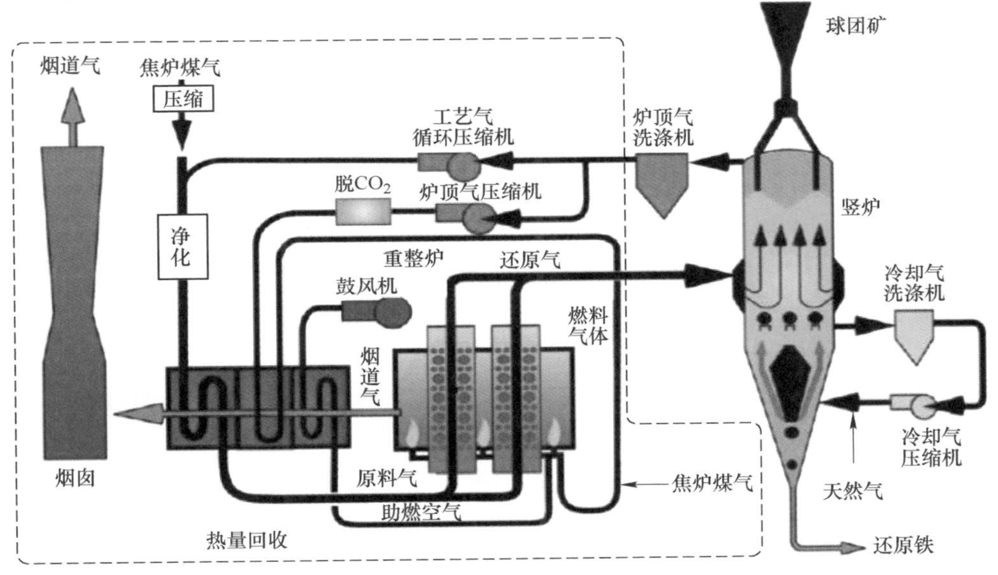


图 2.24　中晋太行 PERED 氢基竖炉流程

C　中晋太行 CSDRI 氢冶金项目关键技术

100%焦炉煤气采用“$CO_2$ 干重整”技术生产还原气（$CO+H_2$），有效气体成分（$CO+H_2$）不小于 90%，$\varphi_{H_2}/\varphi_{CO}=1.2\sim2.0$，可有效地调节竖炉所用工艺气中的 $\varphi_{H_2}/\varphi_{CO}$。焦炉煤气净化采用低压中温工艺，脱硫剂采用新型的镍锌吸附剂，可有效地脱除气体中的硫化物（无机硫和有机硫），同时保证焦炉煤气中的不饱和烃小于 $10^{-4}$，采用新型镍基催化剂可有效控制干重整积碳发生。100%采用国内自产铁精粉和自产球团；竖炉密封采用重整炉的烟气，既能增加循环气中的 $CO_2$ 比例，也能节约 $N_2$ 消耗；焦炉煤气净化、干重整炉和氢基竖炉工艺设备 100%实现国产化。据测算，利用干重整技术，每年减少 $CO_2$ 排放 8000 t[22]。

焦炉煤气净化工艺升级：焦炉煤气杂质脱除、不饱和烃加氢等；转化工艺升级：CO 低温歧化积碳、高温分解积碳、合适 $\varphi_{H_2}/\varphi_{CO}$ 和有效气体成分等；氢基竖炉还原气流分布升级：还原气入炉环管改造、炉顶气出口改造等；氢基竖炉整体密封装置的改进和升级；热压块和水淬系统的改进；其他技术与装备升级：新型镍锌吸附剂、新一代镍基催化剂用于焦炉煤气干重整、卧式底烧重整制还原气示范炉、焦炉煤气与炉顶气联供方式做还原气和燃料气气源、设置补充蒸汽管线以实现双重整工艺、提高卧式重整炉热效率至92%、急速增发器应用于重整炉对流段、系统吹扫气制取技术及装备。

D 中晋太行 CSDRI 氢冶金项目不足之处

中晋太行 CSDRI 氢冶金设计、生产过程中也需关注一些地方，首先是氢冶金技术需要化工、冶金行业的耦合，特别是两大行业设计、生产流程的不同，导致协调性较差，技术集成性难度较大；其次是各种工艺与装备的改进与升级，干重整工艺、设备的改进和升级，从重整炉至氢基竖炉工序的还原气的衔接点的控制和调整，氢基竖炉工序密封气的改进和升级，氢基竖炉整体密封装置的改进和升级，热压块水淬系统的改进。

#### 2.2.1.9 中国钢研纯氢多稳态竖炉示范工程

A 中国钢研纯氢多稳态竖炉示范工程项目发展历程

图 2.25 为中国钢研自主研发和建设的全球首条纯氢多稳态竖炉示范工程，位于山东省临沂市临港区，于 2024 年 1 月正式投入运行，4 月完成了第二次生产运行，氢还原 DRI 常态金属化率达到96%以上，在富氢竖炉极限金属化率93%的基础上取得进展，基本实现了纯氢竖炉示范生产线高还原效率、高能量利用率、高稳定性等指标[24]。示范工程采用中国钢研自主研发设计的成套纯氢竖炉技术，设备国产化率达到100%，目前产能为5万吨。使用99.5% $H_2$ 作为还原气，还原后的金属化球团在炉内直接用氢气冷却，热效率得到极大提高。为保证氢气利用率，采用自主研发的专用材料和加热系统，将氢气温度稳定保持在1000 ℃。目前，顺利运行了 300 h，金属化率超过 93%，达到各项持续运行考核指标。

图 2.25 纯氢多稳态冶金竖炉示范工程

B 中国钢研纯氢多稳态竖炉示范工程项目工艺方法

氢还原法生产 DRI 常用于电炉，DRI 还原程度低导致氧含量高、渣量大、熔渣氧化性强。这会引发铁损增加、耐材腐蚀加剧、脱氧剂消耗大，甚至熔渣起泡等一系列问题，直接影响电炉冶炼的经济性。2024 年 1 月，中国钢研的纯氢竖炉示范生产线成功进行了首次试运行，达到了金属化率 93%的初期目标。经过广泛的在线调节优化，目前已经实现了金属化率 96.7%~99.2%的稳定范围内运行。一般而言，对于富氢冶金还原气，氢气含量低于 80%；而对于纯氢冶金，氢气含量高于 95%。这种氢含量的不同使纯氢冶金在降碳方面具有明显优势，产品更加洁净。此外，在纯氢冶金条件下，还原气的高温还原能力更强，DRI 的抗高温黏结性也更好。

C 中国钢研纯氢多稳态竖炉示范工程项目关键技术

中国钢研氢冶金中心自主开发出抗氢腐蚀电加热器、分体式竖炉、耐高温磨损松料器、环道与喷嘴复式喷吹系统等十大核心关键技术，解决了氢气高温加热、冷却气余热充分利用、多维度松料、多梯度氢气喷吹等难题，开发了纯氢分体式竖炉、松料及排料装置、氢气高温电加热器等 6 套核心装备，突破了氢气高温加热、传动结合部位动态密封、循环加热及冷却气自调节等多项技术。

### 2.2.2 基于流化床的氢冶金项目

#### 2.2.2.1 CIRCORED 氢气流化床工艺

A CIRCORED 氢气流化床工艺发展历程

CIRCORED 工艺是由鲁奇冶金公司开发的一种以纯氢作为还原剂，可直接用粉矿（无须造块）生产热压块的氢基流化床工艺，以满足日益增长的直接还原炼铁工艺的需求[25]。1999 年，特立尼达首次建成了年产能 50 万吨 HBI 的 CIRCORED 工厂，该厂投产后的运行结果表明，CIRCORED 工艺非常适用于铁矿粉的还原，生产出大约 4.5 万吨还原粉矿[26]。到 2000 年，由于卸料系统的问题，生产一度中止。通过添加 MgO 和改进卸料系统设计后，实现设备连续操作的目标。2001 年 3 月重新开工生产，生产了超过 13 万吨的 HBI，产能可达到 6.3 t/h，未达到设计指标[27,29]。由于未取得商业成功，于 2016 年关闭。

B CIRCORED 氢气流化床工艺原理

CIRCORED 工艺是以纯氢作为单一还原剂，采用循环流化床和鼓泡流化床相结合的配置，生产 DRI[28]。工艺流程如图 2.26 所示。首先在循环流化床预热器中将粉矿（粒度一般为 0.1~0.2 mm）加热至 850~900 ℃，再经气力输送到一级预还原循环流化床反应器中，从反应器出来的预还原粉矿的还原度可达 65%~80%。预还原粉矿再被输送至还原气流速为 0.5~0.6 m/s、温度为 650 ℃的反应器中，预还原粉矿在反应器中停留 1~4 h（停留时间取决于铁矿粉性质），从而获得金属化率为93%左右的DRI。从反应器输出的DRI粉在闪速加热器中被快速加热到700 ℃左右，再将加热后的DRI粉输送到排料系统。在排料系统，氮气逐渐取代氢气，并将压力降至大气压，热压块机将还原铁粉压制成高密度的热压块（密度大于5 g/cm³），铁矿粉热压过程的温度要求达到680 ℃以上。循环流化床预还原反应器出来的尾气经热交换、除尘脱水、加压、加热后，返回还原气系统循环使用[28]。

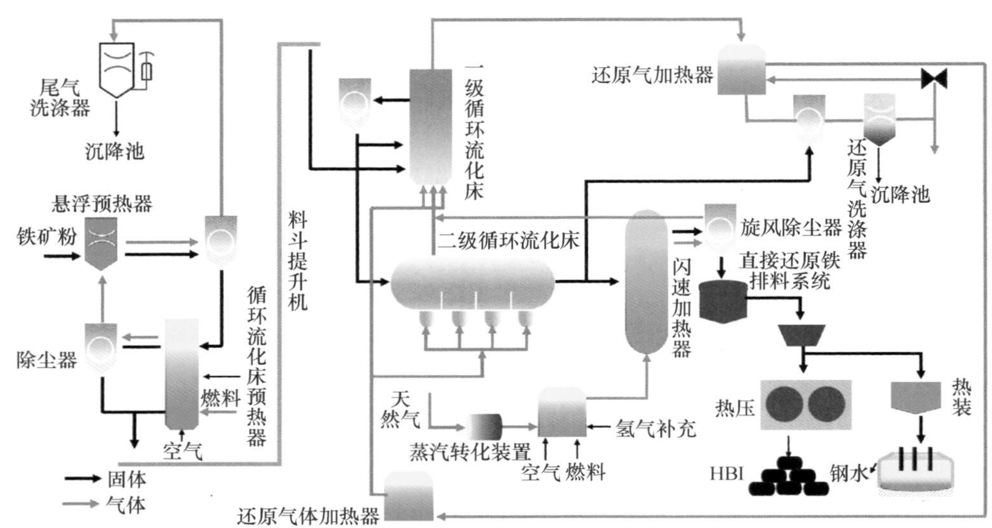


图 2.26 CIRCORED 粉矿流化床直接还原工艺流程

C CIRCORED 氢气流化床工艺关键技术

该工艺采用两个反应器，一个用于预热，一个用于预还原，具有气流高、传热传质条件良好、粉矿停留时间短、反应器温度均匀、预还原粉矿还原度高（65%~80%）、设备投资小的特点。采用鼓泡反应器，解决了粉矿还原反应受气体扩散控制的问题，从而获得金属化率大于93%的DRI。

2.2.2.2 HyREX 氢气流化床工艺

A HyREX 氢气流化床工艺发展历程

HyREX工艺是由韩国浦项钢铁在正在运行的FINEX工艺的基础上，开发的一种创新工艺。该工艺以氢气为还原剂，将铁矿粉直接还原为DRI，然后用电熔分炉将其熔化为铁水[26-27]。HyREX工艺于2018年开始研发；2022年，浦项与普锐特（Primetals）签署了协议，合作建设一座HyREX工厂；2024年4月，浦项钢铁公司在浦项厂进行了HyREX试验设备的首次试运行。为改善产品质量和开发其他技术，浦项在该套设备试运行后，即对其进行维护，并在7月初恢复运行；浦项计划在2025年兴建HyREX氢还原工厂，计划于2027年竣工，其设备规模（包括高度和宽度）和产量都将大大超过现有的试验设备，每小时计划生产 36 t 铁水。目标是到 2030 年成功实现 HyREX 工艺商业化，2050 年将浦项厂和光阳厂的高炉设备逐步转换为氢基流化床直接还原设备[27-28]。

B　HyREX 氢气流化床工艺原理

HyREX 工艺流程如图 2.27 所示。HyREX 工艺以可再生能源为电解水制氢设备提供电能，从而生产绿氢。该工艺将还原和熔化设备分开，由两套设备组成，即 4 座流化还原炉和 1 座电熔炉。利用浦项的相关技术，氢气被注入 4 个相连的流化还原炉中进行直接还原，生产出 DRI。DRI 随即由自动转向架被运往电熔炉熔化，生产出铁水。

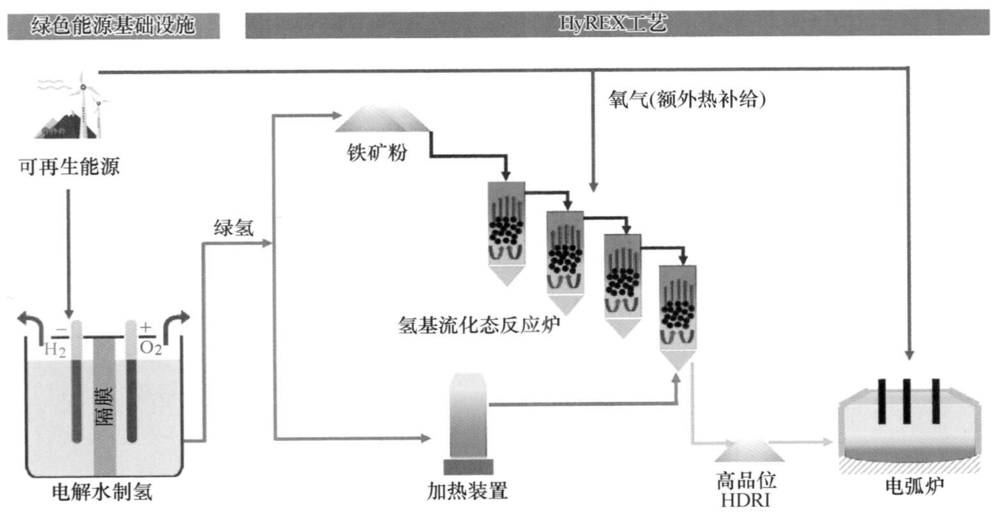


图 2.27　浦项 HyREX 氢气流化床直接还原-电炉工艺流程

C　HyREX 氢气流化床工艺关键技术

HyREX 工艺采用可再生能源为电解水制氢设备提供电能，以实现氢气的绿色化生产。该工艺采用四级流化床串联作为还原反应器，该还原反应器具有两大优势：(1) 原料供应。无须造块，可直接使用铁矿粉，从而实现了碳的零排放；可使用低品位矿石，降低了对高品位矿石的依赖程度。(2) 温度控制。可从流化床的外壁及底部注入氧气，从而可以更好地保持还原反应器内的温度[29]。

2.2.2.3　HYFOR 氢气流化床工艺

A　HYFOR 氢气流化床工艺发展历程

HYFOR 工艺是由普锐特冶金技术公司开发的一种直接还原工艺，该工艺以氢气或富氢气体作为还原剂，无需造块，可直接使用铁矿粉。普锐特冶金技术公司于 2018 年启动 HYFOR 中试设备的设计与建造，该中试设备于 2021 年正式启动，进行冷热态试运行，从而确定设备本身最佳参数。2022 年验证该 HYFOR 工艺的商业可行性。预计 HYFOR 工艺最早在 2050 年投入商业运行[30-31]。

B HYFOR 氢气流化床工艺原理

HYFOR 中试工艺流程如图 2.28 所示。(1) 首先利用加热装置（热风炉）烟道中的热风对原料进行氧化预热，之后原料与热风分离在旋风分离器中；(2) 加热后的原料与加热处理过的氢气在反应器中进行还原反应；(3) 反应完成后，尾气经余热回收后干法除尘，生产的 HBI 产品供给电弧炉。

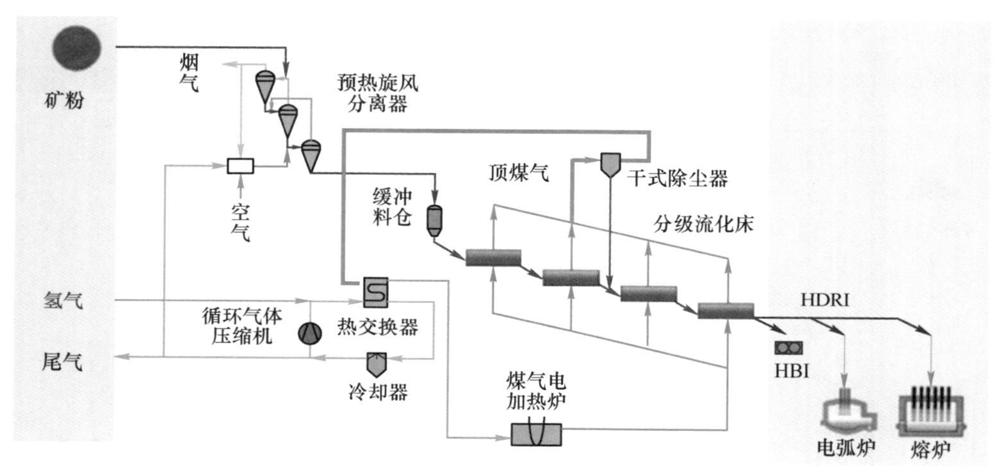


图 2.28 HYFOR 工艺中试装置

C HYFOR 氢气流化床工艺关键技术

HYFOR 工艺使用纯氢或富氢气作为还原剂，实现低碳或者零碳生产。该工艺是迄今为止，全球为数不多允许直接使用粒径小于 150 μm 的铁精矿，无需事先进行团聚或造块的技术[31-32]。尽管 HYFOR 工艺具有诸多优势，仍存在还原气体使用量大、利用率低，生产装置难以达到按理论计算的生产能力问题。同时，目前 HYFOR 工艺仅处于中试阶段，并未完成商业化生产。

2.2.2.4 鞍钢氢气流化床中试项目

A 鞍钢氢气流化床中试项目发展历程

鞍钢氢气流化床中试项目由鞍钢集团联合中国科学院过程工程研究所、中国科学院大连化学物理研究所、上海大学等单位共同研发，是全球首套万吨级绿氢流化床高效炼铁技术示范项目[31-33]。该项目于 2021 年 7 月签订联合开发协议，2022 年 9 月在鞍钢鲅鱼圈钢铁基地开工[34]。在投入运行后预计形成万吨级流化床氢气炼铁工程示范，为世界氢冶金技术发展提供“中国方案”[34-35]。

B 鞍钢氢气流化床中试项目工艺原理

鞍钢氢气流化床主要基于流态化技术，通过氢气作为流化介质，使固体颗粒物料在床内悬浮并流化，从而实现物料的干燥、加热、化学反应等过程。工艺流程如图 2.29 所示。主要工艺过程包括：

（1）流态化过程：在流化床中，氢气以一定的速度通过分布板进入床层，使床层内的固体颗粒悬浮起来，形成类似流体的状态。这种状态使得固体颗粒能够与氢气充分接触，提高传热和传质效率。

（2）物料处理：物料通过进料口进入流化床，在氢气流的作用下，物料颗粒在床内呈沸腾状态，实现均匀加热和反应。由于氢气的高热导率和高流速，可以快速将物料加热到所需温度，同时带走反应过程中产生的水分或副产品。

（3）温度控制：通过调节氢气的流量和温度，可以精确控制床层内的反应温度，这对于需要特定温度条件的化学反应尤为重要。此外，氢气的使用还可以减少氮氧化物的生成，降低环境污染。

（4）物料循环：在某些设计中，流化床还配备了物料循环系统，使未完全反应的物料能够再次进入床层，提高反应效率和处理能力。

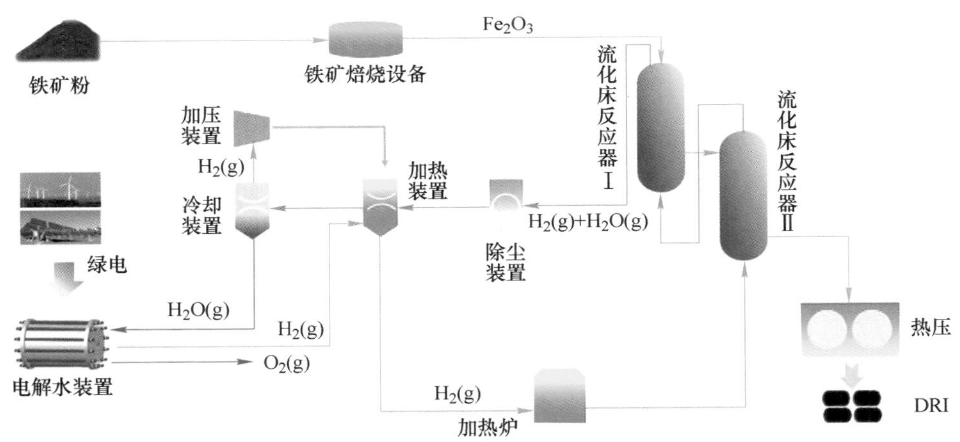


图 2.29 鞍钢流化床绿氢直接还原工艺流程

C 鞍钢氢气流化床中试项目关键技术

该项目是全球首套绿氢零碳流化床高效炼铁新技术示范项目，目前，年产 1 万吨流化床氢气炼铁中试线正在建设中。预计投产后，将通过电解水技术（兆瓦级 PEM 电解水制氢系统）规模化制备绿氢（该系统额定产氢（标态）220 $m^3/h$、峰值产氢（标态）达到 275 $m^3/h$、制氢（标态）电耗不大于 4.3 $kW \cdot h/m^3$、单槽制氢（标态）规模可达 1500 $m^3/h$）。此外，利用铁矿粉改性技术，采用全铁含量 65%的铁矿作为原料，以绿氢作为还原气，通过流化床生产 DRI，以期解决原料适用性和还原效率难题，还原时间缩短30%以上且可有效避免黏结，实现高金属化率DRI的连续生产。

### 2.2.3 基于熔融还原的氢冶金项目

#### 2.2.3.1 美国AISI项目FIT氢气闪速熔炼

##### A FIT氢气闪速熔炼的发展历程

美国AISI项目的FIT氢气闪速熔炼是一个先进的炼铁技术项目，工艺流程如图2.30所示。旨在通过采用氢气为主要还原剂来降低炼铁过程中的碳排放。此项目由美国钢铁学会主导，联合多个科研机构、大学和钢铁企业的力量，致力于开发一种可持续的、环境友好的炼铁工艺，以应对钢铁工业面临的碳中和与绿色发展的挑战。

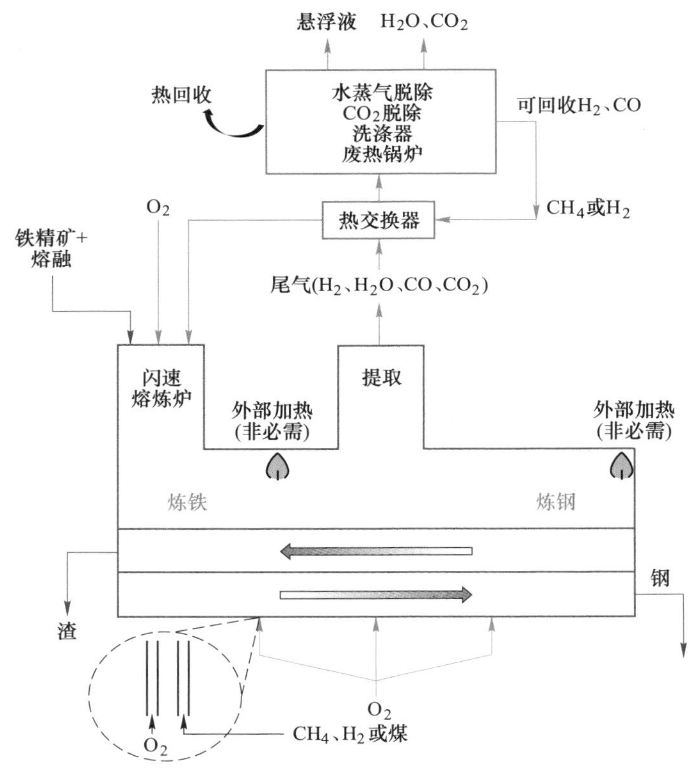


图2.30 犹他大学实验室闪速熔炼系统

##### B FIT氢气闪速熔炼的工艺原理

FIT氢气闪速熔炼的核心是利用氢气或天然气作为还原剂，通过闪速熔炼炉实现快速的高温还原反应[36]。氢基还原铁矿石的主要化学反应为 $Fe_2O_3+3H_2\rightarrow$

$2Fe+3H_2O$。与传统高炉炼铁工艺不同的是，FIT 技术在炉内快速喷入细粉状的铁矿石，同时通过高温氢气提供还原气氛和热量，使得铁矿粉在悬浮状态下迅速完成还原过程。氢气在反应中仅生成水蒸气，不排放二氧化碳。因此，FIT 技术具备极高的环境友好性。

FIT 氢气闪速熔炼的工艺流程主要分为原料预处理、闪速还原、铁水收集和余热回收四个部分：（1）原料预处理：铁矿石经过磨细成粉，以确保其颗粒大小适合闪速熔炼炉的悬浮还原条件。（2）闪速还原：经过预热的氢气以极高的速度喷入闪速熔炼炉内，与矿粉充分混合并反应，生成的铁在炉底被收集。还原反应产生的水蒸气可通过后续的冷凝回收。（3）铁水收集：熔炼得到的铁水直接排入炉底收集槽中，通过相应的冶炼工序进行冷却或进一步加工。（4）余热回收：FIT 工艺的高温废气可通过热交换装置回收其余热，用于预热矿粉或加热氢气，提高整个工艺的能源利用效率。

C　FIT 氢气闪速熔炼的关键技术

（1）氢基还原技术：FIT 工艺使用氢气或氢基混合气体作为还原剂，与传统的碳基还原方法相比，可大幅减少二氧化碳的排放。氢气的高还原潜力使还原过程更加快速和清洁，符合环保需求。

（2）高温快速还原反应：FIT 技术采用闪速熔炼，使铁矿粉在高温（约 1200~1400 ℃）中快速反应，通过悬浮还原的方式，在极短时间内（通常 1~7 s）实现铁矿石的高转化率（达到 90%以上）。这种快速反应不仅提升了效率，还降低了能耗[37]。

（3）优化的流态化反应器设计：FIT 工艺使用专门设计的流态化反应器，可以将铁矿粉均匀地分布在气流中，并确保氢气和矿粉的充分接触。此设计能够稳定地控制反应温度和压力，以实现更高的还原效率和稳定的铁水产出。

（4）废气循环与利用：FIT 还引入了废气的循环利用技术，未完全消耗的氢气可以被回收并重新注入反应器中，提高了氢气的利用率，降低了运行成本。

#### 2.2.3.2　上海大学氢-碳熔融还原试验

A　上海大学氢-碳熔融还原试验发展历程

在 2006—2011 年，针对传统铁浴法传热难、能耗高，宝钢、钢铁研究总院和上海大学联合开展了“基于氢冶金的熔融还原炼铁新工艺”的研发，工艺原理如图 2.31 所示。该项目的主要内容包括：（1）粉矿流化床富氢煤气的预还原工艺；（2）冶金煤气的制备与富氢还原气的应用技术；（3）预还原粉状 DRI 的终还原工艺研究；（4）预还原粉矿的还原集成技术；（5）粉煤压型技术；（6）终还原炉的煤粉喷吹技术。通过整合上述单元技术，该项目旨在构建一种新工艺流程，可使用粉煤和富氢还原粉矿。

上海大学氢-碳熔融还原试验初衷是希望将 COREX 的炉料结构从昂贵的球团

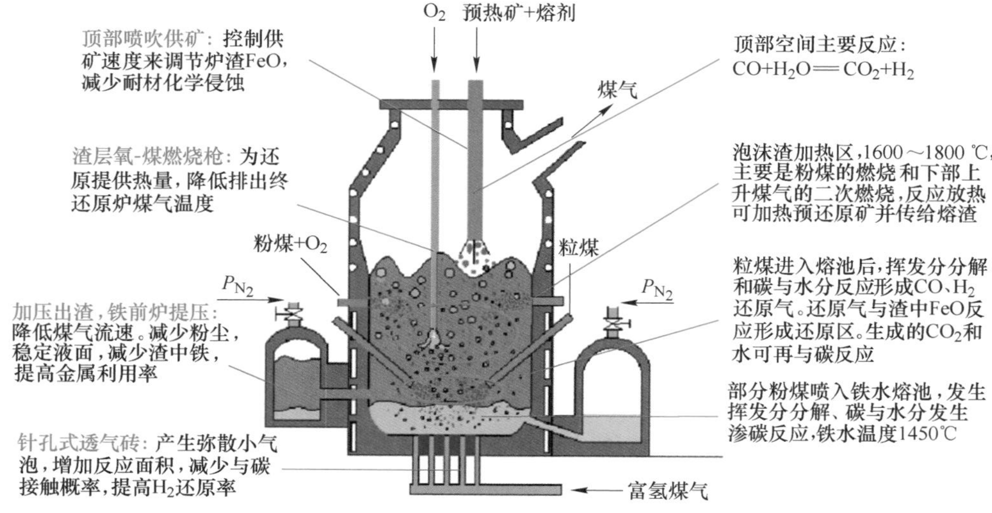


图 2.31　宝钢、钢铁研究总院和上海大学联合开发的氢-碳熔融还原新工艺

矿转变为低成本的粉矿，同时将大量的 COREX 煤气转化为富氢还原气，利用氢冶金循环流化床技术将铁矿粉还原至 70%的预还原度，随后将压块的物料加入 COREX 预还原竖炉，从而替代原计划建设的 FINEX 工艺[38-39]。然而，由于诸多因素最终放弃了流化床氢还原的中试研究工作。

上海大学在氢-碳熔融还原工艺的试验历程中经历了从基础研究到中试探索的多个阶段。首先进行了氢-碳熔融还原工艺的基础理论研究，重点探究了氢气和碳在高温环境下对铁矿石的还原反应机理及进行小规模的模拟实验。在基础研究的基础上，建造了用于氢-碳熔融还原的公斤级小试设备。这些设备包括高温反应炉、气体控制系统和样品采集装置，能够模拟实际生产中的温度和压力环境，通过工艺参数调整提升还原效率、氢气利用效率及减少碳排放。后来上海大学与国内钢铁企业合作，进行了中试规模的氢-碳熔融还原试验，验证了实验室参数在实际生产条件下的可行性，并且对设备进行多次改进，尤其是在氢气输送系统和高温反应炉的稳定性方面，提升了设备在长时间高温环境下的可靠性。近些年也在尝试进行工业化应用探索，这些探索为氢-碳熔融还原工艺的推广提供了重要的数据支持和技术积累，有望为低碳冶金的转型提供重要的技术解决方案。

B　上海大学氢-碳熔融还原试验原理

氢-碳熔融还原技术的核心思想是将氢气与碳同时作为还原剂，以氢气为主要还原剂，碳为热源和部分还原剂，热量仅为碳还原的 1/5。通过高温环境将铁矿石还原为铁。氢气与碳的协同作用一方面可以减少二氧化碳的生成，另一方面也能提升还原反应的速率，从而提高整体能效。

其核心反应主要包括：

（1）氢基还原：氢气直接与铁矿石中的氧反应，生成金属铁和水蒸气。反应方程式为：$Fe_2O_3+3H_2 \rightarrow 2Fe+3H_2O$。该反应不会产生 $CO_2$，水蒸气可通过后续冷凝回收，整体过程对环境友好。

（2）碳还原：焦炭通过气化反应生成 CO，再进一步还原铁矿石中的氧，生成金属铁和少量 $CO_2$。其主要反应方程式为：$Fe_2O_3+3CO \rightarrow 2Fe+3CO_2$。

（3）氢-碳协同还原：氢气与焦炭结合使用，既减少了碳的消耗量又加速了反应进程，提高了还原效率。氢气与碳的协同作用使还原过程更加快速和均匀，有利于生成高质量的铁水。

C 上海大学氢-碳熔融还原试验关键技术和不足之处

（1）氢-碳混合还原剂的优化：试验采用氢气和碳混合还原剂，利用氢气的高活性实现部分脱氧，同时利用碳作为主要的热源和部分还原剂，使整个还原过程既能减少碳排放又能保证效率。

（2）熔融还原反应器设计：针对氢和碳混合气体的高温熔融还原特性，上海大学设计了特定的熔融还原反应器，确保氢和碳气体的稳定混合与铁矿粉的高效反应，提高了反应速率和矿石的转化率。

（3）还原过程的动力学控制：通过控制温度、气体流量和停留时间，试验精确调控了氢气和碳的还原作用，提高了矿石的还原度，达到了较高的还原效果和较低的能耗。

（4）副产气体的回收利用：还原过程中的副产气体如水蒸气和部分未反应的碳基气体被有效回收和处理，以降低资源浪费并进一步减少碳排放。

上海大学的氢-碳熔融还原工艺虽然具有降低碳排放的潜力，但在研发和应用中也面临一些不足和挑战。如氢气使用成本现阶段仍处于高位，经济性受到影响；氢-碳熔融还原在高温下存在 $H_2$ 和 CO 等混合气体，这对设备的材料耐腐蚀性能提出了较高要求，提高设备的建设和维护成本；氢-碳熔融还原是一项新兴技术，在全球范围内也处于研究或初步试验阶段，缺乏成熟的工业应用案例等。

#### 2.2.3.3 氢等离子体熔融还原工艺

A HPSR 工艺发展历程

氢等离子体熔融还原（Hydrogen Plasma Smelting Reduction，HPSR）工艺是一种利用氢等离子体作为还原剂和热源的新型炼铁技术，旨在替代传统高炉工艺实现低碳炼铁。HPSR 工艺如图 2.32 所示。HPSR 通过将氢气在高温下电离形成氢等离子体，再将其用于铁矿石的还原反应。这一过程不仅能减少 $CO_2$ 排放，还具备能效高、污染少等优势。HPSR 技术的开发始于 20 世纪 80 年代，为减少传统炼铁的碳排放而提出。进入 21 世纪后，欧洲、日本等地的科研机构逐步开展实验室研究，证实了氢等离子体在高温下对铁矿石的高效还原效果。2010 年左右，各国开发了中试设备，优化了反应器设计、氢气循环和工艺控制。2015 年起，部分钢铁企业开始工业化试验，以验证 HPSR 在大规模生产中的稳定性和经济性。

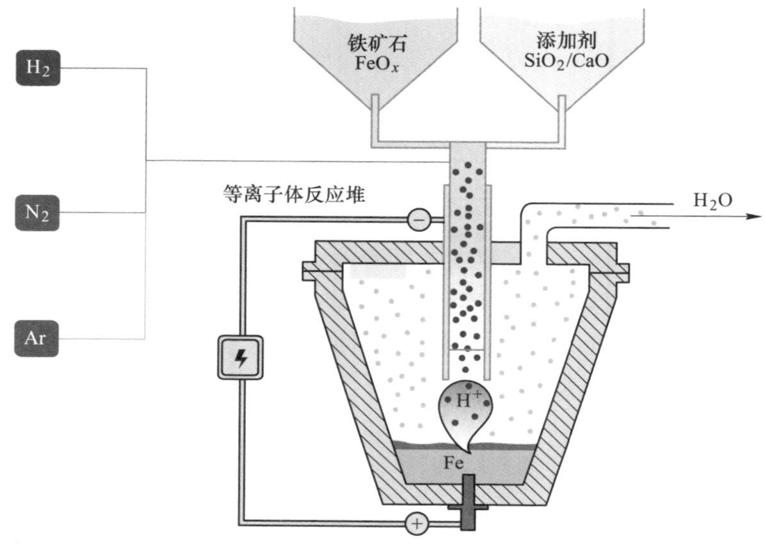


图 2. 32 HPSR 工艺示意图

2016 年，一个由科学和工业合作伙伴组成的联盟决定为 HPSR 工艺设计和建造一个示范规模的工厂。从实验室升级到中试规模，如图 2. 33 所示，范围从 100 g 到100 kg 的铁矿石，电力功率高达 250 kW，最大总气流为 4000 L/min，空心石墨电极内径在 20~100 mm。在这个位于奥钢联多纳维茨的工厂里，正在使用混合气体中的氢进行熔融还原试验。

图 2. 33 HPSR 实验室（左）和示范工厂（右）

B HPSR 工艺原理

HPSR 工艺的流程大致可分为原料准备、氢等离子体生成、还原反应、铁水收集和尾气处理 5 个主要步骤。

(1) 原料准备：铁矿石经过粉碎、筛分处理，以确保颗粒粒度适合等离子体反应。处理后的铁矿石通常以粉末或颗粒形式送入反应器。

(2) 氢等离子体生成：在等离子体发生器中，通过施加高压电场，将氢气电离形成等离子体。等离子体中的高活性氢离子和氢原子能够为还原反应提供强大的还原性和热量。

(3) 还原反应：铁矿石在等离子体反应器中与氢等离子体接触发生还原反应。在高温下，铁矿石迅速被还原为金属铁，生成的水蒸气通过气体出口排出。还原过程由于等离子体的高温和高活性而极其快速，反应时间显著缩短。

(4) 铁水收集：还原产生的铁水沉入反应器底部，并通过相应的导流装置进行收集和后续处理。

(5) 尾气处理：还原过程中生成的尾气主要是水蒸气和少量未反应的氢气。水蒸气通过冷凝器冷却成水，而氢气可回收再利用，提高能源利用率。

HPSR 工艺的核心原理是利用氢等离子体的高温特性和还原性将铁矿石中的铁氧化物还原为金属铁，同时避免传统还原剂带来的碳排放。在 HPSR 工艺中，氢等离子体的高活性和高温特性加快了还原反应的进行，同时确保了铁矿石的完全熔融还原。具体的化学反应为：$Fe_2O_3+3H_2 \rightarrow 2Fe+3H_2O$。在这一反应中，氢等离子体的活性氢离子与铁矿石中的氧原子结合生成水蒸气，避免了传统碳基还原剂产生的 $CO_2$ 排放[40]。

C HPSR 工艺核心技术

(1) 高温氢等离子体生成技术：HPSR 工艺的核心是高温氢等离子体的产生，它通过直流电弧等离子体技术将氢气分子解离成高活性的氢原子。这些高活性的氢原子具有极强的还原能力，能够在较低温度下快速还原铁矿石，显著提高反应效率。

(2) 电弧稳定与反应控制：由于氢等离子体反应器工作在较高温条件下，控制电弧稳定性对于确保还原效率和延长设备寿命至关重要，涉及控制电弧的电流密度、气体流量等参数，从而在氢等离子体反应区域保持恒定温度和反应速率。

HPSR 工艺作为低碳炼铁技术，具有低排放、工艺流程简单、渣量少等优点。凭借其高效、环保、灵活的特点，以及随着氢能和等离子体技术的发展，将是钢铁行业碳减排的潜在有效技术路径之一[42]。但 HPSR 工艺存在的致命问题有：对炉壁的侵蚀较大（无泡沫渣过程）；由于 FeO 含量高，因而渣对耐火材料的侵蚀性大；对气密性操作有要求，需要在研发过程中进一步解决。

## 2.3 氢冶金的主导技术及其关键问题

### 2.3.1 几种氢冶金工艺的比较

基于氢基竖炉、氢基流化床和氢基熔融还原的典型氢冶金工艺技术比较见表2.12。

**表2.12 氢基竖炉、氢基流化床和氢基熔融还原工艺技术比较**

| 工艺 | 氢基竖炉 | 氢基流化床 | 氢基熔融还原 |
|---|---|---|---|
| 优点 | 1. 技术成熟度高，基于现有的气基竖炉直接还原技术（如MIDREX、HYL），易于实现大规模工业化生产；<br>2. 使用氢气还原，产物主要为水，若电力来源为可再生能源，碳排放低或近零碳；<br>3. 还原过程为气/固反应，在相对较低的温度下运行，能量损耗较低，转化效率较高，反应速率快，能够提高金属的产量和质量；<br>4. 产品纯度高，杂质含量低，适合高端特殊钢生产等增值化应用；<br>5. 能有效处理多种铁矿石形态，如块矿、球团矿，具有较大的灵活性 | 1. 适用于低品位或杂质较少的矿石，可直接处理细粒度矿粉原料，无需造块或球团化工序，减少了制备和运输成本；<br>2. 中等能耗，气/固反应接触面积大，反应速率高，温度分布均匀，能够实现均匀的加热和还原，产品质量相对稳定 | 1. 原料适应性强，可处理低品位矿石、二次资源及一些难处理矿粉，可使用废弃燃料和低品质燃料；<br>2. 高温高效还原，反应速率快 |

续表 2.12

| 工艺 | 氢基竖炉 | 氢基流化床 | 氢基熔融还原 |
| --- | --- | --- | --- |
| 缺点 | 1. 设备投资较高，需要稳定氢气供应条件，氢气制备和供给系统成本较高，直接影响投资和长期运营成本。更适用于具有大规模氢气供应的工厂，如使用电解水制氢和可再生能源发电。<br>2. 炉内工艺参数控制难度较大，技术维护要求较高。<br>3. 高比例氢气生产需考虑 DRI 渗碳和氢还原吸热问题。<br>4. 依赖可再生能源确保低碳效果。<br>5. 不适合细粉矿，需前处理 | 1. 碳排放相对较低，但粉尘量大，粉尘控制要求高，存在粉尘排放问题。需要高效除尘系统来确保环保达标。<br>2. 相对较高的燃气和氢气需求以确保颗粒流化效果。<br>3. 工艺操作控制难度较大，易发生颗粒高温黏结，导致流化失效，影响流化效果。<br>4. 初始投资较高，设备磨损较快，导致流化床和粉尘控制设备维护和操作成本较高。<br>5. 规模上难以实现大型化，通常适合中小规模连续操作，适合产能中等的中小型冶炼厂 | 1. 依赖煤炭、天然气等碳基燃料以提供高温熔融热量，对能源供应的要求高，且热效率低，能耗较大，碳排放较高，碳源控制需平衡还原效果与碳排放；<br>2. 高温环境下的污染物控制难度大，易产生有害气体及固体废物，须加装脱硫脱硝设备；<br>3. 高温熔融环境对耐高温设备要求高，损耗大，维护成本较大；<br>4. 氢基熔融还原仍在研发阶段，需进一步的技术验证和工业应用测试去实现大规模工业化生产 |

### 2.3.2 国内外氢冶金主导发展方向

低碳生产已成为现代钢铁企业实现可持续发展的必由之路。开发利用无碳和低碳能源，显著减少碳足迹、碳排放的冶金工艺技术逐渐成为钢铁行业的热潮。以氢代碳是当前钢铁行业实现绿色低碳高质量发展的重要方向和出路。氢冶金工艺具有低碳排放、清洁高效的特点，符合当前钢铁行业形势，受到了国内外广泛关注。国内外的氢冶金项目概况如图 2.34 所示[43]。大多数以氢钢为导向的核电站将在 2030 年前投入运行。首先是天然气，然后逐渐转化为氢气。

在国外氢冶金研发应用方面，2017 年 12 月开始，韩国正式开始氢还原炼铁 COOLSTAR 项目，将氢气作为还原剂生产 DRI，逐步替代废钢，由此减少电炉炼钢工序 $CO_2$ 排放，2050 年前后实现商用化应用。欧盟发起超低 $CO_2$ 的 ULCOS 炼钢项目，旨在实现吨钢 $CO_2$ 排放量降低 50%或更多，若考虑电力产生的碳排放，全流程 $CO_2$ 排放量仅有 300 kg/t。2019 年 4 月，德国萨尔茨吉特钢铁公司与 Tenova 公司签署了谅解备忘录，旨在继续推进以氢气为还原剂炼铁，从而减少 $CO_2$ 排放的 SALCOS 项目。安赛乐米塔尔公司加拿大 Dofasco 厂氢基直接还原项

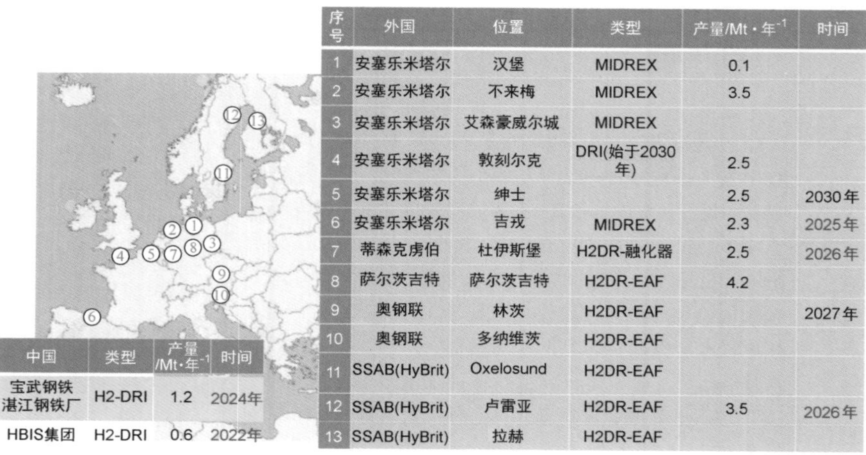

| 序号 | 外国 | 位置 | 类型 | 产量/Mt·年$^{-1}$ | 时间 |
|---|---|---|---|---|---|
| 1 | 安塞乐米塔尔 | 汉堡 | MIDREX | 0.1 | |
| 2 | 安塞乐米塔尔 | 不来梅 | MIDREX | 3.5 | |
| 3 | 安塞乐米塔尔 | 艾森豪威尔城 | MIDREX | | |
| 4 | 安塞乐米塔尔 | 敦刻尔克 | DRI(始于2030年) | 2.5 | |
| 5 | 安塞乐米塔尔 | 绅士 | | 2.5 | 2030年 |
| 6 | 安塞乐米塔尔 | 吉戎 | MIDREX | 2.3 | 2025年 |
| 7 | 蒂森克虏伯 | 杜伊斯堡 | H2DR-融化器 | 2.5 | 2026年 |
| 8 | 萨尔茨吉特 | 萨尔茨吉特 | H2DR-EAF | 4.2 | |
| 9 | 奥钢联 | 林茨 | H2DR-EAF | | 2027年 |
| 10 | 奥钢联 | 多纳维茨 | H2DR-EAF | | |
| 11 | SSAB(HyBrit) | Oxelosund | H2DR-EAF | | |
| 12 | SSAB(HyBrit) | 卢雷亚 | H2DR-EAF | 3.5 | 2026年 |
| 13 | SSAB(HyBrit) | 拉赫 | H2DR-EAF | | |

| 中国 | 类型 | 产量/Mt·年$^{-1}$ | 时间 |
|---|---|---|---|
| 宝武钢铁湛江钢铁厂 | H2-DRI | 1.2 | 2024年 |
| HBIS集团 | H2-DRI | 0.6 | 2022年 |

图 2.34 国内外的氢冶金项目概况

目于 2022 年 10 月破土动工，项目采用 ENERGIRON-ZR 工艺，设计年产量 250 万吨，初期还原气体采用天然气，后续随着技术开发，当拥有数量足够且具有成本效益的绿氢供应时，将采用氢气进行还原生产。2023 年 3 月，蒂森克虏伯钢铁公司授予 MIDREX 和 SMS 一家 DRI 工厂的合同，年产 250 万吨的 MIDREX Flex 工厂将位于德国北莱茵-威斯特伐利亚州杜伊斯堡，每年将减少 350 万吨的 $CO_2$ 排放量。计划于 2026 年底完工。HYBRIT 项目由瑞典开展，2020—2024 年进行试运行，每年 DRI 产量 50 万吨。奥钢联于 2017 年初启动 $H_2$FUTURE 项目，旨在通过研发氢气替代焦炭冶炼的突破性技术，最终在 2050 年达到实现 $CO_2$ 排放减少 80%的目标。

在国内氢冶金研究方面，中晋太行矿业公司在晋中左权县于 2019 年开始建设年产 30 万吨 DRI 的焦炉煤气-竖炉直接还原，目标是减少 $CO_2$ 排放 28%；2021 年 6 月试制成功，生产出合格的 DRI；2022 年 12 月完成大规模试生产，实现连续全流程 45 天长周期规模化试生产。张宣科技深耕氢能与钢铁的融合创新，与意大利特诺恩等企业合作，采用 HYL-ZR 直接还原工艺率先启动全球首例富氢气体（焦炉煤气）零重整竖炉直接还原氢冶金示范工程，一期工程建设规模 55 万吨/年，于 2023 年 5 月 10 日顺利投产，产品金属化率可达 94%，全铁能达 89% 以上，该工程是全球首例富氢气体（焦炉煤气）零重整竖炉直接还原氢冶金示范工程。2023 年 12 月 23 日，湛钢百万吨级氢基竖炉点火投产，采用基于 HYL-ZR 零重整工艺流程。区别于国际上采用天然气制备还原工艺气体的常规手段，项目采用了宝武全球首创的“氢冶金电熔炼工艺”（HyRESP），通过贯通富氢气体净化、氢基竖炉还原、二氧化碳捕集、直接还原产品冷却等绿色短流程，形成“直接还原焦炉煤气精制”“工艺气体灵活调配”“冷态 DRI 产品处置及应用”等系列领先技术的创新应用。东北大学建设国内首套具有自主知识产权的年产 1 万吨 DRI 的氢气竖炉示范线，预期 2025 年 7 月投产，每吨 DRI 碳排放最高可减少 90%以上。

另外，少数几个氢冶金项目利用流化床作为反应器，包括奥钢联 HYFOR、浦项 HyREX 和鞍钢万吨级流化床氢气炼铁工程示范等。这些项目基本上处于中试阶段，尚有诸多技术经济问题亟待解决，包括黏结失流，操作温度不可过高，矿种具有选择性；使用的铁矿粉粒度范围主要在 0.5~8.0 mm，细粉需造粒处理；生产率低，能耗较高，对操作和维修人员要求高，等等。

总体而言，氢基竖炉具有产品纯净、环境友好、还原效率高、有价组元利用率高、生产稳定等优势，是目前国内外重点研发应用的主流氢冶金工艺，是国内外氢冶金的主导发展方向。综合考虑国内外研发现状，我国在氢基竖炉研发和应用总体上处于探索起步阶段，与国外先进产钢国差距显著。今后在氢冶金技术推广应用方面极易受制于人，故我国急需加快关键共性技术研发、工程转化和推广应用，在氢基竖炉关键核心技术和工程应用方面实现突破，实现核心技术、关键装备、标准体系、研发平台和人才队伍的超越，全面形成和掌握具有自主知识产权和适应我国国情的氢基竖炉工艺与装备技术，消除关键技术壁垒，引领钢铁产业低碳绿色发展方向。

### 2.3.3　氢基竖炉短流程的关键问题

#### 2.3.3.1　氢气制备储运

经济性和低碳性是制约选择制氢技术路线的关键因素。目前工业制氢技术主要有化石能源制氢、工业副产气制氢以及可再生能源制氢等，如图 2.35 所示。主要工业制氢技术的比较见表 2.13。制氢成本主要与原料价格和制氢效率有关，我国煤资源丰富，煤制氢技术成熟，成本相对低；电解水制氢的成本相对最高。

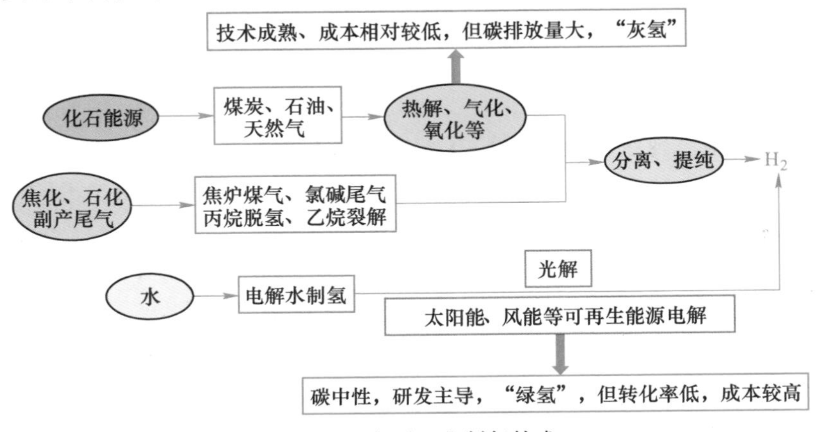


图 2.35　主要工业制氢技术

图 2. 36 给出了 2020 年我国氢能生产消费情况。可知，化石能源制氢生产的氢气约占我国氢气生产总量的 64%以上。我国的资源特点是气少煤多，主要制氢工艺为煤制氢。随着 CCUS 技术的不断发展和进步，煤制富氢合成气技术将为煤炭资源尤其是廉价低阶煤炭资源的高效清洁利用提供新途径[44]。

**表 2. 13　主要工业制氢技术比较**

| 工艺路线 | 氢气成本/元 · $m^{-3}$ | 生产规模/$m^3$ · $h^{-1}$ | 碳排放/kg · $m^{-3}$ |
|---|---|---|---|
| 电解水制氢 | 2. 5~4. 0 | 10~200 | 0（一次电力） |
| 天然气蒸气重整制氢 | 0. 8~1. 5 | 200~200000 | 0. 6 |
| 石油蒸气重整制氢 | 0. 7~1. 6 | 500~200000 | — |
| 甲醇裂解制氢 | 1. 8~2. 5 | 50~500 | — |
| 液氨裂解制氢 | 2. 0~2. 5 | 10~200 | — |
| 丙烷脱氢制丙烯副产氢 | 0. 4~0. 8 | 10000~200000 | — |
| 钢铁尾气副产氢（含焦化） | 0. 5~1. 0 | 10000~200000 | — |
| 煤气化制氢 | 0. 6~1. 2 | 1000~200000 | 1. 4 |

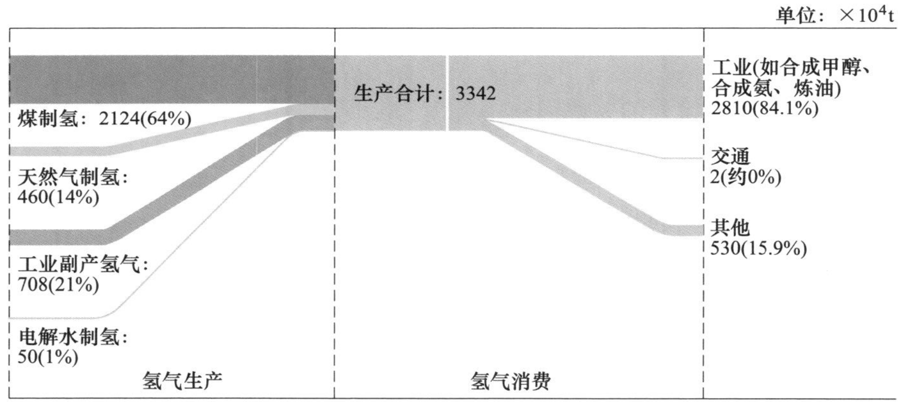


图 2. 36　2020 年我国氢能生产消费概况

针对我国制氢现状，制氢发展应充分利用工业副产氢气，立足存量煤制氢，满足大规模工业氢气需求，注重制氢降成本和清洁降排高效利用技术的开发。图 2. 37 为我国现有各类工业制氢路线发展趋势预测[45-48]。

我国制氢发展阶段预测见图 2. 38[49-51]。在氢能发展初期（非绿/浅绿制氢阶段），应当充分利用工业副产氢气，适当发展煤制富氢合成气，少开发石油天然气裂解制氢，合适的地区开展电解水制氢；在氢能发展中期（浅绿/深绿制氢阶段），适当发展以生物质资源为代表的可再生能源制氢和低碳煤基制氢技术，形成多元化制氢体系；从氢能长期发展考虑，应着重关注以风能、海洋能、水能等基础的低碳绿色制氢技术，形成绿色氢能供应体系，但目前仍存在技术转化率较低、难以大规模化利用的问题。总体而言，低碳排放的煤制氢和规模化的可再生能源制氢将成为我国主要氢源。

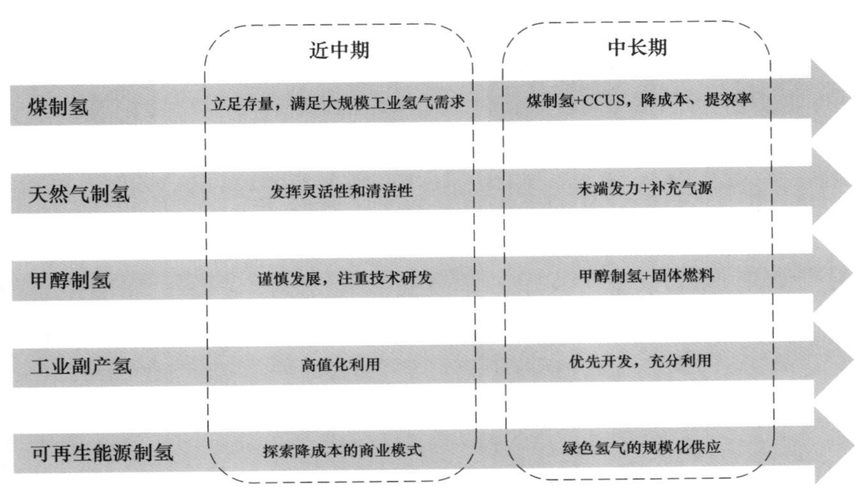


图 2.37　我国各类工业制氢路线的发展趋势

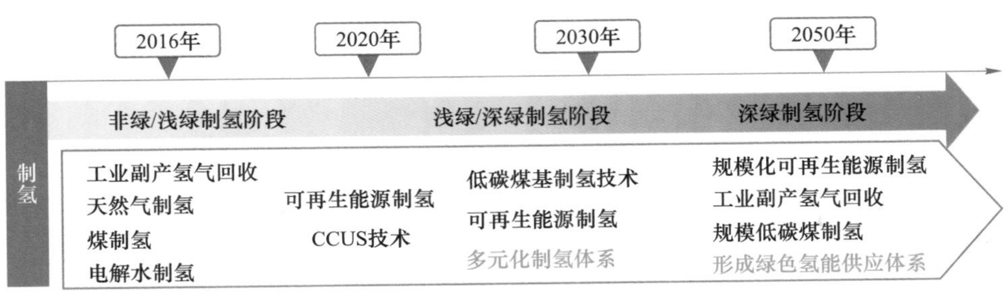


图 2.38　我国制氢发展阶段预测

成熟的氢气储运技术是保障氢气大规模高效利用的关键。目前研究和应用的氢气储存方式主要包括：高压气态储氢、深冷液化储氢、有机液体储氢、多孔材料及金属合金等物理类固态储氢，其具体特点如图 2.39（a）所示。工业应用较广的储氢技术为高压气态储氢和深冷液化储氢，而物理类固态储氢是当今发展的热门方向。氢气运输方式主要有氢气长管拖车、液氢槽车和管道运输，如图 2.39（b）所示。短距离内氢气运输仍占主导地位，但随着氢燃料汽车的推广，加氢站数量的增加，液氢运输占比将增加，而管道运输适合固定站点输氢且规模巨大的情形。

(a)

(b)

图 2.39 氢气主要储运方式

（a）常见氢气储存方法；（b）常见氢气运输方法

#### 2.3.3.2 氢基竖炉用高品位铁矿供应

氢基竖炉直接还原工艺使用的原料为高品位氧化球团。我国累计探明的铁矿资源储量达 680 亿吨，位居世界第五，但国产铁矿石平均品位为 34.50%，远低于巴西、俄罗斯、印度等国家，也低于世界铁矿石品位 46.7%的平均水平。贫矿多，富矿少是我国铁矿资源的现状，贫矿资源储量占总储量的 80%，并且大型、特大型矿少，中小型矿多，多为开采难度大的地下矿，开采成本相对较高，且矿石类型复杂，利用难度大。因此，我国使用的高品位铁矿主要依赖于进口，成本昂贵。在目前阶段，国外的高品质铁矿资源也日趋匮乏。

2021 年，中国铁矿对外依存率高达 76.2%，进口铁矿 11.2 亿吨，品位多在 60%左右，不满足氢基竖炉要求，且难以经济性提高铁品位。表 2.14 列出了我国常见进口铁矿的化学组成，其品位大多在 60%左右，这些中低品位铁矿对氢基竖炉的适应性尚待系统研究，而且其还原产物 DRI 的熔炼工艺及装备也必然随之改变，趋于复杂化。

**表 2.14 我国常见进口铁矿的化学组成**

| 进口矿 | 成分（质量分数）/% | | | | | |
|---|---|---|---|---|---|---|
| | TFe | CaO | $SiO_2$ | MgO | $Al_2O_3$ | $TiO_2$ |
| FMG | 58.30 | 0.01 | 5.90 | 0.10 | 3.00 | 0.01 |
| 印度粉 | 57.00 | 0.01 | 6.00 | 0.10 | 5.50 | 0.11 |
| 超特粉 | 56.50 | 0.01 | 6.60 | 0.10 | 3.10 | 0.02 |
| 罗伊山 | 60.70 | 0.19 | 4.90 | 0.10 | 2.30 | 0.10 |
| 纽曼 | 62.53 | 0.19 | 4.24 | 0.10 | 2.33 | 0.10 |
| 金步巴 | 60.50 | 0.19 | 4.50 | 0.10 | 3.20 | 0.09 |
| PB | 61.50 | 0.01 | 4.00 | 0.10 | 2.60 | 0.10 |
| 巴卡 | 64.75 | — | 2.35 | 0.24 | 1.41 | 0.15 |
| PFC | 63.92 | 1.49 | 1.16 | 3.53 | 0.61 | 2.48 |

近几年经过科技攻关，我国国产铁矿石精选后可生产出 TFe 含量达到 67%～70%的直接还原用铁精矿粉。国内某单位基于国内铁矿条件，成功研发了磁铁精矿精选制备高品位铁精矿技术和相关设备，并建成年处理普通铁精矿 10 万吨示范性生产线[52]。研究利用我国多地磁铁矿资源，通过细磨、单一磁选实现了经济生产 $w(TFe)>70.5\%$、$w(SiO_2)<2.0\%$的高品位精矿粉，可直接用于生产氢基竖炉还原专用氧化球团。研究还以 $w(TFe)=65\%\sim67\%$、晶粒粗大、可磨的普通磁铁精矿为原料，采用精选技术可获得 $w(TFe)=70.5\%\sim71\%$、$w(SiO_2)<2\%$、$w(P)<0.005\%$、$w(S)\leqslant0.035\%$的高纯铁精矿，铁总回收率大于 93%，而高纯铁精矿加工成本 60 元/吨（见表 2.15），这为我国发展直接还原奠定了资源基础。但考虑选矿回收率，一般需要 2.5～4.0 t 铁矿石生产 1 t 铁精矿产品，且还存在较多难选矿，且相较于国外主要铁矿石生产商无需选矿，会增加较多成本，国内精选铁精矿价格不存在绝对优势。

**表 2.15 国内某单位制备超级铁精矿的技术指标（原矿 $w(TFe)=34.25\%$）**

| 产品名称 | 总产率/% | 铁品位/% | 铁回收率/% | 加工成本/元·$t^{-1}$ |
|---|---|---|---|---|
| 超级铁精矿 | 23.52 | 71.63 | 46.86 | 80.0 |
| 高纯铁精矿 | 23.39 | 70.59 | 45.92 | 60.0 |
| 尾矿 | 53.09 | 4.89 | 7.22 | |
| 合计 | 100.00 | 34.25 | 100.00 | |

#### 2.3.3.3 氢基竖炉用氧化球团冶金特性调控

生产实践表明，MIDREX 和 HYL 氢基竖炉生产 DRI 以块矿或球团为原料，对块矿和球团的性能要求苛刻。在直接还原生产过程中，还原反应为气/固反应，含铁原料内的铁氧化物被还原气脱除氧后得到 DRI，渣相也存在于 DRI 中。因此要得到高质量 DRI 产品，应当尽量提高氢基竖炉原料的铁含量，降低渣相含量。炉料中的 S 和 Ti 通过炉顶煤气进入转化炉会导致反应管镍基催化剂中毒失效，因此，氢基竖炉工艺流程对铁矿石的 S 和 Ti 含量要求较严。对于传统气基竖炉工艺，铁矿石 S 含量不允许超过 0.01%；而对于采用炉顶煤气做冷却气的改进竖炉工艺，铁矿石 S 含量可放宽至 0.02%。表 2.16 列出了 MIDREX 工艺对球团矿和块矿化学组成的要求。表 2.17 列出了 MIDREX 工艺生产中所用球团矿/块矿的高温冶金性能的要求。是针对性地达成这些指标来生产 DRI 产品，还是依托国内现有资源提出适合中国氢基竖炉炉料体系质量标准，成为当前中国氢基竖炉工艺发展的一大问题。

**表 2.16　MIDREX 工艺对球团矿/块矿化学组成的要求**

| 成　　分 | 含量（质量分数）/% |
|---|---|
| Fe | >67.00 |
| $SiO_2+Al_2O_3+TiO_2$ | <3.000 |
| S | <0.008 |
| P | <0.030 |

**表 2.17　MIDREX 工艺对球团矿/块矿高温冶金性能的要求**

| 项　　目 | | 接受值 | | 推荐值 | |
|---|---|---|---|---|---|
| | | 球团矿 | 块矿 | 球团矿 | 块矿 |
| 林德试验（760 ℃）结果 | 金属化率/% | >91 | >91 | >93 | >93 |
| | 碎裂率（<3.36 mm）/% | <5 | <10 | <2 | <5 |
| 热负荷还原试验（815 ℃）结果 | 转鼓强度（>6.73 mm）/% | | | >90 | >85 |
| | 抗压强度/N·个$^{-1}$ | >500 | | >1000 | |
| | 黏结趋势（10 转后，>25 mm）/% | 0 | 0 | 0 | 0 |

### 2.3.3.4　氢气/富氢气体加热过程的析碳和氢脆

氢气加热作为氢基竖炉短流程的关键环节之一，实现氢基竖炉的高温还原气长期稳定供应是竖炉高效生产和稳定顺行的前提。然而，基于氢气加热装备系统的高温高压特性，氢气流速快、扩散能力强、临氢炉管易损伤等不利因素往往导致还原气难以被稳定加热至氢基竖炉工艺要求，加热炉效率低、能耗大、维护成本高等“瓶颈”问题尚待有效解决。而与氢气加热装置相适配的加热方式、炉型结构以及智能安全控制的优化水平，也是适配氢基竖炉生产要求的高温高压氢气长寿低耗加热技术与装备研发与应用进程中的核心关键所在。总体来说，相较于传统加热炉，氢气/富氢气体在加热时气体中含有氢气、甲烷及一氧化碳，在高温下发生析碳反应及氢脆现象，严重影响炉管的使用寿命，因此开发适用于氢气加热炉的炉管材料及结构设计很有必要。我国在关于氢基竖炉加热系统方面存在的主要问题有技术创新和研发投入不足，缺乏相关标准和规范，装备制造水平有待提高，同时还缺乏行业经验和示范项目。

#### 2.3.3.5 氢还原的强吸热效应

纵观国内外近年来氢冶金前沿技术的研发热点，氢基竖炉直接还原更适用于发展氢冶金，甚至实现碳中和。目前世界上正在运行的 MIDREX 和 HYL 竖炉装置，入炉煤气中含氢量已达到 55%～80%。目前世界上没有一台竖炉采用 100% $H_2$ 炼铁[53]，其技术经济合理性和存在的关键制约问题，仍需要认真研究和思考。

在确定直接还原工艺必需的能量时，需要考虑的主要因素有三个，包括还原过程总显热需要量（产品显热和废气显热、还原反应吸收的热量以及工艺热损失）、还原气和还原物料的潜热、加热工艺还原气所需的能量。1980 年，在美国钢铁协会出版的《直接还原铁生产和应用的技术与经济》中对纯氢竖炉直接还原工艺的物料及能量平衡进行了分析。理论计算的纯氢竖炉的物料平衡见表 2.18，由表可知，竖炉直接还原吨铁氢气需求量（标态）为 2500 $m^3$，远高于现行的富氢竖炉工艺煤气需求量。纯氢竖炉的显热平衡见表 2.19，能量平衡见表 2.20。预热后的氢气与铁矿石进入还原设备中，其显热及潜热提供还原所需能量与热量，剩余能量与热量由 DRI 及废气带走，并伴随一部分损失。上述数据表明，纯氢竖炉的理论能耗几乎是现代广泛应用的 HYL-Ⅲ或 MIDREX 普通竖炉工艺的近 3 倍。

**表 2.18 纯氢竖炉的物料平衡**

<table>
<tr><th>固体输入量</th><th>气体输入量</th><th>固体输出量</th><th>气体输出量</th></tr>
<tr><td>铁矿石 1460 kg<br>$w$(Fe) 68.5%<br>$w(Fe_2O_3)$ 98.0%<br>$w$(O) 29.5%<br>$w$(脉石) 2%</td><td>纯氢<br>571 $m^3$(51 kg)</td><td>DRI 1052 kg<br>$w$(Fe) 95%<br>$w$(MFe) 88%<br>$w(Fe^{2+})$ 7%<br>$w$(FeO) 9%<br>$w$(O) 2%<br>$w$(脉石) 3%</td><td>$H_2O$ 459 kg(571 $m^3$)<br>H 88.9%<br>O 11.1%</td></tr>
<tr><td>脉石 铁 氧<br>30 kg 1000 kg 430 kg</td><td>氢气 氧气<br>51 kg 0 kg</td><td>脉石 铁 氧<br>30 kg 1000 kg 22 kg</td><td>氢气 氧气<br>51 kg 408 kg</td></tr>
<tr><td colspan="2" rowspan="2">408 kg 氧转移</td><td>还原度：95%</td><td>金属化率：92.6%</td></tr>
<tr><td>竖炉还原氢循环量</td><td>2500 $m^3$</td></tr>
</table>

表 2.19 纯氢竖炉的显热平衡

| 热 需 要 量 | 热量/Gcal·$t^{-1}$ |
| --- | --- |
| 还原度为95%的1 t铁 | 0.206 |
| 827 ℃的1.052 t DRI的显热 | 0.139 |
| 365 ℃的400 $m^3$ 废气（$H_2$+$H_2O$）的显热 | 0.268 |
| 热损失 | 0.020 |
| 合　计 | 0.633 |
| **热源** | **热量/Gcal·$t^{-1}$** |
| 827 ℃的400 $m^3$ 氢的显热 | 0.633 |
| 室温的1.460 t铁矿石的显热 | — |
| 合　计 | 0.633 |

注：1 cal=4.1868 J。

表 2.20 纯氢竖炉的能量平衡

| 热 需 要 量 | 热量/Gcal·$t^{-1}$ |
| --- | --- |
| DRI的潜热 | 1.679 |
| 827 ℃的DRI的潜热 | 0.139 |
| 365 ℃的废气的显热 | 0.268 |
| 热损失 | 0.020 |
| 循环煤气的潜热 | 4.977 |
| 合　计 | 7.083 |
| **能量的来源** | **热量/Gcal·$t^{-1}$** |
| 827 ℃的补给还原气的显热 | 0.633 |
| 补给还原气的潜热 | 1.473 |
| 循环煤气的潜热 | 4.977 |
| 合　计 | 7.083 |

注：1 cal=4.1868 J。

自从美洲CIRCORED全氢流化床直接还原装置停产后，即使是煤气含氢量达到80%以上的HYL-Ⅲ工艺，也未将竖炉入炉还原气的含氢量提高到100%。有关专家认为竖炉不能用100% $H_2$ 还原，主要原因有以下几点：一是还原气为100% $H_2$ 时，无碳源很难实现顺行生产；二是 $H_2$ 密度远小于CO，进入竖炉后会迅速向炉顶逃逸，与混合气体相比，氢气在炉内的路径、方向迅速改变；三是没有与碳之间的相互变换和循环反应，没有放热的碳热还原与强吸热的氢基还原温度场的互补，氢气在竖炉还原带很难高效、低耗地完成还原球团的任务，只有铁矿粉可以氧化预热到高温后入炉的流化床工艺才可以采用100% $H_2$ 还原。因此，采用纯氢竖炉炼铁生产仍存在未解决的技术问题，需共同努力解决。

#### 2.3.3.6 安全问题

$H_2$ 的体积密度远小于 CO、$CO_2$、$H_2O$，进入竖炉后会急剧向炉顶逃逸，与混合气体相比，氢气在炉内的路径、方向迅速改变，难以稳定停留在竖炉下部高温带完成还原铁矿球团的任务。理论上讲，采用 1 MPa 以上的入炉氢气压力，氢气加热到 1000 ℃以上入炉，产品也可以达到设计指标。但氢气是一种极其易燃易爆的气体，而竖炉需要高效率长期地稳定生产，如果让竖炉反应器系统在高温、高压极限条件下长期工作，则不能保障反应器设备和员工的安全，不符合冶金工艺设计的目标[54]。

#### 2.3.3.7 氢基竖炉 DRI 产品处理

钢铁工业向绿色生产转型过程中，氢基 DRI 因其低碳环保特性备受关注。然而，其高化学活性和孔隙率决定了在储存、运输等环节中需要特殊处理，以确保安全与质量稳定。氢基 DRI 极易与氧气和水分反应，存在自燃风险，因此，储存与运输过程中需采取严格措施防止氧化。氢基 DRI 应储存在密闭容器中，最大限度减少与空气的接触，而这无疑增加了 DRI 的储运难度。且 DRI 易吸湿，需保持处理环境干燥，避免水分导致氧化。还需制定应急措施，配备合适的灭火器材，以便在发生自燃或高温时及时处理。同时 DRI 颗粒细小，处理过程中容易产生粉尘，应采取粉尘控制措施，如安装过滤装置，防止粉尘扩散[55]。运输和加工过程中产生的粉末应通过回收设备收集，避免浪费并减少环境影响，因此对 DRI 产品的处理也需要重点关注。

#### 2.3.3.8 氢基竖炉 DRI 电弧炉高纯净冶炼

氢基竖炉 DRI 电弧炉冶炼面临高纯净冶炼的挑战，主要包括原料杂质、脱磷脱硫能力、碳和氧化物含量控制、炉渣调节以及设备适应性等多个方面。因氢基竖炉 DRI 的原料中含有杂质，这些杂质难以完全去除，会影响钢材纯净度。与传统高炉相比，氢基还原过程较温和，缺少高温条件对磷、硫的彻底去除，这成为高纯净冶炼的瓶颈。而脱磷和脱硫主要依靠炉渣，但氢基竖炉 DRI 的炉渣中氧化铁含量低，渣量较少，削弱了脱磷和脱硫效果。磷和硫对钢材性能有显著负面影响，提高脱磷脱硫能力对高纯净度至关重要。氢基竖炉 DRI 炉渣黏度高、流动性差，降低了杂质去除效率，故炉渣性质调节也面临挑战。对于氢基竖炉 DRI 工艺，因未使用焦炭，缺乏脱氧和碳调节的效果，需进一步研究优化钢水成分，降低夹杂物含量。但现有电弧炉设备主要为高炉-转炉工艺设计，使用氢基竖炉 DRI 工艺需对设备和工艺进行调整，以适应其特性，优化冶炼设备以实现高效冶炼将是未来的重要方向。

#### 2.3.3.9 氢基竖炉经济性

目前氢气是成本较高的二次能源，氢基竖炉生产 DRI 很难盈利，尤其是应用纯氢竖炉生产。目前，国外氢基竖炉如 MIDREX、HYL 工艺也均采用富氢生产，氢气主要来源于天然气。国外天然气资源丰富，价格低廉，国外钢铁企业应用天然气生产成本低。国内天然气资源储量 172 万亿立方米，资源基础雄厚，但探明程度低，总体处于勘探早中期，工业用天然气价格昂贵，故目前国内多考虑以成本较低的焦炉煤气作为还原气使用。但随着低碳政策的实施，无法新建焦炉厂，焦炉煤气供应有限。另外，当前电解水制氢的成本远未实现低廉化。若后期氢基竖炉大量建设，只能使用昂贵的天然气或氢气。再加上氢基竖炉需要使用高品位铁精矿，铁矿原料及煤气的成本必然居高不下。因此，氢基竖炉生产经济性差，产品价格高，对比高炉铁水而言毫无竞争优势。倘若氢基竖炉 DRI 熔炼后的钢制品附加价值低，将对氢基竖炉的推广应用产生更大的不利影响。

#### 2.3.3.10 氢基竖炉短流程全流程工序高效匹配问题

氢基竖炉-电弧炉短流程需要经历铁精矿加工处理、氧化球团制备、氢基竖炉还原、电弧炉熔分等工序，还包括还原煤气加热、炉顶煤气处理、原料储运等辅助操作。然而，不同特性的铁矿石对氢基竖炉-电弧炉工艺的适用性差异显著。目前，针对氧化球团的氢基竖炉直接还原，缺乏整个短流程系统维度的考虑和研究。例如，球团强度和成分等指标对氢基竖炉还原会产生较大影响，球团强度过大影响还原性能，强度过小则影响低温粉化性能；成分结构也对还原有重大影响。同时 DRI 产品金属化率与电弧炉冶炼环节能源消耗密切相关，低金属化率 DRI 还原煤气消耗少，电弧炉电耗高；高金属化率 DRI 还原煤气消耗多，电弧炉电耗低。因此，DRI 产品在氢基竖炉还原与电弧炉冶炼工序需要实现相互匹配，才可实现高效冶炼[56]。另外，还原煤气加热及炉顶煤气处理等也对冶炼具有较大影响。因此，针对氢基竖炉-电弧炉短流程，需要综合考虑各流程工序以实现氢冶金全流程的高效顺行生产。

因此，基于不同特性铁矿石的氧化造块-氢基竖炉直接还原-电弧炉熔分一体化冶炼，开发冶金特性定向调控与多目标优化的氢冶金技术，为不同特性铁矿石的高效低碳冶炼提供合理的技术方案，实现铁矿石和 DRI 特性与冶炼工艺的优化匹配是当前氢基竖炉-电弧炉短流程生产的研究重点之一。

## 参 考 文 献

[1] 杨凯. 国内废钢-电炉炼钢发展及展望 [J]. 鞍钢技术，2024 (1)：15-20.

[2] 张福明，曹朝真，徐辉. 气基竖炉直接还原技术的发展现状与展望 [J]. 钢铁，2014，49 (3)：1-10.

[3] Maggiolino S. The transition to a sustainable steel industry with the ENERGIRON direct reduction technology [A]. Chongli：CSM，2023 International Symposium on Hydrogen Metallurgy [C]. 2023.

[4] 应自伟，储满生，唐珏，等. 非高炉炼铁工艺现状及未来适应性分析 [J]. 河北冶金，

2019（6）：1-7，31.

[5] 中国钢铁工业协会电炉短流程炼钢发展研究课题组．我国电炉短流程炼钢发展研究［J］．冶金管理，2023（20）：4-20.

[6] 张建良，尉继勇，刘征建，等．中国钢铁工业空气污染物排放现状及趋势［J］．钢铁，2021，56（12）：1-9.

[7] Zarl M A，Emst O，Cejka J，et al. A new methodological approach to the characterization of optimal charging rates at the hydrogen plasma smelting reduction process part 1：Method［J］. Material，2022，14（15）：4767.

[8] 周翔．直接还原工艺综述及发展分析［J］．冶金经济与管理，2017（4）：53-56.

[9] 王建平．国内外氢冶金发展现状及应用前景研究［J］．冶金管理，2023（16）：13-16.

[10] 郭汉杰，孙贯永．非焦煤炼铁工艺及装备的未来（2）——气基直接还原炼铁工艺及装备的前景研究（下）［J］．冶金设备，2015（4）：1-9，33.

[11] Tang J，Chu M，Li F，et al. Development and progress on hydrogen metallurgy［J］. International Journal of Minerals Metallurgy and Materials，2020，27（6）：713-723.

[12] 袁宇峰．钢厂尾气资源化利用突破性解决方案——蒂森克虏伯 Carbon2Chem 项目［J］．冶金管理，2019（2）：50-52.

[13] 台泥携手蒂森克虏伯开发第三代纯氧碳捕获技术［J］．中国建材，2024（2）：117.

[14] 欧洲超低 $CO_2$ 炼钢技术 ULCOS 取得进展［J］．重型机械，2011（1）：18.

[15] Ranzani da Costa A，Wagner D，Patisson F. Modelling a new，low $CO_2$ emissions，hydrogen steelmaking process［J］. J. Clean. Prod.，2013，46：27-35.

[16] Vogl V，Åhman M，Nilsson L J. Assessment of hydrogen direct reduction for fossil-free steelmaking［J］. J. Clean. Prod.，2018，203：736-745.

[17] Posdziech O，Geißler T，Schwarze K，et al. System development and demonstration of large-scale high-temperature electrolysis［J］. ECS Trans.，2019，91：2537-2546.

[18] Salzgitter Flachstahl，Linde in steel industry clean hydrogen project［J］. Fuel Cells Bulletin，2018，2018（12）：12.

[19] Sohn H Y. Suspension ironmaking technology with greatly reduced energy requiremet and $CO_2$ emissions［J］. Steel Times Int.，2007，31（4）：68.

[20] Chevrier V，钱良丰．MIDREX $H_2$®超低 $CO_2$ 排放炼铁技术及 MIDREX 过渡到氢经济工艺［A］．全国冶金还原冶炼新工艺论坛暨2019年非高炉冶炼年会论文集［C］．保山：中国废钢铁应用协会，2019：91.

[21] 程鹏辉．HYL-ZR 法冶炼直接还原铁工艺概述［J］．山西冶金，2013，36（6）：1-2.

[22] 孙贯永．外热式气基直接还原炼铁工艺的基础与应用研究［D］．北京：北京科技大学，2021.

[23] JSPL 新建 Energiron 直接还原铁设备［J］．烧结球团，2012，37（3）：4.

[24] 李俊国，王凡，冯艳平，等．氢气还原 DRI 去除水体中硝酸盐的研究［J］．环境科学与技术，2010，33（12）：76-80.

[25] 袁艺旁，周玉青，洪陆阔，等．氢气协同生物质还原钒钛磁铁矿试验研究［J］．钢铁钒钛，2022，43（1）：113-118.

[26] Wolfinger T, Spreitzer D, Schenk J, et al. Analysis of the usability of iron ore ultra-fines for hydrogen-based fluidized bed direct reduction-a review [J]. Materials, 2022, 15: 2687.

[27] 曹朝真，郭培民，赵沛，等．流化床低温氢冶金技术分析［J］．钢铁钒钛，2008，29（4）：1-6.

[28] Elmquist A S, Weber P, Eichberger H, et al. 特立尼达 CIRCORED 粉矿直接还原工厂的操作结果［J］．世界钢铁，2009，9（2）：12-16.

[29] 杨悦．浦项制铁 HyREX 工艺“剑指”碳中和［N］．中国冶金报，2023-09-15.

[30] 郭磊，刘枫，郭占成．钢铁冶金技术发展历程与新时期低碳发展路径［J］．化工进展，2024，43（7）：3567-3577.

[31] 张颖，王莹，查松妍，等．钢铁行业氢冶金技术路线及发展现状［J］．烧结球团，2023，48（4）：8-15.

[32] 胡艳平．践行绿色低碳钢铁行业在行动［J］．冶金管理，2022，20：4-13.

[33] 迟春宇，许潇兮．绿氢冶金项目助力我国钢铁工业绿色低碳转型［N］．营口日报，2022-09-29.

[34] 刘如楠．全球首套万吨级绿氢流化床高效炼铁示范项目开工［N］．中国科学报，2022-09-29.

[35] 蔡鼎．鞍钢股份：目前，年产 1 吨流化床氢气炼铁中试线已放行实施，项目正在建设中［N］．每日经济新闻，2023-09-05.

[36] Sun M M, Pang K L, Jiang Z, et al. Development and problems of fluidized bed ironmaking process: an overview [J]. Journal of Sustainable Metallurgy, 2023, 9 (4): 1399-1416.

[37] Nuber D, Eichberger H, Rollinger B, et al. CIRCORED fine ore direct reduction-the future of modern electric steelmaking [J]. Stahl Eisen, 2021, 126 (3): 47-51.

[38] 张波．铁浴碳—氢复吹终还原反应器动力学研究［D］．上海：中南大学，2011.

[39] 周林，郑少波，王键，等．500 公斤级氢—碳熔融还原试验研究［C］．中国金属学会 2010 年非高炉炼铁学术年会暨钒钛磁铁矿综合利用技术研讨会，2010：223-228.

[40] Chuan L F, Zhan D, Feng P, et al. Research progress of fuidized bed direct reduction at Institute of Process Engineering [J]. Chin J. Process Eng., 2023, 9 (3): 1-8.

[41] Kushnir D, Hansen T, Vogl V, et al. Adopting hydrogen direct reduction for the Swedish steel industry: A technological innovation system (TIS) study [J]. J. Clean. Prod., 2020, 242: 1.

[42] 王东彦，姜伟忠，李肇毅，等．宝钢碳氢熔融还原中试研究［C］．第五届宝钢学术年会论文集．2013：1-5.

[43] Sohn H Y, Mohassab Y. Development of a novel flash ironmaking technology with greatly reduced energy consumption and $CO_2$ emissions [J]. Journal of Sustainable Metalluuurgy, 2016, 3: 216-227.

[44] Kishimoto Y. JFE Steel's Initiatives toward Carbon Neutrality [A]. Chongli: CSM, 2023 International Symposium on Hydrogen Metallurgy [C]. 2023.

[45] 李璐伶，刘建辉，段鹏飞，等．甲醇储氢技术发展现状与经济性分析［J］．上海煤气，2024（5）：26-29.

[46] 陈一丹，张森．我国制氢技术发展现状［J］．当代化工研究，2024（19）：30-33.

[47] 吴振宇，张轩．工业副产氢成本及应用分析［J］．广东化工，2024，51（1）：62-64.

[48] 邵乐，张益，唐燕飞，等．煤制氢、天然气制氢及绿电制氢经济性分析［J］．炼油与化工，2024，35（2）：10-14.

[49] 殷甜甜．可再生能源发电制绿氢和氢能储运技术现状与发展分析［J］．能源研究与信息，2024，40（2）：89-93.

[50] 李冰峰，李婉，张晓勤，等．“双碳”背景下制氢技术前景展望［J］．化工设计通讯，2024，50（2）：134-136.

[51] 葛书强，杨中桂，白洁，等．可再生能源制氢技术及其主要设备发展现状及展望［J］．太原理工大学学报，2024，55（5）：759-787.

[52] 顾晗，孙鸣，初丽娜．氢能利用技术发展与现状［J］．广东化工，2024，51（20）：64-66，42.

[53] Sohn H Y，Mohassab Y. Development of a Novel Flash Ironmaking Technology with Greatly Reduced Energy Consumption and $CO_2$ Emissions ［J］. J. Sustain. Metall.，2016，2：216-227.

[54] 储满生，唐珏，柳政根，等．高铬型钒钛磁铁矿综合利用现状及进展［J］．钢铁研究学报，2017，29（5）：335-344.

[55] 王新东，郝良元．现代炼铁工艺及低碳发展方向分析［J］．中国冶金，2021，31（5）：1-5，18.

[56] 张剑光．氢能产业发展展望—制氢与氢能储运［J］．化工设计，2019，29（4）：3-6，26.

# 3 氢基竖炉炉料

氢基竖炉对原料基础性能、炉料冶金性能均要求较高，通常要求原料铁品位达到67%以上，对其他杂质元素也有严格要求。根据相关数据，2023 年中国铁矿石储量约为 200 亿吨，位居全球第四，占全球储量的 10. 53%。然而，中国铁矿石的平均品位仅为 34. 5%，在全球主要铁矿石储量国家中最低，远低于全球平均的 45. 79%。目前我国高炉炉料入炉平均品位为 58%，远低于氢基竖炉炉料的入炉标准，因此国内使用的高品位铁精矿原料多依赖于进口，而要使用国产铁矿石需要通过精选技术来改善铁精矿品位。利用国内开发的精料技术通过浮选的方法可以将铁品位提高到 68%以上，为国产铁矿石在氢基竖炉中利用提供了有效途径。

浮选技术通常利用矿物表面物理化学性质差异进行分选，通过向矿浆中加入浮选药剂，改变了矿物颗粒表面的疏水性，从而实现了矿物与脉石的分离。浮选技术适用于复杂矿石以及细粒矿石，进而得到高品位铁精矿粉。但在使用浮选药剂时改变了铁精矿原料的疏水性，故对后续矿粉成球性及还原的影响尚待研究，应当从矿粉基础特性出发，研究成球性能，讨论还原性能变化[1-5]。同时，国产也可生产出超高品位铁精矿原料，对这类铁矿粉原料性能的研究也有必要。

铁精矿中除铁氧化物以外还有脉石成分，其主要的脉石组元为 CaO、$SiO_2$、MgO，已有诸多学者研究了脉石成分对氧化球团制备以及冶金性能的影响[6-11]，但大多学者研究以高炉用原料为主，品位相对较低，与氢基竖炉用球团存在差异，且相对研究内容单一，仅从单因素对球团强度、还原膨胀、还原粉化等单一性能方向出发，因此利用国产高品位铁矿石，改变脉石含量，研究脉石成分对氢基竖炉用氧化球团制备及在氢基竖炉内还原性能研究很有必要。

居高不下的成本是阻碍氢基竖炉发展的重要原因之一，其高昂成本不仅来源于氢气资源，高品位铁矿石资源主要依赖于进口，即使通过国产铁矿石提品也会产生高昂的处理成本。因此，若可以将国内制备的高炉用中等品位氧化球团应用于氢基竖炉，则可以有效降低成本。而目前针对中等品位球团，现有的酸性球团及碱性球团在高炉中的性能已有诸多研究[12-21]，本章将讨论其在氢基竖炉内的实际应用。块矿作为天然矿石，未经氧化焙烧[22-24]，若应用于氢基竖炉内对碳减排以及生产成本降低均有帮助，而目前针对块矿在氢基竖炉内的应用研究也较少，本章也将讨论在加入块矿后冶金性能变化规律及适宜块矿添加量。

## 3.1 国产超高品位铁精矿氢基竖炉适用性研究

### 3.1.1 国产超高品位铁精矿基础特性

本实验选用辽宁省朝阳市生产的超高品位铁精矿，其化学成分见表 3.1，XRD 分析结果见图 3.1。该铁精矿杂质含量极少，主要成分 $Fe_3O_4$，含量 97.79%，是一种超高品位的磁铁精矿，化学成分接近纯铁氧化物。

**表 3.1 超高品位铁精矿的化学成分**

| 成分 | TFe | FeO | $Al_2O_3$ | $SiO_2$ | MgO | CaO | S | P |
|---|---|---|---|---|---|---|---|---|
| 含量（质量分数）/% | 71.87 | 30.35 | 0.20 | 0.078 | 0.12 | 0.03 | 0.001 | <0.005 |

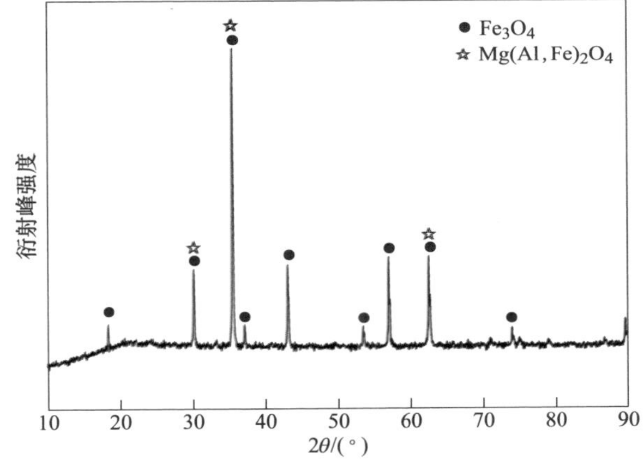


图 3.1 超高品位铁精矿 XRD 分析结果

为进一步分析超高品位铁精矿的固结机理，本实验以朝阳地区生产的高品位铁精矿进行球团制备及氧化固结实验。该铁精矿既是可以应用于高炉炼铁及直接还原的选矿产品，也是进一步加工生产超高品位铁精矿的中间产物。其化学成分见表 3.2，XRD 分析结果见图 3.2。该铁精矿主要成分 $Fe_3O_4$，含量 93.77%，$Fe_2O_3$ 含量 3.14%，是一种高品位的磁铁精矿，杂质含量较少，Si、Mg 等脉石相元素以镁铁尖晶石、铁橄榄石等物相存在。

**表 3.2 高品位铁精矿的化学成分**

| 成分 | TFe | FeO | $Al_2O_3$ | $SiO_2$ | MgO | CaO | S | P |
|---|---|---|---|---|---|---|---|---|
| 含量（质量分数）/% | 70.10 | 29.10 | 0.29 | 1.39 | 0.36 | 0.10 | 0.025 | 0.004 |

高品位铁精矿的粒度分析结果见图 3.3。本实验所采用高品位铁精矿粒度极细，其 74 μm 以下粒级占 95%以上，完全满足造球粒度要求。

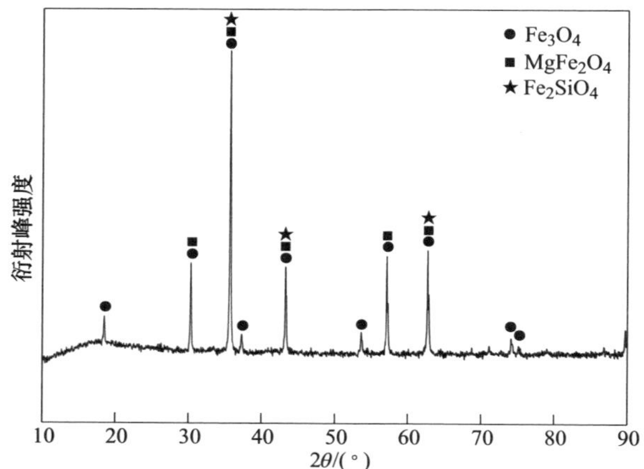


图 3.2 高品位铁精矿 XRD 分析结果

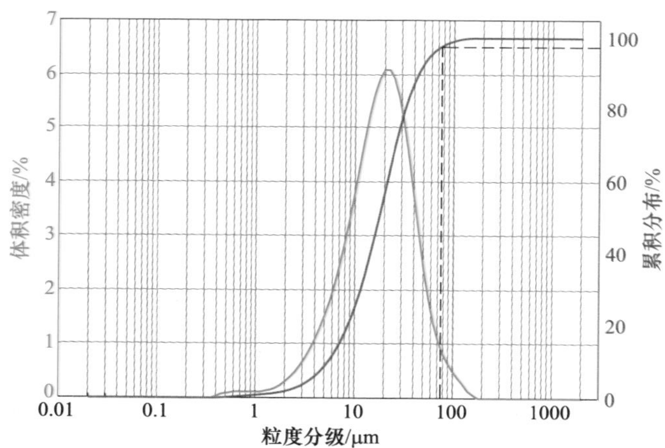


图 3.3 高品位铁精矿粒度组成分布图

### 3.1.2 国产超高品位铁精矿氧化球团制备

#### 3.1.2.1 实验方法

本实验考察焙烧制度对氧化球团抗压强度的影响，主要分析焙烧时间和焙烧温度两种工艺参数对超高品位铁精矿氧化球团抗压强度的影响。其中，以焙烧温度 1250 ℃、焙烧时间 30 min 为基准条件。

本实验以超高品位（$w$(TFe) = 71.87%）铁精矿为原料进行氧化焙烧实验，分析超高品位铁精矿的固结机理。

在确定基准工艺参数的基础上，通过改变单一参数，进行单因素实验，考察各参数对氧化球团抗压强度的影响。实验方案见表3.3。

**表3.3 球团氧化固结实验方案**

| 参数 | 实验值 | | | | | |
|---|---|---|---|---|---|---|
| 焙烧时间/min | 5 | 10 | 15 | 20 | 25 | 30 |
| 焙烧温度/℃ | 1200 | 1225 | 1250 | 1275 | 1300 | |
| 铁精矿品位/% | 71.87 | | | | | |

3.1.2.2 生球制备实验结果

生球制备过程中佩利多加入量低于0.3%时会出现不易成球、生球强度不足等现象；高于0.6%时球团相互黏结，同样会影响球团品质。佩利多加入量0.4%~0.5%时生球质量良好。为了降低成本，本实验选用佩利多的添加量为0.4%。此时，混料时加水量以6%为宜。

最终造得的生球含水量为7.8%；落下强度为5.5次，满足工业生产中对生球落下强度的要求（不小于4次）；抗压强度为17.5 N，满足球团生产对生球抗压强度的要求（不小于9.8 N）。

3.1.2.3 焙烧时间对超高品位铁精矿球团氧化固结的影响

选用粒度均匀（$\phi\approx12\sim13$ mm）、强度达标的生球为原料，进行氧化焙烧实验。设定超高品位球团的焙烧温度为1250 ℃，分别选取焙烧时间为5 min、10 min、15 min、20 min、25 min、30 min，考察超高品位球团抗压强度的变化，分析焙烧时间对超高品位铁精矿氧化球团抗压强度的影响规律。

A 实验结果与讨论

图3.4给出了当焙烧温度为1250 ℃时，不同焙烧时间条件下超高品位铁精矿氧化球团抗压强度的检测结果。可知，在5~30 min内，焙烧时间的延长有利于增加超高品位铁精矿氧化球团的抗压强度。焙烧时间为5 min时，超高品位铁精矿氧化球团的抗压强度为2035 N/个，可以达到MIDREX氢基还原工艺对原料球团抗压强度的要求，但无法满足HYL工艺；随焙烧时间的延长，超高品位铁精矿氧化球团的抗压强度逐渐上升；焙烧时间延长至30 min时，抗压强度可达到2519 N/个，满足HYL与MIDREX工艺对球团抗压强度的要求。

B 实验结果分析

焙烧温度1250 ℃、焙烧时间30 min条件下获得的超高品位铁精矿氧化球团整体形貌，见图3.5（a）。可以看出，超高品位铁精矿氧化球团的外层结构致密，缝隙很少；而内层结构则较为稀疏，存在微小孔隙。在100倍下对氧化球团的内外层结构进行观测，如图3.5（b）和（c）所示。可以看出，氧化球团由内而外呈现年轮状的层次结构。这是由于焙烧过程中氧气是由外而内均匀扩散的。同心球面上的氧化固结几乎同时发生，新生赤铁矿晶格彼此连接，形成致密层

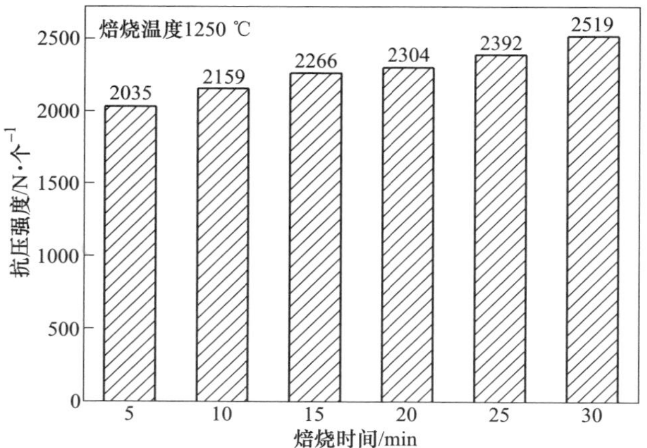


图 3.4 焙烧时间对超高品位铁精矿氧化球团抗压强度的影响

状。氧气的由外向内扩散，也导致其在球团外层部分的扩散更迅速，反应速度更快，因此层次更紧密；而在球团中心部分，由于扩散相对困难，因此氧化固结的速度慢于外层。

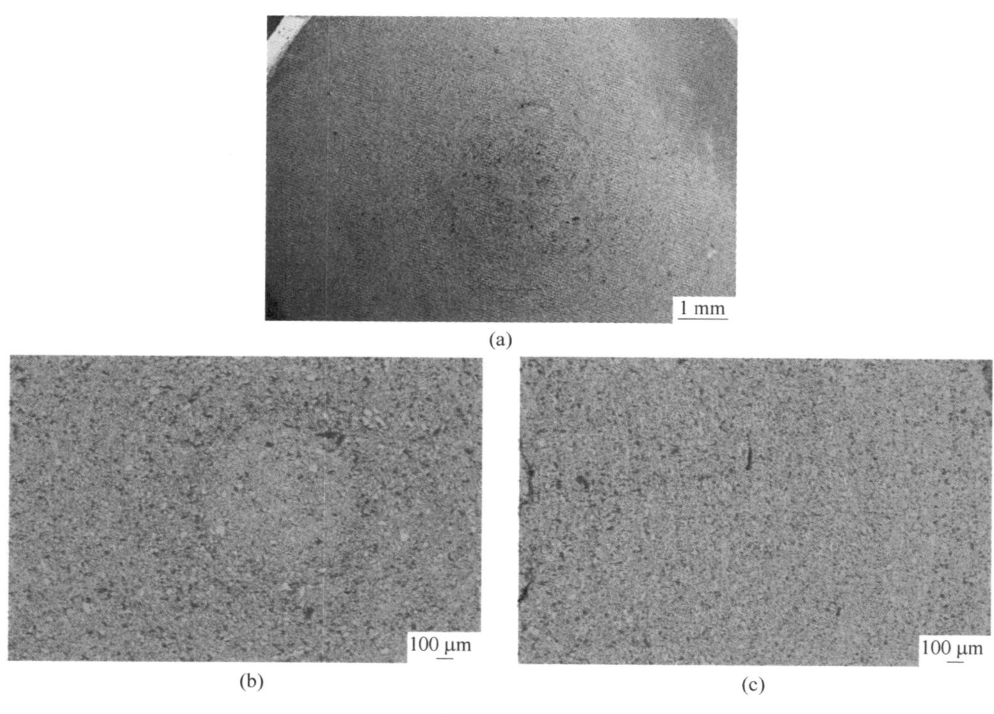


图 3.5 超高品位铁精矿氧化球团微观形貌

（a）整体形貌；（b）球团内侧；（c）球团外侧

对上述超高品位铁精矿氧化球团，在内外层分别进行3000倍微观形貌观测，如图3.6所示。可以看出，球团外侧赤铁矿的连晶发育明显好于内侧。

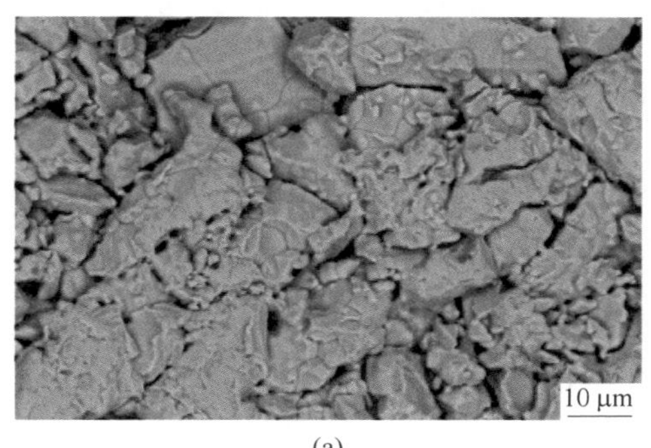


(a)

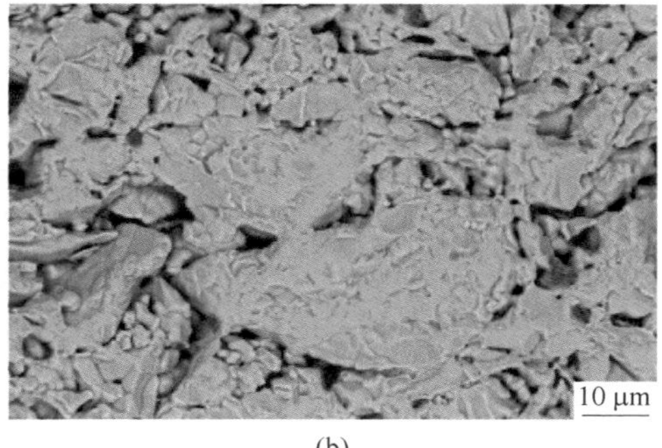


(b)

图3.6 超高品位铁精矿氧化球团微观形貌
（a）球团内侧；（b）球团外侧

根据球团固结理论，铁精矿球团的固结形式主要包括铁氧化物晶键连接的固相固结以及因脉石成分存在而产生的渣相固结。磁铁矿的固相固结主要包括$Fe_3O_4$氧化生成$Fe_2O_3$过程中的微晶键连接，以及新生$Fe_2O_3$在高温下的再结晶连接，而后者起主要作用。$Fe_2O_3$产生再结晶连接时，赤铁矿晶粒的扩散增强，逐渐产生聚晶长大，使得颗粒之间的孔隙变圆，孔隙率下降，体积收缩。该过程导致球内颗粒连接成整体，从而使球团强度大幅上升。在反应初期，球团外侧的固结较早发生，球团向内收缩使得体积减小，结构致密。随着反应的进行，再结晶固结深入发展，球团内侧的体积开始变化。但此时球团外侧的收缩已基本完成，球团内侧总体积因而保持不变。所以，此时球团内侧的体积收缩造成了其内侧裂隙的出现。

选取焙烧温度为1250 ℃，不同焙烧时间条件下超高品位铁精矿氧化球团，在相同位置使用扫描电镜进行内部结构与微观形貌检测，其结果如图3.7所示。焙烧时间为5 min时，超高品位铁精矿氧化球团中存在较多孔隙，且晶粒之间的连接尚未发育；随着焙烧时间的延长，其微观孔隙逐渐减少，结构趋于致密；在20 min时赤铁矿晶粒开始黏结成片；焙烧时间继续延长至30 min，相邻晶粒之间均已产生黏结，球团孔隙依旧存在，但已被赤铁矿间的连晶分割，球团微观致密度达到较高程度。

#### 3.1.2.4 焙烧温度对超高品位铁精矿球团氧化固结的影响

为获得适宜的焙烧温度参数，本实验设定焙烧时间为30 min，选用不同焙烧温度（1200 ℃、1225 ℃、1250 ℃、1275 ℃、1300 ℃）对超高品位球团进行焙烧，检测其抗压强度的变化，分析焙烧温度对超高品位铁精矿氧化球团抗压强度的影响规律。为进一步探究焙烧温度对超高品位铁精矿氧化球团抗压强度的影

(a)

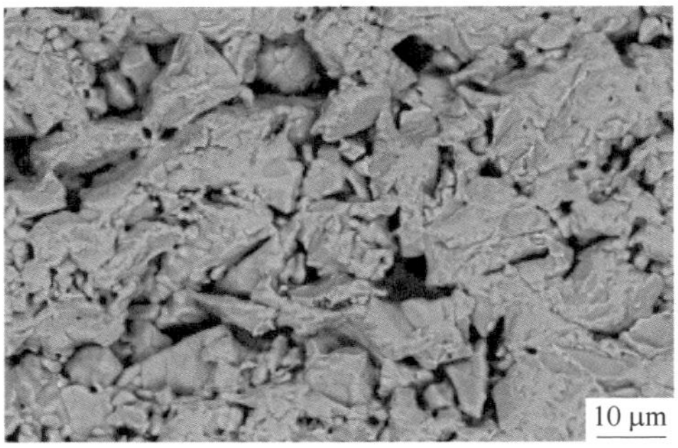

(b)

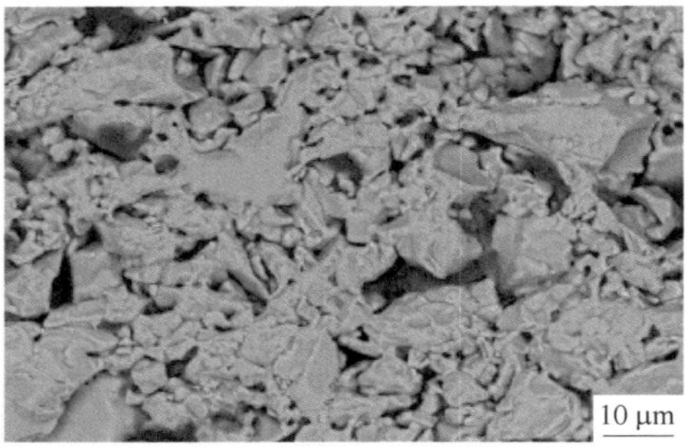

(c)

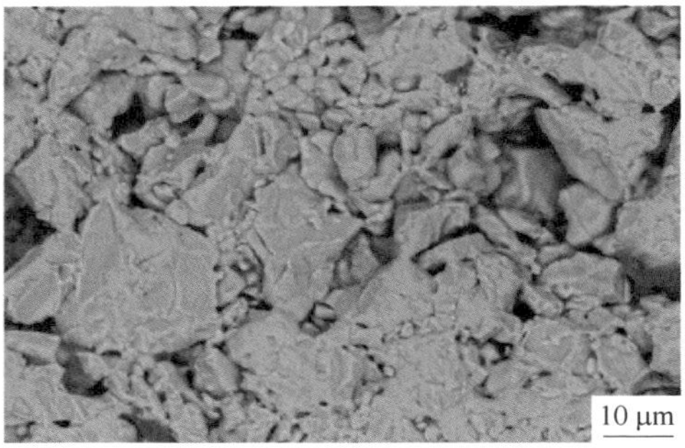

(d)

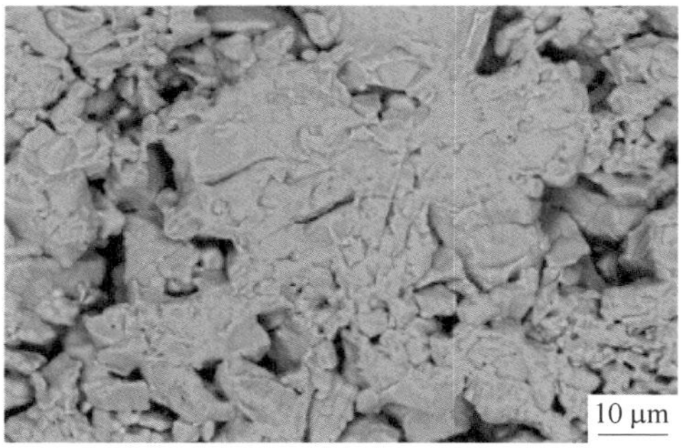

(e)

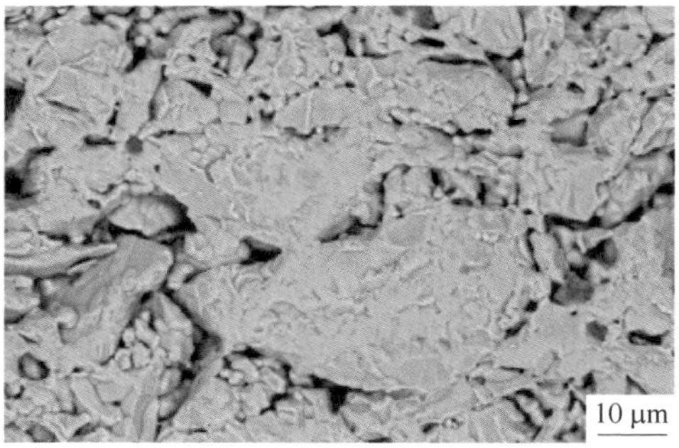

(f)

图 3.7　不同焙烧时间条件下超高品位铁精矿氧化球团微观形貌
(a) 5 min；(b) 10 min；(c) 15 min；(d) 20 min；(e) 25 min；(f) 30 min

响，分析超高品位铁精矿的固结机理，本实验进一步拓宽了焙烧温度范围。在焙烧时间为 30 min 的条件下进行焙烧实验，焙烧温度从 300 ℃开始，依次升高 100 ℃进行球团焙烧，直至 1300 ℃。

A　实验结果与讨论

图 3.8 给出了焙烧时间为 30 min，在 1200～1300 ℃温度段的不同焙烧温度条件下，超高品位铁精矿氧化球团抗压强度的检测结果。可知，在 1200～1300 ℃

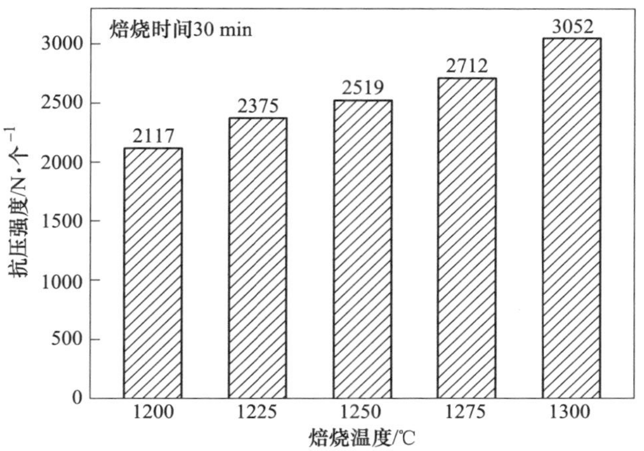


图 3.8　焙烧温度对超高品位铁精矿氧化球团抗压强度的影响

内，升高焙烧温度有利于增加超高品位铁精矿氧化球团的抗压强度。焙烧温度为 1200 ℃时，超高品位铁精矿氧化球团的抗压强度为 2117 N，可以达到 MIDREX 氢基还原工艺对原料球团抗压强度的要求，但无法满足 HYL 工艺。焙烧温度升高至 1250 ℃，抗压强度可达到 2519 N，HYL 与 MIDREX 工艺对球团抗压强度的要求均可满足。继续升高焙烧温度，氧化球团的抗压强度继续上升，在 1300 ℃时达到 3052 N。

图 3.9 给出了焙烧时间为 30 min，在 300～1300 ℃不同焙烧温度条件下，超高品位铁精矿氧化球团抗压强度的检测结果。超高品位铁精矿氧化球团抗压强度随温度上升的影响趋势明显分为 3 段：在 300～800 ℃段，球团抗压强度随温度上

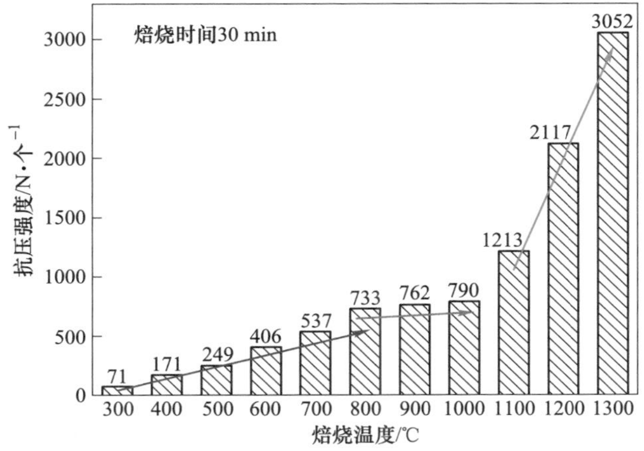


图 3.9　焙烧温度对超高品位铁精矿氧化球团抗压强度的影响

升而平缓增加，由 71 N 提高至 733 N；而在 800~1000 ℃段，球团抗压强度随温度变化不明显，该区间内温度升高 200 ℃，而强度仅提高 57 N；在 1100~1300 ℃段，球团抗压强度迅速上升。

B 实验结果分析

选取焙烧时间为 30 min，焙烧温度分别为 300 ℃、500 ℃、800 ℃、1000 ℃、1200 ℃、1300 ℃时得到的成品氧化球团进行 XRD 分析，其结果见图 3.10。磁铁矿的氧化反应开始于 200 ℃。超高品位铁精矿在 300 ℃温度下焙烧即有较多 $Fe_2O_3$ 生成。依据热力学平衡的趋向，新生的具有较大自由能的赤铁矿晶粒活性很高，不只局限于晶体内扩散，在相邻的氧化物晶体之间也发生扩散迁移，产生赤铁矿相之间的微晶键连接。磁铁矿的氧化反应随温度的升高而逐渐加深，球团在 300~800 ℃温度段的抗压强度也随之上升。

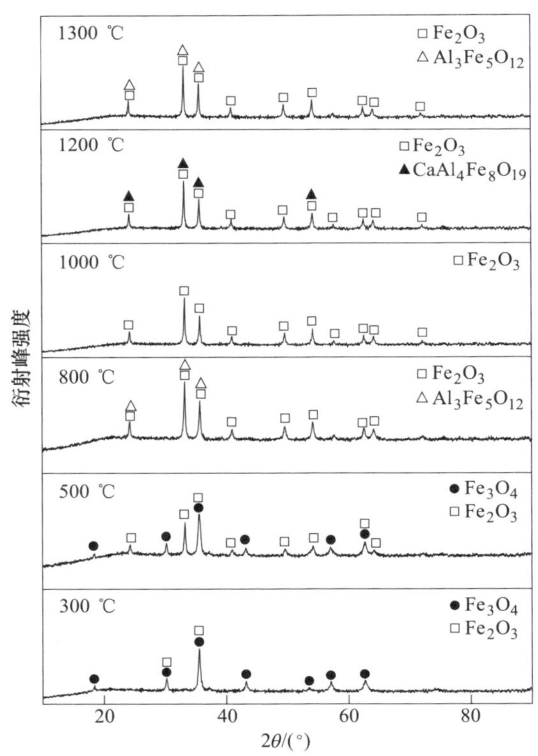


图 3.10 超高品位铁精矿氧化球团的 XRD 分析结果

当温度达到 800 ℃时，超高品位铁精矿氧化球团中的 $Fe_3O_4$ 已充分氧化，磁铁矿相消失，全部转化为赤铁矿相。结合图 3.9 可以看出，800 ℃时因新生赤铁矿相之间微晶连接而带来的强度变化达到顶峰。在 800~1000 ℃温度段，由于没有新相产生，其他形式的固结尚未开始，因此随温度的升高，氧化球团抗压强度的提升十分不明显。

800 ℃之后以赤铁矿相为主，另有极少量 Ca、Al 等元素以铁铝尖晶石等形式存在。而 $SiO_2$ 等脉石相含量更加微弱，以致 XRD 难以检测到。因此可以判断超高品位铁精矿氧化球团中渣相含量极低，因渣相存在而产生的液相固结极弱。$Fe_2O_3$ 晶格之间的固相固结是高温段球团抗压强度大幅提高的原因。

当温度升高至 1000 ℃之后，超高品位铁精矿氧化球团的抗压强度开始大幅增强。球团的固相固结是球团内颗粒在低于熔点条件下的相互黏结，使颗粒之间黏结强度逐渐增大。在高温下（大于 1000 ℃），质点获得的能量足以克服晶格间的引力，从而扩散到相邻晶格内，使相邻颗粒黏结。

结合图 3.9 可以看出，尤其在 1100~1300 ℃温度段，球团的抗压强度的升高幅度十分明显，并在 1200~1300 ℃之间达到氢基竖炉的使用标准（不低于 2500 N）。

选取焙烧时间为 30 min，1200 ℃、1225 ℃、1250 ℃、1275 ℃、1300 ℃焙烧温度条件下获得的超高品位铁精矿氧化球团，在各球团相同位置使用扫描电镜进行内部结构与微观形貌检测，其结果如图 3.11 所示。

由图 3.11 可以看出，在 1200~1225 ℃温度条件下，超高品位铁精矿氧化球团的微观形貌中已经出现了相邻晶格的连接，但其结构仍较稀疏，孔隙较多。焙

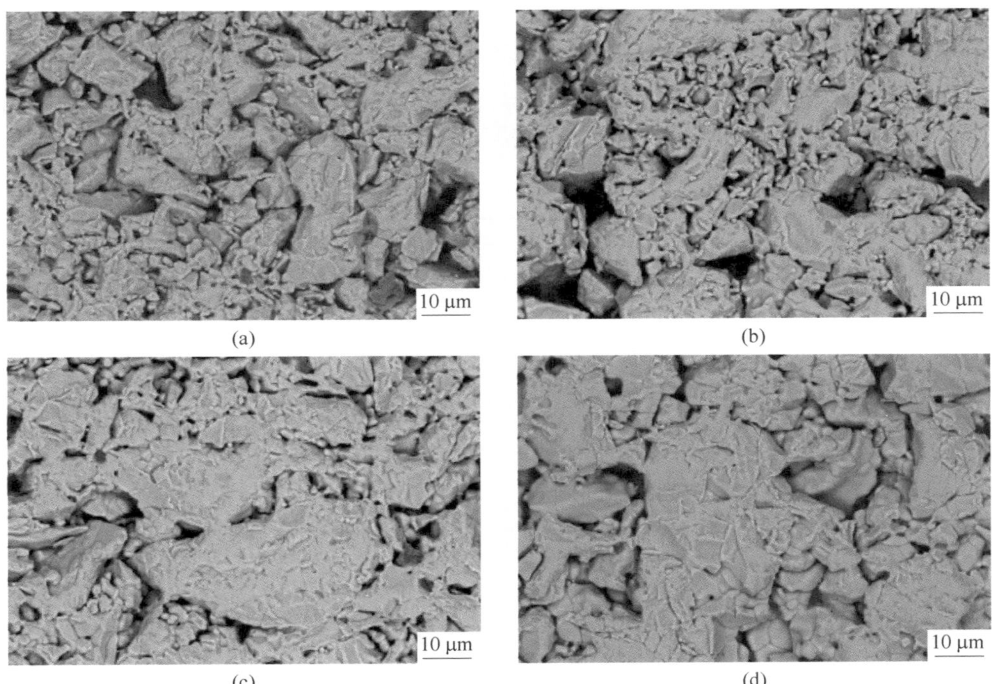

(a) (b)
(c) (d)

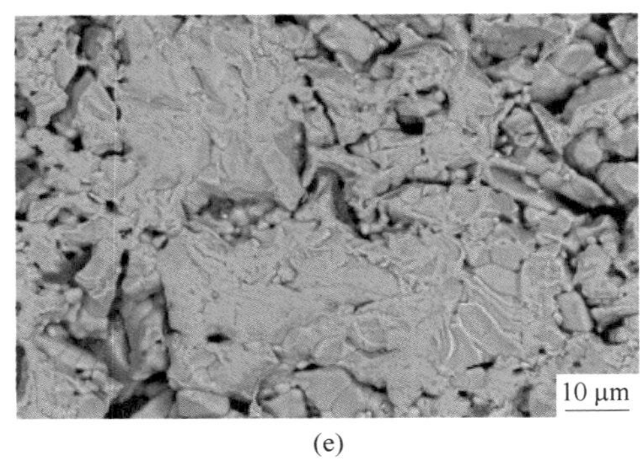

(e)

图 3.11 不同焙烧温度条件下超高品位铁精矿氧化球团的微观形貌
(a) 1200 ℃；(b) 1225 ℃；(c) 1250 ℃；(d) 1275 ℃；(e) 1300 ℃

烧温度的升高促进了球团的固结，在 1250 ℃以上更高温条件下，氧化球团中连晶的发育越发明显，在 1300 ℃时赤铁矿大面积连结成片，解释了该焙烧条件下球团抗压强度较高的实验结论。

#### 3.1.2.5 高品位与超高品位铁精矿球团氧化固结的对比

与超高品位铁精矿造球工艺条件相同，针对高品位铁精矿（$w$(TFe) = 70.10%），选取佩利多的添加量为 0.4%、混料时加水量为 6%，以高品位铁精矿进行造球实验。造得的生球含水量为 8.0%。落下强度为 6.1 次，抗压强度为 19.7 N，均满足工业生产中对生球的要求。

以高品位铁精矿制得的生球为原料，在 1250 ℃、30 min 的制度下进行氧化焙烧，获得高品位铁精矿氧化球团，检测其抗压强度，与超高品位铁精矿氧化球团进行对比，如图 3.12 所示。

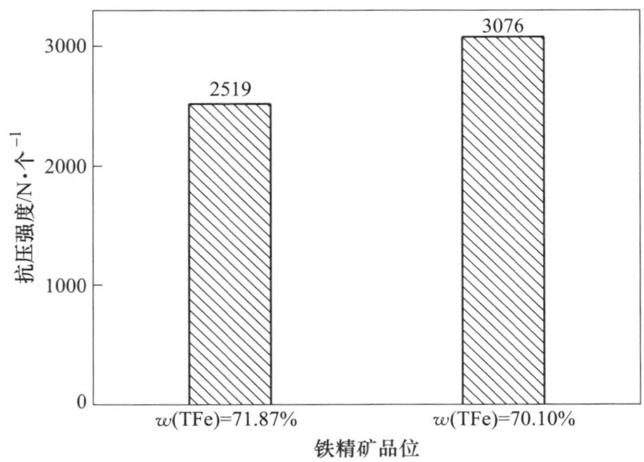


图 3.12 不同品位铁精矿氧化球团的抗压强度

高品位铁精矿可以通过进一步提质除杂获得超高品位铁精矿，是生产超高品位铁精矿的中间产物。因此高品位铁精矿在化学成分上表现为品位稍低，杂质成分含量稍高。较之超高品位铁精矿，高品位铁精矿中依然存在一定量的脉石成分，如 CaO、$SiO_2$ 等（$w(SiO_2) \approx 1.39\%$）。

图 3.13 是 1250 ℃、30 min 的制度下焙烧得到两种不同品位铁精矿氧化球团的微观形貌图。可以看出，超高品位铁精矿的微观形貌（图 3.13（a）（c））中只能观测到铁氧化物与孔隙，并无明显渣相成分存在。可以判断：其固结强化完全来源于赤铁矿之间晶格扩散所产生的黏结。这种固相固结使相邻赤铁矿颗粒之间的孔隙逐渐变圆，孔隙度下降，球内的各颗粒连接而使整体致密，提高了球团的抗压强度。

而对于高品位铁精矿（图 3.13（b）（d）），其中含有一定量的 $SiO_2$。$SiO_2$ 在焙烧温度以下即可与 FeO 结合，生成铁橄榄石，其反应式如下：

$$SiO_2 + 2FeO = Fe_2SiO_4 \tag{3.1}$$

$Fe_2SiO_4$ 熔点较低（1205 ℃），且易与 FeO、$SiO_2$ 继续反应生成熔化温度更低的低熔体。熔化的渣相填充于赤铁矿晶粒之间微小孔隙，在冷却过程中逐渐凝固，进一步增加球团致密度，强化了球团的固结。这种液相固结是高品位铁精矿球团抗压强度高于超高品位铁精矿球团的原因。

### 3.1.3　国产超高品位铁精矿氢基竖炉直接还原性能

在实验室条件下，以 1250 ℃、30 min 制度下焙烧得到的超高品位铁精矿氧化球团为原料（其铁品位为 68.66%，FeO 含量为 0.73%），模拟 MIDREX 与 HYL 两种氢基竖炉工艺进行直接还原。还原制度分别为：还原温度 900 ℃，还原气氛 $\varphi_{H_2}/\varphi_{CO}=2/5$（模拟 MIDREX 工艺）；还原温度 1050 ℃，还原气氛 $\varphi_{H_2}/\varphi_{CO}=5/2$（模拟 HYL 工艺）。通过记录还原过程中的失重情况，得到超高品位铁精矿氧化球团在两种还原制度下的还原度-时间曲线，分析超高品位铁精矿的还原性能。并对球团还原膨胀率与还原冷却后强度等冶金性能进行了检测，分析其氢基竖炉适用性。

#### 3.1.3.1　超高品位铁精矿氧化球团的还原度及还原速率

在实验设计的两种还原条件下，超高品位铁精矿氧化球团还原度随还原时间的变化见图 3.14。可见，在两种还原条件下，超高品位铁精矿氧化球团的还原反应均表现为初期反应较快，中期还原速率减缓，直至达到还原终点。相比之下，模拟 HYL 工艺的还原制度（1050 ℃，$\varphi_{H_2}/\varphi_{CO}=5/2$），反应速率更快，反应所能达到的最终还原度更高。这一方面是由于 HYL 工艺的还原温度更高，高温是有利于还原反应进行的动力学条件；另一方面则是因为在本实验的高温条件下 $H_2$ 比 CO 拥有更强的还原能力。

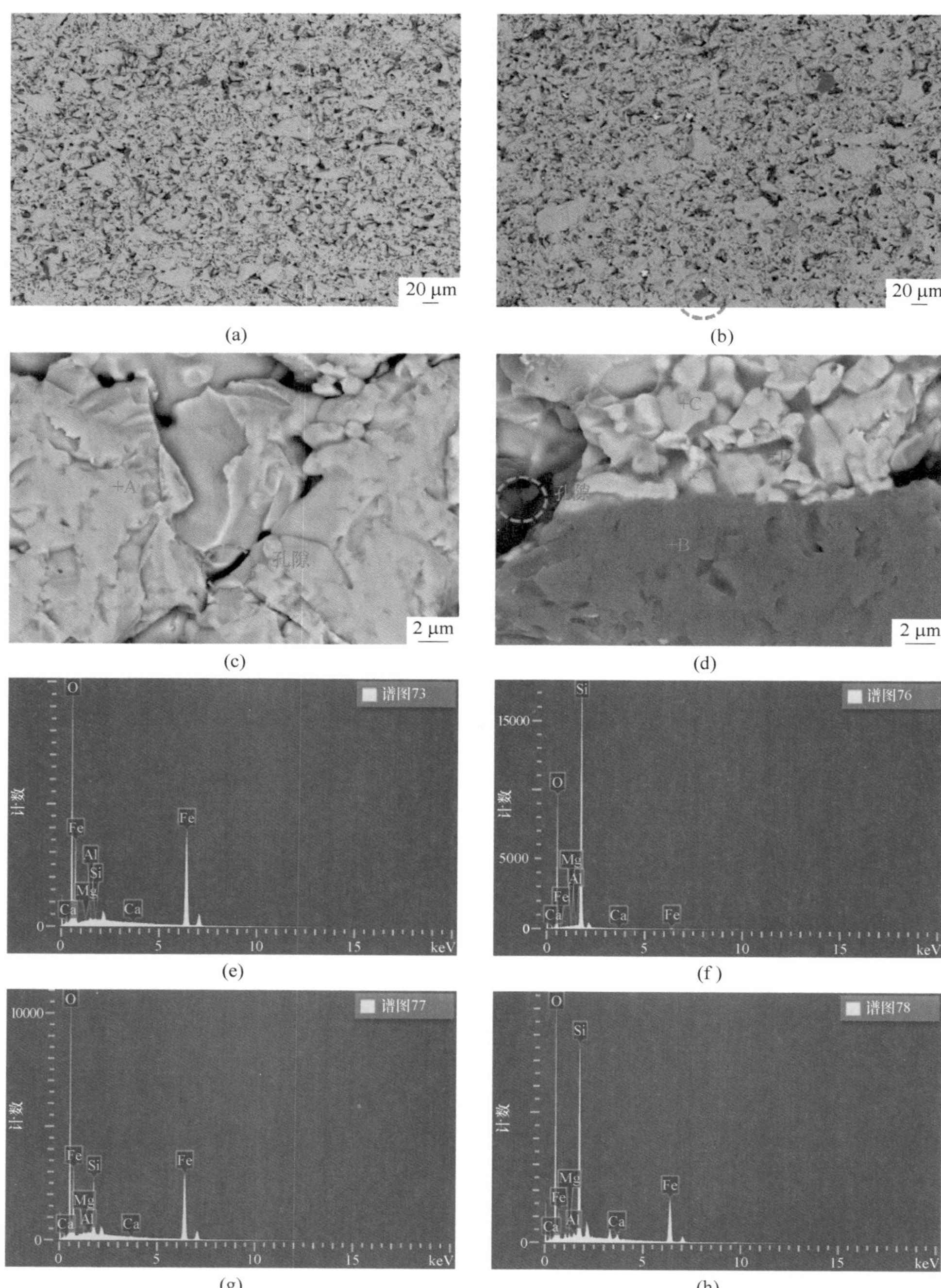


图 3.13　不同品位铁精矿氧化球团微观形貌及 EDS 分析结果

(a) $w$(TFe) = 71.87%；(b) $w$(TFe) = 70.10%；(c) $w$(TFe) = 71.87%；(d) $w$(TFe) = 70.10%；
(e) A 点 EDS；(f) B 点 EDS；(g) C 点 EDS；(h) D 点 EDS

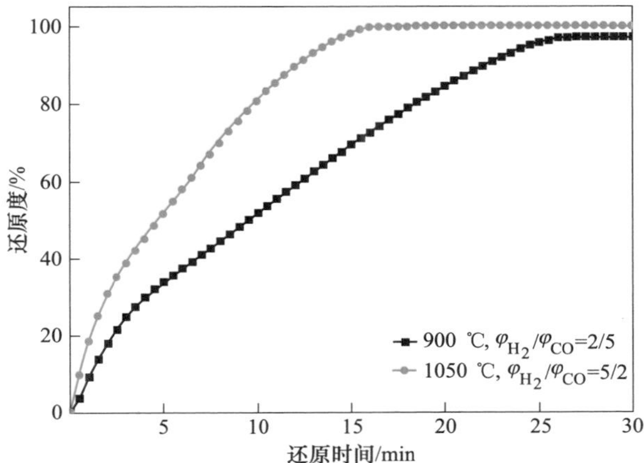


图 3.14　超高品位铁精矿球团的还原度-时间曲线

在模拟 MIDREX 氢基还原工艺的条件（900 ℃，$\varphi_{H_2}/\varphi_{CO}=2/5$）下，超高品位铁精矿氧化球团还原 27 min 可达还原终点，还原度最高可达 97.37%；在模拟 HYL 氢基还原工艺的条件（1050 ℃，$\varphi_{H_2}/\varphi_{CO}=5/2$）下，超高品位铁精矿氧化球团还原 15 min 可达还原终点，还原度最高可达 99.28%。

3.1.3.2　超高品位铁精矿氧化球团还原膨胀率及还原冷却后强度

超高品位铁精矿氧化球团氢基还原前后的球团形貌见图 3.15。可知，超高品位铁精矿氧化球团在还原过程中发生了严重的膨胀，尤其是在 MIDREX 工艺条件下（900 ℃、$\varphi_{H_2}/\varphi_{CO}=2/5$）膨胀更加明显。

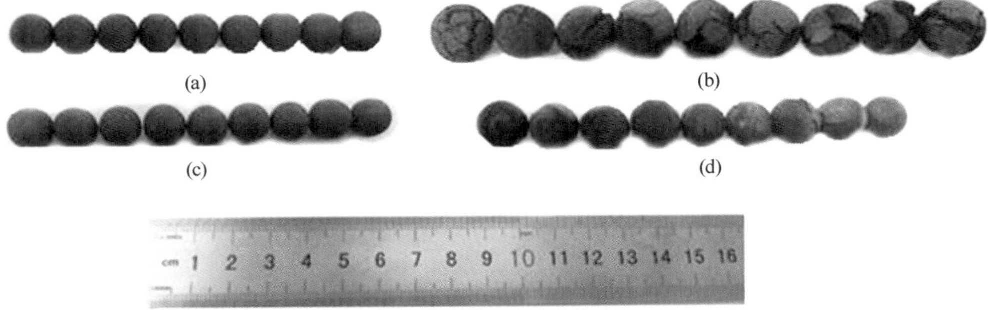

图 3.15　超高品位铁精矿氧化球团还原前后形貌

（a）900 ℃，$\varphi_{H_2}/\varphi_{CO}=2/5$ 反应前；（b）900 ℃，$\varphi_{H_2}/\varphi_{CO}=2/5$ 反应后；
（c）1050 ℃，$\varphi_{H_2}/\varphi_{CO}=5/2$ 反应前；（d）1050 ℃，$\varphi_{H_2}/\varphi_{CO}=5/2$ 反应后

使用游标卡尺精确测量反应前后球团的直径，计算两种还原制度下球团的还原膨胀率。其结果见图 3.16。由图可知，超高品位铁精矿氧化球团在 MIDREX

和 HYL 两种氢基竖炉工艺条件下，均发生了严重的还原膨胀，还原膨胀率分别高达 243%与 51%，不能满足氢基竖炉对球团膨胀率的要求（小于 15%）。

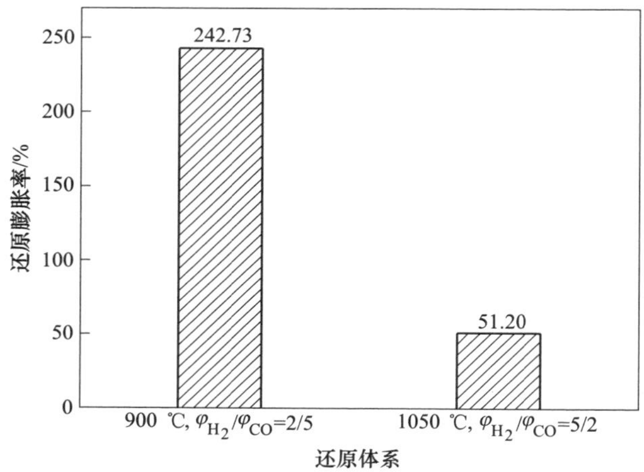


图 3. 16　超高品位铁精矿氧化球团还原膨胀率

对两种工艺条件下还原后球团的抗压强度进行检测，结果见图 3. 17。可知，球团的剧烈膨胀显著降低了其还原冷却后强度。MIDREX 工艺条件下球团反应后强度较低，仅为 94 N/个；HYL 工艺条件下球团反应后强度为 181 N/个，高于日本冶金行业对高炉用球团还原冷却后强度的要求（平均 141 N/个）。与高炉相比，氢基竖炉装置更为矮小，且球团在反应炉内停留时间较短。故实验条件下，HYL 工艺条件下的还原冷却后强度满足氢基竖炉要求。

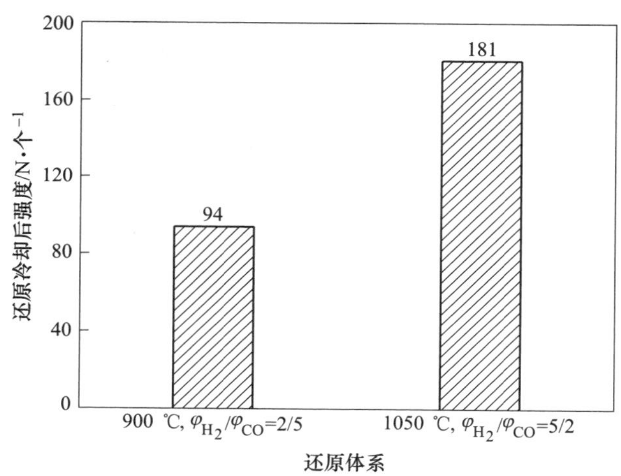


图 3. 17　超高品位铁精矿氧化球团还原冷却后强度

## 3.2 基于国产高品位铁精矿的氧化球团制备研究

### 3.2.1 国产高品位铁精矿的基础特性

#### 3.2.1.1 化学成分

对各铁精矿粉主要化学成分化验，检测结果见表3.4。其中，6号铁精矿TFe含量最高，达到70.88%；7号铁精矿TFe含量最低，为68.84%。由此可知，这11种铁精矿铁品位相差不大，最高差距仅为2.04%。各铁精矿原料脉石含量较低，均不超过4%，其中3号铁精矿脉石含量最高，为3.58%；5号铁精矿脉石含量最低，仅为2.24%。

表3.4 实验用国产高品位铁精矿化学成分

| 序号 | 成分（质量分数）/% | | | | | | | |
|---|---|---|---|---|---|---|---|---|
| | TFe | FeO | CaO | $SiO_2$ | MgO | $Al_2O_3$ | S | P |
| 1号 | 69.06 | 28.27 | 0.31 | 2.11 | 0.37 | 0.48 | 0.076 | 0.01 |
| 2号 | 69.43 | 28.7 | 0.18 | 2.21 | 0.44 | 0.63 | 0.038 | 0.004 |
| 3号 | 69.92 | 30.62 | 0.16 | 2.87 | 0.28 | 0.27 | 0.126 | 0.013 |
| 4号 | 69.67 | — | 0.15 | 1.59 | 0.3 | 0.74 | 0.06 | 0.006 |
| 5号 | 69.55 | — | 0.13 | 1.24 | 0.28 | 0.59 | 0.064 | 0.007 |
| 6号 | 70.88 | — | 0.2 | 1.48 | 0.27 | 0.59 | 0.193 | 0.045 |
| 7号 | 68.84 | — | 0.24 | 1.89 | 0.4 | 0.7 | 0.072 | 0.005 |
| 8号 | 69.55 | 28.71 | 0.25 | 1.66 | 0.48 | 0.47 | 0.056 | <0.01 |
| 9号 | 69.58 | 28.22 | 0.2 | 1.7 | 0.52 | 0.62 | 0.038 | <0.01 |
| 10号 | 69.96 | 28.86 | 0.16 | 1.66 | 0.46 | 0.75 | 0.034 | <0.01 |
| 11号 | 69.85 | 30.02 | 0.15 | 1.82 | 0.51 | 0.76 | 0.085 | <0.01 |

#### 3.2.1.2 粒度

实验室采用Bettersize2600激光粒度分析仪分析铁精矿粉粒度，检测结果见图3.18。

可以看出，2号铁精矿粉最细，粒度小于0.074 mm的颗粒占比达到了88.93%；11种铁精矿中有8种铁精矿小于0.074 mm的颗粒占比超过了80%；而3号与7号铁精矿的粒度明显较粗，3号铁精矿小于0.074 mm的颗粒占比仅为40.26%，7号铁精矿小于0.074 mm的颗粒占比为50.1%，较低的粒度可能会对后续造球生产产生一定的影响。通常要求在造球过程中，原料铁精矿粒度越细越好，也就是颗粒中小于0.074 mm的颗粒占比越高越好。矿粉颗粒越细，颗粒间接触机会就会变大，使得球团间接触紧密，提高造球性能。

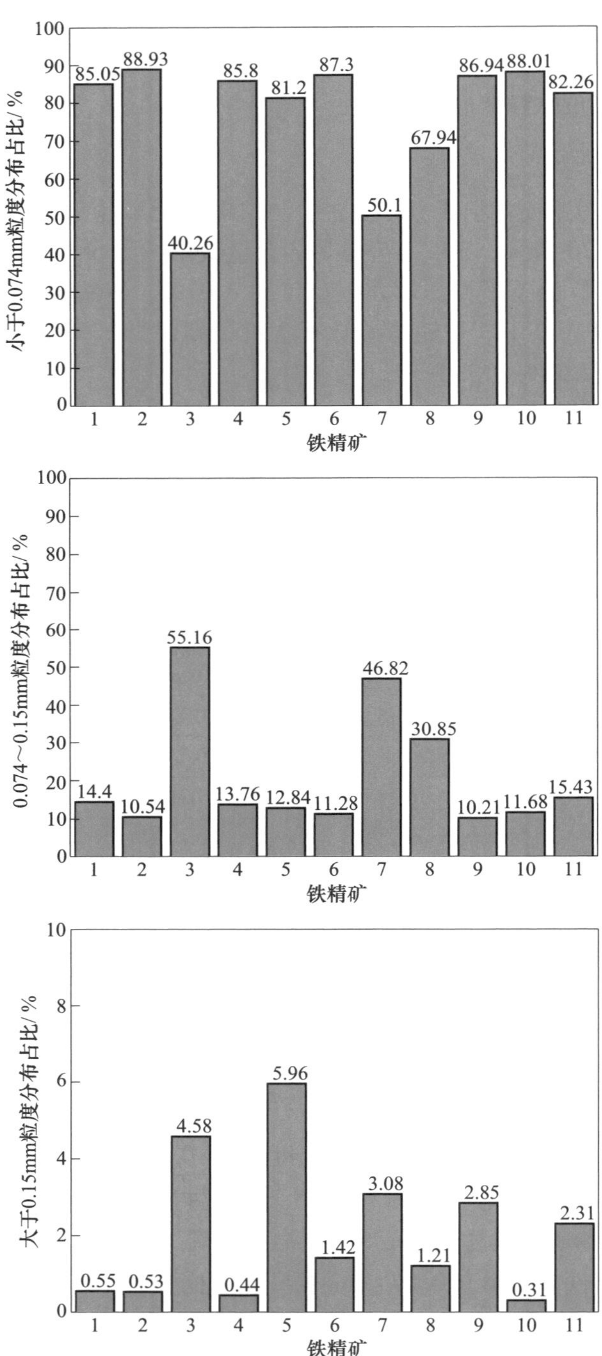


图 3.18　不同铁精矿粒度分布

#### 3.2.1.3 连晶强度

连晶性能是指铁精矿靠晶键连接获得强度的能力，以连晶强度大小表示铁精矿连晶性能高低。铁精矿连晶强度测试过程如图 3.19 所示。其中，铁精矿连晶强度测试的制样机如图 3.20 所示，铁精矿连晶强度测试设备如图 3.21 所示。铁精矿连晶强度测试实验制度见表 3.5。

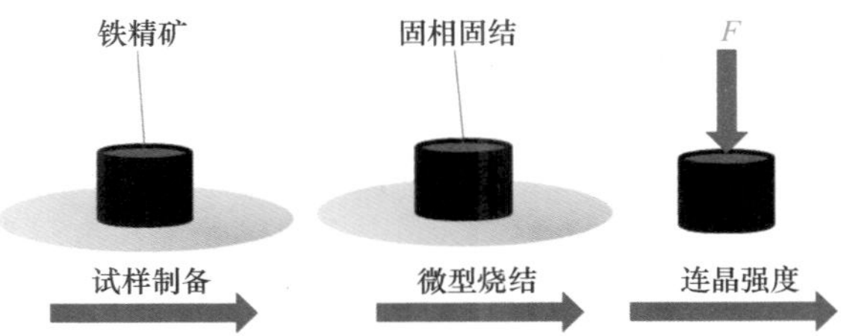


图 3.19 高品位铁精矿连晶强度测试过程

图 3.20 制样机

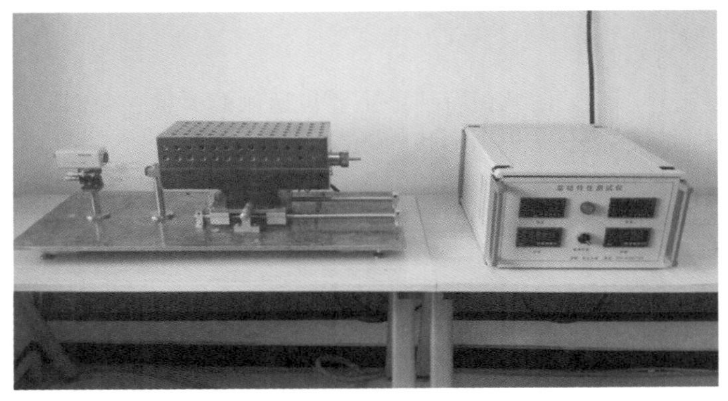

图 3.21 铁精矿连晶强度测试设备

**表 3.5 铁精矿连晶强度测试实验制度**

| 温度/℃ | 室温→600 | 600→1000 | 1000→1150 | 1150→1280 | 1280恒温 | 1280→1150 | 1150→1000 | 1000→室温 |
|---|---|---|---|---|---|---|---|---|
| 时间/min | 4.0 | 1.0 | 1.5 | 1.0 | 4.0 | 2.0 | 1.5 | 自然降温 |
| 气氛 | 空气 | $N_2$ | | | | 空气 | | |

铁精矿的连晶特性，表征的是其在烧结过程的高温状态下以连晶方式而固结成矿的能力，其指标是以烧结体连晶强度的形式表达。当脉石含量多、粒度小、分布广时，铁矿粉的连晶性能较差；反之，当铁矿粉品位高、脉石粗大且分布集中时，其连晶性能较好。不同铁精矿连晶强度结果如图 3.22 所示，其中 3 号与 10 号铁精矿的连晶强度最低，均为 502 N/个；7 号铁精矿的连晶强度也较低，为 539 N/个；1 号与 2 号铁精矿的连晶强度超过了 800 N/个，分别为814 N/个及 804 N/个。

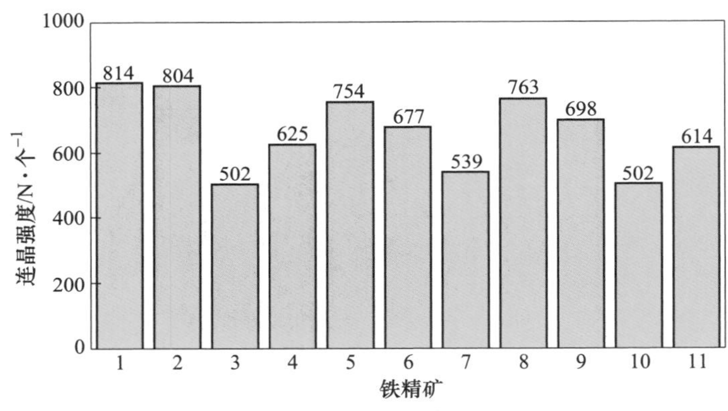


图 3.22 不同铁精矿连晶强度

3.2.1.4 圆形度

除粒度分布外，颗粒的几何特征还主要包括颗粒形状、表面积等。颗粒形状是指颗粒存在的表观状态。规则形状的颗粒如球体、圆柱体、正方体等；不规则形状的颗粒如片状、针状、多棱状等，大多数更常见颗粒是不规则的。在众多表示颗粒形状的特征参数中，使用球形度和圆形度可用来表征颗粒群接近球或圆的程度。

本实验用 BT-1600 动态图像颗粒分析仪系统对铁精矿粉进行颗粒几何特性分析，其光学照片见图 3.23，圆形度分布见图 3.24，圆形度分析见表 3.6。由实验结果可知，铁精矿粉的边缘不规则，实验用所有铁精矿圆形度基本相同，均保持在 0.78~0.79（图 3.25），相对变化差距不明显。

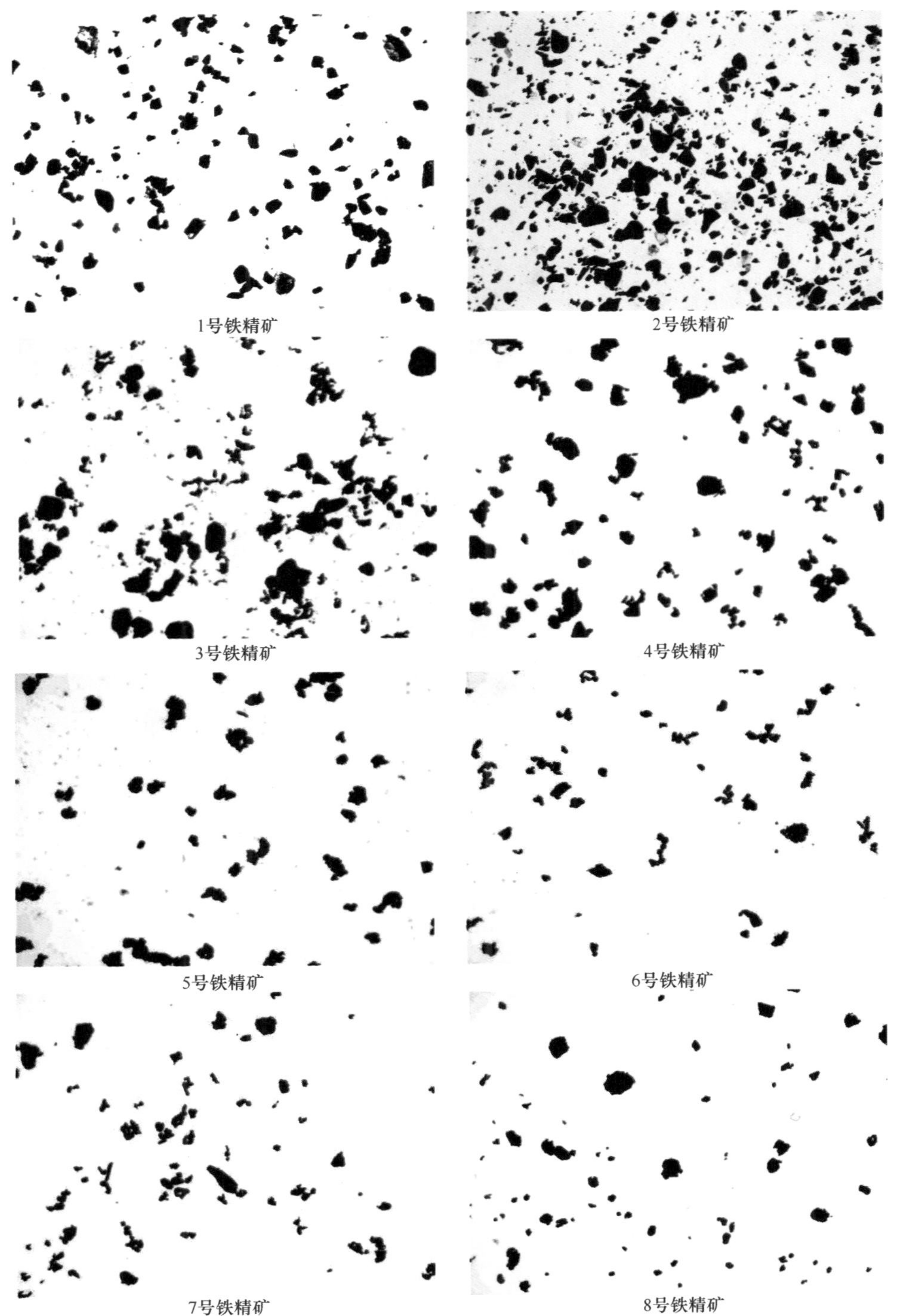
1号铁精矿
2号铁精矿
3号铁精矿
4号铁精矿
5号铁精矿
6号铁精矿
7号铁精矿
8号铁精矿

9号铁精矿

10号铁精矿

11号铁精矿

图 3.23 铁精矿的光学照片（200×）

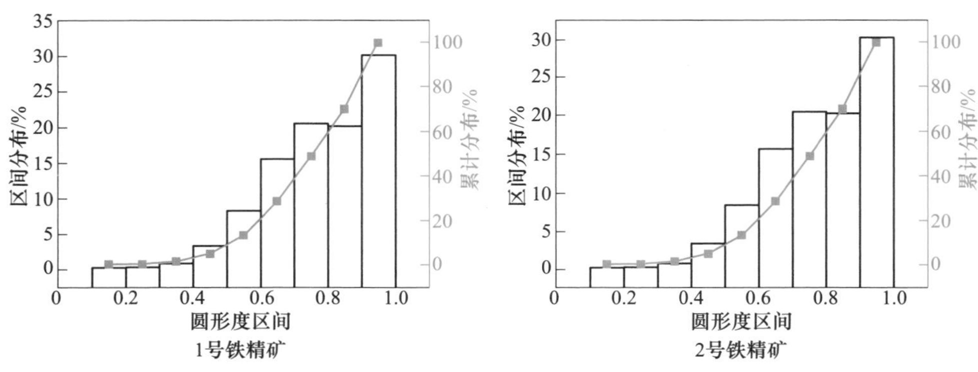


1号铁精矿　　2号铁精矿

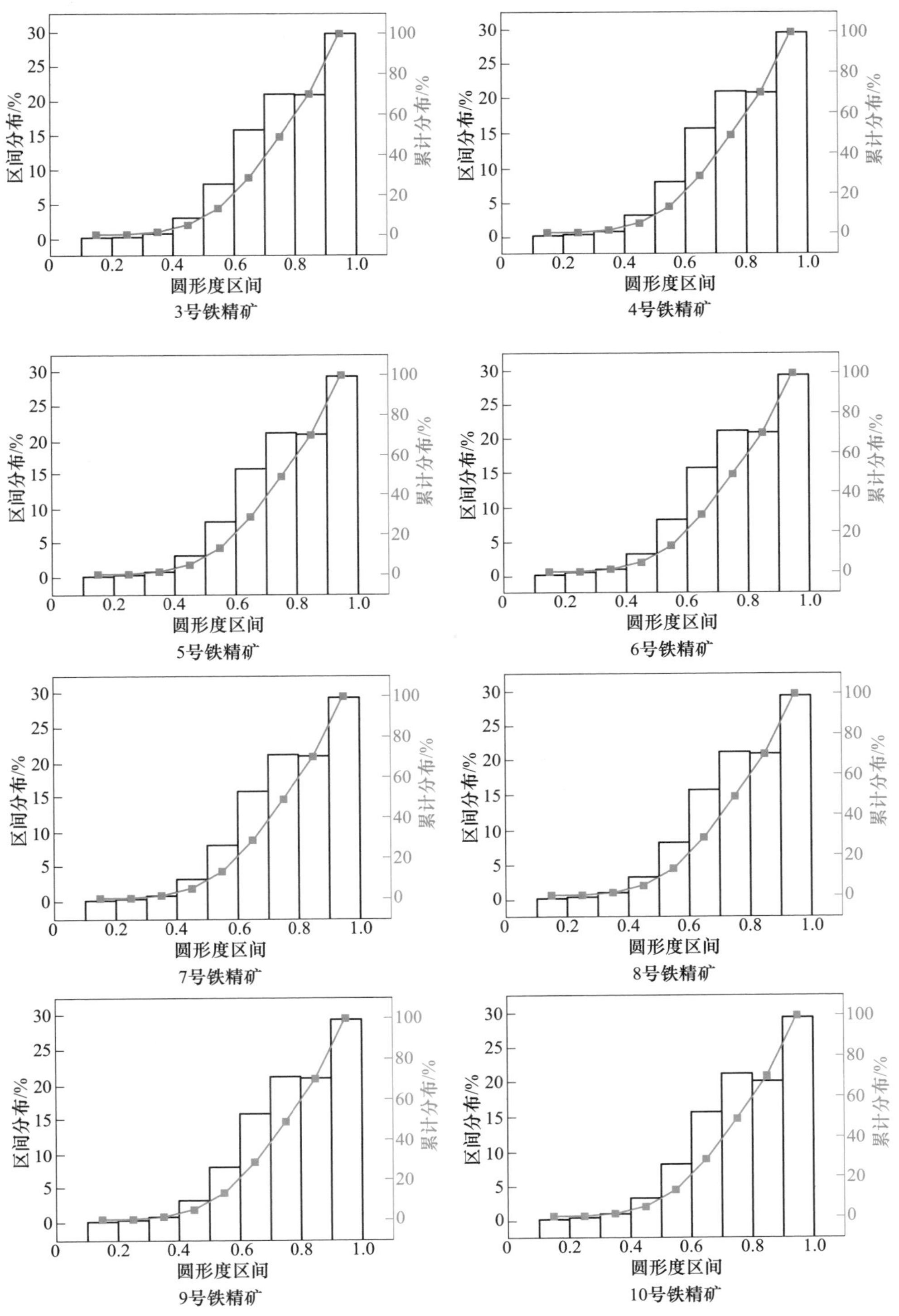
区间分布/%
累计分布/%
圆形度区间
3号铁精矿
4号铁精矿
5号铁精矿
6号铁精矿
7号铁精矿
8号铁精矿
9号铁精矿
10号铁精矿

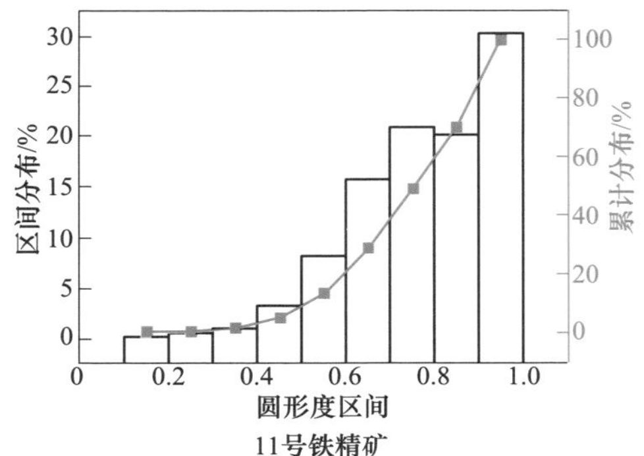


图 3.24 不同铁精矿圆形度分布

**表 3.6 不同国产高品位铁精矿圆形度分析结果**

| 序号 | 圆形度 | 圆形度大于 0.7 占比/% | 长径比 |
| --- | --- | --- | --- |
| 1 号 | 0.787 | 70.93 | 1.51 |
| 2 号 | 0.787 | 70.96 | 1.51 |
| 3 号 | 0.788 | 71.53 | 1.49 |
| 4 号 | 0.788 | 71.40 | 1.49 |
| 5 号 | 0.787 | 71.43 | 1.49 |
| 6 号 | 0.788 | 71.40 | 1.49 |
| 7 号 | 0.788 | 71.39 | 1.49 |
| 8 号 | 0.788 | 71.50 | 1.49 |
| 9 号 | 0.788 | 71.54 | 1.49 |
| 10 号 | 0.788 | 71.58 | 1.49 |
| 11 号 | 0.787 | 71.61 | 1.49 |

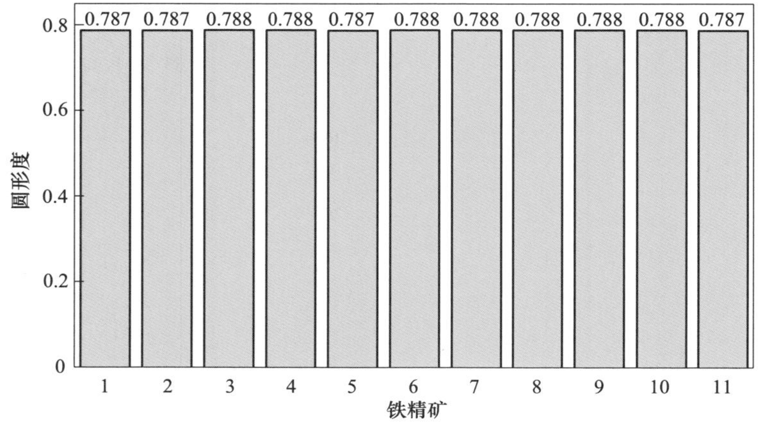


图 3.25 不同铁精矿圆形度

#### 3.2.1.5 比表面积

铁精矿的比表面积是衡量铁精矿成球性能的又一重要指标。在铁精矿粉粒度相差较小时，比表面积更大的铁精矿成球性能更好，在生球制备过程中，矿粉之间连结更好；而比表面积较小的矿粉，甚至会出现无法成球的现象。铁精矿比表面积的提高，对预热焙烧球团的强度提高也有明显的帮助，因此，有必要对铁精矿的比表面积进行研究。

本实验采用 ASAP2020 型比表面积物理吸附仪，通过 BET 法测试铁精矿比表面积，不同比表面积结果见表 3.7。可以看出，3 号及 7 号铁精矿的比表面积较小，分别为 0.456 $m^2/g$ 及 0.6845 $m^2/g$。而经后续造球实验证实，这两种铁精矿无法成球；其余铁精矿的比表面积则大于 1.000 $m^2/g$，可以顺利造球。因此建议在使用 3 号及 7 号铁精矿时，通过配矿方式与其他比表面积较大的铁精矿混合造球，但是在配矿时要考虑两种铁精矿配比，过高的配比也会导致造球失败。

**表 3.7 铁精矿比表面积结果**

| 序号 | 比表面积/$m^2 \cdot g^{-1}$ |
|---|---|
| 1 号 | 1.285 |
| 2 号 | 1.633 |
| 3 号 | 0.456 |
| 7 号 | 0.6845 |

### 3.2.2 高品位铁精矿氧化球团制备

#### 3.2.2.1 生球制备

铁精矿生球制备包括：首先称取一定质量的铁精矿，并配比一定量的膨润土，实验采用 0.85%内配膨润土的方式进行研究，先手工初步混匀，然后在混料机中进一步混匀，混料机混料时间为 30 min。混料结束后，多次喷雾状水对造球混合料进行润湿。每次喷洒一定量的雾状水后，采用手工方式对喷水后的造球混合料进行再次混匀。当铁精矿中水分（铁精矿自带水量+外配水量）达 8%时，结束喷水，然后用塑料薄膜包裹润湿的造球混合料，焖料 40 min。焖料结束后，在圆盘造球机上造球。圆盘造球机工作参数为直径 1000 mm，边高 250 mm，倾角 45°。造球过程包括母球形成、母球长大和生球压实三个阶段。造球过程中，仍需喷入适量的水（约为铁精矿质量的 2%），以实现“滴水成球，雾水长大，无水压实”。造球时间为母球开始长大到停止加造球混合料的时间间隔，控制在 20 min 左右。形成的初始生球再压实 10 min，得到最终生球，造球结束。

生球性能检测指标及方法如下：

（1）生球落下强度检测。取直径 12~14 mm 的生球，从 500 mm 高处自由落在 10 mm 厚的钢板上，反复数次，直至生球出现裂纹或破裂为止，记录生球破裂时跌落的次数。每次测定 12 个球，去除一个最大值和一个最小值，求出其余 10 个的平均值，记为生球的落下强度，单位：次/0.5 m。

（2）生球抗压强度检测。取直径 12~14 mm 的生球，采用按压的方法在电子天平上测定生球抗压强度。每次测定 12 个球，去除一个最大值和一个最小值，求出其余 10 个的平均值，记为生球的抗压强度，单位：N/个。

（3）生球水分检测：取约 100 g 刚造好的生球，记为 $m_1$，而后放入 105 ℃的鼓风干燥箱中。生球干燥 5 h 后，取出称重并记为 $m_2$。$(m_1 - m_2)/m_1$ 为生球水分，单位:%。

实验结束后，生球性能检测结果如图 3.26 所示。在生球落下强度检测过程中，可以看出，3 号与 7 号铁精矿均无法顺利造球。而造出的生球中，10 号铁精矿生球的落下强度较低，为 2.7 次/0.5 m；2 号铁精矿生球的落下强度较高，达到了 3.2 次/0.5 m。总体来说，各组生球的落下强度相差不大，基本保持在3 次/0.5 m 左右，且大部分生球的落下强度均不小于 3 次/0.5 m，仅有 10 号、11 号铁精矿生球的落下强度小于 3 次/0.5 m，分别为 2.7 次/0.5 m 及 2.9 次/0.5 m。而在生球抗压强度检测过程中可以看出，6 号铁精矿生球的抗压强度最高，达到了 10.22 N/个；10 号铁精矿生球的抗压强度最低，仅为 8.72 N/个。其中 4 号、9 号、10 号、11 号铁精矿生球的抗压强度低于 10 N/个。在生球水分检测过程中可以看出，4 号铁精矿生球的水分最低，为 7.6%；最高为 2 号铁精矿生球，水分为 8.17%。总体来说各铁精矿生球水分相差不大，各生球指标也均无较大差距。

从实验角度考虑，若要提高生球的性能，应当选用优质膨润土。针对性能略差的生球，同时应当考虑配加指标性能较好的铁精矿粉，同时提高焖料水分配比，但也应适当控制，以避免在造球过程中由于水分过高导致铁精矿粉粘在球盘以及生球之间互相粘连的问题。

#### 3.2.2.2　膨润土添加量对生球性能的影响

按照铁精矿生球制备流程及方法对三种铁精矿进行生球制备，生球制备过程中膨润土配加量分别为 0.85%和 1.0%，水分配加量均为 9.0%。不同膨润土配加量的 2 号与 1 号铁精矿生球性能检测结果分别见表 3.8 和表 3.9。通过对比表 3.8 和表 3.9 可知，膨润土配加量 0.85%时，2 号与 1 号铁精矿生球的落下强度、抗压强度和水分均低于膨润土配加量 1%时的数值。可见，膨润土配加量的提高可以改善生球的各项性能。当膨润土配加量为 0.85%时，1 号铁精矿生球落下强度为 3.0 次/0.5 m，抗压强度为 10.21 N/个；膨润土配加量为 1%时，1 号铁精矿生球落下强度达到 3.4 次/0.5 m，抗压强度为 11.20 N/个。

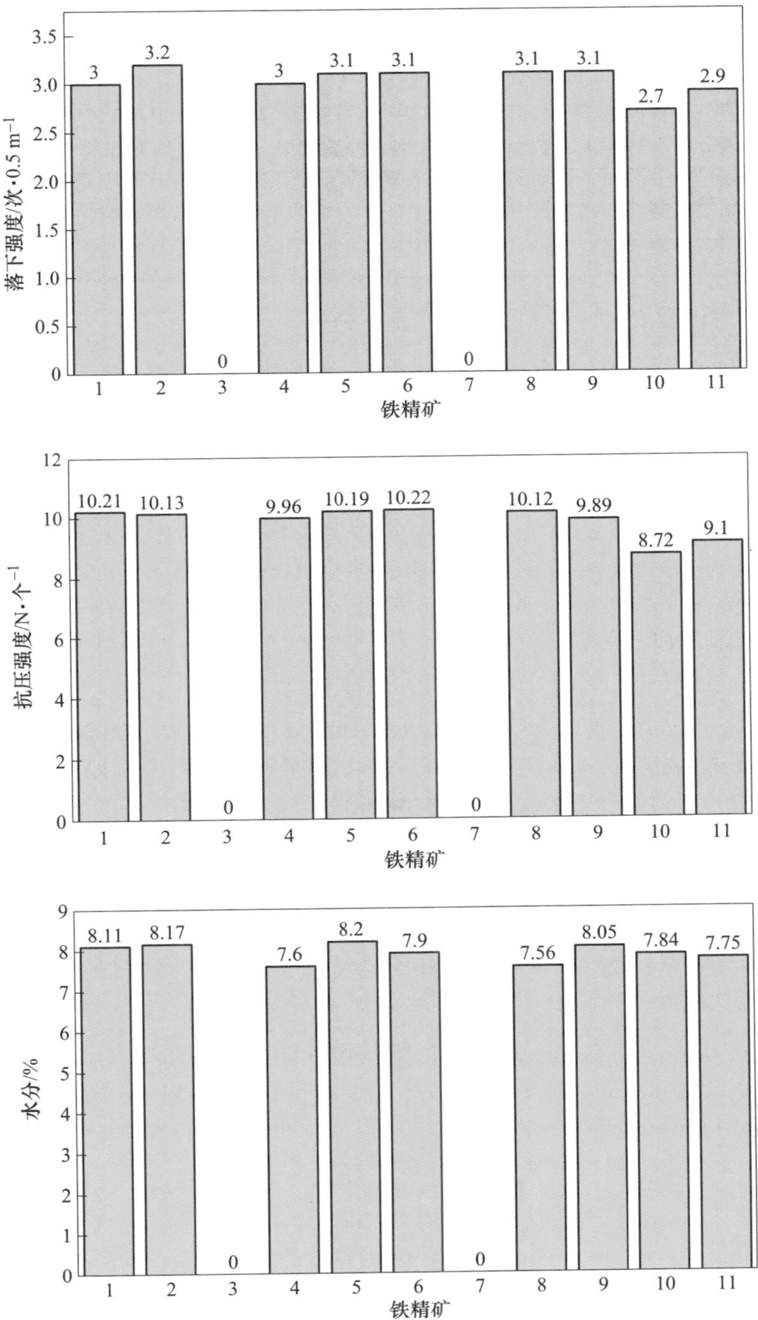


图 3.26　不同铁精矿生球性能

表 3.8 2 号和 1 号铁精矿生球性能检测结果（膨润土外配量为 0.85%）

| 序号 | 落下强度/次 · 0.5 $m^{-1}$ | 抗压强度/N · 个$^{-1}$ | 水分/% |
|---|---|---|---|
| 2 号 | 3.2 | 10.31 | 8.17 |
| 1 号 | 3.0 | 10.21 | 8.11 |

表 3.9 2 号和 1 号铁精矿生球性能检测结果（膨润土外配量为 1.0%）

| 序号 | 落下强度/次 · 0.5 $m^{-1}$ | 抗压强度/N · 个$^{-1}$ | 水分/% |
|---|---|---|---|
| 2 号 | 3.5 | 11.44 | 8.42 |
| 1 号 | 3.4 | 11.20 | 8.30 |

3.2.2.3 氧化球团焙烧及抗压强度检测

为分析高温氧化气氛条件下，不同铁精矿成品球团的性能，现将上述生球进行预热氧化焙烧。生球预热氧化焙烧前需进行干燥处理，所用设备为鼓风干燥箱，烘干温度为 105 ℃，时间为 5 h。生球干燥后，在马弗炉中进行球团预热氧化焙烧。预热焙烧制度参考某企业生产制度，具体流程为：（1）马弗炉以 10 ℃/min由室温升高至 300 ℃，而后将铺有干燥生球的耐火盛球板平稳放至马弗炉中心；（2）马弗炉以 10 ℃/min 由 300 ℃升温至 900 ℃，而后再以 5 ℃/min 升温至 1250 ℃并恒温 30 min；（3）终止马弗炉控温程序，待马弗炉温度降至 900 ℃时，取出成品氧化球团，而后空冷至室温。另外，整个生球氧化焙烧过程中，采用空气泵向马弗炉内鼓入空气，保证充足的氧化性气氛。

氧化球团的抗压强度测定方法是按国家标准《高炉和直接还原用铁球团矿 抗压强度的测定》（GB/T 14201—93），取 22 个粒径为（12±0.5）mm 的成品氧化球团，通过抗压强度检测装置进行测试。测试完成后，去掉最大值和最小值，其余取平均值记为实验成品氧化球团的抗压强度，单位：N/个。

不同铁精矿氧化球团平均抗压强度见图 3.27。经抗压强度测试后，2 号铁精矿球团的抗压强度最高，达到了 3546 N/个；1 号铁精矿球团的抗压强度也较高，达到了 3445 N/个；而 10 号铁精矿球团的抗压强度则明显较低，为 2589 N/个。通常对 HYL 氢基竖炉来说，球团最低抗压强度要求为 2000 N/个，较优选择为 2500 N/个以上，可以看出，各高品位铁精矿球团抗压强度均大于 2500 N/个。同时，大部分氧化球团的抗压强度相对平均，均保持在 3000 N/个以上，符合氢基竖炉工艺的生产标准。

3.2.2.4 焙烧制度对氧化球团抗压强度的影响

不同焙烧温度下，8 号、9 号、10 号、11 号高品位铁精矿氧化球团抗压强度检测结果如图 3.28 所示。可知，随着焙烧温度的增加，球团抗压强度逐渐升高。在 1225 ℃条件下，8 号、9 号、10 号、11 号铁精矿氧化球团的抗压强度分别为 2765 N/个、2779 N/个、2465 N/个及 2524 N/个；而焙烧温度提高到 1275 ℃后，8 号、9 号、10 号、11 号铁精矿氧化球团的抗压强度提高为 3318 N/个、3293 N/

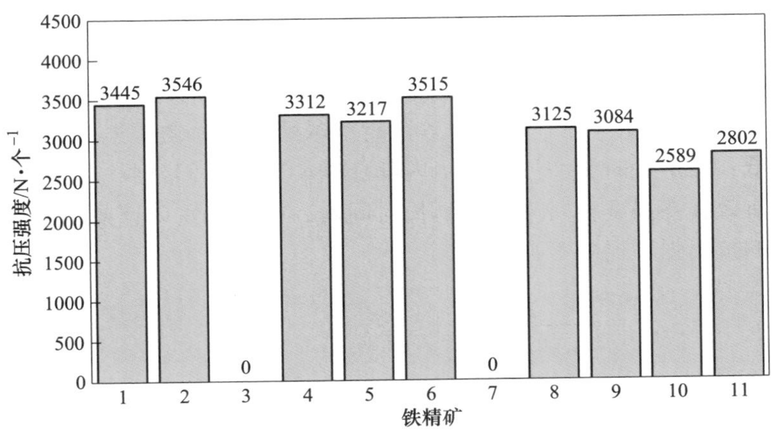


图 3.27 不同铁精矿氧化球团平均抗压强度

个、2827 N/个及 3042 N/个。对比可以看出，各焙烧温度条件下 10 号铁精矿氧化球团的抗压强度均最低，而 8 号铁精矿氧化球团的抗压强度均最高；但在各温度条件下，球团的抗压强度均可满足氢基竖炉生产标准。提高焙烧温度加快了球团矿内部的各种物理化学反应，颗粒扩散增加了接触面，颗粒间孔隙逐渐变圆，孔隙减少；同时产生再结晶和聚晶长大，使球团矿形成了一个致密的球体。

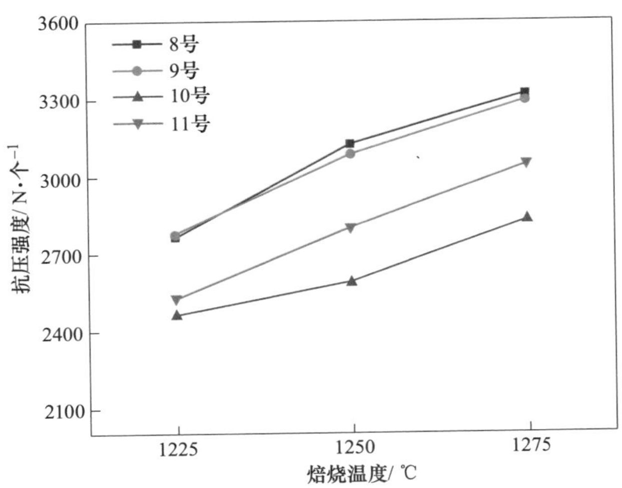


图 3.28 不同焙烧温度条件下氧化球团抗压强度

而在 1250 ℃的焙烧温度条件下，不同焙烧时间的氧化球团抗压强度分别随着焙烧时间的升高而逐渐升高，如图 3.29 所示。8 号铁精矿氧化球团在焙烧时间为 10 min、20 min、30 min 和 40 min 时的抗压强度分别为 2056 N/个、2704 N/

个、3125 N/个和3142 N/个。可以看出，焙烧时间较短时，球团的抗压强度明显偏低；提高到 20 min 后强度升高明显，提高了约 700 N/个；焙烧时间提高到30 min后强度提高了约 400 N/个；而进一步增加焙烧时间后，强度仅增加了几十牛/个。因此可以看出，在焙烧时间较短时，球团内部赤铁矿连晶较差，使得球团强度较低；而焙烧时间增加后球团内部赤铁矿连晶时间延长，连晶程度增加，因此可以有效提高强度；而进一步延长时间后，原本赤铁矿连晶基本已经完成，因此球团的抗压强度提高不再明显。

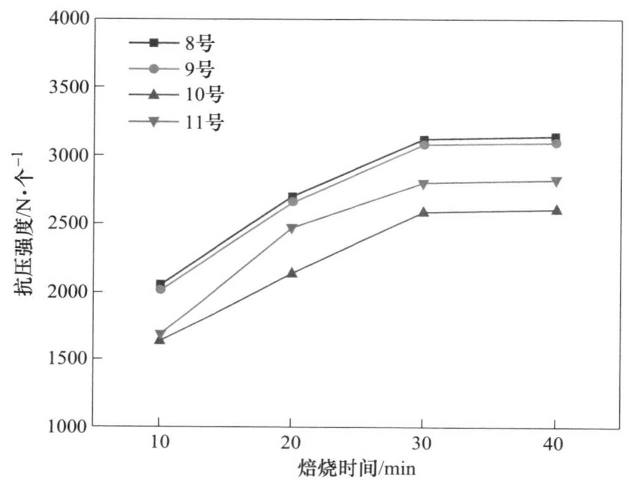


图 3.29　不同焙烧时间条件下氧化球团抗压强度

### 3.2.3　高品位铁精矿氧化球团的冶金性能

所有铁精矿氧化球团的冶金性能分析是在同一还原条件下进行的，以对比不同铁精矿氧化球团的冶金性能差异。还原工艺参数采用某企业典型富氢竖炉还原气氛，具体见表 3.10。

表 3.10　球团还原实验条件

| 还原温度/℃ | 还原气氛（体积分数）/% | | | |
|---|---|---|---|---|
| | $H_2$ | CO | $N_2$ | $CO_2$ |
| 950 | 70 | 8 | 18 | 4 |

3.2.3.1　还原性及各种工艺条件的影响

还原性指数是表征氧化球团还原性能最重要的指标，还原性指数越高，氧化球团的还原性能就越好。通常还原性指数越高的球团越适用于工业生产，因此本节针对不同铁精矿氧化球团的还原性能开展了实验，具体实验方法如下：

（1）将焙烧后的铁精矿氧化球团在干燥箱中烘干 4 h 后取出，称取 500 g±1 g的氧化球团装入反应管中；

（2）将反应管放入还原炉（见图 3.30）中，还原炉开始升温，炉料温度升高至 200 ℃后，通入 5 L/min 的 $N_2$，在 $N_2$ 保护下继续升温；

（3）炉料温度升高至指定还原温度并稳定后，开始通入混合还原气体15 L/min，每 1 min 记录一次还原失重；

（4）直到还原失重不再变化之后，关闭还原气，通入 8 L/min 的 $N_2$，将反应管从炉中取出，冷却至室温；

（5）实验结果可以用还原率对时间的曲线来描述。

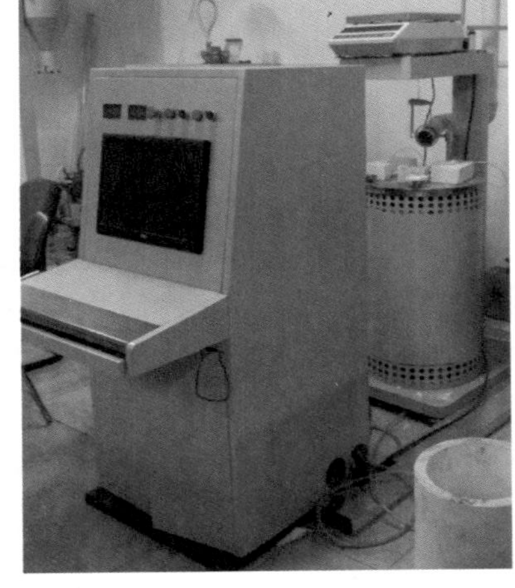

图 3.30　球团富氢还原实验炉

还原率定义如下：

$$R = \frac{m_{O_{2,rem}}}{m_{O_{2,red}}} \times 100\% \tag{3.2}$$

式中　$R$——还原率，%；

$m_{O_{2,rem}}$——试样中被还原夺去的氧量，g；

$m_{O_{2,red}}$——试样中可还原氧量，g。

可还原氧量用下式计算：

$$m_{O_{2,red}} = \frac{W_O}{W_{Fe}}(1.5w(TFe) - 0.5w(Fe^{2+})) \tag{3.3}$$

式中　$W_O$——氧的分子量，为 16；

$W_{Fe}$——铁的分子量，为 55.58；

$w(TFe)$——试样中全铁量，%；

$w(Fe^{2+})$——试样中二价铁量，%。

试样中被还原夺去的氧量可根据试样失重量来计算。

可用下式来计算还原率：

$$R = \left(1 - \frac{W}{W_1}\right) \times \frac{10^4}{m_{O_{2,red}}} \tag{3.4}$$

式中　$W$——试样重量（时间的函数）；

$W_1$——试样的初始重量。

一般，实验数据符合一级反应动力学模型。反应速率表达式为：

$$\frac{dR}{dt} = k(1 - R) \tag{3.5}$$

式中 $k$——速率常数；

$t$——时间，min。

积分得：

$$\ln \frac{1}{1 - R} = kt \tag{3.6}$$

将 $\ln[1/(1-R)]$ 对时间作图，将得到一条直线，直线的斜率为 $k$。$k$ 值越大说明球团的还原性越好。

铁精矿氧化球团还原性指数如图 3.31 所示。可以看出，不同铁精矿氧化球团还原性指数均大于 HYL 标准的 4 %/min。其中 11 号铁精矿氧化球团还原性指数最高，达到了 4.546 %/min；6 号铁精矿氧化球团还原性指数最低，为 4.006 %/min。实验结果表明在还原结束后，各铁精矿氧化球团均可以快速达到还原终点。

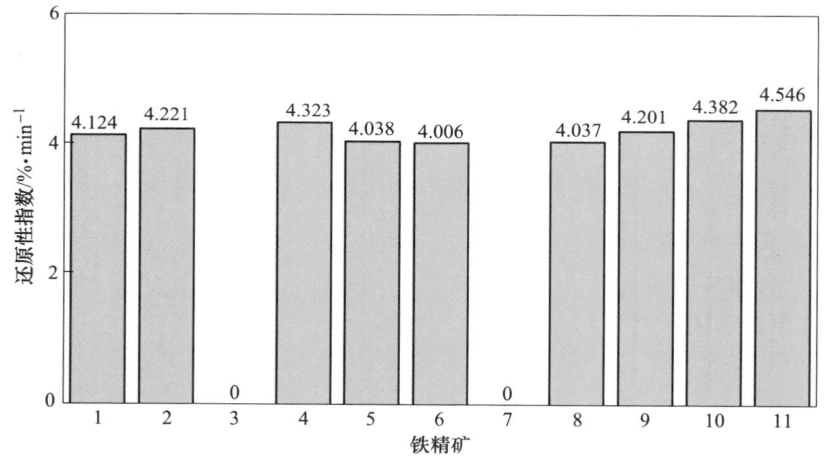


图 3.31 不同铁精矿氧化球团还原性指数

#### 3.2.3.2 还原膨胀性能及各种工艺条件的影响

铁精矿球团在还原过程中，都会出现体积膨胀现象。当还原膨胀率过高时，炉内透气性会变差，可能导致悬料、崩料等事故发生，造成竖炉生产失常、生产率下降等问题，因此分析铁精矿球团的还原膨胀行为对氢基竖炉直接还原生产过程来说很有必要。通常氢基竖炉要求氧化球团的还原膨胀率不超过 15%，因此本节分析了不同铁精矿氧化球团的还原膨胀性能，具体实验步骤如下：

（1）将焙烧后的铁精矿氧化球团在干燥箱中烘干 4 h 后取出，随机挑选 18 颗氧化球团；

（2）随机多次测量球团的直径，取平均值，得出所有球团直径平均值并计

算平均体积 $V_0$；

（3）将球团依次按顺序放入吊篮中，将吊篮放入反应管中，反应管置入还原炉开始升温，炉料温度升高至200 ℃后，通入5 L/min的 $N_2$，在 $N_2$ 保护下继续升温；

（4）炉料温度升高至实验温度并稳定后，开始通入混合还原气体15 L/min，直到还原达到终点；

（5）还原结束后，关闭还原气，通入8 L/min的 $N_2$，将反应管从炉中取出，冷却至室温；

（6）取出还原后球团称重，多次测量还原后球团直径，计算其平均直径并计算出平均体积 $V_1$，计算还原膨胀率（该方法在测定直径时会存在一定误差，取决于球团是否足够圆，因此实验结果可能略有出入）。

不同铁精矿氧化球团的还原膨胀率如图3.32所示。可以看出，11号铁精矿氧化球团的还原膨胀率为3.45%，是所有球团中最低的；9号铁精矿氧化球团的还原膨胀率最高，为11.38%；所有球团中仅有9号铁精矿氧化球团的还原膨胀率大于10%，但均低于HYL标准要求的15%。

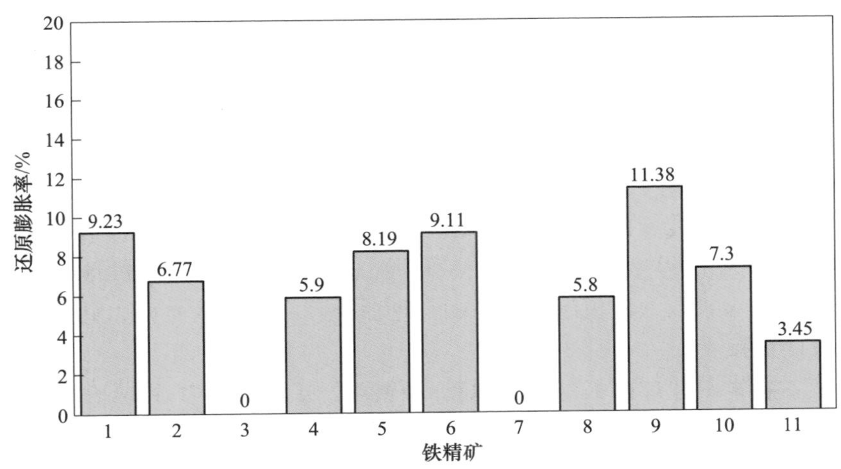


图3.32 不同铁精矿氧化球团还原膨胀率

3.2.3.3 低温还原粉化性能及工艺条件的影响

低温还原粉化实验同样选用还原实验炉，依据HYL标准的还原粉化测定温度500 ℃，在实验氢基竖炉直接还原气氛下开展实验，具体实验参数见表3.10，具体实验步骤如下：

（1）将焙烧后的铁精矿氧化球团在干燥箱中烘干4 h后取出，称取500 g±1 g的氧化球团并数出球团总数，随后装入反应管中；

（2）将反应管放入还原炉中，还原炉开始升温，炉料温度升高至 200 ℃后，通入 5 L/min 的 $N_2$，在 $N_2$ 保护下继续升温；

（3）炉料温度升高至500 ℃并稳定后，开始通入混合还原气体 15 L/min，还原时间 2 h；

（4）直到还原实验结束后，关闭还原气，通入 8 L/min 的 $N_2$，将反应管从炉中取出，冷却至室温；

（5）取出还原后炉料称重，放入转鼓中，以 18 r/min 的转速旋转 300 r，取出后依次过 6.3 mm 和 3.2 mm 圆孔筛，随后数出尚完整球团数量，计算低温粉化指数（LTD）。

低温粉化指数（LTD）是一个质量分数，由下列计算式计算得出：

$$LTD_{+6.3} = (m_1 / m_0) \times 100 \tag{3.7}$$

$$LTD_{-3.2} = [(m_0 - m_1 - m_2)/m_0] \times 100 \tag{3.8}$$

$$LTD_{up} = (n_2 / n_1) \times 100 \tag{3.9}$$

式中 $m_0$——当试样中铁的氧化物还原到 $Fe_3O_4$ 阶段时，试样的理论质量，g；

$m_1$——用 6.3 mm 的筛子进行筛分后，筛上部分的质量，g；

$m_2$——对用 6.3 mm 的筛子进行筛分后所得的筛下部分，再用 3.2 mm 的筛子进行筛分后，筛上部分的质量，g；

$n_1$——初始球团个数；

$n_2$——最后没有破碎的球团个数。

HYL 条件下氢基竖炉低温还原粉化指标中，$LTD_{+6.3}$是一个较好的评价球团还原粉化趋势的指数，此值越高，球团在还原过程中的强度越好，对氧化球团来说，此值应该大于 80%才可以被接受；$LTD_{up}$也是一个较好的评价球团在还原过程中强度的一个指数，此值越高，球团在还原过程中的表现越好，此值应该大于 60%才可以被接受。

不同铁精矿氧化球团的低温还原粉化检测结果见表 3.11 和图 3.33。可以看出，不同铁精矿氧化球团低温还原粉化性能均满足氢基竖炉要求的 $LTD_{+6.3}>80\%$、$LTD_{-3.2}<10\%$、$LTD_{up}>60\%$的标准。

**表 3.11 不同国产高品位铁精矿氧化球团低温还原粉化检测结果** （%）

| 序号 | $LTD_{+6.3}$ | $LTD_{-3.2}$ | $LTD_{up}$ |
|---|---|---|---|
| 1 号 | 93.75 | 4.47 | 100 |
| 2 号 | 95.58 | 3.22 | 100 |
| 3 号 | 0 | 0 | 0 |
| 4 号 | 97.56 | 2.25 | 100 |
| 5 号 | 98.18 | 1.74 | 100 |

续表 3.11

| 序号 | $LTD_{+6.3}$ | $LTD_{-3.2}$ | $LTD_{up}$ |
|---|---|---|---|
| 6 号 | 98.89 | 1.11 | 100 |
| 7 号 | 0 | 0 | 0 |
| 8 号 | 96.42 | 3.43 | 100 |
| 9 号 | 94.54 | 3.78 | 100 |
| 10 号 | 87.05 | 8.64 | 96.37 |
| 11 号 | 88.36 | 7.69 | 96 |

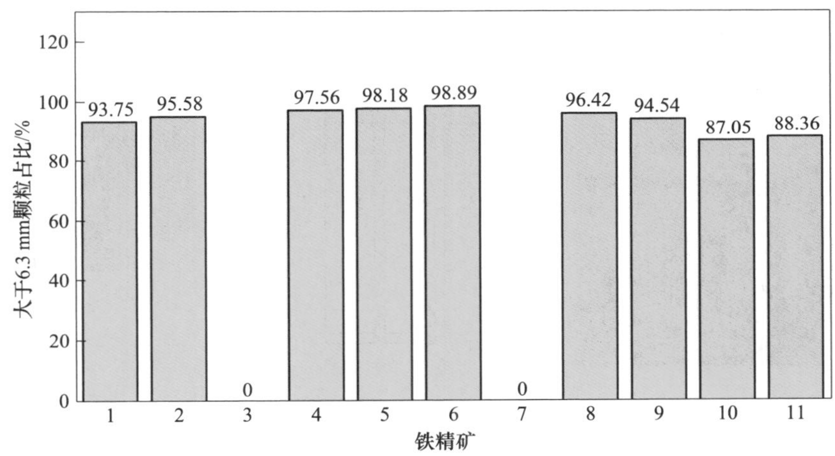


图 3.33 不同高品位铁精矿氧化球团低温还原粉化指数

其中，6 号铁精矿氧化球团的低温还原粉化性能最好，$LTD_{+6.3}=98.89\%$，$LTD_{-3.2}=1.11\%$，$LTD_{up}=100\%$；10 号和 11 号铁精矿氧化球团低温还原粉化性能较差，10 号铁精矿氧化球团 $LTD_{+6.3}=87.05\%$，$LTD_{-3.2}=8.64\%$，$LTD_{up}=96.37\%$，11 号铁精矿氧化球团 $LTD_{+6.3}=88.36\%$，$LTD_{-3.2}=7.69\%$，$LTD_{up}=96\%$，相较于其他球团较差，但均符合氢基竖炉要求。

#### 3.2.3.4 黏结性能及各种工艺条件的影响

还原黏结实验中使用荷重（图 3.34），实验温度为先前探索实验得出的 1050 ℃，同时采用实验氢基竖炉直接还原气氛条件，具体实验步骤如下：

（1）将焙烧后的铁精矿氧化球团在干燥箱中烘干 4 h 后取出，称取 500 g±1 g 的氧化球团，放入坩埚中后置入反应管中；

（2）将反应管放入荷重还原炉中开始升温，炉料温度升高至 200 ℃后，通入 5 L/min 的 $N_2$，在 $N_2$ 保护下继续升温；

（3）炉料温度升高至实验温度并稳定后，开始通入混合还原气体 10 L/min，并模拟料柱压力，在炉料料面上部施加 0.155 MPa 的载荷压力；

（4）直到还原达到还原终点后，关闭还原气，卸掉载荷压力，通入 8 L/min 的 $N_2$，将反应管从炉中取出，冷却至室温；

（5）取出还原后炉料称重，将相互黏结的球团进行落下实验，并计算黏结指数。

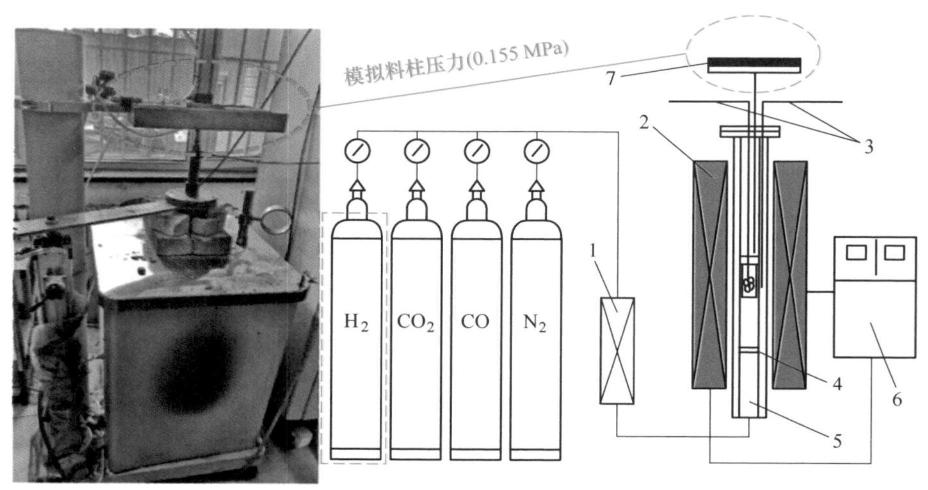


图 3.34　荷重还原炉

1—气体流量计；2—加热炉；3—热电偶；4—氧化铝球；5—反应管；6—计算机；7—气压荷重装置

为测定不同还原后样品的黏结指数，需要将冷却的结块球团样品进行落下测试并计算得出。黏结指数的计算方法如下：对还原后样品中相互黏结的球团进行称重，在 1 m 的高度落下 20 次。每次落下后，对仍然黏结的部分进行称重并记录，然后用每次落下后黏结的球团质量对应落下次数作图。

黏结指数（SI）的定义为图 3.35 中曲线之下面积所占整个图片的百分比。当还原后的球团样品中无黏结现象发生，则黏结指数为 0；当落下 20 次后球团黏结部分的质量无变化，则认为此时球团还原后的黏结指数为 100%。黏结指数为 2.5%时，指黏结球团在 1 次落下后便全部散开；黏结指数低于 20%时，说明球团在 20 次落下实验中几乎已完全分离，黏结指标较好。黏结指数越高，代表其球团黏结越紧密，不利于实际生产。

不同铁精矿球团的黏结指数如图 3.36 所示，通常要求球团的黏结指数低于 20%即可。8 号铁精矿球团黏结指数最高，达到了 16.31%；10 号铁精矿球团黏结指数最低，仅为 3.29%；但各球团在跌落后均可完全散开，黏结指数均低于 20%，满足氢基竖炉要求。

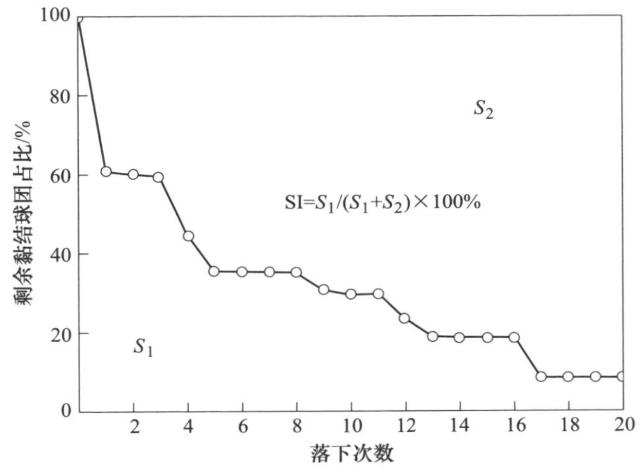


图 3.35　黏结指数计算示意图

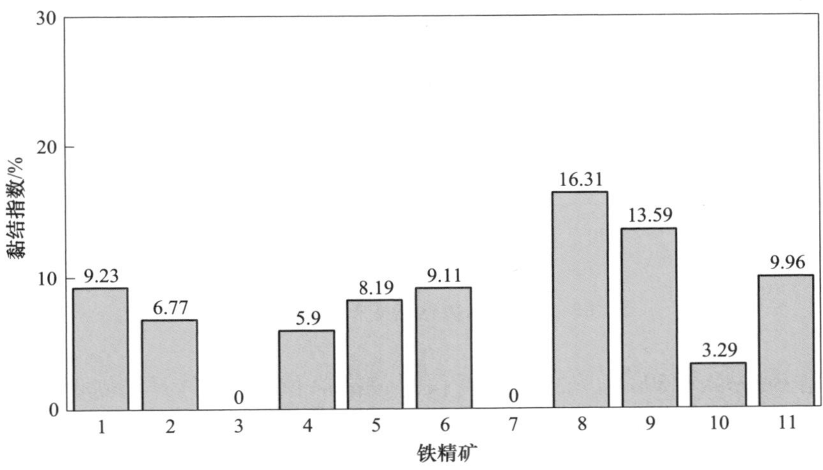


图 3.36　不同铁精矿氧化球团黏结指数

### 3.2.4　主要脉石组元对氢基竖炉氧化球团性能的影响

#### 3.2.4.1　CaO 质量分数对氢基竖炉氧化球团性能的影响

A　实验原料

本实验用于制备球团的原料主要为高品位铁精矿粉、膨润土及分析纯 CaO 试剂，其中高品位铁精矿粉及膨润土的化学成分见表 3.12，所用分析纯 CaO 试剂纯度较高，$w(CaO)>98\%$。高品位铁精矿粉的物相组成如图 3.37 所示。由表 3.12 和图 3.37 可知，高品位铁精矿粉的主要矿物为 $Fe_3O_4$，全铁品位较高，其质量分数为 70.32%；$SiO_2$ 质量分数相对普通磁铁矿粉较低，主要以铁橄榄石物相存在；P、S 的质量分数也较低，分别仅有 0.025%、0.007%。

**表 3.12 实验原料的化学组成**

| 名称 | 成分（质量分数）/% | | | | | | | | |
|---|---|---|---|---|---|---|---|---|---|
| | TFe | FeO | CaO | $SiO_2$ | MgO | $Al_2O_3$ | $TiO_2$ | P | S |
| 高品位铁精矿粉 | 70.32 | 30.3 | 0.23 | 1.33 | 0.44 | 0.21 | 0.08 | 0.025 | 0.007 |
| 膨润土 | 2.12 | 0.33 | 3.24 | 64.52 | 2.35 | 15.10 | 0.52 | — | — |

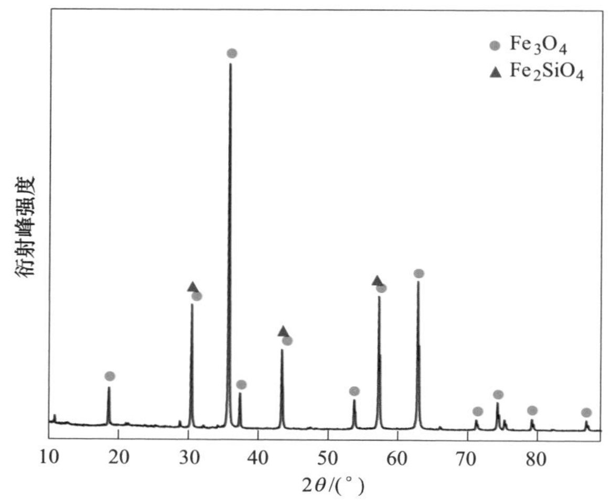


图 3.37 高品位铁精矿粉的物相分析

利用 Bettersize2600 激光粒度分析仪对该高品位铁精矿粉的粒度组成进行了分析，高品位铁精矿粉的粒度组成分布见表 3.13，其粒度分布曲线如图 3.38 所示。由图可知，该铁精矿粉粒径小于 74 μm 的颗粒占比为 80.84%，粒径小于 45 μm 的颗粒占比为 61.06%，粒度较细。比表面积也是衡量矿粉粒度的一个重要指标，比表面积越大代表铁矿粉的颗粒越细。对该高品位铁精矿粉的比表面积进行了检测，其比表面积为 221.4 $m^2/kg$，比较适宜造球。在造球预实验过程中，该铁精矿粉成球率良好，可满足造球要求。此外，实验所用膨润土与分析纯 CaO 试剂经 74 μm 标准筛筛分后，其粒度小于 74 μm 的颗粒占比大于 99%，均有利于铁精矿粉成球。

**表 3.13 高品位铁精矿粉的粒度组成分布**

| 颗粒粒径/μm | <45 | <74 | <150 |
|---|---|---|---|
| 体积分布/% | 61.06 | 80.84 | 97.35 |

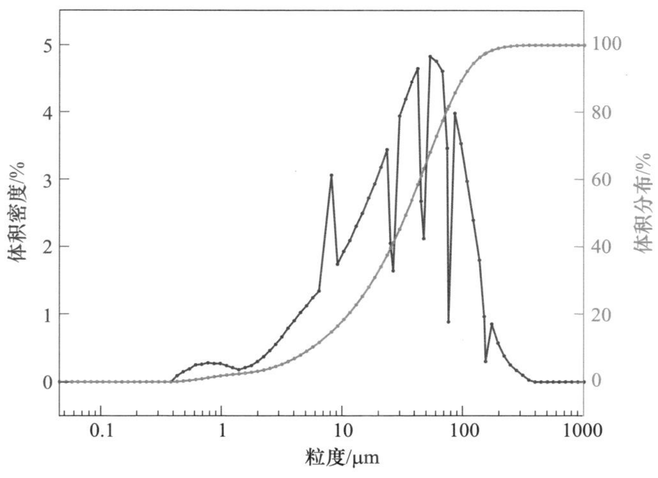


图 3.38 高品位铁精矿粉的粒度分布曲线

B 实验方案

统计国内外钢铁企业常用球团矿中的 CaO 质量分数范围如图 3.39 所示。由图可知，CaO 质量分数范围主要分布在 0.25%~2.25%，据此设计了 5 组实验，表 3.14 为不同 CaO 质量分数的配料实验方案和氢基竖炉还原实验条件。按照球团 CaO 质量分数分别为 0.25%、0.75%、1.25%、1.75%和 2.25%，分别外配 0、0.53%、1.06%、1.60%和 2.14%的 CaO 纯试剂，外配膨润土 0.85%。根据企业现场生产球团的工艺条件，球团焙烧制度为：焙烧温度 1250 ℃，焙烧时间 30 min。综合氢基竖炉直接还原生产经验，氢基竖炉还原温度一般为 850~1050 ℃，实验选取还原温度 950 ℃。球团的还原气氛参考钢铁企业现场氢基竖炉还原所用的典型还原条件，见表 3.15，进行还原实验。

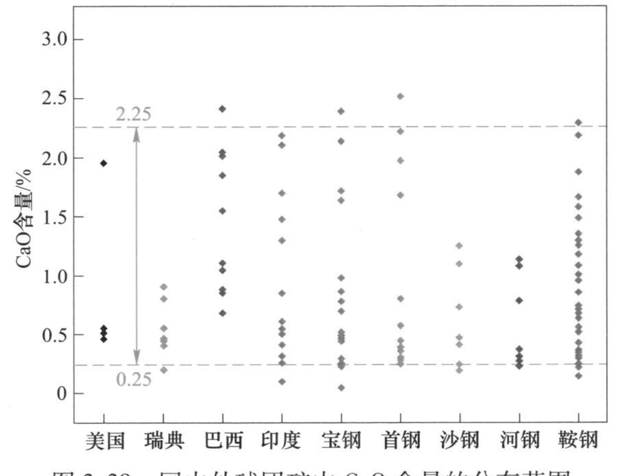


图 3.39 国内外球团矿中 CaO 含量的分布范围

表 3.14　CaO 质量分数对球团性能影响的实验方案　(%)

| 实验编号 | CaO 试剂配比 | 膨润土配比 | CaO 质量分数 |
|---|---|---|---|
| 1 号 | 0 | 0.85 | 0.25 |
| 2 号 | 0.53 | 0.85 | 0.75 |
| 3 号 | 1.06 | 0.85 | 1.25 |
| 4 号 | 1.60 | 0.85 | 1.75 |
| 5 号 | 2.14 | 0.85 | 2.25 |

表 3.15　氢基竖炉还原实验条件

| 球团粒度/mm | 还原温度/℃ | 还原气氛（体积分数）/% | | | |
|---|---|---|---|---|---|
| | | $H_2$ | CO | $N_2$ | $CO_2$ |
| 10~12.5 | 950 | 70 | 8 | 18 | 4 |

C　CaO 质量分数对氢基竖炉氧化球团固结特性的影响

a　CaO 质量分数对生球性能的影响

不同 CaO 质量分数对生球落下强度和抗压强度的影响分别如图 3.40（a）（b）所示。由图 3.40（a）可知，随着 CaO 质量分数的增加，生球的落下强度呈缓慢上升趋势，但整体变化较小，均高于 3 次/0.5 m。当 CaO 质量分数为 2.25%时，生球落下强度最高，为 3.7 次/0.5 m。由图 3.40（b）可知，生球的抗压强度先趋稳后明显升高，均高于 9 N/个，生球抗压强度均在 9.54~11.39 N/个内。总体来看，一定范围内 CaO 质量分数的增加有利于提高生球落下强度和生球抗压强度，且生球强度可以满足球团生产要求。造成生球强度有所上升的原因主要是，CaO 试剂的粒度极细，随着 CaO 含量增加，混料后铁矿原料的粒度整体

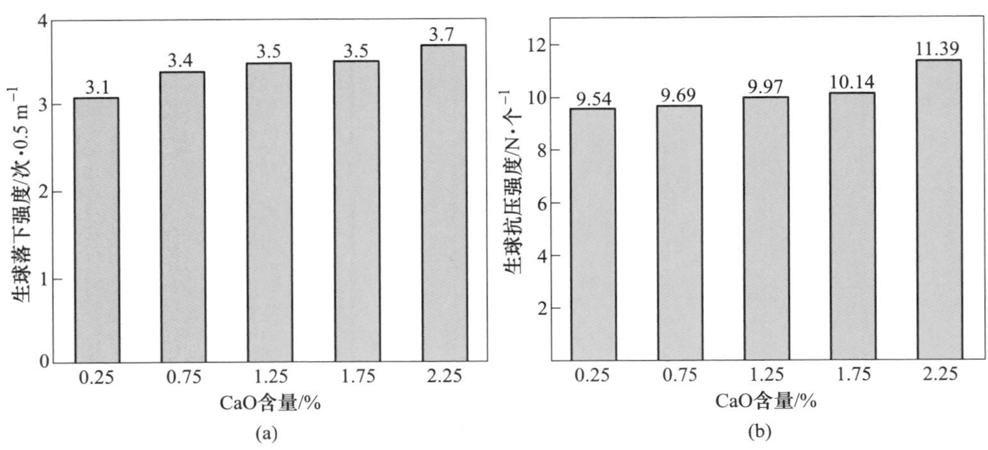


图 3.40　不同 CaO 质量分数对生球落下强度（a）和生球抗压强度（b）的影响

变细，原料颗粒的分子黏结力和毛细黏结力较大，持水能力好，成球率增加，所造生球的紧密性提高，强度也较高。

b　CaO 质量分数对氢基竖炉氧化球团抗压强度的影响

不同 CaO 质量分数对氧化球团抗压强度的影响如图 3.41 所示。随着 CaO 质量分数的增加，球团的抗压强度呈现缓慢升高的趋势。当 CaO 质量分数为 0.25%时，球团的抗压强度最低，只有 3447 N/个；当 CaO 质量分数增加至 2.25%时，球团抗压强度达最大值，为 3905 N/个；球团平均强度约 3641 N/个。综合来看，球团中 CaO 含量增多，其抗压强度逐渐增大，且球团抗压强度均高于 3000 N/个，满足氢基竖炉还原工艺对氧化球团强度的要求。

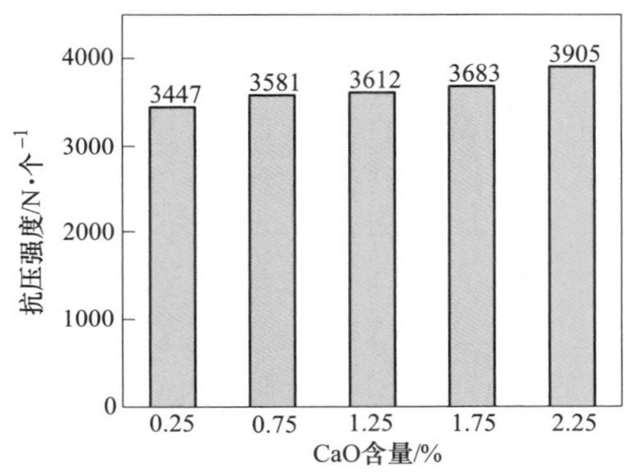


图 3.41　不同 CaO 质量分数对氧化球团抗压强度的影响

采用 FactSage 热力学软件模拟在 1250 ℃焙烧温度条件下，不同 CaO 质量分数氧化球团的平衡态物相组成，如图 3.42 所示。由图可知，随着 CaO 质量分数的增加，球团中的液相量呈上升趋势，而赤铁矿含量呈下降趋势。这是由于随着球团 CaO 质量分数逐渐增加，在高温焙烧过程中，球团中 CaO 与其他脉石成分

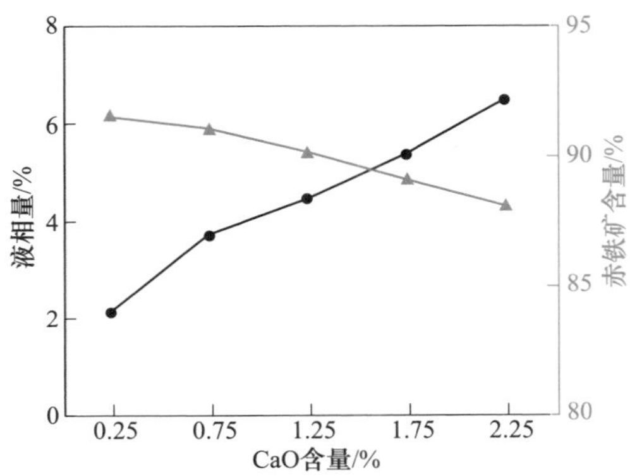


图 3.42　不同 CaO 质量分数氧化球团的焙烧物相平衡图

形成了熔点较低的液相，适量的液相有利于球团颗粒间的黏结和强化 $Fe_2O_3$ 结晶，使球团矿相结构更加完整，球团强度逐渐增大。

c CaO 质量分数对氢基竖炉氧化球团物相组成的影响

图 3.43 给出了不同 CaO 质量分数氧化球团的 XRD 分析结果。由图可知，CaO 质量分数为 0.25% 的球团主要物相包括赤铁矿 $Fe_2O_3$ 和橄榄石 $Fe_2SiO_4$、$CaFeSiO_4$。随着 CaO 质量分数由 0.25%增加至 1.25%，铁橄榄石 $Fe_2SiO_4$ 物相所在衍射峰强度减弱，可以观察到 $CaFeSi_2O_4$在 2$\theta$ 为 30.311°、35.936°的特征衍射峰。这可能是由于添加的 CaO 进入硅酸盐体系形成了 $CaFeSi_2O_6$，由于 $Ca^{2+}$ 半径与 $Fe^{2+}$ 半径相近，$Ca^{2+}$ 取代了 $Fe^{2+}$ 在硅酸盐结构中的位置，形成了复合钙铁硅酸盐。随着 CaO 质量分数进一步增至 2.25%，在 2$\theta$ 为 30.229°、35.936°观察到 $CaMgSi_2O_6$物相的特征衍射峰。这可能是由于 $CaFeSi_2O_6$ 相的形成，$CaMgSi_2O_6$ 的熔点较低（1150 ℃），促进了 $Mg^{2+}$ 扩散，而 $Mg^{2+}$ 与 $Fe^{2+}$ 半径相似可相互置换，有可能增加了小部分 $CaMgSi_2O_6$ 相的形成，而释放的 $Fe^{2+}$ 被氧化成 $Fe_2O_3$。

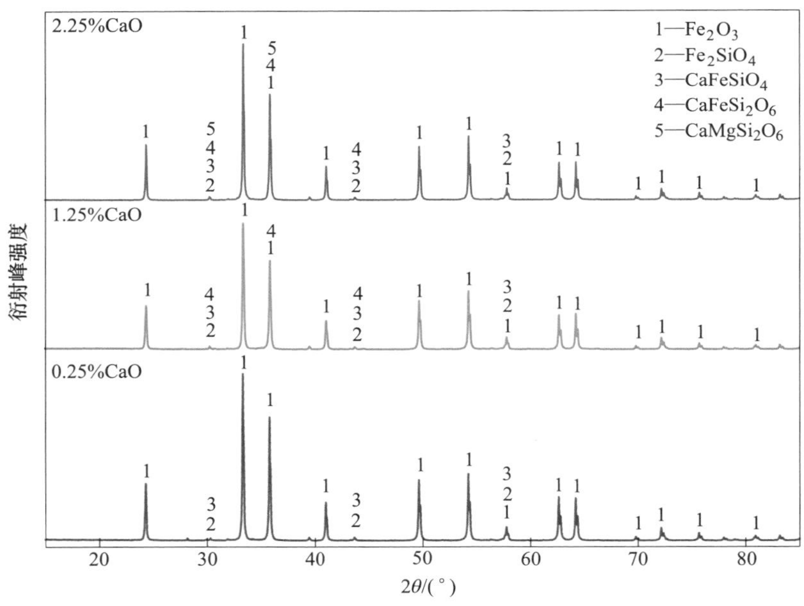


图 3.43 不同 CaO 质量分数氧化球团的 XRD 分析结果

随着 CaO 质量分数增加，$CaFeSiO_4$、$Fe_2SiO_4$ 衍射峰强度减弱，$CaFeSi_2O_6$ 的衍射峰强度逐渐增加，适量的钙铁硅酸盐相可与 $Fe_2O_3$ 相形成一定的赤铁矿-渣相连接结构。与单一 $Fe_2O_3$ 晶粒连接相比，该结构能承受较多集中应力，提高球团抗压强度。虽然过多的低熔点液相生成会对 $Fe_2O_3$ 的再结晶固结产生影响，但根据图 3.25 实验结果，CaO 质量分数为 2.25% 球团的抗压强度继续增大，生成的低熔点液相能加速结晶离子扩散，这在球团焙烧过程中可以进一步改善球团液相固结力，形成稳定的渣键固结，增强球团的抗压强度。

d CaO 质量分数对氢基竖炉氧化球团微观结构的影响

图 3.44 为不同 CaO 质量分数氧化球团的 SEM-EDS 分析结果。由图可知，不同 CaO 质量分数的氧化球团中主要物相为赤铁矿物相，且球团中赤铁矿物相连接良好，球团氧化充分，球团矿的抗压强度都较高。当 CaO 质量分数为 0.25%时，球团中的赤铁矿晶粒粗大，在 SEM 图中呈现亮白色，$Fe_2O_3$ 晶粒连接紧密。随着 CaO 质量分数提高至 1.25%，球团内部孔洞逐渐增多，孔洞附近存在灰黑色液相，根据点 2 和点 3 的能谱分析，球团中形成了一定量低熔点硅酸盐液相。这些液相嵌布在 $Fe_2O_3$ 晶粒之间，促进了球团中 $Fe_2O_3$ 晶粒黏结，使晶粒连接更牢固，球团强度继续增大。

当球团中 CaO 质量分数继续增加至 2.25%，球团内部多为细小孔洞，气孔数量较少且分布相对均匀，孔洞周围灰黑色液相增多。由于球团生成的硅酸盐液相量增加，可以更好填充球团内部孔隙，降低了球团内部孔隙率；此外，低熔点液相与 $Fe_2O_3$ 黏结良好，赤铁矿晶粒在结晶长大过程中逐渐连接成致密的网状结构，会使晶粒固结更加紧密，导致球团抗压强度进一步增加。

D CaO 质量分数对氢基竖炉氧化球团还原行为的影响

a CaO 质量分数对氢基竖炉氧化球团还原性能的影响

图 3.45 给出不同 CaO 质量分数对氧化球团还原度的影响。由图可以看出，随着还原时间延长，不同 CaO 质量分数的球团还原度均呈升高趋势；当还原时间为 120 min 时，球团还原进程已基本到达还原终点，球团最终还原度均达到 90%以上。

由图 3.45 可知，当 CaO 质量分数由 0.25%提高到 1.25%时，球团的还原速率呈升高的趋势，还原度由 93.17%增加到 98.03%；当 CaO 质量分数继续增加至 2.25%时，球团还原度逐渐降低，还原度最低为 90.25%。从图 3.46 中看出，随着 CaO 含量增加，球团的还原性指数先升高后降低；在 CaO 含量为 1.25%时还原性指数为 4.105 %/min，还原性指数最高。结合图 3.43 和图 3.44 中球团的物相组成及微观形貌分析，造成上述结果的原因主要是：当 CaO 质量分数提高至 1.25%时，由于液相体积收缩，球团内部孔隙率有所增加，这会加速还原反应的进行速率，有助于提高球团矿还原度。而当 CaO 质量分数继续增至 2.25%时，一方面球团内生成的低熔点液相，覆盖在 $Fe_2O_3$ 晶粒表面，会抑制 $Fe_2O_3$ 的还原反应进行；另一方面，增加的液相填充了球团内的孔隙，使球团内部孔隙率减少，结构更加致密，阻碍还原气到达球团内部，增加了气体分子内扩散难度，恶化了还原动力学条件，使球团还原度降低。

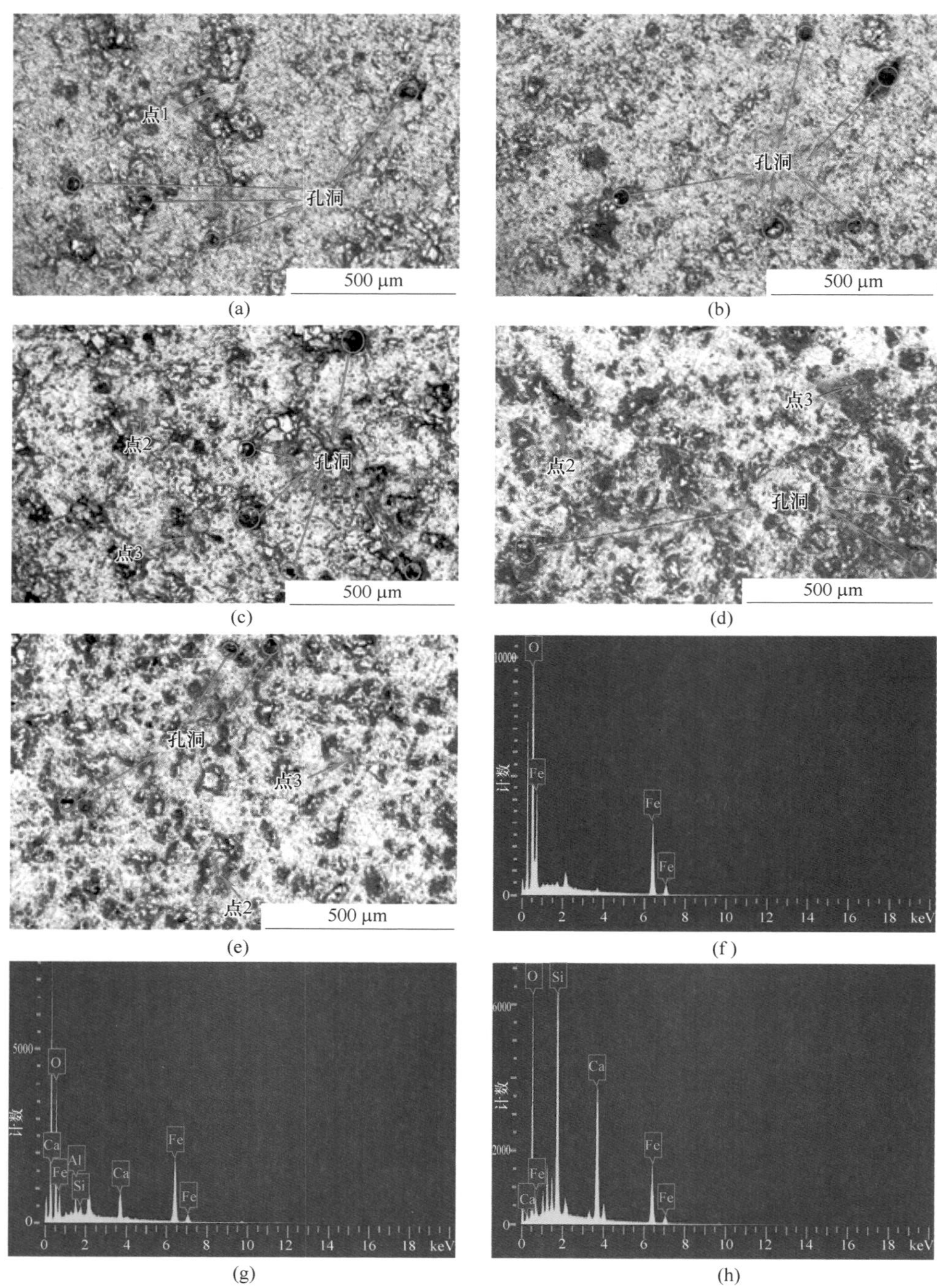


图 3.44 不同 CaO 质量分数氧化球团的 SEM-EDS 分析结果

(a) 0.25% CaO；(b) 0.75% CaO；(c) 1.25% CaO；(d) 1.75% CaO；(e) 2.25% CaO；(f) 点 1 EDS；(g) 点 2 EDS；(h) 点 3 EDS

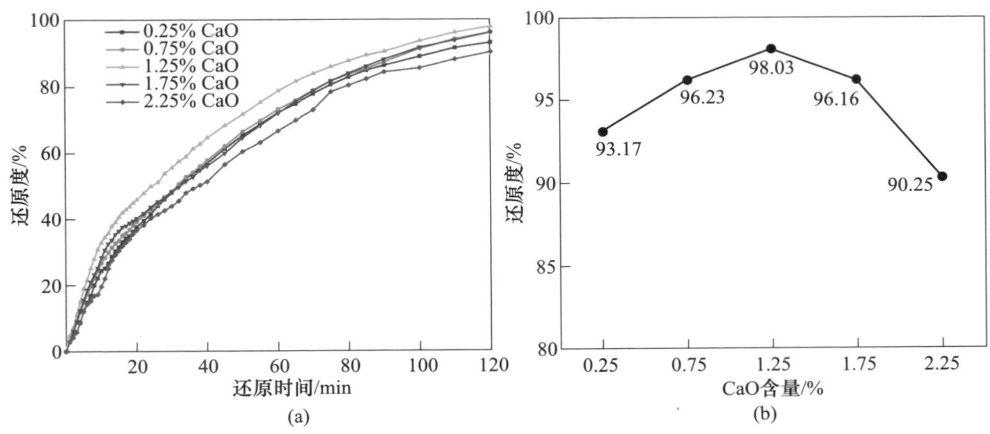


图 3.45 不同 CaO 质量分数对氧化球团还原度的影响

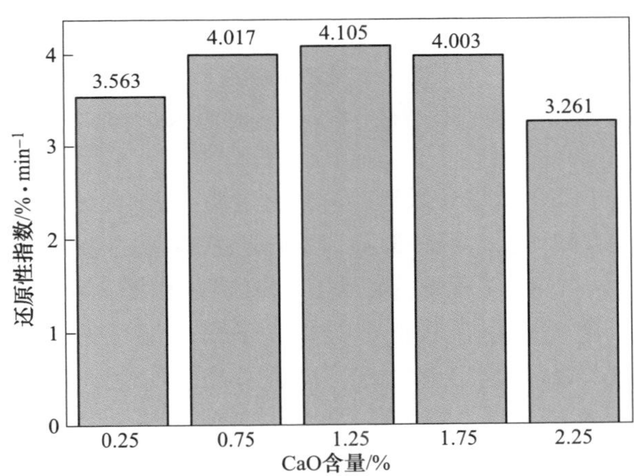


图 3.46 不同 CaO 质量分数对氧化球团还原性指数的影响

b CaO 质量分数对氢基竖炉氧化球团还原膨胀的影响

图 3.47 显示了不同 CaO 质量分数对氧化球团还原膨胀率的影响。如图 3.47 所示，随着 CaO 质量分数的增加，球团还原膨胀率呈现先升高后显著降低的趋势。当 CaO 质量分数为 0.25%时，还原膨胀率最低，仅为 6.61%。当 CaO 质量分数增至 1.25%时，球团膨胀率最高，为 24.73%，属于异常膨胀。这一方面是因为生成的 $CaFeSi_2O_6$硅酸盐渣相在球团冷却时体积收缩，造成球团孔隙率增加，改善了球团还原进程，增大了球团体积膨胀；另一方面，当赤铁矿 $\alpha$-$Fe_2O_3$ 晶体转变为磁赤铁矿 $\gamma$-$Fe_2O_3$ 晶体结构时，晶格常数从 0.542 nm 增加到 0.832 nm，晶型结构由三方晶系转变为等轴晶系，也会产生较大的体积膨胀。当 CaO 质量分

数继续增大至 2. 25%时，由于低熔点液相的填充造成球团孔隙率降低，阻碍还原气向内部渗透，且形成的较多硅酸盐液相黏附在 $Fe_2O_3$ 晶粒表面，降低了球团的还原性，从而减小球团体积膨胀。

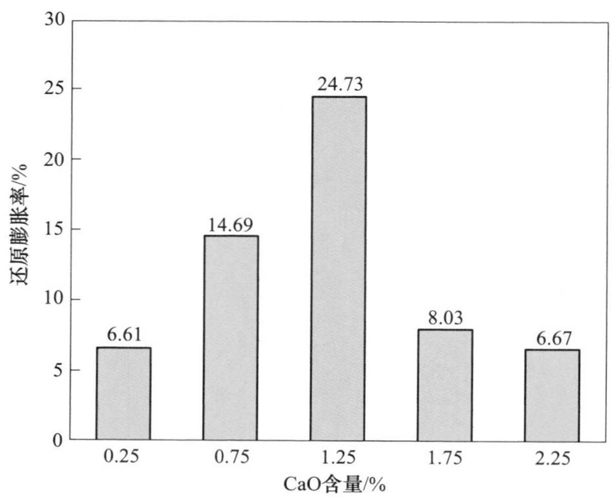


图 3. 47 不同 CaO 质量分数对氧化球团还原膨胀率的影响

图 3. 48 为不同 CaO 质量分数氧化球团还原膨胀后的 SEM-EDS 分析结果。当 CaO 质量分数为 0. 25%时，由图 3. 48（a）还原球团的金属铁颗粒连接十分紧密，球团孔隙很少。当 CaO 质量分数为 0. 75%时，由图 3. 48（b）可知，还原后的新生铁大部分以弯曲的小丘状形态存在，球团内部可见明显的金属铁晶核析出，相邻的金属铁结构连接不够紧密，晶粒分布较分散，还原球团内部孔隙增加。当 CaO 质量分数增至 1. 25%时，晶粒主要以层状方式生长，但金属铁层呈现疏松多孔结构，层状结构向无规则方向延伸，球团内部晶粒结构非常松散。且由图 3. 48（c）可以观察到，晶状铁周围还有少量铁晶须生成，晶须呈现短而粗的形态，铁晶须的形成使得周围铁晶粒移动或开裂，导致球团裂纹增大，造成球团发生异常膨胀。

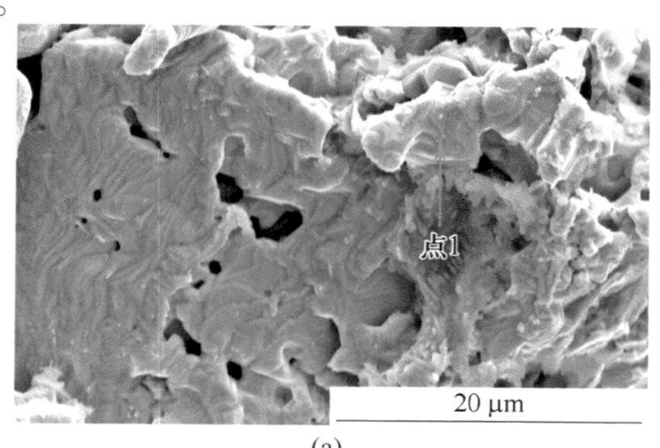


(a)

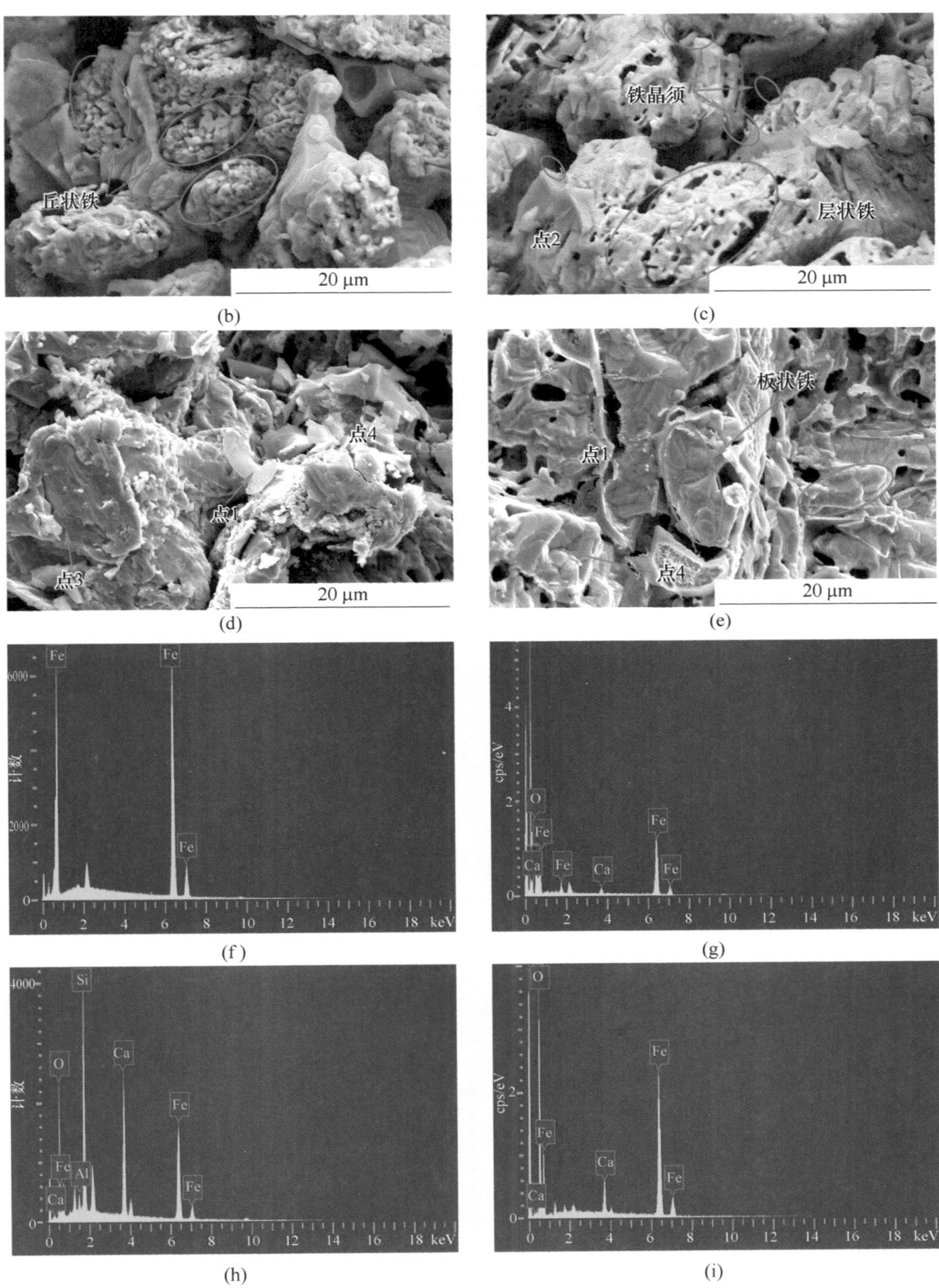


图 3.48　不同 CaO 质量分数氧化球团还原膨胀后的 SEM-EDS 分析结果

(a) 0.25% CaO；(b) 0.75% CaO；(c) 1.25% CaO；(d) 1.75% CaO；(e) 2.25% CaO；(f) 点 1 EDS；(g) 点 2 EDS；(h) 点 3 EDS；(i) 点 4 EDS

当 CaO 质量分数继续增大至 2.25%时，铁晶粒之间的互联聚集趋势明显，球团内部孔隙得到愈合，还原球团内的新生铁呈致密的大块板状结构生长。该致密金属铁的形成一方面会阻碍还原气到达球团内部，使球团还原度降低；另一方面由于其具有较高的结合强度，可以抑制铁晶须的生成，对球团的体积膨胀影响减小。球团内没有观察到明显的铁晶须结构，这是由于球团内形成的较多硅酸盐阻碍了 $Fe_2O_3$ 还原，抑制铁晶须成核与发展，使球团体积膨胀降低。因此，适量 CaO 的添加有利于促进球团还原过程形成致密的板状铁，减小球团体积膨胀。

c CaO 质量分数对氢基竖炉氧化球团还原粉化的影响

不同 CaO 质量分数对氢基竖炉氧化球团低温还原粉化指数的影响分别如图 3.49~图 3.51 所示。随着 CaO 质量分数增加，球团的还原粉化指数 $LTD_{+6.3}$呈先

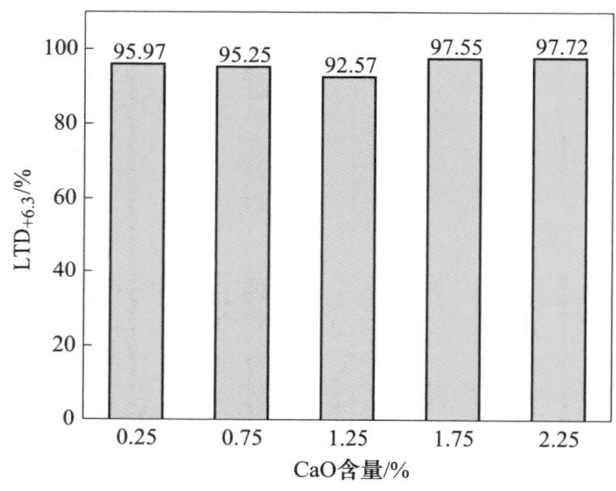


图 3.49 不同 CaO 质量分数对球团还原粉化指数 $LTD_{+6.3}$的影响

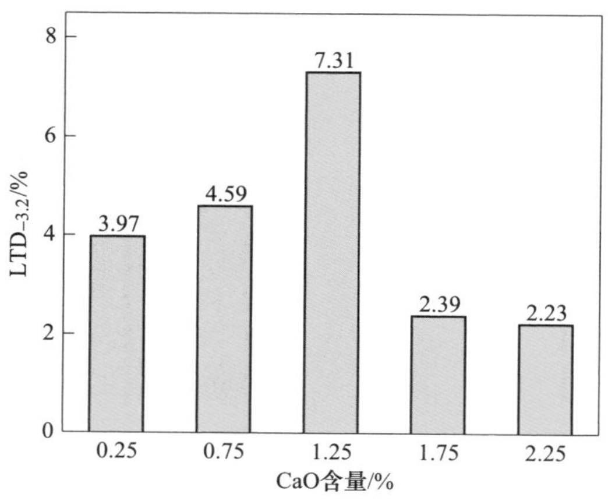


图 3.50 不同 CaO 质量分数对球团还原粉化指数 $LTD_{-3.2}$的影响

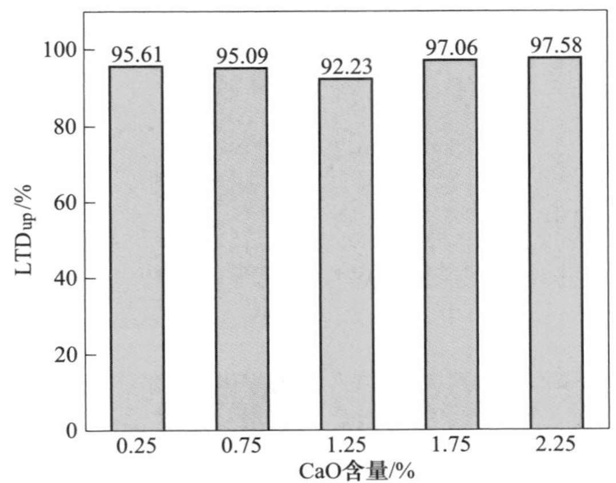


图 3.51 不同 CaO 质量分数对球团还原粉化指数 $LTD_{up}$ 的影响

下降后上升的趋势，$LTD_{-3.2}$ 呈先上升后下降的趋势，$LTD_{up}$ 呈先下降后上升的趋势。当 CaO 质量分数为 1.25%时，球团 $LTD_{+6.3}$ 最低，为 92.57%，$LTD_{-3.2}$ 最高，为 7.31%，$LTD_{up}$ 最低，为 92.23%；当 CaO 质量分数为 2.25%时，球团 $LTD_{+6.3}$ 最高，达到 97.72%，$LTD_{-3.2}$ 最低，为 2.23%，$LTD_{up}$ 最高，为 97.58%。综合而言，球团的低温还原粉化指数整体变化幅度不大，均保持在较高水平，5 组球团矿的 $LTD_{+6.3}$ 均在 80%以上，$LTD_{-3.2}$ 均低于 10%，$LTD_{up}$ 均高于 60%，满足氢基竖炉对球团还原粉化性能的要求。

图 3.52 为不同 CaO 质量分数球团低温还原后的 SEM-EDS 分析结果。由图可知，当 CaO 质量分数为 0.25%时，球团内裂纹数量较少，球团结构较致密；随着 CaO 质量分数增加至 1.25%，球团内裂纹数量明显增多，裂纹尺寸粗大，裂纹在球团内分布不均匀，阻碍了球团内部晶粒的紧密结合，导致球团整体结构疏松，球团还原粉化性能变差；当 CaO 质量分数增至 2.25%时，球团裂纹数量逐渐减少，裂纹及孔隙变得细小，晶粒间结合紧密，球团的整体结构致密，且在球团孔洞周围填充有黏结相，可以抵抗球团由于晶型转变引起的膨胀应力，减少裂纹产生，球团低温还原粉化性能得到改善。

d CaO 质量分数对氢基竖炉氧化球团还原黏结的影响

在 950 ℃、典型还原气氛条件下，对不同 CaO 质量分数的氧化球团进行还原，所得试样宏观形貌如图 3.53 所示。CaO 质量分数为 0.25%的氧化球团还原后没有完全粘连在一起，球团颗粒完整且裂纹少；当 CaO 质量分数增加至 0.75%、1.25%时，可以观察到球团呈块状结构粘连在一起，表面裂纹较多，出现明显的挤压变形现象；当 CaO 含量继续增至 1.75%、2.25%时，球团黏结现象有所改善，但球团表面仍有许多裂纹，球团黏结牢固。

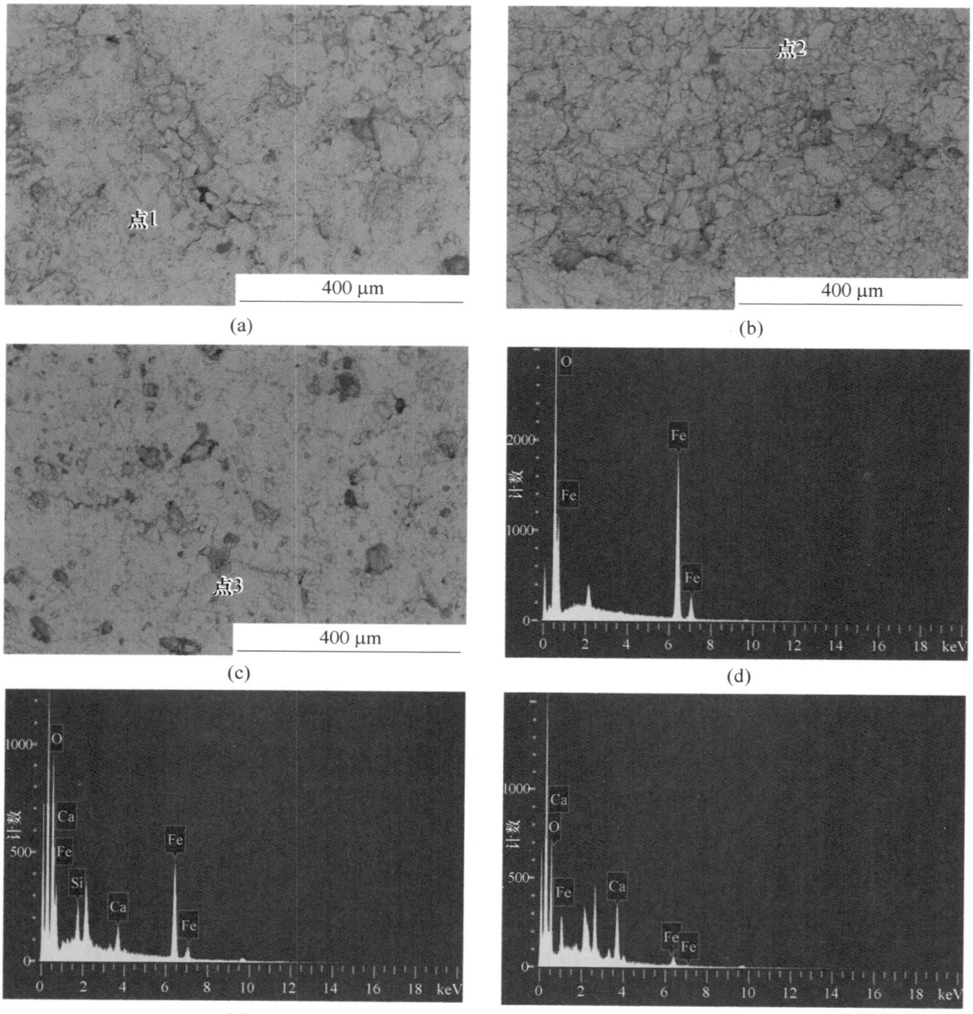

(a)

(b)

(c)

(d)

(e)

(f)

图 3.52 不同 CaO 质量分数球团低温还原后的 SEM-EDS 分析结果

(a) 0.25% CaO; (b) 1.25% CaO; (c) 2.25% CaO; (d) 点 1 EDS; (e) 点 2 EDS; (f) 点 3 EDS

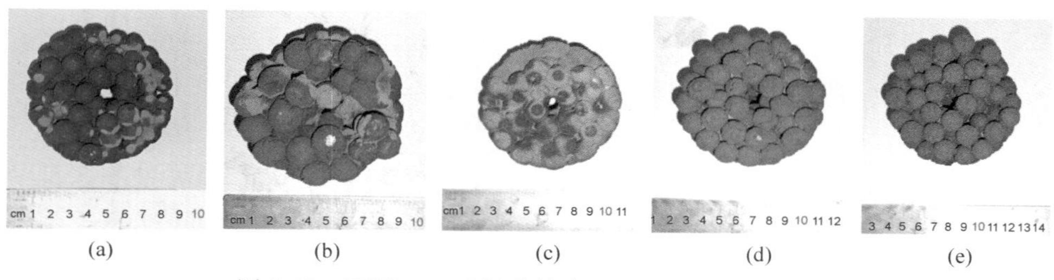


图 3.53 不同 CaO 质量分数球团还原后的黏结形貌

(a) 0.25% CaO; (b) 0.75% CaO; (c) 1.25% CaO; (d) 1.75% CaO; (e) 2.25% CaO

图 3.54 为不同 CaO 质量分数对氢基竖炉球团还原黏结指数的影响。由图可知，随着 CaO 质量分数的增加，球团的还原黏结指数呈先明显升高后降低的趋势。当 CaO 质量分数为 0.25%时，球团黏结指数最低，为 18.33%；当 CaO 质量分数达 1.25%时，黏结指数最高，为 52.51%，球团发生明显的黏结现象；CaO 质量分数继续增加至 2.25%时，黏结指数略微下降至 43.91%。总体来看，当 CaO 质量分数超过 0.75%时，球团还原黏结指数均高于 35%；随着球团中 CaO 的增加，球团还原黏结性能均较差。

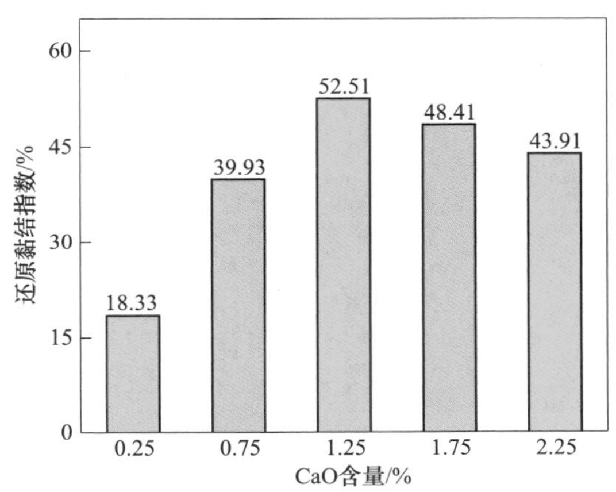


图 3.54 不同 CaO 质量分数对球团还原黏结指数的影响

为了揭示不同 CaO 质量分数对球团黏结行为的影响机理，对球团黏结界面进行了 SEM-EDS 分析，结果见图 3.55。由图可知，在 0.25% CaO 球团还原黏结界面处的金属铁相呈块状结构，分布较散，没有完全聚集在一起，黏结界面处孔隙较多，金属铁相互粘连点较少。CaO 质量分数增至 1.25%时，球团黏结界面处的铁晶粒发育长大，新生金属铁相互聚集连接，产生大面积接触，黏结界面间孔隙较少，金属铁较 0.25% CaO 的还原球团接触更加紧密，球团黏结指数显著增大。结合图 3.55（b）中的点 1 和点 2 的能谱分析可知，黏结相中主要为金属铁，并含有少量的氧元素及脉石成分。当球团 CaO 含量继续增大至 2.25%时，黏结界面的金属铁呈致密的板状或柱状形态析出，新生金属铁在黏结界面处的互连数量减少，在铁相粘连处呈现为线接触，在黏结界面处虽然有部分金属铁向外析出，但未与相邻球团表面的新生铁发生明显粘连。由于互连状金属铁间孔洞较多，铁相的黏结紧密度降低，黏结强度不高，从而一定程度上使球团黏结指数有所降低。

#### 3.2.4.2 $SiO_2$ 质量分数对氢基竖炉氧化球团性能的影响

$SiO_2$ 质量分数对球团矿的抗压强度及冶金性能有着重要的影响，一方面我国

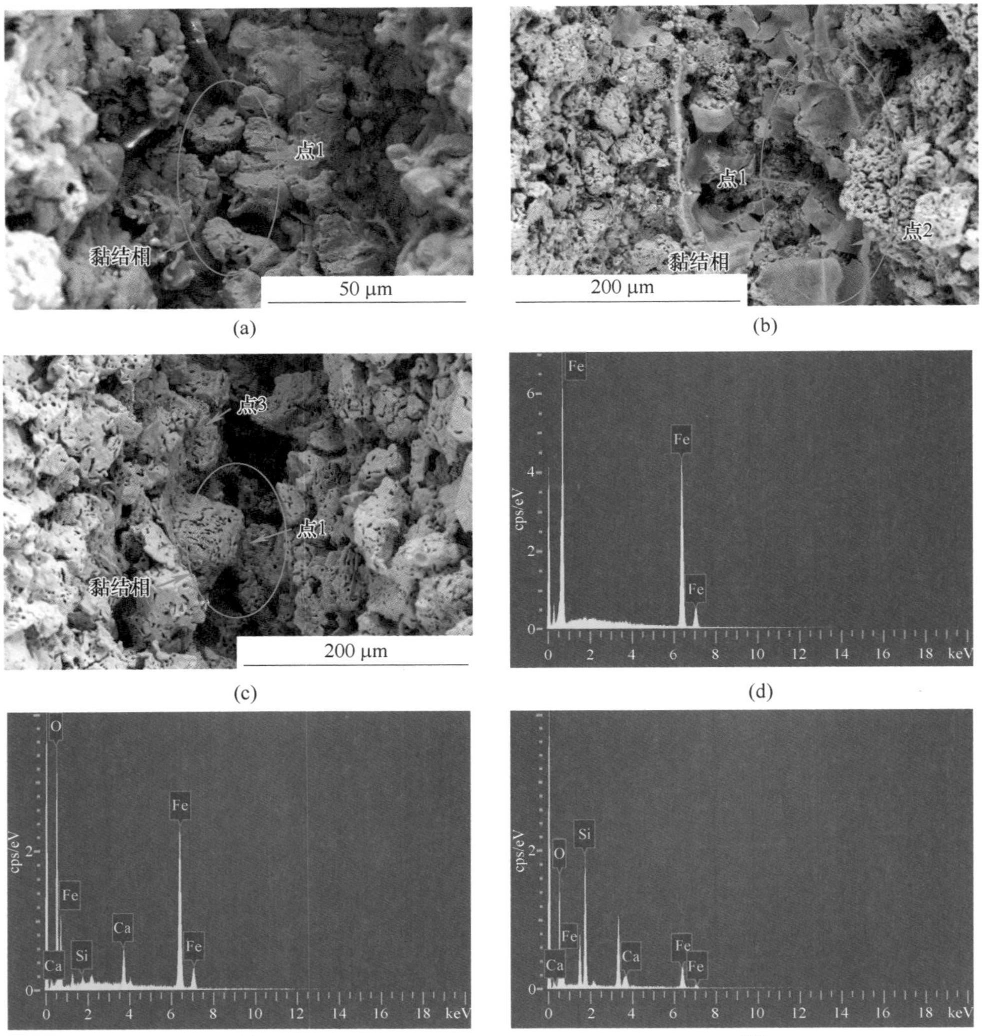

图 3.55 不同 CaO 质量分数球团还原黏结界面的 SEM-EDS 分析结果

(a) 0.25% CaO；(b) 1.25% CaO；(c) 2.25% CaO；(d) 点 1 EDS；(e) 点 2 EDS；(f) 点 3 EDS

钢铁企业生产的球团硅含量普遍较高，球团矿的质量欠佳；另一方面不同品位或 $SiO_2$ 含量的球团性能均有差异，且在氢基竖炉中的冶炼效果也有不同。因此，本节以国产高品位铁精矿粉为原料，通过添加不同含量的分析纯 $SiO_2$ 试剂，改变球团中 $SiO_2$ 含量，探究不同 $SiO_2$ 含量对氢基竖炉球团抗压强度及其冶金性能的影响，并结合 XRD、SEM 等检测手段阐明 $SiO_2$ 对球团矿固结特性及其氢基还原行为的作用机理，为氢基竖炉球团生产过程中，合理调控球团 $SiO_2$ 含量提供理论参考和指导。

A　实验原料

本实验用于制备球团的原料主要包括高品位铁精矿粉、膨润土及分析纯 $SiO_2$ 试剂，所用分析纯 $SiO_2$ 试剂纯度较高，$w(SiO_2)\geqslant 99\%$。实验所用 $SiO_2$ 化学试剂的粒度均小于 0.074 mm，有利于铁精矿粉成球。

B　实验方案

为考察不同 $SiO_2$ 质量分数对氢基竖炉球团固结特性和成品球团冶金性能的影响规律，统计国内外钢铁企业常用球团矿中的 $SiO_2$ 质量分数范围如图 3.56 所示。据此设计了 5 组实验，表 3.16 为不同 $SiO_2$ 质量分数的配料实验方案。按照球团 $SiO_2$ 质量分数分别为 1.8%、2.6%、3.4%、4.2%和 5.0%，分别外配 0、0.86%、1.72%、2.61%和 3.51%的 $SiO_2$ 纯试剂，外配膨润土比例为 0.85%。球团焙烧条件为：焙烧温度 1250 ℃，焙烧时间 30 min。球团的还原条件为：还原温度 950 ℃，还原气氛仍采用氢基竖炉现场生产所用还原气条件。

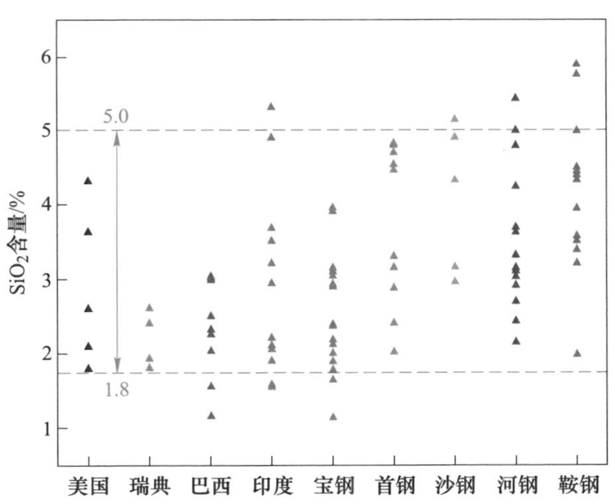


图 3.56　国内外球团矿中 $SiO_2$ 含量的分布范围

**表 3.16　$SiO_2$ 质量分数对球团性能影响的实验方案**　　（%）

| 实验编号 | $SiO_2$ 试剂配比 | 膨润土配比 | $SiO_2$ 质量分数 |
|---|---|---|---|
| 1 号 | 0 | 0.85 | 1.8 |
| 2 号 | 0.86 | 0.85 | 2.6 |
| 3 号 | 1.72 | 0.85 | 3.4 |
| 4 号 | 2.61 | 0.85 | 4.2 |
| 5 号 | 3.51 | 0.85 | 5.0 |

C $SiO_2$ 质量分数对氢基竖炉氧化球团固结特性的影响

a $SiO_2$ 质量分数对生球性能的影响

图 3.57 为不同 $SiO_2$ 质量分数对生球落下强度的测试结果。由图可知，随着 $SiO_2$ 质量分数的增加，生球的落下强度整体呈上升趋势，生球的落下强度范围为 3.1~3.8 次/0.5 m。图 3.58 为不同 $SiO_2$ 质量分数对生球抗压强度的影响。由图可知，提高 $SiO_2$ 质量分数，生球的抗压强度呈现上升趋势；当 $SiO_2$ 质量分数从 3.4%增至 5.0%后，生球抗压强度增加不太明显；生球抗压强度整体稳定在 9.54~11.04 N/个。综合来看，不同 $SiO_2$ 质量分数对铁精矿粉的生球强度影响不大，生球强度满足生产需求。由于实验添加的分析纯 $SiO_2$ 试剂粒度较细，$SiO_2$ 活性较高，使混合矿粉整体粒度变细，改善了生球颗粒的可塑性，使生球在造球过程中压实得更加紧密，从而提高了生球强度。

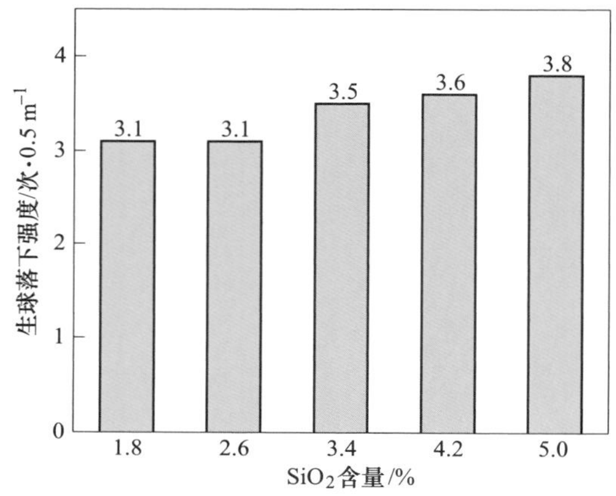


图 3.57 不同 $SiO_2$ 质量分数对生球落下强度的影响

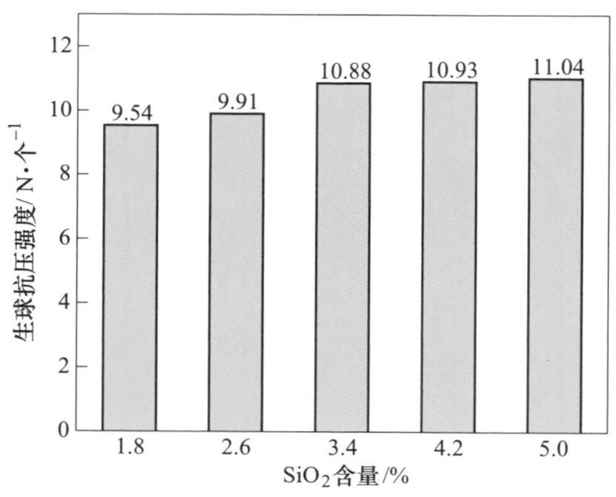


图 3.58 不同 $SiO_2$ 质量分数对生球抗压强度的影响

b $SiO_2$ 质量分数对氢基竖炉氧化球团抗压强度的影响

图 3.59 为不同 $SiO_2$ 质量分数对氢基竖炉氧化球团抗压强度的影响。由图 3.59 可知，随着 $SiO_2$ 含量的增加，球团的抗压强度呈先上升后下降的趋势。当 $SiO_2$ 质量分数为 1.8%时，球团的抗压强度最低，为 3447 N/个；$SiO_2$ 质量分数为 3.4%时，球团的抗压强度最高。在 $SiO_2$ 质量分数变化范围内，抗压强度平均可达 3924 N/个。综合球团抗压强度结果，当 $SiO_2$ 质量分数在 1.8%~5.0%时，球团抗压强度均超过 3000 N/个。造成上述结果的原因是当 $SiO_2$ 含量增至 3.4%时，球团中会产生适量的低熔点硅酸盐矿物，焙烧时会形成具有黏结性的液相，有助于加快赤铁矿晶粒扩散与铁矿颗粒间的黏结，从而提高球团抗压强度；但当 $SiO_2$ 含量继续增多，游离石英相使球团孔隙率增大，降低球团的抗压强度。

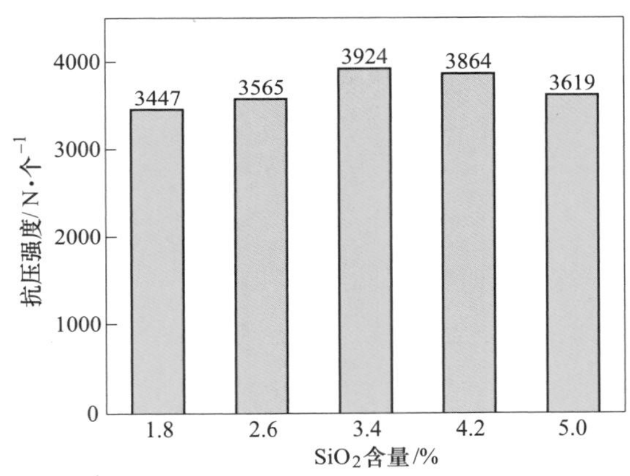


图 3.59 不同 $SiO_2$ 质量分数对球团抗压强度的影响

通过 FactSage 软件对不同 $SiO_2$ 质量分数球团的焙烧平衡物相进行了计算，不同 $SiO_2$ 质量分数球团的平衡态物相组成如图 3.60 所示。随着 $SiO_2$ 质量分数的增加，球团中 $Fe_2O_3$ 相逐渐降低，而液相量先上升后趋缓。这是由于球团焙烧过程中 $SiO_2$ 与 FeO 反应生成了铁橄榄石液相，适量的液相有利于球团强度的提高。

c $SiO_2$ 质量分数对氢基竖炉氧化球团物相组成的影响

图 3.61 给出了不同 $SiO_2$ 质量分数氧化球团的 XRD 分析结果。由图可以看出，当 $SiO_2$ 质量分数为 1.8%时，球团主要物相为赤铁矿 $Fe_2O_3$ 和铁橄榄石 $Fe_2SiO_4$、$Fe_{2.35}Si_{0.65}O_4$。随着 $SiO_2$ 质量分数增加到 3.4%，$Fe_2SiO_4$、$Fe_{2.35}Si_{0.65}O_4$ 所在特征衍射峰强度有所增强，并在 $2\theta$ 为 20.955°、26.750°观察到石英相的衍射峰强度，赤铁矿 $Fe_2O_3$ 的衍射峰强度有所增加。这可能是由于在高温焙烧过程中，加入的 $SiO_2$ 一部分与球团中 FeO 发生反应，促进了 $Fe_2SiO_4$ 等低熔点橄榄石相的生成，而少量的液相可加快结晶质点的扩散，有利于提高赤铁矿的再结晶程度，使 $Fe_2O_3$ 衍射峰强度增大；而另一部分以单独游离相存在。

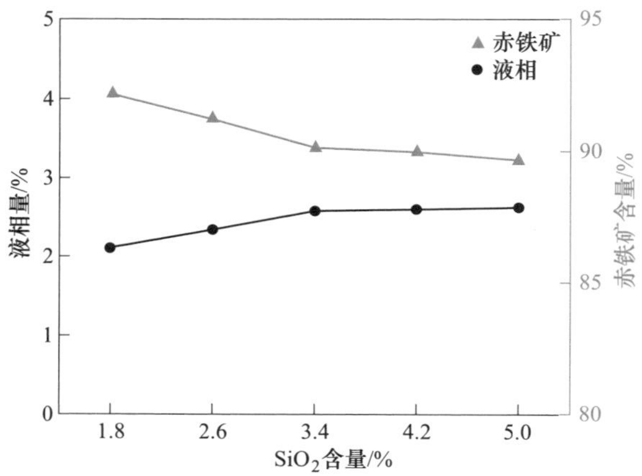


图 3.60 不同 $SiO_2$ 质量分数球团的焙烧物相平衡图

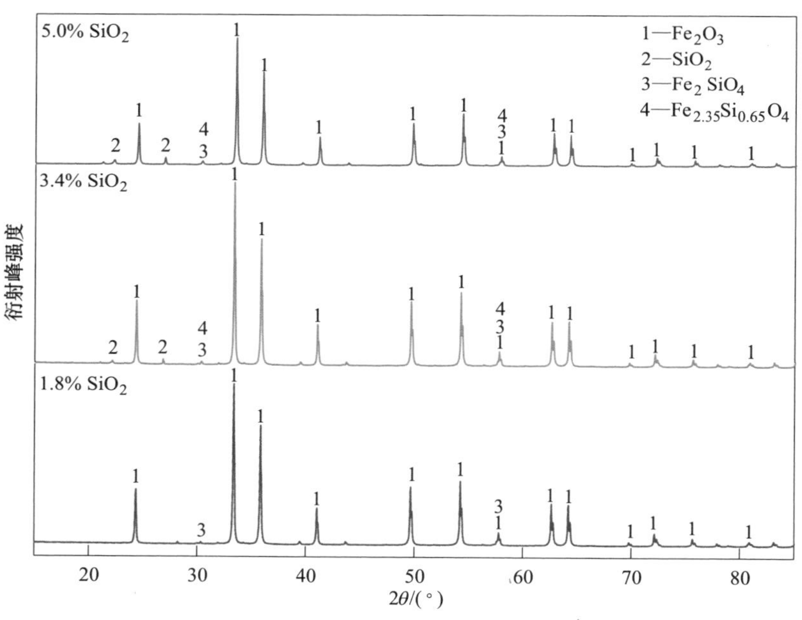


图 3.61 不同 $SiO_2$ 质量分数氧化球团的 XRD 分析结果

当球团 $SiO_2$ 质量分数继续增大时，$Fe_2SiO_4$ 所在衍射峰强度略有增加，石英相衍射峰强度有显著上升，$Fe_2O_3$ 衍射峰强度有所降低。这说明该阶段 $SiO_2$ 含量的继续增多，对促进 $Fe_2SiO_4$ 等物相生成的影响不再明显；而 $Fe_2O_3$ 衍射峰强度降低的原因可能是球团中较多的硅酸盐液相及游离的石英相会阻碍结晶质点的扩散，不利于 $Fe_2O_3$ 的再结晶。

d $SiO_2$ 质量分数对氢基竖炉氧化球团微观结构的影响

图 3.62 为不同 $SiO_2$ 质量分数氧化球团的 SEM-EDS 分析结果。由图可知，随着 $SiO_2$ 质量分数的提高，球团微观结构发生了显著变化。当 $SiO_2$ 质量分数为 1.8%时，由图 3.62（a）看出，球团中出现的亮白色区域为 $Fe_2O_3$ 连晶，赤铁矿晶粒紧密连接，球团内部观察到少量的椭圆形孔洞。随着 $SiO_2$ 质量分数增加到 3.4%，$Fe_2O_3$ 晶粒呈自面体晶形存在，连接紧密且分布均匀。通过能谱分析得知，点 2 的浅灰色区域主要为铁橄榄石等硅酸盐物相，硅酸盐呈不定形围绕

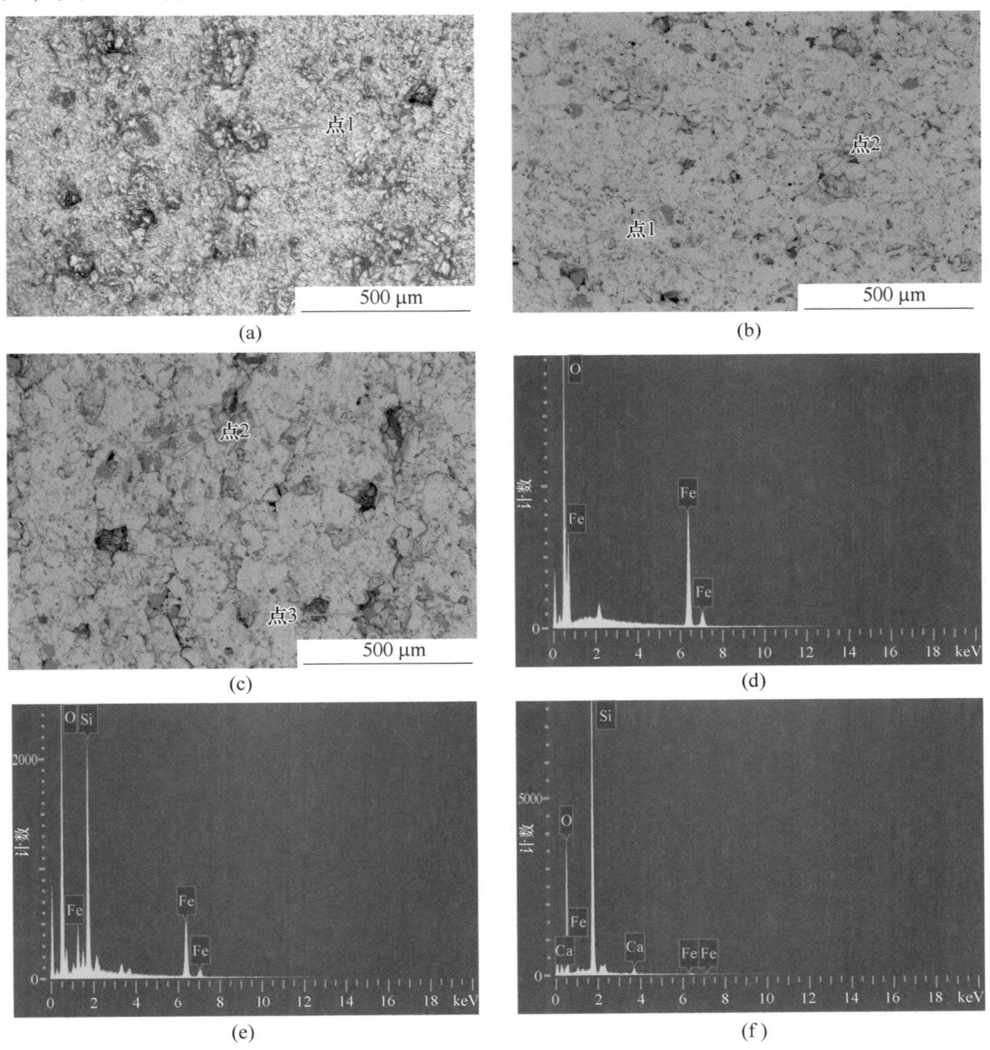


(a) (b) (c) (d) (e) (f)

图 3.62 不同 $SiO_2$ 质量分数氧化球团的 SEM-EDS 分析结果

（a）1.8% $SiO_2$；（b）3.4% $SiO_2$；（c）5.0% $SiO_2$；（d）点 1 EDS；（e）点 2 EDS；（f）点 3 EDS

$Fe_2O_3$ 晶粒均匀分布，在 $Fe_2O_3$ 晶粒间形成渣相固结。少量的低熔点铁橄榄石液相嵌布在孔隙周围起到填充孔隙的作用，球团中孔洞数量减少，球团抗压强度升高。

当 $SiO_2$ 含量继续增大到 5.0%时，由图 3.62（c）可知，球团中的孔洞数量明显增多，气孔尺寸及分布不规则，大部分以 25~50 μm 大孔形式存在，削弱了球团抗压强度；球团铁橄榄石物相增加，分布不均匀，较多的硅酸盐物相也会阻碍 $Fe_2O_3$ 晶体再结晶固结；$Fe_2O_3$ 晶粒周围出现较多裂纹，在裂缝周围穿插有深灰色物相，结合点 3 的能谱分析，该物相为游离的石英相，$SiO_2$ 呈棱角状将 $Fe_2O_3$ 晶粒隔开，影响 $Fe_2O_3$ 晶粒的接触和再结晶长大，导致球团抗压强度大大降低。

D　$SiO_2$ 质量分数对氢基竖炉氧化球团还原行为的影响

a　$SiO_2$ 质量分数对氢基竖炉氧化球团还原性能的影响

图 3.63 为不同 $SiO_2$ 质量分数对氧化球团还原度的影响。随着 $SiO_2$ 质量分数的增加，氧化球团的还原度呈现降低趋势。当 $SiO_2$ 质量分数为 1.8%时，球团还原度为 93.17%；当 $SiO_2$ 质量分数为 5.0%时，球团还原度降低至 80.86%。同时从图 3.64 中可以看出，随着 $SiO_2$ 质量分数增加，还原性指数逐渐降低。随着 $SiO_2$ 含量的增加，难还原硅酸盐相逐渐增多，球团铁橄榄石物相的还原性相对较差，使球团整体还原度下降；铁橄榄石物相为稳定的低熔点化合物，熔点约为 1205 ℃，在球团焙烧过程中，该物相与 FeO 或 $SiO_2$ 会形成共晶的 $2FeO \cdot SiO_2$-FeO、$2FeO \cdot SiO_2$-$SiO_2$ 硅酸铁体系物相，这两种硅酸铁物相熔点均较低，分别为 1177 ℃、1178 ℃，这些低熔点液相覆盖在赤铁矿晶粒表面，也会抑制球团的还原反应发生，造成球团还原性逐渐降低。

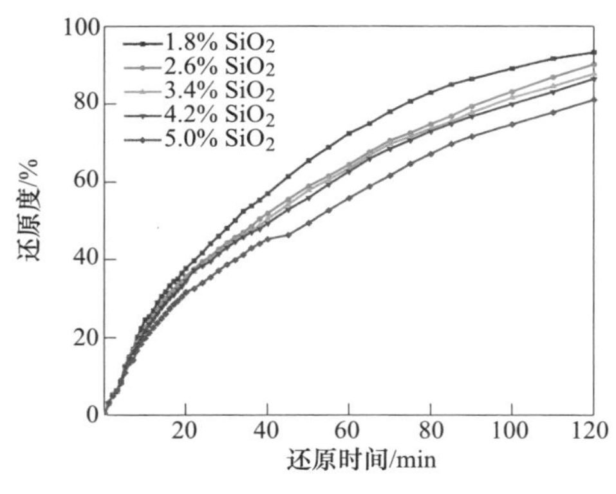


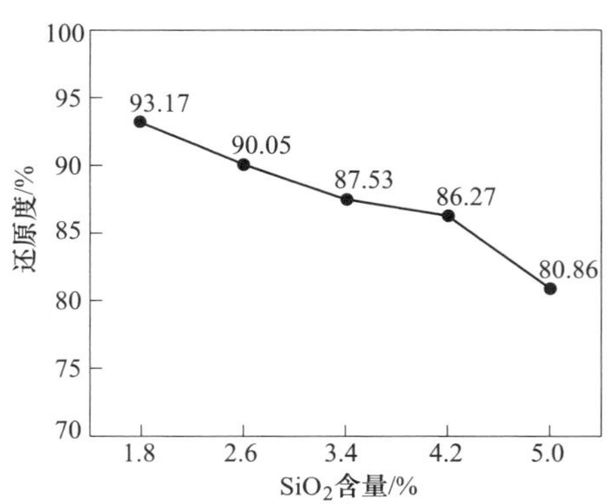


图 3.63　不同 $SiO_2$ 质量分数对氧化球团还原度的影响

b　$SiO_2$ 质量分数对氢基竖炉氧化球团还原膨胀的影响

图 3.65 为不同 $SiO_2$ 质量分数对氧化球团还原膨胀率的影响。从图可以看出，

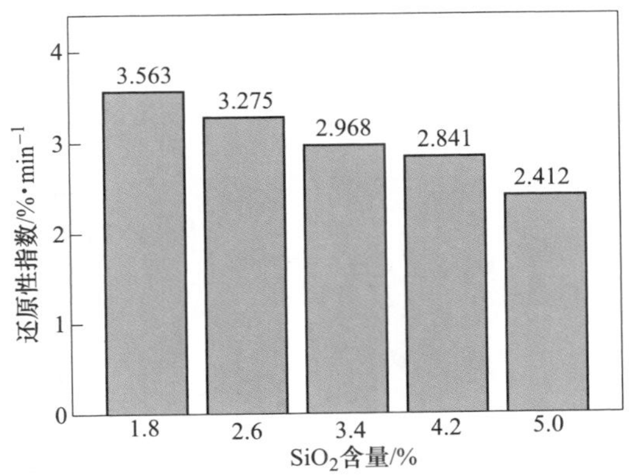


图 3.64 不同 $SiO_2$ 质量分数对氧化球团还原性指数的影响

当 $SiO_2$ 质量分数逐渐增加时，球团还原膨胀率呈缓慢下降的趋势。$SiO_2$ 质量分数为 1.8%时，球团膨胀率最高，为 6.61%；$SiO_2$ 质量分数增长至 5.0%时，球团膨胀率最低，为 3.49%，膨胀率降低幅度为 3.12%。但各 $SiO_2$ 成分的球团膨胀率均不高于 10%，球团还原膨胀率均符合氢基竖炉对球团还原膨胀指标的要求。

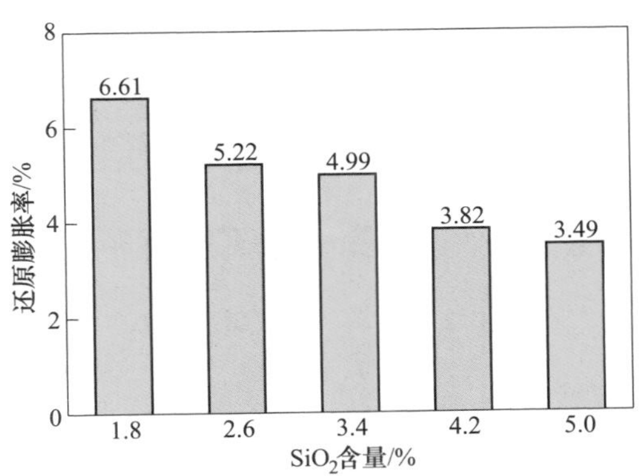


图 3.65 不同 $SiO_2$ 质量分数对氧化球团还原膨胀率的影响

图 3.66 为不同 $SiO_2$ 质量分数氧化球团还原膨胀后的 SEM-EDS 分析结果。从图可以看出，$SiO_2$ 质量分数为 1.8%的还原后球团，内部金属铁结构致密，可见大片的金属铁呈层状结构生长，球团还原充分。$SiO_2$ 质量分数为 3.4%的还原球团，金属铁相呈大块板状结构生长，相邻铁层排列密集，球团内孔洞较少。$SiO_2$ 质量分数继续增加到 5.0%时，还原球团内部矿相结构分布较紧密，金属铁呈堆叠的层状形态，相互连接成片状结构，新生铁表面较平整，球团内可见明显灰黑色区域。结合点 2 和点 3 的能谱分析可知，这些位点主要检测出 Fe、Si 和 O 元

素，这些物相为球团内难还原的铁橄榄石硅酸盐，球团膨胀性能还与渣相所能承受铁氧化物还原反应应力的能力有关，高熔点的硅酸盐渣相可以提供足够的黏结强度来限制膨胀，硅酸盐相的存在降低了球团膨胀指数。

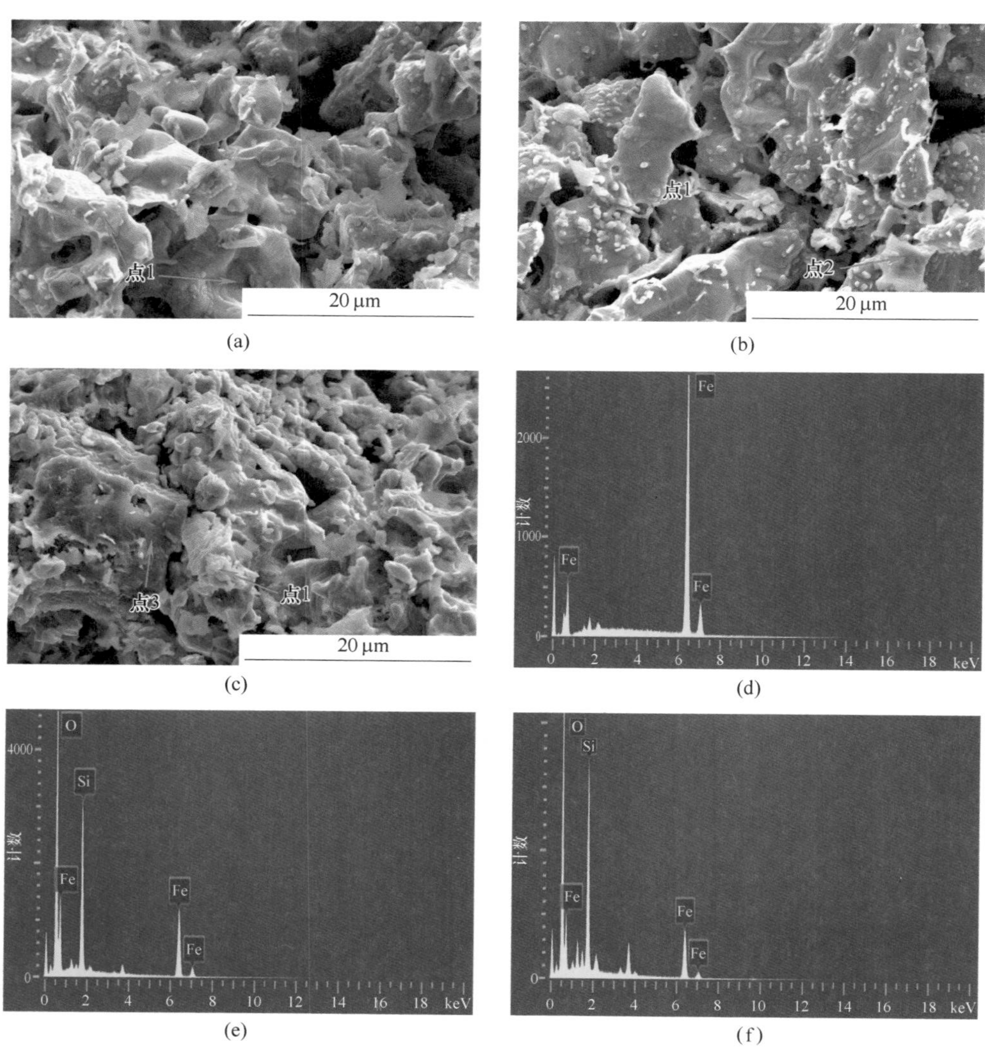


图 3.66　不同 $SiO_2$ 质量分数氧化球团还原膨胀后的 SEM-EDS 分析结果

（a）1.8% $SiO_2$；（b）3.4% $SiO_2$；（c）5.0% $SiO_2$；（d）点 1 EDS；（e）点 2 EDS；（f）点 3 EDS

c　$SiO_2$ 质量分数对氢基竖炉氧化球团还原粉化的影响

不同 $SiO_2$ 质量分数对氢基竖炉球团低温还原粉化指数的影响分别如图 3.67 和图 3.68 所示。由图 3.67 可知，随着 $SiO_2$ 质量分数的不断增加，球团的低温还

原粉化指数 $LTD_{+6.3}$ 呈现先上升后降低的趋势，$LTD_{-3.2}$ 呈先降低后上升的趋势。当 $SiO_2$ 质量分数为 1.8% 时，低温还原粉化指数 $LTD_{+6.3}$ 最低，为 95.97%，$LTD_{-3.2}$ 最高，为 3.97%；当 $SiO_2$ 质量分数增至 3.4% 时，还原粉化指数 $LTD_{+6.3}$ 最高，为 98.02%，$LTD_{-3.2}$ 最低，为 1.92%。由图 3.68 可知，$LTD_{up}$ 呈现先上升后降低的趋势。当 $SiO_2$ 质量分数为 1.8% 时，$LTD_{up}$ 最低，为 95.61%；当 $SiO_2$ 质量分数增至 3.4% 时，$LTD_{up}$ 最高，为 98.47%。综合而言，球团的低温还原粉化指数 $LTD_{+6.3}$ 均超过 80%，基本维持在 95% 以上；$LTD_{-3.2}$ 均不高于 10%，整体变化幅度不大。说明球团在低温条件下还原程度较低，强度基本保持不变，球团的低温还原粉化指数均满足氢基竖炉生产要求。

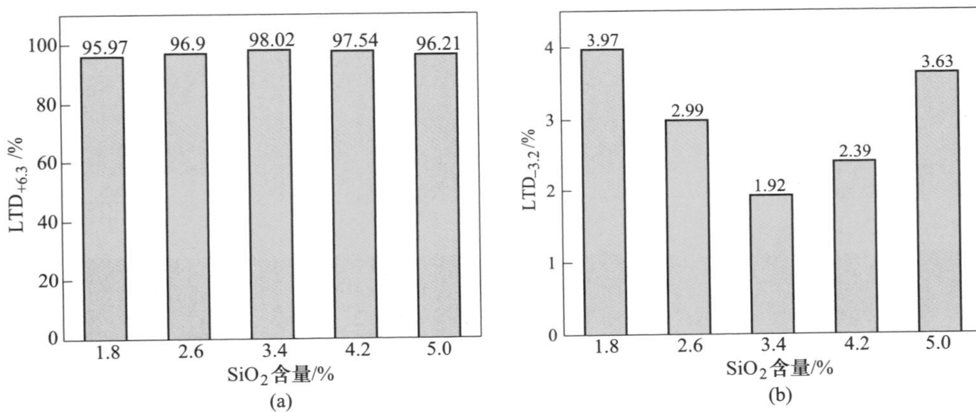


图 3.67 $SiO_2$ 质量分数对氧化球团低温还原粉化指数 $LTD_{+6.3}$（a）和 $LTD_{-3.2}$（b）的影响

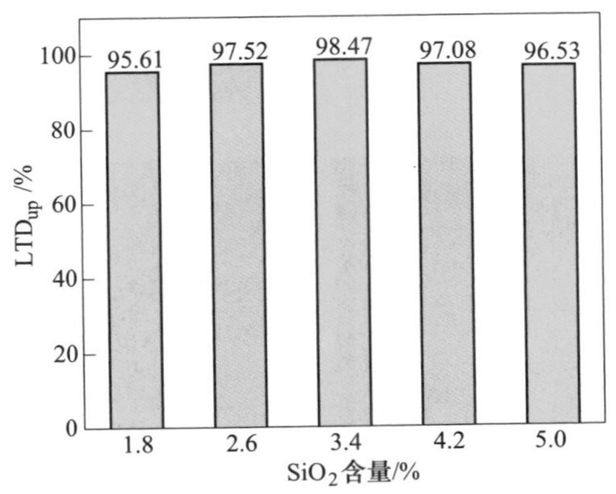


图 3.68 $SiO_2$ 质量分数对氧化球团低温还原粉化指数 $LTD_{up}$ 的影响

图 3.69 为不同 $SiO_2$ 质量分数氧化球团低温还原后的 SEM-EDS 分析结果。由图可知，在 $SiO_2$ 质量分数为 1.8% 的还原球团内部，根据点 1 的 EDS 图谱分析，球团内部亮白色区域主要为磁铁矿相，还原球团内主要发生赤铁矿向磁铁矿的还

原反应，球团内部可见明显的孔洞及裂纹，裂纹尺寸粗长，晶粒被裂纹分隔开，连接不够紧密；随着 $SiO_2$ 质量分数增至 3.4%，球团中裂纹和孔隙数量明显减少，晶粒间有黏结相粘连，晶粒结合紧密，球团还原粉化得到改善；当 $SiO_2$ 质量分数继续增加到 5.0%时，球团内部孔隙粗大，裂纹数量增多，尺寸细小且分布相对均匀，裂纹周围分布有较多游离石英相，导致晶粒间结合不紧密，球团结构疏松，还原粉化性能变差。

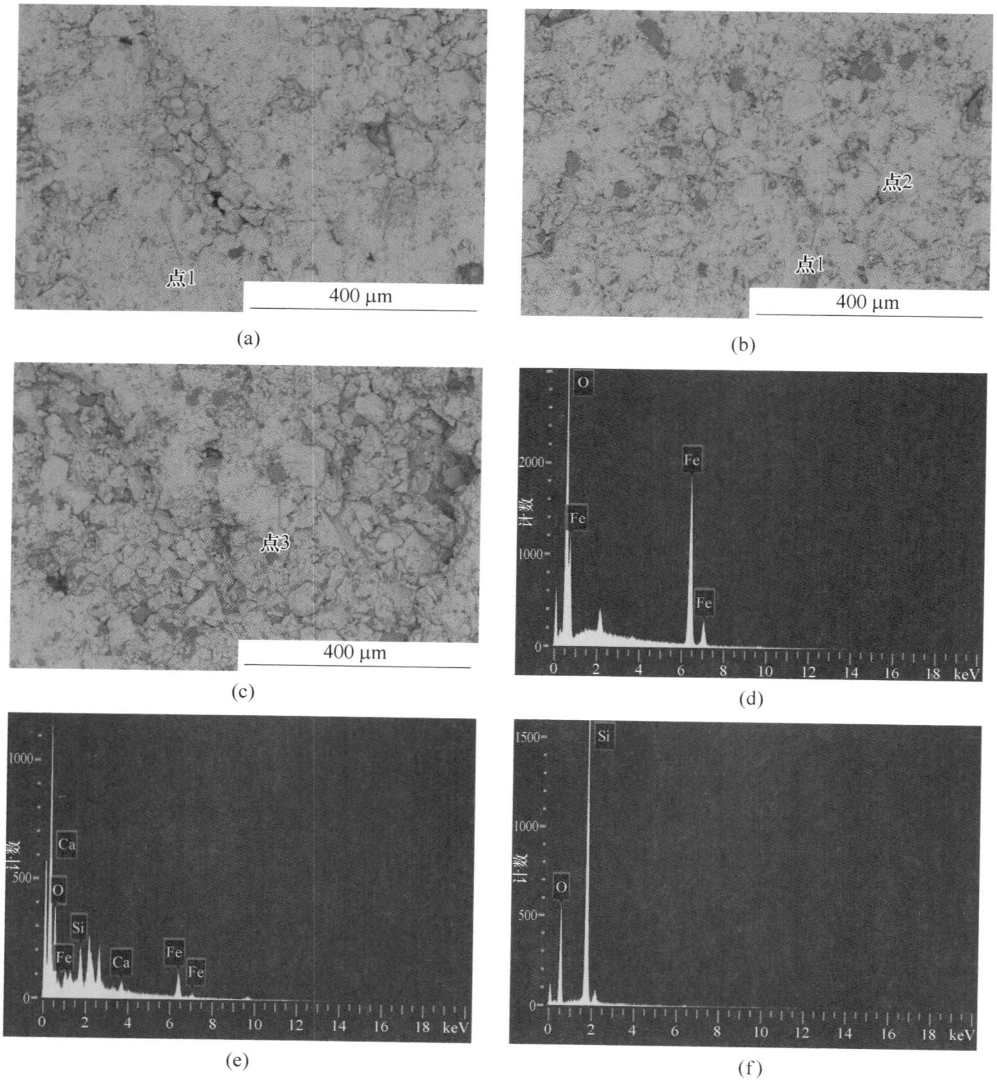

图 3.69 不同 $SiO_2$ 质量分数氧化球团低温还原后的 SEM-EDS 分析结果

（a）1.8% $SiO_2$；（b）3.4% $SiO_2$；（c）5.0% $SiO_2$；（d）点 1 EDS；（e）点 2 EDS；（f）点 3 EDS d $SiO_2$ 对氢基竖炉氧化球团还原黏结的影响

图 3.70 为不同 $SiO_2$ 质量分数对氧化球团还原黏结指数的影响。从图可以看出，随着 $SiO_2$ 质量分数的增加，球团还原后的黏结指数呈缓慢降低趋势。当 $SiO_2$ 质量分数为 1.8%时，球团的还原黏结指数最高，为 18.33%；当 $SiO_2$ 质量分数提高至 5.0%时，球团的还原黏结指数最低，为 12.29%，下降了 6.04%，球团的还原黏结性能逐渐得到改善。在 $SiO_2$ 含量为 1.8%~5.0%，球团的还原黏结指数均不高于 20%，对氢基竖炉的平稳顺行影响较小，满足氢基竖炉对入炉球团的还原黏结性能要求。

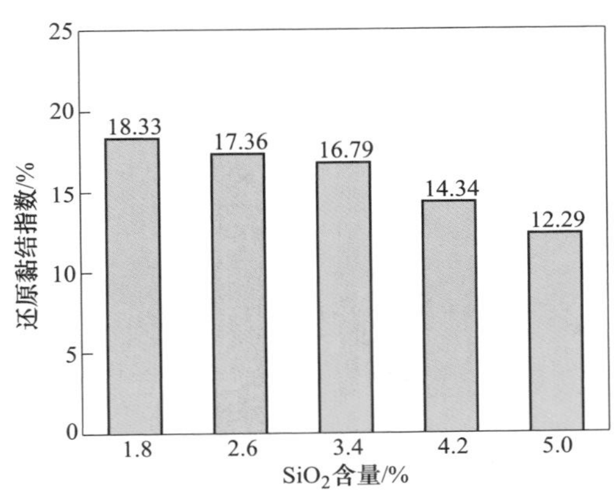


图 3.70 不同 $SiO_2$ 质量分数对氧化球团还原黏结指数的影响

图 3.71 为不同 $SiO_2$ 质量分数氧化球团还原黏结界面的 SEM-EDS 图像。当 $SiO_2$ 质量分数为 1.8%时，还原后球团黏结界面处的金属铁呈块状析出，相邻球团表面析出的金属铁相互接触，造成球团粘连现象；随着 $SiO_2$ 质量分数增至 3.4%，黏结界面处的金属铁呈多孔的扁平状形态析出，与相邻球团表面的金属铁相互黏附，但新生铁的相互接触面减少，黏结指数有所降低；当 $SiO_2$ 质量分数继续增至 5.0%时，在黏结界面处，新生金属铁呈致密的层状结构析出，界面处的金属铁间的接触点减少，金属铁相的连接减少，黏结强度降低，球团黏结性能得到改善。

3.2.4.3 MgO 质量分数对氢基竖炉用氧化球团性能的影响

本节基于前两节的实验方法，同样以高品位铁精矿、膨润土及分析纯 MgO 试剂为原料，经过造球、干燥、高温焙烧及还原等实验方法，分析不同 MgO 质量分数对球团抗压强度、还原度、还原膨胀率、低温还原粉化率及还原黏结指数的影响规律，阐明不同 MgO 质量分数对球团固结特性以及球团在富氢还原条件下的还原行为的影响机理，为在氢基竖炉球团实际生产中，合理调控球团 MgO 含量提供理论依据和参考。

(a)

(b)

(c)

(d)

(e)

(f)

图 3.71 不同 $SiO_2$ 质量分数氧化球团还原黏结界面的 SEM-EDS 分析结果

(a) 1.8% $SiO_2$；(b) 3.4% $SiO_2$；(c) 5.0% $SiO_2$；(d) 点 1 EDS；(e) 点 2 EDS；(f) 点 3 EDS

A 实验原料

本实验使用的原料主要包括高品位铁精矿、膨润土及分析纯 MgO 试剂，高品位铁精矿及膨润土均为企业现场生产所用原料，其化学成分在表 3.17 已有列出，所用分析纯 MgO 试剂纯度高、杂质含量低，$w(MgO) \geqslant 99\%$。实验所用 MgO 试剂粒度均小于 0.074 mm，有利于其在球团制备过程中更加均匀分布，原料粒度组成均满足球团矿制备要求。

B 实验方案

为考察 MgO 质量分数对球团制备及富氢还原行为的影响，统计国内外钢铁企业常用球团矿中的 MgO 质量分数范围如图 3.72 所示。MgO 质量分数范围主要分布在 0.45%~2.25%，设计 5 组实验，在此基础上通过计算外配膨润土 0.85%，球团 MgO 质量分数分别为 0.45%、0.90%、1.35%、1.80%和 2.25%，具体的配料方案见表 3.17。选择焙烧条件为：焙烧温度 1250 ℃，焙烧时间 30 min。需要检测的球团理化性能指标包括：生球落下强度和抗压强度、球团抗压强度、球团还原度还原膨胀率、低温还原粉化率及还原黏结性能。

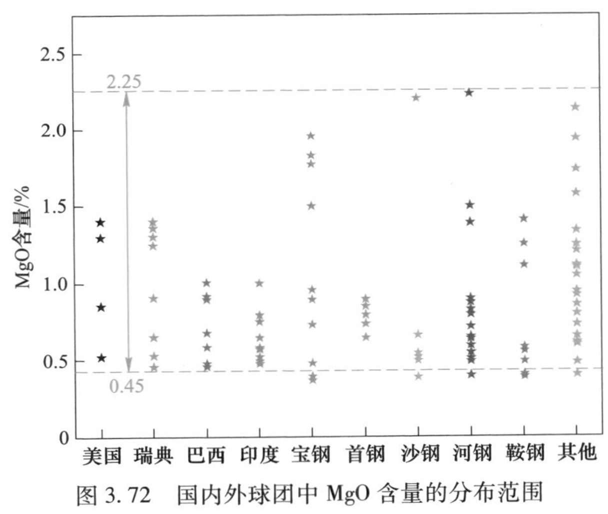


图 3.72 国内外球团中 MgO 含量的分布范围

**表 3.17 MgO 质量分数对球团性能影响的实验方案** (%)

| 实验编号 | MgO 试剂配比 | 膨润土配比 | MgO 质量分数 |
|---|---|---|---|
| 1 号 | 0.00 | 0.85 | 0.45 |
| 2 号 | 0.49 | 0.85 | 0.90 |
| 3 号 | 0.96 | 0.85 | 1.35 |
| 4 号 | 1.44 | 0.85 | 1.80 |
| 5 号 | 1.93 | 0.85 | 2.25 |

C MgO 质量分数对氢基竖炉氧化球团固结特性的影响

a MgO 质量分数对生球性能的影响

不同 MgO 质量分数对生球落下强度和抗压强度的影响如图 3.73 所示。由图 3.73（a）可知，随着 MgO 质量分数的提高，生球落下强度整体变化较小，均在 3.0~3.2 次/个；由图 3.73（b）可知，生球的抗压强度整体呈现下降的趋势，生球的抗压强度在 9.11~9.54 N/个，随着 MgO 质量分数的增加，生球强度均能满足球团使用需求。

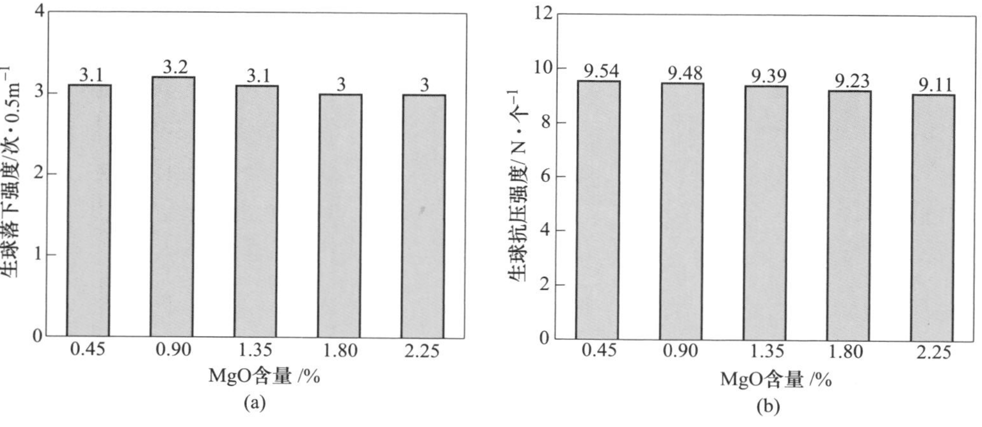


图 3.73　不同 MgO 质量分数对生球落下强度（a）和抗压强度（b）的影响

b　MgO 质量分数对氢基竖炉氧化球团抗压强度的影响

图 3.74 为不同 MgO 质量分数对氧化球团抗压强度的影响。由图可知，随着 MgO 质量分数的提高，球团的抗压强度呈现降低的趋势。当 MgO 含量在 0.45%~1.35%，氧化球团抗压强度降低趋势较缓，从 3447 N/个略微下降至 3356 N/个；当 MgO 质量分数在 1.35%~2.25%时，球团抗压强度从 3356 N/个显著下降至 2936 N/个。在实验球团 MgO 质量分数变化范围内，球团抗压强度均高于2900 N/个，满足氢基竖炉生产对球团抗压强度需求。这主要与球团焙烧后的矿相结构及物相组成有关，焙烧过程中形成的铁酸镁物相会阻碍磁铁矿氧化和赤铁矿结晶固结，使球团内部孔隙增多，球团强度逐渐降低。

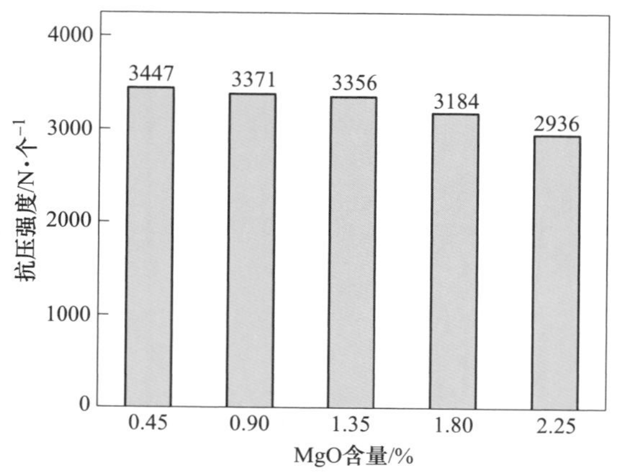


图 3.74　不同 MgO 质量分数对氧化球团抗压强度的影响

采用 FactSage 软件计算了不同 MgO 质量分数氧化球团的主要焙烧物相，如图 3.75 所示。随着 MgO 质量分数的增加，尖晶石含量逐渐上升，尖晶石包含的物相主要为 $FeMg_2O_4$、$MgFe_2O_4$ 和 $Fe_2O_3$，如图 3.75（a）所示；赤铁矿相的含量逐渐下降，如图 3.75（b）所示。在生球焙烧过程中，由于 $Mg^{2+}$ 与 $Fe^{2+}$ 的离子半径相似，$Mg^{2+}$ 填入 FeO 晶格空位，抑制磁铁矿的氧化反应，阻碍赤铁矿的再结晶进程。

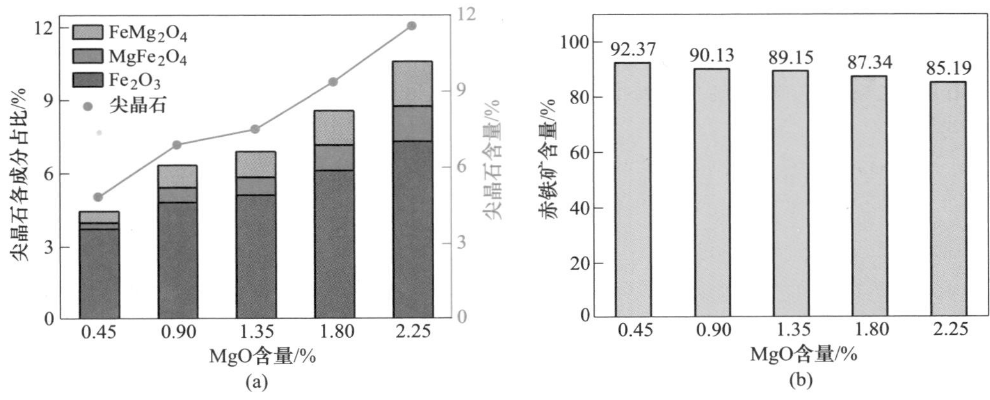


图 3.75 不同 MgO 质量分数氧化球团的焙烧物相平衡图

c MgO 质量分数对氢基竖炉氧化球团物相组成的影响

图 3.76 为不同 MgO 质量分数氧化球团的 XRD 分析结果。可知，不同 MgO 质量分数的氧化球团中主要包含的物相有赤铁矿 $Fe_2O_3$、磁铁矿和镁铁矿 MgO ·

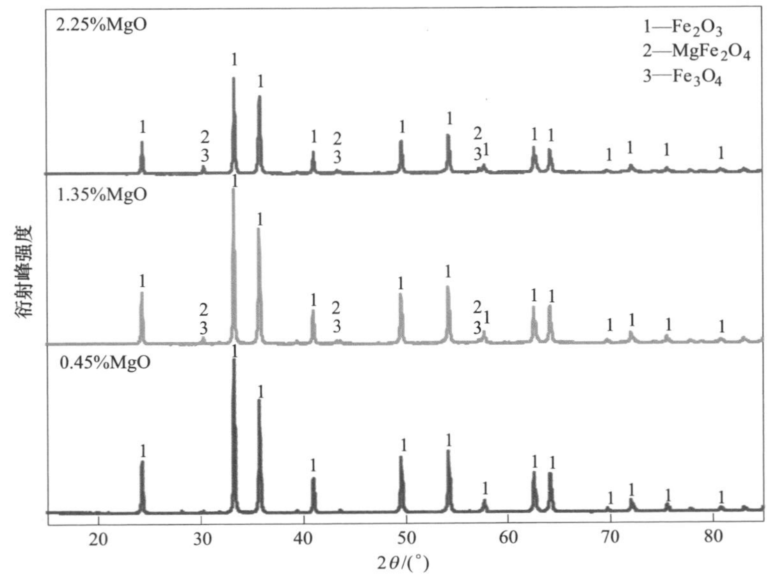


图 3.76 不同 MgO 质量分数氧化球团的 XRD 分析结果

$Fe_2O_3$。当 MgO 质量分数由 0.45%增加到 2.25%时，球团中 $Fe_2O_3$ 物相的特征衍射峰强度逐渐降低，而磁铁矿、铁酸镁 $MgFe_2O_4$ 所在特征衍射峰强度逐渐升高。分析认为，在生球焙烧阶段中，MgO 大多赋存于铁相中，$Mg^{2+}$(0.078 nm) 与 $Fe^{2+}$(0.083 nm) 半径相近，$Mg^{2+}$以扩散形式置换出 $Fe_3O_4$ 中的 $Fe^{2+}$，形成了尖晶石固溶体相 (Mg,Fe)O · $Fe_2O_3$，抑制了磁铁矿的进一步氧化，导致 $Fe_2O_3$ 衍射峰强度下降，而 MgO · $Fe_2O_3$ 等尖晶石相衍射峰强度有所上升。因此，MgO 含量的提高，使得球团中具有尖晶石结构的铁酸镁物相逐渐增多，这不仅减弱了磁铁矿的氧化程度，而且阻碍了赤铁矿晶粒的生成与连晶发育，导致球团抗压强度逐渐变差。

d　MgO 质量分数对氢基竖炉氧化球团微观结构的影响

图 3.77 为不同 MgO 质量分数氧化球团的 SEM-EDS 结果。从图可以观察到，当 MgO 质量分数为 0.45%时，球团内黑色孔洞数量少，分布均匀，球团强度高。当 MgO 质量分数增加到 1.35%时，球团内气孔数量增加，孔隙尺寸变大，分布不均匀，在 $Fe_2O_3$ 晶粒与孔洞之间夹杂有灰黑色物相。结合点 2 的 EDS 能谱分析，该灰黑色物相为铁酸镁尖晶石固溶体。MgO 含量继续增大至 2.25%，球团内部的气孔及裂纹明显增多，尺寸较大且形状不规则，尖晶石嵌布在晶粒间隙周围，$Fe_2O_3$ 再结晶形成的网状结构被裂纹分割，晶型发育减弱，球团固结能力降低。MgO 含量的增加，使球团中的铁酸镁等尖晶石物相逐渐增多，这一方面削弱

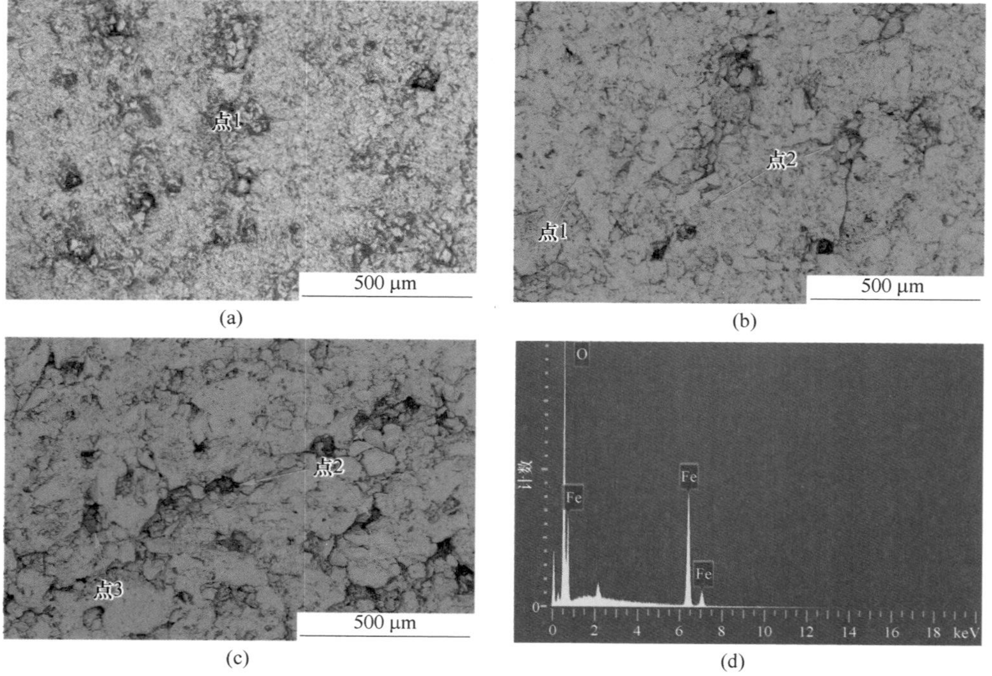

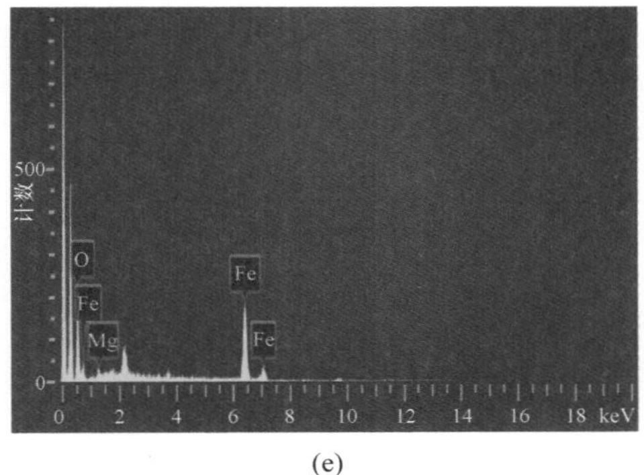


(e)

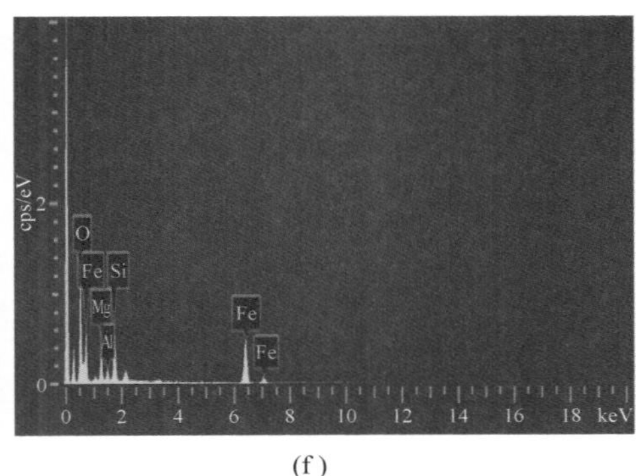


(f)

图 3.77 不同 MgO 质量分数氧化球团的 SEM-EDS 分析结果

(a) 0.45% MgO；(b) 1.35% MgO；(c) 2.25% MgO；(d) 点 1 EDS；(e) 点 2 EDS；(f) 点 3 EDS

了磁铁矿继续氧化，减弱了赤铁矿晶粒扩散能力，抑制晶粒再结晶和聚晶长大；另一方面，尖晶石的逐渐增多，抑制了氧化过程中 $Fe_3O_4$ 向 $Fe_2O_3$ 的晶型转变，减小了球团因晶型转变带来的体积收缩及结构致密化的优势，最终使球团矿相结构由整体致密向疏松多孔变化，因而使球团强度逐渐降低。

D MgO 质量分数对氢基竖炉氧化球团冶金性能的影响

a MgO 质量分数对氢基竖炉氧化球团还原性能的影响

图 3.78 为不同 MgO 质量分数对氧化球团还原度的影响。可知，随着 MgO 质量分数的增加，球团达到一定还原度所需的还原时间逐渐变长，说明 MgO 的添加会减慢还原反应的进行；MgO 质量分数的提高，球团最终还原度呈现降低的趋势，当 MgO 质量分数在 0.45%~2.25%时，球团还原度从 93.17%逐渐降低到 85.06%。而从图 3.79 中可以看出，随着 MgO 含量的增加，还原性指数由 3.563 %/min降低至 2.482 %/min。分析认为，一方面，随着球团 MgO 质量分数的增加，在球团焙烧阶段，由于 MgO 易与 $Fe_2O_3$ 发生固相反应形成与 $Fe_3O_4$ 晶格

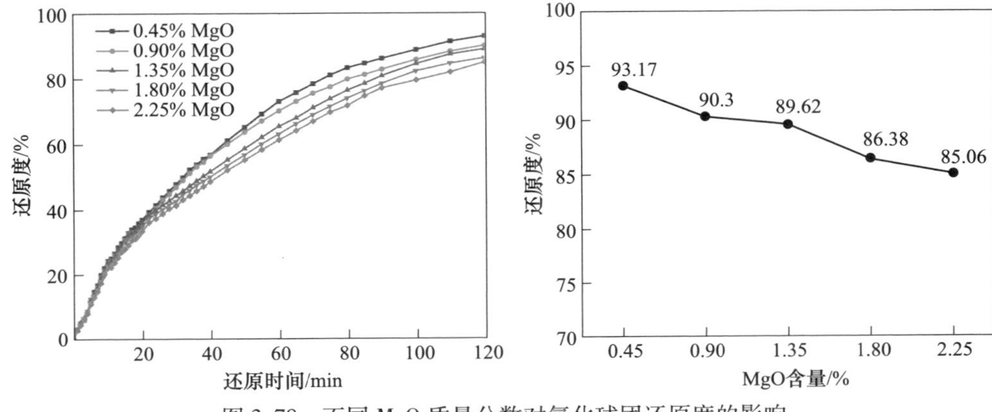


图 3.78 不同 MgO 质量分数对氧化球团还原度的影响

结构相似的铁酸镁 $MgFe_2O_4$，该物质热稳定性好，熔点较高（1713 ℃），比 $Fe_2O_3$ 稳定且难还原；另一方面，球团中 MgO 质量分数越大，$MgFe_2O_4$ 物质就越多，球团中的还原基础原料赤铁矿含量相对越少，也会使球团还原度逐渐降低。

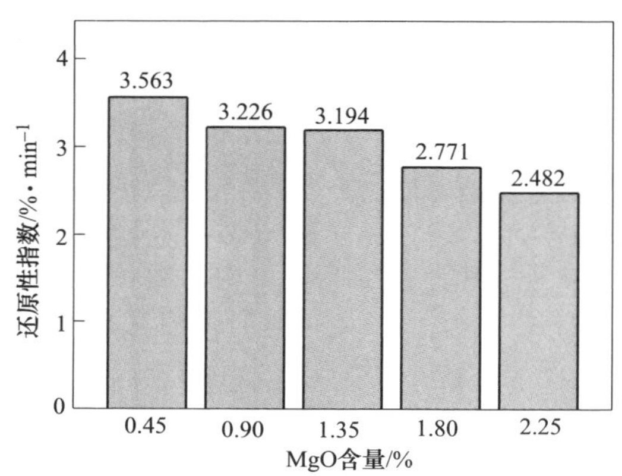


图 3.79 不同 MgO 质量分数对氧化球团还原性指数的影响

b MgO 质量分数对氢基竖炉氧化球团还原膨胀的影响

图 3.80 为不同 MgO 质量分数对氧化球团还原膨胀率的影响。由图可知，随着球团中 MgO 质量分数的逐渐增加，球团的还原膨胀率呈现缓慢下降的趋势。当 MgO 质量分数在 0.45%~1.35%时，球团膨胀率由 6.61%下降至 4.77%。MgO 质量分数为 1.35%~2.25%时，球团膨胀率趋于缓慢地降低，从 4.77%缓慢降低至 4.39%。综合本实验结果，各 MgO 质量分数氢基竖炉球团的还原膨胀率均低于 15%，符合氢基竖炉生产工艺对球团还原膨胀性能的要求。

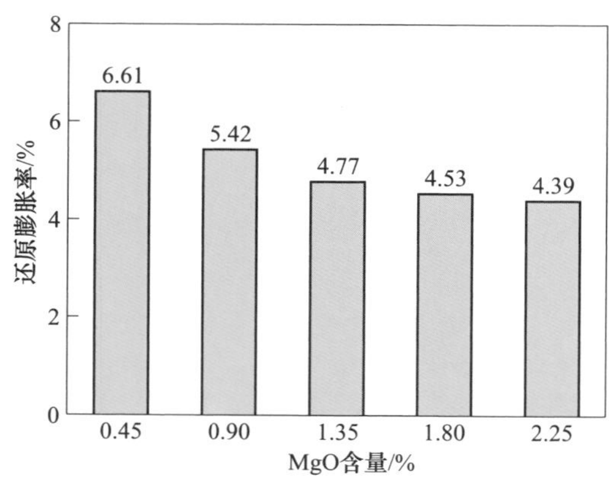


图 3.80 不同 MgO 质量分数对氧化球团还原膨胀性的影响

还原过程即是球团含铁物相发生晶型转变的过程，而由六方晶系赤铁矿转变为等轴晶系磁铁矿的还原阶段会使球团产生约20%体积膨胀，该阶段发生的晶型转变是球团体积膨胀的一个主要原因。结合图3.77的XRD物相分析发现，随着球团MgO质量分数的逐渐增加，$MgO \cdot Fe_2O_3$物相逐渐增多，$Fe_2O_3$逐渐减少。而铁酸镁是一种高熔点复合铁氧化物，与磁铁矿均属等轴晶系，具有较高的热稳定性，难以还原，不会发生类似于$Fe_2O_3 \rightarrow Fe_3O_4$的晶型转变过程；由于$MgO \cdot Fe_2O_3$本身还原性比赤铁矿差，较多的铁酸镁覆盖在赤铁矿晶粒表面也会阻碍赤铁矿与还原性气体的接触，抑制了球团还原反应的进行，同时还减小了球团在还原过程因晶型转变产生的内应力，从而降低球团体积膨胀。因此，MgO含量的增加不利于还原反应的进行，可以减少球团还原过程中由于晶型转变产生的体积膨胀。

图3.81为不同MgO质量分数氧化球团还原膨胀后的SEM-EDS分析结果。从图可以看出，当MgO质量分数提高到1.35%时，球团内部金属铁晶粒呈片状结构生长，铁晶粒之间连接较紧密，对球团体积膨胀影响较小。随着球团MgO质量分数增大到2.25%，由图3.81（c）可知，球团内新生铁互联聚集的趋势更加明显，铁晶粒相互连接呈板块状结构形式，球团内部孔隙率有所降低，所形成的致密结构会阻碍还原气向球团内部渗透，降低了球团还原度和膨胀率。在点3附近有颗粒状金属铁生成，周围有细小孔洞，金属铁互联不够完整，结合相应能谱

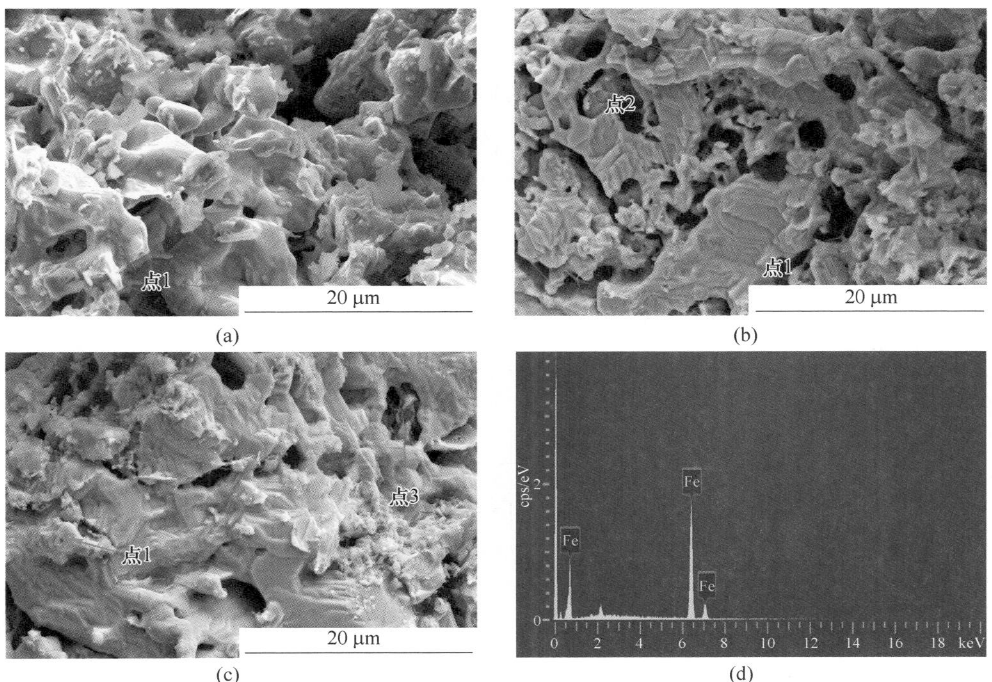

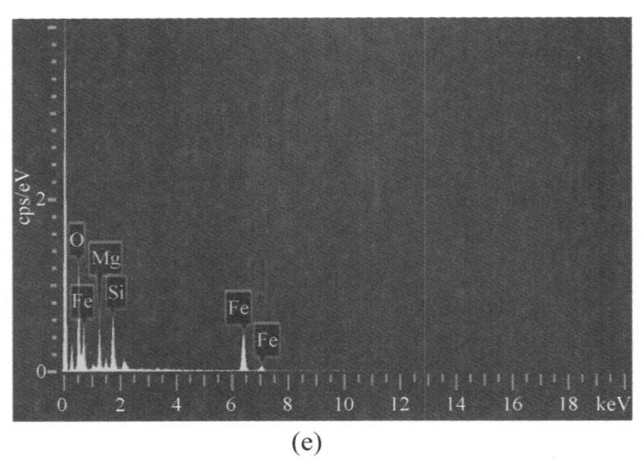


(e)

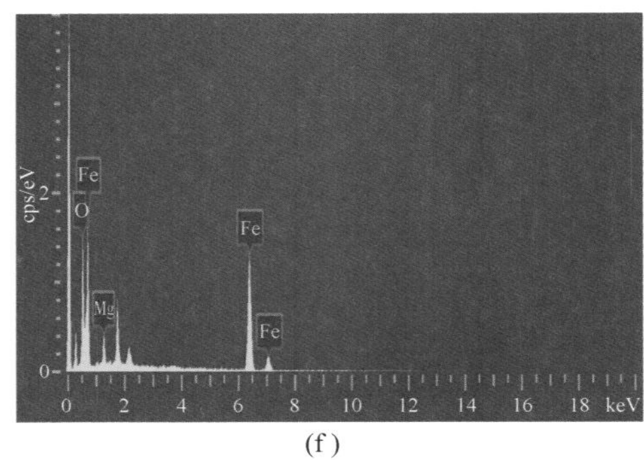


(f)

图 3.81 不同 MgO 质量分数氧化球团还原膨胀后的 SEM-EDS 分析结果

(a) 0.45% MgO；(b) 1.35% MgO；(c) 2.25% $SiO_2$；(d) 点 1 EDS；(e) 点 2 EDS；(f) 点 3 EDS

分析可知，推测该物相由难还原的镁铁矿与 FeO · MgO 共同组成，有利于降低球团还原过程中由于晶型变化产生的膨胀应力，使球团体积膨胀得到改善。

c MgO 质量分数对氢基竖炉氧化球团还原粉化的影响

图 3.82 和图 3.83 为不同 MgO 质量分数对氢基竖炉氧化球团低温还原粉化指数的影响规律。由图 3.82 (a) 可知，随着 MgO 质量分数的增加，球团的低温还原粉化指数 $LTD_{+6.3}$ 呈现出升高的趋势，$LTD_{+6.3}$ 由 95.97% 缓慢上升至 97.51%。由图 3.82 (b) 可知，球团的低温还原粉化指数 $LTD_{-3.2}$ 呈现降低趋势，由 3.97% 下降到 2.42%，球团的低温还原粉化程度均较低。由图 3.83 可知，低温还原粉化指数 $LTD_{up}$ 呈现升高的趋势，从 95.61% 上升到 97.58%。这可能是由于随着 MgO 添加量的增加，促进 MgO 与 $Fe_3O_4$ 生成尖晶石固溶体，抑制了球团晶型转变，使得球团的低温还原粉化指数得到提高。综合来看，球团的低温还原粉化性能均能满足氢基竖炉要求。

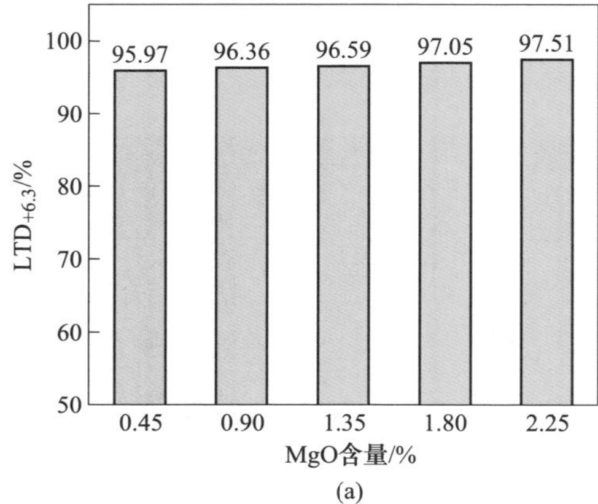


(a)

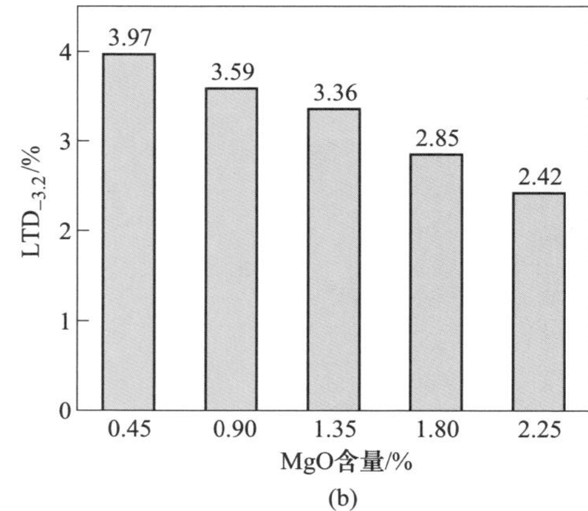


(b)

图 3.82 不同 MgO 质量分数对氧化球团低温还原粉化指数 $LTD_{+6.3}$ (a) 和 $LTD_{-3.2}$ (b) 的影响

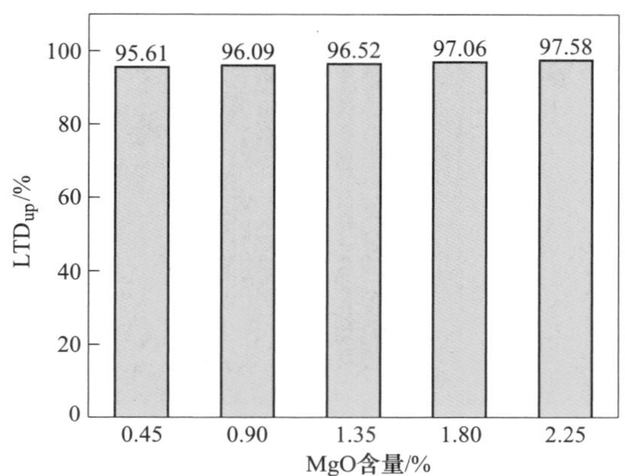


图 3.83　不同 MgO 质量分数对氧化球团低温还原粉化指数 $LTD_{up}$ 的影响

图 3.84 给出了不同 MgO 质量分数氧化球团低温还原后的 SEM-EDS 分析结果。可知，低温还原后球团主要以磁铁矿为主。与 0.45% MgO 相比，1.35% MgO 球团内部的微观形貌中裂纹数量较少，裂纹粗长且较集中；当球团 MgO 质量分数增加到 2.25%时，虽有少量裂纹出现，但其尺寸细小，裂纹数量明显减少，球团微观结构相对致密，球团的低温还原粉化性能逐渐得到改善。

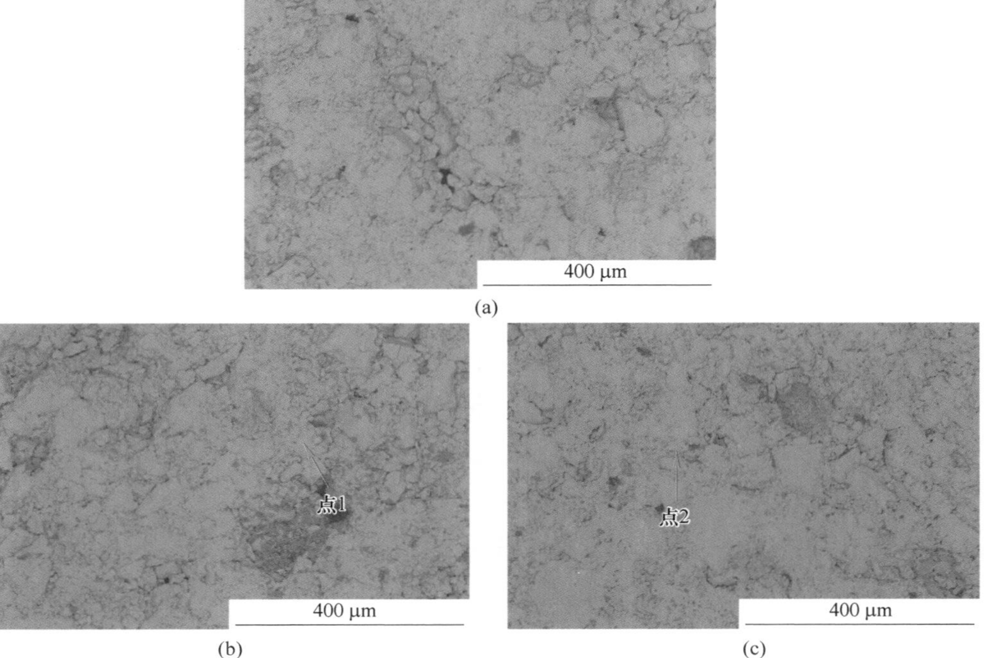

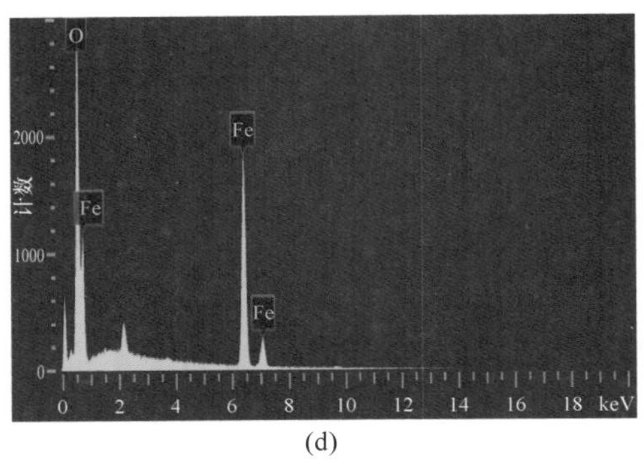


(d)

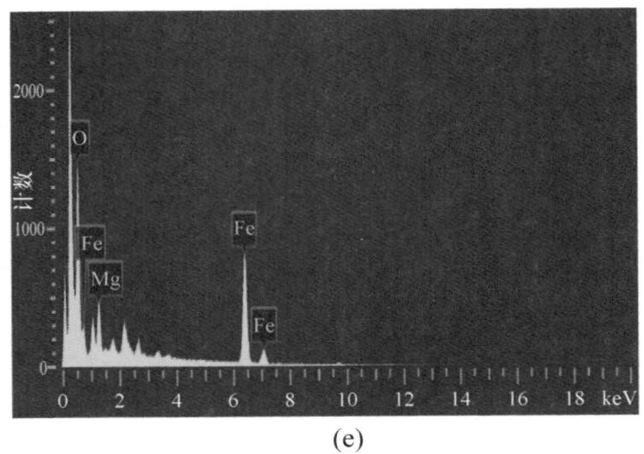


(e)

图 3.84　不同 $SiO_2$ 质量分数氧化球团低温还原后的 SEM-EDS 分析结果

(a) 0.45% MgO；(b) 1.35% MgO；(c) 2.25% MgO；(d) 点 1 EDS；(e) 点 2 EDS

d　MgO 质量分数对氢基竖炉氧化球团还原黏结的影响

图 3.85 给出不同 MgO 质量分数对氧化球团还原黏结指数的影响。由图可以看出，随着 MgO 质量分数的增加，球团还原后的黏结指数整体呈现降低趋势。当 MgO 质量分数为 0.45%时，球团的还原黏结指数最高，为 18.33%；当 MgO 质量分数增加至 5.0%时，球团的还原黏结指数最低，为 10.99%，下降了 7.34%，球团的还原黏结性能逐渐得到改善。在 MgO 质量分数为 0.45%～2.25%，球团的还原黏结指数均不高于 20%，对氢基竖炉的平稳顺行影响较小，满足氢基竖炉对入炉球团的还原黏结性能要求。

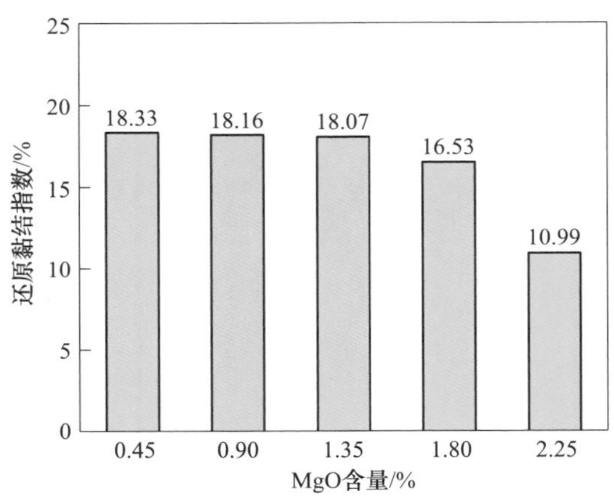


图 3.85　不同 MgO 质量分数对氧化球团还原黏结指数的影响

为揭示不同 MgO 质量分数对氧化球团还原黏结指数的影响机理，利用扫描电镜对球团的黏结界面进行了观察与检测。图 3.86 为不同 MgO 质量分数氧化球团还原黏结界面的 SEM-EDS 分析结果。由图可知，当 MgO 质量分数为 0.45% 时，球团间的金属铁均以块状形态析出，金属铁相互接触较紧密；随着 MgO 质量分数增至 1.35%，金属铁连晶的形态过渡到多孔扁平状结构，金属铁的互联程度有所降低，球团间的接触点减少；当 MgO 质量分数进一步增至 2.25%，黏结界面处的互连金属铁结构致密，互连状金属铁的数量减少，球团间接触面较小，新生铁黏结强度有所降低，球团黏结性能得到改善。

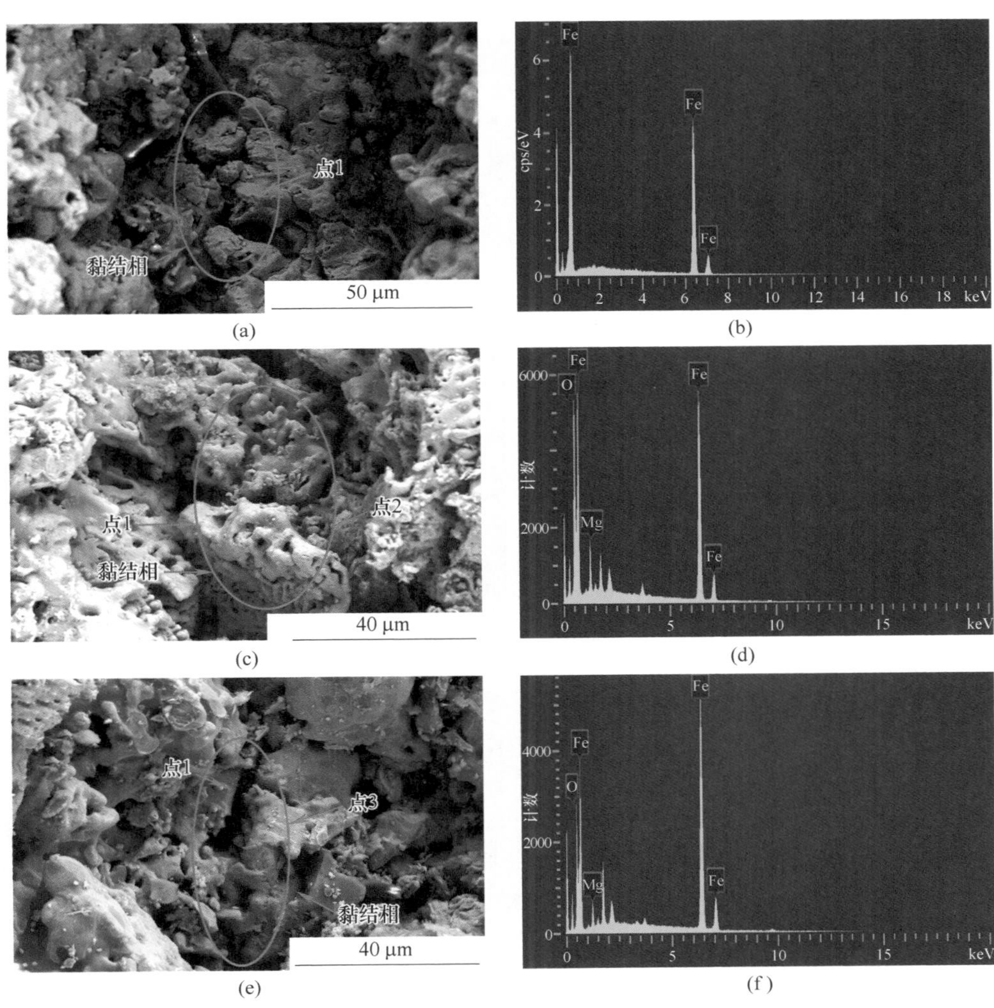


图 3.86 不同 MgO 质量分数氧化球团还原黏结界面的 SEM-EDS 分析结果

(a) 0.45% MgO；(b) 点 1 EDS；(c) 2.25% MgO；(d) 点 2 EDS；
(e) 1.35% MgO；(f) 点 3 EDS

## 3.3 中等品位氧化球团氢基竖炉适用性研究

### 3.3.1 中等品位酸性球团适用性研究

#### 3.3.1.1 酸性球团还原性

A 还原气氛对酸性球团还原性的影响

还原气氛对酸性球团还原性指数的影响规律如图 3.87 所示。可以看出，随着还原气中氢气比例的提高，酸性球团的还原性指数逐渐提高。60% $H_2$ 条件下的还原性指数为 3.781 %/min，66% $H_2$、71.5% $H_2$、80% $H_2$ 及 100% $H_2$ 条件下的还原性指数分别为 3.941 %/min、4.217 %/min、4.288 %/min 及 4.575 %/min。可以看出，当还原气中氢气比例提高到 71.5%后，还原性指数提高到了 4.217 %/min，可以满足氢基竖炉生产标准。

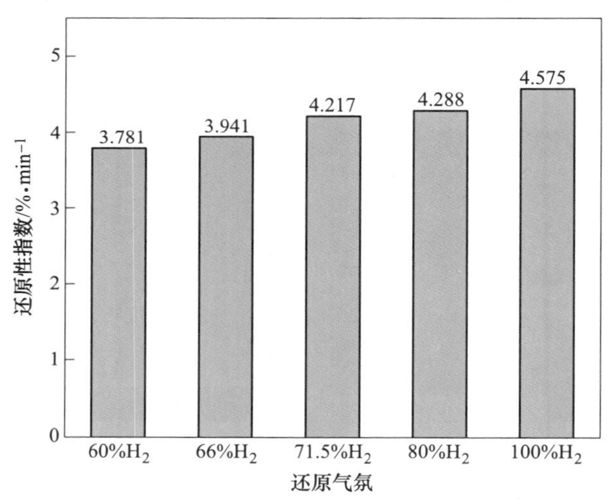


图 3.87 不同还原气氛条件下酸性球团的还原性指数

根据还原结果可以看出，还原气中还原性气氛（$H_2$+CO）比例的提高，氧化性气氛（$CO_2$）的比例会相应降低，还原气内 $CO_2$ 浓度较高时会较为明显地影响到球团的还原。而还原性气氛的比例增加后，还原气浓度增加，还原气与球团的接触面积会增加，会加快还原反应速率；其中氢气比例增加后，氢气由于分子颗粒较小，更易进入球团内部与球团内部颗粒发生反应，进一步提高还原效率。因此随着还原气中还原性气氛比例提高后，还原性指数会出现明显的提高，进而在还原气中氢气比例提高后球团可满足氢基竖炉要求。

B 还原温度对酸性球团还原性的影响

还原温度系列实验在 80% $H_2$ 条件下进行，还原温度对酸性球团还原性指数的影响规律如图 3.88 所示。可以看出，在较低的还原温度下时，酸性球团的还原性指数明显偏低，850 ℃条件下的还原性指数仅为 3.762 %/min；温度提高到 900 ℃后，还原性指数提高到了 3.996 %/min，略低于 HYL 标准的 4 %/min。在 950 ℃、1000 ℃及 1050 ℃条件下时，还原性指数分别为 4.288 %/min、4.389 %/min及 4.517 %/min。

对比结果可以看出，提高还原温度可以有效地改善酸性球团的还原性能。还原温度提高后，球团的状态会进一步软化，在炉内气体的流动速率也会提高，使得反应速率加快，进而改善还原性能。因此在还原气中氢气比例较低时，可以考虑适当提高还原温度来提高球团的还原速率，但提高还原温度后可能会恶化球团的还原膨胀及还原黏结，因此还需要进一步研究。

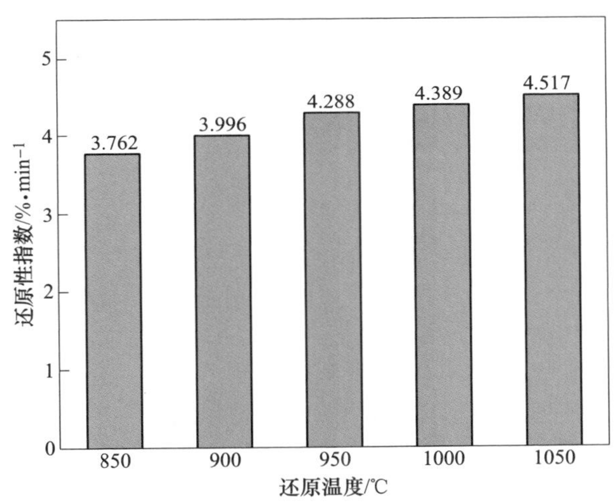


图 3.88 不同还原温度条件下酸性球团的还原性指数

### 3.3.1.2 酸性球团低温还原粉化性能

酸性球团在不同还原气氛条件下的低温还原粉化结果如图 3.89 所示。可以看出，随着还原气中氢气比例的提高，低温还原粉化指数 $LTD_{+6.3}$ 逐渐提高，$LTD_{-3.2}$ 逐渐降低，$LTD_{up}$ 均为 100%。总体来说，不同还原条件下 $LTD_{+6.3}$ 均大于 95%，$LTD_{-3.2}$ 均小于 5%，低温还原粉化性能均较优，可以满足氢基竖炉生产标准。在纯氢气氛条件下时，$LTD_{+6.3}=99.32\%$，$LTD_{-3.2}=0.68\%$。

氢气是小分子气体，氢气在与球团中铁氧化物还原时，气体进入铁氧化物内部，氢气形成的内部通道较小，小分子对球团结构的破坏较小，因此球团的低温还原粉化性能较好，所以要改善球团的低温还原粉化性能，可以考虑提高还原气中氢气比例。但酸性球团整体低温还原粉化性能良好，不会对还原生产产生较大影响。

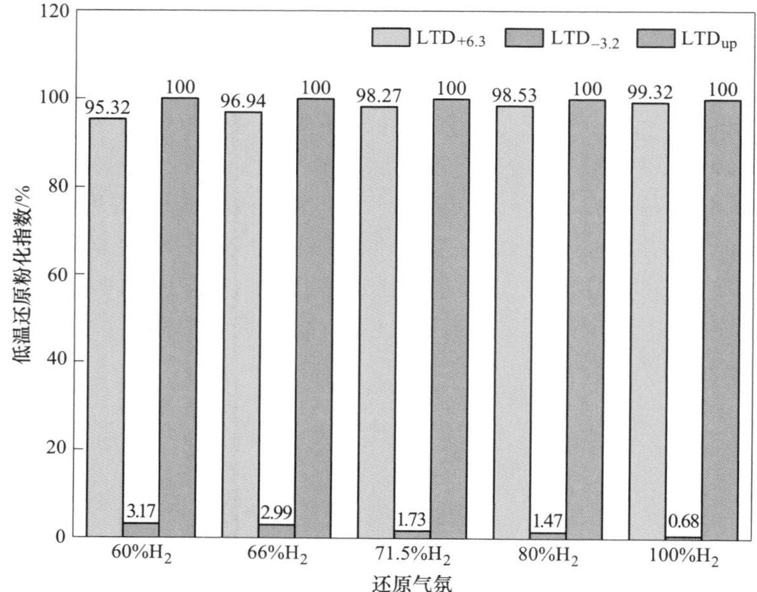


图 3.89　不同还原气氛条件下酸性球团的低温还原粉化指数

#### 3.3.1.3　酸性球团还原膨胀性能

A　还原气氛对酸性球团还原膨胀的影响

不同还原气氛条件下的球团还原膨胀结果如图 3.90 所示。可以看出，随着还原气中氢气比例的提高，球团的还原膨胀率逐渐降低。60% $H_2$ 条件下时的还原膨胀率为 16.05%，随着还原气中氢气比例的提高，66% $H_2$、71.5% $H_2$ 及 80% $H_2$ 条件下酸性球团的还原膨胀率逐渐降低为 15.82%、13.77%及 12.36%，在纯氢气氛条件下的还原膨胀率为 9.32%，依据 HYL 标准，球团的还原膨胀率应当小于 15%。在还原气中氢气比例提高至 71.5%后，球团的还原膨胀率可以符合氢基竖炉的要求。

在还原过程中，影响球团还原膨胀率主要原因是还原过程中的晶型转变，CO 还原时，还原生成的铁会倾向于生成粗壮的铁晶须，铁晶须的异常生长是导致球团恶性膨胀的主要原因。而氢气比例的提高会抑制还原过程中铁晶须的生成，使还原铁相倾向于层状生长，铁相生长更加规则；同时氢气在还原过程中对球团内部结构破坏较小，因此还原膨胀率较低。对应球团的还原规律可以看出，随着还原气中氢气比例的提高，球团的还原膨胀率会明显降低。

B　还原温度对酸性球团还原膨胀的影响

还原温度系列实验在 80% $H_2$ 条件下进行，还原温度对酸性球团还原膨胀率的影响规律如图 3.91 所示。可以看出，在较低的还原温度下时，酸性球团的还

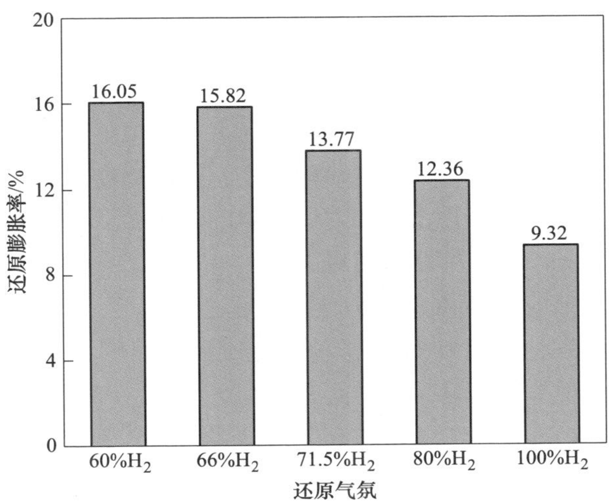


图 3.90　不同还原气氛条件下酸性球团的还原膨胀率

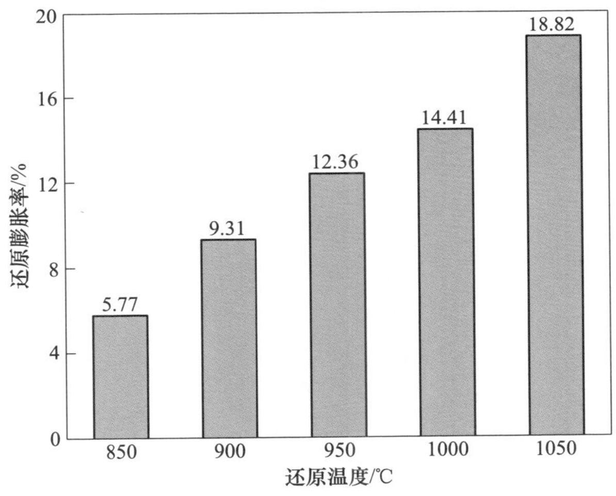


图 3.91　不同还原温度条件下酸性球团的还原膨胀率

原膨胀率明显偏低，850 ℃条件下的还原膨胀率仅为 5.77%；温度提高到 900 ℃后，还原膨胀率提高到了 9.31%；在 950 ℃、1000 ℃及 1050 ℃条件下时，还原膨胀率分别为 12.36%、14.41%及 18.82%。对比结果可以看出，提高还原温度会显著提高酸性球团的还原膨胀率，在 1050 ℃时还原膨胀率已超出 HYL 标准；若在还原气中氢气比例较低时，还原膨胀率在 1000 ℃时即可能超过 15%。因此，在生产过程中不宜选取较高的还原温度。

影响球团还原后铁相生长状态的不仅有还原气体，还原温度的提高也会导致还原膨胀率的增加。即使在氢气比例较高时，还原温度过高也会使球团内铁相异常增长进而导致还原膨胀率超过使用标准。在氢基竖炉的还原温度下，球团虽然不会融化变成液态，但会有一定的软化现象存在，而还原温度越高，软化程度越高，还原速率加快，内部产生的还原应力较大，且高温下热应力较大，内外部均有较大应力导致软化的球团会发生明显的形变，进而提高球团的还原膨胀率，在较高温度下使得还原膨胀恶化，因此建议球团的还原温度不要过高。

#### 3.3.1.4 酸性球团还原黏结指数

##### A 还原气氛对酸性球团还原黏结指数的影响

不同还原气氛条件下酸性球团的还原黏结指数如图 3.92 所示。可以看出，在不同还原气氛条件下，酸性球团的还原黏结指数均为 2.5%。说明在还原黏结实验后，球团的黏结部分在 1 次跌落后便全部散开，没有明显的黏结现象发生，因此在生产过程中酸性球团的还原黏结并不会产生过大的影响。

分析球团的黏结问题，球团在还原过程中会发生膨胀，因此球团之间的接触面积会增加，由前述分析可知，在还原气中氢气比例较低时，球团还原生成的铁相会倾向于生成铁晶须，且还原膨胀率较高，此时球团间的接触面积由于膨胀挤压会大于膨胀率较低时，同时在接触过程中，铁晶须间会相互勾连，使得球团间的黏结指数增大。而本实验在不同气氛条件下的氢气比例均较高，球团的铁晶须生成量较少，因此在还原过程中并未发生明显的黏结现象。

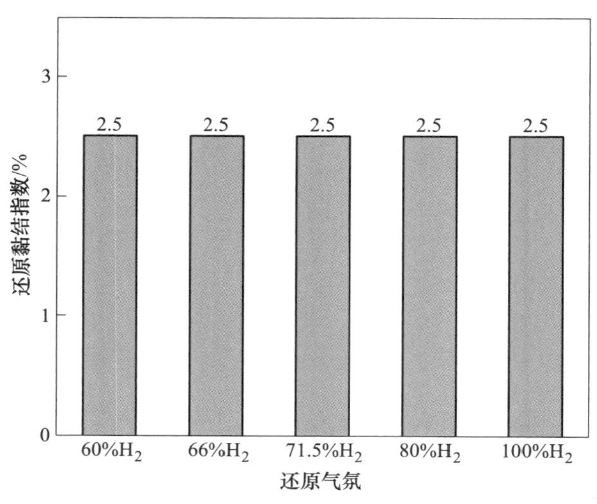


图 3.92 不同还原气氛条件下酸性球团还原黏结指数

##### B 还原温度对酸性球团还原黏结指数的影响

不同还原温度条件下酸性球团的还原黏结指数如图 3.93 所示。可以看出，在低于 950 ℃条件下时，球团的还原黏结指数均为 2.5%，说明在较低的还原温度条件下酸性球团并不会发生明显的黏结现象；而还原温度提高到 1000 ℃时，黏结指数为 10.47%，小于 20%，说明在 20 次跌落过程中酸性球团的黏结部分会全部摔散，对生产过程影响不大；而还原温度进一步提高到 1050 ℃后，黏结指数急剧升高到了 66.48%，此时会发生严重的黏结现象，对生产造成不利影响。因此为了防止球团的过度黏结，应当控制还原温度在 1000 ℃及以下。

对比可以看出，在 850 ℃条件下球团间完全未发生黏结现象，而在 900 ℃、950 ℃时黏结现象不明显，在还原温度提高到 1000 ℃后，虽然还原气中氢气会抑制铁晶须的生成，但球团软化后在顶压作用下之间的接触面积会明显增大，同时在热应力作用下球团还原生成的铁相形变也更大，这导致在球团间接触后会发生明显的黏结现象；而在 1000 ℃下接触面积及异常形变较少，黏结问题不严重，但温度进一步升高后恶化了黏结现象，因此黏结指数达到了 66.48%。

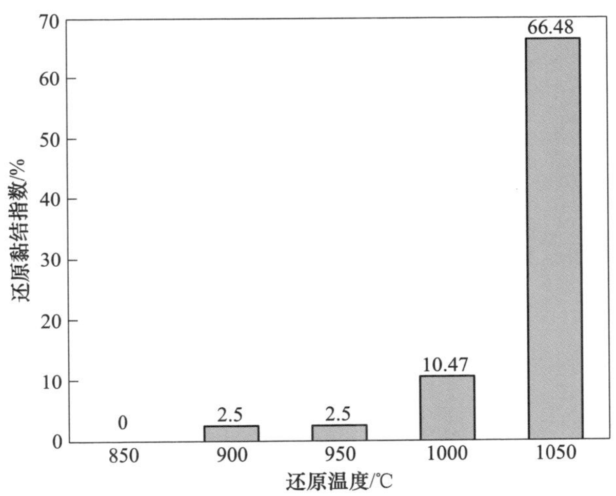


图 3.93　不同还原温度条件下酸性球团的还原黏结指数

## 3.3.2 中等品位碱性球团适用性研究

### 3.3.2.1 碱性球团还原性指数

A　还原气氛对碱性球团还原性指数的影响

还原气氛对碱性球团还原性指数的影响规律如图 3.94 所示。可以看出，随着还原气中氢气比例的提高，碱性球团的还原性指数逐渐提高。60% $H_2$ 条件下的还原性指数仅为 3.186 %/min，66% $H_2$、71.5% $H_2$、80% $H_2$ 及 100% $H_2$ 条件下的还原性指数分别为 3.25 %/min、3.617 %/min、3.823 %/min 及 4.227 %/min。仅在纯氢气氛条件下时，球团的还原性指数超过了 HYL 标准的 4 %/min，达到 4.227 %/min。在氢气比例较低时还原性指数明显低于酸性球团。因此，在氢基竖炉实际生产过程中使用碱性球团需考虑提高还原温度以改善还原性能。

由抗压强度检测结果可知，碱性球团强度为 3218 N/个，酸性球团强度则为 2849 N/个，碱性球团强度更高，致密度高，因此气体在进入球团内部时更难。且相较于酸性球团，碱性球团中低熔点物相较多，脉石成分较多，因此散布在球团内部时会阻碍还原气体的渗入，进而降低球团的还原效率，同时影响到球团内部铁相的大面积连晶。因此对比可以看出碱性球团的还原性能差于酸性球团。

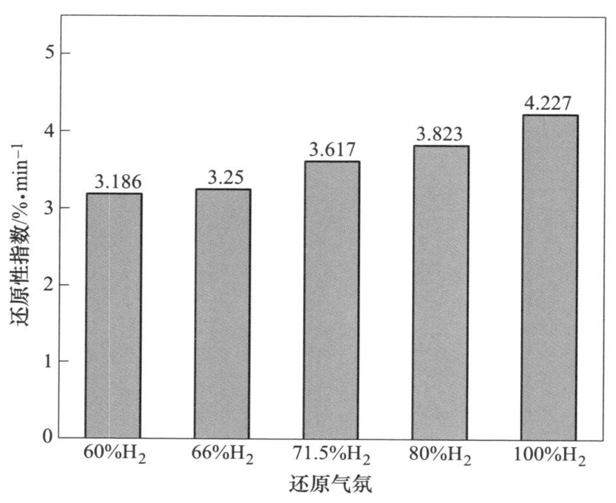


图 3.94 不同还原气氛条件下碱性球团的还原性指数

B 还原温度对碱性球团还原性指数的影响

还原温度系列实验在 80% $H_2$ 条件下进行，还原温度对碱性球团还原性指数的影响规律如图 3.95 所示。可以看出，在较低的还原温度下时，碱性球团的还原性指数明显偏低，850 ℃条件下的还原性指数仅为 3.431 %/min；温度提高到 900 ℃后，还原性指数提高到了 3.718 %/min；在 950 ℃时为 3.823 %/min；还原温度提高到 1000 ℃后还原性指数为 4.266 %/min，可满足氢基竖炉生产标准；在 1050 ℃条件下时，还原性指数达到了 4.416 %/min。对比结果可以看出，提高还原温度可以有效地改善碱性球团的还原性能。若要满足 HYL 生产标准，需使碱性球团的还原温度超过 950 ℃以保证较好的还原性能。

3.3.2.2 碱性球团低温还原粉化性能

碱性球团在不同还原气氛条件下的低温还原粉化结果如图 3.96 所示。可以看出，随着还原气中氢气比例的提高，低温还原粉化指数 $LTD_{+6.3}$ 逐渐提高，$LTD_{-3.2}$ 逐渐降低，$LTD_{up}$ 均大于 95%。总体来说，不同还原条件下 $LTD_{+6.3}$ 均大于 90%，$LTD_{-3.2}$ 均小于 10%，各项指标均可满足 HYL 生产标准，但低温还原粉化

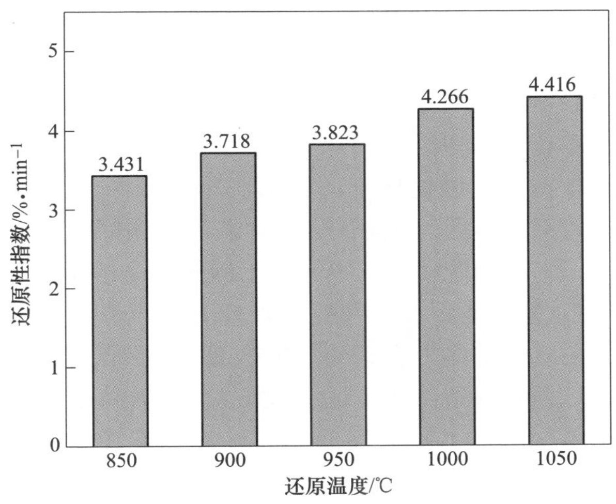


图 3.95 不同还原温度条件下碱性球团的还原性指数

性能略差于酸性球团。在还原气中氢气比例较低时，低温还原实验转鼓后会出现个别球团破损，但总体球团均为完整球团，并不会对还原生产产生影响。

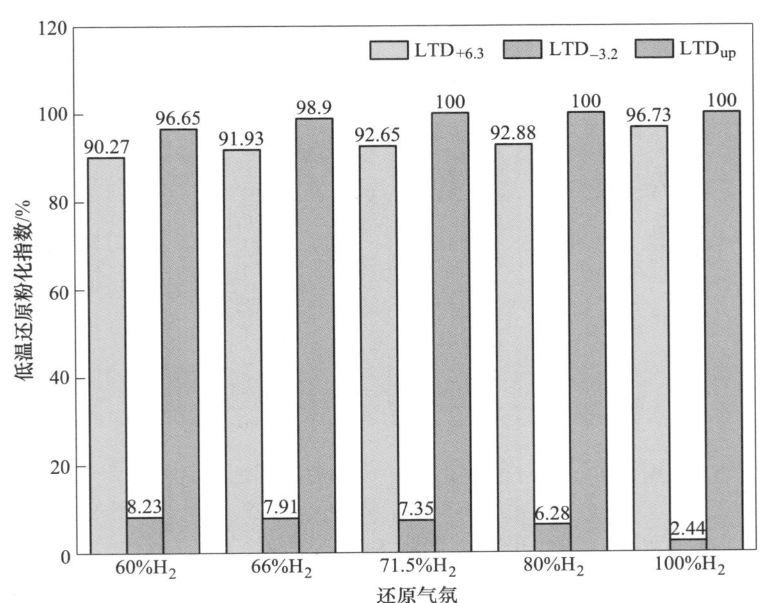


图 3.96 不同还原气氛条件下碱性球团的低温还原粉化指数

碱性球团中由于脉石含量较高，因此赤铁矿大面积连晶较少，在还原过程中，大面积的赤铁矿连晶可以抵御晶型转变带来的结果破坏，而连晶较少后在还原应力相同的情况下赤铁矿间连晶破坏会较为严重，因此会导致球团的粉化较为严重，所以碱性球团的低温还原粉化性能较差。

3.3.2.3 碱性球团还原膨胀性能

A 还原气氛对碱性球团还原膨胀的影响

不同还原气氛条件下的碱性球团还原膨胀结果如图 3.97 所示。可以看出，随着还原气中氢气比例的提高，球团的还原膨胀率逐渐降低，60%氢气条件下时的还原膨胀率为 8.32%；随着还原气中氢气比例的提高，66% $H_2$、71.5% $H_2$ 和 80% $H_2$ 条件下碱性球团的还原膨胀率逐渐降低为 7.56%、6.18%和 5.92%；在纯氢气氛条件下的还原膨胀率为 4.33%。依据 HYL 标准，球团的还原膨胀率应当小于 15%。碱性球团在各条件下的还原膨胀率均符合氢基竖炉生产标准，还原膨胀率优于酸性球团。

碱性球团中脉石含量较高，会产生较多的低熔点物相，在氢基竖炉还原条件下时软化程度会大于铁氧化物相，因此液相流动时会生成空隙，球团在膨胀时产生的空隙大于酸性球团，因此球团在发生晶型转变导致还原膨胀时，含铁物相在向外膨胀时也会出现向外膨胀的现象，因此球团的还原膨胀率会低于酸性球团。

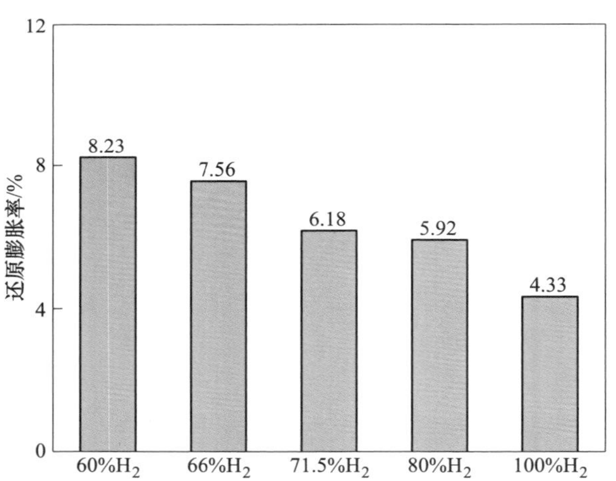


图 3.97 不同还原气氛条件下碱性球团的还原膨胀率

B 还原温度对碱性球团还原膨胀率的影响

还原温度系列实验在 80% $H_2$ 条件下进行，还原温度对碱性球团还原膨胀率的影响规律如图 3.98 所示。

由图 3.98 可以看出，在较低的还原温度下时，850 ℃条件下的还原膨胀率仅为 3.35%；温度提高到 900 ℃后，还原膨胀率提高到了 5.01%；在 950 ℃、1000 ℃及 1050 ℃条件下时，还原膨胀率分别为 5.92%、7.22%及 11.31%。对比

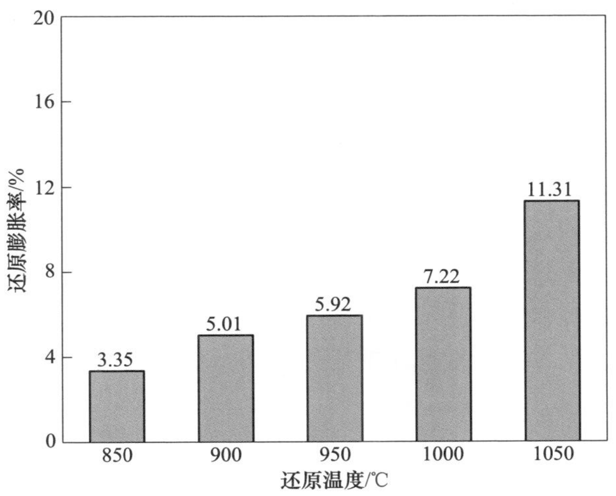


图 3.98 不同还原温度条件下碱性球团还原膨胀率

结果可以看出，提高还原温度会提高碱性球团的还原膨胀率，但各温度条件下碱性球团的还原黏结指数均低于 HYL 标准的 15%。

#### 3.3.2.4 碱性球团还原黏结

##### A 还原气氛对碱性球团还原黏结的影响

不同还原气氛条件下碱性球团的还原黏结指数如图 3.99 所示。可以看出，在不同还原气氛条件下，当还原气中氢气比例大于 71.5%时，碱性球团的还原黏结指数均为 2.5%；而在 60% $H_2$ 及 66% $H_2$ 条件下，碱性球团的黏结指数为 6.32%及 3.28%。黏结指数均较低，可以满足氢基竖炉生产标准。

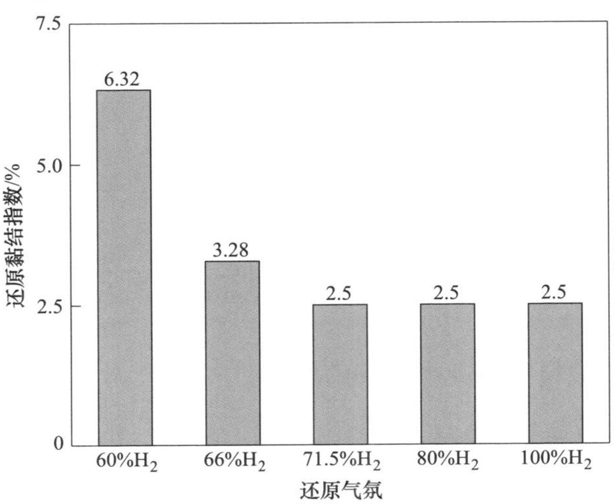


图 3.99 不同还原气氛条件下碱性球团的还原黏结指数

由实验结果可知，在还原过程中碱性球团在氢气比例较低的情况下时黏结指数略高，而碱性球团内脉石含量较高，会产生较多低熔点物相，因此在相同温度下时碱性球团的软化程度略高于酸性球团。在顶压条件下，碱性球团会发生的形变更大，因此碱性球团间的接触面积会增加。而对于还原黏结来说，球团的黏结不仅受到铁晶须间的相互勾连。还有低熔点液相的相互黏结，而低熔点液相的黏结差于铁晶须间的勾连。但碱性球团的脉石成分较多，低熔点物相也较多，因此相较于酸性球团，碱性球团的黏结指数略高。

B 还原温度对碱性球团还原黏结指数的影响

不同还原温度条件下碱性球团的还原黏结指数如图 3.100 所示。

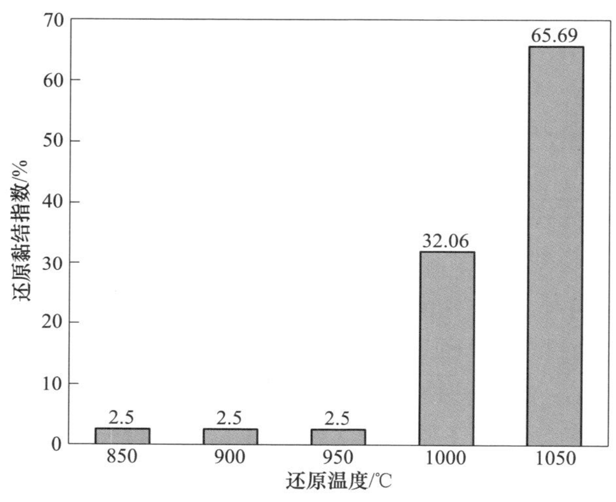


图 3.100 不同还原温度条件下碱性球团的还原黏结指数

由图 3.100 可以看出，在低于 950 ℃条件下时，球团的还原黏结指数均为 2.5%，说明在较低的还原温度下碱性球团并不会发生明显的黏结现象；而还原温度提高到 1000 ℃时，黏结指数也提高到了 32.06%，超过了 20%，说明在 20 次跌落过程中碱性球团的黏结部分无法全部摔散，会对生产过程造成影响；而还原温度进一步提高到 1050 ℃后，黏结指数急剧升高到了 65.69%，此时会发生严重的黏结现象。因此为了防止球团的过度黏结，应当控制还原温度在 1000 ℃以下。

## 3.4 氢基竖炉炉料中配加块矿研究

### 3.4.1 竖炉炉料特性及实验方法

针对块矿进行了基础性能分析，块矿的化学组成见表 3.18。可以看出，块矿的 TFe 含量为 61.18%，$SiO_2$ 含量为 2.76%，脉石总含量为 7.05%。图 3.101 的 XRD 分析结果显示，块矿中除了赤铁矿以外，还存在针铁矿 FeOOH，这与球团这类熟料不同，且块矿中有明显的裂纹，自身强度较差。而块矿在升温过程中会发生爆裂现象，过程中 FeOOH 会转化为 $Fe_2O_3$，所以实验还对升温到 500 ℃（低温还原粉化温度）后的块矿进行了检测分析，如图 3.102 所示。可以看出 FeOOH 全部转化为了 $Fe_2O_3$，并且通过微观分析可知，块矿内部孔隙消失；但是相较于球团来说，并不能看出明显的赤铁矿连晶，因此在加热后块矿内部结构依旧较为松散，可能会影响其低温还原粉化性能。

**表 3.18　块矿与酸性球团化学组成**

| 组分 | 成分（质量分数）/% | | | | | | | |
|---|---|---|---|---|---|---|---|---|
| | TFe | FeO | $SiO_2$ | CaO | $Al_2O_3$ | MgO | S | P |
| 块矿 | 61.18 | 2.01 | 2.76 | 0.9 | 1.51 | 1.88 | 0.016 | 0.049 |
| 酸性球团 | 64.09 | 1.59 | 5.63 | 1.39 | 0.83 | 0.72 | 0.016 | 0.032 |

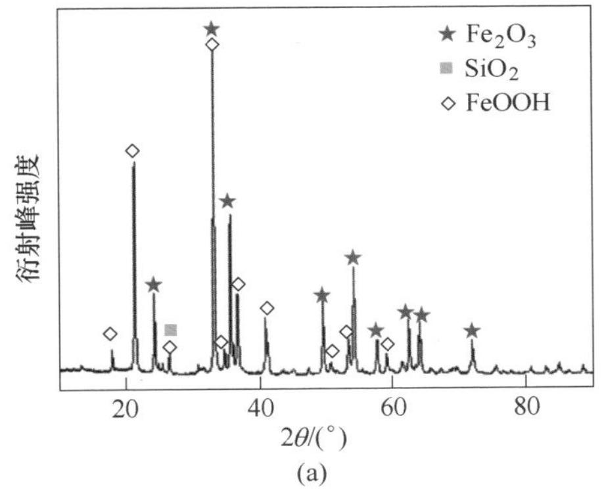

(a)

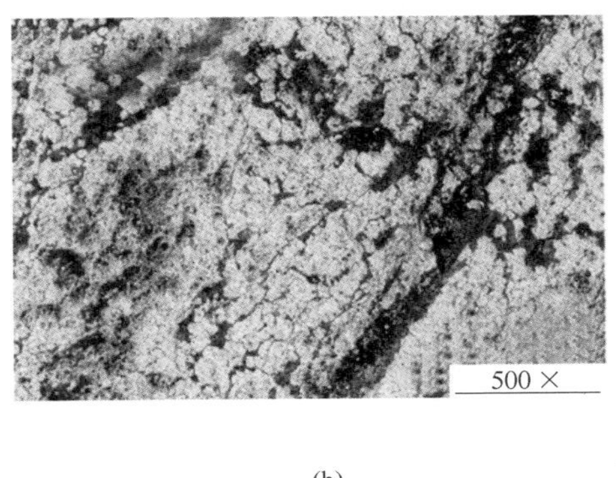

(b)

图 3.101　块矿 XRD（a）及 SEM（b）分析结果

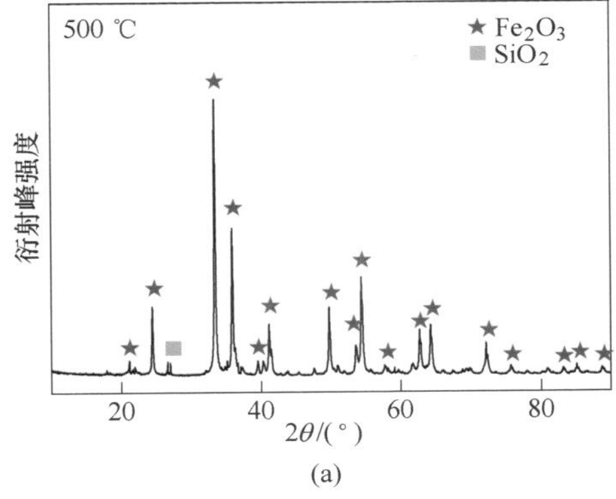

(a)

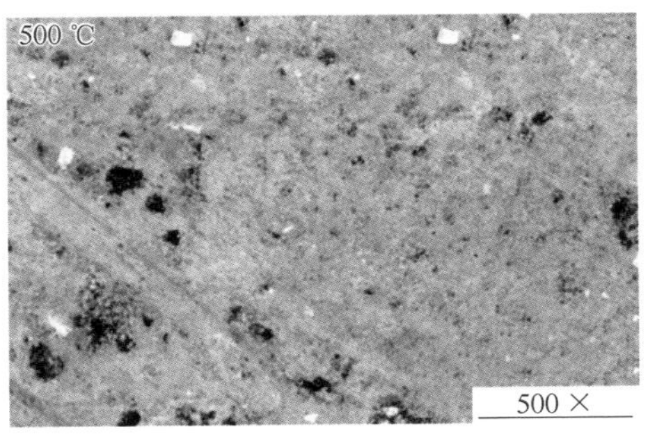

(b)

图 3.102　实验用块矿 XRD（a）及 SEM（b）分析结果

实验室依据现场酸性球团及块矿，对其进行还原性能检测。实验依据 HYL 标准还原气氛，还原气氛见表 3. 19。其中低温还原粉化实验温度为 500 ℃。

表 3. 19 还原实验条件 （体积分数,%）

| 还原温度/℃ | $H_2$ | CO | $N_2$ | $CO_2$ |
|---|---|---|---|---|
| 950 | 55 | 21 | 14 | 10 |

### 3. 4. 2 块矿使用量对综合炉料还原性的影响

3. 4. 2. 1 块矿使用量对综合炉料低温还原粉化性能的影响

配加块矿后炉料低温还原粉化性能见表 3. 20 和图 3. 103。可以看出，提高块矿配比后，炉料的低温还原粉化性能逐渐变差，在 100%球团的条件下时，炉料的低温还原粉化指数 $LTD_{+6.3}=98.85\%$，$LTD_{-3.2}=1.15\%$；但在 100%块矿时，$LTD_{+6.3}=70.26\%$，$LTD_{-3.2}=14.42\%$，低温还原粉化结果明显变差。其中 $LTD_{up}$ 仅检测了球团的破损，因为在块矿升温过程中会发生爆裂现象，所以在还原过程中并无破损现象。而块矿由于强度较差，因此在低温还原过程中难以抵御晶格转变造成的应力，同时块矿自身爆裂会产生小颗粒矿物，因此块矿低温还原粉化性能较差。在块矿添加比例达到 60%后 $LTD_{-3.2}=10.53\%$，已不能满足氢基竖炉生产标准。

表 3. 20 块矿使用量对综合炉料还原粉化性能的影响 （%）

| 球团比例 | 块矿比例 | 还原粉化 | | |
|---|---|---|---|---|
| | | $LTD_{+6.3}$ | $LTD_{-3.2}$ | $LTD_{up}$ |
| 100 | 0 | 98. 85 | 1. 15 | 100 |
| 90 | 10 | 97. 83 | 2. 17 | 100 |
| 80 | 20 | 93. 93 | 3. 81 | 100 |
| 70 | 30 | 89. 86 | 5. 26 | 100 |
| 60 | 40 | 88. 57 | 5. 98 | 100 |
| 40 | 60 | 79. 10 | 10. 53 | 100 |
| 20 | 80 | 75. 28 | 12. 22 | 100 |
| 0 | 100 | 70. 26 | 14. 42 | — |

在低温还原过程中，含铁炉料中的 $Fe_2O_3$ 会发生晶型转变，转化为 $Fe_3O_4$，此时会产生应力导致炉料的内部结构发生变化，因此炉料发生了崩解。由试验结果可以看出，加入块矿后炉料的低温还原粉化性能变差，因此可以得出，块矿的低温还原粉化性能较差。对低温还原后的球团与块矿通过 XRD 分析结果可以看出（见图 3. 105），低温还原后的球团与块矿的物相组成相同，说明球团与块矿

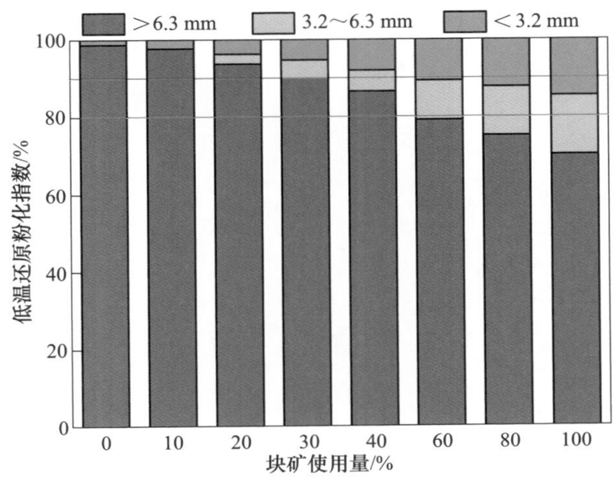


图 3.103 不同块矿使用量下低温还原后炉料粒度分布

在低温还原过程中发生的还原反应一致，需要深入分析块球团与矿在低温还原过程中的差异。

分析块矿低温还原粉化差的问题，需要从球团与块矿的差异来对比，从图3.104和图3.105的对比可以看出，块矿中除了有与球团相同的赤铁矿，还存在针铁矿。由前人研究可知，针铁矿在氧化升温过程中会发生分解反应，该反应的发生温度是在250～350 ℃，低于炉料低温还原粉化的温度。因此在低温还原实验之前针铁矿会先分解转化为赤铁矿，同时释放出水蒸气，同时还会发生爆裂。在块矿的爆裂过程中，粒度较大的块矿会变成小颗粒甚至粉末，而且相较于原本的粒度较大的块矿，爆裂后的块矿颗粒变多，比表面积增大，会增加与还原气的接触面积，使得反应速率加快，在低温还原过程中会发生更多的晶型转变。同时，从图3.104中可以看出，低温还原后的块矿中有较多较大的裂纹，因此块矿的崩解严重，低温还原粉化性能不好。

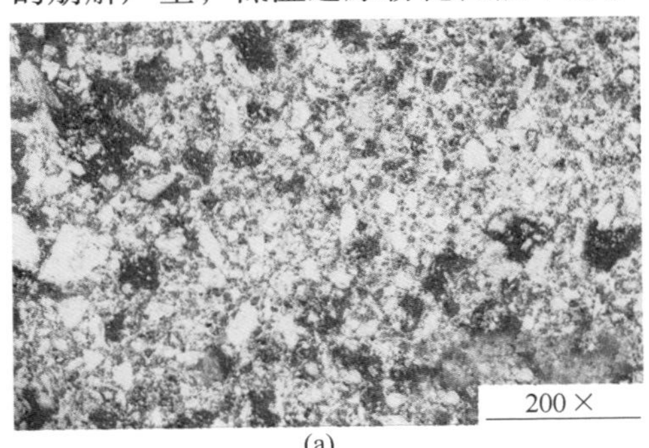

(a)

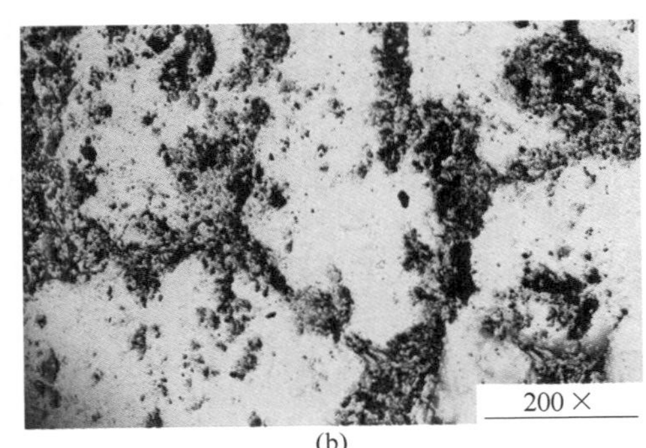

(b)

图 3.104 粉化后球团（a）与块矿（b）微观形貌

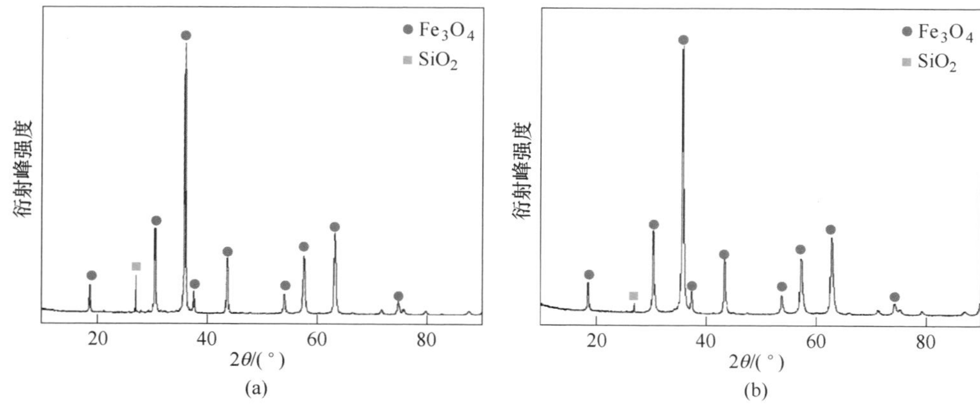


图 3.105　粉化后球团（a）与块矿（b）XRD 分析结果

#### 3.4.2.2　块矿使用量对综合炉料还原性的影响

在配加不同块矿比例后的还原实验中，还原后的分析结果如图 3.106 和图 3.107 所示。可以看出，在配加块矿后炉料的还原性能有所改善。100%酸性球团在 175 min 达到还原终点，而在增加块矿后，炉料的还原性能有所改善，增加 10%块矿后，炉料达到还原终点的时间缩短为 165 min；而块矿比例增加为 20%后，还原时间进一步缩短为 160 min；使用 100%块矿还原后，还原时间缩短到了 140 min。由前期对块矿基础性能分析可知块矿内部孔隙较大，有利于还原气体进入内部还原，进而提高还原速率。在该还原气氛下，全部使用球团时的还原性指数为 2.027 %/min；而全部使用块矿后，还原性指数提高至 2.461 %/min。虽然还原性指数有所改善，但还原性指数远低于氢基竖炉生产标准的 4 %/min。

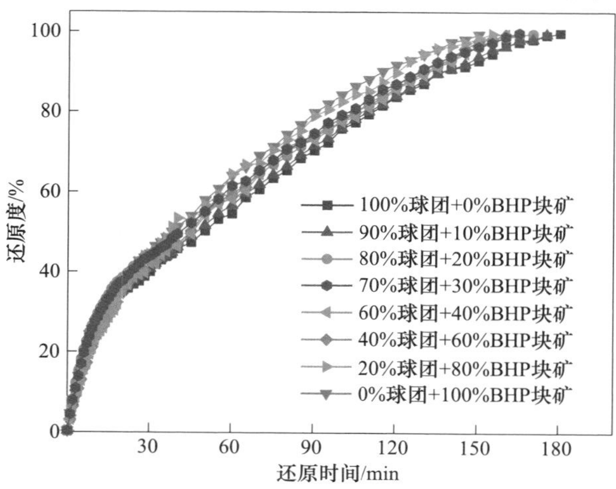


图 3.106　块矿使用量对综合炉料还原度的影响

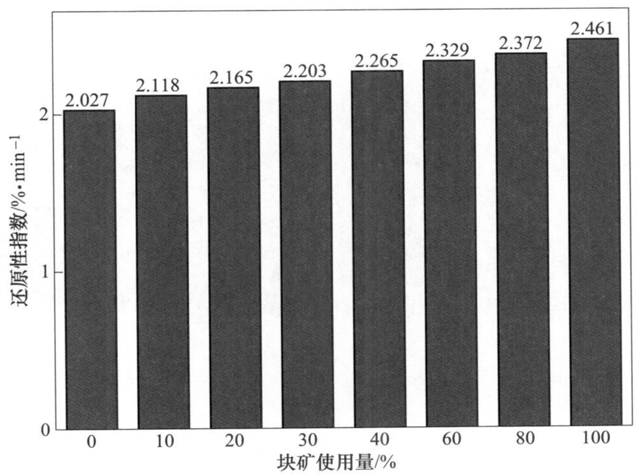


图 3.107 块矿使用量对综合炉料还原性指数的影响

图 3.108 为还原实验后球团与块矿的 XRD 分析结果。由图可知，还原后球团和块矿的物相组成相同，主要是铁和氧化亚铁，还有 $SiO_2$ 的衍射峰。在升温过程中，块矿中的针铁矿会受热分解变成赤铁矿，因此块矿在还原时与球团的还原过程相同，还原气中的 $H_2$ 和 CO 与铁氧化物发生还原反应，还原过程的物相转变为 $Fe_2O_3 \to Fe_3O_4 \to FeO \to Fe$。因此，在反应过程中 $H_2$ 和 CO 要和铁氧化物接触后发生反应，在还原过程中，气体需要渗透进入炉料内部。而相比于块矿，球团是结构致密的含铁炉料，还原气体较难进入球团内部。而爆裂后的小颗粒块矿增加了气体与块矿的接触面积，气体需要进入块矿内部的长度变短了，所以还原速率明显变快。同时对比还原后球团和块矿的微观结构图（见图 3.109）可以看出，还原后的块矿中有裂纹，还原过程中还原气也可以渗入裂纹中，进一步加快还原反应速率。

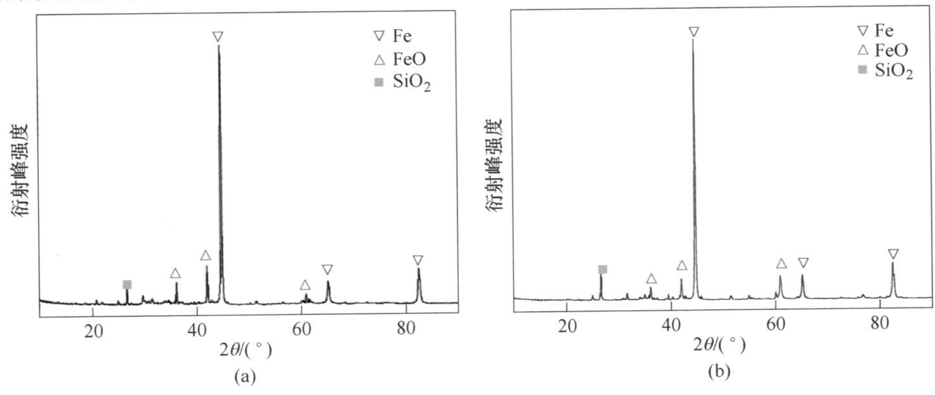


图 3.108 低温还原粉化实验后球团（a）与块矿（b）XRD 分析结果

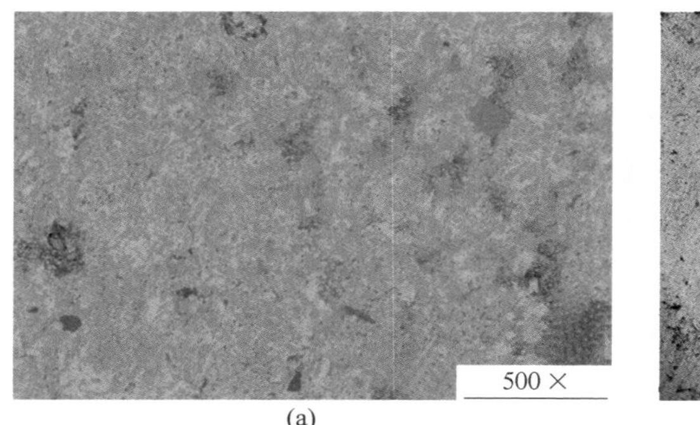

(a)

(b)

图 3.109　低温还原粉化后块矿（a）与球团（b）微观形貌

#### 3.4.2.3　块矿使用量对综合炉料高温还原粉化的影响

还原后炉料的强度也是氢基竖炉中用炉料的重要指标之一。因此，有必要测定还原块状矿石和球团的强度。然而，块状矿石结构不规则，块状矿石的抗压强度难以测量。因此，还原后的炉料也在转鼓装置中旋转，测定综合炉料高温还原粉化性能，通过这种方式来对比球团矿和块矿之间的强度差异。表 3.21 和图 3.110 所示为块矿使用量对综合炉料高温还原粉化性能的影响。

**表 3.21　块矿使用量对综合炉料高温还原粉化性能的影响**　（%）

| 球团比例 | 块矿比例 | >6.3 mm | 3.2~6.3 mm | <3.2 mm |
|---|---|---|---|---|
| 100 | 0 | 98.15 | 1.70 | 0.14 |
| 90 | 10 | 96.18 | 2.23 | 1.60 |
| 80 | 20 | 94.86 | 2.83 | 2.31 |
| 70 | 30 | 93.44 | 3.88 | 2.69 |
| 60 | 40 | 92.40 | 4.49 | 3.11 |
| 40 | 60 | 90.17 | 5.84 | 3.99 |
| 20 | 80 | 87.53 | 6.17 | 6.30 |
| 0 | 100 | 85.23 | 7.05 | 7.72 |

当炉料全部为球团时，大于 6.3 mm 的比例为 98.15%，小于 3.2 mm 的比例仅为 0.14%。在炉料中加入块矿后，还原后炉料的粉碎程度下降。当块矿在炉料中的比例为 40%时，92.40%的炉料大于 6.3 mm，3.11%的炉料小于 3.2 mm；当块矿比例为 80%时，大于 6.3 mm 的颗粒在炉料中所占比例小于 90%；当炉料均为块矿时，85.23%的炉料大于 6.3 mm，7.72%的炉料小于 3.2 mm。对比可以看出，随着炉料中块矿比例的增加，还原后块矿的强度差于球团，因此需要控制炉料中加入块矿的比例。

#### 3.4.2.4　块矿使用量对综合炉料还原黏结的影响

不同块矿比例下的球团黏结指数如图 3.111 所示。可以看出，随着块矿比例

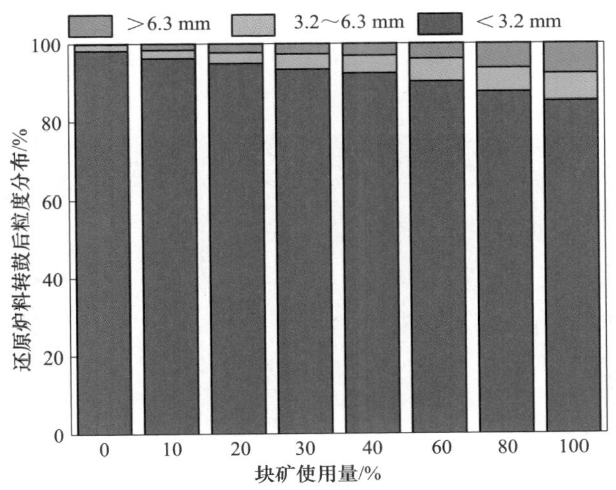


图 3.110 块矿使用量对综合炉料高温还原粉化性能的影响

的增加，炉料的黏结指数逐渐升高。在全球团条件下时炉料的黏结指数为 2.50%，在 1 次跌落实验后便可全部摔散；而加入 10%的块矿后，黏结指数升高到了 3.37%，说明仍有少量黏结块在 1 次摔落后存在，但后续依旧会全部分开；在全块矿条件下时，炉料的黏结指数为 14.28%，在 20 次跌落实验后可全部摔开，并不会发生明显的黏结现象。因此在块矿加入竖炉生产时，需要考虑的主要因素为低温还原粉化问题。

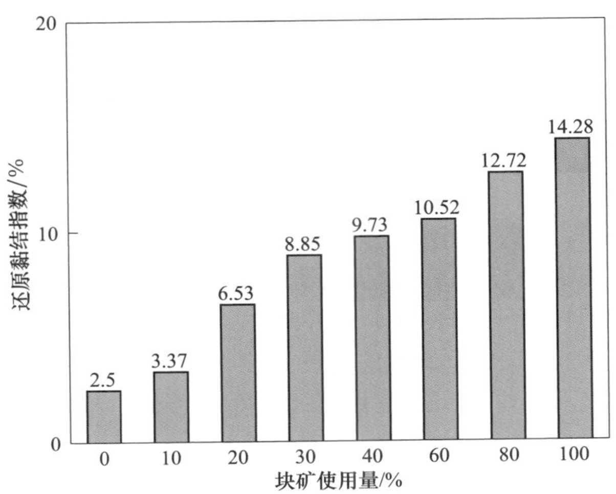


图 3.111 块矿使用量对综合炉料还原黏结性能的影响

同时实验室还针对块矿间黏结界面微观形貌进行了对比，如图 3.112 所示。

可以看出，还原后块矿生长的铁相形成了细长的铁晶须，而球团还原生成的铁则主要为层状生长。块矿还原形成的铁晶须增大了与球团间的接触点，因此导致黏结指数升高。

图 3.112 球团与块矿间黏结界面微观形貌对比

（a）全球团黏结；（b）配矿黏结

### 3.4.3 还原工艺参数对综合炉料还原黏结的影响

3.4.3.1 还原气氛对综合炉料还原黏结的影响

针对不同还原气氛条件下的配矿黏结实验，对比前文实验结果可以看出，在炉料中配加 40%块矿后，炉料的低温还原粉化指数 $LTD_{+6.3}=88.57\%$，$LTD_{-3.2}=5.98\%$，相较于全球团条件下的还原实验结果，低温还原粉化性能变差；但还原速率有所提高，全球团条件下还原达到终点时长为 180 min，而配加 40%块矿时达到还原终点的时间为 160 min，还原时间缩短 20 min。配加 40%块矿还原后的炉料在转鼓实验粒度大于 6.3 mm 的占比为 92.4%，小于 3.2 mm 的占比为 3.11%，对比全球团还原后强度略差，但对比粉化结果可以看出还原后强度尚可。因此本节实验在探讨还原气氛对炉料还原黏结性能影响时，选择 40%块矿+60%球团的配矿比例作为实验原料，还原气氛为纯氢、HYL 气氛、纯 CO 以及某企业典型还原气氛，具体还原气氛见表 3.22。

表 3.22 还原实验气氛条件 （体积分数，%）

| 类别 | 还原温度/℃ | $H_2$ | CO | $CO_2$ | $N_2$ |
|---|---|---|---|---|---|
| 纯氢 | 950 | 100 | 0 | 0 | 0 |
| 某企业 | 950 | 70 | 8 | 4 | 18 |
| HYL | 950 | 55 | 21 | 14 | 10 |
| 纯 CO | 950 | 0 | 100 | 0 | 0 |

不同还原气氛条件下还原实验结果如图 3.113 所示。可以看出，随着还原气中氢气比例的增加，炉料的还原黏结指数逐渐升高。在纯氢气氛下，炉料的黏结指数为 3.22%；70% $H_2$ 比例条件下时，黏结指数为 6.53%；而还原气为 100% CO 后，黏结指数提高到了 18.81%。总体来说，在 950 ℃条件下时，炉料的黏结指数随着还原气中氢气比例的升高而降低，而各条件下黏结指数均未超过 20%，可以满足氢基竖炉生产标准。

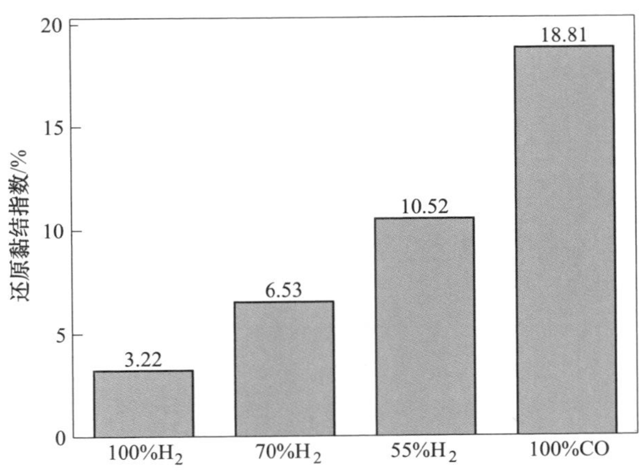


图 3.113 不同还原气氛对综合炉料还原黏结性能的影响

#### 3.4.3.2 还原温度对综合炉料还原黏结的影响

针对 40%块矿+60%球团炉料结构，对不同还原温度条件下黏结性能进行了检测分析，还原实验温度分别为 850 ℃、900 ℃、950 ℃、1000 ℃及 1050 ℃，具体还原实验结果如图 3.114 所示。可以看出，随着还原温度的升高，炉料的黏结指数逐渐升高。在 850 ℃条件下时，炉料的黏结指数为 2.50%，炉料在 1 次跌落实验后便全部散开；而还原温度为 950 ℃时黏结指数提高到了 10.52%；还原温度提高到 1000 ℃后黏结指数提高到了 27.97%，已经不能满足黏结指数不高于

20%的标准；而进一步提高还原温度到 1050 ℃后，黏结指数升高到了 47.83%，在还原生产过程中会面临严重的黏结问题。

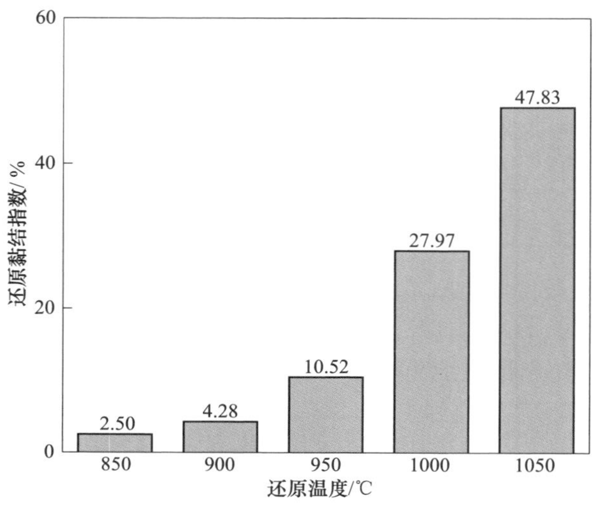


图 3.114　不同还原温度对综合炉料还原黏结性能的影响

在 40%块矿添加量下，综合炉料在 1000 ℃时还原黏结指数为 27.97%，难以满足氢基竖炉生产标准，但黏结指数超过 20%的标准上限不高，而加入块矿后黏结指数会有所升高，因此可进一步研究在 1000 ℃下炉料中适宜的块矿添加量。具体实验结果如图 3.115 所示，当块矿添加量降低至 30%后，黏结指数为 18.53%，可以满足氢基竖炉生产要求。因此，若要将还原温度提高至 1000 ℃，建议配加块矿量不超过 30%。

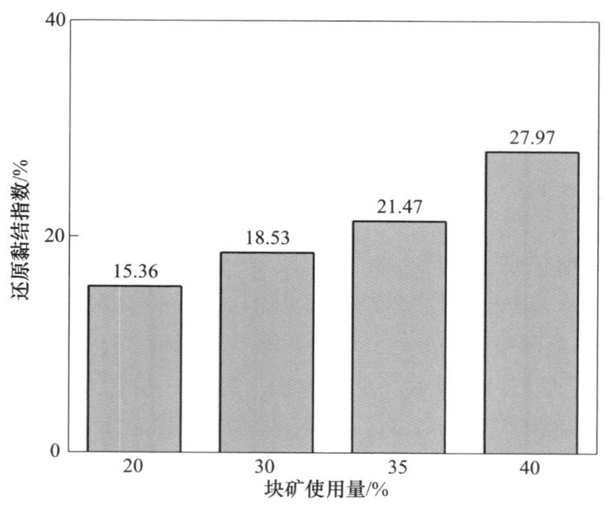


图 3.115　提高温度后块矿使用量对综合炉料还原黏结性能的影响

## 3.5 本章小结

本章针对国内产超高品位铁精矿原料展开了适用性分析；开展了国产高品位铁精矿基础特性测试、氧化球团的制备、氧化球团的冶金性能测试和脉石组元对氧化球团性能测试；并对高炉用中等品位酸性球团和碱性球团的适用性进行讨论；更分析了块矿使用量对综合炉料还原性的影响和还原气氛、还原温度及提高温度后块矿使用量对综合炉料还原黏结性能的影响。结论如下：

（1）超高品位铁精矿球团可制备质量达标的生球团。制备过程中适宜的佩利多添加量为 0.4%。生球团含水量为 7.8%，落下强度为 5.5 次 10.5m，抗压强度为 17.5 N/个。1250 ℃、30 min 的焙烧制度下，超高品位铁精矿氧化球团的抗压强度达到 2519 N/个，满足 MIDREX 与 HYL 氢基还原工艺的要求。

超高品位铁精矿氧化球团的还原性能良好，在 900 ℃、$\varphi_{H_2}/\varphi_{CO}=2/5$ 的还原制度下，还原 27 min 可达还原终点，还原度达 97.37%；在 1050 ℃、$\varphi_{H_2}/\varphi_{CO}=5/2$ 的还原制度下，还原 15 min 可达还原终点，还原度达 99.28%。超高品位铁精矿氧化球团在 900 ℃、$\varphi_{H_2}/\varphi_{CO}=2/5$ 与 1050 ℃、$\varphi_{H_2}/\varphi_{CO}=5/2$ 两种还原条件下，还原膨胀率分别为 243%与 51%。恶性膨胀的出现使其难以满足氢基竖炉实际生产的要求。

（2）11 种国产高品位铁精矿铁品位及圆形度相差不大，脉石含量较低，在 4%左右，粒度和连晶强度以及比表面积差别较大；使用大部分高品位铁精矿制备的球团总体来说水分相差不大，各生球指标也均无较大差距，膨润土配加量的提高可以改善生球的各项性能，各铁精矿氧化球团强度、还原性指数、还原膨胀率、低温还原粉化性，以及黏结指数均满足 HYL 氢基竖炉工艺的要求。

（3）随 CaO 质量分数的增加，生球的落下强度及抗压强度均呈上升趋势，氧化球团抗压强度呈上升趋势，还原度、还原膨胀指数和黏结指数呈先上升后下降趋势，还原粉化指数 $LTD_{+6.3}$、$LTD_{up}$均呈先下降后上升趋势，$LTD_{-3.2}$呈先上升后下降趋势。综合考虑，氢基竖炉用球团的适宜 CaO 质量分数不高于 0.25%，球团的冶金性能满足氢基竖炉工艺要求。

随 $SiO_2$ 质量分数的增加，生球的落下强度和抗压强度均呈上升趋势，氧化球团的抗压强度呈先上升后下降趋势，还原粉化指数 $LTD_{+6.3}$与 $LTD_{up}$均呈先上升后下降趋势，$LTD_{-3.2}$呈先下降后上升趋势，还原度、还原膨胀指数和还原黏结指数均呈下降趋势。当 $SiO_2$ 质量分数在 1.8%~2.6%时，满足氢基竖炉还原对球团的性能要求。

随 MgO 质量分数的增加，生球落下强度变化不明显，生球抗压强度呈下降趋势，氧化球团抗压强度呈下降趋势，还原度、还原膨胀指数和还原黏结指数均呈下降趋势，低温还原粉化指数 $LTD_{+6.3}$和 $LTD_{up}$ 均呈上升趋势，还原粉化指数

$LTD_{-3.2}$呈下降趋势。当 MgO 含量在 0.45%~0.90%时，球团的冶金性能满足氢基竖炉工艺要求。

（4）随着还原温度升高，酸、碱性球团的还原性指数均有所改善，还原膨胀率则逐渐升高。当还原温度升高后，1000 ℃下酸性球团黏结指数为 10.47%，而碱性球团黏结指数达到了 32.06%，难以满足氢基竖炉生产需求。随着还原气氛中氢气比例增加，酸、碱性球团还原性能均有所改善，在 71.5% $H_2$ 条件下酸性球团还原性指数可满足氢基竖炉生产标准，升高到纯氢条件下碱性球团还原性指数才大于 4 %/min。综合对比酸、碱性球团还原性能，酸性球团还原性能优于碱性球团。

（5）提高块矿配比，低温还原粉化性能变差，在块矿添加比例达到 60%后 $LTD_{-3.2}$=10.53%，已不能满足氢基竖炉生产标准；增加块矿使用量，综合炉料还原性指数有所提高，全部使用块矿后，还原性指数提高至 2.461 %/min，虽然还原性指数有所改善，但仍远低于氢基竖炉生产标准的 4 %/min；随着炉料中块矿比例的增加，还原后块矿的强度差于球团，因此需要控制炉料中加入块矿的比例；随着块矿比例的增加，炉料的黏结指数逐渐升高，在全块矿条件下时，炉料的黏结指数为 14.28%，在 20 次跌落实验后可全部摔开，并非重要考虑因素。

随着还原气氛中氢气比例的增加，炉料的还原黏结指数逐渐升高，而各条件下黏结指数均未超过 20%，可以满足氢基竖炉生产标准；随着还原温度的升高，炉料的黏结指数逐渐升高，还原温度提高到 1000 ℃后黏结指数提高到了 27.97%，已经不能满足黏结指数不高于 20%的标准；若要将还原温度提高至 1000 ℃，建议配加块矿量不超过 30%。

## 参考文献


[1] 刘卫星，肖洪，化泽一，等．焙烧制度对熔剂性球团强度及冶金性能的影响［J］．河北冶金，2023（5）：7-12，31.

[2] 朱彤，李建．铁矿石氢还原行为研究［J］．钢铁，2024，59（9）：84-90.

[3] 郑红霞，汪琦，潘喜峰．磁铁矿球团氧化机理的研究［J］．烧结球团，2003（5）：13-16.

[4] 陈耀明，李建．氧化球团矿中 $Fe_2O_3$ 的结晶规律［J］．中南大学学报，2007（1）：70-73.

[5] 陈耀明，张元波．氧化球团矿结晶规律的研究［J］．钢铁研究，2005（3）：10-12.

[6] 霍国杰，田铁磊，王宁，等．$SiO_2$ 对高镁熔剂性球团性能的影响［J］．矿产综合利用，2019（4）：59-62.

[7] 孙健宁，刘小杰，严照照，等．不同含量 $SiO_2$ 对球团质量的影响［J］．矿产综合利用，2021（1）：118-123.

[8] 李杰，韩闯闯，杨爱民，等．$SiO_2$ 对镁质酸性球团性能的影响［J］．钢铁研究学报，2017，29（11）：872-877.

[9] 罗果萍，赵彬，刘景权，等．包钢含 MgO 球团矿矿相结构与冶金性能研究［J］．烧结球团，2015，40（5）：25-27，47.

[10] 严纪文，曾才兵．配加高镁精矿提高球团矿 MgO 含量的实践［J］．烧结球团，2011，36（4）：28-31，36.

[11] 张永明，贾彦忠．熔剂性含 MgO 球团矿特点及生产实践［C］//中国金属学会 2004 年全国炼铁生产技术暨炼铁年会，2004.

[12] 曹朝真，张福明，毛庆武，等．竖炉直接还原技术若干问题的探讨［C］//中国金属学会 2014 年全国炼铁生产技术会暨炼铁学术年会，2014.

[13] 梅耶尔，杉木译．铁矿球团法［M］．北京：冶金工业出版社，1986：168-173.

[14] 赵路遥，田筠清，赵满祥，等．球团矿还原膨胀率影响因素分析［J］．中国冶金，2023，33（10）：60-64.

[15] 杨军．铁矿球团还原膨胀机理及影响因素［J］．中国高新科技，2021（15）：150-151.

[16] 杨广庆，国宏伟，王春苗，等．酸性球团还原过程中微观结构变化研究［J］．烧结球团，2015，40（2）：20-24.

[17] 范建军，郭宇峰，王帅，等．碱度对球团矿抗压强度及矿物组成影响研究［J/OL］．钢铁研究学报，1-13［2024-10-11］.

[18] 赵志龙，唐惠庆，郭占成．CO 还原 $Fe_2O_3$ 过程中金属铁析出的微观行为［J］．钢铁研究学报，2012，24（11）：23-28，62.

[19] 陈方，吴南勇，苏子键，等．米纳斯赤铁精矿配加澳洲精矿制备碱性球团试验研究[J]．矿业工程，2024，22（3）：39-44.

[20] 游高，刘庆华．碱度对熔剂性球团矿性能的影响规律［J］．矿业工程，2022，20（6）：46-51.

[21] 张珈铭，柴轶凡，王世杰，等．高温预处理对褐铁矿块矿冶金性能的影响［J］．中国冶金，2024，34（3）：47-55.

[22] 张明远，梁仁桃，武鑫龙，等．威钢进口块矿高温冶金性能研究［J］．重庆科技学院学报（自然科学版），2019，21（6）：105-107，112.

[23] 李胜，何志军，李云飞，等．不同球团矿和块矿配加条件下炉料冶金性能［J］．钢铁，2020，55（1）：6-11.

[24] 刘成松，李京社，高雅巍，等．基于不同炼铁工艺的铁矿石低温还原粉化特征［J］．钢铁，2013，48（12）：25-29.

# 4 氢基竖炉工艺配置与还原动力学研究

大部分高品位铁精矿满足氢基竖炉需求；而超高品位铁精矿由于还原膨胀率过高，难以满足生产需求；而在进一步研究中可以得出，高炉用中等品位氧化球团及加入一定比例的块矿均可在氢基竖炉内实现顺利生产，生产出高品质的金属化球团不仅可以应用于电炉生产高端钢材，较低金属化率条件下还可以作为金属化炉料应用于高炉内，可以有效提高冶炼效率，降低能耗，改善冶炼环境，提高铁水和炉渣质量。但国内还没有完整的氢冶金氢基竖炉炉料综合性能评价体系，故本章通过对炉料还原研究得到生产不同金属化率 DRI 的适宜工艺参数配置，并提出球团性能改进措施，为富氢乃至全氢基竖炉冶炼提供参考依据。

在氢基竖炉还原过程中，还原温度和还原气氛是影响还原反应进程的主要因素，而探究氢基还原动力学原理可以了解氢基直接还原反应过程，从而进一步提出改善氢基竖炉内还原效率的方法。升高温度有利于促进还原反应的动力学条件，但其上升幅度受原料熔化温度的限制。虽然高温下 $H_2$ 的还原动力学优于 CO，但 $H_2$ 还原铁矿石是吸热反应，将引起竖炉内温度降低，派生的温度场效应阻碍了还原反应的进行；而 CO 还原铁矿石为放热反应，将引起竖炉内温度升高，派生的温度场效应促进了还原反应的进行。

$H_2$ 分子尺寸（碰撞直径 0.292 nm）小于 CO 的分子尺寸（碰撞直径 0.359 nm），$H_2$-$H_2O$ 的互扩散系数大于 CO-$CO_2$。从动力学方面来讲，$H_2$ 还原气动力学优于 CO，还原速度较高，尤其是在传质范围内。众多的研究工作也充分证明了这一点[5]。陈淼等[6]采用某地烧结矿做了高温下不同氢气含量混合气体还原浮氏体的实验研究，实验气氛中配加了一定量的 $CO_2$，结果发现 $H_2$ 的还原能力较 CO 强，尤其是在高温下，$H_2$ 的还原能力远远超过 CO。随着还原气中 $H_2$ 含量的增加，矿石还原速率加快，但当 $H_2$ 含量超过 50%后，$H_2$ 的增加对矿石还原速率的促进效果逐渐减弱。秦洁[7]对竖炉生产 DRI 过程的还原特性及碳行为进行了研究，结果发现随还原气中 $H_2$ 含量增加，反应速率加快，金属化率相应升高，但还原气 $\varphi_{H_2}/\varphi_{CO}$变化对最终金属化率的影响不是很明显。

李永全等[8]研究了 $H_2$ 和 CO 混合气体还原球团矿的动力学行为，在水煤气还原球团矿的过程中，不同反应阶段的反应控制步骤是不同的。高温条件下，内扩散阻力随反应的深入而增加，控制步骤由界面化学反应控制转变为由界面化学反应和内扩散控制进而转变为由内扩散控制为主。刘建华等[9]研究了用 CO 还原铁氧化物反应的表观活化能，分析了反应动力学条件及机理和表观活化能的关系。研究得出：在气体内扩散、界面化学反应及固态铁离子扩散控速条件下，用 CO 还原 FeO 反应的表观活化能分别为 8～28 kJ/mol、50～75 kJ/mol 及不小于 90 kJ/mol。两个环节混合控速时的表观活化能则处于这两个环节分别控速时的表观活化能之间[10]。本章则基于以上研究，通过探讨不同还原条件下球团的氢基直接还原反应动力学机理，为强化竖炉直接还原冶炼提供理论基础。

## 4.1 氢基竖炉适宜工艺配置探究

### 4.1.1 实验原料及方法

#### 4.1.1.1 实验原料

实验选用球团原料为某钢铁企业球团厂自制氧化球团，球团粒度为 8～16 mm，平均抗压强度为 3165 N/个，化学成分分析见表 4.1。

**表 4.1 氧化球团的主要化学成分** （质量分数，%）

| 组分 | TFe | FeO | MgO | CaO | $SiO_2$ | $Al_2O_3$ | S |
|---|---|---|---|---|---|---|---|
| 含量 | 64.77 | 2.64 | 0.57 | 0.78 | 4.44 | 0.57 | 0.001 |

#### 4.1.1.2 实验方案

本实验采用普通铁精矿球团，在参考了 HYL 和 MIDREX 两种典型的氢基竖炉直接还原工艺的同时考虑到了纯氢还原工艺，设定的实验温度和气氛条件列于表 4.2。选取了 850 ℃、900 ℃、950 ℃、1000 ℃、1050 ℃ 五个还原温度，$\varphi_{H_2}/\varphi_{CO}=1.6$、$\varphi_{H_2}/\varphi_{CO}=2.6$ 及 100% $H_2$ 三种还原气氛。

**表 4.2 铁精矿球团氢基竖炉还原实验方案**

| 参数 | 实验值 | | | | |
|---|---|---|---|---|---|
| 还原温度/℃ | 850 | 900 | 950 | 1000 | 1050 |
| 还原气氛 | $\varphi_{H_2}/\varphi_{CO}=1.6$ | | $\varphi_{H_2}/\varphi_{CO}=2.6$ | | 100% $H_2$ |

#### 4.1.1.3 实验步骤

（1）将粒度合格的球团置入烘箱，在 110 ℃的温度下烘干，随后装入干燥箱中备用。

（2）称取 500 g 的球团装入特制的石墨坩埚中，将石墨坩埚放入反应管内部底座上；

（3）通过计算机给定电压调整升温速度及温度，料温升至 200 ℃时，通入 5 L/min 的氮气保护炉料升温至指定的还原温度，开始通入混合还原气体；

（4）还原实验结束后，关掉施加的载荷压力，停止还原气通入，开始通入 8 L/min 的氮气直到样品冷却至室温以下，以供后续检测。

### 4.1.2 氢基竖炉工艺参数对球团还原性能影响

#### 4.1.2.1 球团还原度

A 还原温度对球团还原度的影响

不同还原气氛条件下，还原温度对球团还原度的影响如图 4.1 所示。由图可以看出，升高温度明显地增加了球团在同一时间的还原度。在还原反应开始的前 20 min，球团的还原速率随着温度的升高而加快，具体表现为在还原达到 20 min 时，球团的还原度随着时间上升明显，如在 100% $H_2$ 气氛下随着温度升高，在 20 min 时还原度都有着明显的升高，850 ℃时还原度仅为 47.19%，而当温度升高到 1050 ℃后，还原度达到了 88.21%，已接近了 90% 的还原度，说明在前 20 min 的还原速率随着温度升高；而随后的还原过程中，在温度较低的条件下还

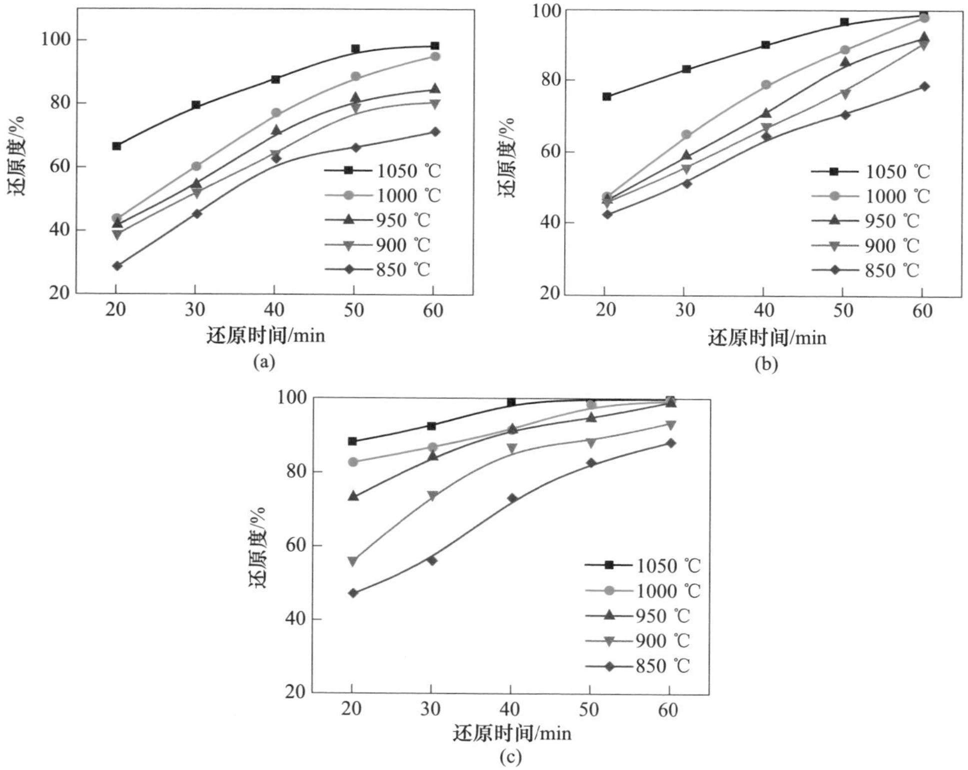

图 4.1 不同还原气氛条件下还原温度对球团还原度的影响

（a）$\varphi_{H_2}/\varphi_{CO}=1.6$；（b）$\varphi_{H_2}/\varphi_{CO}=2.6$；（c）100% $H_2$

原度较低，故还原速率仍然较快，随着时间增加还原度基本保持匀速上升直到还原度达到80%左右，然后还原速率开始变缓，而在高温时还原度在前20 min 就已经达到了80%以上，在此后阶段的还原速率较缓，但还原度在1 h 以内达到了99%。

B　还原气氛对球团还原度的影响

不同还原温度条件下，还原气氛对球团还原度的影响如图4.2所示。由图可

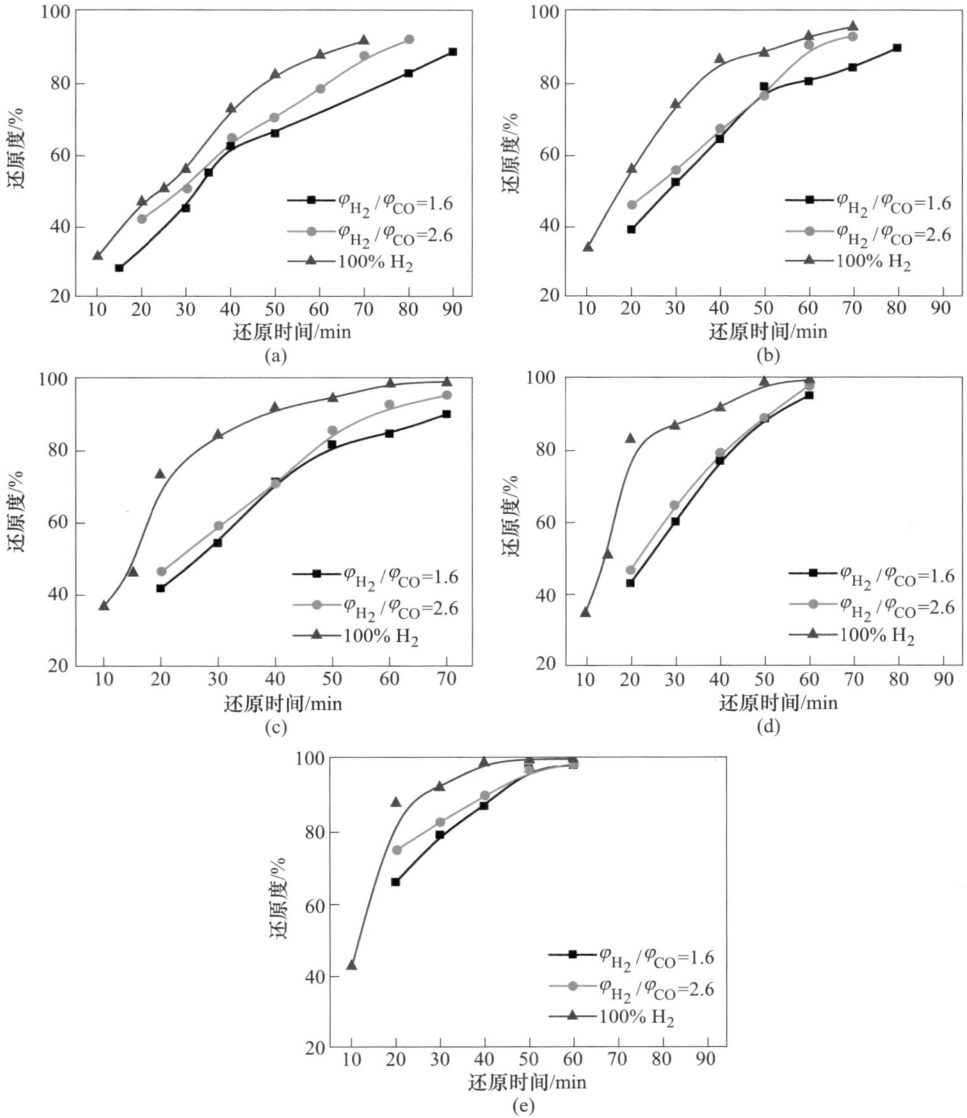


图4.2　不同还原温度条件下还原气氛对球团还原度的影响

(a) 850 ℃；(b) 900 ℃；(c) 950 ℃；(d) 1000 ℃；(e) 1050 ℃

知铁精矿球团的还原度随着时间的延长而不断增加，在还原初期还原度增加较快，后期还原度增速变缓。还原过程中 $H_2$ 含量增加，球团的还原度也会相应的加快，从图 4.2 中可以看出，以 1000 ℃条件下为例在还原反应的初始阶段，随着还原气中 $H_2$ 成分的增加，还原度从 $\varphi_{H_2}/\varphi_{CO}=1.6$ 气氛下的 43.63%变为了 $\varphi_{H_2}/\varphi_{CO}=2.6$ 气氛下的 47.44%；当还原气氛变为 100% $H_2$ 时，还原度升高到了 82.78%，这说明了 $H_2$ 含量的增加促进了还原反应的进行，在图中体现为随着 $H_2$ 含量的增加，曲线的斜率变大，$H_2$ 的还原效率大于 CO。

C　不同金属化率 DRI 的工艺参数讨论

为了满足 DRI 产品的不同需求，在竖炉的还原生产中，通过调节还原气氛，温度及时间可以得到不同金属化率的 DRI。生产得到金属化率 92%的 DRI 可用作转炉炼钢的材料，其化学成分稳定，可以有效改善钢的质量，有害杂质较少，可以缩短精炼所需时间，同时其使用成本低廉，经济效益良好。而生产得到的 50%金属化率球团可以用作高炉炉料炼铁，高金属化率炉料加入高炉后，可以降低焦比，减少高炉能源消耗，加快生产效率，提高铁水产量。因此选择适宜的工艺参数生产不同金属化率 DRI，有利于控制生产成本，为生产提供指导性意见。

图 4.3 为不同气氛条件下还原温度与时间对球团金属化率的影响。本节考虑了在富氢及纯氢两种气氛条件下制备 DRI 的工艺，因此将提出在这两种气氛条件下适宜的工艺参数，在使用过程中需要考虑到气体成本与升温消耗能量的成本。在实验与实际生产的过程中，气体的成本是高于提高气体温度所需成本的，因此在工艺参数选择时，主要从节约气体成本的角度考虑。在纯氢气氛下还原速率较快，容易得到高金属化率的 DRI，考虑到 $H_2$ 成本较高，为了节约 $H_2$ 使用量，从图 4.3 中可以看出，1050 ℃时还原 30 min 便可以得到 92%以上金属化率的 DRI，生产效率较高，而温度降低后，还原时间延长，气体消耗量大，不利于降低成本，而生产 50%金属化率球团时，1050 ℃时反应速率过快，不利于球团还原前期金属化率的控制，应当适当降低还原温度，选择温度为 950 ℃；对于富氢气氛下，$H_2$ 含量的增加有利于加快还原速率，也可以降低碳排放，因此选择 $\varphi_{H_2}/\varphi_{CO}=2.6$ 时的气氛，在生产 92%金属化率时选择 1050 ℃，生产 50%金属化率球团时温度在 1000 ℃条件下金属化率升高较为平稳，便于控制。因此若仅从金属化率角度出发，适宜的生产 92%金属化率 DRI 的工艺参数为：纯氢气氛下还原温度 1050 ℃，富氢气氛下建议 $\varphi_{H_2}/\varphi_{CO}=2.6$，1050 ℃；制备 50%金属化率球团的适宜工艺参数为：纯氢气氛下还原温度 950 ℃，富氢气氛下建议 $\varphi_{H_2}/\varphi_{CO}=2.6$，1000 ℃。但仅以金属化率为基准，不对还原性能进行探究，在生产过程中会出现其他不可控问题，因此还需探讨其还原性能以得出最佳工艺配置方案。

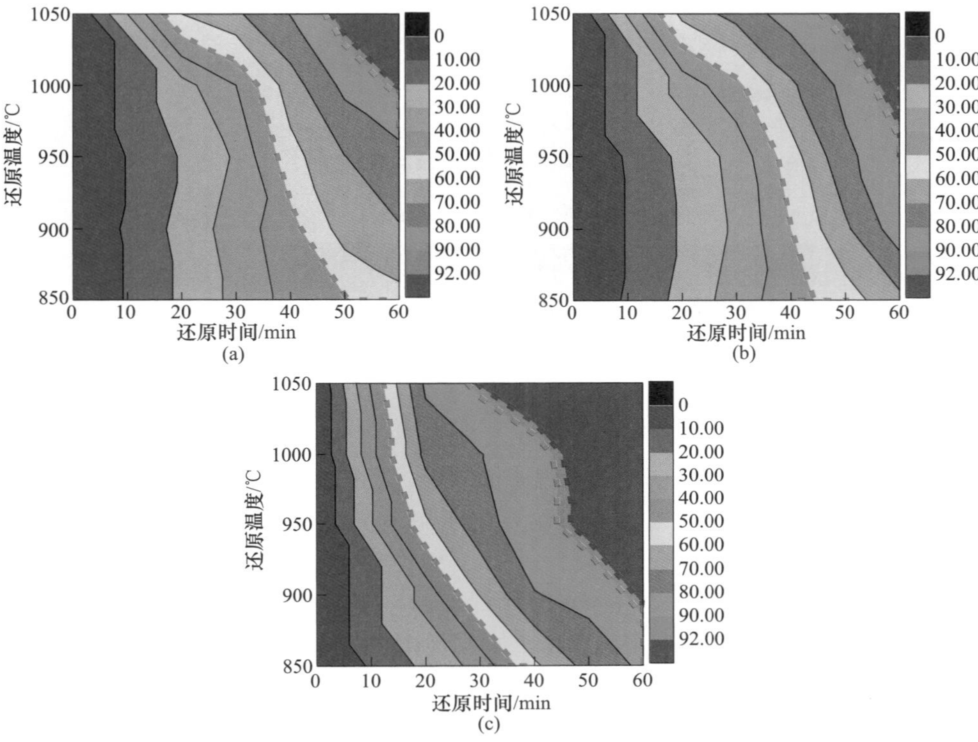


图 4.3 不同还原气氛条件下还原温度与时间对球团金属化率的影响

(a) $\varphi_{H_2}/\varphi_{CO}=1.6$；(b) $\varphi_{H_2}/\varphi_{CO}=2.6$；(c) 100% $H_2$

#### 4.1.2.2 球团还原膨胀行为

球团在还原过程中，都会出现体积膨胀现象。当还原膨胀率过高时，炉内透气性会变差，可能导致悬料、崩料等事故发生，造成竖炉生产失常、生产率下降等问题，因此分析铁精矿球团的还原膨胀行为对氢基竖炉直接还原生产过程来说很有必要。

A 实验设备

氢基竖炉炉料还原膨胀行为实验采用的装置如图 4.4 所示。主要构造包括卧式加热炉、计算机控制系统、红外摄像仪和气体供给系统。该装置中卧式炉升温速度及加热温度由计算机控制系统程序设定，最高加热温度可达到 1400 ℃，符合氢基直接还原温度要求；卧式加热炉两端有进气口和出气口，还原气体通过气体供给系统进入进气口还原实验原料，红外摄像头通过玻璃视窗拍摄炉内球团实时照片，通过计算机控制系统计算处理；气体供给系统由 $H_2$、CO、$CO_2$、$N_2$ 气瓶罐组成，气体流量由浮子流量计控制。

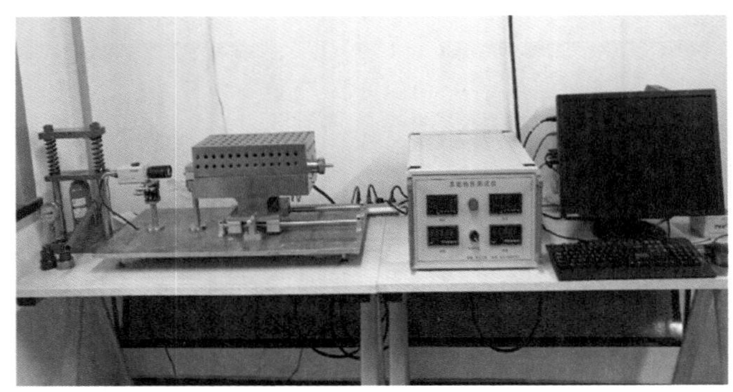

图 4.4 球团还原膨胀实验炉

B 实验步骤

(1) 将实验所用的球团放入恒温干燥箱中，在 110 ℃下烘干后取出备用；

(2) 打开温控箱，通过计算机给定电压调整升温速度及温度，达到实验预定的还原温度；

(3) 先由进气口吹入 2 L/min 的氮气以排出管路中的空气，形成保护性气氛，随后将 1 颗球团推至炉中，调整位置使其在高温区，仅保持出气口畅通，随后通入还原气开始实验；

(4) 每隔 3 min 通过摄像头实时记录炉内球团变化，截图保存，直至球团体积不再发生变化后，停止实验。

C 实验计算方法

在实验过程中，假定球团是圆球状并且在体积膨胀过程中各方向膨胀率是均匀的。在实验过程中，通过摄像头记录的照片尺寸是相同的，图中的球团大小随着还原反应的进行而不断变化（见图 4.5），通过 Image Pro Plus 软件计算图中球团面积 $S$（见图 4.6），软件会自动依据颜色划分图像中区域，加以比例尺即可换算出各区域面积，球团的面积即可得出。记录还原前球团面积为 $S_0$，还原 $n$ min 后球团面积记为 $S_n$，每一时间的还原膨胀率计算为 $S_n/S_0$，即可计算出铁精矿球团体积膨胀系数。

D 还原气氛对球团还原膨胀行为的影响

在 850~1050 ℃温度范围内，不同比例 $\varphi_{H_2}/\varphi_{CO}$ 与 $CO_2$ 和 $N_2$ 混合后组成还原气，考察 $\varphi_{H_2}/\varphi_{CO}=1.6$、$\varphi_{H_2}/\varphi_{CO}=2.6$ 和 100% $H_2$ 三种气氛条件组成对球团还原膨胀行为的影响，如图 4.7 所示。

从图 4.7 中的膨胀率变化曲线可以直观地看出，在同一温度条件下而气氛不同时，球团的膨胀率变化的趋势基本类似。在还原刚刚开始的阶段，球团的膨胀率急速增大，而后膨胀开始变缓，达到峰值后开始逐渐收缩。膨胀与收缩过程前

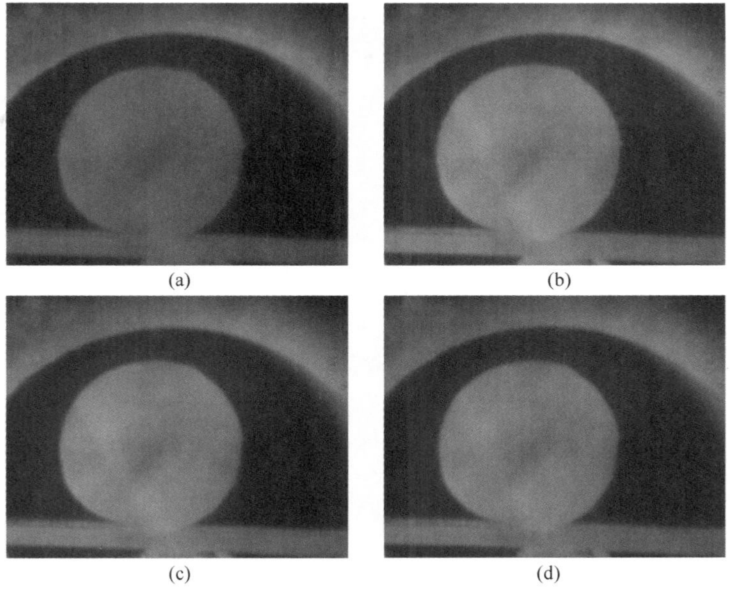


图 4.5　球团随还原时间的体积变化

（a）氧化球团；（b）还原前期；（c）还原后期；（d）还原终点

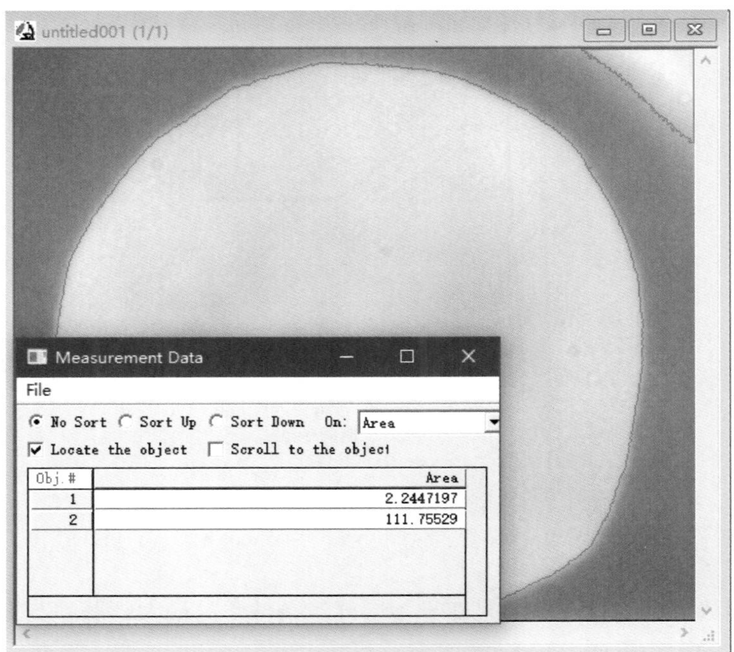


图 4.6　球团面积计算示意图

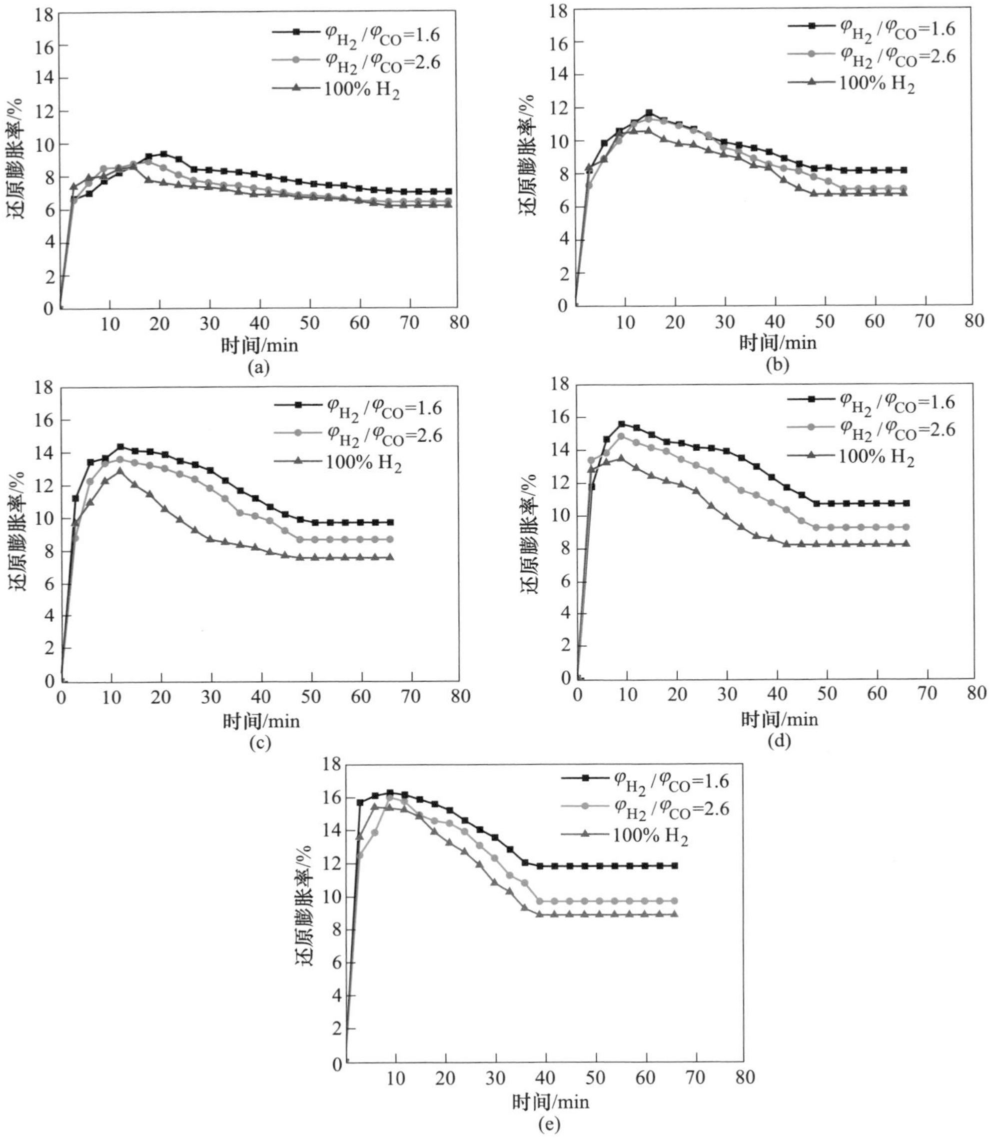

图 4.7 还原气组成对球团还原膨胀率的影响

(a) 850 ℃; (b) 900 ℃; (c) 950 ℃; (d) 1000 ℃; (e) 1050 ℃

后的变化趋势也基本相同，只是在于不同气氛条件下的最大膨胀率与最终膨胀结束时膨胀率的大小不同。

在温度相同的条件下，还原气氛中 $H_2$ 含量增多，相应球团的膨胀率曲线整体有所降低，且球团达到最大膨胀的时间会有所提前。从图 4.7 中可以看到的是达到最大膨胀时的峰值随着 $H_2$ 含量的增加而开始左移，同时球团膨胀的结束时间会缩短，如在 950 ℃时，$\varphi_{H_2}/\varphi_{CO}=1.6$、$\varphi_{H_2}/\varphi_{CO}=2.6$ 和 100% $H_2$ 三种气氛条件下球团体积不再发生变化的时间分别为 51 min、48 min 和 45 min。还原气中 $H_2$ 含量增多的同时，球团最终的膨胀率也会有明显的变小，在 1050 ℃时，$\varphi_{H_2}/\varphi_{CO}=1.6$、$\varphi_{H_2}/\varphi_{CO}=2.6$ 和 100% $H_2$ 三种气氛条件下球团的最终膨胀率分别为 11.82%、9.68%和 8.85%这说明了 $H_2$ 会抑制球团的膨胀，并且在三种氢基气氛条件下，球团的最大膨胀率均小于 20%，属于正常膨胀，这说明了氢基竖炉还原所得到的球团膨胀性能是符合标准的。

气体压力膨胀理论中讲到，还原过程中球团产生体积膨胀的主要原因就在于 $CO_2$ 和 $H_2O$ 会在浮氏体界面中形成气泡，导致球团内部的气压增大，使得球团会出现不同程度的膨胀。在浮氏体界面上使用 CO 和 $H_2$ 还原时，发生反应的反应式为式（4.1）和式（4.2）。而当体系达到平衡之后，$H_2/H_2O$ 形成气泡的压力是小于 $CO/CO_2$ 形成的气泡压力的，所以 CO 气氛还原球团时，其在 FeO 还原为 Fe 的过程中，$CO/CO_2$ 气体会使得浮氏体表面上的金属铁层被破坏，最终还原得到的球团中金属铁会出现裂纹，甚至导致部分碎裂，严重影响到球团膨胀后的收缩过程，使得球团膨胀率相对较高；而在 100%$H_2$ 还原气氛下，还原后期会受到的气泡压力相对较小，球团还原过程中的金属铁能够很好地聚集并长大，球团较完整且收缩明显，最终相对得到的还原膨胀率较小。

$$FeO \cdot CO_{(吸)} = Fe + CO_2 \tag{4.1}$$

$$FeO \cdot H_{2(吸)} = Fe + H_2O \tag{4.2}$$

为了更好分析球团膨胀系数，图 4.8 描述了 $\varphi_{H_2}/\varphi_{CO}=1.6$、$\varphi_{H_2}/\varphi_{CO}=2.6$ 和 100% $H_2$ 三种气氛条件下球团最大膨胀率及与之相对应的还原度。图中可以明确看出，球团最大膨胀率与其还原气成分呈现较良好的线性关系，非常直观地体现

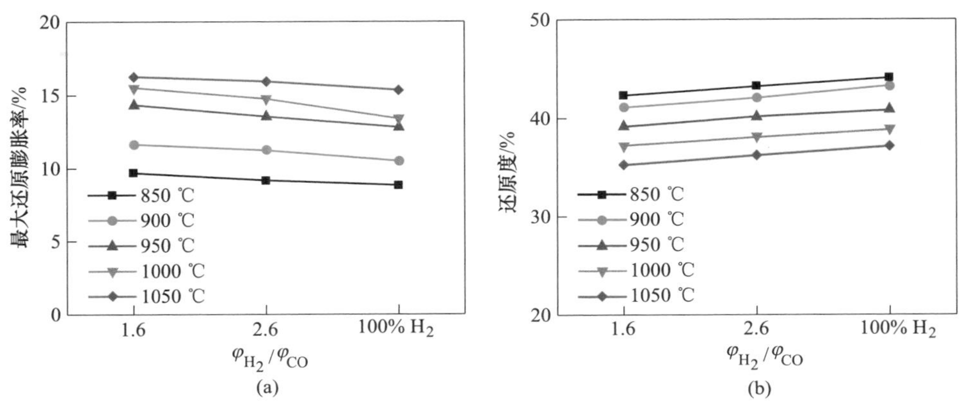


图 4.8 不同还原气氛条件下球团最大还原膨胀率（a）及对应还原度（b）

出了随着还原气氛中 $H_2$ 比例的增加，最大膨胀率是逐渐降低的，同时还原度是逐渐升高的。所以在氢基直接还原过程中，适当地增加还原气氛中 $H_2$ 的含量，可以降低球团的膨胀率。

为了进一步考察还原气氛对球团膨胀的影响，对不同还原条件下球团在最大膨胀时进行显微形貌及 XRD 检测，分析球团最大膨胀时的微观形貌和主要物相组成。以在 950 ℃的温度条件下为例，结果如图 4.9 和图 4.10 所示。

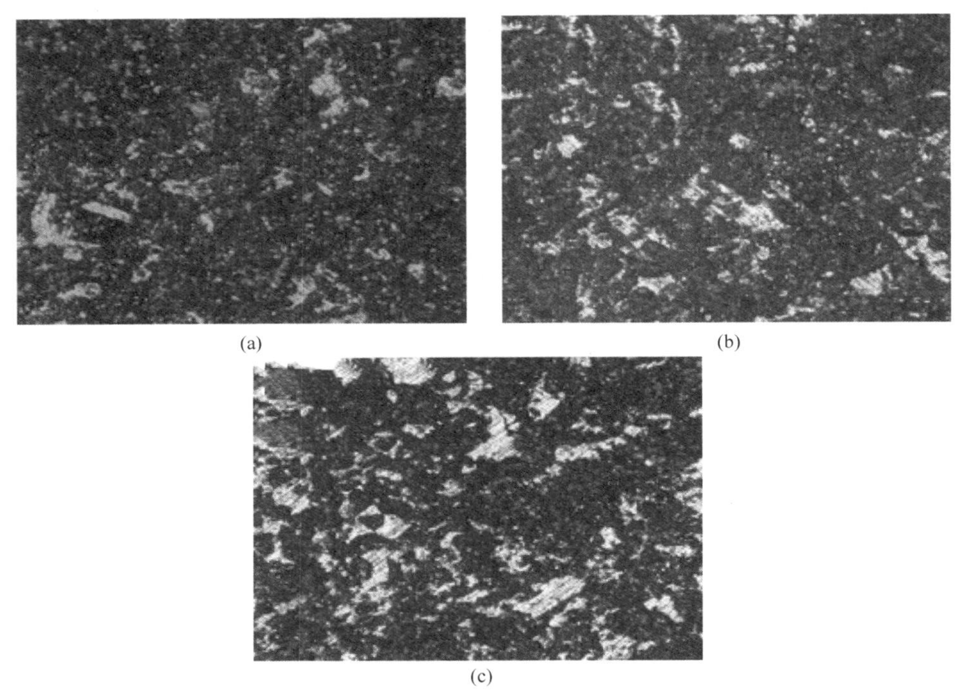

图 4.9 不同还原气氛条件下球团达最大膨胀时的显微形貌

(a) $\varphi_{H_2}/\varphi_{CO}=1.6$；(b) $\varphi_{H_2}/\varphi_{CO}=2.6$；(c) 100% $H_2$

由图 4.9 可以看出，随着还原气中 $H_2$ 含量增加，球团内部出现的金属铁相逐渐增多，且金属铁相间的连接较为紧密，互联聚集程度增大，球团内部金属铁结构基本都是成片存在。球团中不同还原气氛条件下的 XRD 分析结果（见图 4.10）也可以进一步加以验证，在不同的氢基气氛条件下，达到最大膨胀时其主要物相成分都是相同的，分别为金属铁（Fe）、浮氏体（FeO）和磁铁矿（$Fe_3O_4$），而其主要物相是金属铁，含有少量的浮氏体和磁铁矿。随着 $H_2$ 含量增加可以看出，球团中代表金属铁相的衍射峰强度逐渐升高，浮氏体和磁铁矿的衍射峰强度降低，说明还原反应速率加快，还原反应进行得较快，晶型转变速率也加快，这会使球团膨胀略微减小。

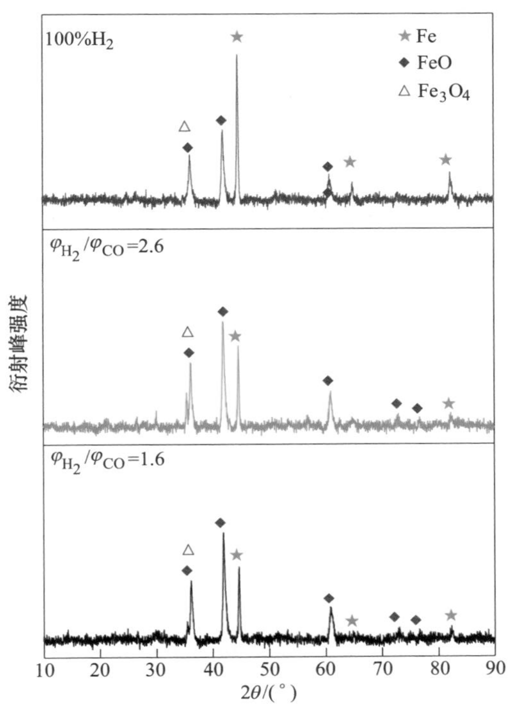


图 4.10 不同还原气氛条件下球团达最大膨胀时 XRD 分析结果

E 还原温度对球团还原膨胀行为的影响

不同比例 $\varphi_{H_2}/\varphi_{CO}$ 与 $CO_2$ 和 $N_2$ 混合后组成还原气，在 850~1050 ℃温度范围内，考察不同温度对球团还原膨胀行为的影响，如图 4.11 所示。

观察图 4.11 中球团膨胀率变化的曲线可以看出，在同一气氛条件下，随着温度的升高，球团在还原过程中的膨胀率不断增大，同时到达最大还原膨胀率时的时间也逐渐提前，呈向左移动的趋势。以 $\varphi_{H_2}/\varphi_{CO}=1.6$ 的还原气气氛条件为例，在 850 ℃时 21 min 达到了最大膨胀率 9.7%，900 ℃时 15 min 达到了最大膨胀率 11.7%，950 ℃时在 12 min 时达到最大膨胀率 14.37%，1000 ℃时在 9 min 时达到最大膨胀率 15.55%，最终在 1050 ℃时 9 min 便达到了最大膨胀率 16.3%；在 $\varphi_{H_2}/\varphi_{CO}=2.6$ 的还原气气氛条件下，850 ℃还原 18 min 达到最大膨胀率 9.05%，900 ℃还原 15 min 达到最大膨胀率 11.25%，950 ℃还原 12 min 达到最大膨胀率 13.58%，1000 ℃还原 9 min 达到最大膨胀率 14.78%，1050 ℃还原 9 min 达到最大膨胀率 15.98%；而在纯氢气氛条件下，850~1050 ℃时的最大膨胀率分别为 8.85%、10.52%、12.84%、13.42% 和 15.39%，达到最大膨胀的时间分别为15 min、15 min、12 min、9 min 和 6 min。

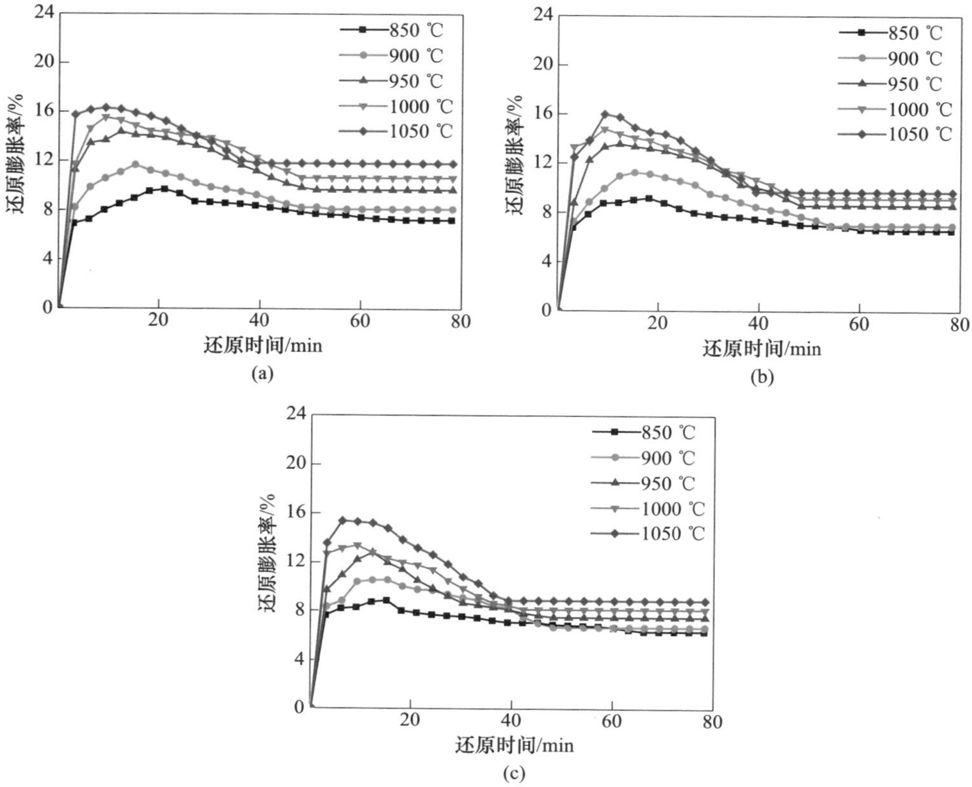

图 4.11 不同还原温度对球团膨胀率的影响

(a) $\varphi_{H_2}/\varphi_{CO}=1.6$；(b) $\varphi_{H_2}/\varphi_{CO}=2.6$；(c) 100% $H_2$

在相同还原气氛条件下，随着温度的升高，球团在还原的前几分钟，球团的膨胀率急速增大，而后膨胀开始变缓，达到最大膨胀率后便开始收缩。温度较低时可以很明显地看到转折点，随着温度逐渐升高，膨胀率转折点出现的时间逐渐左移，最终到高温区时，几乎无转折点，直接升高到最大膨胀率，这也使得在低温与高温条件下球团的最大膨胀率相差明显。同时可以解释，温度对球团还原膨胀在转折点之后的影响更大，因为在低温条件下球团膨胀逐渐平缓地升高到最大膨胀率，高温时仍然会较快膨胀到最大膨胀率值。

图 4.12 为各还原温度条件下球团最大膨胀率及与最大膨胀率相对应的还原度曲线。从图中可以直观地看出，随着还原温度的升高，球团氢基直接还原过程中最大膨胀率逐渐增大，而还原度逐渐降低。球团的最大膨胀率不会超过 20%，与之对应的还原度在 35%~45%。

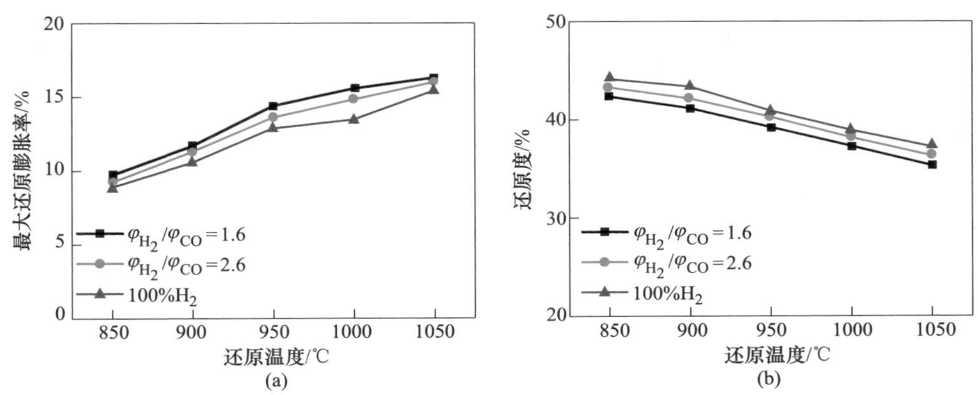


图 4.12　不同还原温度条件下球团最大膨胀率（a）及其对应的还原度（b）

在考察温度对球团还原膨胀的影响时，以还原气氛 $\varphi_{H_2}/\varphi_{CO}=1.6$ 为例，对其在不同温度下达到最大膨胀率时的主要物相组成进行 XRD 分析，结果如图 4.13 所示。从图中可以看出，在球团达到最大膨胀率时，主要物相为金属铁（Fe）、浮氏体（FeO）和磁铁矿（$Fe_3O_4$）。球团在 950 ℃还原，达到最大膨胀率时，Fe 的衍射峰强度较高，占主导地位；而当温度升高到 1050 ℃后，FeO 与 $Fe_3O_4$ 的衍射峰强度明显增大，而 Fe 的衍射峰强度大幅降低，低于 FeO 的最强峰，说明此时已经由 FeO 开始占主导地位。埃德斯特雷姆的研究结果表明，赤铁矿球团在

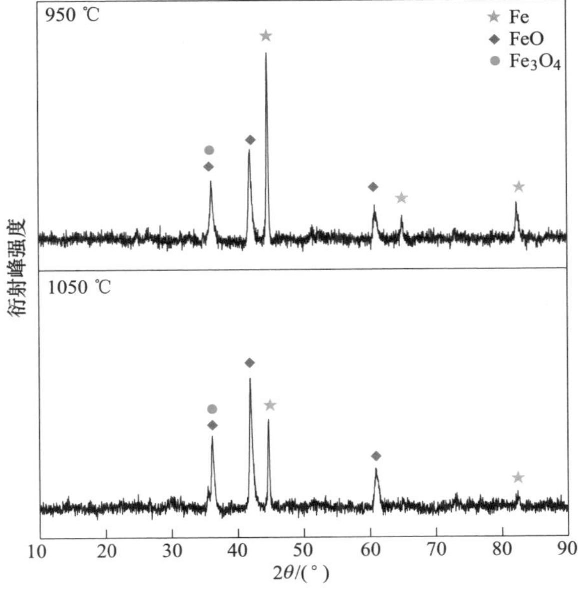


图 4.13　不同还原温度条件下球团达最大膨胀时 XRD 分析结果

还原过程中都会发生膨胀，膨胀过程会一直持续到 FeO 生成，其体积变化过程为 $Fe_2O_3$(100%)→$Fe_3O_4$(124%)→$Fe_xO$（131%）→Fe(126%)，可以看出，球团膨胀最大的阶段为 $Fe_3O_4$ 转变为 FeO 的阶段。结合实验及 XRD 分析结果可以得出，还原温度升高后，还原膨胀率增大，球团物相组成由 Fe 转变为 FeO 占主导地位。说明温度升高后球团中 $Fe_3O_4$ 还原成 FeO 的反应进行得更彻底，该反应晶型转变过程引起的膨胀较强，所以升高温度是导致球团还原膨胀率增大的主要因素。

相对应于 XRD 分析结果，继续在 $\varphi_{H_2}/\varphi_{CO}=1.6$ 的还原气氛下对球团内部的显微形貌进行分析，如图 4.14 所示。可以看出其结果与 XRD 分析结果相似，温度升高后，球团中金属铁相变少，浮氏体和磁铁矿相变多，球团中主要物相由金属铁相变为浮氏体相。与实验结果相对应可以得出结论，球团在还原过程中的膨胀主要是发生在大量生成浮氏体的阶段，而温度升高会让磁铁矿转换为浮氏体的还原过程更加彻底，晶型转变过程中球团膨胀更大。同时可以看出，还原温度升高后球团结构破坏严重，此时产生的热应力更大，也会导致球团的膨胀率增大。

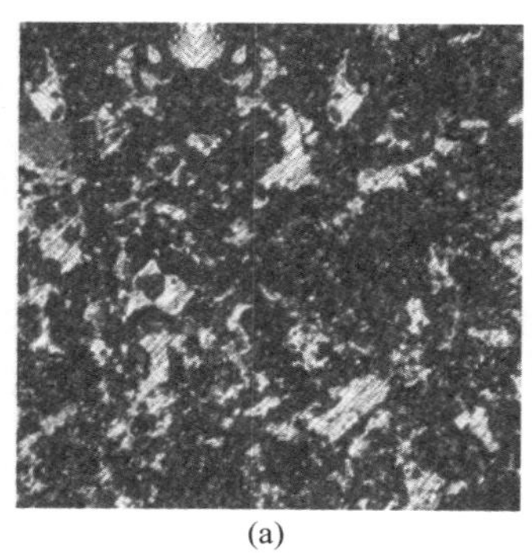
(a)

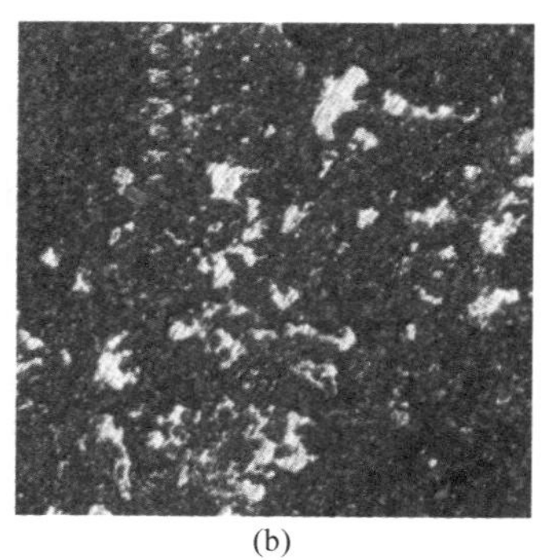
(b)

图 4.14　不同还原温度条件下球团达最大膨胀时的显微形貌
(a) 950 ℃；(b) 1050 ℃

#### 4.1.2.3　球团还原黏结行为

黏结现象常出现在氢基竖炉直接还原过程中，在高温还原气氛下球团之间会相互黏结，如图 4.15 所示。当黏结指数较小时，在炉料顺行过程中黏结部分会重新分开，不会影响到实际的还原过程；但当黏结指数变大之后，结块部分无法分开，会严重影响竖炉炉料的顺行和炉内气流及温度场分布，导致竖炉生产失常，使得生产率降低，因此对炉料还原黏结行为的分析变得至关重要。

##### A　还原温度对球团还原黏结行为的影响

不同比例 $\varphi_{H_2}/\varphi_{CO}$ 与 $CO_2$ 和 $N_2$ 混合后组成还原气，在 850~1050 ℃温度范围内，考察不同温度对球团还原黏结行为的影响，如图 4.16 所示。

由图 4.16 可以看出，在三种气氛条件下，随着还原温度的升高，球团的黏结指数均有升高，说明升高温度会导致球团热黏结现象的加剧。在 850~900 ℃，

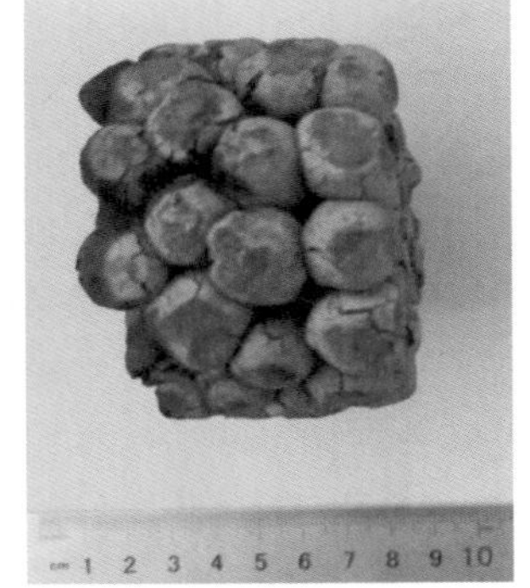

图 4.15　球团还原后的黏结形貌

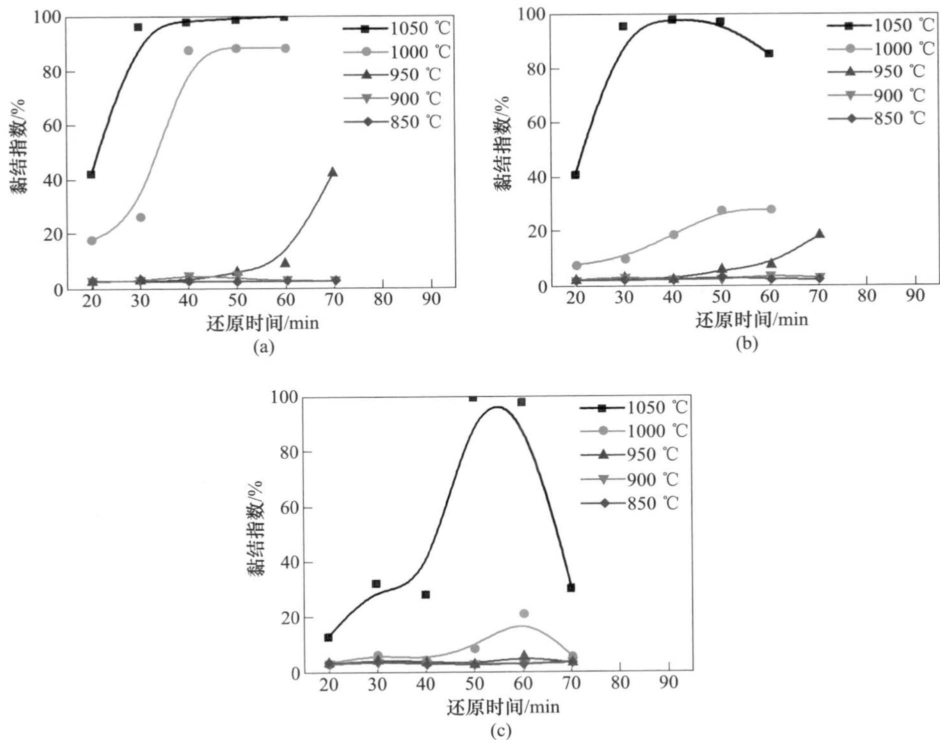


图 4.16　不同还原温度对球团黏结指数的影响

(a) $\varphi_{H_2}/\varphi_{CO}=1.6$；(b) $\varphi_{H_2}/\varphi_{CO}=2.6$；(c) 100% $H_2$

球团的黏结指数变化不大，在各气氛条件下均保持在 2.5%左右，说明不会发生黏结现象。当温度升高至 950 ℃，在 $\varphi_{H_2}/\varphi_{CO}=1.6$ 气氛条件下，球团在还原过程中开始出现黏结现象，黏结指数在 70 min 时升高到了 43%，$\varphi_{H_2}/\varphi_{CO}=2.6$ 条件下黏结指数也逐渐升高到了 18.34%，而在 100% $H_2$ 条件下黏结指数暂无明显变化，依旧保持在 2.5%左右。当温度达到 1000~1050 ℃时，各气氛条件下球团黏结指数均开始迅速增大，达到高黏结指数时的时间也开始左移，1050 ℃时 $\varphi_{H_2}/\varphi_{CO}=1.6$ 气氛下 30 min 时黏结指数就升高到了 96.86%，60 min 时，黏结指数达到了 100%；$\varphi_{H_2}/\varphi_{CO}=2.6$ 的条件下，黏结指数在 30 min 时升高到了 95.95%，40 min 时黏结指数为 98.29%，随后开始降低，60 min 时降低为 85.53%；而 100% $H_2$ 气氛下，黏结指数先是升高到了 99.69%，随后又降低到了 30.27%。总体来说，在 850~900 ℃，各气氛条件下均不会发生明显的黏结现象；而当温度升高到 950 ℃时，气氛中含有 CO 的还原条件下，随着还原的进行开始出现黏结现象；当温度升高到 1000 ℃以上时，各气氛条件下均开始出现黏结现象。从这些现象中可以得出，温度是影响球团黏结的主要因素。

图 4.17 为各还原温度条件下球团最大黏结指数及与其对应的还原度曲线。从图中可以直观地看出，随着还原温度的升高，铁精矿球团氢基直接还原过程中最大黏结指数逐渐增大。在 $\varphi_{H_2}/\varphi_{CO}=1.6$ 还原气氛条件下，850~900 ℃时，黏结指数并没有变化，说明在低温条件下未发生黏结；而随着温度的进一步升高，达到 950 ℃之后，最大黏结指数立刻升高到了 43%；温度继续升高，在 1050 ℃时最大黏结指数达到了 100%。$\varphi_{H_2}/\varphi_{CO}=2.6$ 气氛条件下，850~900 ℃时黏结指数都在 5%以下，说明在还原过程中并无明显的黏结现象发生；而当温度从 900 ℃开始升高时，最大黏结指数随温度升高具有良好的线性相关性，最大黏结指数依次为 4.08%、18.34%、27.80%和 98.29%。当还原气成分全部为 $H_2$ 后，在 950 ℃以下黏结指数均无明显升高，保持在较低水准；而当温度升高到 1000 ℃之后，最大黏结指数开始明显升高；在 1050 ℃时最大黏结指数达到了 99.69%。而在各温度下黏结指数达到最高时，还原度基本都保持在 90%以上，说明在达到最大黏结指数时，球团之间的黏结主要以金属铁相铁晶须之间的相互勾连黏结为主。

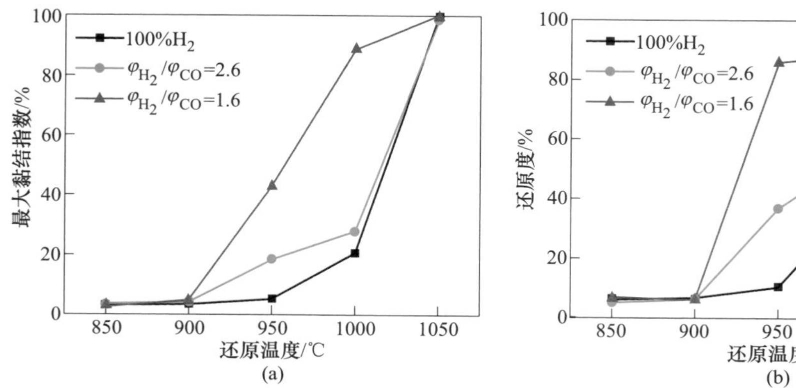


图 4.17 不同还原温度条件下球团最大黏结指数（a）及其对应的还原度（b）

利用光学显微镜对还原后的球团黏结界面拍照，分析黏结界面的结构，可以探讨温度对球团黏结行为的影响机理。球团在不同还原温度条件下形成的黏结界面如图 4. 18 所示（$\varphi_{H_2}/\varphi_{CO}=1.6$）。

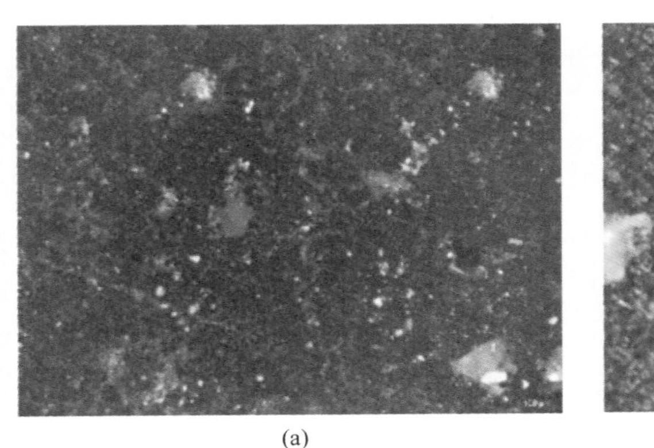

(a)

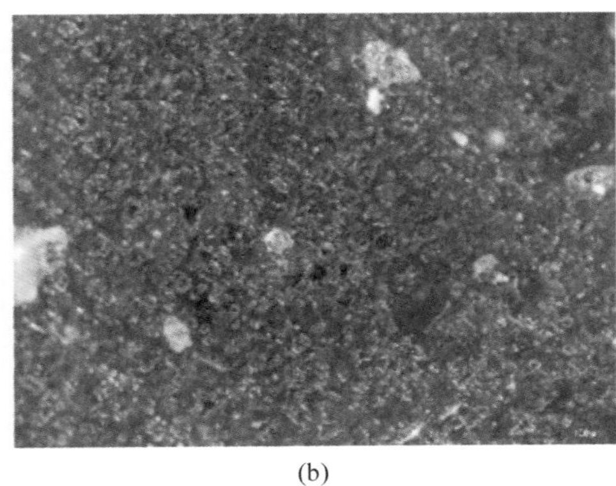

(b)

图 4. 18 不同还原温度条件下球团达最大黏结指数时界面显微形貌
（a）950 ℃；（b）1050 ℃

在小于 950 ℃时无黏结现象发生，因此未对其进行分析。从图 4. 18 中可以看出，球团之间的黏结界面已无明显区分界线，说明黏结指数最大时球团之间的新生铁相已经完全生长在一起。随着温度升高，球团黏结界面的铁颗粒明显开始变大，孔隙变小变少。在 950 ℃下，球团黏结界面中金属铁相颗粒较小，分布较为分散，中间存在许多较大的非铁相颗粒以及孔隙，对应于 4. 1. 2. 2 节中得出的结论，球团在 950 ℃条件下的还原膨胀小于 1050 ℃条件下。因此球团之间相互接触面积相对较小，金属铁之间黏结强度较低。

根据图 4. 19 的 XRD 分析结果可知，在 $\varphi_{H_2}/\varphi_{CO}=1.6$ 的气氛条件下，球团在 950 ℃和 1050 ℃时达到最大还原度时球团的物相没有变化，只有 Fe 及 $Fe_3C$，这是因为在达到最大黏结指数时还原度已经达到了 90%以上。而在两个温度条件下达到最大黏结指数时的时间不同，在 950 ℃时需要经历 70 min 后才可以达到黏结指数 43%；温度升高到 1050 ℃后，在 30 min 后黏结指数就达到了 96. 86%以上。这说明了在 950 ℃时球团经历了更久的烧结时间使得黏结指数升高，但在高温时则不需要通过长时间烧结来达到高的黏结指数。通过 4. 1. 2. 2 节可以看出，球团的膨胀随着温度升高而增大，所以当温度升高到 1050 ℃后，球团膨胀而相互受到的挤压变强，新生铁相的接触面积及受力更大，使得铁晶须的结合更加紧密，因此随温度升高后球团的黏结指数越大且达到高黏结指数的时间越短，这也说明了温度是影响黏结的主要因素之一。

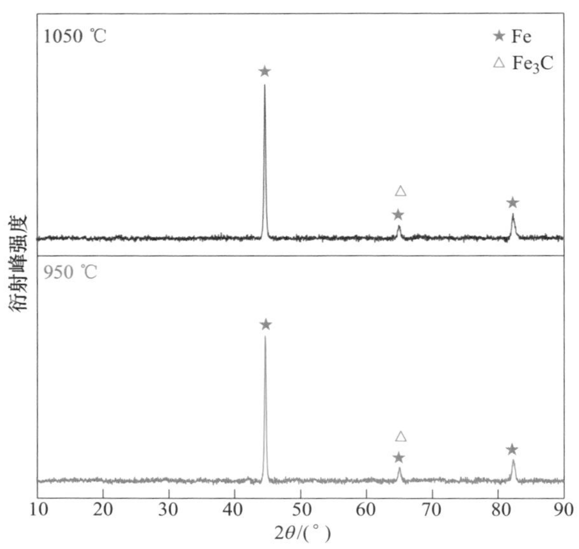


图 4.19 不同还原温度条件下球团达最大黏结指数的 XRD 分析结果

B 还原气氛对球团还原黏结行为的影响

在 850~1050 ℃温度范围内，不同比例 $\varphi_{H_2}/\varphi_{CO}$ 与 $CO_2$ 和 $N_2$ 混合后组成还原气，考察不同比例还原气组成对球团还原行为的影响，如图 4.20 所示。

由图 4.20 中的黏结指数变化曲线可以看出，随着还原气氛中 $H_2$ 含量的增加，球团的黏结指数有所降低。而对于不同的温度条件下，$H_2$ 对于球团黏结指数的影响也有所差异，在 850~900 ℃条件下，由于其原本黏结系数较低，所以气体成分对球团黏结指数的影响较小；但当温度升高至 950 ℃以上时，$H_2$ 对于球团黏结指数的降低开始体现得较为明显，在 950 ℃和 1000 ℃使用 $\varphi_{H_2}/\varphi_{CO}$ = 1.6 的气氛还原时黏结指数最高达到了 43%和 88.68%，在 100% $H_2$ 气氛下最大黏结指数是 5.2%和 20.66%；当温度升高到 1050 ℃时，三种气氛条件下最大黏结指数均达到了 90%以上，而随着还原时间的增加，100% $H_2$ 与 $\varphi_{H_2}/\varphi_{CO}$ = 2.6 气氛下的黏结指数开始下降，$\varphi_{H_2}/\varphi_{CO}$ = 1.6 条件下的黏结指数逐渐升高到了 100%。

为了更好地研究球团黏结指数变化，图 4.21 描述了 $\varphi_{H_2}/\varphi_{CO}$ = 1.6、$\varphi_{H_2}/\varphi_{CO}$ = 2.6 和 100% $H_2$ 三种气氛条件下球团最大黏结指数及与之相对应的还原度。图中可以看出，球团的黏结指数与其还原气成分呈现较良好的线性关系，在低温条件下，各气氛条件下，最大黏结指数都很低；温度在 950~1000 ℃时，还原气成分中 $H_2$ 越多，最大黏结指数越低；升高到 1050 ℃后，$\varphi_{H_2}/\varphi_{CO}$ = 1.6、$\varphi_{H_2}/\varphi_{CO}$ = 2.6 和 100% $H_2$ 三种气氛条件下最大黏结指数分别为 100%、98.29% 和 99.69%，说明在此阶段时球团之间的黏结力极强，不会轻易分开。相应的在所

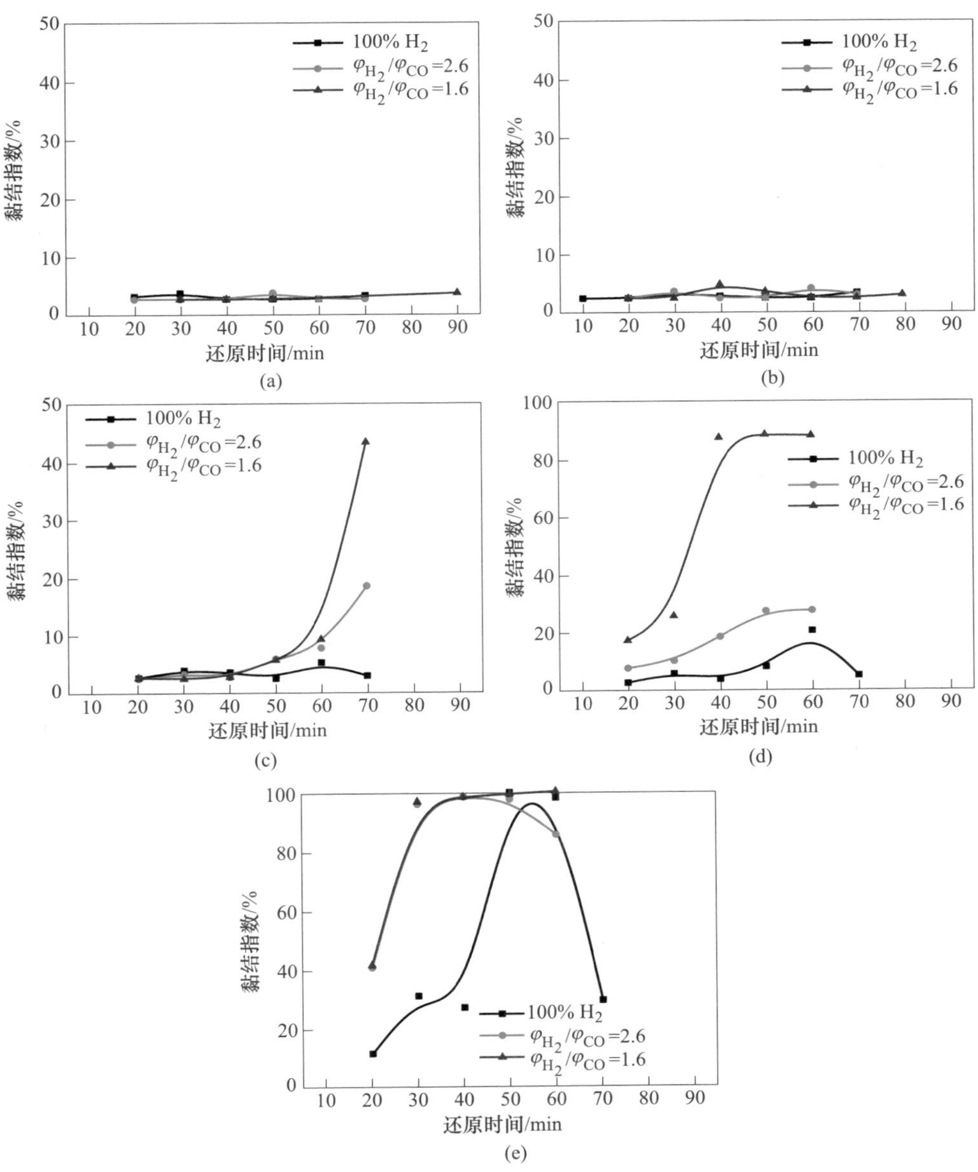


图 4.20 还原气组成对球团黏结指数的影响

(a) 850 ℃；(b) 900 ℃；(c) 950 ℃；(d) 1000 ℃；(e) 1050 ℃

有温度气氛条件下，达到最大黏结指数时的还原度基本都在 90%以上，说明还原已经达到了最后阶段。通过图 4.21 的分析可以得出，球团的最大黏结指数主要由温度影响，但在 950~1000 ℃时，适当地增加还原气氛中 $H_2$ 的含量，可以有效降低球团的黏结指数。

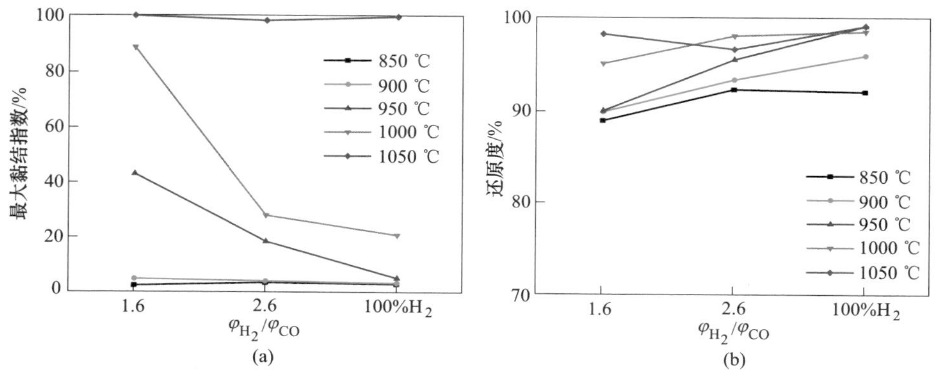


图 4.21 不同还原气氛条件下球团最大黏结指数（a）及对应还原度（b）

根据上述实验结果，使用光学金相显微镜拍照分析，对三种还原气氛下达到最大黏结指数时黏结界面的微观结构及物相转变进行分析，以揭示还原气成分对球团黏结行为的影响机理，所得界面的显微形貌如图 4.22 所示，XRD 分析结果如图 4.23 所示。

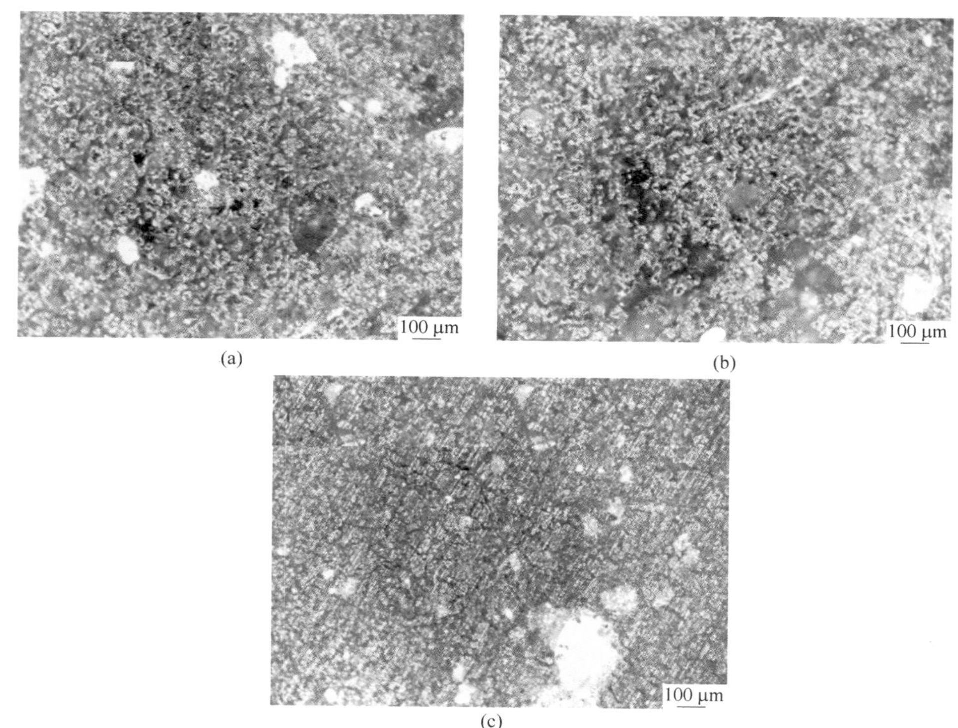


图 4.22 不同还原气氛条件下球团黏结界面显微形貌

（a）$\varphi_{H_2}/\varphi_{CO}=1.6$；（b）$\varphi_{H_2}/\varphi_{CO}=2.6$；（c）100% $H_2$

从图 4.22 显微形貌中可以看出，随着 $H_2$ 比例的增加，反应速率加快，黏结界面的铁相生长颗粒较小；而 $\varphi_{H_2}/\varphi_{CO}=1.6$ 条件下黏结界面中铁相生长杂乱，相对于 100% $H_2$ 条件的球团黏结来说，铁相之间黏结点会明显增多，导致黏结指数的升高，同时依据还原膨胀得出的结论，随 $H_2$ 比例升高，膨胀率逐渐降低，而膨胀产生的挤压使得球团铁相间接触的面积增加，这也会加剧球团的还原黏结。从图 4.23 XRD 分析结果中可以看出，各气氛条件下金属铁为最大黏结时球团的主要含铁物相，这也说明球团在达到最大黏结时，黏结依靠的是铁相之间铁晶须的相互勾连。

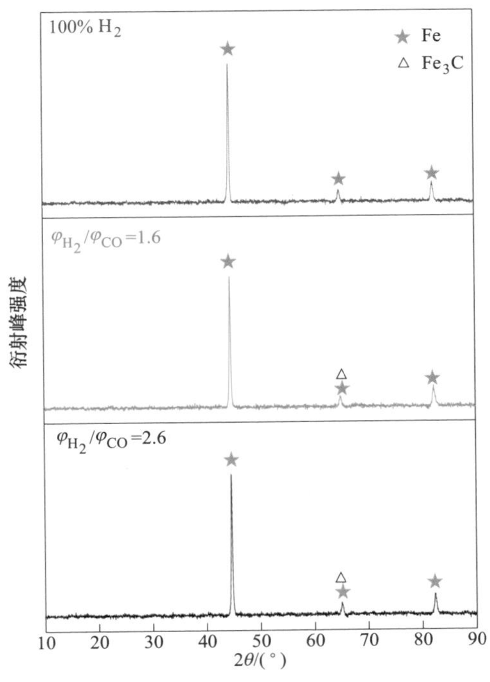


图 4.23 不同还原气氛条件下球团达最大黏结指数时 XRD 分析结果

C 还原度对球团还原黏结行为的影响

在球团的还原过程中，随着还原时间的增加，还原度也会逐渐增加。在还原程度增加的过程中，球团开始出现黏结现象，考察在不同的还原度中球团黏结行为与状态，对竖炉的连续生产顺行具有重要意义。因此本节分析了球团在还原过程中还原度逐渐升高时球团的黏结行为变化，并阐述了还原过程中球团黏结行为随还原度升高的演变机制。图 4.24 所示为还原过程中球团在不同还原度时的黏结指数。

由图 4.24 可知，随着还原度的升高，球团的黏结指数逐渐增大。在还原度升高的过程中，球团内新生金属铁相含量增多，球团之间的新生铁相相互接触，

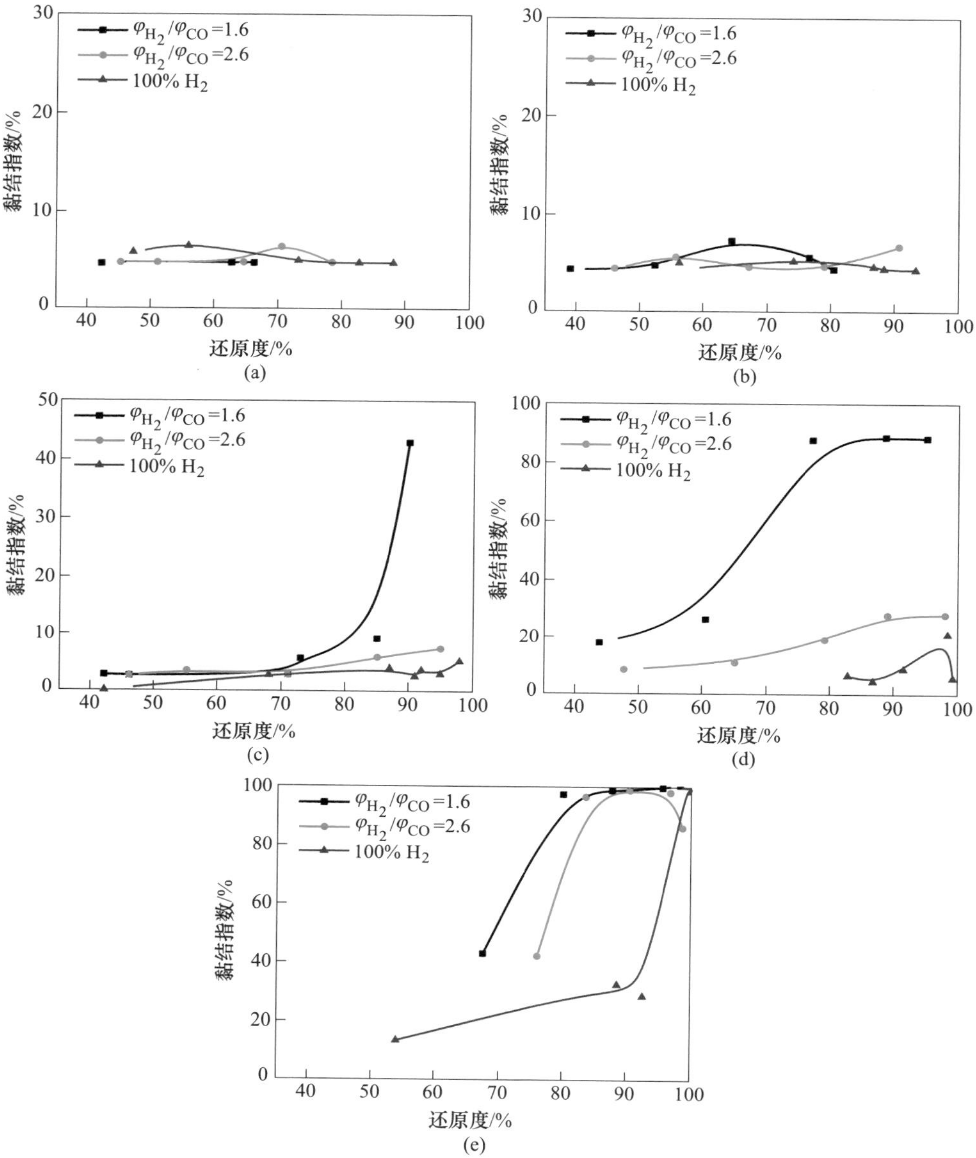

图 4.24　还原度对球团黏结指数的影响

（a）850 ℃；（b）900 ℃；（c）950 ℃；（d）1000 ℃；（e）1050 ℃

黏结点变多，黏结强度也就随之增大；同时在达到高还原时需要更久的还原时间，这使得球团表面的金属铁相经历了更长时间的烧结，黏结强度也会随之增大。在 850~900 ℃，随着还原度的升高，球团的黏结指数并无明显变化，这也说明了温度对球团黏结指数的影响最大。升高温度后，黏结指数开始随着还原度的升高而增大，在 $\varphi_{H_2}/\varphi_{CO}=1.6$ 的还原气氛中，还原度50%时球团的黏结指数为42.4%，当还原度达到80%后，球团的黏结指数陡然升高，达到了96.86%，90%时黏结指数为98.3%，此后逐渐升高到了100%；在100% $H_2$ 气氛中，球团在50%还原度时黏结指数为12.86%，在90%时黏结指数为28.09%，之后随着还原时间的增加，球团的还原度达到了99%，此时黏结指数也达到了99.69%，此后却又出现了下降，黏结指数降低到了30.27%。

在光学显微镜下对球团不同还原度时的形貌进行拍照，对其黏结界面的微观形态进行分析，同时借助XRD分析，以揭示还原过程中球团黏结行为的演变机制，探讨黏结行为机理。不同还原度时界面的显微形貌和XRD分析结果分别如图4.25和图4.26所示。

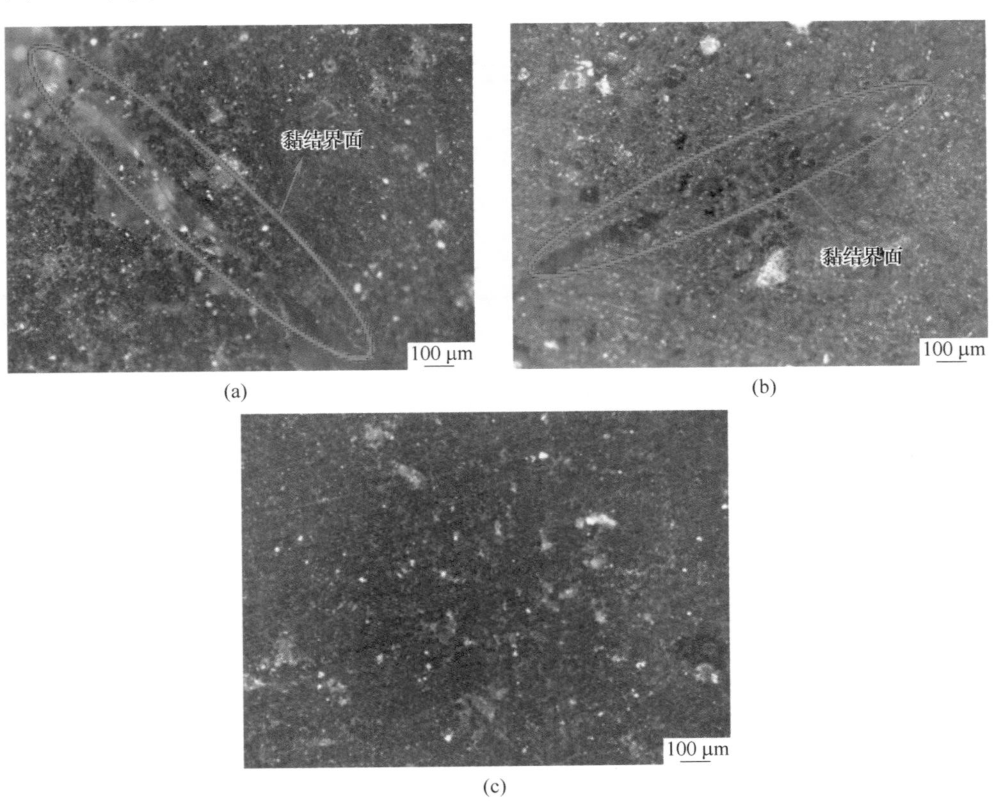


图4.25　不同还原度对应的球团黏结界面显微形貌
（a）45%；（b）80%；（c）90%

图4.25为还原温度950 ℃、$\varphi_{H_2}/\varphi_{CO}=1.6$ 条件下，达到不同还原度时球团黏结界面的显微形貌。可以看出，球团之间的黏结状态存在较大差异。球团还原度为45%时，黏结界面金属铁颗粒相对较少，更多的是在热膨胀条件下球团软化

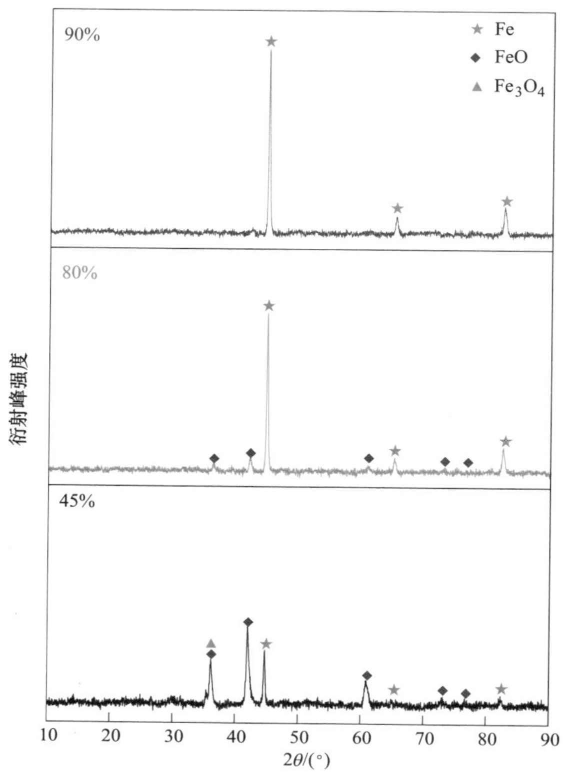


图 4.26 不同还原度时球团黏结界面 XRD 分析结果

后受到挤压而产生黏结现象，发生这类热黏结时黏结强度较低，黏结指数相对较低；而当还原度升高后，球团黏结界面黏结点增多，黏结界面区分不再明显，开始转变为主要由新生金属铁相之间相互粘连，相较于热粘连，金属铁相之间的黏结不再是简单的物理挤压，而是球团新生金属铁的铁晶须之间相互接触粘连，由“两块铁”粘连后逐渐生长成“一块铁”，黏结强度变大，黏结指数开始升高；而当还原度达到 90%以后，不再有明显的黏结界面，说明此时黏结界面的金属铁已经完全生长在一起，黏结指数升高到了 98.3%。

根据图 4.26 XRD 分析结果可以看出，在不同的还原度下球团的成分存在不同的差异，但结果也证实了显微形貌分析下球团黏结界面的变化。在球团还原度为 45%时，在两个球团接触点新生金属铁相较少；还原度升高到 80%后，黏结界面主要成分开始变为铁，铁晶须开始相互勾连使得球团之间开始黏结，同时经历了较长时间的烧结，球团的黏结指数开始升高并最终达到高黏结指数。

#### 4.1.2.4 球团还原过程强度变化

在氢基竖炉直接还原生产过程中，球团矿因其粒度均匀、强度高等优点，是竖炉中使用的主要原料，适当提高炉料中球团矿的比例也可以提高冶炼强度，提高料柱的透气性。但是球团矿在还原过程中强度会急剧下降，进而导致球团破碎粉化，影响炉料透气性，对生产造成严重影响，所以要探究合理的还原工艺参数，以达到合格的强度要求。

A 还原气氛对球团还原过程强度变化的影响

在 850~1050 ℃温度范围内，不同比例 $\varphi_{H_2}/\varphi_{CO}$ 与 $CO_2$ 和 $N_2$ 混合后组成还原气，考察不同比例还原气组成对球团还原后抗压强度的影响，如图 4.27 所示。

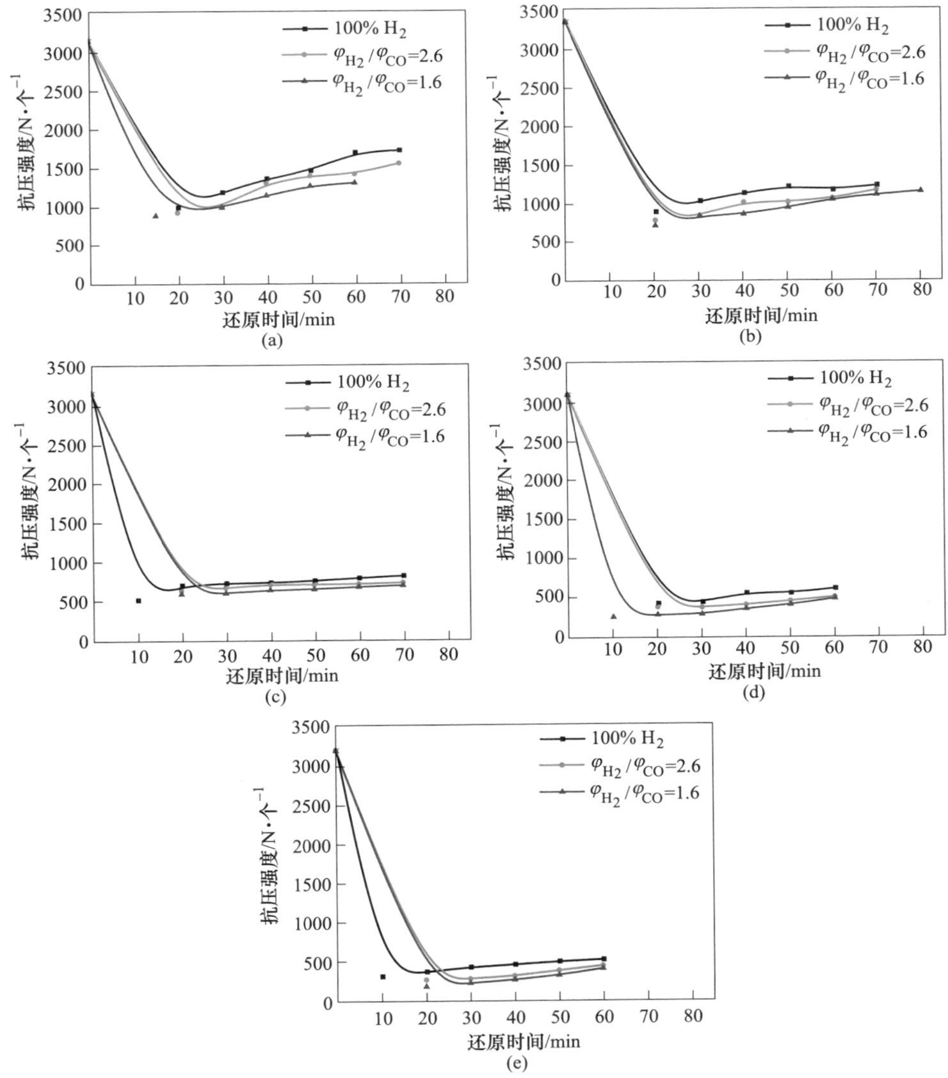


图 4.27 不同还原气氛对球团抗压强度的影响

(a) 850 ℃；(b) 900 ℃；(c) 950 ℃；(d) 1000 ℃；(e) 1050 ℃

由图 4.27 可知，在还原反应开始阶段，球团的抗压强度急剧下降，而后随着还原的进行，抗压强度开始逐渐回升。在同一温度条件下，随着还原气氛中 CO 含量的增多，球团强度呈不断下降的趋势，在 950 ℃ 条件下，100% $H_2$、$\varphi_{H_2}/\varphi_{CO}=2.6$ 和 $\varphi_{H_2}/\varphi_{CO}=1.6$ 气氛相对应的最低抗压强度分别为 706.2 N、640.2 N 和 597.2 N。不同气氛下，球团抗压强度回升的趋势几乎相同，100% $H_2$ 气氛对应的强度变化为 706.2 N/个、731.8 N/个、737.9 N/个、758.3 N/个、789 N/个和 817 N/个，而 $\varphi_{H_2}/\varphi_{CO}=1.6$ 对应的强度变化为 597.2 N/个、607.7 N/个、644.1 N/个、651 N/个、676.6 N/个和 693.9 N/个，强度变化差值相差不大。

为了进一步分析强度随气氛变化的规律，对各气氛下还原球团在达到最低抗压强度时与之对应的还原度作图，如图 4.28 所示。随着还原气中 $H_2$ 比例升高，球团的抗压强度也相应升高，呈较良好的线性相关性；而在各气氛条件下，抗压强度越低，还原度也越低，在 950 ℃ 时，100% $H_2$ 条件下球团的抗压强度为 706.2 N/个，对应还原度为 73.21%，而当气氛变为 $\varphi_{H_2}/\varphi_{CO}=1.6$ 时，球团的抗压强度为 597.2 N/个，对应还原度为 47.12%，所以说明，还原度越低，球团的抗压强度也会相应变低，这是因为氢气还原速率较快，球团的还原度变化较快，新生铁相较多使得球团内部之间铁相互连，抗压强度较高。

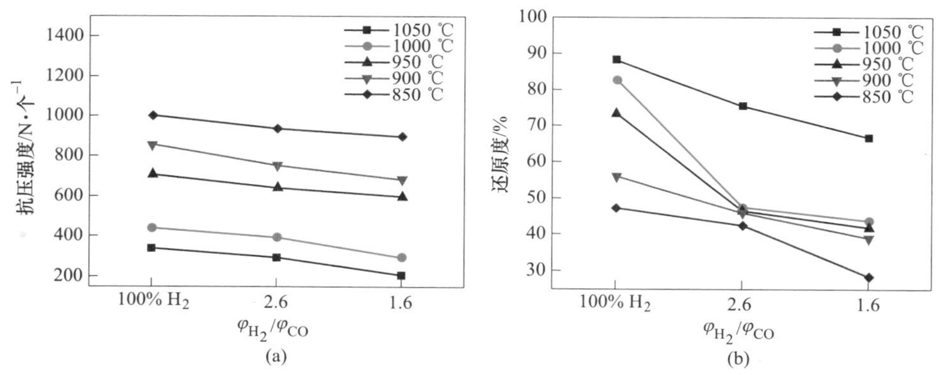

图 4.28 不同还原气氛条件下球团最低抗压强度（a）及其对应的还原度（b）

图 4.29 为 950 ℃不同还原气氛条件下球团最低抗压强度时内部显微形貌，可以看出随着 $H_2$ 比例升高，球团内金属铁相数量越多，抗压强度越高。相对应于还原气氛对球团膨胀的影响，CO 含量增多则球团的膨胀越大，使得内部结构的破坏更为严重，因此强度越低；而随着还原过程中新生金属铁相的形成，球团体积开始收缩，球团强度开始回升；同时，$H_2$ 含量增大会加快球团的还原速度，球团生成新生金属铁相含量增多从而强度增大。

B 还原温度对球团还原过程强度变化的影响

不同比例 $\varphi_{H_2}/\varphi_{CO}$ 与 $CO_2$ 和 $N_2$ 混合后组成还原气，在 850~1050 ℃温度范围内，考察不同还原温度对球团抗压强度的影响，如图 4.30 所示。

(a)　　(b)　　(c)

图 4.29　不同还原气氛条件下球团最低抗压强度时显微形貌

（a）$\varphi_{H_2}/\varphi_{CO}=1.6$；（b）$\varphi_{H_2}/\varphi_{CO}=2.6$；（c）100% $H_2$

抗压强度/N·个$^{-1}$

还原时间/min

1050 ℃
1000 ℃
950 ℃
900 ℃
850 ℃

(a)　　(b)　　(c)

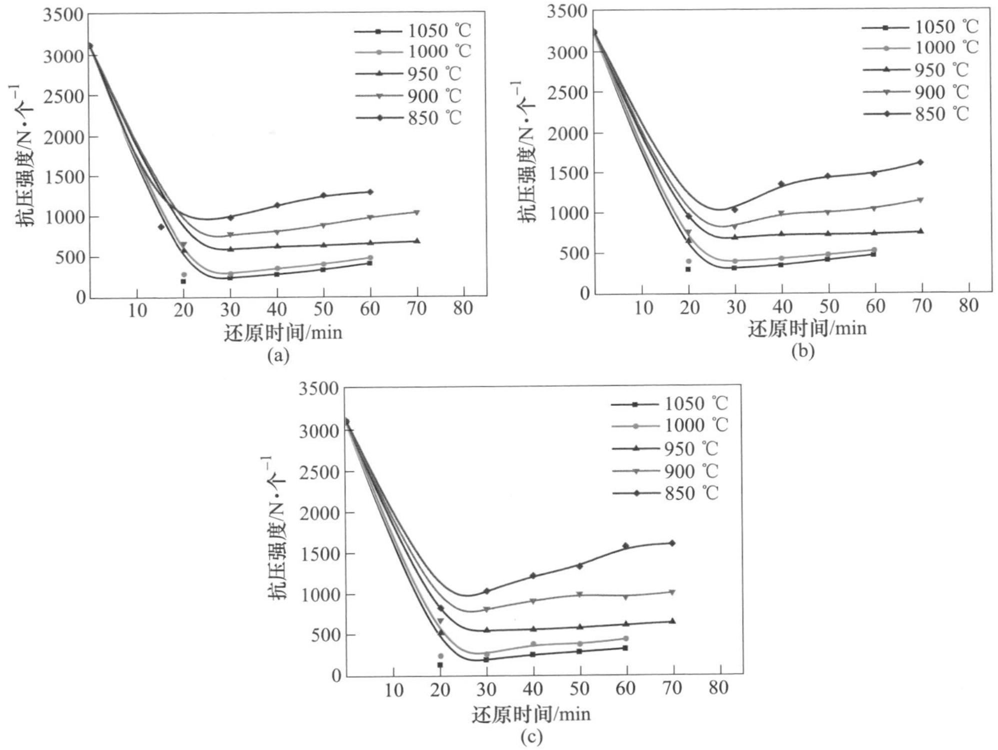

图 4.30　不同还原温度对球团抗压强度的影响

（a）$\varphi_{H_2}/\varphi_{CO}=1.6$；（b）$\varphi_{H_2}/\varphi_{CO}=2.6$；（c）100% $H_2$

从图 4.30 中可以看出，在各气氛条件下，球团的抗压强度均随着温度的升高而明显降低，在 850 ℃，$\varphi_{H_2}/\varphi_{CO}=1.6$ 气氛条件下，球团最低抗压强度为 895.2 N/个；温度升高到 1050 ℃之后，最低抗压强度降低到了 207.2 N/个。而随着还原的进一步进行，球团的抗压强度也都会有所回升，在 100% $H_2$ 条件下，850 ℃下抗压强度变化规律为 999.7 N/个、1193.7 N/个、1367.8 N/个、1471.7 N/个、1701 N/个和 1727.6 N/个，1050 ℃下抗压强度变化为 337.1 N/个、393.4 N/个、447.8 N/个、477.9 N/个和 512.2 N/个，总体强度相差较大，说明温度对球团的强度变化具有较大的影响。

进一步研究温度对球团抗压强度的影响，图 4.31 描述了各温度条件下还原球团达到最低抗压强度及其对应的还原度。可以看出，随着温度升高，球团的抗压强度有明显的降低趋势，与其对应的还原度恰好相反。$\varphi_{H_2}/\varphi_{CO}=1.6$ 的气氛在 850 ℃时，在较低的还原度 28.32%下仍然保持着较高的抗压强度 895.2 N/个；而升高到 1050 ℃时，对应的还原度和抗压强度分别为 66.7%和 207.2 N/个。对比温度对球团膨胀行为的影响，温度越高，球团的最大膨胀越大，产生的热应力对球团内部结构的破坏也更加严重，因此球团的抗压强度随着温度的升高呈降低的趋势。对比图 4.32 中，不同温度下球团最低抗压强度的显微示意图，虽然高温条件下球团金属铁相明显，但球团有明显的孔洞，验证了上述结论。所以为了减少在球团还原过程中强度降低导致的球团粉化、破碎现象，保证竖炉的生产顺行，在球团的还原过程中还原温度不宜过高。

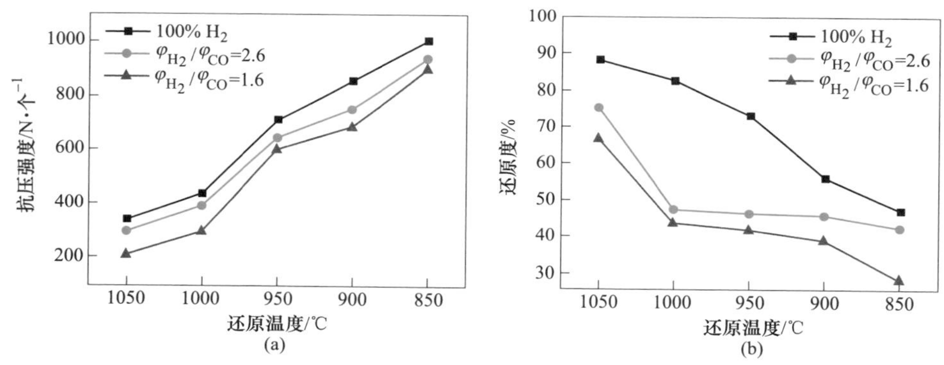


图 4.31 不同还原温度条件下球团达最低抗压强度（a）及其对应的还原度（b）

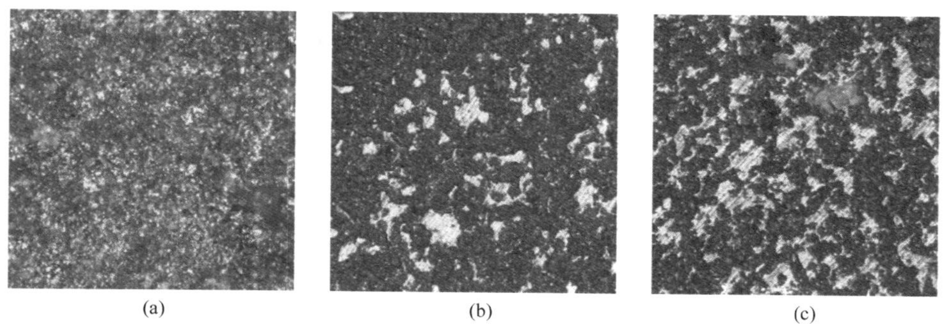


图 4.32 不同还原温度条件下球团达最低抗压强度显微形貌

（a）850 ℃；（b）950 ℃；（c）1050 ℃

C 还原度对球团还原过程强度变化的影响

在球团的还原过程中，随着还原时间的增加，还原度也会逐渐增加。在还原程度增加的过程中，球团的成分结构也会出现变化，考察在不同还原度下球团强度变化及状态，有利于分析球团还原过程中的强度变化机理。在不同还原气氛条件及还原温度下，球团在还原过程中强度随着还原度的变化如图 4.33 所示。

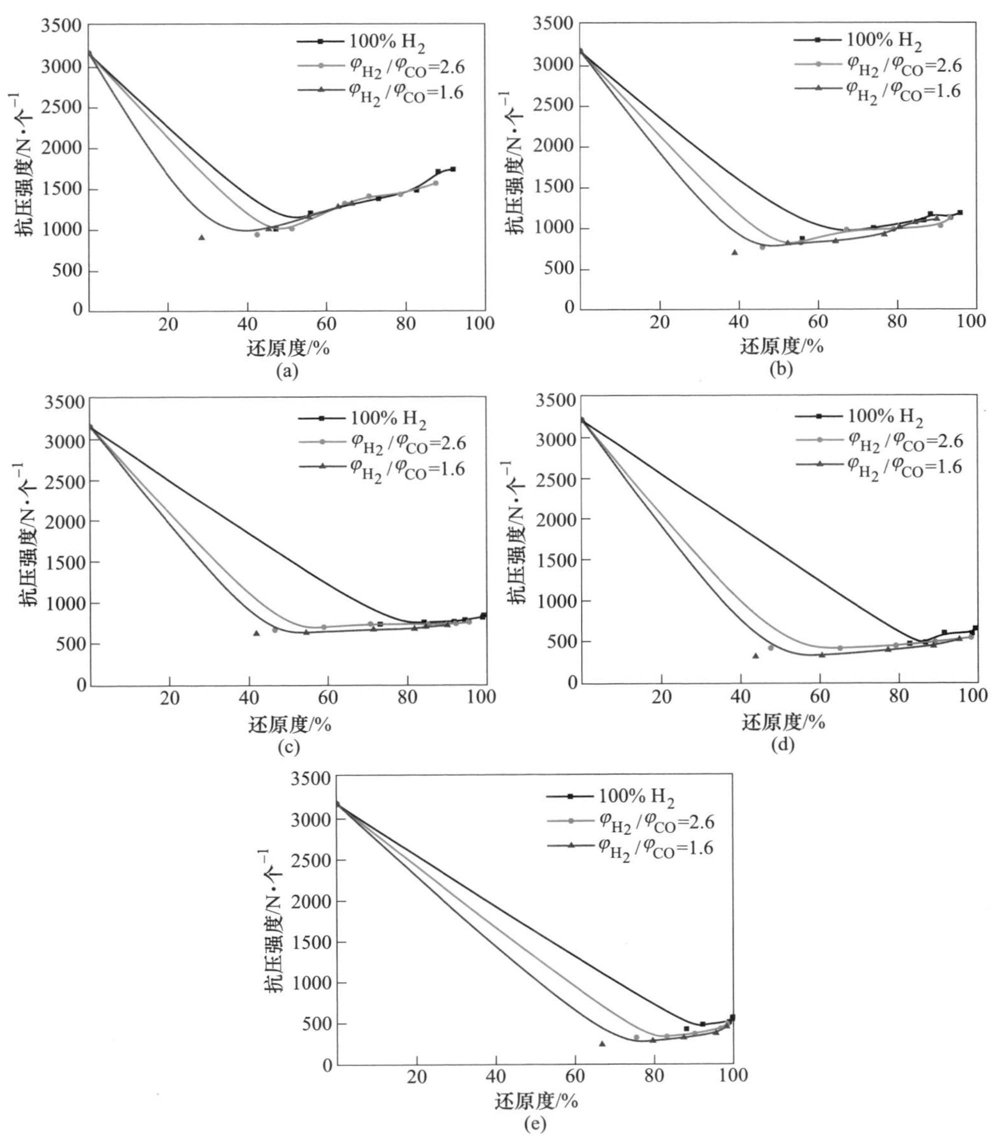


图 4.33 还原度对球团抗压强度的影响

(a) 850 ℃; (b) 900 ℃; (c) 950 ℃; (d) 1000 ℃; (e) 1050 ℃

从图 4. 33 中可以看出，在还原现象开始发生时，球团的抗压强度就出现了断崖式下降。在还原气氛 $\varphi_{H_2}/\varphi_{CO}=1.6$，还原温度 850 ℃的条件下，随着还原进行，球团还原度从 0 变化到 28. 3%，球团的抗压强度由 3165 N/个降低到 895. 2 N/个，因此可见球团内部结构及性质变化对球团强度具有很大的影响；而后还原度逐渐升高至 45. 23%、55. 37%、62. 81% 和 66. 28%，球团的强度也逐渐升高至 1000. 2 N/个、1153. 2 N/个、1273. 3 N/个和 1310. 5 N/个。

图 4. 34 与图 4. 35 分别为不同还原度条件下球团的显微形貌及 XRD 分析结果。从图中可以看出，随着还原度的升高，球团中金属铁相明显增多，说明在还原过程中，铁氧化物还原发生晶型转变产生内应力，同时热应力与其共同作用，导致球团的抗压强度急剧下降；而后生成金属铁时，金属铁逐渐长大互连，使得球团强度逐渐回升。因此球团的抗压强度变化过程可以解释为三部分：未还原的氧化球团结构致密，内部赤铁矿晶粒粗大且互连，所以氧化球团强度足够大；随着还原过程的进行，球团中赤铁矿在还原为磁铁矿和浮氏体的过程中发生晶型转变，产生较强的内应力，同时高温还原产生的热应力与其共同作用，严重破坏了球团内部的组织结构，故而球团的抗压强度出现明显的下降；随后伴随着新生金属铁相的出现，铁颗粒之间长大互连，产生黏结力，球团的抗压强度开始有一定的回升。

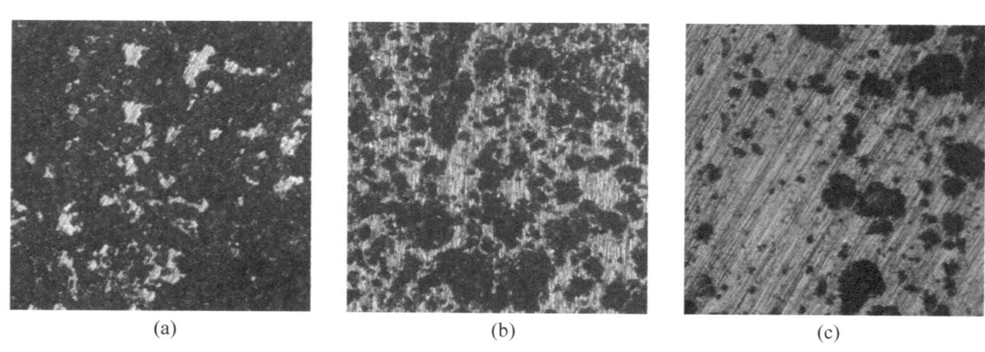

(a) (b) (c)

图 4. 34 不同还原度条件下球团的显微形貌

(a) 45%；(b) 80%；(c) 90%

### 4. 1. 3 氢基竖炉适宜工艺配置探讨

在对氢基竖炉炉料冶金性能优化过程中，需要综合考虑气氛和温度对还原行为的影响。在对球团膨胀、黏结以及强度变化的分析过程中发现，随着温度的升高，球团的膨胀会增大、黏结指数变高、抗压强度降低，这对于实际直接还原生产过程中都会造成很严重的影响。所以通过以上部分的实验结果，本节希望探讨

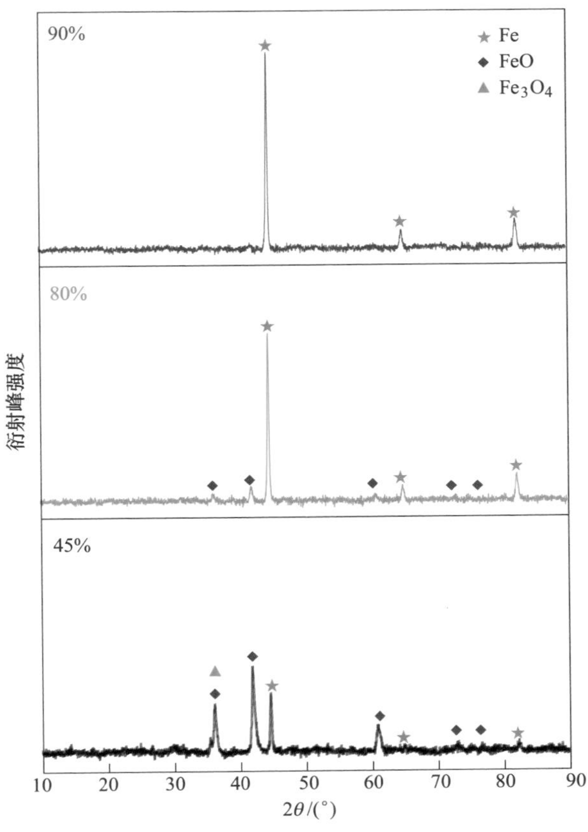


图 4.35 不同还原度条件下球团 XRD 分析结果

选择出合理的还原温度及气氛，既能提高球团矿还原速率，缩短还原时间，减少还原气消耗，提高生产效率，也能合理控制球团膨胀、黏结及强度变化这些冶金性能，保证生产顺行。

表 4.3 为不同气氛、温度条件下球团的各项冶金性能指标。在考虑各还原行为时，对于球团还原膨胀指数来说，当球团还原膨胀率不超过 20%时，属于正常膨胀，不会影响生产顺行，而各气氛、温度下球团的最大膨胀率为 16.3%，说明此球团的还原膨胀性能符合实际生产要求，可不作为优化工艺参数考虑的指标；对于还原后强度来说，日本冶金行业高炉使用球团的冷却后抗压强度为 141 N/个，实验中在 1050 ℃、$\varphi_{H_2}/\varphi_{CO}=1.6$ 条件下最低抗压强度为 207.2 N/个，高于其标准值。因此，实验工艺参数下球团还原膨胀与抗压强度均符合生产要求，优化时可不作为主要考虑指标，所以黏结指数的高低是影响该铁精矿球团在实际生产顺行的关键指标。

表 4.3 不同气氛、温度条件下球团的冶金性能指标

| 气氛 | 指标 | 900 ℃ | 950 ℃ | 1000 ℃ | 1050 ℃ |
|---|---|---|---|---|---|
| $\varphi_{H_2}/\varphi_{CO}=1.6$ | 最大膨胀率/% | 11.66 | 14.38 | 15.55 | 16.3 |
| | 最终黏结指数/% | 2.5 | 42.95 | 44.16 | 50 |
| | 最低抗压强度/N·个$^{-1}$ | 682.8 | 597.2 | 291.4 | 207.2 |
| $\varphi_{H_2}/\varphi_{CO}=2.6$ | 最大膨胀率/% | 11.25 | 13.58 | 14.78 | 15.98 |
| | 最终黏结指数/% | 4.09 | 18.34 | 27.80 | 42.77 |
| | 最低抗压强度/N·个$^{-1}$ | 750.6 | 640.2 | 389.5 | 292.2 |
| 100% $H_2$ | 最大膨胀率/% | 10.52 | 12.84 | 13.42 | 15.38 |
| | 最终黏结指数/% | 3.37 | 2.91 | 5.20 | 15.14 |
| | 最低抗压强度/N·个$^{-1}$ | 854.4 | 751.9 | 436.2 | 337.1 |

球团还原过程中或多或少会出现黏结现象，在实验过程中，当黏结指数低于20%时，跌落测试后球团中几乎不会存在黏结团块，因此可以认为黏结指数低于20%不会影响生产顺行。从表 4.3 中可以看出，在 100%$H_2$ 气氛条件下，1050 ℃最终黏结指数为 15.14%，可以认为是一个优良的指标，所以在 100%$H_2$ 气氛条件下，还原温度可以升高到 1050 ℃，获得的最终还原产品仍具有较优良的冶金性能。而从富氢气氛角度考虑，在 $\varphi_{H_2}/\varphi_{CO}=2.6$ 与 $\varphi_{H_2}/\varphi_{CO}=1.6$ 的气氛条件下，高温时球团的最终黏结指数仍然较高，当温度降低到 950 ℃时，$\varphi_{H_2}/\varphi_{CO}=2.6$ 气氛条件下最终黏结指数降低为 18.34%，可以作为富氢气氛所需要的工艺指标；而$\varphi_{H_2}/\varphi_{CO}=1.6$ 气氛条件下降温到 900 ℃才可以得到较优良的冶金性能指标，因此适宜的富氢还原工艺参数应当选择 $\varphi_{H_2}/\varphi_{CO}=2.6$，温度 950 ℃。

## 4.2 氢基直接还原反应动力学研究

由于氢基还原实验是将致密的氧化球团置于浓度足够高的还原气氛中，还原反应是典型的气/固反应，反应界面随着反应进程由外向内逐步推进。被还原的球团内部存在一个由未反应物组成且不断缩小的核心，直至反应结束，整个还原反应过程符合未反应核模型。

为使问题简化，再做如下假设：（1）在还原过程中，球团体积不发生变化，且呈球形；（2）还原反应是一级可逆的，且还原中间产物 $Fe_3O_4$ 和 FeO 很薄，在矿球内仅有一个相界面 FeO/Fe。根据上述假设，可以用单界面未反应核模型来建立还原反应动力学方程。

### 4.2.1 还原反应限制性环节

#### 4.2.1.1 还原实验设备

氢基直接还原实验所采用的装置如图 4.36 所示。主要构造包括：计算机综

合控制系统、温度控制柜、炉体部分、电子天平测重系统、反应气体供给系统、吊管还原系统。

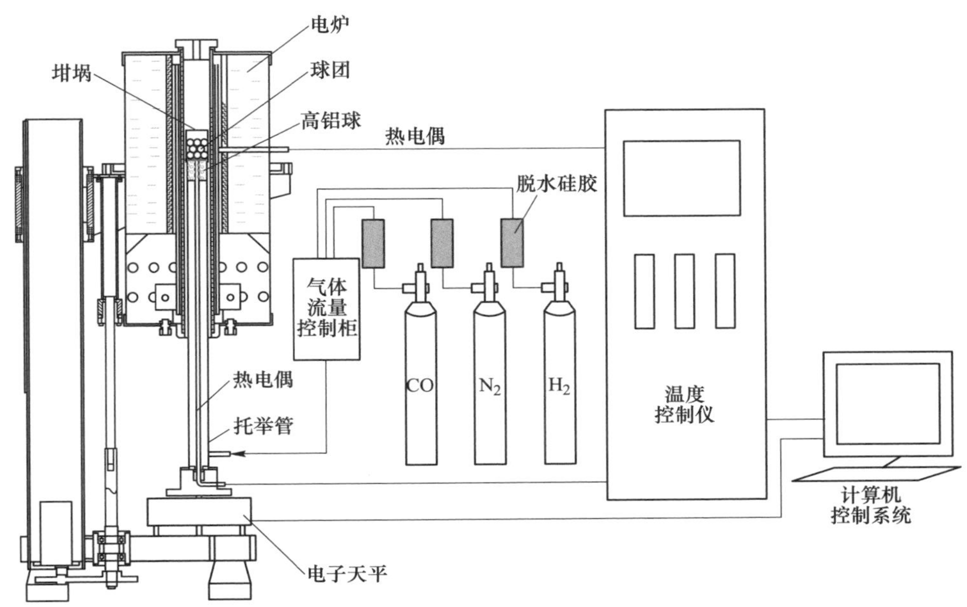


图 4.36 还原实验装置

（1）计算机控制系统及还原系统。实验采用由硅碳棒为发热体的竖式管状炉，炉管是内径 50 mm、外径 58 mm、长 610 mm 的刚玉管，炉温由炉管侧壁插入的热电偶通过 PTW-04 型温控柜所控制。试样坩埚由置于天平之上的托举立管垂直托举于电热炉恒温段的炉管中心，反应气在托举立管内自下到上充分预热后，再经过高铝球层充分均流，而后完整地通过物料层。

通过温控柜使实验炉升温至 900 ℃，恒温 30 min 后，将热电偶由炉体上方插入炉管内部，以 5 mm 的步长改变其所处位置，依次测定加热炉不同深度处的温度，测量结果如图 4.37 所示。由此确定炉体的恒温区总长约 65 mm。

（2）测重系统。采用量程为 2000 g、感量为 0.01 g、型号为 JD2000-2G 的多功能电子天平测重，并通过 RS-232 数据通信接口将天平数据反馈至计算机。

（3）反应气体供给系统。由 $H_2$、CO、$N_2$ 气罐组成，气体流量由质量流量计来控制。

4.2.1.2 还原实验条件

（1）还原温度和气氛。直接还原反应的温度和气氛取决于原料的软化温度、能源消耗及生产稳定性。为全面考察还原温度和气氛对还原反应的影响，在参考

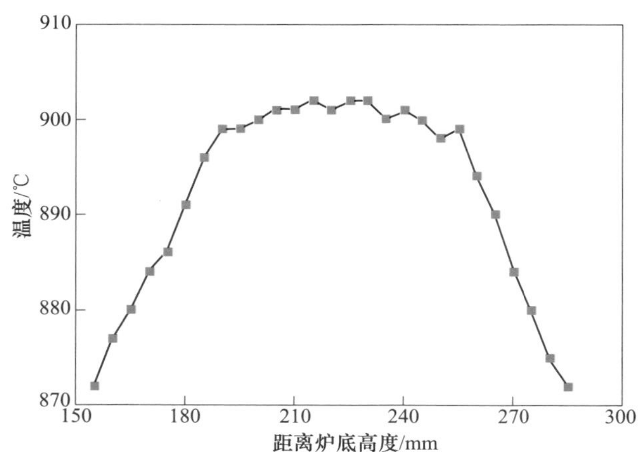


图 4.37 反应管内温度分布曲线

MIDREX 和 HYL 竖炉直接还原工艺的基础上，依次选取 850 ℃、900 ℃、950 ℃、1000 ℃和 1050 ℃五组温度，100% $H_2$、$\varphi_{H_2}/\varphi_{CO}=5/2$、$\varphi_{H_2}/\varphi_{CO}=3/2$、$\varphi_{H_2}/\varphi_{CO}=1/1$、$\varphi_{H_2}/\varphi_{CO}=2/5$ 和 100% CO 六种还原气氛进行氢基直接还原实验。

（2）还原气流量。为便于将实验结果用于后续氢基直接还原反应动力学机理研究，实验必须满足以下两个还原条件：第一个是恒温条件，试样应位于反应器的恒温段，且实验过程中温度的变化不能超出允许的波动范围；第二个是气氛条件，还原气入口和出口成分应保持稳定且差别不允许过大，即 $H_2$ 或 CO 出口浓度应与入口浓度近似相等。为此，实验中应保证足够大的气固比，尽可能避免气体外扩散成为还原过程的限制性环节，减少气流速度对反应进程的影响。实验用临界气流速度的具体值由预备实验所得。

#### 4.2.1.3 实验步骤

通过升降系统将炉体下降，直至托举立管的顶端露出炉管外，把装有试样的坩埚紧密嵌套于托举管的顶端，而后再将炉体上升，直至试样坩埚处于电热炉发热体的恒温段。通过温度控制柜，将实验炉以 10 ℃/min 的速度升温至实验所要求温度。在炉料升温过程中，由托举管底部通入 $N_2$，以保持惰性气氛。待炉料温度恒温至实验温度 30 min 后，将 $N_2$ 改换成还原气体，还原就此开始。

在还原过程中，通过测重系统，每 5 s 自动记录一次试样的失重情况，得出球团的还原失重曲线。等试样不再失重或天平显示重量长期趋于稳定后，还原即告结束，而后将还原气改换为 $N_2$，以防还原后球团再次氧化。

#### 4.2.1.4 预备实验

在 950 ℃及 100% $H_2$ 还原气氛下，分别以 2 L/min、3 L/min、4 L/min 和

5 L/min 的气流速度，按前述实验步骤进行预备实验。不同还原气流速度条件下球团还原率随时间的变化如图 4.38 所示。随气流速度的提高，还原率明显提升；但气流速度高于 4 L/min 后，还原率随时间的变化不再受气流速度变化的影响，即外部气相传质对反应过程的影响已经消除。因此，实验选取 4 L/min 为临界气流速度。

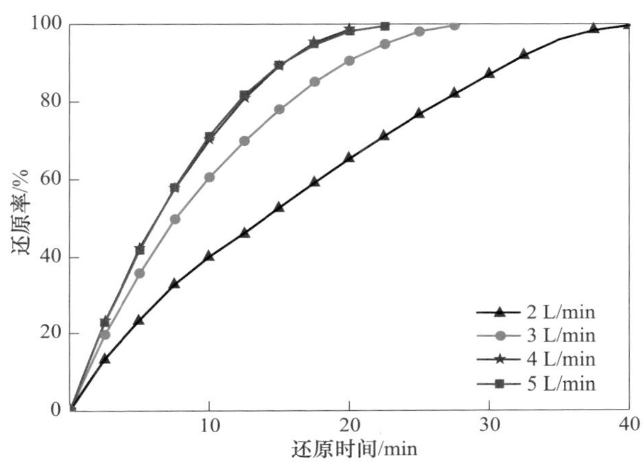


图 4.38　不同还原气流速度条件下球团还原率随时间的变化

#### 4.2.1.5　还原实验结果

不同还原气氛条件下，还原温度对球团还原率随时间变化的影响如图 4.39 所示。由图可见，还原气氛中含有 $H_2$ 时，升高温度能明显提高还原反应的速率。100% $H_2$ 气氛下，还原温度高于 900 ℃时，在还原 20 min 后还原率均达到 95% 以上；而 100% CO 气氛下，温度对还原反应速率的影响较弱，升高温度，相同还原率下所需还原时间几乎不变。这是由于温度高于 810 ℃时，$H_2$ 的还原能力大于 CO 的还原能力；而且综合整个铁氧化物还原阶段，CO 还原反应为放热反应，$H_2$ 还原反应为吸热反应，升高还原温度可同时改善 $H_2$ 还原反应的动力学和热力学，而对 CO 还原反应的影响却是矛盾的，温度升高在改善其动力学条件的同时恶化了热力学条件。

不同还原温度下，还原气氛对球团还原率随时间变化的影响如图 4.40 所示。五条曲线规律大体一致，即随还原气氛中 $H_2$ 含量的增加，还原反应速率越快。由图 4.40（d）和（e）可知，1000 ℃和 1050 ℃下还原反应较为迅速，在还原 30 min 后，除 100% CO 气氛外，其余还原气氛下的球团还原率均达到 90%以上。这是由于在还原反应的过程中存在水煤气转换反应（$H_2+CO_2 = H_2O+CO$），发生水煤气反应后，混合还原气中的 $H_2$ 含量降低了，而 $H_2O$ 和 CO 的含量增加了，CO 的还原能力弱于 $H_2$ 的还原能力，导致还原反应速率减慢。

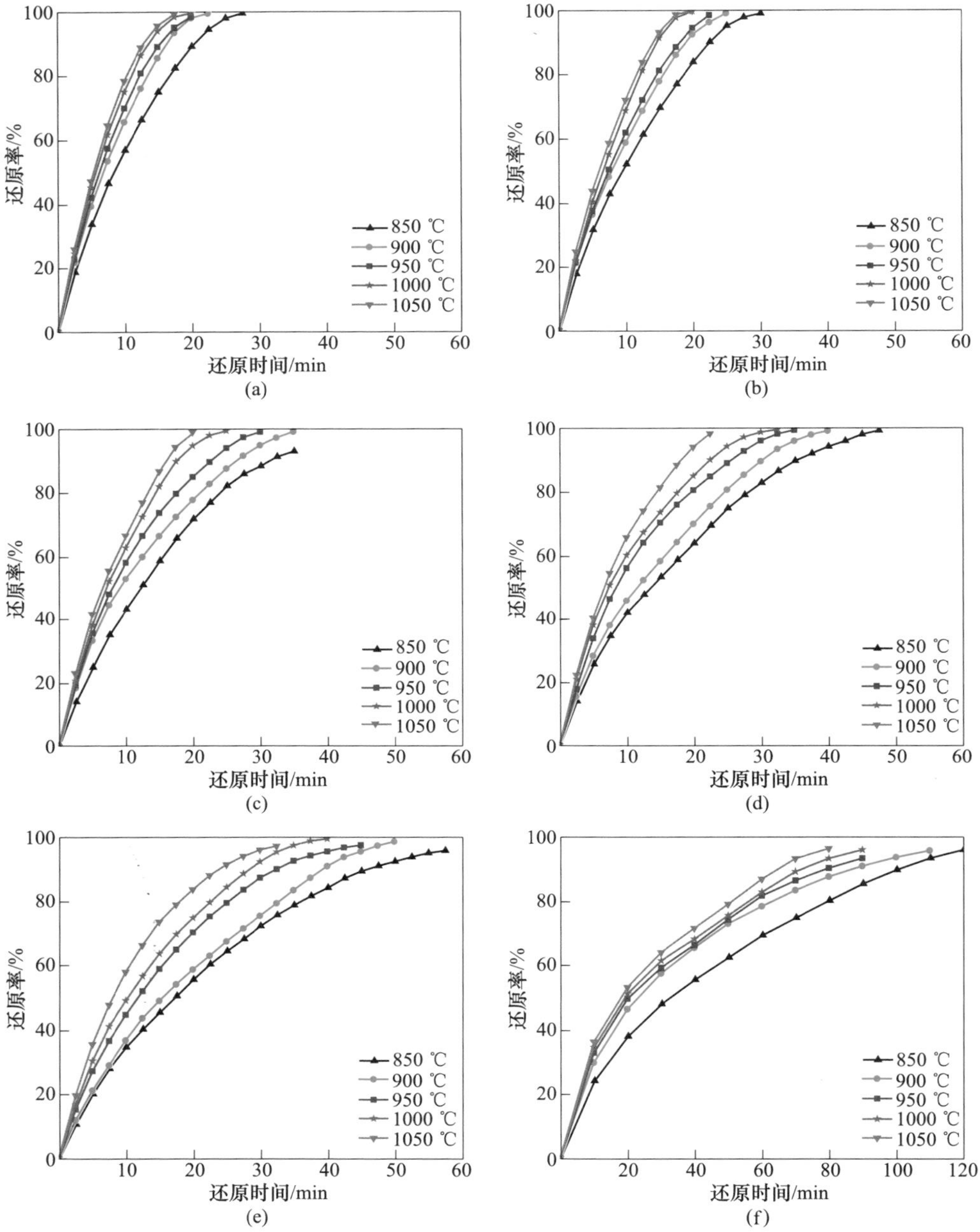

(a)

(b)

(c)

(d)

(e)

(f)

图 4.39 不同还原气氛条件下还原温度对还原率随时间变化的影响

(a) 100% $H_2$；(b) $\varphi_{H_2}/\varphi_{CO}=5/2$；(c) $\varphi_{H_2}/\varphi_{CO}=3/2$；(d) $\varphi_{H_2}/\varphi_{CO}=1/1$；(e) $\varphi_{H_2}/\varphi_{CO}=2/5$；(f) 100% CO

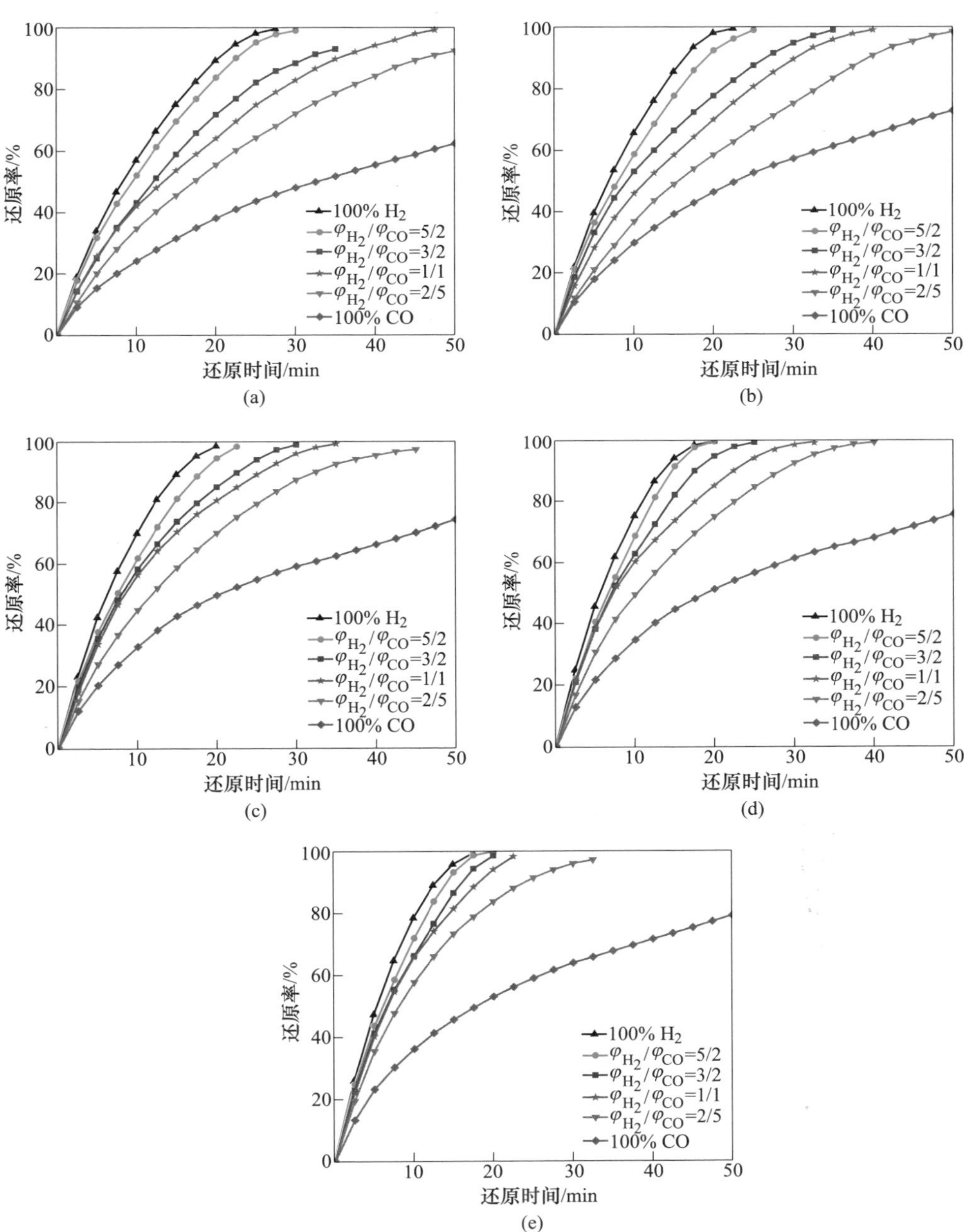


图 4.40 不同还原温度条件下还原气氛对还原率随时间变化的影响

(a) 850 ℃；(b) 900 ℃；(c) 950 ℃；(d) 1000 ℃；(e) 1050 ℃

4.2.1.6 限制性环节研究

由图4.38可知，由于实验中气体流量采用临界气流速度，已尽可能避免外扩散对还原反应的限制，且由图4.39、图4.40中还原率$f$随时间$t$变化曲线可知，二者并不呈线性关系。因此，在本节中只讨论界面化学反应和内扩散两个重要的限制性环节。

利用图4.39和图4.40中球团氢基直接还原实验的实时失重数据，依次用时间$t$分别对不同气氛和温度下$1-3(1-f)^{2/3}+2(1-f)$和$1-(1-f)^{1/3}$作图。图4.41为100% $H_2$、$\varphi_{H_2}/\varphi_{CO}=1/1$、100% CO三种气氛，950 ℃下界面反应控制与内扩散控制的曲线（其余四个温度条件下曲线类似于以上）。图4.41（a）为100% $H_2$气氛不同还原时间下，界面反应控制与内扩散控制的曲线，在整个还原过程中$1-(1-f)^{1/3}$与$t$呈良好的线性关系，而$1-3(1-f)^{2/3}+2(1-f)$与$t$并非如此。因此，球团在高温100% $H_2$气氛下还原时，界面反应为还原过程的限制性环节。

图4.41（c）为100% CO气氛不同还原时间下，界面反应控制与内扩散控制的曲线，在整个还原过程中$1-3(1-f)^{2/3}+2(1-f)$与$t$以及$1-(1-f)^{1/3}$与$t$都未能呈现良好的线性关系。因此，球团在高温100% CO气氛下还原时，还原过程并非由单纯的界面反应或者内扩散控制。

当忽略外扩散限制性环节，同时考虑内扩散和界面化学反应阻力时，则：

$$\frac{r_0}{6D_e}\left[1-3(1-f)^{2/3}+2(1-f)\right]+\frac{K}{k(1+K)}\left[1-(1-f)^{1/3}\right]=\frac{c_0-c^*}{r_0\rho}t \tag{4.3}$$

将上式两边同除以$\left[1-(1-f)^{1/3}\right]$，并经简化处理，得：

$$\frac{t}{1-(1-f)^{1/3}}=t_D\left[1+(1-f)^{1/3}-2(1-f)^{2/3}\right]+t_C \tag{4.4}$$

式中，$t_D=\dfrac{\rho r_0^2}{6D_e(c_0-c^*)}$，$t_C=\dfrac{\rho r_0 K}{k(1+K)(c_0-c^*)}$，分别代表内扩散控制和界面化学反应控制时完全还原时间。

以$1+(1-f)^{1/3}-2(1-f)^{2/3}$对$\dfrac{t}{1-(1-f)^{1/3}}$作图，100% $H_2$、$\varphi_{H_2}/\varphi_{CO}=1/1$、100% CO三种气氛不同温度下的混合控制曲线如图4.42所示。线性回归处理后，由直线的截距和斜率便可求出各还原气氛下的$t_D$和$t_C$，见表4.4和表4.5。

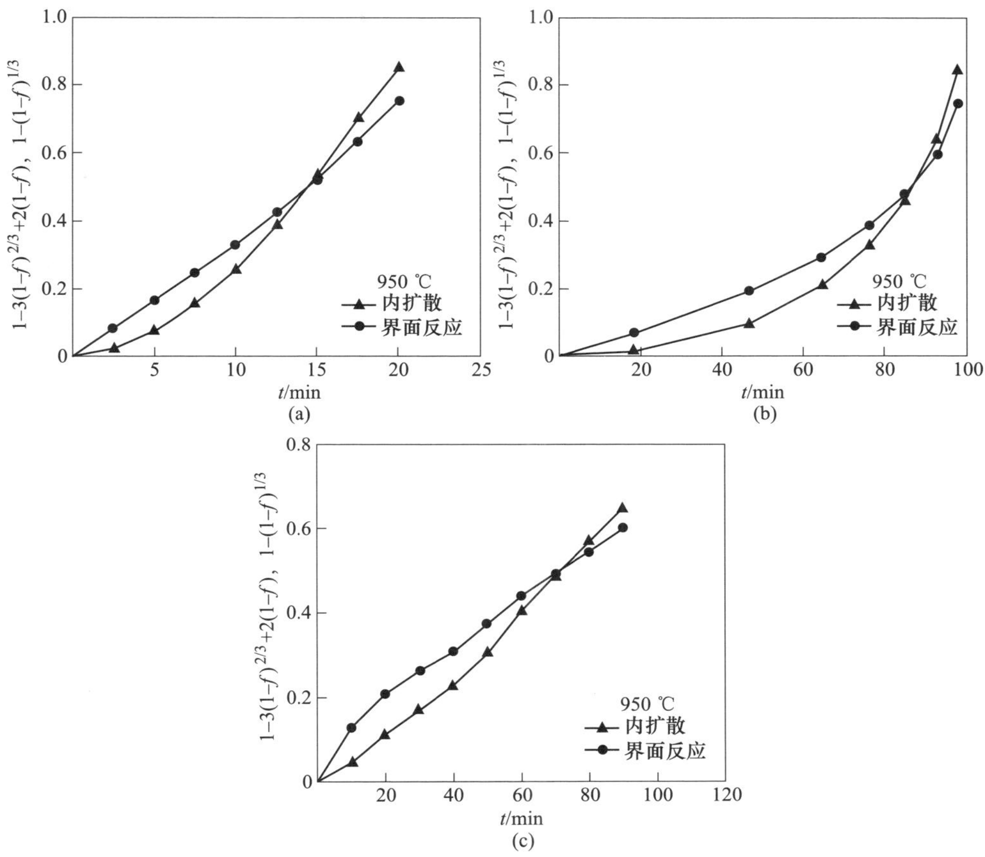


图 4.41　三种还原气氛、950 ℃条件下界面反应控制与内扩散控制的曲线比较

（a）100% $H_2$；（b）$\varphi_{H_2}/\varphi_{CO}=1/1$；（c）100% CO

**表 4.4　100% $H_2$ 气氛不同还原温度条件下 $t_D$ 和 $t_C$ 的值**　（min）

| 参　数 | 850 ℃ | 900 ℃ | 950 ℃ | 1000 ℃ | 1050 ℃ |
|---|---|---|---|---|---|
| $t_C$ | 36.73 | 32.30 | 30.47 | 29.05 | 27.52 |
| $t_D$ | 5.38 | 0.32 | −1.16 | −3.40 | −3.46 |

**表 4.5　100% CO 气氛不同还原温度条件下 $t_D$ 和 $t_C$ 的值**　（min）

| 参　数 | 850 ℃ | 900 ℃ | 950 ℃ | 1000 ℃ | 1050 ℃ |
|---|---|---|---|---|---|
| $t_C$ | 63.38 | 53.06 | 43.87 | 40.05 | 40.36 |
| $t_D$ | 127.32 | 98.16 | 101.21 | 100.50 | 88.70 |

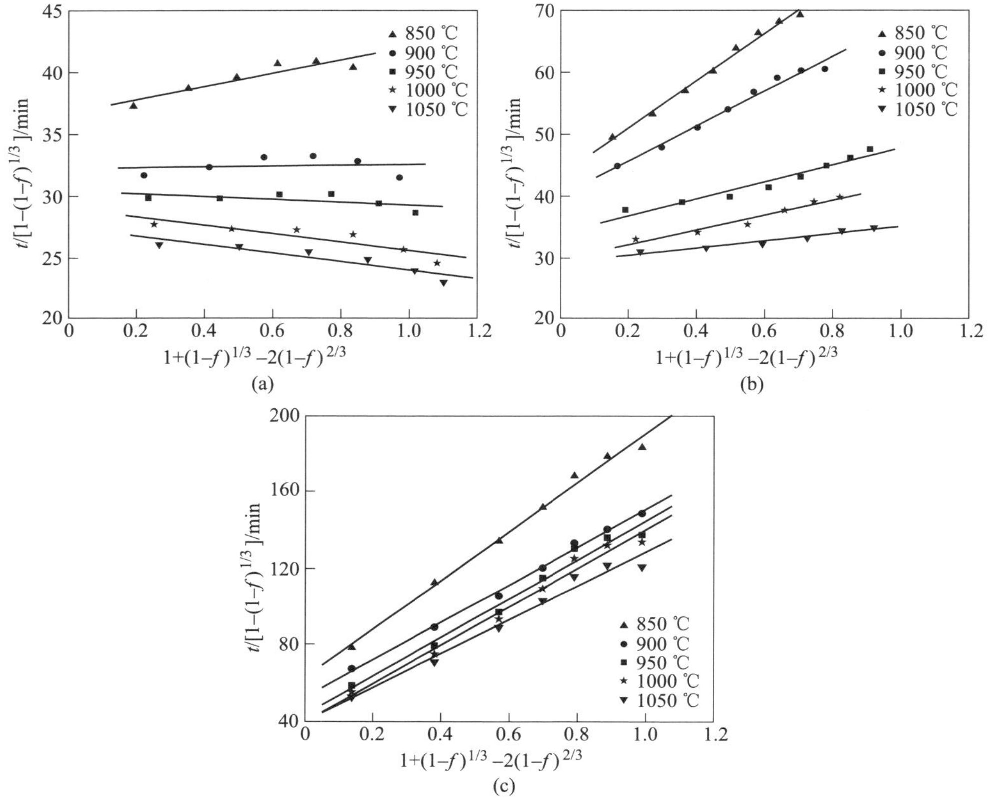

(a)

(b)

(c)

图 4.42 三种还原气氛条件下不同还原温度下混合控制曲线

(a) 100% $H_2$；(b) $\varphi_{H_2}/\varphi_{CO}=1/1$；(c) 100% CO

100% $H_2$ 还原气氛，850 ℃、900 ℃下 $t_D$ 较小，还原过程绝大部分时间为界面反应控制，内扩散控制时间几乎为 0；而 950 ℃、1000 ℃和 1050 ℃三种温度下 $t_D$ 出现负值，但绝对值很小，认为还原过程全部由界面反应控制，该异常是由模型假设条件所导致的。100% CO 还原气氛，850 ℃下 $t_D$ 相对较大，其余四个温度下混合控制曲线较为密集，$t_D$ 相差不大。

由于还原过程 FeO→Fe 的还原阶段最难，故以该阶段反应平衡常数 $K$ 来计算还原反应平衡时气体的浓度。由式（4.5）~式（4.7）可求出不同温度下还原前气体还原剂在气相内部的浓度 $c_0$ 以及还原反应平衡时气体还原剂的浓度 $c^*$。

$$\Delta G^{\ominus}_{(\mathrm{FeO\text{-}Fe})} = RT\ln K = \frac{p^*_{CO_2}}{p^*_{CO}} \quad 或 \quad \frac{p^*_{H_2O}}{p^*_{H_2}} \tag{4.5}$$

$$p^0_{CO} + p^0_{H_2} = p^*_{CO_2} + p^*_{CO} + p^*_{H_2O} + p^*_{H_2} = 101325\ \mathrm{Pa} \tag{4.6}$$

$$c = \frac{p}{RT} \tag{4.7}$$

由球团的化学成分可知，单位体积球团氧量密度为：

$$\rho = \frac{\rho_{球团} \times w_{TFe球团} \times \dfrac{16 \times 3}{56 \times 2}}{16} = 0.0705\ \text{mol/cm}^3 \tag{4.8}$$

将已知的 $c_0$、$c^*$、$\rho$、$t_D$、$t_C$、$r_0$ 以及不同温度下对应的 $K$ 代入式（4.9）和式（4.10），可得出不同条件下气体有效扩散系数 $D_e$ 及反应速率常数 $k$。100% $H_2$ 和 100% CO 气氛不同温度条件下的 $D_e$ 和 $k$ 见表 4.6 和表 4.7，其中，100% $H_2$ 气氛 900～1050 ℃之间，由于球团还原过程全部受界面反应控制，认为有效扩散系数 $D_e$ 足够大。

$$D_e = \frac{\rho r_0^2}{6t_D(c_0 - c^*)} \tag{4.9}$$

$$k = \frac{K\rho r_0}{t_C(1 + K)(c_0 - c^*)} \tag{4.10}$$

**表 4.6　100% $H_2$ 气氛不同还原温度条件下 $k$ 和 $D_e$ 的值**

| 参　数 | 850 ℃ | 900 ℃ | 950 ℃ | 1000 ℃ | 1050 ℃ |
|---|---|---|---|---|---|
| $k$/m·s$^{-1}$ | $1.84\times10^{-2}$ | $2.19\times10^{-2}$ | $2.42\times10^{-2}$ | $2.64\times10^{-2}$ | $2.90\times10^{-2}$ |
| $D_e$/m$^2$·s$^{-1}$ | $3.61\times10^{-4}$ | 足够大 | 足够大 | 足够大 | 足够大 |

**表 4.7　100% CO 气氛不同还原温度条件下 $k$ 和 $D_e$ 的值**

| 参　数 | 850 ℃ | 900 ℃ | 950 ℃ | 1000 ℃ | 1050 ℃ |
|---|---|---|---|---|---|
| $k$/m·s$^{-1}$ | $1.07\times10^{-2}$ | $1.33\times10^{-2}$ | $1.68\times10^{-2}$ | $1.92\times10^{-2}$ | $1.98\times10^{-2}$ |
| $D_e$/m$^2$·s$^{-1}$ | $1.45\times10^{-5}$ | $2.09\times10^{-5}$ | $2.25\times10^{-5}$ | $2.49\times10^{-5}$ | $3.11\times10^{-5}$ |

### 4.2.2　还原反应阻力

依据以上结论，可进一步分析各温度和气氛条件下内扩散和界面化学反应在球团还原过程中的阻力变化。

#### 4.2.2.1　还原动力学理论

关于铁氧化物的还原反应模型前人已进行了广泛而深入的研究，并提出了许多描述铁矿石还原速率特征的数学模型，如未反应核模型、拟均相模型、多孔模型、颗粒模型、层状模型等。

其中未反应核模型理论认为：化学反应只在反应界面上进行，而此反应界面随着反应进程由外层逐步向核心收缩。在固体物中心形成一个未反应的核心，而外面由产物层所包围。未反应核模型如图 4.43 所示，$c_0$、$c_1$、$c$ 分别为气体还原剂在气相内部、球团表面和反应界面上的浓度；$c'$ 为气体产物在反应界面上的浓度，$r_0$、$r_i$ 分别为球团半径和未反应核半径。由于大多数气/固相反应，反应界面移动速度远小于气体和产物层内的扩散速度，故未反应核模型按稳态过程处理。

未反应核模型中，氧化铁的氢基直接还原过程主要由三个步骤组成：一是外扩散，即还原气体通过气相边界层扩散到球团表面的气膜传质；二是内扩散，即还原气体通过产物层向反应界面的扩散；三是界面化学反应，其中还包括还原剂的吸附和气体产物的脱附。

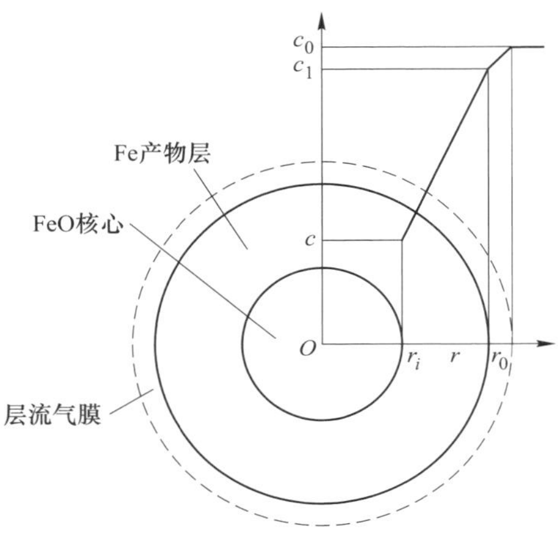


图 4.43　未反应核模型

（1）外扩散速率。

$$\frac{\mathrm{d}M_1}{\mathrm{d}t} = -D\frac{\mathrm{d}c}{\mathrm{d}r} = 4\pi r_0^2\frac{D}{\delta}(c_0 - c_1) = 4\pi r_0^2 k_g(c_0 - c_1) \tag{4.11}$$

式中　$t$ ——时间，s；

$k_g$ ——气相边界层内传质系数，m/s；

$D$ ——气体还原剂在气相中的扩散系数，$m^2/s$；

$\delta$ ——气膜厚度，m。

（2）内扩散速率。

$$\frac{\mathrm{d}M_2}{\mathrm{d}t} = 4\pi r_i^2 D_e\frac{\mathrm{d}c}{\mathrm{d}r} \tag{4.12}$$

对上式在 $r_i$ 和 $r_0$ 之间求积分得：

$$\frac{\mathrm{d}M_2}{\mathrm{d}t} = \frac{4\pi r_0 r_i}{r_0 - r_i}D_e(c_1 - c) \tag{4.13}$$

式中　$D_e$ ——有效扩散系数，$m^2/s$。

$D_e$ 由下式计算得出：

$$D_e = \varepsilon\xi D \tag{4.14}$$

式中 $\varepsilon$ ——固体产物层的气孔率，%；

$\xi$ ——迷宫系数。

(3) 界面化学反应速率。设还原气 $H_2$ 或 CO 在反应中的净消耗量为 $M_3$，则：

$$\frac{dM_3}{dt} = 4\pi r_i^2 k\left(c - \frac{c'}{K}\right) \tag{4.15}$$

式中 $k$ ——反应速率常数，m/s；

$K$ ——反应平衡常数。

由于反应前后气体的物质的量不变，所以：

$$c + c' = c^* + c'^* \tag{4.16}$$

式中 $c^*$ ——还原反应平衡时还原剂的浓度，kmol/m$^3$；

$c'^*$ ——还原反应平衡时气体产物的浓度，kmol/m$^3$。

由于

$$\frac{c'^*}{c^*} = K \tag{4.17}$$

所以

$$c' = (1 + K)c^* - c \tag{4.18}$$

将式（4.18）代入式（4.15），得

$$\frac{dM_3}{dt} = 4\pi r_i^2 k\frac{(1 + K)}{K}(c - c^*) \tag{4.19}$$

当反应稳定进行时，根据稳态原理 $dM_1 = dM_2 = dM_3 = dM$，各环节的速率相等并等于总反应过程的速率，可得：

$$\frac{dM}{dt} = \frac{4\pi r_0^2(c_0 - c^*)}{\frac{1}{k_g} + \frac{r_0}{D_e}\frac{r_0 - r_i}{r_i} + \frac{K}{k(1 + K)}\frac{r_0^2}{r_i^2}} \tag{4.20}$$

式中，$c_0 - c^*$ 代表还原过程推动力，$c^*$ 可根据热力学数据计算得出。分母代表总阻力，第一项为气相边界层内传质阻力；第二项为气体还原剂通过多孔产物层内扩散阻力；第三项为界面反应阻力。

某时刻下球团的还原率 $f$ 又等于已反应的体积与球团总体积之比，即

$$f = 1 - \left(\frac{r_i}{r_0}\right)^3 \tag{4.21}$$

对式（4.21）求导：

$$\frac{\mathrm{d}f}{\mathrm{d}t} = -3\frac{r_i^2}{r_0^3}\frac{\mathrm{d}r_i}{\mathrm{d}t} \tag{4.22}$$

根据氧守恒算，可得：

$$\mathrm{d}M = -4\pi r_i^2 \rho \mathrm{d}r_i \tag{4.23}$$

式中　$\rho$——单位体积球团氧量摩尔密度，mol/cm$^3$。

则

$$\frac{\mathrm{d}r_i}{\mathrm{d}t} = -\frac{1}{4\pi r_i^2 \rho}\frac{\mathrm{d}M}{\mathrm{d}t} \tag{4.24}$$

将式（4.20）、式（4.24）代入式（4.22），经整理得：

$$\frac{\mathrm{d}f}{\mathrm{d}t} = \frac{\dfrac{3}{r_0\rho}(c_0 - c^*)}{\dfrac{1}{k_\mathrm{g}} + \dfrac{r_0}{D_\mathrm{e}}[(1-f)^{-1/3} - 1] + \dfrac{K}{k(1+K)}\dfrac{1}{(1-f)^{2/3}}} \tag{4.25}$$

4.2.2.2　还原反应阻力研究

在式（4.25）中，方程式右端分母第二项为内扩散阻力，令其为 $F_\mathrm{D}$；方程式右端分母第三项为界面化学反应阻力，令其为 $F_\mathrm{K}$。则：

$$F_\mathrm{D} = \frac{r_0}{D_\mathrm{e}}[(1-f)^{-1/3} - 1] \tag{4.26}$$

$$F_\mathrm{K} = \frac{K}{k(1+K)}\frac{1}{(1-f)^{2/3}} \tag{4.27}$$

结合前面已知的 $D_\mathrm{e}$ 和 $k$，由式（4.26）及式（4.27）可计算出不同还原率所对应的内扩散阻力 $F_\mathrm{D}$ 和界面反应阻力 $F_\mathrm{K}$，若令 $F_\Sigma = F_\mathrm{D} + F_\mathrm{K}$，则内扩散和界面反应相对阻力为 $\frac{F_\mathrm{D}}{F_\Sigma}$ 和 $\frac{F_\mathrm{K}}{F_\Sigma}$。

图 4.44 为 100% $H_2$、$\varphi_{H_2}/\varphi_{CO} = 1/1$、100% CO 三种气氛条件下，还原过程中内扩散相对阻力和界面反应相对阻力随还原率的变化。100% $H_2$ 气氛下，整个还原过程中内扩散相对阻力几乎为 0，界面反应相对阻力约等于 1。随着还原气氛中 CO 含量的增加，还原过程中内扩散阻力的影响也随之增大，在 100% CO 气氛下还原率达 20%后，内扩散阻力逐渐占据主导作用，为还原过程的主要限制性环节。

### 4.2.3　还原反应速率常数

综上，100% $H_2$ 气氛条件下界面化学反应阻力在整个还原过程中占据主导；而混合还原气氛下反应初期界面反应阻力占优，随还原的不断深入和产物层的逐渐增厚，内扩散阻力迅速增大，此时还原反应受界面反应和内扩散混合控制；当还原到一定时间后内扩散阻力占据主导，成为还原后期的主要限制性环节。

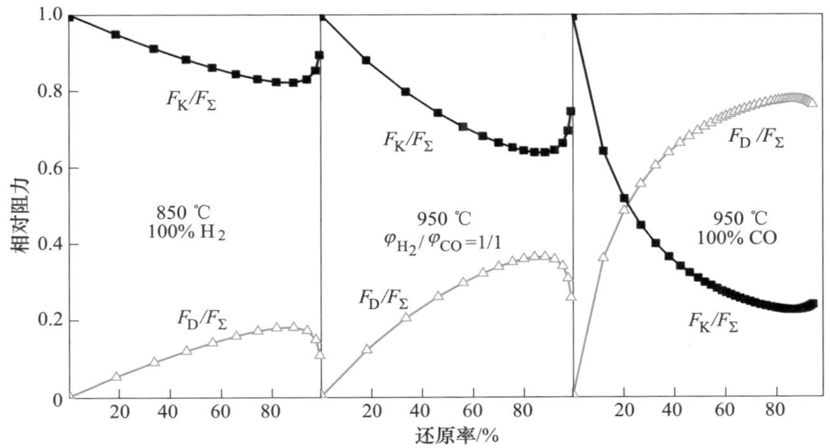


图 4.44　三种还原气氛条件下内扩散和界面反应相对阻力随还原率的变化

由于化学反应速率常数 $k$ 是温度的函数，遵循 Arrhenius 公式：

$$k = A\exp\left(\frac{-\Delta E}{RT}\right) \tag{4.28}$$

式中　$A$——频率因子，是宏观意义的概念；

$R$——气体常数，J/(mol·K)。

通过不同条件下动力学回归计算得到的 $k$ 值，对 $\ln k$ 做 $1/T$ 的关系图，如图 4.45 所示。线性拟合后，由直线斜率可得表观活化能 $\Delta E$，截距求得频率因子值 $A$，结果见表 4.8。随着还原气氛中 $H_2$ 含量的增加，反应的表观活化能逐渐降低，从而导致还原反应速率的加快。

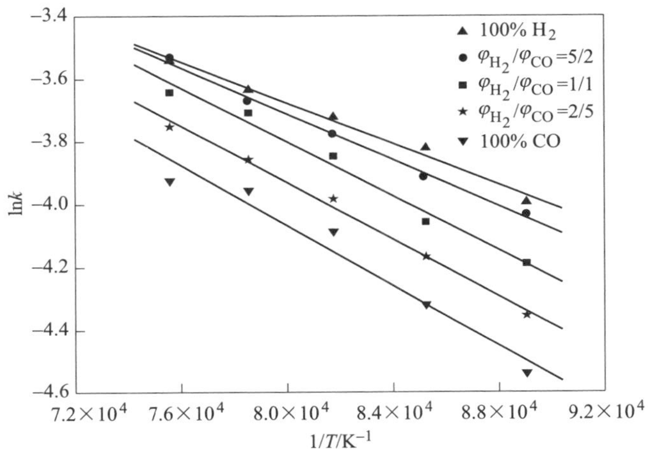


图 4.45　活化能动力学回归线（850~1050 ℃）

表 4.8 不同还原气氛条件下还原反应的活化能（850~1050 ℃）

| 还原气氛 | $\Delta E$/kJ · mol$^{-1}$ | 频率因子 $A$ |
|---|---|---|
| 100% $H_2$ | 27.444 | 0.346 |
| $\varphi_{H_2}/\varphi_{CO}=5/2$ | 30.762 | 0.463 |
| $\varphi_{H_2}/\varphi_{CO}=1/1$ | 35.750 | 0.705 |
| $\varphi_{H_2}/\varphi_{CO}=2/5$ | 37.413 | 0.733 |
| 100% CO | 39.907 | 0.787 |

由 Arrhenius 公式，最终得出不同还原气氛条件下 850~1050 ℃化学反应速率常数与温度关系式为：

100% $H_2$：
$$k = 0.346\exp\left(\frac{-27.444\times10^3}{8.314T}\right) \tag{4.29}$$

$\varphi_{H_2}/\varphi_{CO}=5/2$：
$$k = 0.463\exp\left(\frac{-30.762\times10^3}{8.314T}\right) \tag{4.30}$$

$\varphi_{H_2}/\varphi_{CO}=1/1$：
$$k = 0.705\exp\left(\frac{-35.75\times10^3}{8.314T}\right) \tag{4.31}$$

$\varphi_{H_2}/\varphi_{CO}=2/5$：
$$k = 0.733\exp\left(\frac{-37.413\times10^3}{8.314T}\right) \tag{4.32}$$

100% CO：
$$k = 0.787\exp\left(\frac{-39.907\times10^3}{8.314T}\right) \tag{4.33}$$

各还原温度下化学反应速率常数随还原气氛中 $H_2$ 含量的变化如图 4.46 所

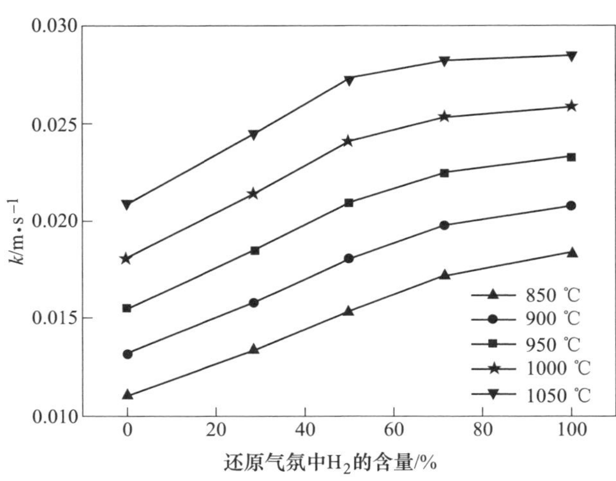


图 4.46 不同还原温度条件下还原气氛中 $H_2$ 含量对反应速率常数的影响

示。正如前述，随还原气氛中 $H_2$ 含量的增加，还原反应速率加快，低温富氢同样可以得到较高的反应速率；但 $H_2$ 含量超过 50%后，$H_2$ 含量的增加对加速还原反应的影响逐渐减弱。因此，在煤制气-竖炉实际生产 DRI 过程中应综合煤气成本、原料软熔特性选取合理的生产条件，而并不是仅仅追求较高的还原温度或较高 $H_2$ 含量的还原气氛。

综上所述，100% $H_2$ 气氛下，界面反应为还原过程的限制性环节；100% CO气氛下，反应初期界面反应阻力占优，随还原的不断深入和产物层的逐渐增厚，在还原率达 20%以后，内扩散阻力占据主导，成为还原后期的主要限制性环节。

## 4.3 本章小结

（1）在氢基还原过程中，提高 $H_2$ 比例与升高温度均可以加快还原反应速率，加速反应进行，提高还原度；制备 92%金属化率 DRI 的适宜工艺参数为：纯氢气氛时还原温度为 1050 ℃，富氢气氛下建议 $\varphi_{H_2}/\varphi_{CO}=2.6$，温度 1050 ℃；制备 50%金属化率球团的适宜工艺参数为：纯氢气氛时还原温度 950 ℃，富氢气氛下建议 $\varphi_{H_2}/\varphi_{CO}=2.6$，温度 1000 ℃。

（2）随还原温度升高，球团的膨胀率逐渐增大，而还原气中 $H_2$ 比例的增加可以使球团的还原膨胀有所改善。机理研究表明，球团的还原膨胀是在浮氏体生成阶段达到最大膨胀，1050 ℃、$\varphi_{H_2}/\varphi_{CO}=1.6$ 气氛下达到最大膨胀率 16.3%，在各实验条件下球团还原膨胀率均小于 20%，属于正常膨胀。

（3）在 850~900 ℃时，球团几乎无黏结现象；而当温度升高到 950 ℃时，$\varphi_{H_2}/\varphi_{CO}=1.6$ 气氛下球团的最大黏结达到了 85.7%；随后继续升高温度，各气氛条件下球团均开始出现明显的黏结现象，球团的黏结影响因素中温度大于气氛。在还原初期，球团由于热膨胀挤压产生黏结，此时黏结力较弱；随后黏结界面逐渐生成的新生铁相相互接触，共同生长成为致密的金属铁，达到高黏结强度。

（4）球团的还原后抗压强度随温度升高而出现了明显的降低，而随着还原气氛中 $H_2$ 比例的升高，球团的抗压强度略有升高，球团在还原初期经历较快的晶型转变，从而导致强度下降；而后随还原进行，金属铁相逐渐生成长大，使得球团强度逐渐回升。在 1050 ℃，$\varphi_{H_2}/\varphi_{CO}=1.6$ 气氛下达到最低抗压强度 207.2 N/个，大于高炉冷却后球团平均抗压强度。

（5）适宜的球团还原工艺参数为纯氢气氛下，还原温度 1050 ℃，所得球团最大膨胀率、最终黏结指数和最低抗压强度分别为 15.83%、15.14%和 337.1 N/个；富氢气氛下还原气氛为 $\varphi_{H_2}/\varphi_{CO}=2.6$，还原温度为 950 ℃时各指标分别为 13.58%、18.34%和 640.2 N/个，以上均符合生产需求。

（6）在 850~1050 ℃，随还原气氛中 $H_2$ 含量的增加，反应的活化能逐渐降低，还原反应速率逐渐加快；但超过 50%后，$H_2$ 含量的增加对加速还原反应的影响逐渐减弱。100% $H_2$ 气氛下，反应活化能为 27.444 kJ/mol；100% CO 气氛下，反应活化能为 39.907 kJ/mol。

（7）100% $H_2$ 气氛下，界面反应为还原过程的限制性环节；100% CO 气氛下，反应初期界面反应阻力占优，随还原的不断深入和产物层的逐渐增厚，在还原率达 20%以后，内扩散阻力占据主导，成为还原后期的主要限制性环节。

## 参 考 文 献

[1] 徐辉．COREX 预还原竖炉及碳基填充床的数值模拟［D］．沈阳：东北大学，2008.

[2] Hirschfelder O, Curtiss C F, Bird R B. Molecular theory of gases and liquids [M]. New York: Wiley, 1954, 1110-1112.

[3] 卢开成，李家新，王平，等．水煤气反应对浮氏体还原影响的实验研究［J］．南方金属，2007（2）：11-13.

[4] El-Geassy A A, Nasr M I, Hessien M M. Effect of reducing gas on the volume change during reduction of iron oxide compacts [J]. ISIJ International, 1996, 36 (6): 640-649.

[5] Usui T, Kawabata H, Ono H, et al. Fundamental experiments on the $H_2$ gas injection into the lower part of a blast furnace shaft [J]. ISIJ International, 2002, 42: 14-18.

[6] 陈淼，李家新，李学付，等．高温下不同氢气含量混合气体还原浮氏体的实验研究［J］．金属材料与冶金工程，2007，35（1）：19-22.

[7] 秦洁．竖炉生产 DRI 过程的还原特性及碳行为研究［D］．重庆：重庆大学，2008.

[8] 李永全，张瑞祥，杨天钧，等．两种还原气条件下球团竖炉还原过程的动力学研究［J］．宝钢技术，2000（2）：36-40.

[9] 刘建华，张家芸，周土平，等．CO 及 CO-$H_2$ 气体还原铁氧化物反应表观活化能的评估［J］．钢铁研究学报，2000，12（1）：5-9.

[10] Ettabirou M, Dupre B, Gleitzer C. Hematite ore reduction to magnetite with CO/$CO_2$-kinetics and microstructure [J]. Steel Research International, 1986, 57 (7): 306-311.

# 5 氢基竖炉过程数学模拟及其工艺优化

## 5.1 氢基竖炉数值模拟研究原理及方法

全球变暖是人类未来发展最为重要的威胁与挑战之一，而 $CO_2$ 在这一进程中扮演了至关重要的角色。当前，$CO_2$ 减排已成为减缓气候变化的研究热点。作为能源密集型产业之一，提高钢铁生产效率和能源利用效率已成为钢铁工业的社会责任。高炉冶炼是钢铁工业中能耗最大的工序，其能耗占全行业能耗的 69%，$CO_2$ 排放量占全行业的 73%。而该工艺约 50%的能耗和 52%的 $CO_2$ 排放量是在高炉上产生的。因此，降低高炉的 $CO_2$ 排放量对钢铁工业的绿色发展至关重要[1-5]。

氢基竖炉冶炼是一种新型的低碳炼铁工艺技术，具有还原速度快、产品质量稳定、对环境影响小、灵活性强等特点[6-10]。在氢基竖炉的研究中，数值模拟被广泛应用。刘征建等[11]利用了数值模拟的手段对不同氢碳比的氢基竖炉的操作策略进行了研究，分析了还原气氢碳比分别为 1.75、3.00、5.00、7.00、10.00 和 100% $H_2$ 的条件下，炉内还原情况。结果表明，提高氢碳比有利于降低炉内温度，抑制球团黏结，但会降低 DRI 金属化率。此外，白晨晨等[12]利用活塞流模型对氢基竖炉直接还原过程进行了分析，发现球团金属化率随着还原气流量与还原气温度的提高而上升，气体温度每提高 50 ℃，金属化率增大 8%左右；还原气量每增加 5040 $m^3/h$ 时，金属化率增大 4%左右。Tian 等[13]基于 MIDREX 工艺，利用二维模型针对工艺参数对氢基竖炉的影响进行了初步的探索。结果表明，还原气流速降低会导致金属化率降低、CO 利用率提高、$H_2$ 利用率变化不敏感、还原气温度提高，金属化率与还原气利用率同时上升，但是缺少具体的优化数值。Jiang 等[14]通过数学模型研究了氢基竖炉中重整焦炉煤气的分布情况。结果表明，适宜的还原气与冷却气压力比在 1∶0.33 左右。Xu 等[15]利用 DEM 模型对氢基竖炉的还原气流量、竖炉高度与炉身角等参数对球团运动的影响进行了研究。此外，还有大量对氢基竖炉的研究[16-19]。

综合来看，虽然已经有很多对氢基竖炉的研究，然而，尚且缺乏详细的针对氢基竖炉冶炼参数对生产状态影响的研究，也缺少具体的氢基竖炉优化参数对生产的指导。本章基于氢基竖炉的二维 CFD 模型，探索了氢基竖炉的喷吹参数对生产状态的影响，给出了适宜的氢基竖炉参数范围。

### 5.1.1　氢基竖炉数值模拟方案

本章的数据均来自国内实际运行的某氢基竖炉的生产数据与竖炉设计数据。采用 DRI 炉内冷却至常温的排料方式。为简化模拟计算过程，在进行炉内气体流动分析中进行了以下假设[20-21]：

（1）竖炉内存在明显的压强变化，会导致气体密度变动，考虑其为可压缩理想流体。

（2）假设氧化球团粒度分布均匀，冷却段内 DRI 粒度分布均匀，为各向同性的多孔介质。

（3）铁氧化物的还原采用逐级还原单界面未反应核模型。

（4）还原段仅考虑 $H_2$ 及 CO 与铁氧化物的三步逐级还原反应和水煤气反应，而冷却段考虑甲烷裂解反应。

（5）假设还原段与冷却段之间气相不互通，只有固相炉料能够由还原段进入冷却段。

氢基竖炉 CFD 模型的通用控制方程如式（5.1）所示[22-24]。

$$\frac{\partial}{\partial \tau}(\varepsilon_i\rho_i\varphi_i) + \frac{\partial}{\partial x}(\varepsilon_i\rho_i u_i\varphi_i) + \frac{1}{r}\frac{\partial}{\partial r}(r\varepsilon_i\rho_i u_i\varphi_i)$$
$$= \frac{\partial}{\partial x}\left(\Gamma_{\varphi_i}\frac{\partial\varphi_i}{\partial x}\right) + \frac{1}{r}\frac{\partial}{\partial r}\left(r\Gamma_{\varphi_i}\frac{\partial\varphi_i}{\partial x}\right) + S_{\varphi_i}\sum_j F_{\varphi} \tag{5.1}$$

式中　$i$——多相流中第 $i$ 相；
$\varepsilon_i$——第 $i$ 相的体积分数；
$\varphi$——待求解的变量；
$\Gamma$——变量 $\varphi$ 的有效扩散系数；
$S$——变量 $\varphi$ 的源项；
$F$——不同相之间的相互作用。

使用单一变量代替概括性公式中的 $\varphi_i$，得到单一变量的连续性方程。气固两相的热交换视为热源项加入 $S$ 中，气固两相的化学反应速率引起的质量变化加入 $F$ 项中。

利用 Ergun 方程计算气固两相之间的动量交换，计算方程如式（5.2）所示[25-29]。

$$-\frac{\Delta P}{\Delta L} = \frac{150\mu(1-\varepsilon)^2 v_s^2}{\varepsilon^3 D_p^2} + \frac{1.75\rho(1-\varepsilon)v_s^2}{\varepsilon^3 D_p} \tag{5.2}$$

式中　$\Delta P/\Delta L$——填充床高度压力差，Pa/m；
$\mu$——气相黏度，kg/(m·s)；

$\rho$——气相密度，kg/m$^3$；

$v_s$——气相速度，m/s；

$\varepsilon$——颗粒相孔隙度；

$D_p$——平均颗粒直径，m。

竖炉炉料可以视为具有一定孔隙度的多孔介质。该多孔介质对竖炉内煤气流的流动存在着各向异性的流动阻力，即渗透阻力和惯性阻力，通过将多孔介质动量方程与 Ergun 方程对比，可以得到阻力系数的计算公式[30-35]，如式（5.3）所示。

$$S_i = \sum_{np} f_D = -\left( \sum_{j=1}^{3} \boldsymbol{D}_{ij} \mu \boldsymbol{U}_j + \sum_{j=1}^{3} \boldsymbol{C}_{ij} \frac{1}{2} \rho \left| \boldsymbol{U} \right| \boldsymbol{U}_j \right) \tag{5.3}$$

式中 $S_i$——动量方程源项；

$\boldsymbol{D}_{ij}$，$\boldsymbol{C}_{ij}$——矩阵；

$|\boldsymbol{U}|$——速度大小，m/s；

$\boldsymbol{U}_j$——第 $j$ 相的速度矢量。

对比得到渗透阻力系数 $\alpha$ 和惯性阻力系数 $C_2$ 的计算方法，如式（5.4）和式（5.5）所示[31-32]。

$$\alpha = \frac{D_p^2}{150} \frac{\varepsilon^3}{(1-\varepsilon)^2} \tag{5.4}$$

$$C_2 = \frac{3.5}{D_p} \frac{1-\varepsilon}{\varepsilon^3} \tag{5.5}$$

5.1.1.1 气固两相质量守恒控制方程

气固两相的质量守恒基本方程如式（5.6）所示[36]。

$$\nabla \cdot (\varepsilon_i \rho_i \boldsymbol{U}_i) = S_{mi} \tag{5.6}$$

式中 $\varepsilon_i$——第 $i$ 相的体积分数；

$\rho_i$——第 $i$ 相的密度，kg/m$^3$；

$\boldsymbol{U}_i$——第 $i$ 相的速度，m/s；

$S_{mi}$——第 $i$ 相的质量源项。

固相质量源项方程如式（5.7）所示[37]。

$$S_{si} = \sum_i \left( R_i \sum v_{ij} M_{sij} \right) \tag{5.7}$$

式中 $R_i$——化学反应 $i$ 的反应速率，kmol/(m$^3$·s)；

$v_{ij}$——化学反应 $i$ 中物质 $j$ 的化学反应计量数；

$M_{sij}$——化学反应 $i$ 中物质 $j$ 的摩尔质量，kg/mol。

气相质量源项方程如式（5.8）所示。

$$S_{gi} = \sum_i (R_i \sum v_{ij} M_{gij}) \tag{5.8}$$

式中 $R_i$——化学反应 $i$ 的反应速率，kmol/(m$^3$·s)；

$v_{ij}$——化学反应 $i$ 中物质 $j$ 的化学反应计量数；

$M_{gij}$——化学反应 $i$ 中物质 $j$ 的摩尔质量，kg/mol。

#### 5.1.1.2 气固两相能量守恒控制方程

气固两相能量守恒的基本方程如式（5.9）所示[38-39]。

$$\rho C\left(u_x \frac{\partial T}{\partial x} + u_y \frac{\partial T}{\partial y}\right) = k_x \frac{\partial^2 T}{\partial x^2} + k_y \frac{\partial^2 T}{\partial y^2} + Q \tag{5.9}$$

式中 $T$——物质温度，K；

$\rho$——物质密度，kg/m$^3$；

$C$——热容，J/(kg·K)；

$u_x$，$u_y$——$x$，$y$ 方向上的速度，m/s；

$k_x$，$k_y$——$x$，$y$ 方向上的导热系数，W/(m·K)；

$Q$——热源，J/(m$^3$·s)。

固相能量守恒源项方程如式（5.10）所示。

$$S_s = h_{gs} a(T_g - T_s) + \sum_i (-R_i \Delta H_i) \tag{5.10}$$

式中 $h_{gs}$——气固换热系数，W/(m$^2$·K)；

$T_g$——气相温度，K；

$T_s$——固相温度，K；

$a$——有效接触面积，m$^2$/m$^3$；

$R_i$——化学反应速率，kmol/(m$^3$·s)；

$\Delta H_i$——化学反应 $i$ 的反应热，J/kmol。

气相能量守恒源项方程如式（5.11）所示。

$$S_g = -h_{gs} a(T_g - T_s) \tag{5.11}$$

式中 $h_{gs}$——气固换热系数，W/(m$^2$·K)；

$a$——有效接触面积，m$^2$/m$^3$；

$T_g$——气相温度，K；

$T_s$——固相温度，K。

竖炉还原段的气固相反应包括 $H_2$ 与 CO 还原铁氧化物，详见表 5.1[40]。

表 5.1　模型考虑的主要化学反应

| 序号 | 化学反应 | 反应式 |
|---|---|---|
| 1 | CO 还原铁氧化物 | $3Fe_2O_3 + CO = 2Fe_3O_4 + CO_2$ |
| | | $Fe_3O_4 + CO = 3FeO + CO_2$ |
| | | $FeO + CO = Fe + CO_2$ |
| 2 | $H_2$ 还原铁氧化物 | $3Fe_2O_3 + H_2 = 2Fe_3O_4 + H_2O$ |
| | | $Fe_3O_4 + H_2 = 3FeO + H_2O$ |
| | | $FeO + H_2 = Fe + H_2O$ |
| 3 | 渗碳反应 | $2CO + 3Fe = Fe_3C + CO_2$ |
| | | $CH_4 + 3Fe = Fe_3C + 2H_2$ |
| 4 | 甲烷裂解 | $CH_4 + H_2O = CO + 3H_2$ |
| | | $CH_4 + CO_2 = 2CO + 2H_2$ |
| 5 | 水煤气反应 | $CO + H_2O = CO_2 + H_2$ |

### 5.1.2　氢基竖炉数值模拟方法

为简化模拟计算过程，在竖炉模拟中进行了以下假设：

（1）竖炉内存在明显的压强变化，会导致气体密度变动，考虑其为可压缩理想流体；

（2）假设氧化球团粒度分布均匀，冷却段内 DRI 粒度分布均匀，为各向同性的多孔介质；

（3）铁氧化物的还原采用逐级还原单界面未反应核模型；

（4）还原段仅考虑 $H_2$ 及 CO 与铁氧化物的三步逐级还原反应和水煤气反应，而冷却段考虑甲烷裂解反应；

（5）假设还原段与冷却段之间气相不互通，只有固相炉料能够由还原段进入冷却段。

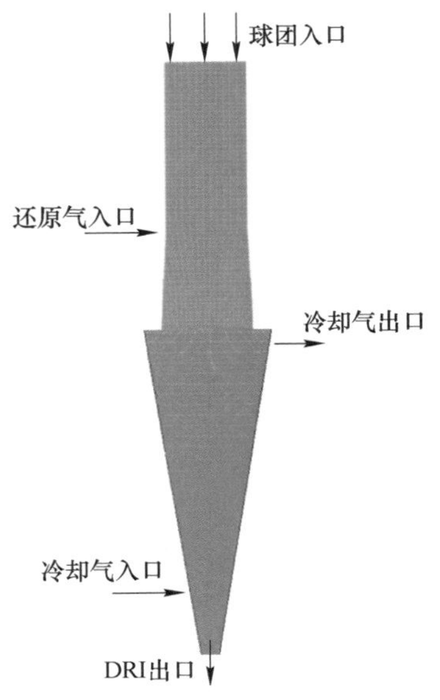

图 5.1　氢基竖炉几何模型

氢基竖炉几何模型如图 5.1 所示。利用黏度模型描述炉料在竖炉内的运动，将由矿石组成的固相炉料视为具有一定黏度的流体处理。固体的流动样式被认为一致，且假设为单向流动。将气相处理为不可压缩的理想气体，气体方程利用理想气体方程求解。模型中，炉料从竖炉顶部进入竖炉，还原气从还原段两侧喷吹进入；在冷却段，冷却气从冷却气入口喷吹进入，最终炉料从冷却段底部的出口离开。

## 5.2 氢基竖炉还原气流量优化

在保证还原气温度、冷却气流量等条件不变的情况下，分别对还原气流量（标态）为 1895 $m^3/t$、1947 $m^3/t$、2000 $m^3/t$、2052 $m^3/t$、2105 $m^3/t$ 条件下的氢基竖炉进行了数值模拟。其中，还原气流量（标态）为 2000 $m^3/t$ 对应的工况为基准条件。

### 5.2.1 氢基竖炉还原气流量对氢基竖炉冶炼状态的影响

不同还原气流量条件下竖炉内固相温度分布如图 5.2 所示。图中还原气流量（标态）为 2000 $m^3/t$ 的工况为基准条件。随着还原气流量的增加，竖炉内固相温度明显上升。还原段上部的高温区间逐渐扩大，而进入冷却段的炉料温度也增大，达到了 1200 K 左右。离开竖炉的炉料温度基本保持在 100 ℃之下，能够被冷却气冷却。还原气流量增加，大量显热被增加的还原气进入竖炉内部，提高了竖炉内固相的温度，从而使进入冷却段的 DRI 的温度上升。在冷却气喷吹条件不变的情况下，离开竖炉的 DRI 的温度随还原段产物的温度增加而升高。不同还原气流量下竖炉顶煤气温度如图 5.3 所示。随着还原气流量逐渐增加，顶煤气温度由 436.5 ℃逐渐升高至 474.5 ℃。

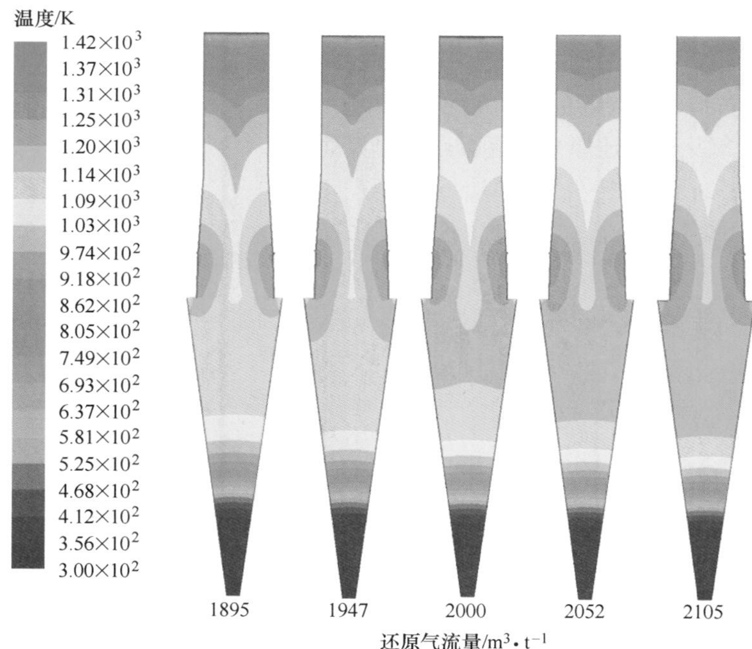


图 5.2 不同还原气流量条件下竖炉内固相温度分布

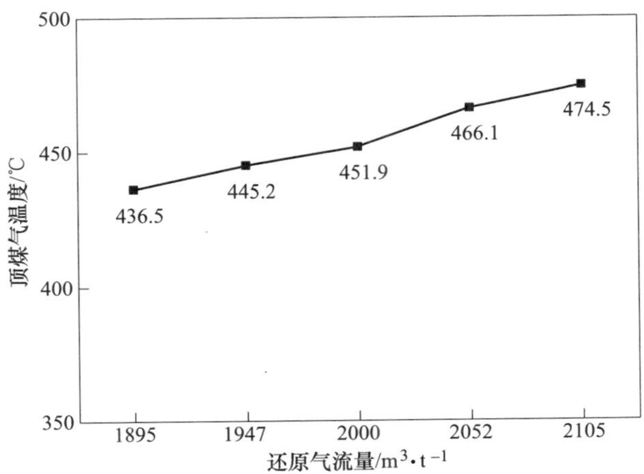


图 5.3 不同还原气流量条件下竖炉顶煤气温度

不同还原气流量条件下竖炉内还原气分布如图 5.4 所示，还原气流量（标态）分别为 1895 $m^3/t$、1947 $m^3/t$、2000 $m^3/t$、2052 $m^3/t$、2105 $m^3/t$。其中，还原气流量（标态）为 2000 $m^3/t$ 的工况为基准条件。从图中可以看出随着还原气流量的增加，还原段内 $H_2$ 和 CO 的浓度上升，高浓度区域逐渐扩大；冷却段中 CO 浓度呈现略微下降的趋势，而 $H_2$ 则出现了略微的增加。还原气流量增加，一方面带入了更多的热量，改善了竖炉的热环境，促进了还原反应进行，并加速

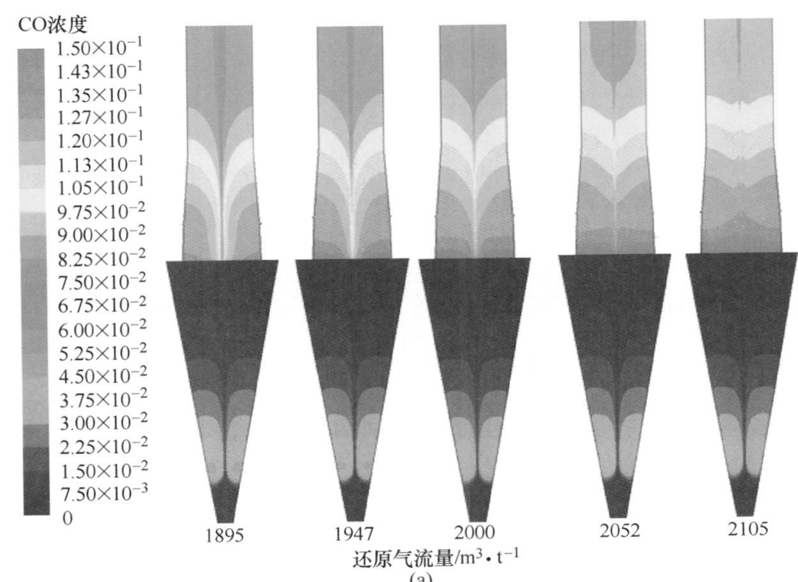


(a)

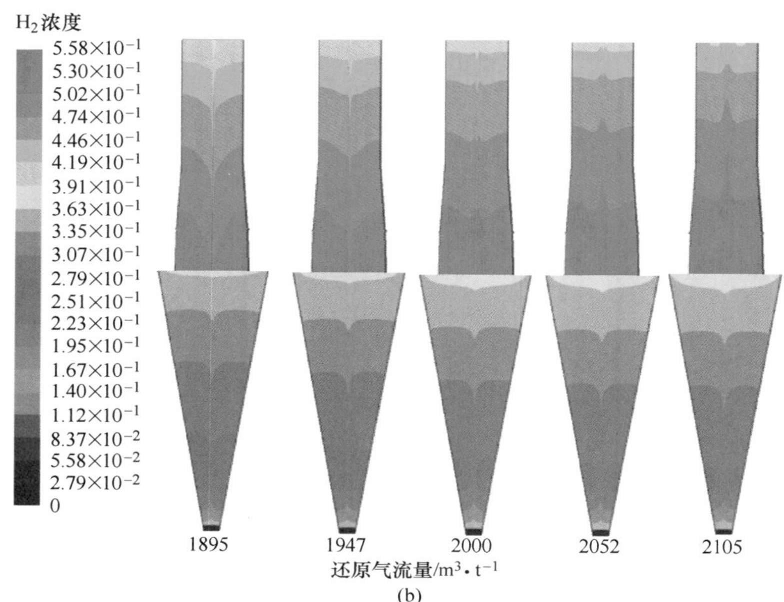


图 5.4　不同还原气流量条件下竖炉内还原气浓度分布

（a）CO；（b）$H_2$

$CH_4$ 裂解；另一方面，更多的还原气进入竖炉内部，与球团接触的还原气浓度增加，从而促进了球团的还原反应进行。由于还原反应消耗的 CO 与 $H_2$ 少于热风带入竖炉的还原气量，还原段内还原气浓度增加。竖炉还原段温度上升，进入冷却段的 DRI 温度增加，有利于冷却段的渗碳反应，进一步消耗了 $CH_4$ 与 CO，同时生成 $H_2$，使 $H_2$ 浓度增加。

图 5.5 为不同还原气流量条件下还原反应吸热分布。从图中可以看出，随着还原气流量的增加，竖炉内还原反应的吸热量逐渐增大。这意味着在还原气流量增加的条件下 $H_2$ 还原得到了明显的强化，从而使还原过程吸热增加。同时，增加还原气流量也为富氢还原提供了必要的热量。有助于球团矿还原。

### 5.2.2　氢基竖炉还原气流量对氢基竖炉生产指标的影响

图 5.6 为不同还原气流量下还原气的利用率变化。还原气流量（标态）为 2000 $m^3/t$ 的工况为基准条件。从图中可以看出，随着还原气流量的增加，CO 和 $H_2$ 的利用率都逐渐降低，基准条件下 $H_2$ 的利用率为 33.82%，CO 的利用率为 40.22%。还原气流量上升至 2105 $m^3/t$ 时，$H_2$ 的利用率降低为 30.19%，CO 的利用率下降为 37.97%。

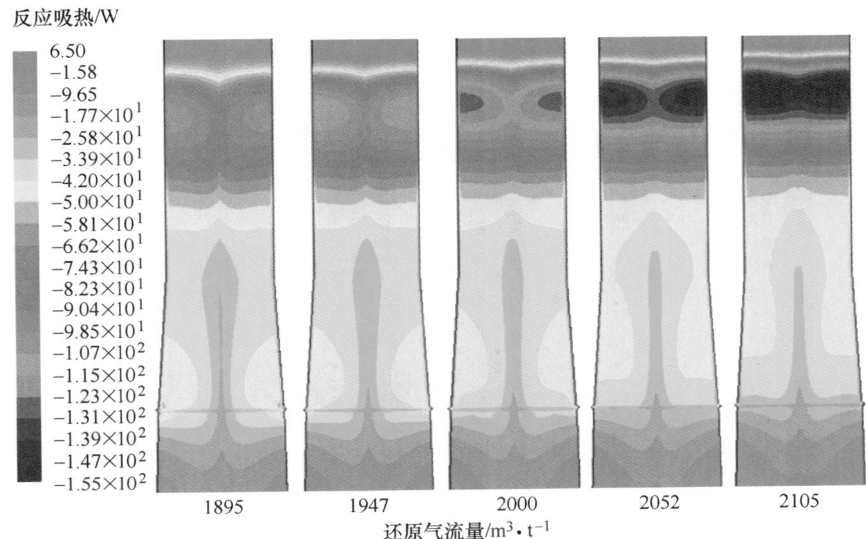


图 5.5 不同还原气流量条件下还原反应吸热分布

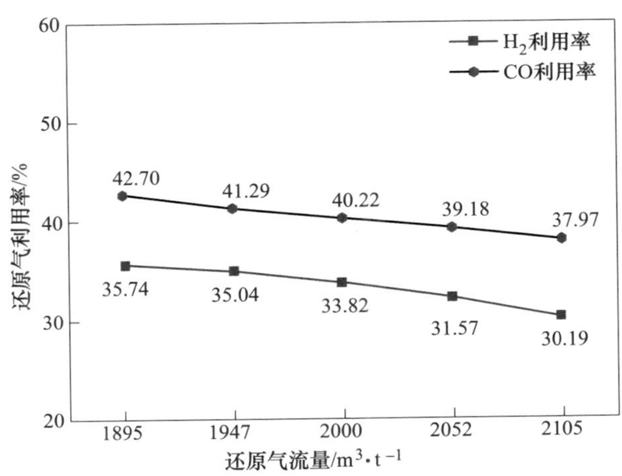


图 5.6 不同还原气流量条件下还原气的利用率

不同还原气流量条件下竖炉内金属化率分布如图 5.7 所示。还原气流量为 2000 $m^3/t$ 的工况为基准条件。从图中可以看出，随着还原气流量的增加，竖炉内球团的金属化率逐渐上升。这是因为还原气流量增大后竖炉内温度上升，还原气浓度上升，还原势得到改善，促进了竖炉内还原的进行，球团内 DRI 含量上升，竖炉内球团的金属化率上升。在基准条件下，金属化率达到了 0.93，处于较高的水平。随着还原气流量进一步增高至 2105 $m^3/t$，金属化率提升至 0.967。当降低还原气流量时，金属化率降低明显，在还原气流量为 1895 $m^3/t$ 时，金属化率只有 85%左右。

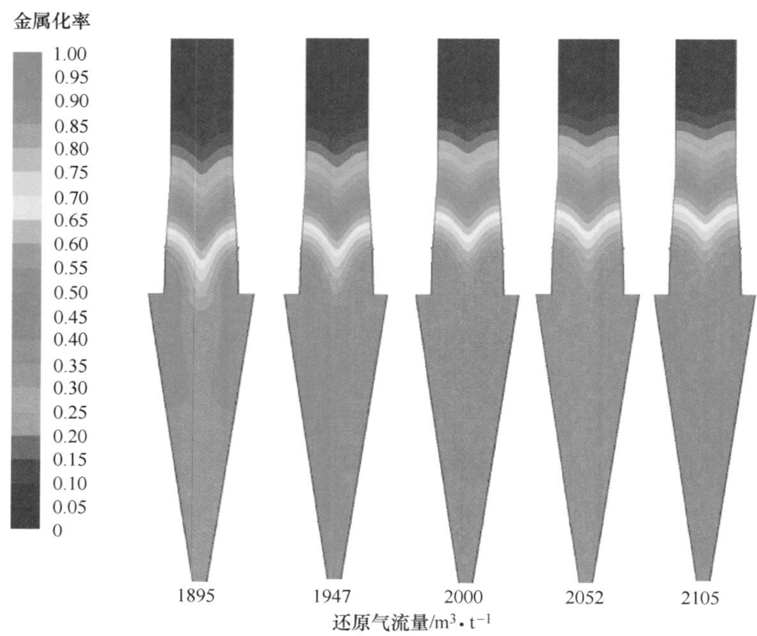


图 5.7　不同还原气流量条件下竖炉内球团金属化率分布

图 5.8 为不同还原气流量条件下 DRI 渗碳率。还原气流量从 1895 $m^3/t$ 升至 2105 $m^3/t$，DRI 渗碳率从 2.52%上升至 3.05%。综合考虑还原气的利用率，以及球团金属化率等因素发现，适宜的还原气流量应该不低于 2000 $m^3/t$。

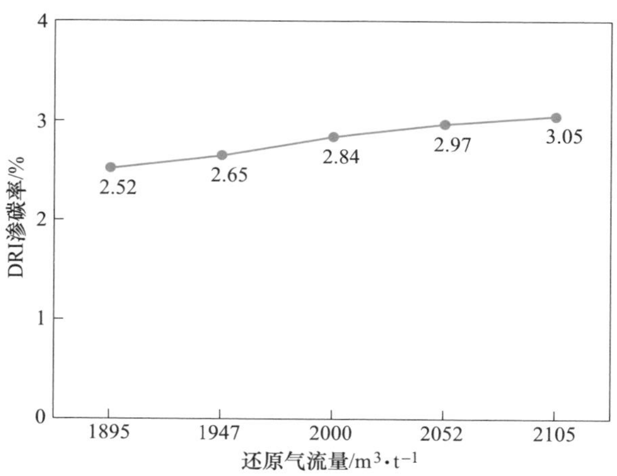


图 5.8　不同还原气流量条件下 DRI 渗碳率

图 5.9 为不同还原气流量条件下竖炉㶲效率、热经济学成本与 $CO_2$ 排放量的变化情况。随着还原气流量的增加，㶲效率略微降低，竖炉的热经济学成本与 $CO_2$ 排放量增加。在还原气流量（标态）为 1947～2000 $m^3/t$ 时，竖炉有较高的㶲效率（95.33%～94.80%）、较低的热经济学成本（2944.52～2986.79 元/吨）以及较低的 $CO_2$ 排放量（标态）（308.63～315.21 $m^3/t$）。综合考虑，适宜的还原气流量（标态）应该在 1947～2000 $m^3/t$。

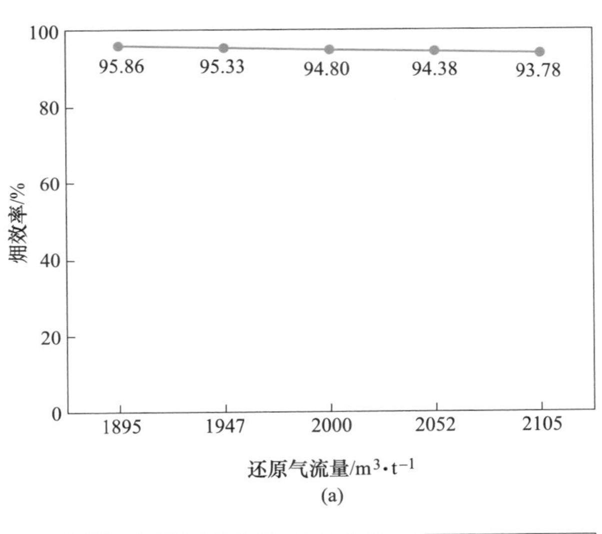


(a)

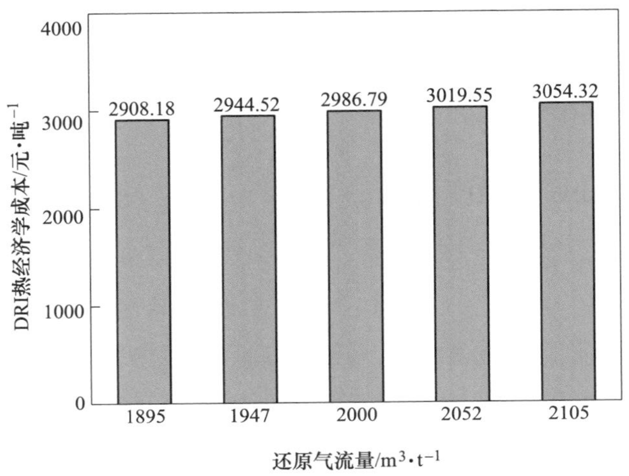


(b)

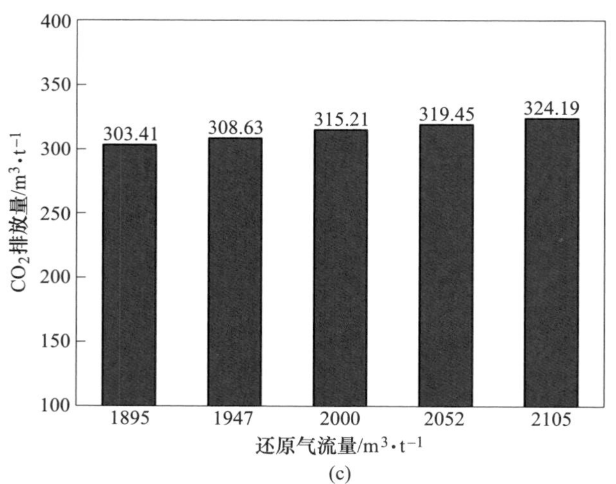

(c)

图 5.9　不同还原气流量条件下氢基竖炉的㶲效率、热经济学成本与 $CO_2$ 排放量
(a) 竖炉㶲效率；(b) 热经济学成本；(c) $CO_2$ 排放量

### 5.2.3　氢基竖炉还原气流量优化总结

氢基竖炉还原气流量增加，竖炉内炉料温度上升，顶煤气温度由 436.5 ℃逐渐升高至 474.5 ℃，CO 和 $H_2$ 的利用率都逐渐降低。还原气流量上升至 2105 $m^3/t$ 时，$H_2$ 的利用率降低为 30.19%，CO 的利用率下降为 37.97%，金属化率提升至 0.967。综合考虑还原气的利用率、炉顶煤气温度以及球团金属化率等因素，适宜的还原气流量应该不低于 2000 $m^3/t$。

## 5.3　氢基竖炉还原气温度优化

在保证还原气流量、冷却气流量、$\varphi_{H_2}/\varphi_{CO}$ 等条件不变的情况下，分别对还原气温度为 900 ℃、950 ℃、1000 ℃、1050 ℃和 1100 ℃条件下的氢基竖炉的冶炼状态和生产指标进行了数值模拟。其中，以还原气温度 1050 ℃对应的工况为基准条件。

### 5.3.1　氢基竖炉还原气温度对氢基竖炉冶炼状态影响

不同还原气温度条件下竖炉内固相温度分布如图 5.10 所示。从图中可以看出，随着还原气温度的增加，竖炉内固相温度逐渐上升。离开竖炉的 DRI 基本能被冷却，其出炉温度都低于 100 ℃。这是因为还原气温度增加，大量的显热进入竖炉内部，提高了竖炉内固相的温度，从而使进入冷却段的 DRI 的温度上升。在冷却气喷吹条件不变的情况下，离开竖炉的 DRI 温度随还原段产物温度的增加而升高。

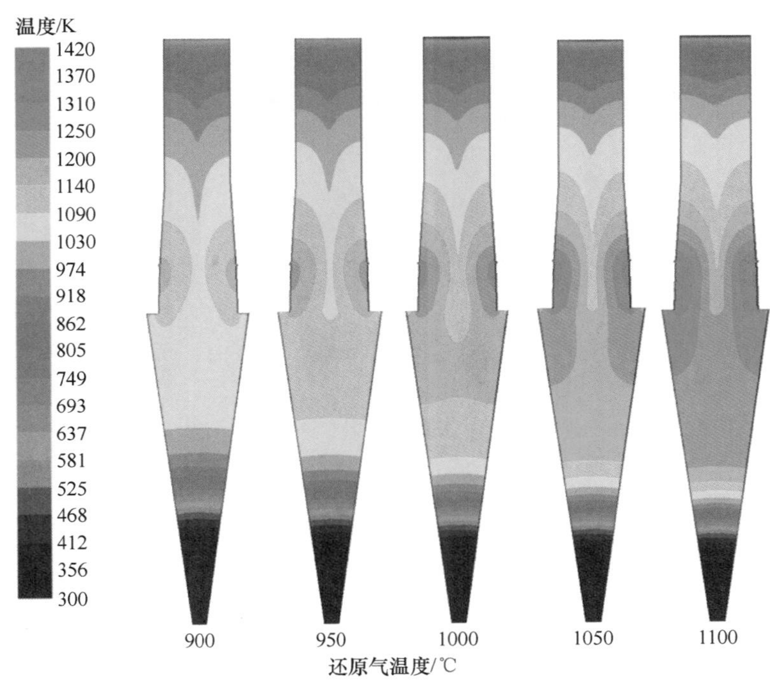


图 5.10　不同还原气温度条件下竖炉内固相温度分布

不同还原气温度条件下竖炉内还原气分布如图 5.11 所示。图中还原气流温度分别为 900 ℃、950 ℃、1000 ℃、1050 ℃、1100 ℃。从图中可以看出，在还原段内，球团还原主要是 CO 与 $H_2$ 的共同作用。随着还原气温度的增加，还原段内 CO 和 $H_2$ 的浓度逐渐上升。还原气温度增加，竖炉内部温度上升，一方面促进了还原反应的进行，另一方面有利于 $CH_4$ 的裂解。还原气温度为 950~1150 ℃时，$CH_4$ 裂解速度大于还原反应消耗速度，竖炉还原段内还原气浓度上升。在冷却段，主要反应为 CO 与 $CH_4$ 渗碳反应。DRI 温度上升，渗碳反应速率增加，CO 与 $CH_4$ 的消耗增加，CO 浓度降低，而 $CH_4$ 裂解渗碳产生 $H_2$，最终冷却段的 $H_2$ 浓度增加。

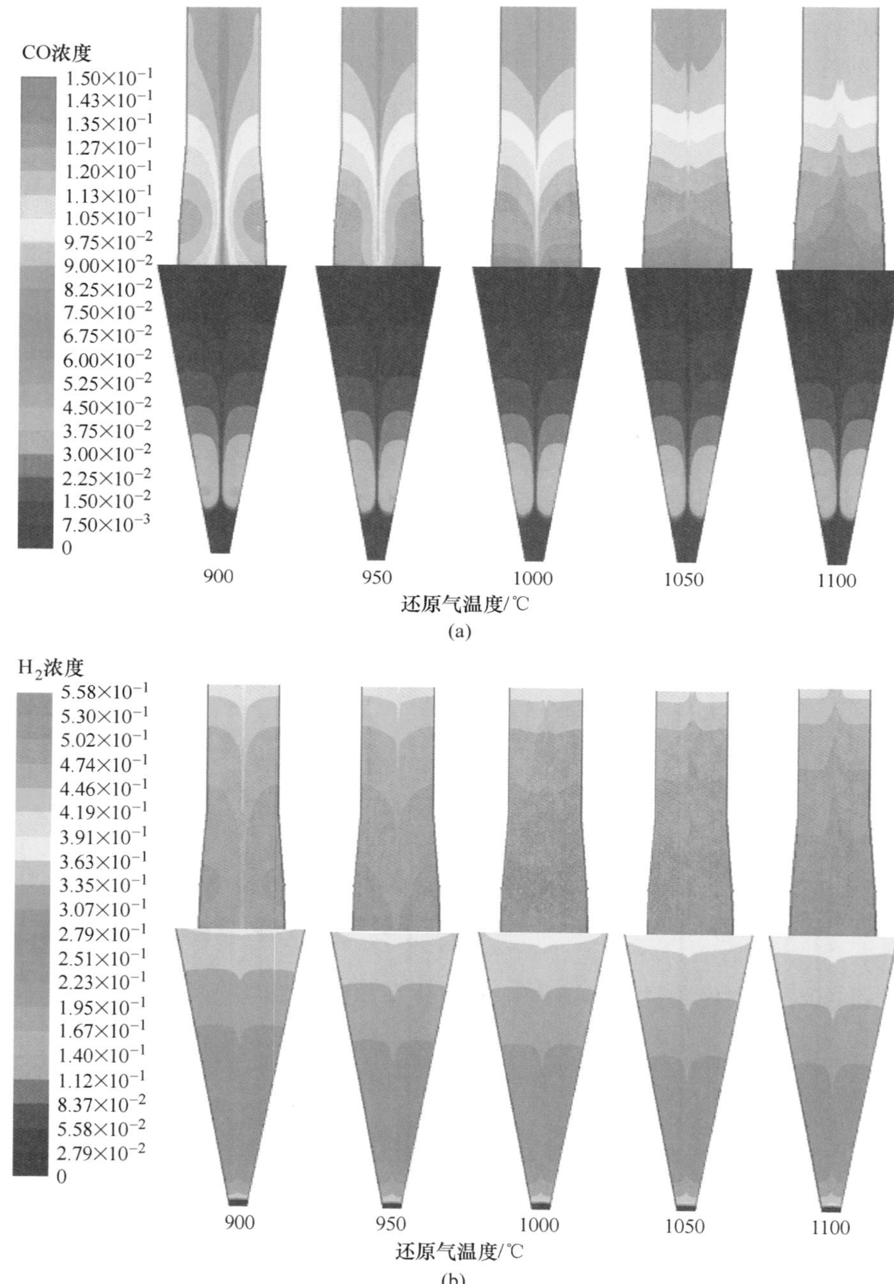


图 5.11　不同还原气温度条件下竖炉内还原气浓度分布

（a）CO；（b）$H_2$

图 5.12 为不同还原气温度条件下还原反应吸热分布。从图中可以看出，随着还原气温度的上升，竖炉内还原反应的吸热量逐渐增大。这意味着 $H_2$ 还原在高温条件下得到了明显的强化，从而使还原过程吸热增加。同时，提高还原气温度也为富氢还原提供了必要的热量。因此，适当提高还原气的温度有利于改善竖炉热状态。

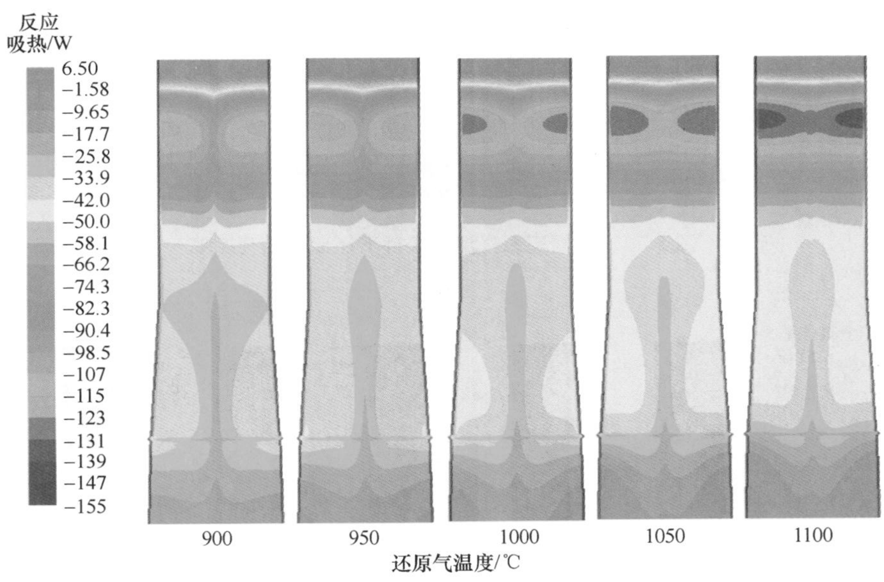


图 5.12　不同还原气温度条件下还原反应吸热分布

### 5.3.2　氢基竖炉还原气温度对氢基竖炉生产指标的影响

图 5.13 为不同还原气温度条件下还原气的利用率。随着还原气温度的增加，$H_2$ 和 CO 的利用率略微上升。在基准条件（1050 ℃）下，$H_2$ 的利用率为 34.64%，CO 的利用率为 41.75%。当还原气温度上升至 1100 ℃，$H_2$ 的利用率升至 35.11%，CO 的利用率升为 42.29%。

不同还原气温度条件下竖炉内金属化率分布如图 5.14 所示。随着还原气温度的增加，竖炉内球团的金属化率逐渐上升。由图 5.10 可知，还原气温度增加后竖炉内温度上升，氢还原过程得到了促进，从而使竖炉内球团的金属化率上升。在基准温度下，金属化率达到了 0.96，处于较高的水平。随着还原气温度增高至 1100 ℃，DRI 金属化率上升至 0.97。降低还原气温度时，金属化率下降明显，在还原气温度为 900 ℃时仅为 0.82。

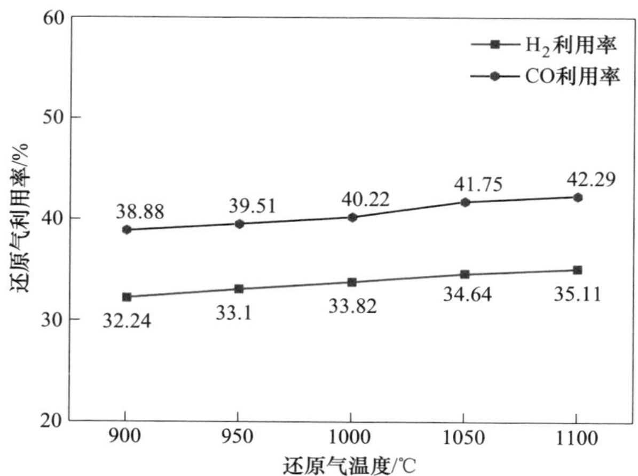


图 5.13　不同还原气温度条件下还原气的利用率

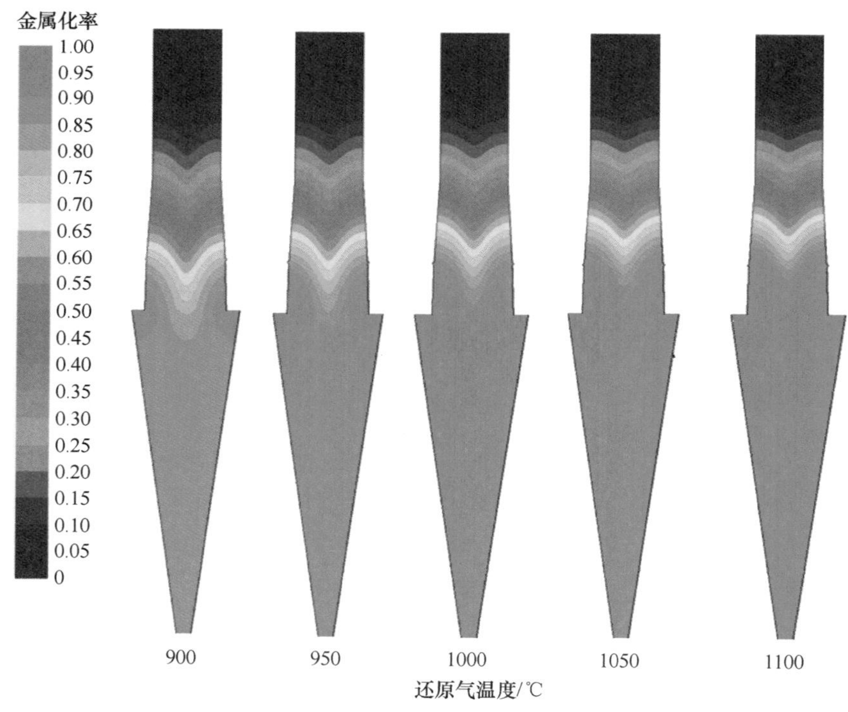


图 5.14　不同还原气温度条件下竖炉内球团金属化率分布

图 5.15 为不同还原气温度条件下收得 DRI 渗碳率。当还原气温度从 900 ℃上升到 1100 ℃，渗碳率由 2.25%上升至 3.14%。综上，适宜的氢基竖炉 DRI 金

属化率应该在 0.92 以上，渗碳率则在 3%左右。然而，考虑到风温过高造成的成本上升以及对还原气入口的损耗因素，适宜的还原气温度应该在 1000 ℃左右。

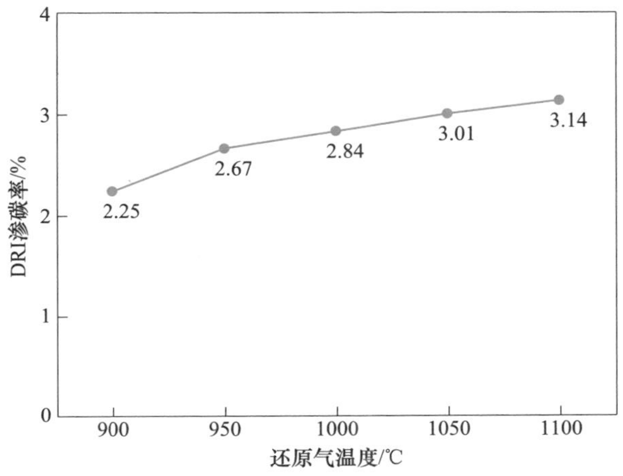


图 5.15 不同还原气温度条件下 DRI 渗碳率

图 5.16 为不同还原气温度条件下竖炉烟效率、热经济学成本与 $CO_2$ 排放量的变化情况。从图中可以看出，竖炉热经济学成本与 $CO_2$ 排放量随着还原气温度的增加而上升，同时，烟效率随着还原气温度的增加略微降低。较低的还原气温度将会导致竖炉内热量不足，不利于 $H_2$ 还原。综合考虑以上因素以及竖炉还原气加热炉的负荷，适宜的还原气温度应为 1000 ℃。

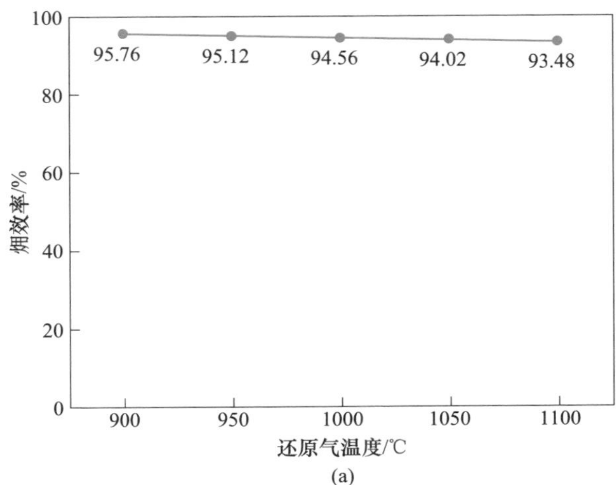


(a)

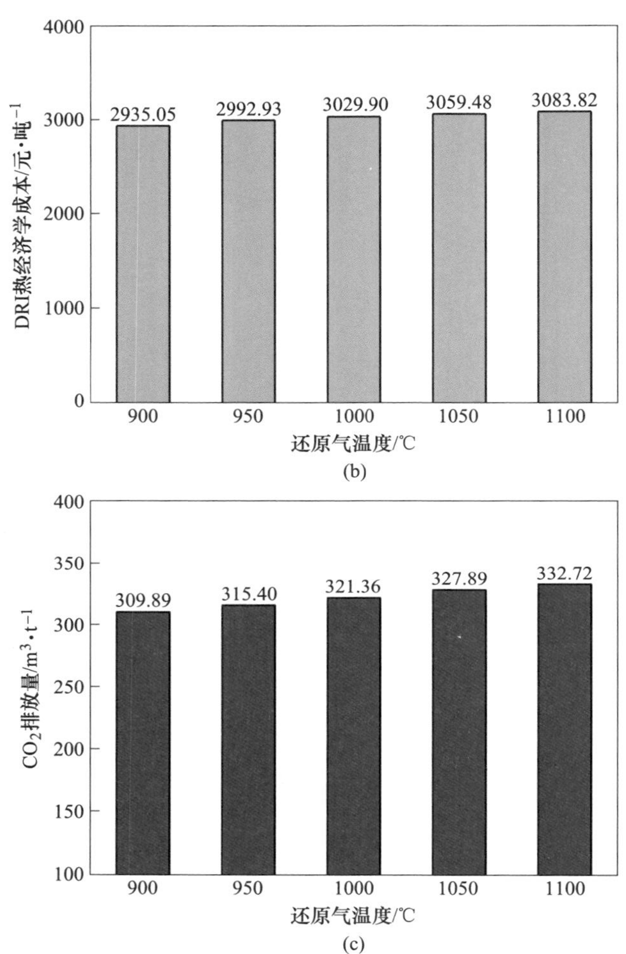


图 5.16　不同还原气温度条件下氢基竖炉的㶲效率、热经济学成本与 $CO_2$ 排放量
（a）㶲效率；（b）热经济学成本；（c）$CO_2$ 排放量

### 5.3.3　氢基竖炉还原气温度优化总结

随着氢基竖炉还原气温度的提高，竖炉内炉料的温度提高，还原气利用率上升。当还原气温度上升至 1100 ℃时，$H_2$ 利用率升至 35.11%，CO 利用率升为 42.29%。适宜的氢基竖炉 DRI 金属化率应该在 0.92 以上，渗碳率则在 3%左右。然而，考虑到风温过高造成的成本上升以及对还原气入口的损耗，适宜的还原气温度应该在 1050 ℃左右。

## 5.4 氢基竖炉还原气 $\varphi_{H_2}/\varphi_{CO}$ 优化

还原气的气氛改变，CO 浓度增加后，吨 DRI 还原气反应放热变化，而 CO 还原速率低于 $H_2$，吨 DRI 还原所需还原气的流量降低。竖炉还原气需求量需同时满足完成铁氧化物的还原和还原反应所需热量，因此，在 $\varphi_{H_2}/\varphi_{CO}$ 改变后，为了对比不同 $\varphi_{H_2}/\varphi_{CO}$ 对竖炉还原行为的影响，需要调节改变 $\varphi_{H_2}/\varphi_{CO}$ 后的还原气流量，使还原气流量能够满足热平衡与反应所需的还原气量。图 5.17 为 1288 K 的条件下不同 $\varphi_{H_2}/\varphi_{CO}$ 时还原气的需求量。可见，在 $H_2$ 浓度大于 50%时，要想同时满足热平衡与反应平衡，还原气流量应该要等于或大于满足热平衡的还原气需求量。而随着 $H_2$ 占比的减少，需要的还原气流量是逐渐下降的。

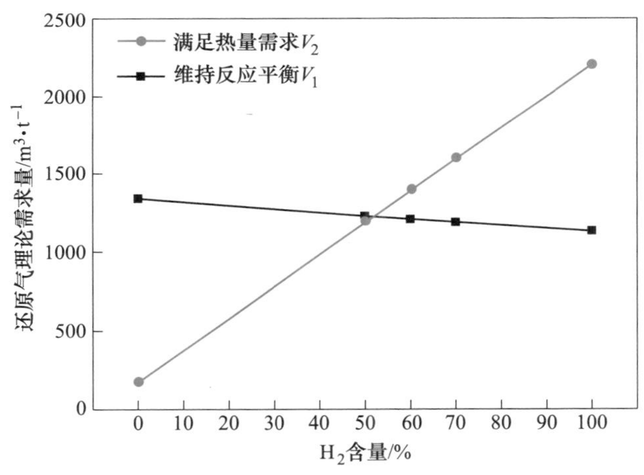


图 5.17 1288 K 不同 $\varphi_{H_2}/\varphi_{CO}$ 条件下竖炉还原气需求量

### 5.4.1 热补偿前氢基竖炉还原气 $\varphi_{H_2}/\varphi_{CO}$ 对氢基竖炉冶炼状态影响

在保证还原气温度、冷却气流量、还原气流量等条件不变的情况下，本节分别对 $\varphi_{H_2}/\varphi_{CO}$ 为 2、4、5、8 和无 CO 条件下的氢基竖炉冶炼状态进行了数值模拟。其中，$\varphi_{H_2}/\varphi_{CO}$ 为 5 对应的工况为基准条件。

不同 $\varphi_{H_2}/\varphi_{CO}$ 条件下竖炉内固相温度分布如图 5.18 所示。从图中可以看出，随着还原气 $\varphi_{H_2}/\varphi_{CO}$ 的增加，竖炉内固相温度明显下降。还原气入口前端高温区缩小，冷却段内的 DRI 被提前冷却。竖炉中球团矿的还原主要包括 CO 的还原反应和 $H_2$ 的还原反应。其中，CO 的还原反应总体来看是放热反应，而 $H_2$ 则为吸热反应。当还原气中 $\varphi_{H_2}/\varphi_{CO}$增加，还原过程中 $H_2$ 还原占优，$H_2$ 还原占比增大，吸热增加，从而大幅降低竖炉炉身的温度。竖炉还原段过冷将导致还原反应受到抑制，从而影响竖炉产能，因此，在没有热补偿的条件下，$\varphi_{H_2}/\varphi_{CO}$过高反而不利于竖炉的冶炼过程。

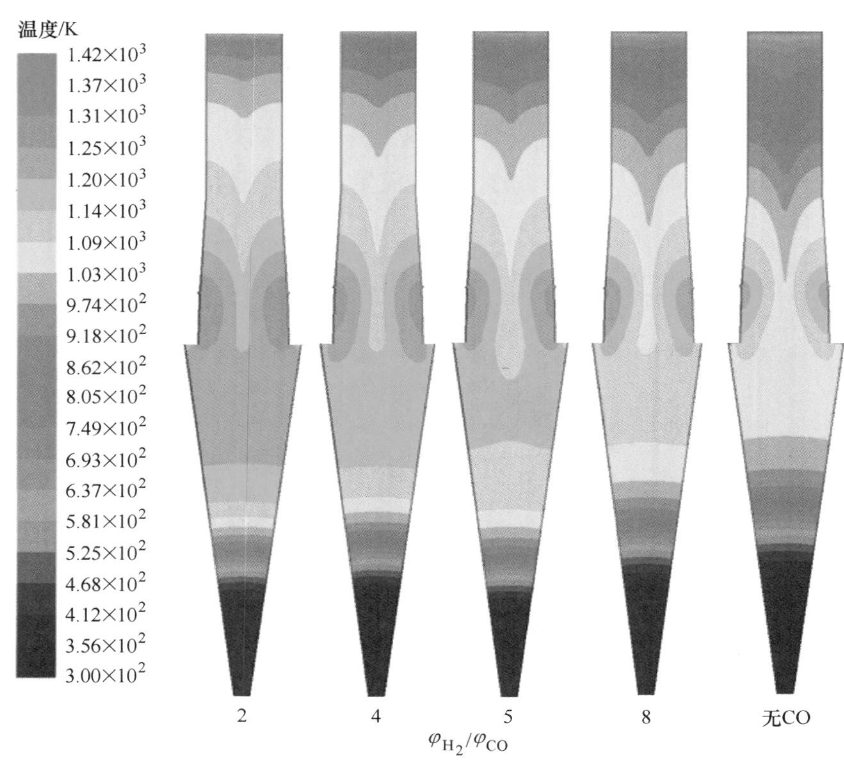


图 5.18　不同还原气 $\varphi_{H_2}/\varphi_{CO}$条件下竖炉内固相温度分布

不同还原气 $\varphi_{H_2}/\varphi_{CO}$条件下竖炉内还原气分布如图 5.19 所示。图中对应还原气对应的条件分别为 $\varphi_{H_2}/\varphi_{CO}=2$、4、5、8 和无 CO。随着还原气 $\varphi_{H_2}/\varphi_{CO}$的增加，还原段内 $H_2$ 浓度明显增加，CO 浓度显著降低，这是由于还原气带入了更多的 $H_2$ 而非 CO。在还原气只有 $H_2$ 的条件下，还原段内依然有少量的 CO 分布，这些少量的 CO 是由 $CH_4$ 裂解产生的。冷却段中 CO 浓度呈现略微上升的趋势，而 $H_2$ 则出现了略微降低的趋势。这主要是由于高 $H_2$ 占比的还原气内 $H_2$ 还原吸热过多，DRI 进入冷却段时温度较低，从而抑制了 $CH_4$ 与 CO 的渗碳反应，消耗的 CO 减少。

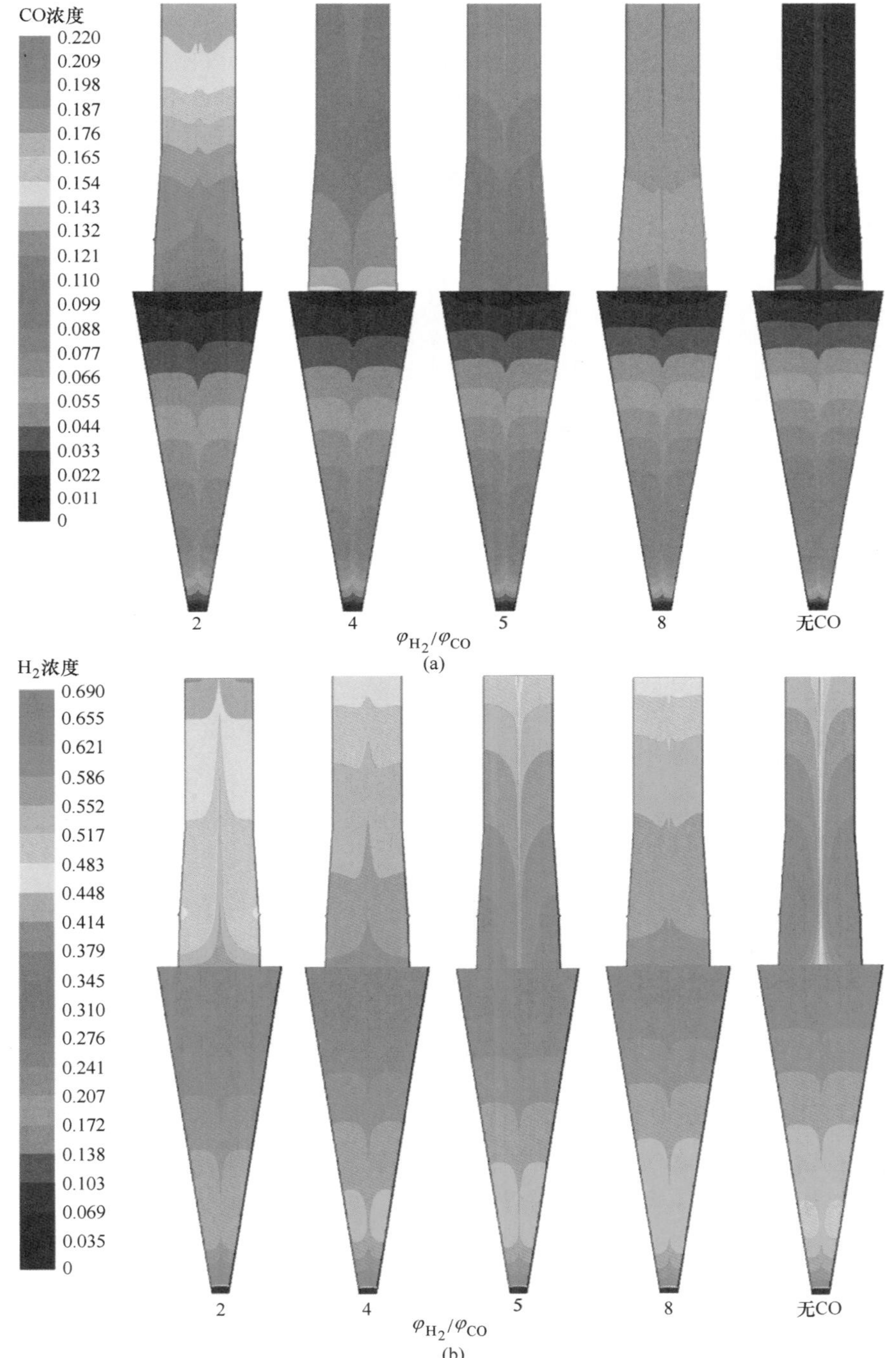


图 5.19　不同还原气 $\varphi_{H_2}/\varphi_{CO}$ 条件下竖炉内还原气浓度分布

(a) CO；(b) $H_2$

图 5.20 为不同还原气 $\varphi_{H_2}/\varphi_{CO}$ 条件下还原反应吸热分布。可以看出，随着 $H_2$ 占比的增加，竖炉内还原吸热越大。这是由于 CO 还原占比逐渐减小，CO 还原产生的热量无法弥补 $H_2$ 还原所需要吸收的热量，从而使整个还原过程呈现吸热状态，对外来热源的需求也越加明显。因此，在高 $H_2$ 占比的还原气条件下，需要通过提高风温或者提高还原气流量等措施对竖炉进行补热，保证竖炉的正常冶炼。

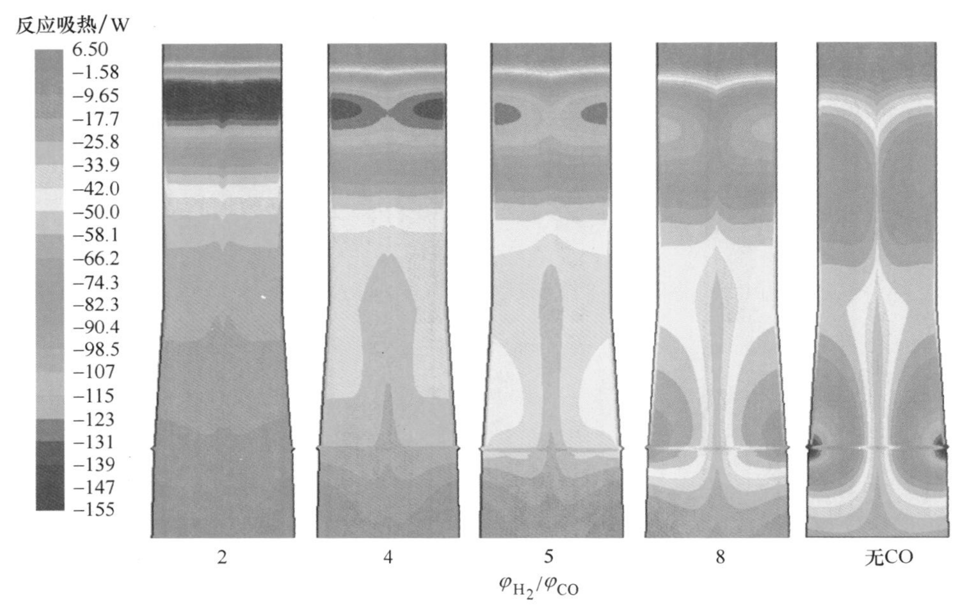


图 5.20 不同还原气 $\varphi_{H_2}/\varphi_{CO}$ 条件下还原反应吸热分布

### 5.4.2 热补偿前氢基竖炉还原气 $\varphi_{H_2}/\varphi_{CO}$ 对氢基竖炉生产指标影响

图 5.21 为不同还原气 $\varphi_{H_2}/\varphi_{CO}$ 条件下，还原气的利用率变化。随着还原气 $\varphi_{H_2}/\varphi_{CO}$ 的增加，CO 和 $H_2$ 的利用率都逐渐降低，基准条件（$\varphi_{H_2}/\varphi_{CO}=5$）下 $H_2$ 的利用率为 35.82%，CO 的利用率为 48.22%。当还原气 $\varphi_{H_2}/\varphi_{CO}$ 上升至 8 时，$H_2$ 的利用率降低为 31.33%，CO 的利用率下降为 45.74%。

不同还原气 $\varphi_{H_2}/\varphi_{CO}$ 条件下竖炉内金属化率分布如图 5.22 所示。随着还原气 $\varphi_{H_2}/\varphi_{CO}$ 的增加，竖炉内球团的金属化率逐渐降低。这主要由于高 $H_2$ 占比条件下，还原所需的热量不足。在基准条件下，金属化率达到了 0.93，处于较高的水平，随着还原气 $\varphi_{H_2}/\varphi_{CO}$ 进一步增高至无 CO 状态时，金属化率降低至 0.68。

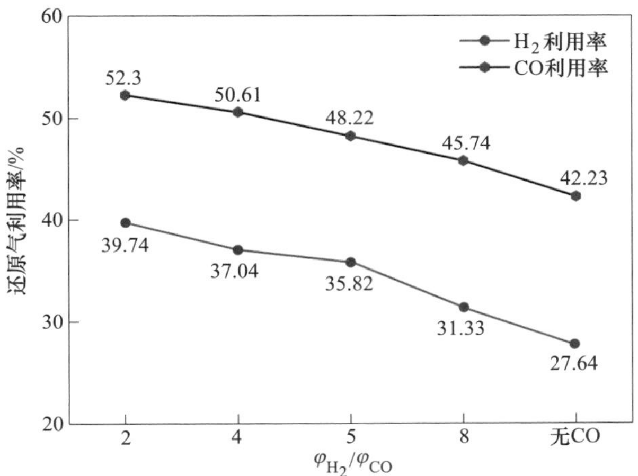


图 5.21 不同还原气 $\varphi_{H_2}/\varphi_{CO}$ 条件下还原气的利用率

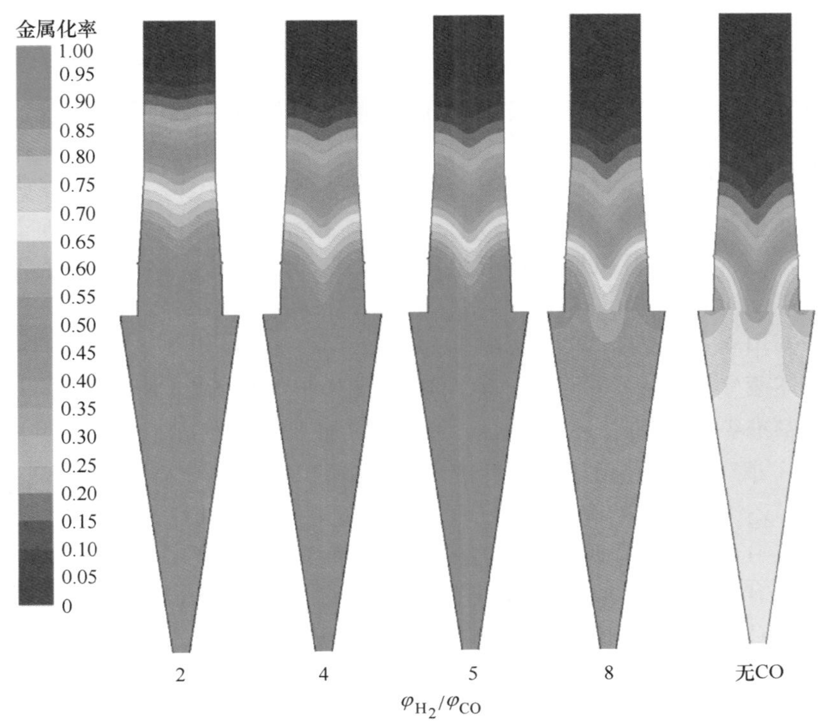


图 5.22 不同还原气 $\varphi_{H_2}/\varphi_{CO}$ 条件下竖炉内球团金属化率分布

图 5.23 为不同还原气 $\varphi_{H_2}/\varphi_{CO}$ 条件下 DRI 渗碳率。还原气 $\varphi_{H_2}/\varphi_{CO}$ 从 2 变化到

无 CO 时，DRI 渗碳率从 3.22%降低至 1.65%。因此，为了更好地发挥氢冶金的优势，在高 $\varphi_{H_2}/\varphi_{CO}$的条件下，需要对竖炉进行热补偿，以满足还原过程的热量需求。

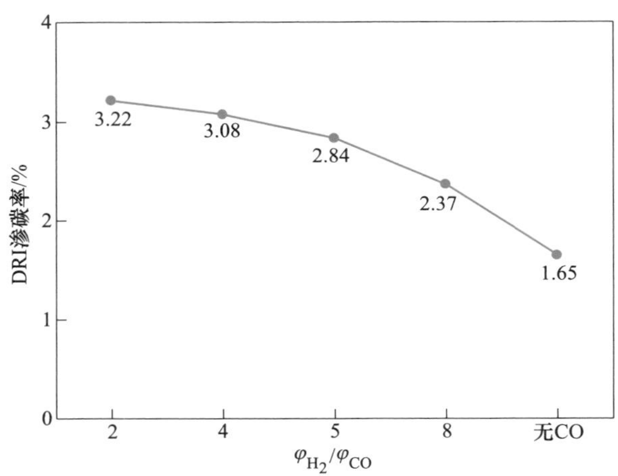


图 5.23　不同还原气 $\varphi_{H_2}/\varphi_{CO}$条件下 DRI 渗碳率

### 5.4.3　热补偿后氢基竖炉还原气 $\varphi_{H_2}/\varphi_{CO}$对氢基竖炉冶炼状态影响

热补偿后不同 $\varphi_{H_2}/\varphi_{CO}$条件下竖炉内固相温度分布如图 5.24 所示。$\varphi_{H_2}/\varphi_{CO}$为 5 的工况为基准条件。热补偿后，不同还原气 $\varphi_{H_2}/\varphi_{CO}$条件下的竖炉内部的温度场分布相近，高 $H_2$ 比的竖炉内部温度场得到了明显的改善。热补偿使不同的 $\varphi_{H_2}/\varphi_{CO}$还原气在竖炉中的热供应得到了保障，有利于提高在高 $H_2$ 比条件下竖炉的还原气利用率。

不同还原气 $\varphi_{H_2}/\varphi_{CO}$条件下竖炉内还原气分布如图 5.25 所示。$\varphi_{H_2}/\varphi_{CO}$为 5 的工况为基准条件。随着还原气 $\varphi_{H_2}/\varphi_{CO}$的增加，还原段内 $H_2$ 浓度明显增加，CO 浓度显著降低，这是由于还原气带入了更多的 $H_2$ 而非 CO。在还原气只有 $H_2$ 的条件下，还原段内依然有少量的 CO 分布，这些少量的 CO 是由 $CH_4$ 裂解产生的。冷却段中 CO 浓度呈现略微上升的趋势，而 $H_2$ 则出现了略微的降低。这主要是由于高 $H_2$ 占比的还原气内 $H_2$ 还原吸热过多，DRI 进入冷却段时温度较低，从而抑制了 $CH_4$ 与 CO 的渗碳反应，消耗的 CO 减少。

图 5.26 为不同还原气 $\varphi_{H_2}/\varphi_{CO}$条件下还原反应吸热分布。可以看出，随着 $H_2$ 占比的增加，竖炉内还原吸热增大。这是由于 CO 还原占比逐渐减小，CO 还原产生的热量无法弥补 $H_2$ 还原所需要吸收的热量，从而使整个还原过程呈现出吸热状态，对外来热源的需求也越加明显。因此，在高 $H_2$ 占比的还原气条件下，需要通过提高风温或者提高还原气流量等措施对竖炉进行补热，保证竖炉正常冶炼。

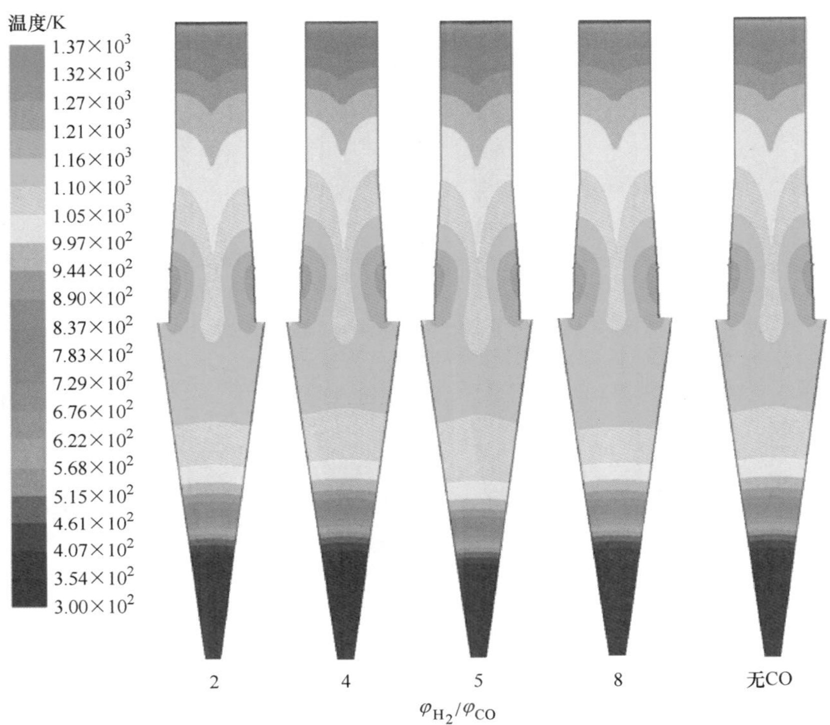


图 5.24 热补偿后不同还原气 $\varphi_{H_2}/\varphi_{CO}$ 条件下竖炉内固相温度分布

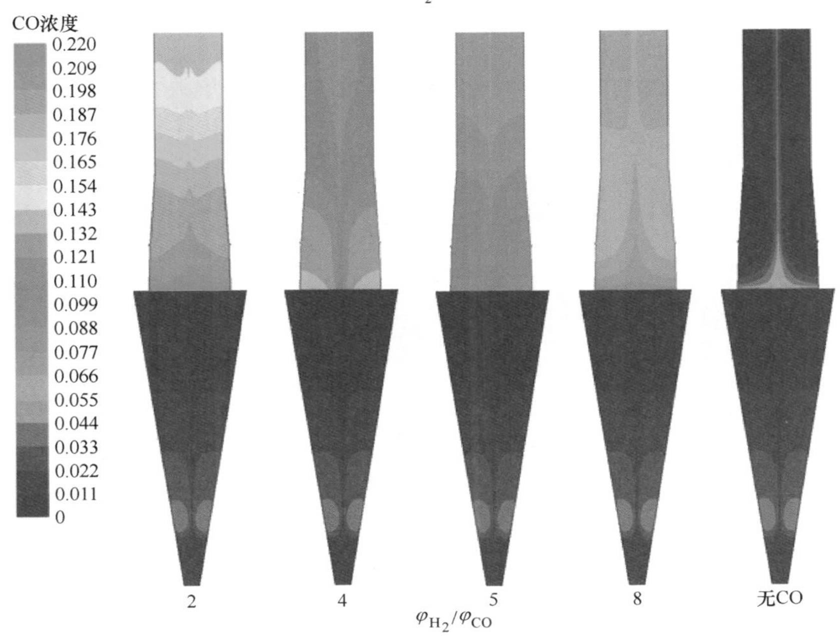

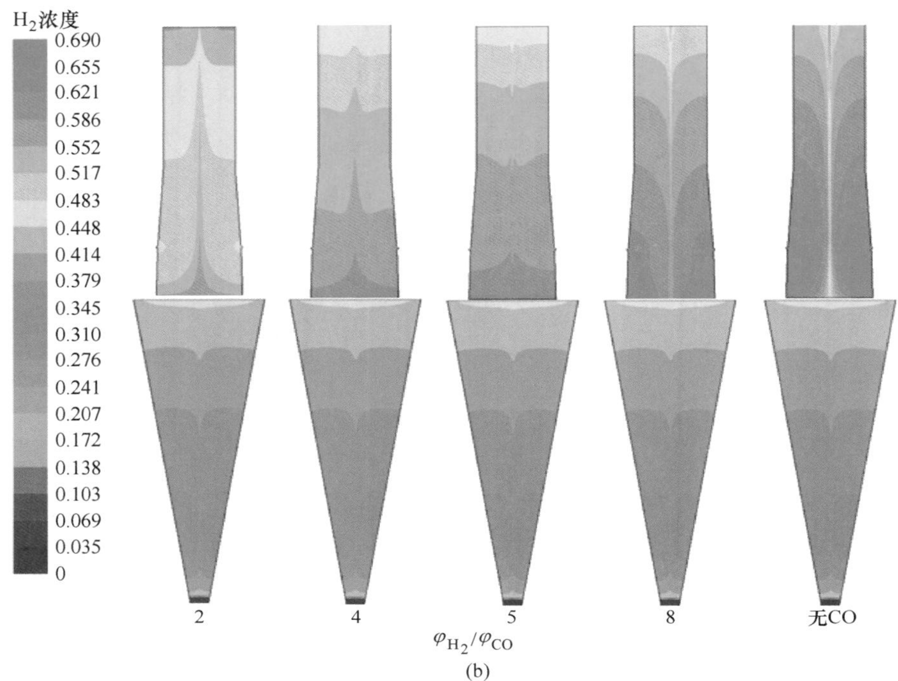


图 5.25 不同还原气 $\varphi_{H_2}/\varphi_{CO}$ 条件下竖炉内还原气浓度分布

(a) CO；(b) $H_2$

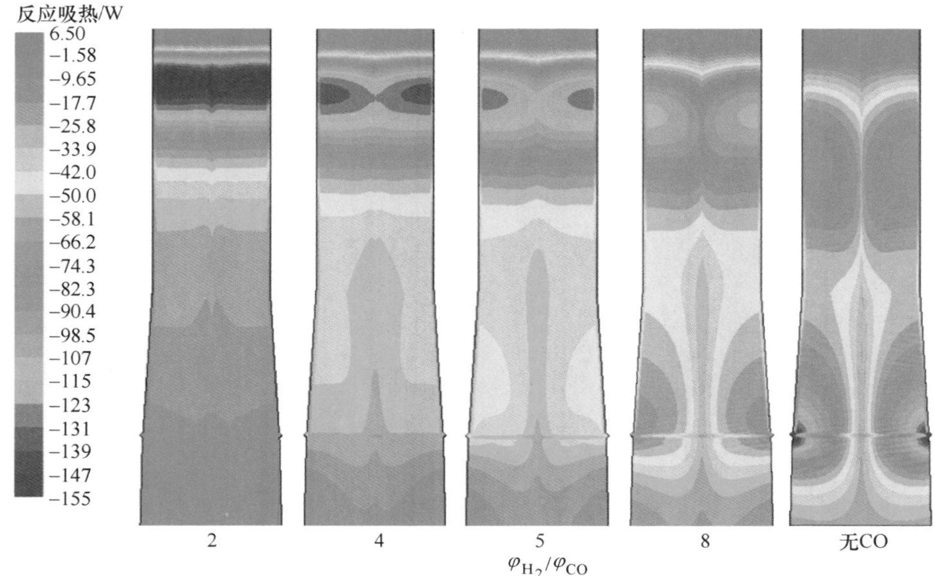


图 5.26 不同还原气 $\varphi_{H_2}/\varphi_{CO}$ 条件下还原反应吸热分布

### 5.4.4 热补偿后氢基竖炉还原气 $\varphi_{H_2}/\varphi_{CO}$ 对氢基竖炉生产指标影响

图 5.27 为不同还原气 $\varphi_{H_2}/\varphi_{CO}$ 条件下还原气利用率变化。随着还原气 $\varphi_{H_2}/\varphi_{CO}$ 增加，CO 和 $H_2$ 的利用率都逐渐降低，基准条件下 $H_2$ 的利用率为 33.82%，CO 的利用率为 40.22%。当还原气 $\varphi_{H_2}/\varphi_{CO}$ 上升至 8 时，$H_2$ 的利用率降低为 31.33%，CO 的利用率下降为 38.41%。

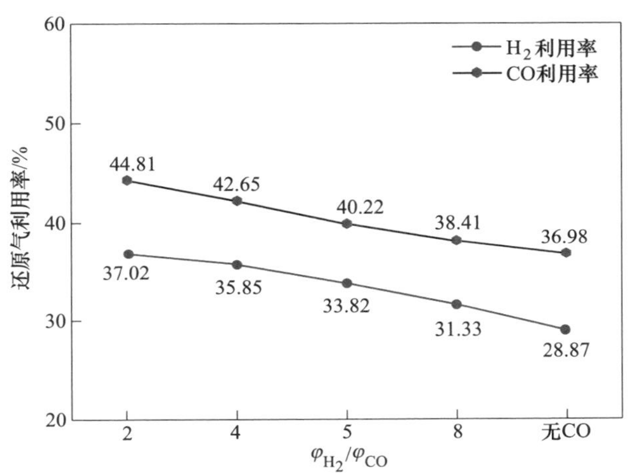


图 5.27　不同还原气 $\varphi_{H_2}/\varphi_{CO}$ 条件下还原气利用率

不同还原气 $\varphi_{H_2}/\varphi_{CO}$ 条件下竖炉内金属化率分布如图 5.28 所示。在竖炉内部温度分布基本一致的情况下，高 $\varphi_{H_2}/\varphi_{CO}$ 条件下的竖炉金属化率更高。在 $\varphi_{H_2}/\varphi_{CO}$ 为 10 的条件下，竖炉的金属化率达到了 0.96，而纯氢条件下更高，达到了 0.98。这说明在高温条件下 $H_2$ 的还原速率高于 CO 的还原速率。

图 5.29 为不同还原气 $\varphi_{H_2}/\varphi_{CO}$ 条件下 DRI 渗碳率。热补偿后，高 $\varphi_{H_2}/\varphi_{CO}$ 的渗碳率上升，在无 CO 条件下，相较于热补偿前，热补偿后的渗碳率由 1.65% 上升至 2.42%。

图 5.30 为不同 $\varphi_{H_2}/\varphi_{CO}$ 条件下竖炉㶲效率、热经济学成本与 $CO_2$ 排放量的变化情况。从图中可以看出，$CO_2$ 排放量随着 $\varphi_{H_2}/\varphi_{CO}$ 的增加而降低，㶲效率略微降低，而热经济学效益则随着 $\varphi_{H_2}/\varphi_{CO}$ 的增加而上升。在实际生产中，应该根据燃料供应条件与 $CO_2$ 减排目标来确定适宜的还原气 $\varphi_{H_2}/\varphi_{CO}$。

### 5.4.5 氢基竖炉还原气 $\varphi_{H_2}/\varphi_{CO}$ 优化总结

为了更好发挥氢冶金优势，在高 $\varphi_{H_2}/\varphi_{CO}$ 的条件下，需对竖炉进行热补偿，以满足还原过程的热量需求。在保证竖炉内热量充足的条件下，随着 $\varphi_{H_2}/\varphi_{CO}$ 的

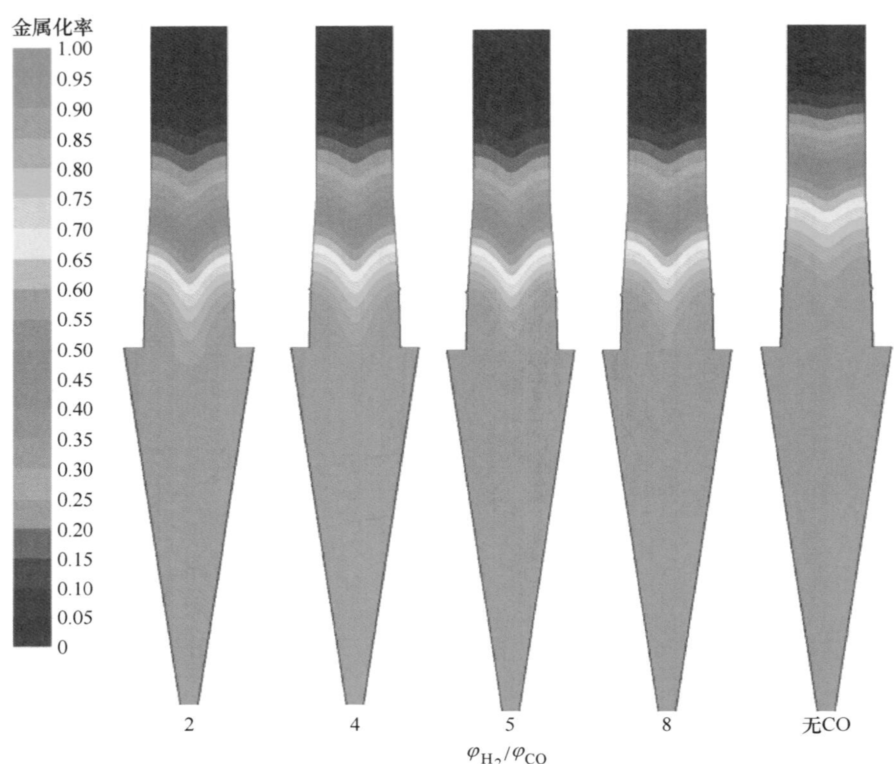


图 5.28 不同还原气 $\varphi_{H_2}/\varphi_{CO}$条件下竖炉内球团金属化率分布

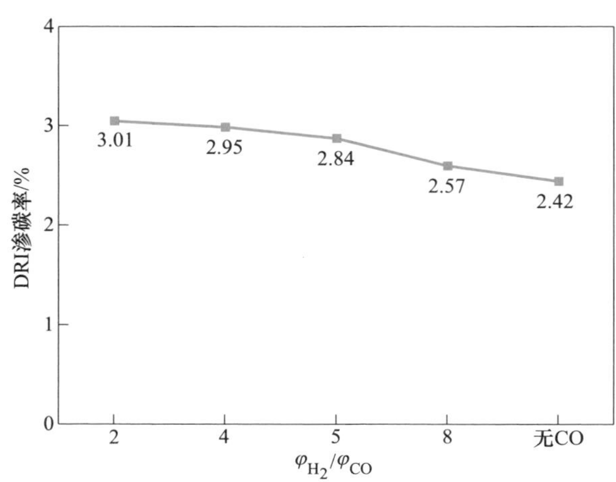


图 5.29 不同还原气 $\varphi_{H_2}/\varphi_{CO}$条件下 DRI 渗碳率

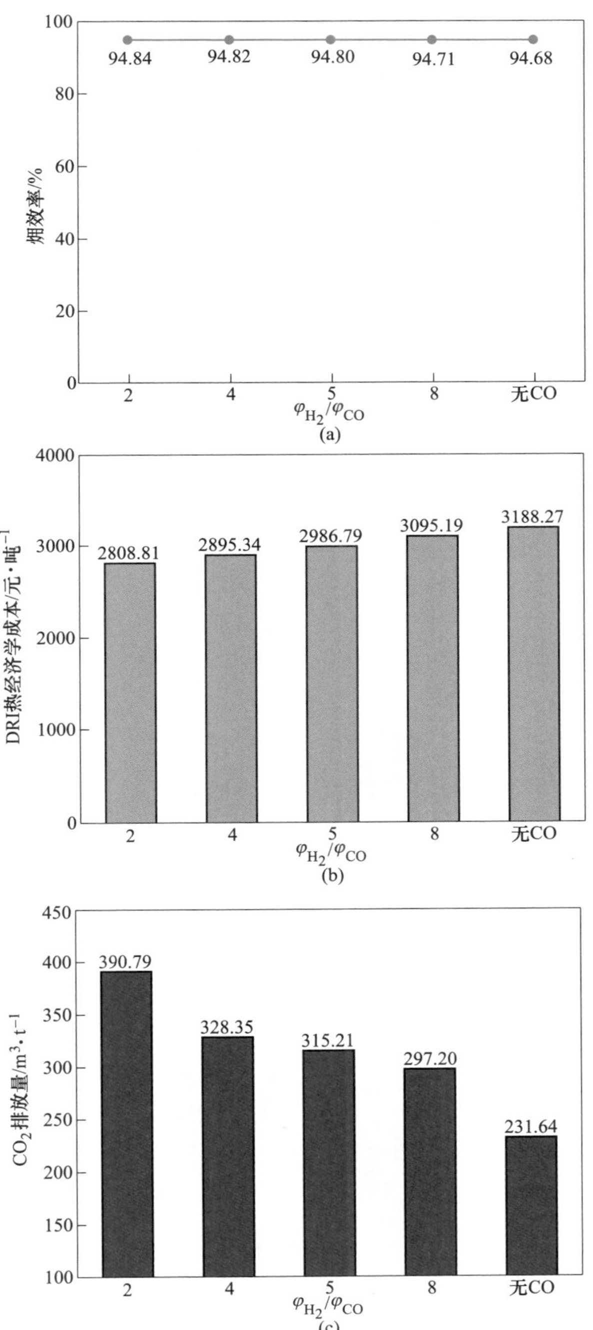


图 5.30 不同 $\varphi_{H_2}/\varphi_{CO}$ 条件下竖炉的㶲效率、热经济学成本与 $CO_2$ 排放量

（a）竖炉㶲效率；（b）热经济学成本；（c）$CO_2$ 排放量

增加，CO 和 $H_2$ 利用率都逐渐降低。当还原气 $\varphi_{H_2}/\varphi_{CO}$上升至 8 时，$H_2$ 的利用率降低为 31. 33%，CO 的利用率下降为 38. 34%。适宜的 $\varphi_{H_2}/\varphi_{CO}$需要结合具体的降碳需求确定。

## 5.5 氢基竖炉炉料料速优化

本节分别对不同球团料速条件下的竖炉冶炼状态和生产指标进行了数值模拟。其中，炉料流速为炉料由还原段进入冷却段时的流速，顶部炉料的入炉流速则由压力入口控制，受竖炉上下压差的影响。

### 5.5.1 氢基竖炉炉料流速对氢基竖炉冶炼状态的影响

不同炉料流速条件下竖炉内固相温度分布如图 5. 31 所示。图中球团料速为 0. 0010 m/s 的工况为基准条件。在还原气喷吹流量与温度不变的情况下，炉料流速从 0. 0014 m/s 下降到 0. 0006 m/s，还原段内的固相温度逐渐降低，高温区向下移动，低温区扩大，风口前端的温度降低。这是因为料速过大时，进入竖炉内的炉料越多，炉料与还原气换热过程吸收更多的热量，从而导致还原气提供的热量不足，不能充分加热炉料，竖炉还原段内固相温度降低后。还原段内固相温度降低后，进入冷却段的固相温度也随之降低，DRI 的冷却加快，离开竖炉的 DRI 温度在 500 ℃左右。

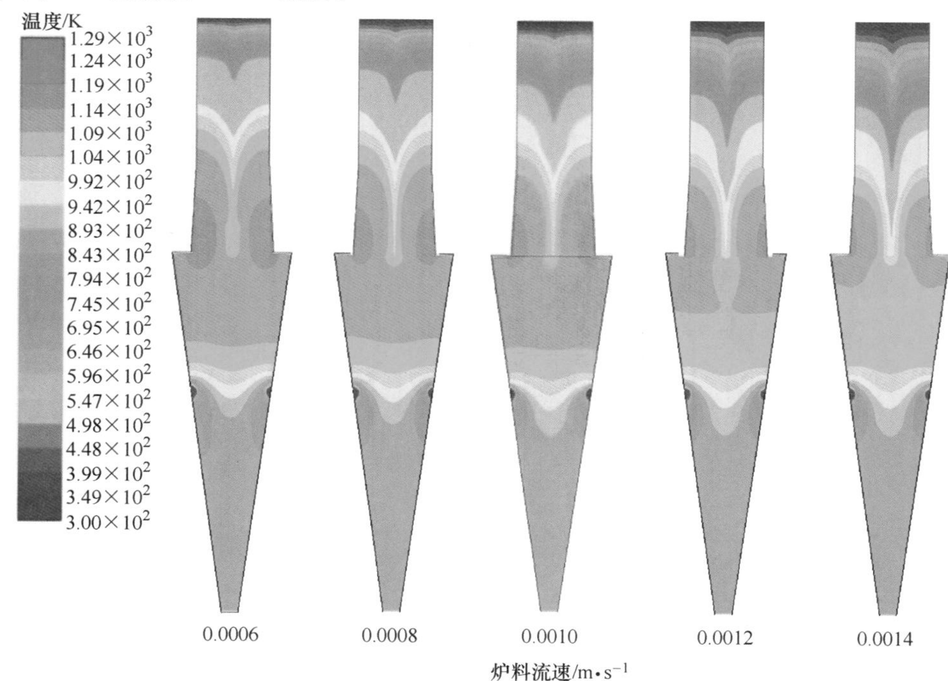


图 5. 31 不同炉料流速条件下竖炉内固相温度分布

不同炉料流速条件下竖炉内还原气浓度分布如图 5.32 所示。炉料料速分别为

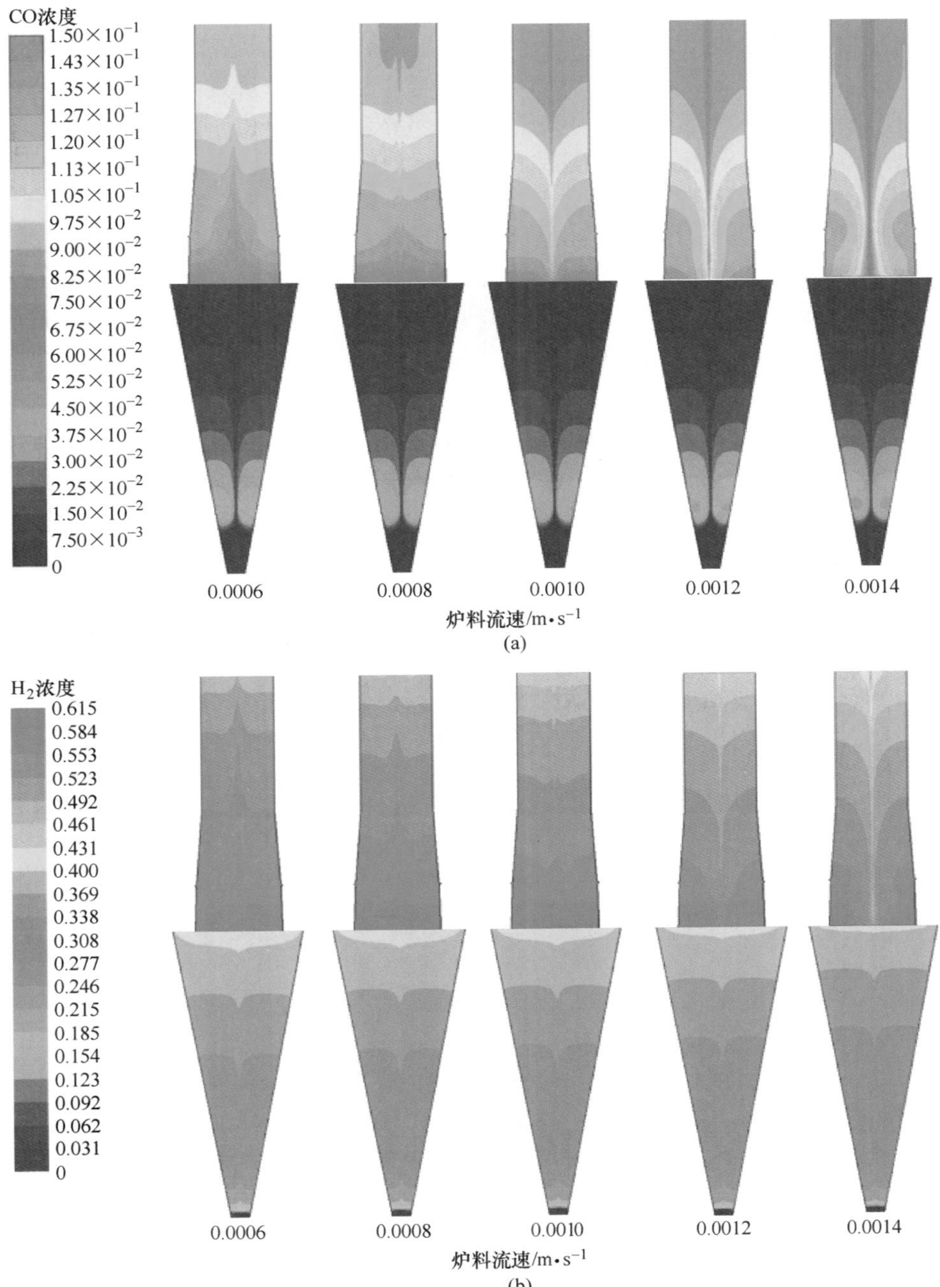


图 5.32 不同炉料流速条件下竖炉内还原气浓度分布

(a) CO；(b) $H_2$

0.0006 m/s、0.0008 m/s、0.0010 m/s、0.0012 m/s 和 0.0014 m/s。随着炉料下降速度逐渐增加，竖炉内 CO 和 $H_2$ 的浓度呈现逐渐降低的趋势。在流速为 0.0006 m/s 时，竖炉内还原气浓度明显增加，呈现两边浓度高，中间浓度较低的分布特点，随着流速从 0.0006 m/s 上升到 0.0014 m/s，竖炉还原气浓度逐渐降低。其中，竖炉中心 CO 和 $H_2$ 的浓度降低最为明显。还原气浓度降低是由于流速加快，进入竖炉的炉料流量增加，还原消耗的还原气量增大，从而使竖炉内的还原气浓度降低。

图 5.33 为不同炉料流速条件下还原段内铁氧化物的还原速率分布。炉料流速分别为 0.0006 m/s、0.0008 m/s、0.0010 m/s、0.0012 m/s 和 0.0014 m/s。随着炉料流速的增大，在还原气流量与温度等条件不变的情况下，炉料下降速度越大，铁氧化物开始还原与完全还原的位置越低，铁氧化物在还原段的还原度越低，收得 DRI 的金属化率越低。

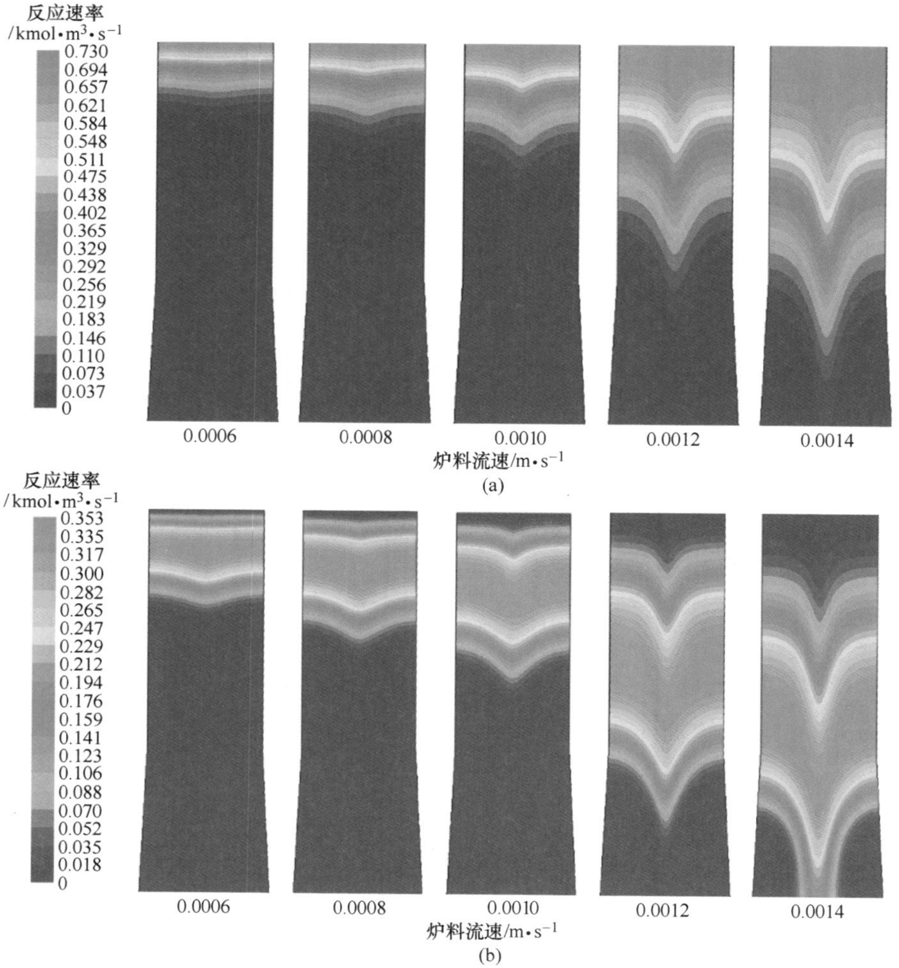

反应速率 /kmol·m³·s⁻¹
0.730 0.694 0.657 0.621 0.584 0.548 0.511 0.475 0.438 0.402 0.365 0.329 0.292 0.256 0.219 0.183 0.146 0.110 0.073 0.037 0

0.0006　0.0008　0.0010　0.0012　0.0014
炉料流速/m·s⁻¹

(a)

反应速率 /kmol·m³·s⁻¹
0.353 0.335 0.317 0.300 0.282 0.265 0.247 0.229 0.212 0.194 0.176 0.159 0.141 0.123 0.106 0.088 0.070 0.052 0.035 0.018 0

0.0006　0.0008　0.0010　0.0012　0.0014
炉料流速/m·s⁻¹

(b)

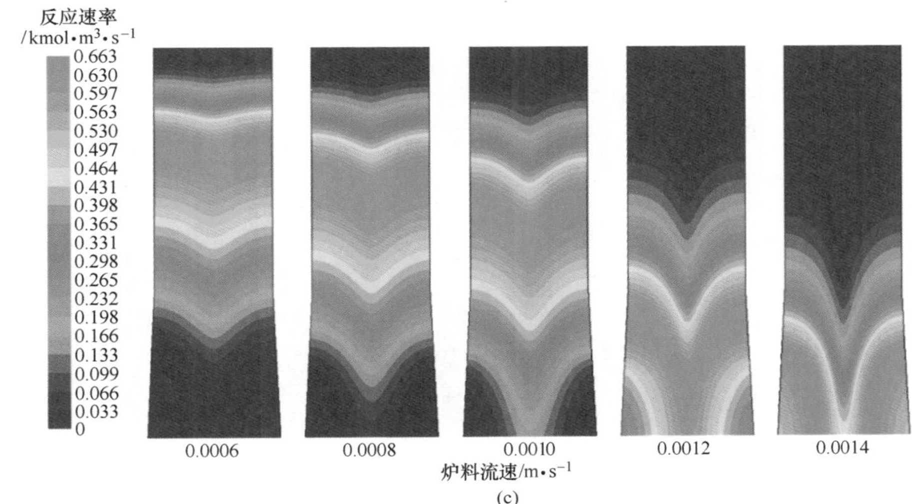


(c)

图 5.33　还原段内铁氧化物还原速率分布

(a) $Fe_2O_3$；(b) $Fe_3O_4$；(c) FeO

### 5.5.2　氢基竖炉炉料流速对氢基竖炉生产指标影响

图 5.34 为不同炉料流速条件下还原气的利用率。随着炉料流速的增加，CO 和 $H_2$ 的利用率逐渐上升。

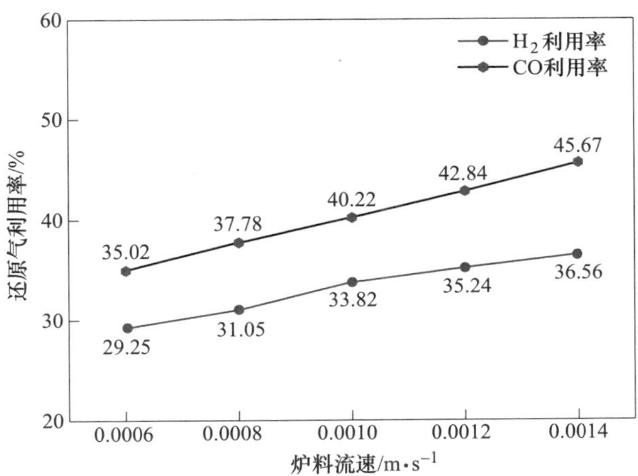


图 5.34　不同炉料流速条件下还原气的利用率

不同炉料流速条件下竖炉内金属化率分布如图 5.35 所示。随着炉料速度的减小，竖炉内的 DRI 的金属化率越来越低。在炉料流速 0.0010 m/s（基准条件）的工况下，竖炉的 DRI 金属化率达到了 0.935，当流速下降到 0.0006 m/s 时，金属化率达到了 0.96。在流速为 0.0014 m/s 时，DRI 金属化率仅为 0.76，这是由于炉料流速增快，上部炉料的还原不足。

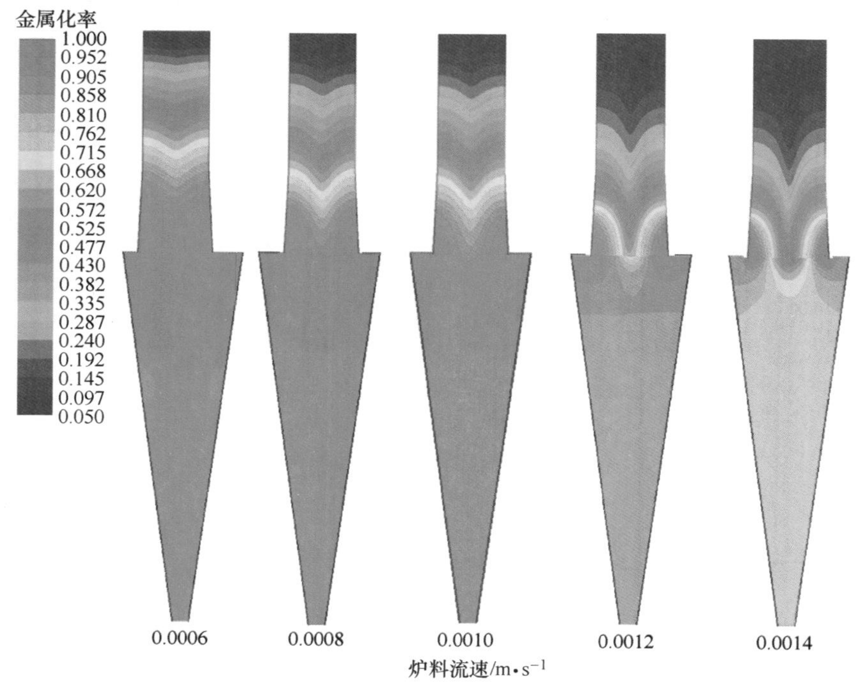


图 5.35　不同炉料流速条件下竖炉内球团金属化率分布

不同炉料流速下 DRI 渗碳率如图 5.36 所示。随着炉料流速的增加，DRI 渗

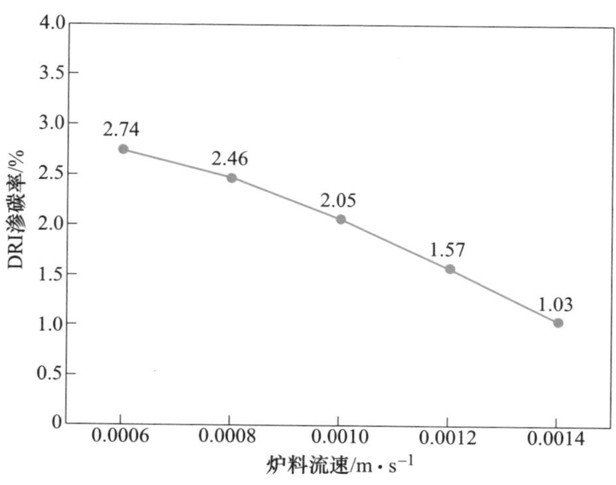


图 5.36　不同炉料流速条件下 DRI 渗碳率

碳率逐渐降低。基准条件下渗碳率为2.0%。当炉料流速为0.0006 m/s时，渗碳率上升至2.74%。这是由于进入冷却段的炉料速度提高，促进了CO与$CH_4$的渗碳反应，生成了更多的$Fe_3C$，增加了渗碳率。当炉料流速增加至0.0014 m/s时，渗碳率降低至1.03%，这主要是因为上部炉料加热不足，导致下部炉料温度偏低，抑制了渗碳反应的进行，影响收得DRI渗碳率。

图5.37为不同炉料流速条件下竖炉㶲效率、热经济学成本与$CO_2$排放量的变化情况。随着炉料流速的增加，㶲效率逐渐上升，热经济学成本与$CO_2$排放量呈现逐渐降低的趋势。综合考虑竖炉炉内冶炼状态、DRI质量、㶲效率、热经济学成本与$CO_2$排放量，适宜的球团下料速度为0.0010 m/s。

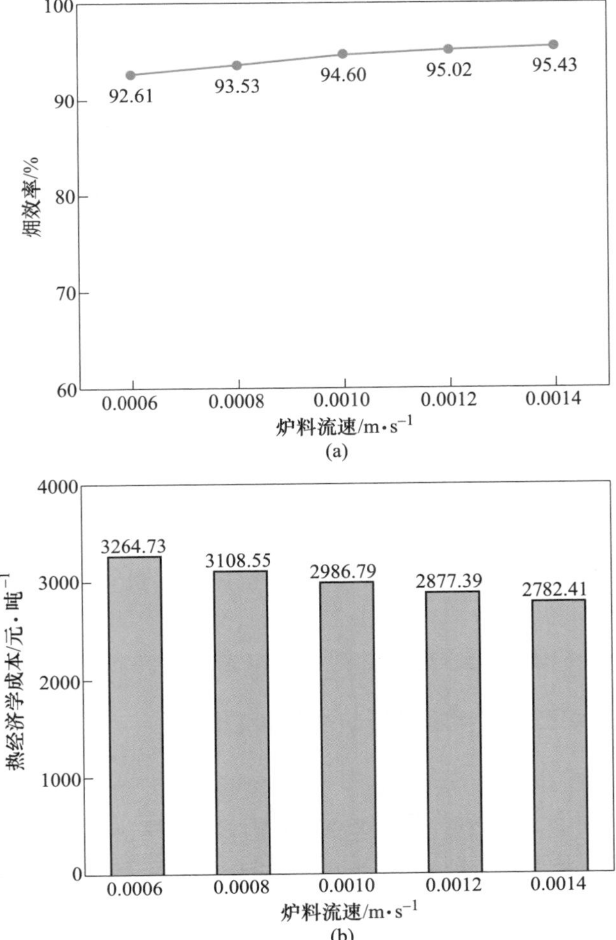

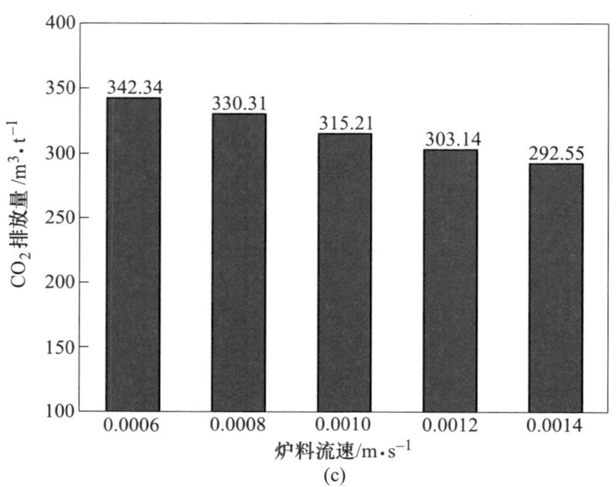


图 5.37 不同炉料流速条件下氢基竖炉的㶲效率、热经济学成本与 $CO_2$ 排放量
(a) 竖炉㶲效率；(b) 热经济学成本；(c) $CO_2$ 排放量

### 5.5.3 氢基竖炉炉料流速优化总结

随着氢基竖炉内炉料流速的提高，竖炉内炉料温度降低，CO 和 $H_2$ 的利用率逐渐上升。金属化率降低至 76%，竖炉生产 DRI 的渗碳率的合格范围在 2%～4%，且收得 DRI 的金属化率要在 92%之上，故炉料的流速不应过快。

## 5.6 氢基竖炉炉型结构优化

本节通过改变炉身角的大小来调节竖炉的高径比。模拟过程中，控制由还原段进入冷却段的球团料速不变，竖炉顶部下料速度则由竖炉内的压差决定，分别研究了高径比为 4.2、3.9、3.6、3.3、3.0（对应炉身角 0°、1.5°、3°、4.5°、6°）5 个条件下竖炉氢基还原过程。其中，以高径比为 3.6 作为基准条件。

### 5.6.1 氢基竖炉炉型结构对氢基竖炉冶炼状态影响

图 5.38 为不同高径比下，还原段顶部与底部（炉料入口与炉料出口）的压差变化曲线。可以看出，随着高径比的增大，还原段顶部与底部的压差逐渐缩小。模拟过程中，控制顶部压力为 0.78 MPa 不变，炉料进入冷却段的速度为 0.0010 m/s 不变，由于径向宽度增加，排出炉料体积增大，根据 $PV=nRT$，$P$ 减小，上下压差缩小，有利于炉料的顺行，炉料下降速度增加。图 5.39 为不同高径比条件下竖炉内固相炉料速度分布。为了更好地描述炉料在还原段的运动行为，将还原段区域的炉料流速进行了对比，如图 5.39（b）所示。可以看出，随

着高径比的增大，入炉炉料的速度逐渐上升，炉料下降速度增大，且在还原段管径拓宽的位置出现了高速区域。高径比越低，高速区域越明显，固相炉料在竖炉内的速度场均匀性受到影响。

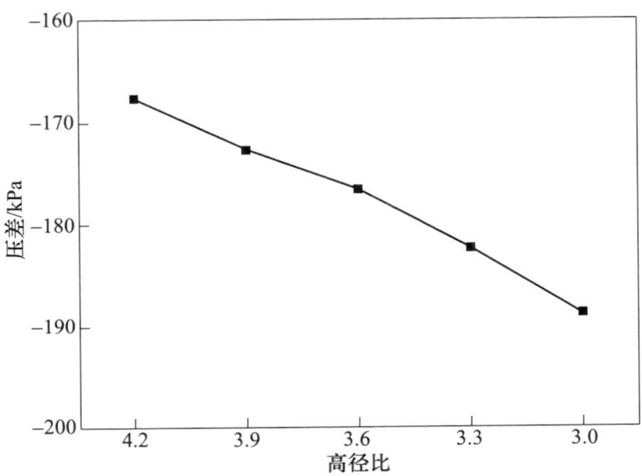


图 5.38 不同高径比条件下还原段压差变化曲线

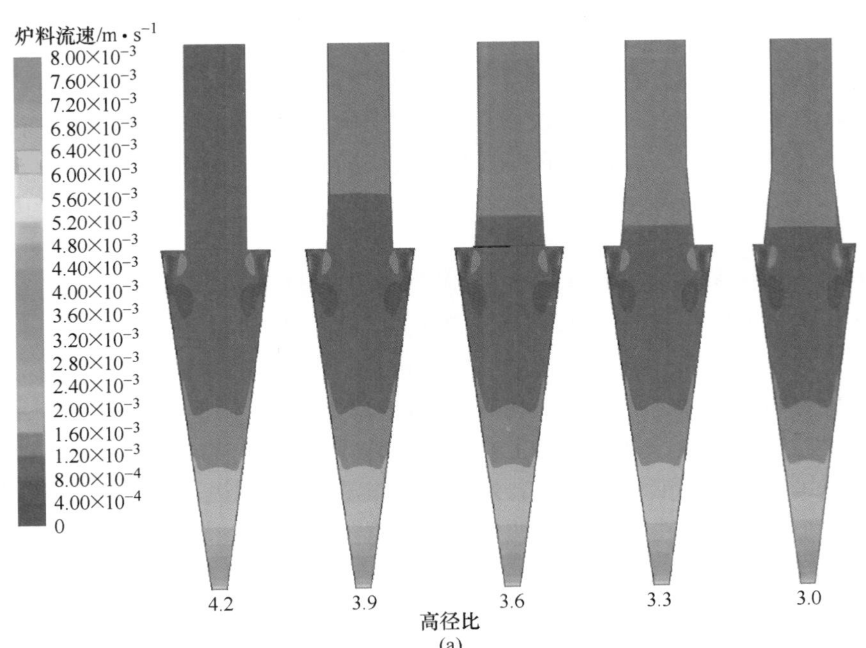


(a)

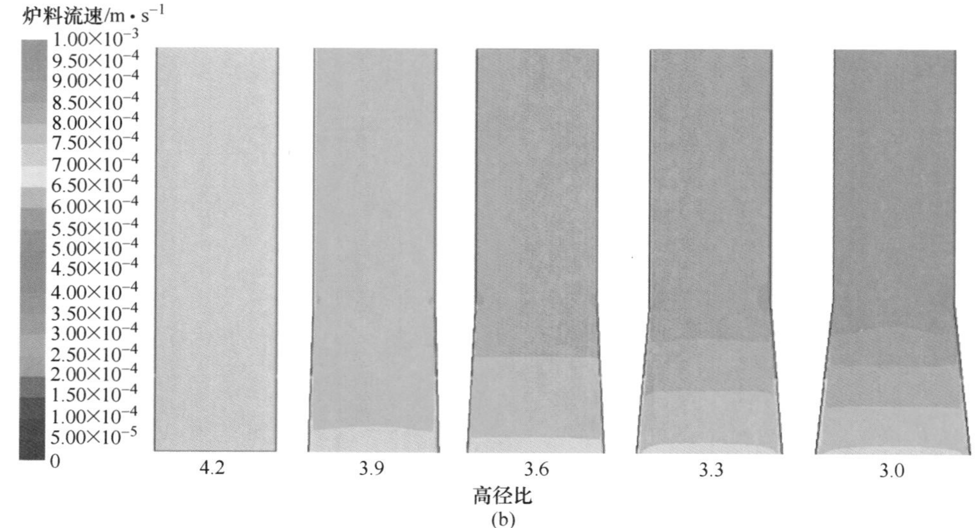


图 5.39 不同高径比条件下整个竖炉（a）和还原段内（b）的固相速度分布

不同高径比条件下竖炉内固相温度分布如图 5.40 所示。图中高径比为 3.6 是基准条件。在还原气喷吹流量、温度和炉料排出料速不变的情况下，随着高径比的降低，竖炉还原段内温度降低，进入冷却段的炉料温度下降。炉身角增大，高径比变低，还原段径向距离增宽，在相同的喷吹条件下，还原气的渗透深度一定，意味着高径比越小，还原气在径向上的影响范围越小，竖炉中心的炉料得不到充分的加热与还原，从而使炉料温度降低。同时，由图 5.39 可知，随着高径比的减小，炉料下降速度增快，炉料与还原气换热不充分，从而使还原段内炉料的温度降低。

不同高径比条件下竖炉内还原气分布如图 5.41 所示。随着高径比逐渐降低，竖炉内 CO 和 $H_2$ 的浓度呈现逐渐降低的趋势。虽然在高径比为 4.2 的条件下，竖炉内温度较高，有利于还原反应的进行，但此时炉料下降速度最低，意味着单位时间内所需还原的炉料相对于基准高径比 3.6 的条件有所减少，从而使消耗的还原气减少，进而提高了还原气的浓度。此外，高径比降低，在还原气流量与风口直径不变的条件下，还原气的渗透深度不变，在径向上所能影响的范围缩小，在竖炉中心，左右两侧的还原气的混合受到影响，也会使中心的还原气浓度降低。

图 5.42 为不同高径比条件下还原段内铁氧化物的还原过程。从图中可以看出，随着高径比的降低，铁氧化物的还原区域逐渐降低，铁氧化物向低价转变的位置逐渐下降，球团还原速率降低，进而影响了 DRI 的金属化率。

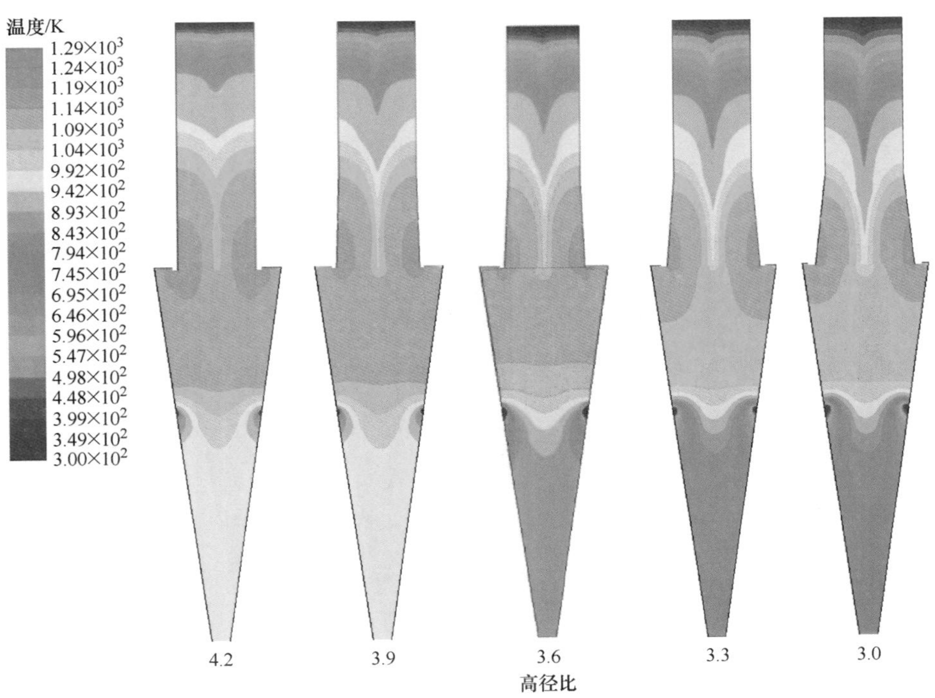


图 5.40 不同高径比条件下竖炉内固相温度分布

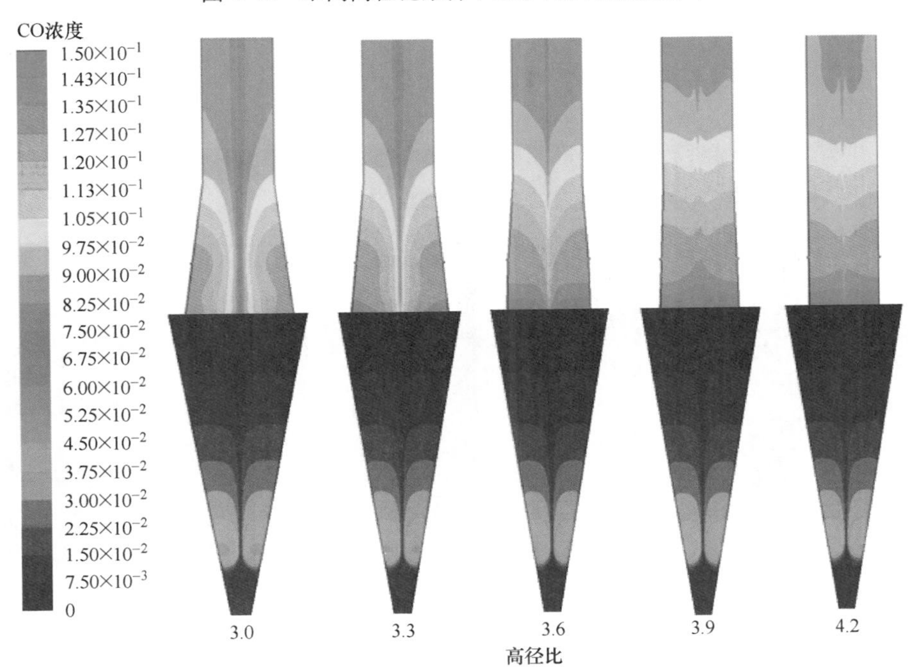


(a)

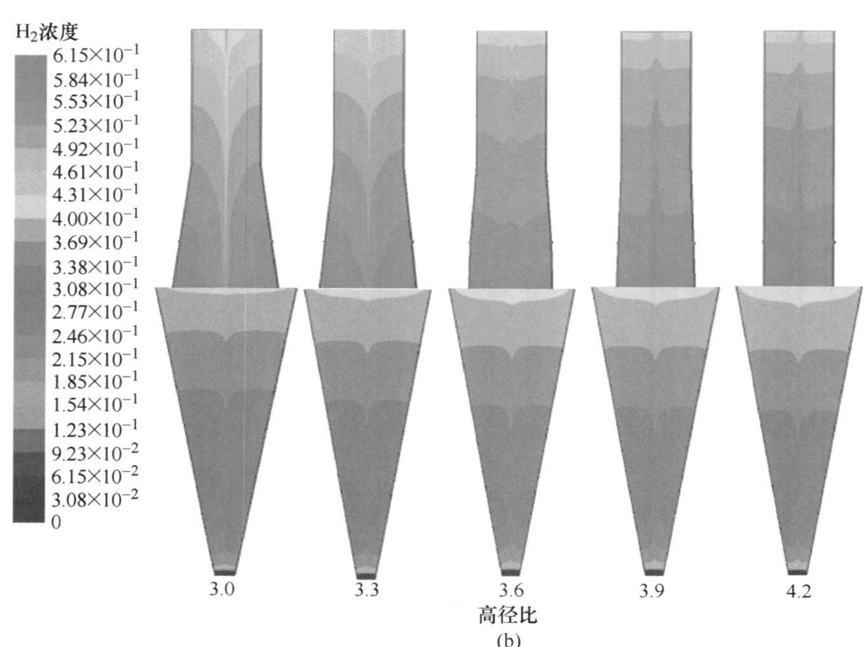


图 5.41　不同高径比条件下竖炉内还原气分布

(a) CO；(b) $H_2$

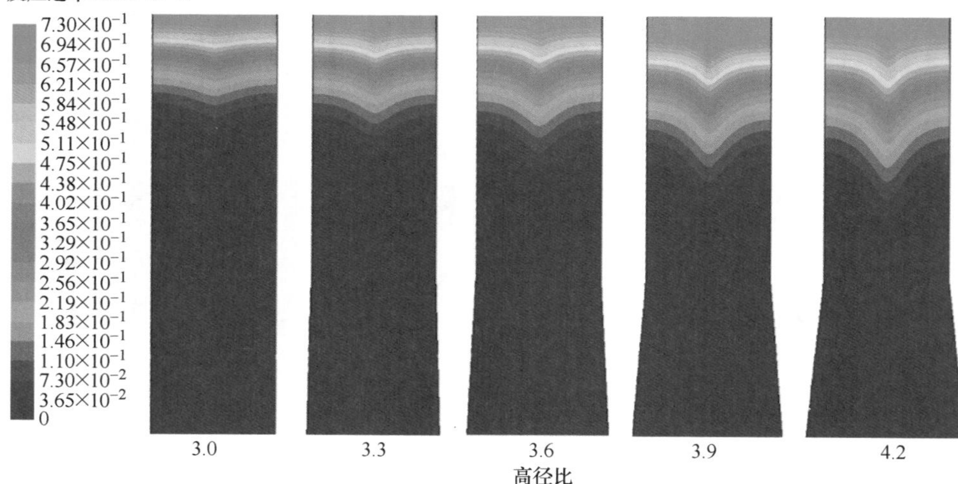

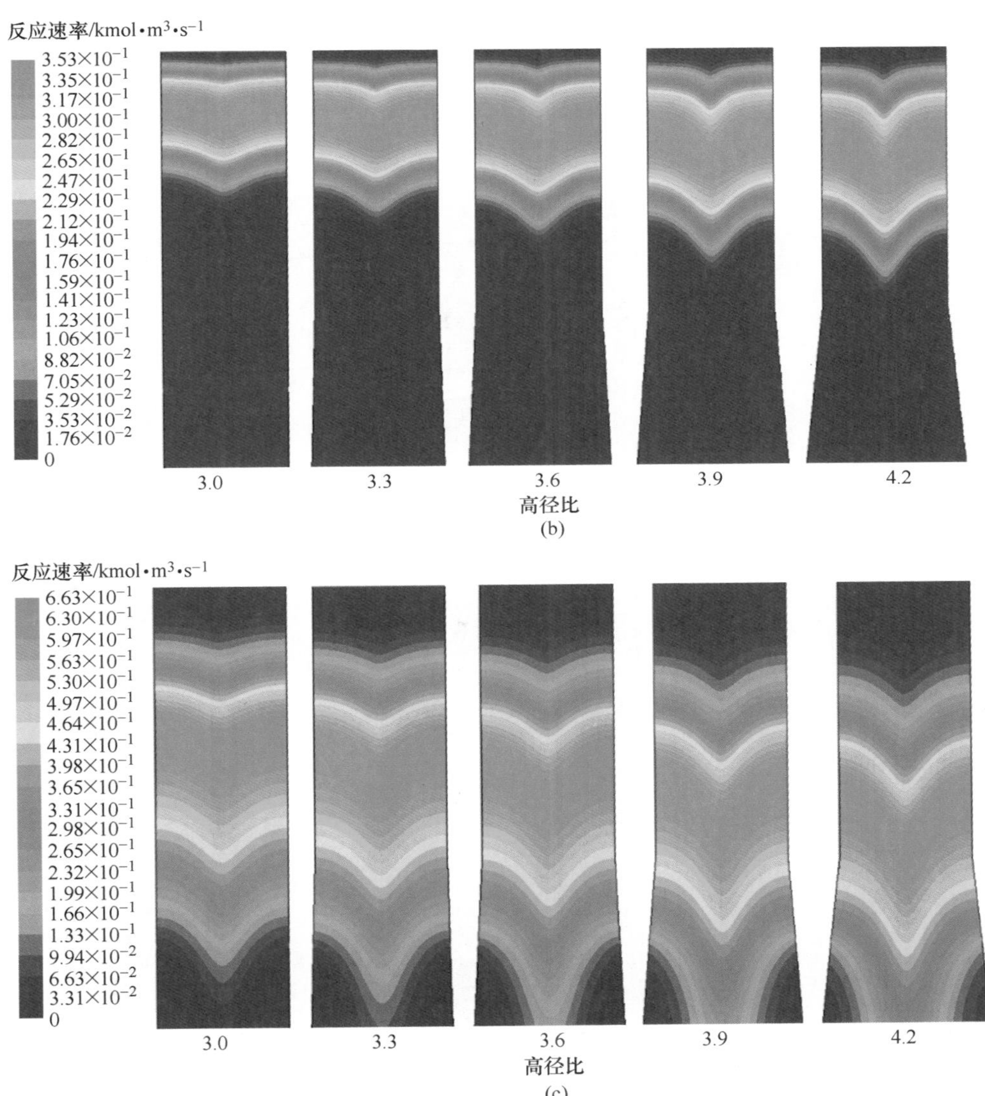


图 5.42　还原段内铁氧化物还原速率分布

(a) $Fe_2O_3$；(b) $Fe_3O_4$；(c) FeO

## 5.6.2　氢基竖炉炉型结构对氢基竖炉生产指标影响

图 5.43 为不同高径比条件下还原气的利用率。从图中可以看出，当高径比从 4.2 降低到 3.0 时，$H_2$ 的利用率从 31.83%上升至 35.64%，CO 的利用率从 38.87%上升至 42.12%。

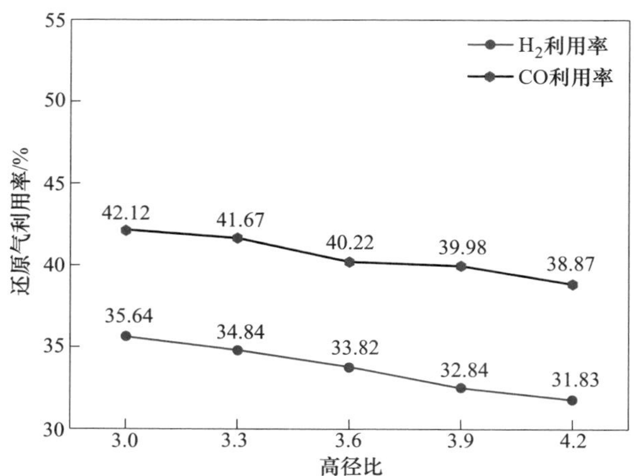


图 5.43　不同高径比条件下还原气的利用率

不同高径比条件下竖炉内球团金属化率分布如图 5.44 所示。随着高径比的降低，竖炉内的 DRI 的金属化率越来越低。在高径比 4.2 的情况下，出竖炉的 DRI 金属化率为 0.972，而高径比降低至 3.0 时，金属化率为 0.877。

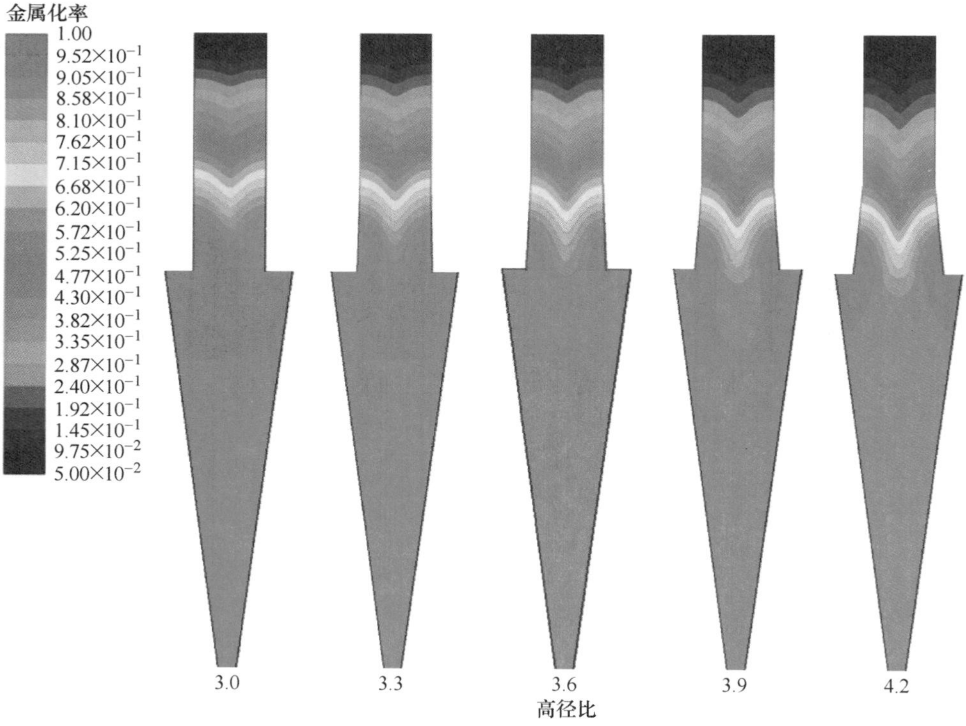

图 5.44　不同高径比条件下竖炉内球团金属化率分布

不同高径比下的 DRI 渗碳率如图 5.45 所示。从图中可以看出，随着高径比的降低，DRI 渗碳率逐渐下降，基准条件下渗碳率为 2.84%。当高径比由 3.6 上升至 4.2 时，渗碳率由 2.84%上升至 3.05%。这是由于进入冷却段的炉料温度提高，促进了 CO 与 $CH_4$ 的渗碳反应，生成了更多的 $Fe_3C$，增加了渗碳率。当高径比降低至 3.0 时，渗碳率降低至 2.59%。这主要是因为上部炉料停留时间缩短，与煤气热交换不足，导致下部炉料温度偏低，抑制了渗碳反应的进行，影响了收得 DRI 质量。

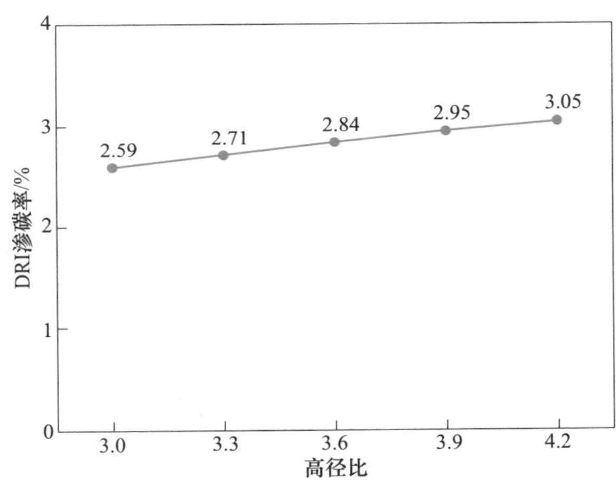


图 5.45　不同高径比条件下的 DRI 渗碳率

图 5.46 为不同高径比条件下竖炉㶲效率、热经济学成本与 $CO_2$ 排放量的变化情况。随着竖炉高径比的增加，竖炉的㶲效率与 $CO_2$ 排放量增加，热经济学成本降低。在高径比为 3.6~3.9 时，竖炉有较高的㶲效率（94.80%~95.49%），更低的热经济学成本（2986.79~2951.32 元/吨）和更少的 $CO_2$ 排放量（315.21~320.16 $m^3/t$，标态）。因此，竖炉适宜的高径比为 3.6~3.9。

### 5.6.3　氢基竖炉炉型结构优化总结

竖炉生产 DRI 渗碳率的合格范围为 2%~4%，适宜的高径比不宜过大。此外，考虑到竖炉喷吹 $CH_4$ 作为还原气的可能，还原段需要一定的空间完成 $CH_4$ 裂解膨胀；球团在下降过程中会出现的还原膨胀现象，需要在还原段下部预留一定的空间，因此，实际的高径比选择不宜过高，也不能过低，需要根据实际情况进行判断。

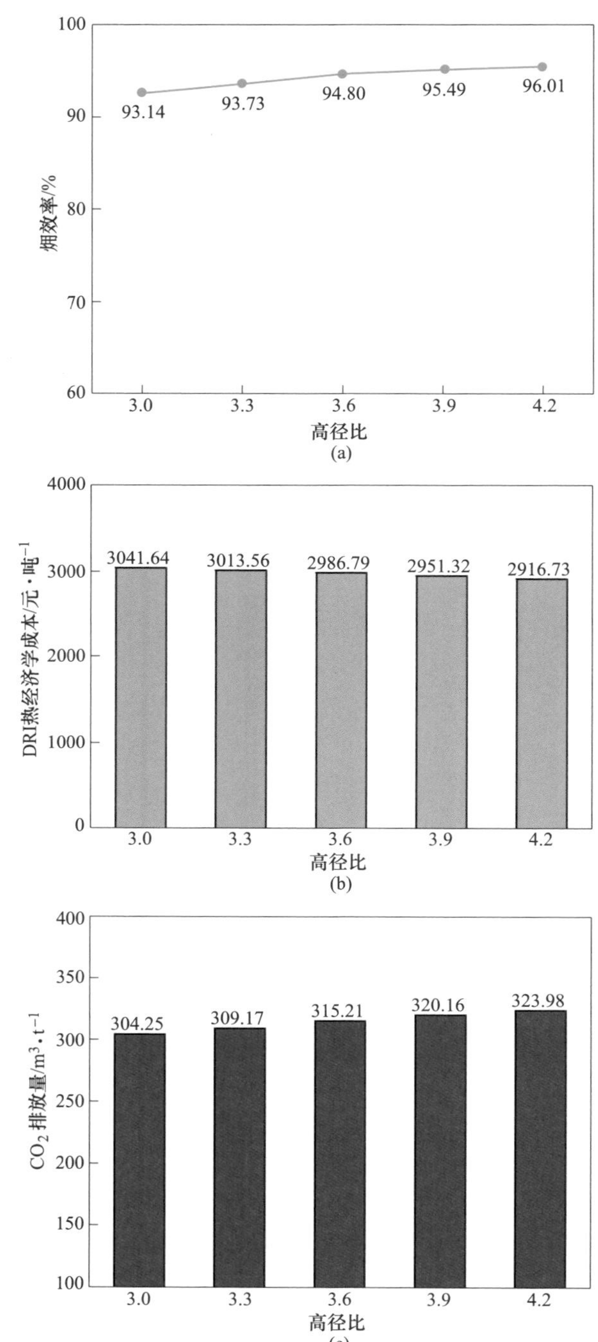


图 5.46　不同高径比条件下氢基竖炉的㶲效率、热经济学成本与 $CO_2$ 排放量

（a）竖炉㶲效率；（b）热经济学成本；（c）$CO_2$ 排放量

## 5.7 本章小结

针对 DRI 产品的金属化率（92%以上）、渗碳率（2.84%）、顶煤气温度（400~450 ℃）等指标的考察，初步得到适宜的竖炉操作条件如下：

（1）适宜的竖炉冶炼条件：还原气流量（标态）2000~2052 $m^3/t$，还原气喷吹温度 1273 K，$\varphi_{H_2}/\varphi_{CO}$在 5 左右，炉料下降速度在 0.001 m/s 左右；

（2）竖炉的结构优化：还原段高径比不宜过高，同时需要为球团膨胀以及还原气裂解预留一定空间；

（3）在还原气流量（标态）2000 $m^3/t$，冷却气流量（标态）1400 $m^3/t$，球团料速 0.001 m/s 的推荐条件下，DRI 的金属化率为 93%，渗碳率为 2.84%，㶲效率 94.8%，DRI 成本 2986.79 元/吨，$CO_2$ 排放量（标态）为 315.21 $m^3/t$。

优化后的竖炉冶炼工艺条件和生产指标如图 5.47 所示。

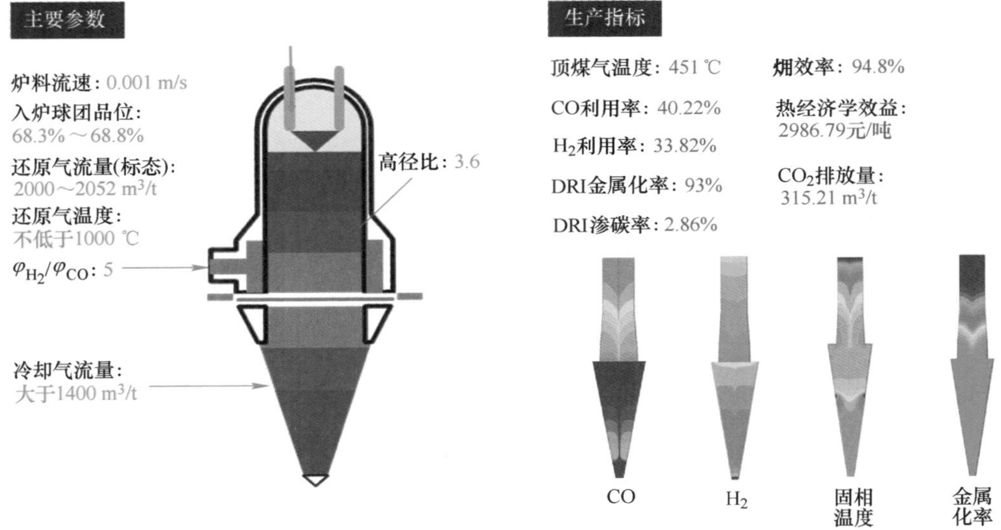


图 5.47　优化后的氢基竖炉冶炼工艺条件和生产指标

## 参 考 文 献

[1] 薛英岚，张静，刘宇，等．“双碳”目标下钢铁行业控煤降碳路线图［J］．环境科学，2022，43（10）：4392-4400.

[2] 代友训，余俊杰，王兆才，等．基于焦炉煤气平衡的长短流程冶金工艺布局的思考［J］．烧结球团，2022，47（3）：66-72.

[3] 邢奕，崔永康，田京雷，等．钢铁行业碳中和低碳技术路径探索［J］．工程科学学报，2022，44：801-811.

［4］朱德庆，薛钰霄，潘建，等．气基直接还原工艺研究进展和发展思考［J］．烧结球团，2022，47（1）：1-9.

［5］汪旭颖，李冰，吕晨，等．中国钢铁行业二氧化碳排放达峰路径研究［J］．环境科学研究，2022，35（2）：339-346.

［6］南铁玲．MIDREX 气基直接还原工艺的发展［J］．工业加热，2011，40（6）：13-16.

［7］蒋历俊，张涛，郑军，等．气基竖炉直接还原工艺发展现状及展望［J］．烧结球团，2024，49（3）：18-24.

［8］唐珏，储满生，李峰，等．我国氢冶金发展现状及未来趋势［J］．河北冶金，2022（8）：1-6.

［9］Sah R，Dutta S K. Direct reducediron：production［M］. New York：Taylor and Francis，2016：1082-1108.

［10］Yamaoka H，Kamei Y. Theoretical study on an oxygen blast furnace using mathematical simulation model［J］. ISIJ International，1992，32（6）：701-708.

［11］刘征建，卢绍峰，王耀祖，等．基于数值模拟的不同氢碳比气基直接还原竖炉操作策略［J］．钢铁，2023，58（10）：43-50.

［12］白晨晨，师学峰，王明阳，等．气基竖炉直接还原数值模拟分析［J］．钢铁，2024，59（1）：41-48.

［13］Tian X，Zhou H，Zhang Y C. Numerical simulation of the influence of operating parameters on the inner characteristics in a hydrogen-enriched shaft furnace［J］. International Journal of Hydrogen Energy，2024，55：1131-1142.

［14］Jiang X，Yu J X，Wang L. Distribution of reformed coke oven gas in a shaft furnace［J］. Journal of Iron and Steel Research International，2020，27：1382-1390.

［15］Xu K，Bai M. DEM simulation of particle descending velocity distribution in the reduction shaft furnace［J］. Metallurgical Research & Technology，2016，113（6）：603.

［16］Orth A，Anastasijevic N，Eichberger H. Low $CO_2$ emission technologies for iron and steelmaking as well as titania slag production［J］. Minerals Engineering，2007，20（9）：854-861.

［17］Xu C B，Cang D C. A brief overview of low $CO_2$ emission technologies for iron and steel making［J］. Journal of Iron and Steel Research International，2010，17（3）：1-7.

［18］Chu M S，Nogami H，Yagi J. Numerical analysis on injection of hydrogen bearing materials into blast furnace［J］. ISIJ International，2004，44（5）：801-808.

［19］Tang J，Chu M S，Li F. Development and progress on hydrogen metallurgy［J］. International Journal of Minerals Metallurgy and Materials，2020：27：713-723.

［20］Tang J，Chu M S，Li F，Mathematical simulation and life cycle assessment of blast furnace operation with hydrogen injection under constant pulverized coal injection［J］. Journal of Cleaner Production，2021，278：123191.

［21］Takahashi K，Nouchi T，Sato M. Perspective on progressive development of oxygen blast furnace for energy saving［J］. ISIJ International，2015，55（9）：1866-1875.

［22］Pan Z D，Liu X W，Li J W，Blast furnace ironmaking process with super high $TiO_2$ in the slag：High-temperature structure of the slag［J］. Metallurgical and Materials Transactions B，2020，

51: 2348-2357.

[23] Cheng G J, Liu J X, Xue X X. Non-isothermal reduction mechanism and kinetics of high chromium vanadium-titanium magnetite pellets [J]. Ironmaking & Steelmaking, 2015, 42 (1): 17-26.

[24] Sui Y L, Guo Y F, Jiang T. Separation and recovery of iron and titanium from oxidized vanadium titano-magnetite by gas-based reduction roasting and magnetic separation [J]. Journal of Materials Research and Technology, 2019, 8 (3): 3036-3043.

[25] Guo X F, Dai S J, Wang Q Q. Influence of different communication flowsheets on the seperation of vanadium titanomagnetite [J]. Minerals Engineering, 2020, 149: 106268.

[26] Dmitriev A, Alektorov R, Vitkina G, et al. Features of the reducibility of titanomagnetite iron ore materials [J]. Defect and Diffusion Forum, 2020, 400: 176-185.

[27] Ostrovski O, Zhang G, Kononov R, et al. Carbothermal solid state reduction of stable metal oxides [J]. Steel Research International, 2010, 81 (10): 841-846.

[28] Zhao W, Chu M S, Wang H T. Reduction behavior of vanadium-titanium magnetite carbon composite hot briquette in blast furnace process [J]. Powder Technology, 2019, 342: 214-223.

[29] Chen W B, Dong Z Q, Jiao Y. Preparation, sintering behavior and consolidation mechanism of vanadium-titanium magnetite pellets [J]. Crystals, 2021, 11 (2): 188.

[30] Gan M, Sun Y F, Fan X H. Preparing high-quality vanadium titano-magnetite pellets for large-scale blast furnaces as ironmaking burden [J] Ironmaking & Steelmaking, 2020, 47 (2): 130-137.

[31] Zhang X S, Zou Z S, Luo Z G. Numerical simulation on characteristics of COREX shaft furnace with central gas distribution [J]. Journal of Iron and Steel Research International, 2019, 26: 567-577.

[32] He Y N, Pistorius P C. Laboratory carburization of direct-reduced iron in $CH_4$-$H_2$-$N_2$ gas mixtures, and comparison with industrial samples [J]. Metallurgical and Materials Transactions B, 2016, 47: 1538-1541.

[33] Cheraghi A, Yoozbashizadeh H, Ringdalen E. Kinetics and mechanism of low-grade manganese ore reduction by natural gas [J]. Metallurgical and Materials Transactions B, 2019, 50: 1566-1567.

[34] Srishilan C, Shukla A K. Thermodynamic model of COREX melter gasifier using FactSage™ and Macro Facility [J]. Metallurgical and Materials Transactions B, 2019, 50: 312-323.

[35] Iwai Y, Ishiwata N, Murai R. Shaft furnace simulation by mathematical model considering coke gasification rate in high temperatur [J]. Journal of the Iron and Steel Institute of Japan, 2015, 101 (8): 416-421.

[36] Kawashiri Y, Nouchi T, Matsuno H. Effect of nitrogen-less reducing atmosphere on permeability of cohesive layer in blast furnace [J]. ISIJ International, 2020, 60 (7): 1395-1400.

[37] Liu Z J, Liu S F, Wang Y Z. Optimization of hydrogen-based shaft furnace raw material parameters based on numerical simulation and rist operation diagram [J]. Metallurgical and

Materials Transactions B, 2023, 54 (4): 2121-2136.

[38] Shao L, Xu J, Saxen H. A numerical study on process intensification of hydrogen reduction of iron oxide pellets in a shaft furnace [J]. Fuel, 2023, 384: 8-9.

[39] Jiang X, Yu J X, Wang L. A numerical study on process intensification of hydrogen reduction of iron oxide pellets in a shaft furnace [J]. Journal of Iron and Steel Research International, 2020, 27: 1389-1391.

[40] Li Z Y, Qi Z, Zhang L C. Numerical simulation of $H_2$-intensive shaft furnace direct reduction process [J]. Journal of Cleaner Production, 2023, 409: 137059.

# 6 氢基竖炉短流程工艺模型及多维度评价

氢基竖炉直接还原工艺诸多关键技术问题有待进一步深入研究和探讨，主要包括：（1）氢基竖炉-电弧炉短流程各工序间质量-能量转换机制。作为典型的用能系统，各工序有效能利用率关系着生产过程的资源能源消耗。解析全流程质—能—㶲高效动态运行规律、转换机制可为短流程高效、低耗生产提供指导。（2）氢基竖炉-电弧炉短流程生产经济性。单一的技术经济分析可一定程度上指导生产，但无法体现生产成本的分布及组成。针对用能系统产品生产过程中的成本构成以及关键参数的敏感性分析可以兼顾工艺的技术性以及经济性，从而为基于我国原燃料条件的氢基竖炉-电弧炉短流程的未来生产应用提供借鉴。（3）氢基竖炉-电弧炉短流程环境绿色性。相较传统高炉-转炉长流程，环境负荷低是氢基竖炉-电弧炉短流程最大的优势。然而，短流程环境影响的具体机理尚未明确，对短流程的环境绿色性的量化评估，可为针对不同碳减排目标合理制定工艺方案提供理论指导。

有效能利用分析不仅可用来揭示钢铁生产过程中损失到环境的能量和系统内部的不可逆性，还为相关研究人员提供了一种可对钢铁生产过程进行分析、设计、优化、评价和改进的方便实用的工具。然而，目前大部分研究均是针对钢铁生产某单一工序（如，球团制备[1]、高炉冶炼[2-3]）用能情况的评价与分析，还未有针对氢基竖炉-电弧炉新工艺全流程有效能利用评价的文献资料。本章采用基于热力学第二定律的有效能分析方法，对氢基竖炉-电弧炉短流程的单一工序以及全流程有效能利用情况进行定量分析，揭示有效能利用效率的薄弱环节，阐明造成不可逆损失的原因，并提出优化有效能利用效率的措施及途径。在此基础上，研究氢基竖炉还原气氢含量、电弧炉 DRI 配比对短流程物质流和能量流运行效率的影响。

热经济学可以实现技术和经济因素兼顾，可为工程系统的最优设计以及最优运行提供更合理的建议。目前，热经济学理论在钢铁行业的应用均集中于传统的高炉-转炉长流程[4-5]，针对氢基竖炉-电弧炉短流程新工艺的分析还未见报道。基于矩阵模式热经济学理论，构建氢基竖炉-电弧炉短流程热经济学评价模型，研究全流程系统内产品成本形成的分布规律，兼顾系统的能量利用和经济性，核算氢基竖炉-电弧炉工艺的生产成本。此外，考察外部资源（铁精矿、煤、废钢）价格以及关键工艺参数（还原气氢含量、电炉 DRI 配比）对热经济学成本的影响，为未来氢基竖炉-电弧炉短流程工艺的推广应用提供数据支撑。

生命周期评价方法因其在评价产品生命周期内的环境影响方面形成的完善的体系，逐渐成为绿色产品认证的主要方法，在国内外钢铁行业的应用甚为广泛，世界钢协也多次强调 LCA 在钢铁工业中的重要作用。目前，LCA 在钢铁行业的应用大部分是针对传统高炉-转炉长流程的环境负荷评估[6-7]，而针对直接还原短流程的分析，多聚焦于氢基竖炉[8]、电弧炉[9]等单个关键工序的分析和评价。因此，在碳中和的背景下，亟待开展涵盖氢基竖炉-电弧炉新工艺全流程（包含还原气制备、球团制备、竖炉还原、电弧炉炼钢全部工序）环境影响的评估，从而为针对不同碳减排目标的氢基竖炉-绿色电弧炉短流程工艺方案的决策提供理论依据和数据支撑。采用 GaBi 软件和 CML2001 方法，建立氢基竖炉-电弧炉短流程生命周期评价模型，量化评价短流程生产造成的环境影响，并揭示各工序以及不同环境影响类型的累积贡献，找出薄弱环节，从环境影响因子、资源能源消耗、污染物排放情况方面给出初步优化建议。

本章将开展氢基竖炉短流程的多维度量化评价，构建氢基竖炉-电弧炉短流程新工艺质能平衡模型，从有效能利用、生产经济性、环境绿色性等方面对比不同富氢竖炉短流程、全氢竖炉短流程、传统高炉-转炉长流程的优劣，强化全流程能量高效利用、改善资源能源消耗和污染物排放情况、扩大应用前景提供理论依据和技术参数，为针对不同碳减排目标的氢冶金短流程工艺决策提供数据支撑。

## 6.1 氢基竖炉短流程工艺模型构建

### 6.1.1 氢基竖炉短流程工艺概述

氢基竖炉直接还原工艺一般是指采用 $H_2$ 含量高于 55%的富氢还原气或纯氢气在气基竖炉反应器内还原冶金性能合格的铁矿石，生产 DRI 的工艺。氢基竖炉还原气制备工艺具有多样性，常见的有煤制气、焦炉煤气重整/零重整、天然气重整/零重整以及电解水制氢。制气工艺的合理选择对氢基竖炉-电弧炉短流程的实际生产效果具有重要影响。在进行氢基竖炉短流程多维度评价之前，需把握系统的物质流和能量流运行情况，因此，需首先明确系统的组成及功能。

#### 6.1.1.1 基于煤制气的氢基竖炉-电弧炉短流程

基于煤制气的氢基竖炉-电弧炉短流程（Hydrogen-based shaft furnace-electric arc furnace process based on coal gasification，CHSE process）可分 5 个子系统：煤制气及净化、煤气加热、球团、氢基竖炉、电弧炉。工艺流程如图 6.1 所示，具体工序描述如下：

（1）煤制气及净化工序。该工序为氢基竖炉输送成分合格的还原气，本书以 Ende 煤制气工艺为例进行说明。在煤气化系统中，粉碎的褐煤首先被送至气化炉，并在循环流化床中与 $O_2$ 和蒸汽（自产自用）反应生成粗煤气，粗煤气通过洗涤器进一步洗涤和冷却，最后，获得温度为 45 ℃的粗煤气，并输送至气体净化系统。气体净化系统由脱硫、脱苯萘、水煤气变换和脱碳装置组成，采用变压吸附法将煤气中的 $CO_2$ 全部吸附脱除，以提高还原气的还原势。至此，成分合格的净煤气制备完成，输送至加热工序进行提温操作。煤制气及净化工序粗煤气及净煤气典型化学成分如表 6.1 所示。

（2）加热工序。该工序的目的是将净煤气加热至目标温度，以满足后续气基竖炉还原生产的要求。因 CO 在 500~700 ℃范围内容易出现析碳现象，因此加热炉分为两个阶段：第一阶段为预热段，净煤气从常温升至 450 ℃左右；第二阶段为加热段，煤气被迅速加热至目标温度，中间过渡时温度迅速升高，减少煤气在析碳温度区间停留的时间。加热炉使用的燃料为天然气，同时鼓入预热的助燃空气参与燃烧。在加热段产生的 1200 ℃左右的高温烟气被引入预热段预热常温的净煤气，换热后烟气被排出。温度合格的还原气被输送至氢基竖炉用于 DRI 生产。

（3）球团制备工序。链箅机-回转窑-环冷机工艺是目前应用范围最广的氧化球团生产工艺。链箅机、回转窑、环冷机三个设备内分别完成生球的干燥预热、球团的氧化固结焙烧及成品氧化球团的冷却。链箅机缓慢运行的过程中，圆盘造球机制备的生球在环冷机和回转窑排出的高温烟气作用下被干燥、预热、脱除吸附水，并伴随一定程度的氧化，然后，被送入回转窑进行氧化焙烧，焙烧完成后，高温的氧化球团经筛分后输送至环冷机进行冷却，在冷却过程中也会进一步氧化，最终成品球团转运至料仓或经皮带输送机输送至下游工序使用。

（4）氢基竖炉工序。氢基竖炉工序完成 DRI 的生产，氢基竖炉在结构上可分为预热段、还原段、过渡段和冷却段。由球团制备工序制备的成分、粒度、冶金性能合格的氧化球团从氢基竖炉炉顶入炉后依靠重力下行，在预热段和还原段与上行的还原气接触从而被预热和还原，在固体状态下被还原至目标金属化率。进入冷却段后，在冷却气的作用下降温至 80 ℃左右排出炉外，其在竖炉内的运动行为由底部的排料机进行控制。金属化率和碳含量合格的 DRI 被转运至炼钢工序使用。此外，从炉顶排出的炉顶煤气一般有两种用途：净化处理后循环利用，或一部分净化处理后循环，另一部分作为加热炉的燃料使用。本书中的炉顶煤气经脱水除尘后，全部循环回收利用。

（5）氢基竖炉生产的 DRI 被输送至电弧炉工序，按照一定的比例与废钢共同加入电弧炉生产钢水。电弧炉炼钢一般分熔化期和氧化期两个阶段。熔化期主要完成钢铁料的熔化，FeO 被还原，部分元素被氧化。在氧化期，要进行扒除熔化渣、造新渣的操作，同时金属液中元素（Si、Mn、P、S 等）进一步氧化，并伴随炉顶和炉壁的炉衬的蚀损和电极的烧损。电弧炉炼钢时 DRI 配比不仅影响电弧炉工序的物质流和能量流平衡，还会对上游各工序产生影响。为消除废钢对系统物质和能量消耗以及利用情况的影响，DRI 配比对短流程物质消耗、能量利用甚至污染物的排放情况，下文将会详述。

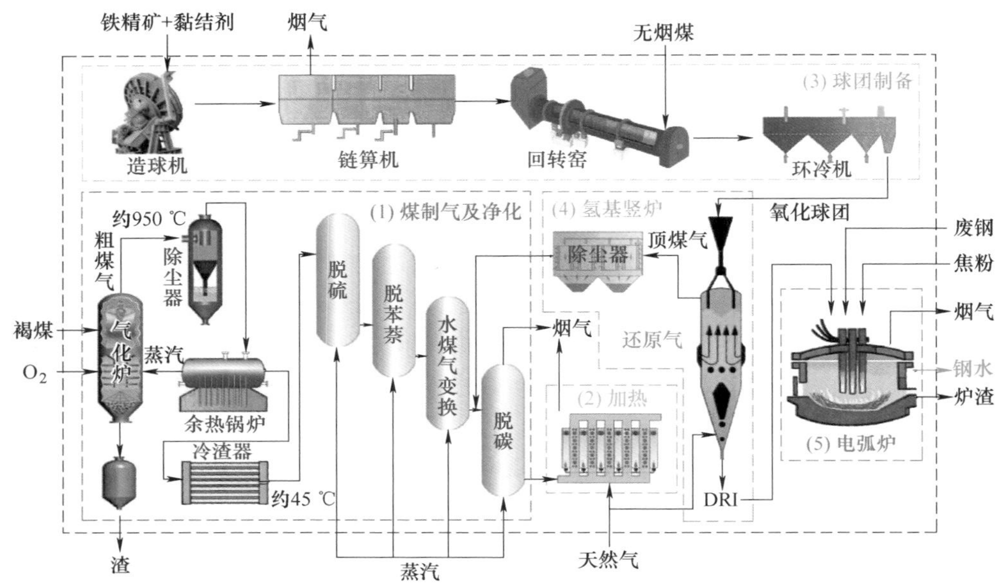


图 6.1　基于煤制气的氢基竖炉-电弧炉工艺流程

**表 6.1　煤制气及净化工序粗煤气及净煤气典型化学成分**

（体积分数,%）

| 成分 | CO | $H_2$ | $CO_2$ | $CH_4$ | $H_2S$ | $O_2$ | $N_2$ |
|---|---|---|---|---|---|---|---|
| 粗煤气 | 33.50 | 39.50 | 23.50 | 2.50 | 0.17 | 0.20 | 0.63 |
| 净煤气 | 38.00 | 57.00 | 2.50 | 2.00 | — | 0.20 | 0.30 |

### 6.1.1.2　基于焦炉煤气重整的氢基竖炉-电炉弧短流程

基于焦炉煤气（Coke Oven Gas, COG）的氢基竖炉-电弧炉短流程（Hydrogen-based shaft furnace-electric arc furnace process based on COG, COG-HSE process）共分为五个子系统：焦化及 COG 净化、COG 重整加热、球团、氢基竖炉、电弧炉，工艺流程如图 6.2 所示。

焦化工序产生的 COG 依次进入脱油塔、脱苯萘塔、脱硫塔进行净化后进入加热炉系统，其中一部分作为燃料，另一部分作为还原气的补充与循环的氢基竖炉炉顶煤气联供补碳，在加热炉内进行 $CH_4$ 与 $CO_2$ 的催化重整。加热炉的燃料来源除部分新补充的 COG 外，还有部分来自炉顶煤气，在加热炉内完成重整加热后，成分合格的还原气输送至氢基竖炉。后续氢基竖炉和电弧炉工序的工艺流程与前文所述的基于煤制气的氢基竖炉-电弧炉短流程一致，此处不再赘述。

基于 COG 的氢基竖炉工艺系统内各煤气的成分如表 6.2 所示。

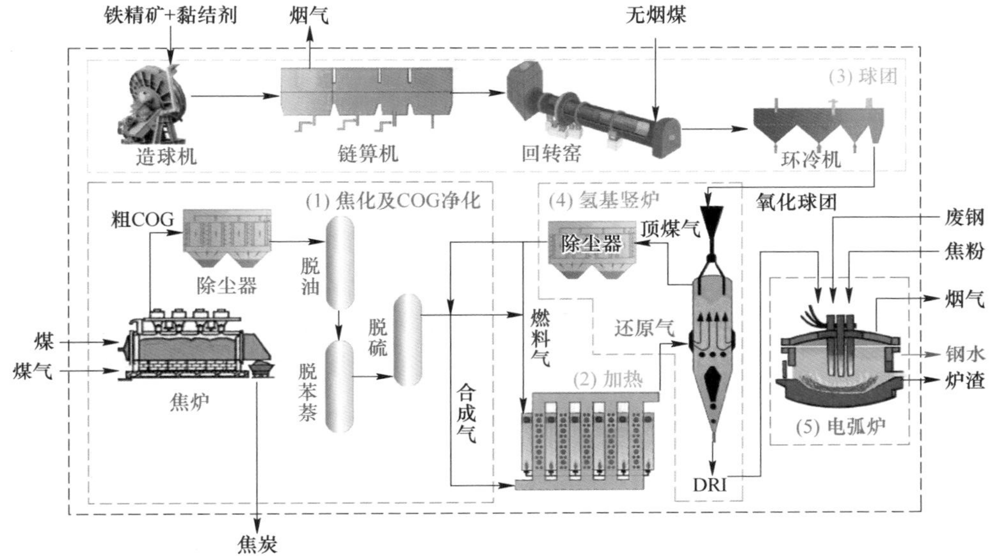


图 6.2 基于焦炉煤气重整的氢基竖炉-电弧炉工艺流程

**表 6.2 基于 COG 的氢基竖炉工艺系统内各煤气成分**

（体积分数，%）

| 组分 | $H_2$ | CO | $CO_2$ | $N_2$ | $CH_4$ | $C_nH_m$ | $O_2$ |
|---|---|---|---|---|---|---|---|
| 净化后焦炉煤气 | 59.30 | 8.18 | 2.30 | 4.09 | 20.45 | 2.25 | 0.71 |
| 组分 | $H_2$ | CO | $CO_2$ | $CH_4$ | $N_2$ | $H_2O$ | $S_t$ |
| 还原气 | 53.74 | 33.59 | 2.35 | 3.29 | 0.94 | 6.1 | $<10^{-5}$ |
| 组分 | $H_2$ | CO | $CO_2$ | $CH_4$ | $N_2$ | $H_2O$ | $S_t$ |
| 炉顶煤气 | 45.87 | 25.6 | 18.05 | 2.75 | 2.32 | 5.41 | $\leqslant 4\times10^{-5}$ |

#### 6.1.1.3 基于天然气重整的氢基竖炉-电弧炉短流程

基于天然气（Natural Gas，NG）的氢基竖炉-电弧炉短流程（Hydrogen-based shaft furnace-electric arc furnace process based on NG，COG-HSE process）共分为 4 个子系统：NG 重整加热、球团、氢基竖炉、电炉，工艺流程如图 6.3 所示。由图可知，与 COG 重整类似，NG 的 $CO_2$ 重整过程为：外界输入的天然气分为两部分，一部分作为重整加热炉燃料，另一部分与循环的炉顶煤气按照化学当量混合进入重整加热炉进行 $CH_4$ 与 $CO_2$ 重整反应制备还原气，同时还原气被加热至氢基竖炉工艺要求的温度，最终输送至氢基竖炉。而氢基竖炉输出的炉顶煤气经脱水除尘后，一部分被循环利用制备还原气，剩余部分则作为加热炉燃料提供热量。

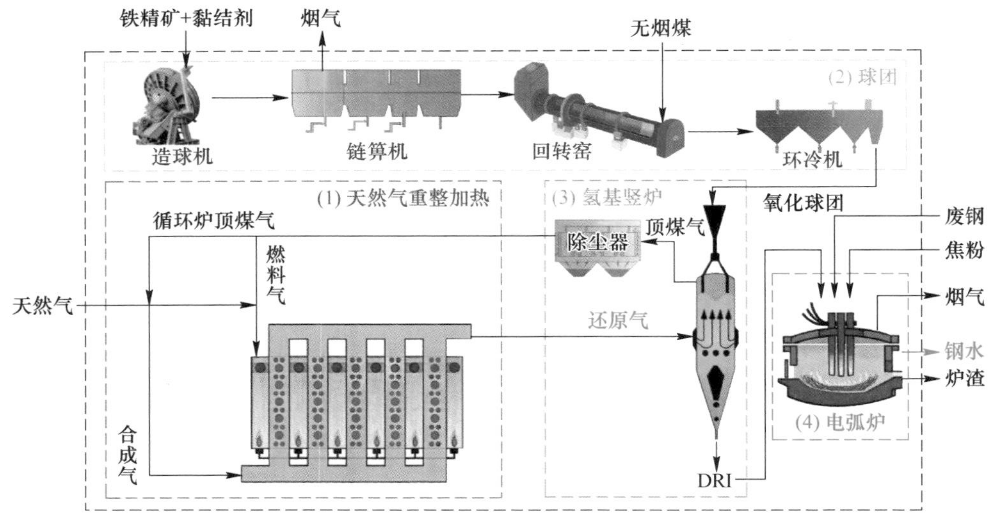


图 6.3 基于 NG 重整的氢基竖炉-电弧炉工艺流程

#### 6.1.1.4 基于电解水制氢的全氢竖炉-电弧炉短流程

基于电解水制氢的全氢竖炉-电弧炉短流程（Hydrogen-based shaft furnace-electric arc furnace process based on water electrolysis，EHSE）包含 5 个子系统，分别为电解水制氢、电加热炉、球团、氢基竖炉、电弧炉，具体工艺流程如图 6.4 所示。首先，基于可再生能源电力进行电解水制备氢气，同时产生的 $O_2$ 作为副产品被输送至界外，新产生的 $H_2$ 与脱水除尘后的炉顶煤气（主要成分）混合进入电加热炉进行加热。电加热炉同样使用可再生能源电力，$H_2$ 被加热至目标温度后，输送至全氢竖炉生产 DRI。

### 6.1.2 氢基竖炉还原气利用率及理论需求量计算

氢基竖炉炉内的还原温度一般高于 570 ℃，因此，铁氧化物的还原历程为 $Fe_2O_3 \to Fe_3O_4 \to FeO \to Fe$。由于 $Fe_2O_3$ 到 $Fe_3O_4$ 的转变对还原势要求较低，通常不做考虑。当炉内还原气主要由 $H_2$ 和 CO 构成时，除 $Fe_2O_3$ 的还原外，还存在式（6.1）和式（6.2）所示的反应。由于这两个反应是可逆反应，$H_2$ 和 CO 的量必须过剩才可维持反应正向进行。

$$Fe_3O_4 + H_2(CO) \xlongequal{} 3FeO + H_2O(CO_2) \tag{6.1}$$

$$FeO + H_2(CO) \xlongequal{} Fe + H_2O(CO_2) \tag{6.2}$$

通过式（6.1）和式（6.2）生成 1 mol 金属铁。$Fe_3O_4 \to FeO$ 阶段和 $FeO \to Fe$

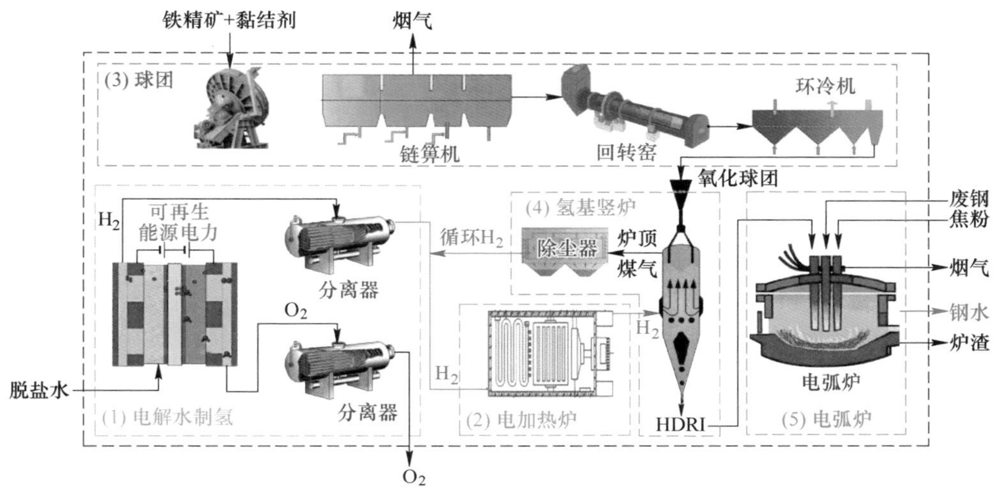


图 6.4 基于电解水制氢的全氢竖炉-电弧炉工艺流程

所需的还原气量应为

$$n_2 = \frac{4}{3}\frac{K_2 + 1}{K_2} \tag{6.3}$$

$$n_3 = \frac{K_3 + 1}{K_3} \tag{6.4}$$

式中，$K_2$ 和 $K_3$ 分别为式（6.1）和式（6.2）的平衡常数[10]。陈茂熙等人对铁氧化物还原的第二和第三阶段还原气量与温度的关系进行了研究[11]。结果表明，在氢基竖炉的还原温度下，$n_3>n_2$。因此，FeO→Fe 的反应阶段是决定氢基竖炉还原气量的关键，炉内还原气的利用率也由该阶段的反应平衡决定，即 $H_2$ 和 CO 在第三阶段的利用率 $\eta_{H_2}$ 和 $\eta_{CO}$ 分别由反应 $FeO+H_2 = Fe+H_2O$ 和 $FeO+CO = Fe + CO_2$ 平衡决定，则

$$\eta_{H_2}^3 = \frac{\varphi_{H_2} K_{H_2}^3}{1 + K_{H_2}^3} \tag{6.5}$$

$$\eta_{CO}^3 = \frac{\varphi_{CO} K_{CO}^3}{1 + K_{CO}^3} \tag{6.6}$$

式中，$\varphi_{H_2}$ 和 $\varphi_{CO}$ 分别为入炉还原气中 $H_2$ 和 CO 的体积分数,%；$K_{H_2}^3$ 和 $K_{CO}^3$ 分别为 $H_2$ 和 CO 还原 FeO 反应的平衡常数，该平衡常数为温度的函数。

最终，第三阶段还原气的综合利用率可表示为

$$\eta_3 = \frac{\varphi_{H_2}}{\varphi_{H_2} + \varphi_{CO}}\eta_{H_2}^3 + \frac{\varphi_{CO}}{\varphi_{H_2} + \varphi_{CO}}\eta_{CO}^3 \tag{6.7}$$

由式（6.2）可知，生产 1 t DRI 消耗的 $H_2$ 和 CO 的量应为

$$V_{H_2+CO}=\frac{1\times 22.4\,w(\mathrm{MFe})_{DRI}}{56}\times 1000=400\times w(\mathrm{MFe})_{DRI} \tag{6.8}$$

式中，$w(\mathrm{MFe})_{DRI}$为 DRI 的金属化率,%。

在氢基竖炉实际生产中，铁氧化物的还原为主要反应，同时存在部分副反应会涉及 $H_2$ 和 CO 的消耗与生成。如水煤气反应（式（6.9））、渗碳反应（式（6.10）和式（6.11））、甲烷转换反应（式（6.12）和式（6.13））等，如下所示。

$$CO+H_2O=\!=\!=CO_2+H_2 \tag{6.9}$$

$$3Fe+2CO=\!=\!=Fe_3C+CO_2 \tag{6.10}$$

$$3Fe+CH_4=\!=\!=Fe_3C+2H_2 \tag{6.11}$$

$$CH_4+CO_2=\!=\!=2H_2+2CO \tag{6.12}$$

$$CH_4+H_2O=\!=\!=3H_2+CO \tag{6.13}$$

由于水煤气反应中，CO 和 $H_2$ 按照等摩尔置换，仅影响各自的利用率，对于还原气消耗量并不产生影响。CO 发生渗碳反应的消耗量为 $V_{CO渗碳}$，甲烷转换反应生成的 $H_2$ 和 CO 的量为 $V_{CH_4转换}$，那么为完成铁氧化物第三阶段的反应以及以上副反应所需的理论还原气量为

$$V_{理论}=\frac{V_{H_2+CO}+V_{CO渗碳}+V_{CH_4转换}}{\eta_3}\frac{1}{\varphi_{H_2}+\varphi_{CO}} \tag{6.14}$$

式（6.14）为满足竖炉物质平衡的还原气需求量。然而，这一算法的前提是在发生以上反应的同时，炉内还原段可保持计算时选取的温度。但是，$H_2$ 还原铁氧化物是吸热反应，而 CO 还原铁氧化物时释放热量，且竖炉本体不存在其他热量来源，热平衡完全由还原气的物理显热以及化学反应热来维持。在 $H_2$ 和 CO 共同存在的条件下，理论上满足还原反应热平衡的还原气用量 $V_{理论}$可表示为

$$V'_{理论}=\frac{\dfrac{1}{w(\mathrm{TFe})}\left(\Delta H_{H_2}\dfrac{\varphi_{H_2}}{\varphi_{H_2}+\varphi_{CO}}+\Delta H_{CO}\dfrac{\varphi_{CO}}{\varphi_{H_2}+\varphi_{CO}}\right)+C_{DRI}t_{DRI}\times 1000}{C_g t_g \eta-C_g t'_g} \tag{6.15}$$

式中，$\Delta H_{H_2}$和 $\Delta H_{CO}$分别为 $H_2$ 和 CO 将 $Fe_2O_3$ 还原至 Fe 的焓，kJ/kg；$w(\mathrm{TFe})$为氧化球团的铁品位,%；$t_{DRI}$、$t_g$ 和 $t'_g$ 分别为竖炉出口处 DRI 温度、入炉还原气温度和炉顶煤气温度,℃；$C_{DRI}$为 DRI 的比热容，kJ/(kg·℃)；$C_g$ 为还原气比热容，kJ/(m$^3$·℃)。

最终，还原气用量应选择 $V_{理论}$和 $V'_{理论}$中较大的值，在此情况下，才能既满足物质平衡，又满足热平衡。在确定了所有初始条件，如球团化学成分、还原气温度和组成以及 DRI 物性参数后，即可计算得到一定条件下的氢基竖炉还原气最低理论需求量。以上理论计算并未考虑实际中炉体的散热以及还原段存在的温度梯

度，因此一般取理论需求量的 1.2~1.4 倍作为入炉还原气量更为合理，也更贴近实际生产数据。

图 6.5 给出了 100% $H_2$ 下不同温度以及 900 ℃下不同还原气成分时，氢基竖炉还原气理论需求量。由图中可知，900 ℃条件下，还原气成分为 $\varphi_{H_2}/\varphi_{CO}=1.5$、$\varphi_{H_2}/\varphi_{CO}=2.5$ 和 100% $H_2$ 时，还原气理论需求量分别为 1427.89 $m^3/t$、1601.65 $m^3/t$ 和 2201.50 $m^3/t$。

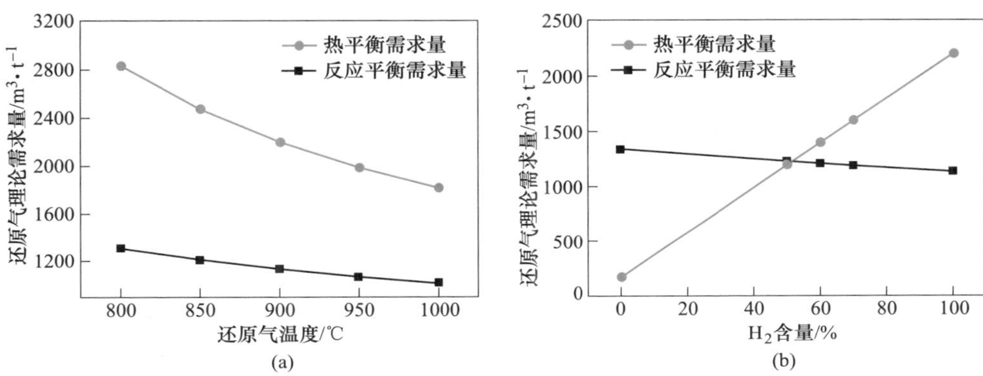


图 6.5 100% $H_2$ 下不同温度（a）及 900 ℃下不同还原气成分（b）时还原气需求量

### 6.1.3 基于不同氢源的氢基竖炉短流程工艺质-能平衡

以 $\varphi_{H_2}/\varphi_{CO}=1.5$、100% DRI 工艺条件为基准，选取的参考状态为 25 ℃及 101.325 kPa，仍以基于煤制气的氢基竖炉-电弧炉短流程进行平衡模型构建的过程，并给出基于不同氢源的氢基竖炉短流程的质-能平衡结果。

#### 6.1.3.1 基于煤制气的氢基竖炉-电弧炉短流程质-能平衡

##### A 煤制气及净化工序质-能平衡

通过平衡计算，本节给出了煤制气及净化工序的物质流和能量流平衡结果，如表 6.3 所示。可见，在考虑氢基竖炉炉顶煤气脱水除尘后完全循环利用的情况下，制备 1000 $m^3$ 成分为 $\varphi_{H_2}/\varphi_{CO}=1.5$ 的净煤气，褐煤、$O_2$、脱盐水和低压蒸汽的消耗量分别为 694.24 kg、323.90 kg、302.25 kg 和 106.95 kg。循环炉顶煤气的化学热为 7274.71 MJ，在充分利用此部分能量的条件下，输出的净煤气能量为 11187.92 MJ，最终，煤制气及净化工序的能量利用效率为 67.95%。在实际中，恩德煤制粗煤气的初始 $\varphi_{H_2}/\varphi_{CO}$为 1.2~1.3，而氢基竖炉一般要求还原气 $\varphi_{H_2}/\varphi_{CO}>1.5$。为调整煤气成分，需在脱碳工序损失部分 CO，从而提高 $\varphi_{H_2}/\varphi_{CO}$，但也因此造成了粗煤气中有效气的损失，导致原料褐煤消耗量增大，能量利用效率下降。

**表 6.3　煤制气及净化工序的物质流和能量流平衡**

| 输入 | | | 输出 | | |
|---|---|---|---|---|---|
| 物料 | 质量 /kg·(1000 m$^3$)$^{-1}$ | 能量 /MJ·(1000 m$^3$)$^{-1}$ | 物料 | 质量 /kg·(1000 m$^3$)$^{-1}$ | 能量 /MJ·(1000 m$^3$)$^{-1}$ |
| 褐煤 | 694.24 | 9078.56 | 净煤气 | 600.58 | 11187.92 |
| $O_2$ | 323.90 | — | 渣 | 91.14 | — |
| 脱盐水 | 302.25 | — | 飞灰 | 97.18 | — |
| 低压蒸汽 | 106.95 | 112.50 | 硫黄 | 2.55 | — |
| 纯碱 | 1.09 | — | 粗苯 | 0.79 | — |
| 催化剂 | 0.036 | — | 废气 | 1103.95 | 19.79 |
| 炉顶煤气 | 666.17 | 7274.71 | 废水 | 192.03 | — |
| 合计 | 2094.60 | 16465.77 | 合计 | 2088.22 | 11207.71 |

B　煤气加热工序质-能平衡

本书中加热炉的热效率参考国外直接还原厂经验值设定为 85%[13]，在此基础上，计算其物质和能量平衡。表 6.4 为将 1000 m$^3$ 成分为 $\varphi_{H_2}/\varphi_{CO}=1.5$ 的净煤气由常温加热至 900 ℃时，加热炉的物质流和能量流平衡。当净煤气被加热至 900 ℃后，其所含的物理显热为 1772.48 MJ，按照热效率为 85%计算，则需要消耗的天然气量应为 58.12 m$^3$（41.51 kg）。需要注意的是，助燃空气一般会与废气进行换热，因此可回收部分废气的余热，并提高空气温度，达到节省燃料的目的。

**表 6.4　煤气加热工序物质流和能量流平衡**

| 输入 | | | 输出 | | |
|---|---|---|---|---|---|
| 物料 | 质量 /kg·(1000 m$^3$)$^{-1}$ | 能量 /MJ·(1000 m$^3$)$^{-1}$ | 物料 | 质量 /kg·(1000 m$^3$)$^{-1}$ | 能量 /MJ·(1000 m$^3$)$^{-1}$ |
| 净煤气 | 600.58 | 11187.92 | 还原气 | 600.58 | 12960.40 |
| 天然气 | 42.49 | 2085.27 | 废气 | 857.89 | 56.36 |
| 助燃气 | 815.40 | 9.25 | | | |
| 合计 | 1458.47 | 13282.44 | 合计 | 1458.47 | 13016.76 |

C　球团工序质-能平衡

氧化球团制备工序的质-能平衡以表 6.5 所示的高品位铁精矿为原料进行说明，外配 1%膨润土制备的氧化球团成分见表 6.6。对链箅机-回转窑-环冷系统进行物料衡算，物料收入项包括铁精矿、无烟煤、膨润土、回转窑的助燃空气以及链箅机和环冷机鼓入的空气；物料支出项包括氧化球团、干返料、烟气、粉尘及其他，以制备 1 t 氧化球团为例，其物质流和能量流平衡结果见表 6.7。由表可知，制备品位 67.89% 的氢基竖炉用氧化球团，高品位铁精矿的单耗为 1084.68 kg/t，以无烟煤为唯一能量来源时，无烟煤消耗量为 29.67 kg/t，能耗为 741.76 MJ/t（折合标煤 25.31 kg/t）。

**表 6.5 高品位铁精矿的化学组成** （质量分数,%）

| 组分 | TFe | FeO | $Al_2O_3$ | $SiO_2$ | MgO | CaO | S | P |
|---|---|---|---|---|---|---|---|---|
| 含量 | 70.10 | 29.10 | 0.29 | 1.39 | 0.36 | 0.10 | 0.025 | 0.004 |

**表 6.6 高品位氧化球团的主要化学成分** （质量分数,%）

| 组分 | TFe | FeO | MgO | CaO | $SiO_2$ | $Al_2O_3$ | S | P |
|---|---|---|---|---|---|---|---|---|
| 含量 | 67.89 | 0.38 | 0.31 | 0.10 | 1.19 | 0.21 | 0.020 | <0.005 |

**表 6.7 球团制备工序物质流和能量流平衡**

| 输入 | | | | 输出 | | | |
|---|---|---|---|---|---|---|---|
| 物料 | 质量 /kg · $t^{-1}$ | 能量 /MJ · $t^{-1}$ | | 物料 | 质量 /kg · $t^{-1}$ | 能量 /MJ · $t^{-1}$ | |
| 铁精矿 | 1084.68 | 氧化放热 | 607.41 | 氧化球团 | 1000.00 | 氧化球团 | 21.46 |
| 无烟煤 | 29.67 | 无烟煤 | 741.76 | 干返料 | 16.24 | 干返料 | 1.72 |
| 膨润土 | 16.27 | 箅板带入 | 38.49 | 烟气 | 2518.08 | 烟气 | 39.63 |
| 助燃空气 | 21.54 | — | — | 粉尘 | 10.24 | 箅板带走 | 138.90 |
| 空气 | 2455.70 | — | — | 其他 | 53.02 | 水分蒸发及其他损失 | 511.87 |
| 合计 | 3607.86 | 合计 | 1387.66 | 合计 | 3597.58 | 合计 | 713.53 |

D 氢基竖炉工序质-能平衡

由氢基竖炉还原气理论需求量计算公式可知，在球团化学成分、还原气温度、还原气成分以及 DRI 物性参数明确后，即可获得还原气理论需求量，进而根据炉内发生的化学反应，计算得到 DRI 成分、炉顶煤气成分、炉顶煤气流量等关键参数，最终，获得完整的氢基竖炉工序物质流和能量流平衡结果。基准工艺参数设置如下：(1) 还原气温度 900 ℃；(2) 炉顶煤气温度 400 ℃，且经脱水除尘后全部循环回收利用；(3) DRI 金属化率为 92%，碳含量为 2.50%，出口温度为 80 ℃。

由于 DRI 是由氧化球团在不熔化、不造渣的情况下还原获得，因此，氧化球团中的脉石成分质量在还原过程中不发生变化，全部进入 DRI 中。还原过程的失氧量即为氧化球团与 DRI 之间的质量差，在假定炉尘量为氧化球团的 1%的情况下（成分与入炉氧化球团一致），DRI 与氧化球团之间的关系可表示为

$$m_{\text{DRI}} = (m_{\text{球团}} - m_{\text{炉尘}})\left[w(\text{TFe})_{\text{球团}}M + w(\text{TFe})_{\text{球团}}\frac{72\times(1-M)}{56} + (1 - w(\text{Fe}_2\text{O}_3)_{\text{球团}} - w(\text{FeO})_{\text{球团}})\right] + m_{\text{C}} \tag{6.16}$$

在给定了金属化率 $M$、氧化球团化学成分的条件下，可得到

$$m_{\text{球团}} = 1371.05\ m_{\text{DRI}} \tag{6.17}$$

可见，生产 1 t 金属化率为 92%的 DRI，品位为 67.89%的氧化球团的单耗为 1.37 t。

此外，DRI 的质量可由式（6.18）表示：

$$m_{\text{DRI}} = m_{\text{MFe}} + m_{\text{FeO}} + m_{\text{脉石}} + m_{\text{C}} \tag{6.18}$$

式中，$m_{\text{MFe}}$、$m_{\text{FeO}}$、$m_{\text{脉石}}$、$m_{\text{C}}$ 分别为 DRI 中金属铁、FeO、脉石成分和渗碳的质量。

脉石成分质量可由氧化球团求得，渗碳量给定为 1.5%，而 DRI 中金属铁和残留的 FeO 含量可根据铁元素的平衡，并结合金属化率求得，最终可获得 DRI 的化学成分，见表 6.8。

**表 6.8 DRI 化学成分** （质量分数,%）

| 组分 | $Fe_3C$ | Fe | FeO | $SiO_2$ | $Al_2O_3$ | MgO | CaO | S | P |
|---|---|---|---|---|---|---|---|---|---|
| 含量 | 37.50 | 49.40 | 9.44 | 2.06 | 1.01 | 0.40 | 0.16 | 0.02 | 0.02 |

采用国产 70.10%的高品位铁精矿生产的氧化球团，经氢基竖炉还原后，DRI 产品成分达到了我国炼钢用 DRI 的一级标准。每吨 DRI 的氧化球团单耗为 1.37 t，而球团工序高品位铁精矿的单耗为 1084.68 kg，折算至 DRI，铁精矿的单耗应为 1486.01 kg。

在氢基竖炉内除了发生铁氧化物的还原反应、渗碳反应和水煤气反应外，还存在少量的甲烷的催化裂化反应。

以生产 1 t DRI 为例，$H_2$ 和 CO 还原铁氧化物的消耗量分别为

$$V_{\text{H}_2(\text{还原})} = \frac{x_{\text{H}_2}\eta_{\text{H}_2}}{\eta}\times\left[\frac{1.5w(\text{MFe})_{\text{DRI}}\times10^3}{56} + \frac{0.5w(\text{FeO})_{\text{DRI}}\times10^3}{72} - \frac{0.5\times0.99w(\text{FeO})_{\text{球团}}m_{\text{球团}}}{72}\right]\times22.4 \tag{6.19}$$

$$V_{\text{CO}(\text{还原})} = \frac{x_{\text{CO}}\eta_{\text{CO}}}{\eta}\times\left[\frac{1.5w(\text{MFe})_{\text{DRI}}\times10^3}{56} + \frac{0.5w(\text{FeO})_{\text{DRI}}\times10^3}{72} - \frac{0.5\times0.99w(\text{FeO})_{\text{球团}}m_{\text{球团}}}{72}\right]\times22.4 \tag{6.20}$$

式中，$\eta$ 为 900 ℃时由式（6.7）得到还原气的综合利用率。输入已知条件，即可得到 $H_2$ 和 CO 还原铁氧化物的消耗量分别为 349.71 $m^3$ 和 170.22 $m^3$。相应还原反应生成的 $H_2O$ 和 $CO_2$ 量分别为 349.71 $m^3$ 和 170.22 $m^3$。

假设单位时间内水煤气反应发生的量为 $\Delta x_{转换}$，则由水煤气反应 $CO+H_2O=H_2+CO_2$ 可知，反应的气相平衡为

$$\frac{(x_{H_2}-\Delta x_{转换})(x_{CO_2}-\Delta x_{转换})}{(x_{H_2O}+\Delta x_{转换})(x_{CO}+\Delta x_{转换})}=K_{转换} \tag{6.21}$$

由反应平衡常数可计算得到 $\Delta x_{转换}=15.93\ m^3$，即反应生成的 $H_2$ 和 $CO_2$ 以及消耗的 CO 和 $H_2O$ 的量均为 15.93 $m^3$。

在竖炉内，CO 发生渗碳反应的程度很低，基本可忽略不计。当在竖炉下部采用天然气冷却 DRI 时，则会发生大量的渗碳反应（$3Fe+CH_4=Fe_3C+2H_2$），生成部分 $H_2$。由渗碳量为 2.5%可得，渗碳反应生成的 $H_2$ 量 $V_{H_2(渗碳)}$ 为

$$V_{H_2(渗碳)}=\frac{2.5\%\times1000\times22.4}{12}=46.67\ m^3 \tag{6.22}$$

综合以上反应，根据 C、H 元素平衡，可获得炉顶煤气的具体成分，见表 6.9。

**表 6.9 炉顶煤气各组分的含量**

| 组分 | CO | $H_2$ | $CO_2$ | $CH_4$ | $N_2$ | $H_2O$ | 总量 |
|---|---|---|---|---|---|---|---|
| 体积/$m^3$ | 357.87 | 496.60 | 186.38 | 24.07 | 6.69 | 364.31 | 1435.92 |
| 含量/% | 24.92 | 34.58 | 12.98 | 1.68 | 0.47 | 25.37 | 100.00 |

综合以上结果，氢基竖炉系统的煤气平衡如图 6.6 所示。可知，采用 900 ℃、$\varphi_{H_2}/\varphi_{CO}=1.5$ 的还原气还原品位为 67.89%的氧化球团，生产 1 t 金属化率 92%的 DRI，入炉还原气量为 1427.89 $m^3$ 可满足炉内化学平衡以及热平衡。在炉内还原铁氧化物、渗碳、水煤气转换等反应共消耗还原气 588.00 $m^3$，炉顶煤气脱水除尘后总量为 939.32 $m^3$（此时，$\varphi_{H_2}/\varphi_{CO}=1.39$），需补充新鲜的粗煤气 1281.00 $m^3$。

表 6.10 给出了氢基竖炉工序物质流和能量流平衡结果，其中能量的收入项包括还原气和天然气的化学能，以及还原气携带的物理显热，这些能量除完成上述的主副化学反应外，还需维持主要反应的温度，即炉内的热平衡。能量的支出项包括 DRI 的物理显热、炉顶煤气的物理显热及化学能。最终，炉内消耗的能量为 7818.34 MJ/t（即图 6.6 中的 588 $m^3$ 还原气），能量利用效率为 61.77%。

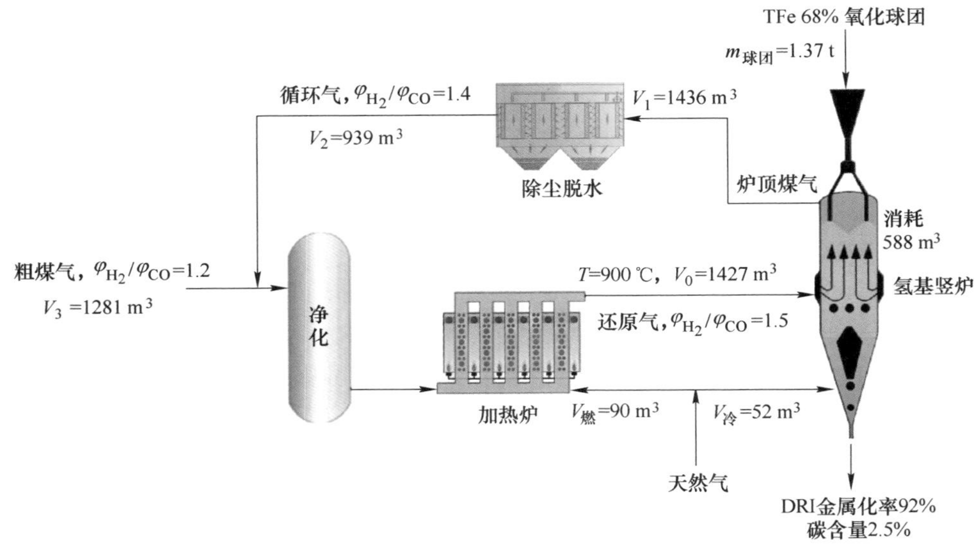


图 6.6　基于煤制气的氢基竖炉系统煤气平衡

**表 6.10　氢基竖炉工序物质流和能量流平衡**

| 输　入 | | | 输　出 | | |
|---|---|---|---|---|---|
| 物料 | 质量/kg · t$^{-1}$ | 能量/MJ · t$^{-1}$ | 物料 | 质量/kg · t$^{-1}$ | 能量/MJ · t$^{-1}$ |
| 氧化球团 | 1359. 98 | 0 | DRI | 1000 | 35. 36 |
| 还原气 | 796. 37 | 18494. 49 | 炉顶煤气 | 1176. 09 | 12541. 91 |
| 天然气 | 37. 14 | 1865. 76 | 粉尘 | 13. 60 | 0 |
| 合计 | 2193. 49 | 20360. 25 | 合计 | 2189. 69 | 12577. 27 |

E　电弧炉工序质-能平衡

电弧炉冶炼的目标钢种设定为 GCr15，典型的钢水成分见表 6. 11，采用 100% DRI 冶炼。在进行物质流和能量流平衡计算之前，需合理设定部分冶炼条件，如下所示：

(1) 电弧炉冶炼过程一般分为熔化期、氧化期和还原期，不同冶炼阶段钢铁料中元素的烧损率见表 6. 12。

(2) 冶炼过程中配碳量按照比钢种规格中限高 0. 70% 取值，熔化期脱碳 30%。此外，冶炼过程中还会消耗电极 4 kg/t，碳素被氧化生成的碳氧化物中 75% 为 CO，25% 为 $CO_2$。

（3）铁元素被氧化生成的铁氧化物中 80%为 $Fe_2O_3$ 进入炉尘、20%进入渣中（按 3∶1 分配为 FeO 和 $Fe_2O_3$）。

（4）熔化期结束后，为了有利去 P，要进行换渣，通常除去 70%左右的熔化渣，而进入氧化期只留下 30%的渣。

（5）电弧炉出钢温度为 1600 ℃、炉气温度为 1200 ℃。

**表 6.11　GCr15 钢成分**　（质量分数,%）

| 组分 | C | Si | Mn | P | S | Cr |
|---|---|---|---|---|---|---|
| 含量 | 0.95~1.05 | 0.15~0.35 | 0.25~0.45 | ≤0.025 | ≤0.025 | 1.4~1.65 |

**表 6.12　钢铁料中元素烧损率**　（%）

| 时期 | C | Si | Mn | P | S |
|---|---|---|---|---|---|
| 熔化期 | 30 | 85 | 65 | 45 | 0 |
| 氧化期 | — | 15 | 20 | — | 30 |

电弧炉冶炼可以按照熔化期和氧化期两个阶段进行物料衡算。

（1）熔化期。熔化期输入的物料主要包括金属料、焦粉、$O_2$ 以及空气，输出的物料包括金属液、渣以及炉气。

1）金属料为 DRI，根据铁元素的平衡计算获得。

2）熔化期结束时金属熔池碳含量由两部分构成：金属料所含的碳以及焦粉带入的碳。金属熔池以及 DRI 的碳含量上文已提及，由碳元素平衡可获得配碳量，进而求得焦粉的量。

3）由表 6.9 所示的熔化期主要元素的烧损率可获得所需的氧量，其中 50%由 $O_2$ 提供，其余来自空气，可分别获得 $O_2$ 和空气量。

4）熔化期结束时的金属液包括金属料中的铁、碳以及烧损后的元素。

5）熔化期结束时的炉渣主要由金属料的脉石成分、蚀损的炉衬、焦粉和电极的灰分以及加入的熔剂。

6）炉气主要包括碳素氧化生成的 CO 和 $CO_2$、空气中的 $N_2$、游离氧气发生的反应及焦粉的挥发。

（2）氧化期。熔化期结束时进行扒渣，氧化期重新造渣，因此氧化期输入的物料包括熔化期结束时的金属液、30%的渣、造渣剂以及炉衬、电极的烧损，最终输出成分合格的钢水以及炉渣和废气。同前所述，需要计算氧化期的渣量及终渣成分、元素氧化量、供氧量、金属液量和成分以及炉气的量及成分。

基于上节给定的冶炼条件，参照电弧炉物料平衡和热平衡计算方法，以氢基竖炉生产的 100% DRI 冶炼 1 t GCr15，其物质流和能量流平衡结果见表 6.13。可见，由于采用 100% DRI 进行冶炼，需要消耗电能 1912.36 MJ/t 以及 383.03 MJ/t 的焦粉，输入的总能量为2306.21 MJ/t（折合标煤78.69 kg/t）。输出的能量为钢水、炉渣、炉气和烟尘的物理热，共1654.50 MJ/t，电弧炉工序的能量利用效率为71.74%。

表 6.13　电弧炉工序物质流和能量流平衡

| 输入 | | | 输出 | | |
|---|---|---|---|---|---|
| 物料 | 质量/kg·t$^{-1}$ | 能量/MJ·t$^{-1}$ | 物料 | 质量/kg·t$^{-1}$ | 能量/MJ·t$^{-1}$ |
| DRI | 1097.98 | 10.82 | 钢水 | 1000 | 1391.32 |
| 焦粉 | 18.32 | 383.03 | 炉渣 | 70.68 | 135.44 |
| 电 | — | 1912.36 | 炉气 | 74.12 | 99.02 |
| 氧气 | 22.06 | 0 | 烟尘 | 24.39 | 28.72 |
| 熔剂 | 15.48 | 0 | — | — | — |
| 其他 | 16.05 | 0 | — | — | — |
| 合计 | 1169.89 | 2306.21 | 合计 | 1169.19 | 1654.50 |

综合以上5个子系统物质流和能量流平衡的分析结果，采用e！Sankey软件绘制了100% DRI条件下基于煤制气的氢基竖炉-电弧炉短流程能量流桑基图，如图6.7所示。

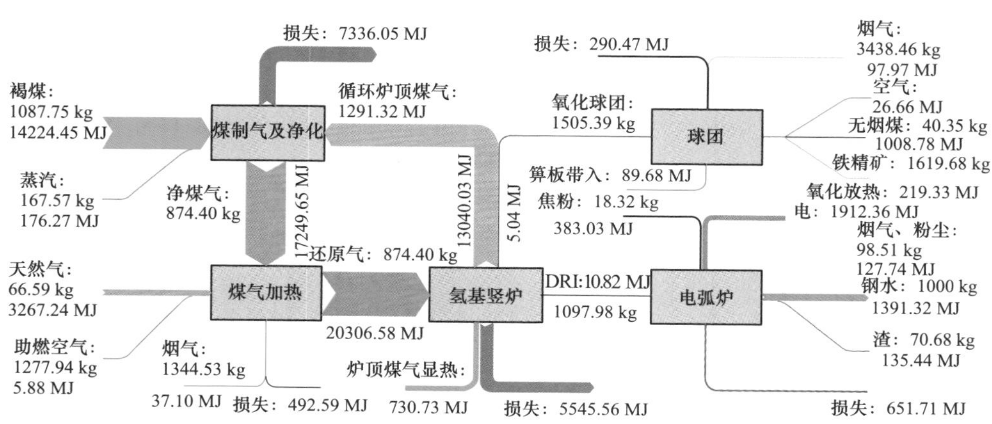


图6.7　100% DRI条件下基于煤制气的氢基竖炉-电弧炉短流程能量流桑基图

由图6.7可知，以褐煤为原料采用流化床煤制气法制粗煤气并净化加热，制备$\varphi_{H_2}/\varphi_{CO}=1.5$、900 ℃的还原气还原品位67.89%的氧化球团生产DRI，并最终采用100% DRI冶炼1 t GCr15钢水，消耗的资源和能源主要包括：

（1）含铁料：品位70.10%的铁精矿1619.68 kg。

（2）一次能源：褐煤 1087.75 kg、无烟煤 40.35 kg、天然气 66.59 kg（93.23 $m^3$）。

（3）二次能源：低压蒸汽 167.57 kg、电 531.21 kW·h、焦粉 18.32 kg。

在此工艺参数下，基于煤制气的氢基竖炉-电弧炉短流程系统输入的总能量为 21285.38 MJ（折合标煤 726.29 kg），而煤制气及净化、煤气加热、球团、氢基竖炉和电炉五个子系统的能量损失分别为 7336.05 MJ、492.59 MJ、290.47 MJ、5545.56 MJ、651.71 MJ。

结合前述的氢基竖炉还原气理论需求量计算方法，同理可得到基于 COG、NG 以及电解水制氢的氢基竖炉-电弧炉短流程系统煤气平衡以及质-能平衡。

6.1.3.2　基于 COG 重整的氢基竖炉-电弧炉短流程系统质-能平衡

图 6.7 为基于 COG 的氢基竖炉系统煤气平衡。由图 6.8 可知，在焦炉煤气为气源条件下，每吨 DRI 入炉还原气量为 1840 $m^3$，在炉内还原反应以及副反应共消耗还原气 624 $m^3$，炉顶煤气经脱水除尘后，497 $m^3$ 作为燃料直接输送至重整加热炉工序，949 $m^3$ 的成分为 $\varphi_{H_2}/\varphi_{CO}=1.3$ 的炉顶煤气与 432 $m^3$ 新补充的 COG 混合进行重整，此外，还需补充 168 $m^3$ 的 COG 作为加热炉燃料。综合可知，基于焦炉煤气的氢基竖炉工艺系统 COG 的需求量为 590 $m^3$/t。图 6.9 为基于 COG 重整的氢基竖炉-电弧炉短流程质-能平衡结果。

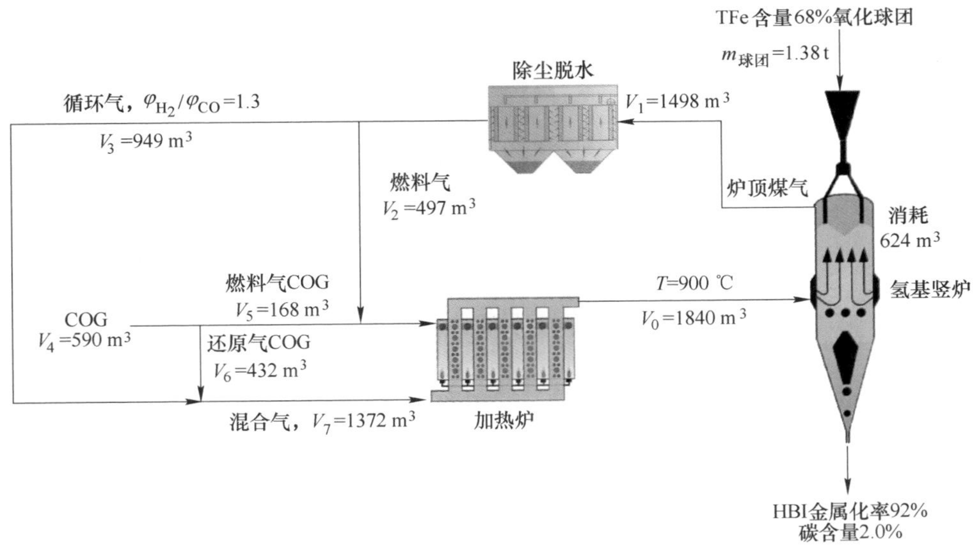


图 6.8　基于焦炉煤气的氢基竖炉系统煤气平衡

6.1.3.3　基于 NG 重整的氢基竖炉-电弧炉短流程系统质-能平衡

图 6.10 为基于天然气重整的氢基竖炉系统煤气平衡。由图 6.10 可知，以天

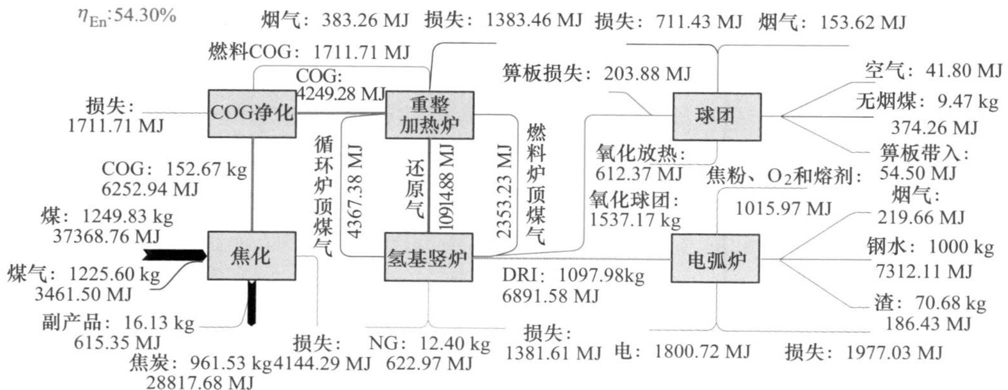


图 6.9 基于焦炉煤气的氢基竖炉-电弧炉短流程质-能平衡

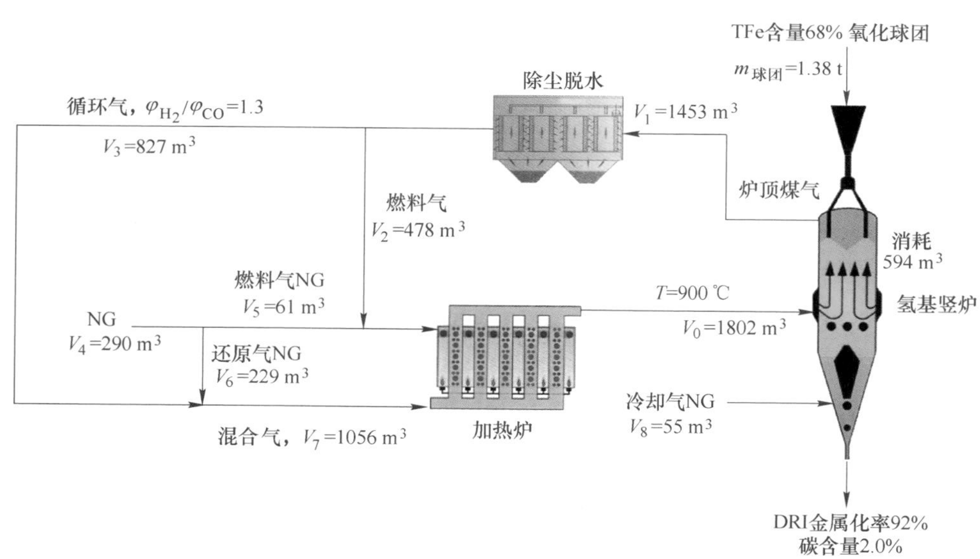


图 6.10 基于天然气重整的氢基竖炉系统煤气平衡

然气为气源，在 900 ℃、$\varphi_{H_2}/\varphi_{CO}$ = 1.6 条件下，氢基竖炉每吨 DRI 的还原气需求量为 1802 m$^3$，在炉内消耗 594 m$^3$，炉顶煤气脱水除尘后，827 m$^3$ 的成分为 $\varphi_{H_2}/\varphi_{CO}$ = 1.3 的炉顶煤气循环利用，与 229 m$^3$ 的 NG 混合进行催化重整，剩余的 478 m$^3$ 作为燃料直接输送至重整加热炉工序。为保证重整加热炉的能量需求，还需额外补充 61 m$^3$ 的 NG 作为燃料，基于天然气的氢基竖炉工艺系统 NG 的需求量为 290 $m^3$。图 6.11 为基于 NG 重整的氢基竖炉-电弧炉短流程质-能平衡。

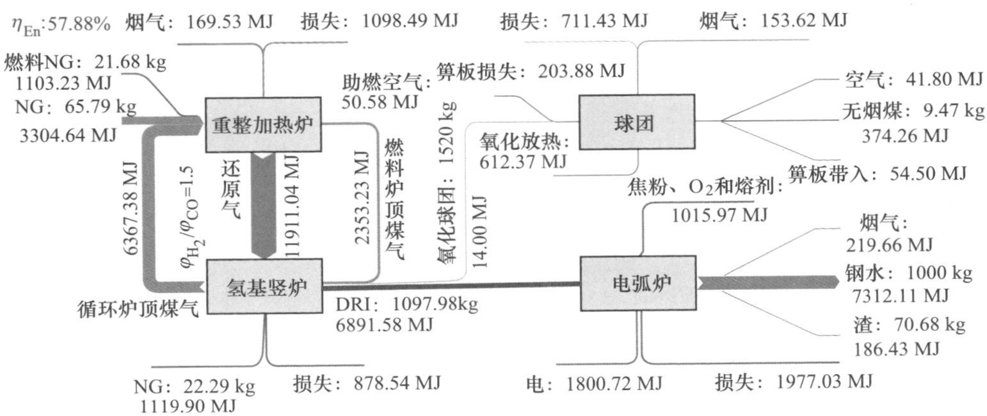


图 6.11 基于天然气重整的氢基竖炉-电弧炉短流程质-能平衡

#### 6.1.3.4 基于电解水制氢的氢基竖炉-电弧炉短流程系统质-能平衡

采用电解水制氢时，900 ℃、100% $H_2$ 条件下，氢基竖炉还原气理论需求量为 2201.50 $m^3$，结合前文所述构建的氢基竖炉质能平衡模型，可获得基于电解水的全氢竖炉系统煤气平衡，如图 6.12 所示。可见，全氢竖炉吨 DRI 消耗量为 588 $m^3$，在炉顶煤气脱水除尘并完全循环的情况下，电解水制氢工序需制备 588 $m^3$ 的氢气，补充进入全氢竖炉系统。图 6.13 为基于电解水制氢的全氢竖炉-电弧炉短流程质-能平衡。

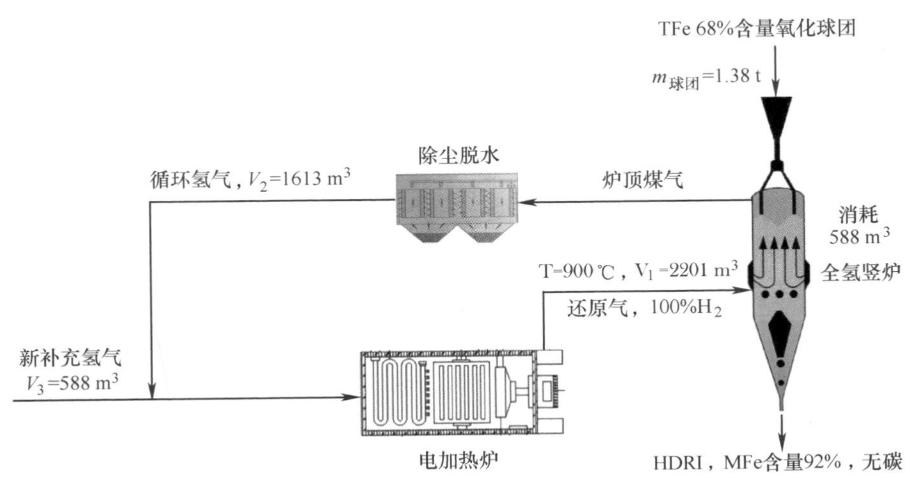


图 6.12 基于电解水制氢的全氢竖炉系统煤气平衡

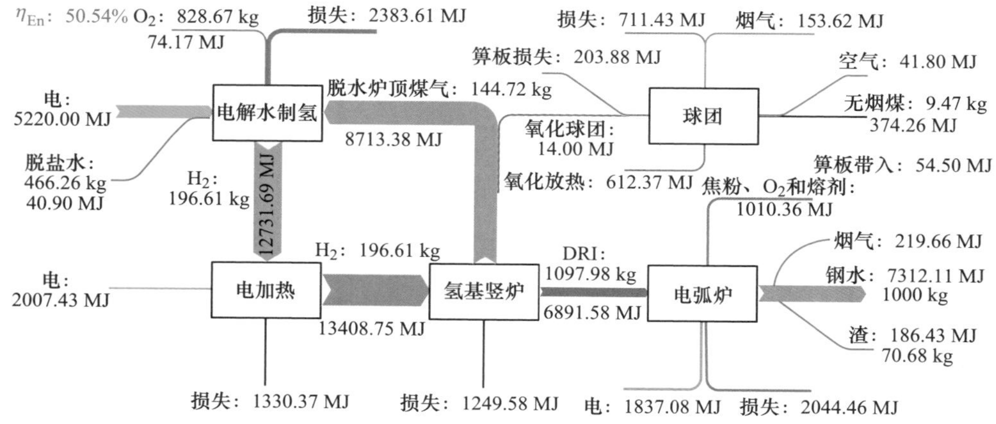


图 6.13 基于电解水制氢的全氢竖炉-电弧炉短流程质-能平衡

### 6.1.4 氢基竖炉短流程工艺模型软件开发

基于前文所述构建的氢基竖炉-电弧炉短流程质-能平衡，开发氢基竖炉短流程工艺模型软件。该软件可在用户给定原料条件及工艺参数（如铁精矿成分、氢基竖炉气源条件）后，计算获得相关的产品物性参数。在用户输入铁精矿、膨润土成分和质量后，可计算获得氧化球团成分、质量，以及氧化焙烧过程的详细的物料平衡和热平衡以及碳排放量；在用户输入 COG 流量、COG 温度、入炉还原气温度后，可计算获得在此条件下，外界需补充的 NG、$H_2$ 或两者混合气体的流量，从而达到现场如何进行气源配置的目的。此外，还可通过计算获得吨铁的铁精矿单耗、能源消耗量、二氧化碳排放量，从而为现场工艺优化提供参考。

6.1.4.1 软件功能

软件登录界面如图 6.14 所示。软件共分主界面、氧化焙烧系统、加热炉系统、氢基竖炉系统、电弧炉熔分系统、能源消耗及碳排放六大模块，如图 6.15～图 6.20 所示，详细功能如下：

（1）主界面显示各氧化焙烧、加热炉、氢基竖炉三个工序关键的计算结果，如氧化焙烧系统的铁精矿、氧化球团质量，加热炉系统消耗的燃料量，氢基竖炉系统还原气成分流量、炉顶煤气成分流量，以及生产过程中各工序碳排放和能源消耗。主界面具有计算数据导入、计算运行和计算结果导出的功能。

（2）氧化焙烧系统显示在主界面输入的铁精矿和膨润土的成分、质量信息，以及计算输出的氧化球团成分质量、物料平衡和热平衡信息。

（3）加热炉系统显示在主界面输入的燃料焦炉煤气和合成气的成分、温度、流量信息，以及计算输出的合成气温度以及物料平衡和热平衡信息。

（4）氢基竖炉系统显示在主界面输入的氢气、天然气、入炉底部气的成分、温度和流量，以及计算获得的入炉还原气成分温度流量、DRI 成分质量、炉顶煤气成分流量信息。

（5）电弧炉系统显示在主界面输入的电、焦粉、熔剂，以及计算获得的钢水、炉渣质量等信息。

（6）能源消耗及碳排放显示各工序碳排放量以及关键的能源消耗。

图 6.14　软件登录界面

#### 6.1.4.2　软件使用

用户启动软件后，进入主界面。主界面及子界面均无法进行数据输入。需要进行计算时，用户通过点击“导入”按钮在输入表中进行数据导入，如图 6.21 所示，输入完成后系统提示“数据导入完成”，如图 6.22 所示。输入完成后，点击“计算”，计算成功后系统提示“模型计算完成”，如图 6.23 所示，此时，主界面及各子界面均会显示输入的参数以及输出的计算结果。此后，用户可通过“导出”功能保存此次计算的结果备查，如图 6.24 所示，导出会默认路径和文件名（命名方式是后缀加了当前系统时间），可以根据习惯随意修改保存路径和文件名，导出成功后系统会提示“数据导出成功”，如图 6.25 所示。

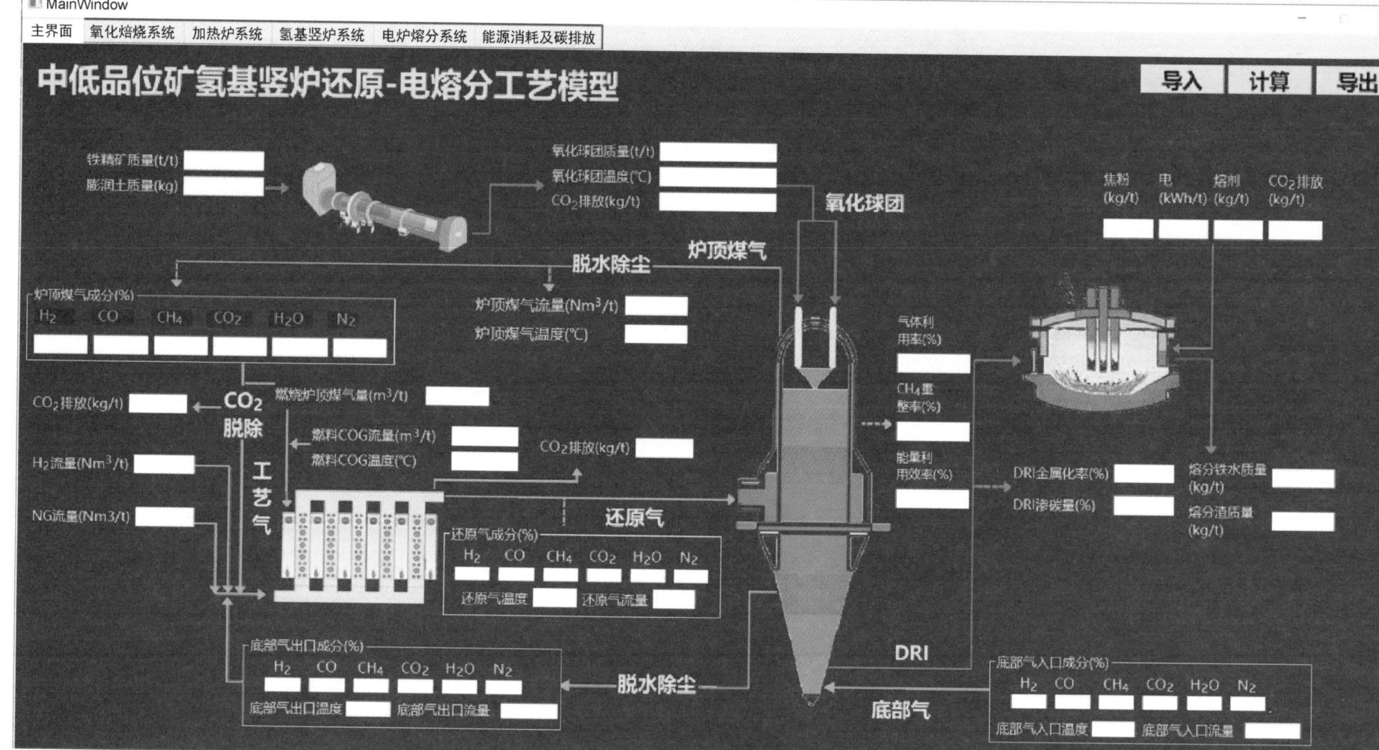

MainWindow
主界面
氧化焙烧系统
加热炉系统
氢基竖炉系统
电炉熔分系统
能源消耗及碳排放
中低品位矿氢基竖炉还原-电熔分工艺模型
导入
计算
导出
铁精矿质量(t/t)
膨润土质量(kg)
氧化球团质量(t/t)
氧化球团温度(℃)
$CO_2$排放(kg/t)
氧化球团
炉顶煤气
脱水除尘
炉顶煤气成分(%)
$H_2$ CO $CH_4$ $CO_2$ $H_2O$ $N_2$
炉顶煤气流量($Nm^3$/t)
炉顶煤气温度(℃)
$CO_2$排放(kg/t)
$CO_2$脱除
燃烧炉顶煤气量($m^3$/t)
燃料COG流量($m^3$/t)
燃料COG温度(℃)
$CO_2$排放(kg/t)
$H_2$流量($Nm^3$/t)
NG流量(Nm3/t)
工艺气
还原气
还原气成分(%)
$H_2$ CO $CH_4$ $CO_2$ $H_2O$ $N_2$
还原气温度
还原气流量
气体利用率(%)
$CH_4$重整率(%)
能量利用效率(%)
焦粉(kg/t)
电(kWh/t)
熔剂(kg/t)
$CO_2$排放(kg/t)
DRI金属化率(%)
DRI渗碳量(%)
熔分铁水质量(kg/t)
熔分渣质量(kg/t)
底部气出口成分(%)
$H_2$ CO $CH_4$ $CO_2$ $H_2O$ $N_2$
底部气出口温度
底部气出口流量
脱水除尘
DRI
底部气
底部气入口成分(%)
$H_2$ CO $CH_4$ $CO_2$ $H_2O$ $N_2$
底部气入口温度
底部气入口流量

图 6.15 软件主界面

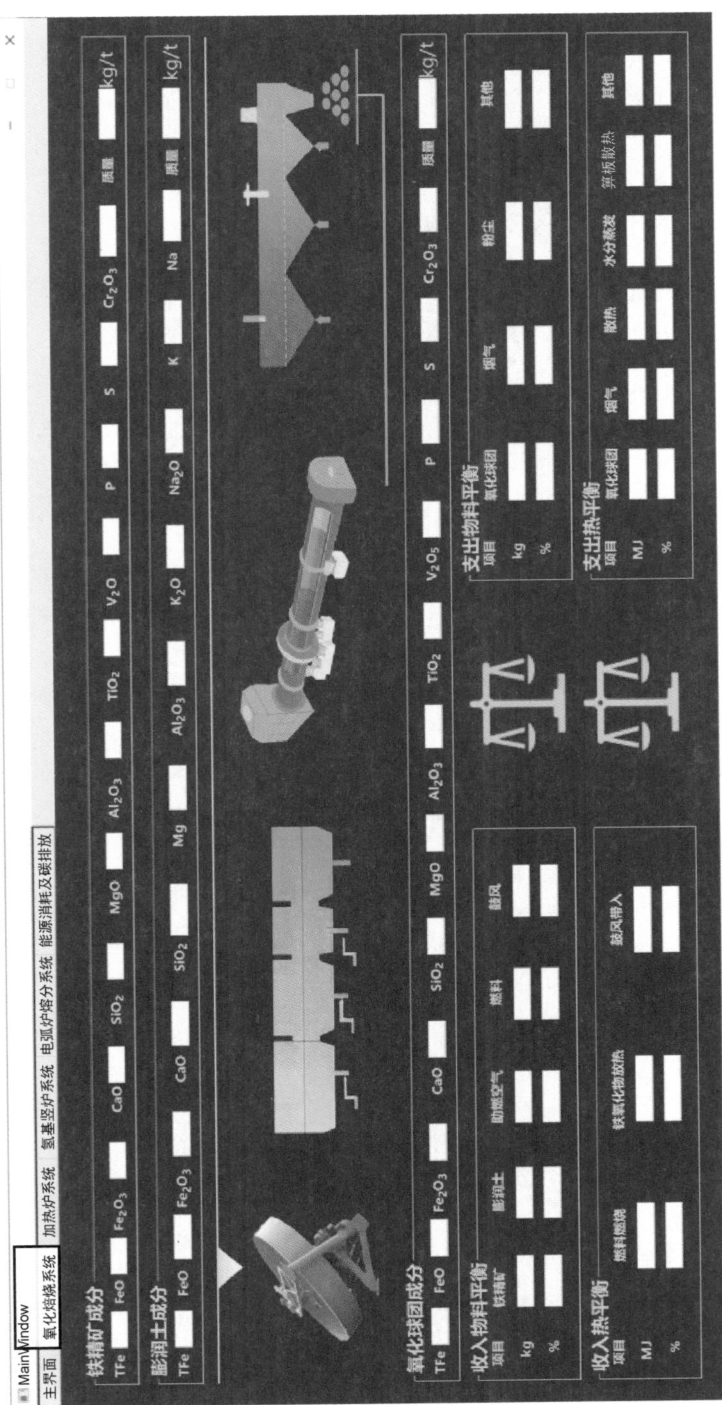


图 6.16 氧化焙烧系统子界面

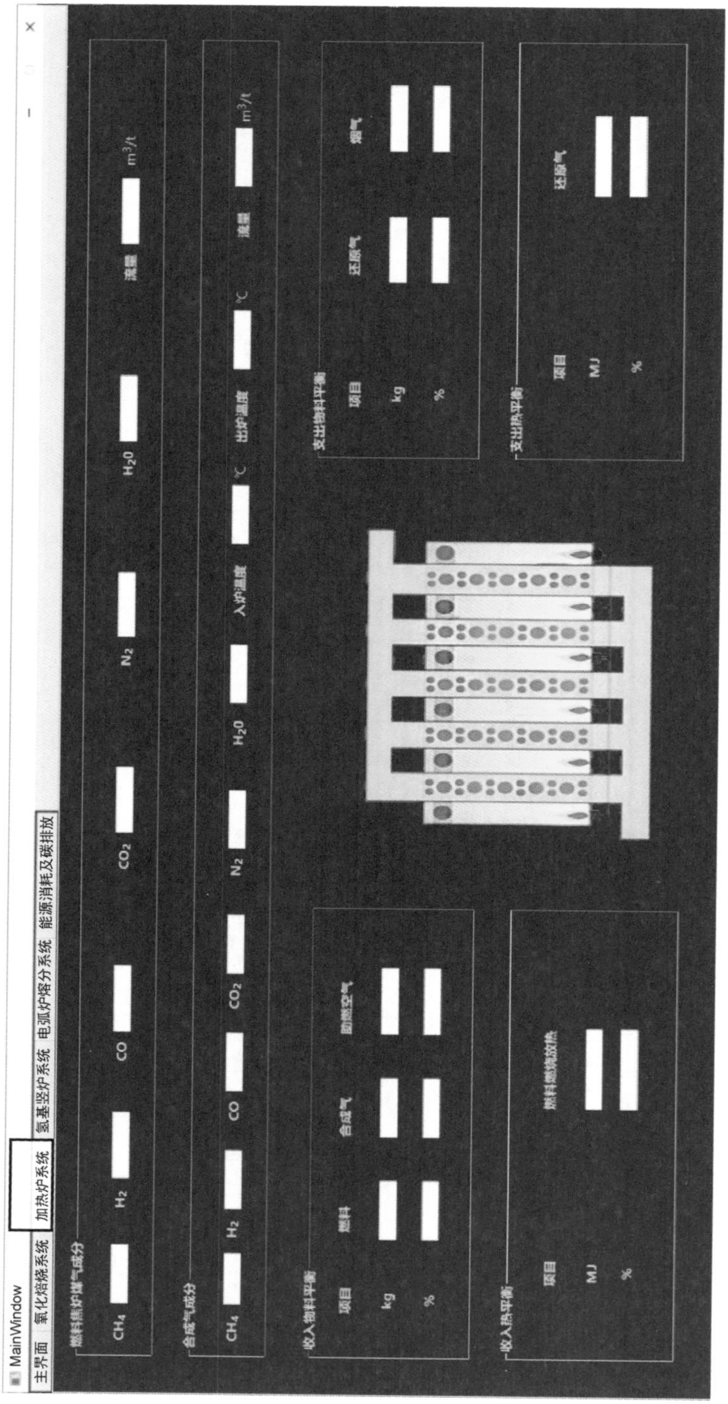

图 6.17 加热炉系统子界面

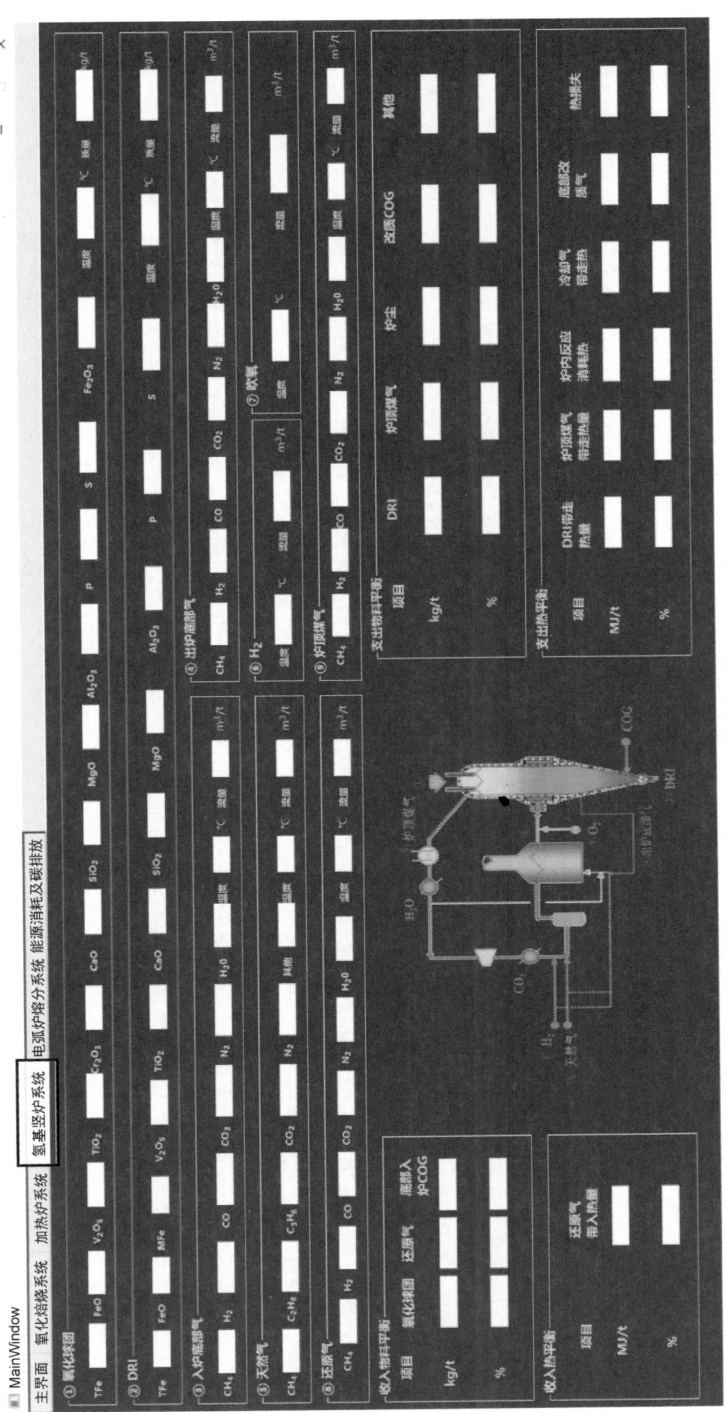


图 6.18 氢基竖炉系统子界面

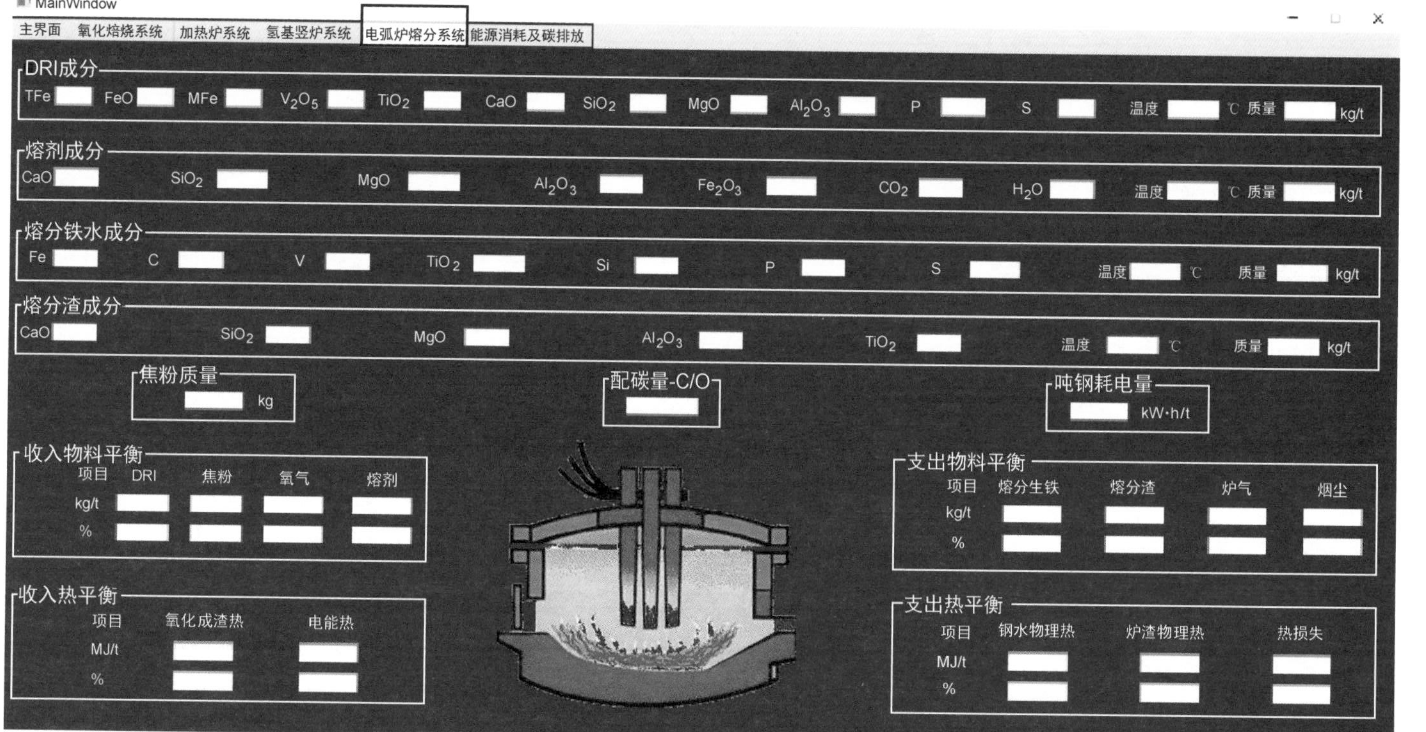


图 6.19　电弧炉熔分系统子界面

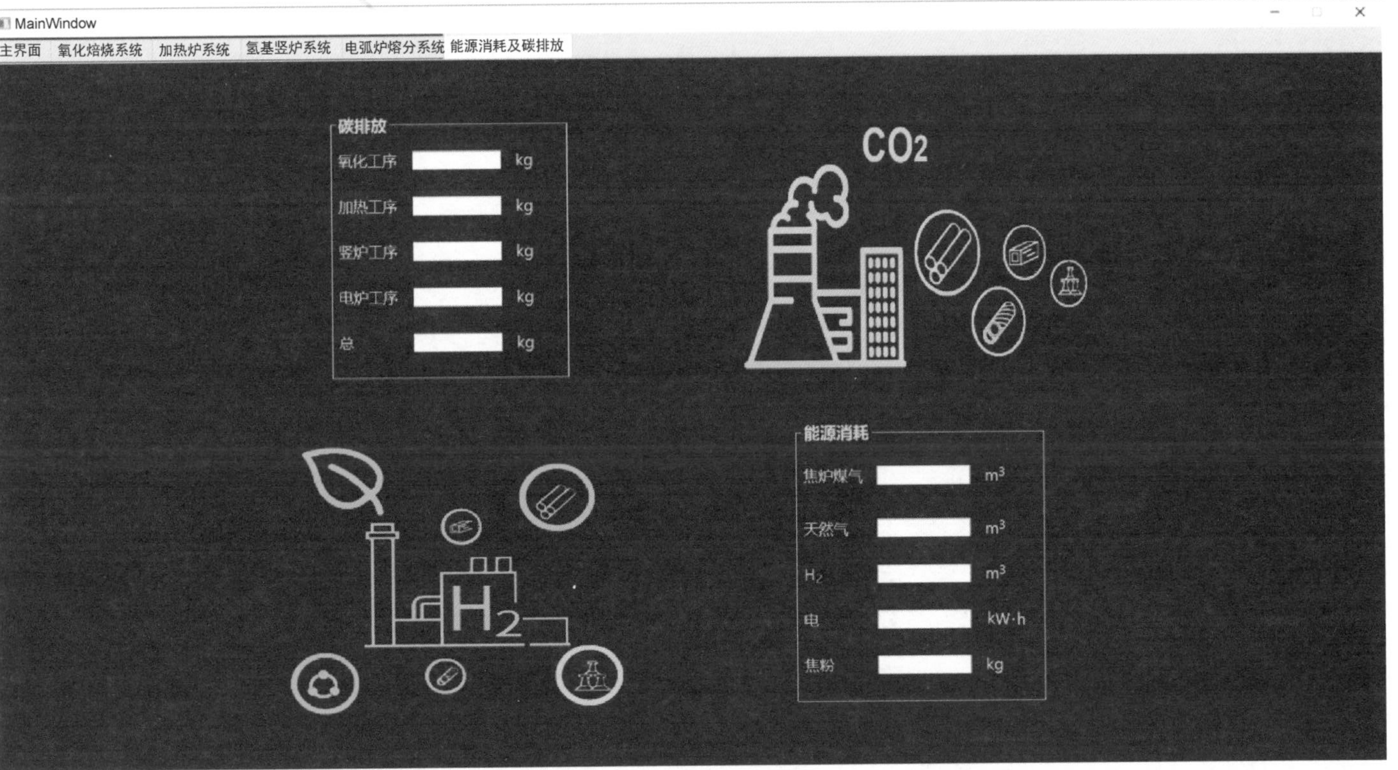


图 6.20　能源消耗及碳排放子界面

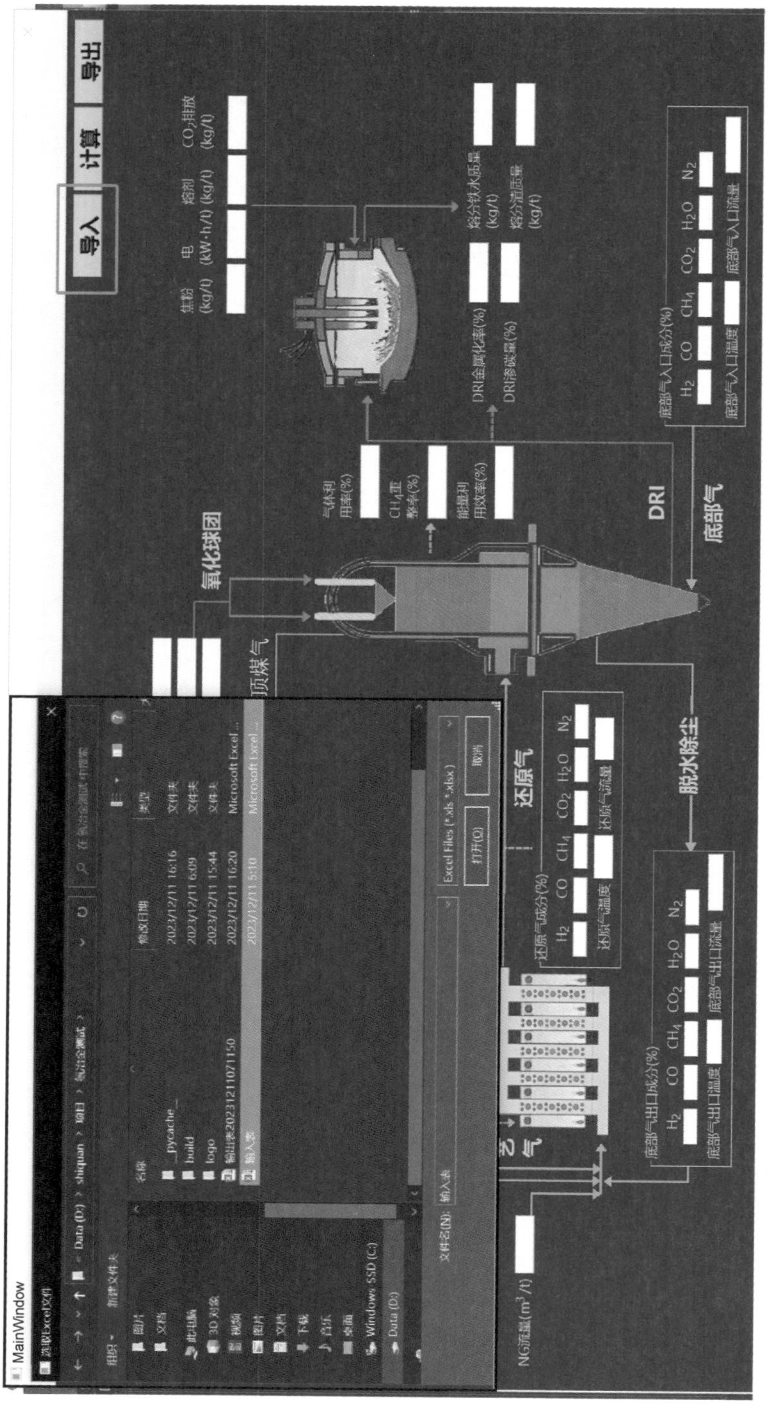
导入
计算
导出
焦粉 (kg/t)
电 (kW·h/t)
熔剂 (kg/t)
CO₂排放 (kg/t)
氧化球团
顶煤气
气体利用率(%)
CH₄重整率(%)
能量利用效率(%)
DRI金属化率(%)
DRI渗碳量(%)
熔分铁水质量 (kg/t)
熔分渣质量 (kg/t)
DRI
底部气
底部气入口成分(%)
H₂ CO CH₄ CO₂ H₂O N₂
底部气入口温度
底部气入口流量
还原气
还原气成分(%)
还原气温度
还原气流量
脱水除尘
底部气出口成分(%)
底部气出口温度
底部气出口流量
NG流量(m³/t)
MainWindow
选取Excel文件
Excel Files (*.xls *.xlsx)
打开(O)
取消

图 6.21 数据导入界面

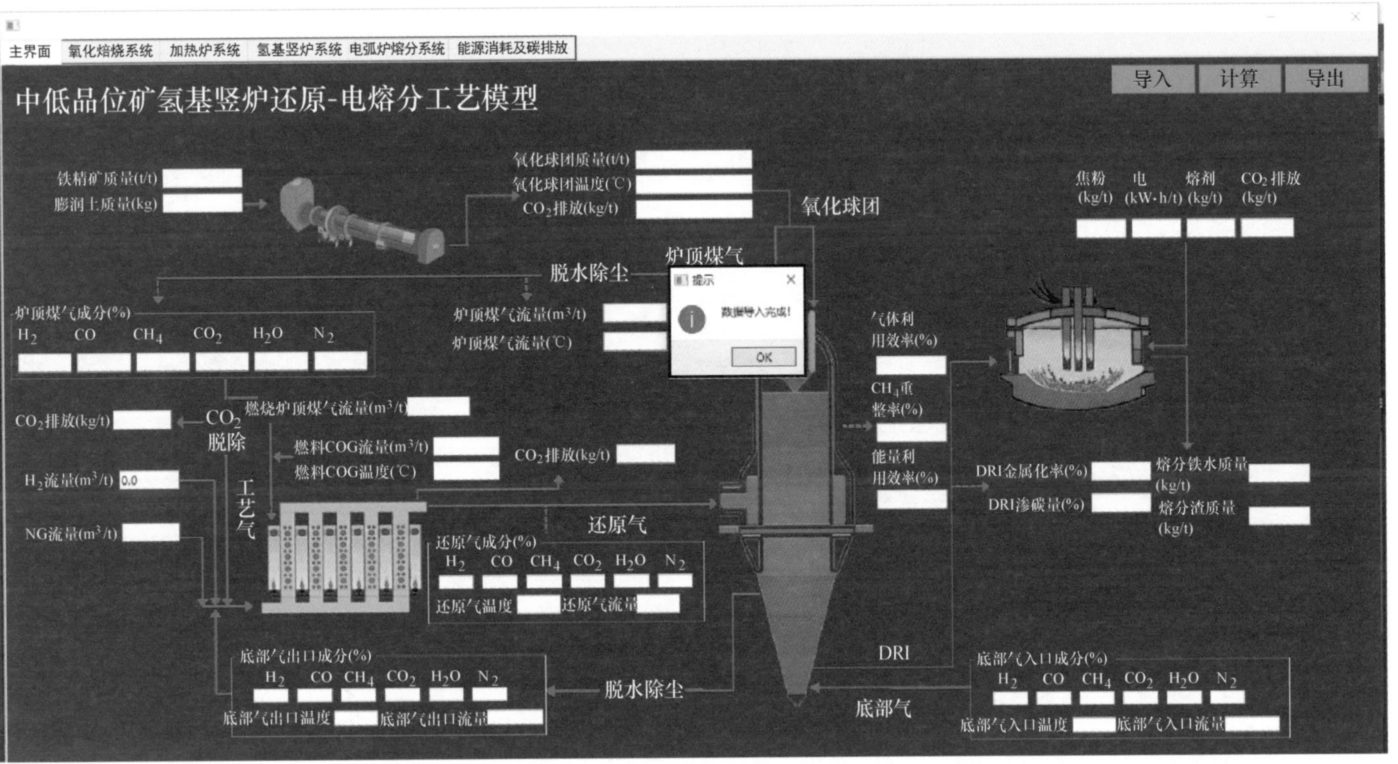


图 6.22 数据导入完成界面

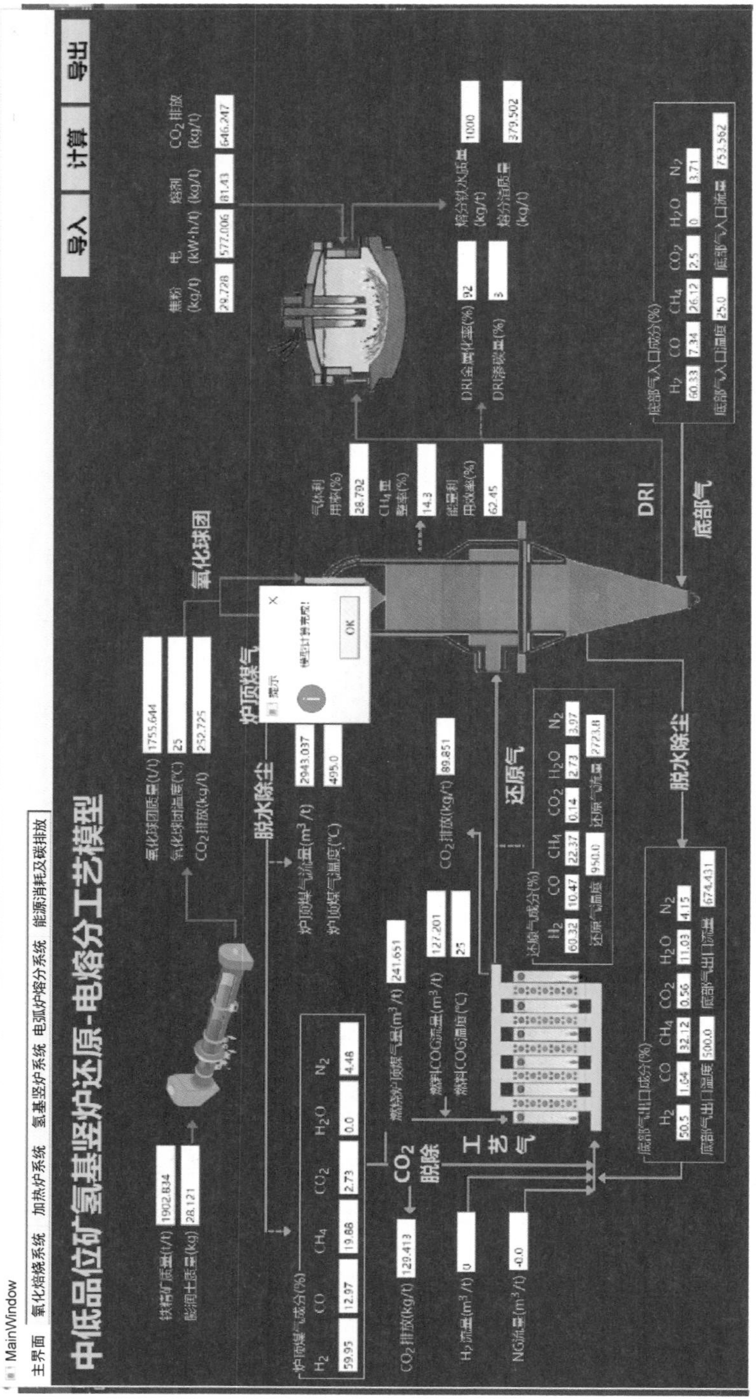

图 6.23 模型计算完成界面

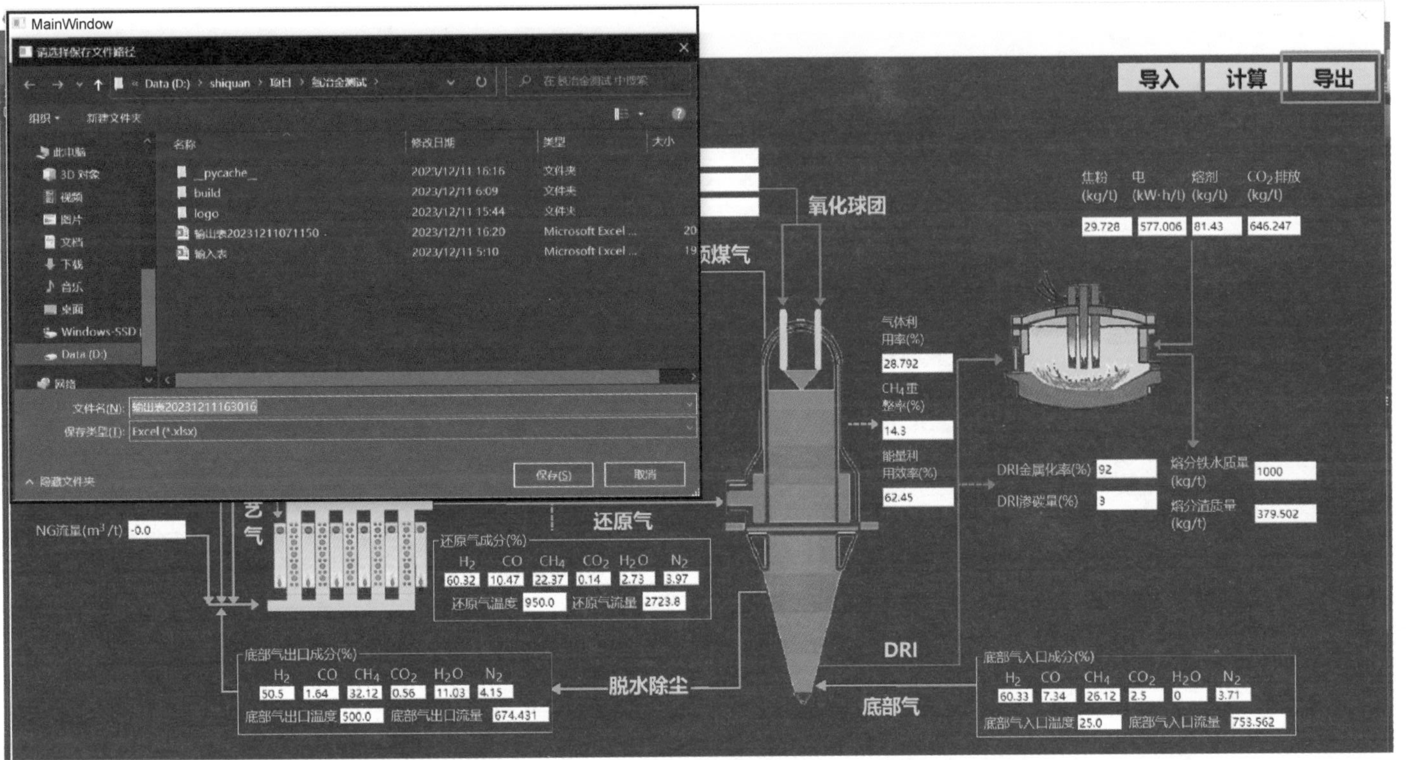


图 6.24 模型计算结果导出界面

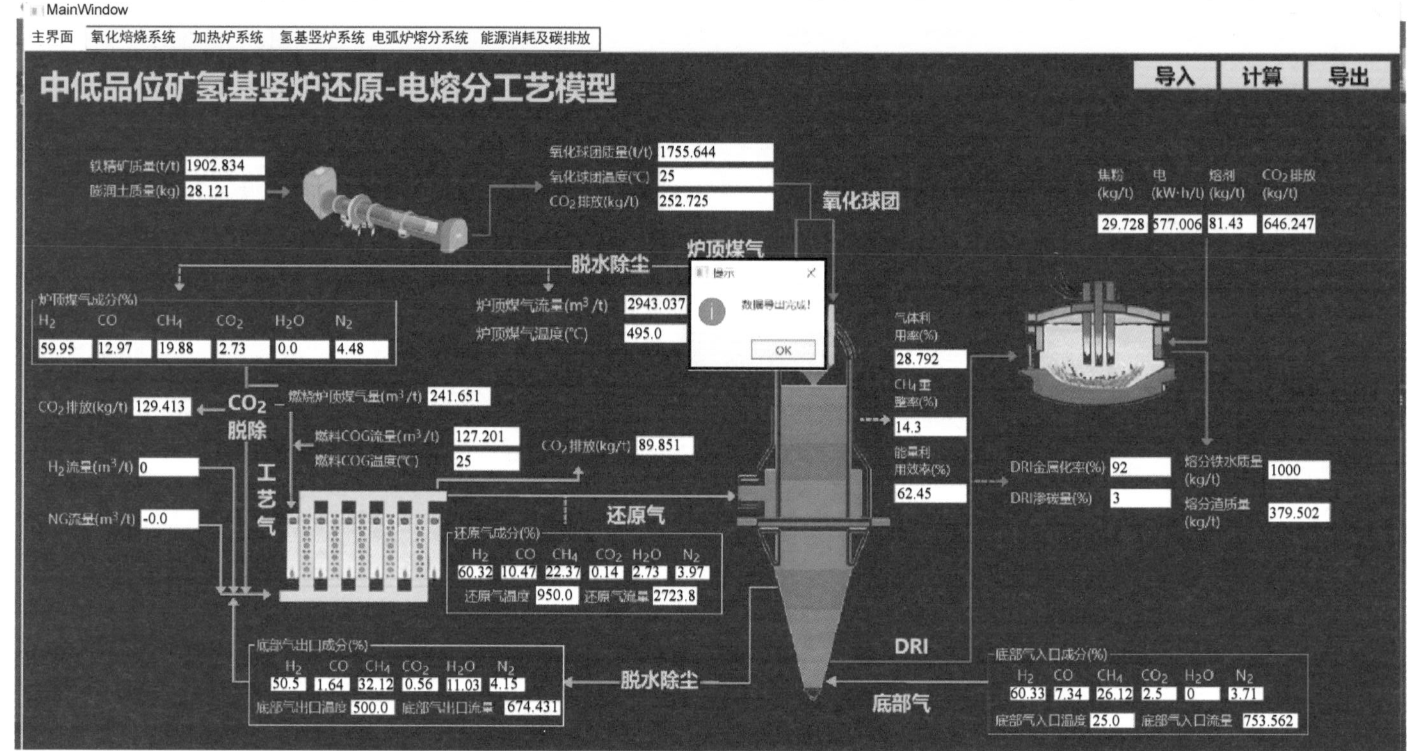


图 6.25 模型计算结果导出成功界面

## 6.2 氢基竖炉短流程有效能利用评价

氢基竖炉短流程以高价值的氢气为能源进行驱动，系统能量利用效率关系着短流程技术经济指标的优劣，对短流程各工序的能量利用情况的分析与把握有助于工艺流程与方案的合理选择。本节以基于能量利用第二定律的有效能利用评价方法进行氢基竖炉短流程的能量利用评价，对有效能损失的关键环节与因素进行分析，量化评估导致不可逆损失的原因，为氢基竖炉-电弧炉短流程新工艺提升能效、节约资源能源提供更多和更深层次的见解。

### 6.2.1 有效能利用评价方法

#### 6.2.1.1 有效能平衡

基于热力学第一定律可知，能量可以通过形式上的转换被储存起来，但是无法被创造或者破坏。对于一个开放系统，能量以物质、热量和功实现流进与流出，意味着在稳态下，能量的平衡可表示为

$$\sum_{in} m_{in}h_{in} + \sum_{out} m_{out}h_{out} + \sum Q - W = 0 \tag{6.23}$$

式中，$h$ 为物质的比焓，kJ/kg；$m$ 为质量，kg；$Q$、$W$ 分别为与环境交换的热量和所做的功，kJ。

然而，基于热力学第二定律所述，有效能是可以被损耗的，损耗在这里的含义是指该部分能量的品质下降了，对外可做的最大有用功降低了。这也反映了转换过程是不可逆的，均会导致熵增加。对于开放系统，其有效能平衡可表示为

$$Ex_{in} - Ex_{out} = Ex_{loss} \tag{6.24}$$

式中，$Ex_{in}$ 和 $Ex_{out}$ 分别为所有输入和输出系统的能源和资源的有效能的总和；$Ex_{loss}$ 为有效能损耗。由式（6.23）可引申推导出有效能的平衡可表达为

$$\sum_{in} m_{in}e_{in} + \sum_{out} m_{out}e_{out} + \sum E^{Q} - E^{W} = Ex_{loss} \tag{6.25}$$

式中，$e$ 为物质的比有效能；$E^{Q}$、$E^{W}$ 分别为与环境交换的热量和所做的功的有效能率。

#### 6.2.1.2 有效能分类

有效能可分为 4 类，分别为动能有效能（与物质动量有关的有效能）、势能有效能（与物质势能有关的有效能）、物理有效能、化学有效能。在一般的能量系统评价中，由于动能有效能和势能有效能对系统有效能利用的贡献较小，一般被忽略。本节根据系统与环境的关系，仅考虑系统的物理有效能和化学有效能。

A 物理有效能

（1）功和热的有效能。计算方法如式（6.26）所示。

$$Ex_{W} = W \tag{6.26}$$

式中，$Ex_{W}$ 为功、机械能、电能的有效能，J。

涉及传热的热量的有效能为

$$Ex_Q = \int_{T_0}^{T}\left(1 - \frac{T_0}{T}\right)\delta Q \tag{6.27}$$

式中，$T_0$ 和 $T$ 分别为参考态温度和系统状态的温度，K，$Q$ 为传输的热量，J。

（2）稳定流动体系的有效能。处于一定状态下的稳定流动体系的有效能可通过式（6.28）计算。

$$Ex = (H - T_0S) - (H_0 - T_0S_0) \tag{6.28}$$

式中，$H$ 和 $H_0$ 分别为一定状态和参考状态下体系的焓，J；$S$ 和 $S_0$ 分别为一定状态和参考状态下体系的熵，J/K。

根据焓和熵的计算方法，稳定流动体系的有效能还可近似表示为

$$Ex = c_p(T - T_0) - T_0c_p\ln\left(\frac{T}{T_0}\right) + T_0R\ln\left(\frac{P}{P_0}\right) \tag{6.29}$$

式中，$c_p$ 为物质的摩尔定压热容，J/(mol·K)。

（3）系统状态下固体的物理有效能。当固体温度异于参考态温度时，具备一定的有效能，计算时可将其定压热容近似为常数，其物理有效能为

$$Ex_{solid} = c_p(T - T_0) - T_0c_p\ln\frac{T}{T_0} \tag{6.30}$$

（4）潜热有效能。潜热有效能是指体系内某物质发生熔化、气化等相变时，具备的相变潜热，如式（6.31）所示。

$$Ex_{transformation} = r\left(1 - \frac{T_0}{T}\right) \tag{6.31}$$

式中，$r$ 为发生相变的物质的单位质量相变潜热，J/kg。

B 化学有效能

物质的组成是其化学有效能的基础，本节将化学有效能分为化合物化学有效能、混合物化学有效能、燃料化学有效能分别进行计算。

（1）化合物化学有效能。常见元素的化合物有效能均可在相关标准中查询，而化合物的有效能可通过稳定单质生成化合物的反应平衡方程式求解，如，假设化合物 $A_aB_bC_c$ 由 A、B、C 三种元素或单质生成，则其单位摩尔标准化学有效能为

$$E_m^{\ominus}(A_aB_bC_c) = \Delta_fG_m^{\ominus}(A_aB_bC_c) + aEx_m^{\ominus}(A) + bEx_m^{\ominus}(B) + cEx_m^{\ominus}(C) \tag{6.32}$$

式中，$\Delta_fG_m^{\ominus}(A_aB_bC_c)$ 为化合物 $A_aB_bC_c$ 的标准生成吉布斯自由能，J/mol；$a$、$b$、$c$ 分别为生成 1 mol $A_aB_bC_c$ 时反应方程式中 A、B、C 的系数；$Ex_m^{\ominus}(A)$、$Ex_m^{\ominus}(B)$、$Ex_m^{\ominus}(C)$ 分别为物质 A、B、C 的标准化学有效能，J/mol。

（2）混合物化学有效能。混合物的化学有效能可由各组分的化学有效能求得，如式（6.33）所示。

$$Ex_{ch,mixture} = \sum \phi_i^m Ex_{ch,i} + RT_0\sum \phi_i^m \ln\phi_i^m \tag{6.33}$$

式中，$\phi_i^m$ 为混合物中各组分的摩尔分数，%；$Ex_{ch,i}$ 为混合物中组分 $i$ 在参考状态

下的化学有效能，J/mol；$R$ 为气体常数，取 8.314 J/(mol·K)。

（3）燃料化学有效能。燃料往往为混合物，但其化学有效能往往无法按照混合物的化学有效能计算，常进行近似计算，其中气体燃料的化学有效能近似为

$$Ex_{gf} \approx 0.95Q_{H}^{\ominus} \tag{6.34}$$

式中，$Q_{H}^{\ominus}$ 为燃料的标准高位热值，J/kg。

固体燃料的化学有效能近似为

$$Ex_{sf} = Q_{L}^{\ominus} + rw \tag{6.35}$$

式中，$Q_{L}^{\ominus}$ 为燃料的标准低位热值，J/kg；$r$ 为水的汽化潜热，取 $2.438\times10^{6}$ J/kg；$w$ 为燃料中的水分含量,%。

6.2.1.3 有效能评价指标

有效能评价指标包含目的有效能利用率和普遍有效能利用率。

（1）目的有效能利用率。把系统或设备中有效输出的有效能与输入的有效能之比定义为该系统或设备的目的有效能利用效率，如下所示：

$$\eta_{obj} = \frac{Ex_{eff}}{Ex_{in}} \tag{6.36}$$

（2）普遍有效能利用率（热力学完善度）。系统的热力学完善度即系统输出的各项有效能之和与输入的各项有效能之和的比值，如下所示：

$$\eta_{gen} = 1 - \frac{Ex_{L,in}}{Ex_{in}} = \frac{Ex_{out}}{Ex_{in}} \tag{6.37}$$

6.2.1.4 有效能评价参考态

有效能为体系中可提取的最大功的能量，在对系统用能情况进行评价时，必须定义一个参考态，通常选择的参考态为 $T_0 = 298.15$ K、$P_0 = 101.325$ kPa。此外，忽略体系内微观部位局部温度的变化导致的有效能的变化。

### 6.2.2 氢基竖炉短流程有效能平衡模型构建

有效能平衡模型的构建主要是根据有效能的分类，将系统内的各股流进行梳理与归类，掌握系统内有效能的走向，建立有效能的平衡关系。在进行有效能平衡模型构建之前，需要对用能系统进行划分，而划分的依据是对有效能评价的精度需求。本研究进行有效能利用评价的目的是量化系统内有效能的损失，并初步评估导致不可逆损失的原因，为未来新工艺的优化推广提供理论依据，因此，常用的灰箱模型可获得所需的信息，灰箱模型对于系统划分的精度要求适中。本节仍以基于煤制气的氢基竖炉-电弧炉短流程为例进行说明，系统仍划分为煤制气及净化、煤气加热、球团制备、氢基竖炉直接还原和电弧炉 5 个子系统，基于煤制气的氢基竖炉-电弧炉短流程有效能评价的灰箱模型如图 6.26 所示。

### 6.2.3 基于不同氢源的氢基竖炉短流程有效能利用评价

本节仍以构建的基于煤制气的氢基竖炉-电弧炉短流程工艺模型，结合详

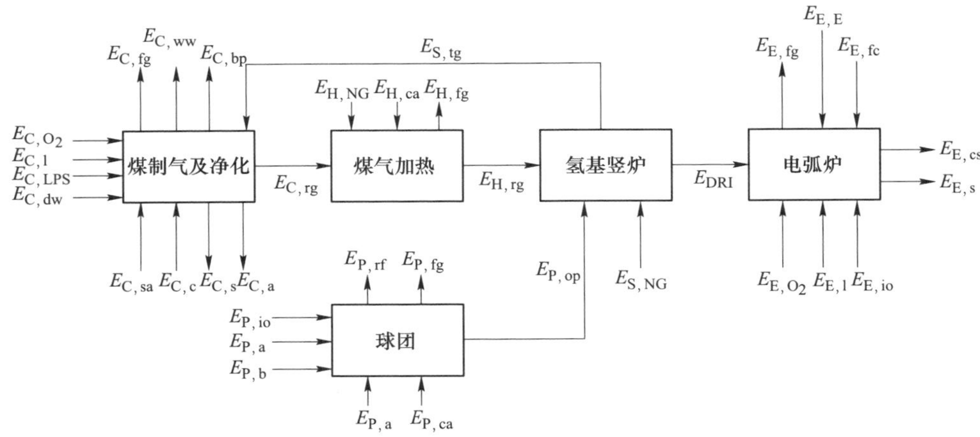


图 6.26 基于煤制气的氢基竖炉-电弧炉短流程有效能评价的灰箱模型

细的物质流输入输出情况，对 $\varphi_{H_2}/\varphi_{CO}=1.5$、100% DRI 工况下短流程各工序以及全流程进行有效能平衡、有效能利用率的计算，量化分析该系统内的不可逆损失，分析其原因，并提出相应优化建议。此外，分析了工艺参数对氢基竖炉短流程有效能利用的影响，最终给出基于不同氢源的氢基竖炉短流程的有效能评价结果。

#### 6.2.3.1 基于煤制气的氢基竖炉-电弧炉短流程有效能评价

##### A 煤制气及净化工序有效能利用评价

煤制气及净化工序有效能平衡结果见表 6.14，相应的有效能流桑基图如图 6.27 所示。由表中数据可知，煤制气及净化工序的有效能来源主要包括褐煤的化学有效能和循环炉顶煤气的化学㶲，此两部分有效能占总输入有效能的 90%以上。同样，输出的净煤气的化学有效能占总输出有效能的 90%以上，在此条件下，该工序的有效能利用率为 61.12%，有效能损失为 7756.22 MJ。循环炉顶煤气脱水除尘后其主要成分仍为 $H_2$ 和 CO，且二者比例达到 1.4，接近于入炉煤气要求的比例。在脱碳工序脱除 $CO_2$，因炉顶煤气净化提质导致的有效能损失较少。因此，对于该工序而言，如何将褐煤的有效能高效转换到净煤气是提高有效能利用率的关键。

表 6.14 煤制气及净化工序有效能平衡

| 输入 | | 输出 | |
|---|---|---|---|
| 物料 | 有效能/MJ · (1000 $m^3$)$^{-1}$ | 物料 | 有效能/MJ · (1000 $m^3$)$^{-1}$ |
| 褐煤 | 11635.46 | 净煤气 | 12408.78 |
| $O_2$ | 40.03 | 渣 | 0.23 |

续表 6.14

| 输　入 | | 输　出 | |
|---|---|---|---|
| 物料 | 有效能/MJ·$(1000\ m^3)^{-1}$ | 物料 | 有效能/MJ·$(1000\ m^3)^{-1}$ |
| 脱盐水 | 52.39 | 飞灰 | 0.54 |
| 低压蒸汽 | 112.50 | 硫黄 | 47.90 |
| 纯碱 | 0.92 | 粗苯 | 33.35 |
| 催化剂 | 0.28 | 废气 | 17.37 |
| 循环炉顶煤气 | 8460.18 | 废水 | 33.29 |
| 合计 | 20301.76 | 合计 | 12541.46 |

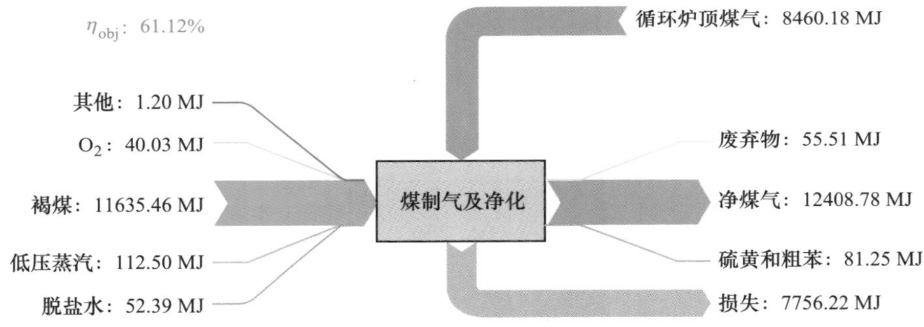


图 6.27　煤制气及净化工序有效能流桑基图

由图 6.27 可知，煤制气及净化工序有效能损失为 7756.22 MJ，而内部有效能损失与熵产生成正比。在制粗煤气过程中褐煤燃烧、热粗煤气传热均会产生大量熵。Ende 煤制气工艺的碳转化效率可达到 92%，而有效气的体积分数仅为 70%左右，这意味着褐煤中有一定量的碳转化为 $CO_2$，燃烧造成了大量的有效能损失。因此，提高气化炉内碳的转化率是提升煤制气及净化工序有效能利用率，降低不可逆损失的重要措施之一。同时，气化炉出口处粗煤气中 $\varphi_{H_2}/\varphi_{CO}$ 仅为 1.2，为达到氢基竖炉的还原气成分要求，在净化过程中，脱除 $CO_2$ 的同时会吸附部分 CO，以使净化后的煤气 $\varphi_{H_2}/\varphi_{CO}$ 达到 1.5 以上，造成了有效能的损失。可见，提高粗煤气中 $\varphi_{H_2}/\varphi_{CO}$ 是进一步提升煤制气工序能效的有力措施，其中较为可行的建议是提高气化炉蒸汽比例，以达到提高粗煤气中氢含量的目的。

此外，气化炉出口处粗煤气温度达到 900 ℃，所携带的显热在余热回收锅炉内实现部分回收，产生蒸汽自用，但出口温度仍高达 400 ℃，此部分显热均被冷却水带走散失至环境中。提高粗煤气余热回收效率也可促进褐煤中的有效能向产品净煤气中转换。

B 煤气加热工序有效能利用评价

表 6.15 为煤气加热工序的有效能平衡。煤气加热工序的有效能利用率为 79.95%。图 6.28 为煤气加热工序有效能流桑基图，由于燃料燃烧、高温烟气与加热炉管之间传热、炉管与炉管内流过的煤气之间的传热均会伴随熵的产生，进而造成不可逆损失，导致燃料的有效能部分散失至环境中。

**表 6.15 煤气加热工序有效能平衡**

| 输入 | | 输出 | |
|---|---|---|---|
| 物料 | 有效能/MJ·$(1000\ m^3)^{-1}$ | 物料 | 有效能/MJ·$(1000\ m^3)^{-1}$ |
| 天然气 | 1856.51 | 净煤气显热 | 1423.61 |
| 助燃空气 | 15.82 | 废气 | 73.28 |
| 合计 | 1872.33 | 合计 | 1496.89 |

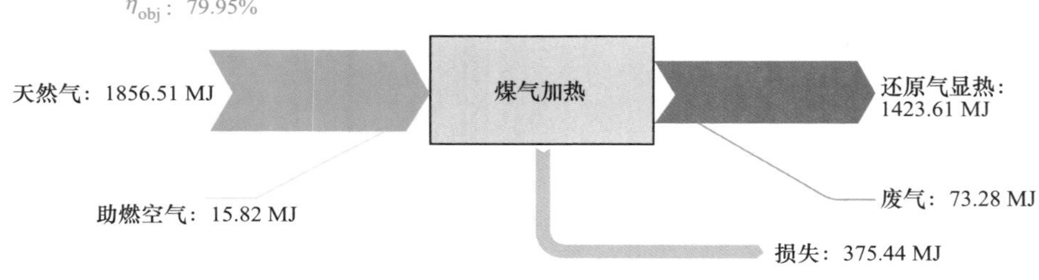


图 6.28 煤气加热工序有效能流桑基图

煤气加热工序是提升净煤气物理热的过程，因此影响净煤气吸收热量的因素均会影响加热炉有效能利用，例如，炉管内净煤气的流速和炉管的管径会影响炉管与炉管内流过的煤气之间的传热，加热炉内炉管的布置、烧嘴的布置会影响高温烟气与加热炉管之间的传热。这些参数的合理选择是保证加热炉有效能利用率的关键。

C 球团工序有效能利用评价

由表 6.16 球团工序的有效能平衡可知，链箅机-回转窑-环冷机系统的输入有效能主要是燃料化学有效能与 FeO 氧化的有效能的和，占到总输入有效能的 90% 以上，而主产品氧化球团的有效能仅占 21.16%。在考虑将箅板带走的有效能作为系统有效输出的情况下，该工序的有效能利用率仅为 12.53%，其有效能流桑基图如图 6.29 所示。因生球干燥过程中水分蒸发、烟气在管道中的传热、燃料燃烧导致的有效能损失达到了 884.08 MJ，此外，废气带走的有效能高达 235.41 MJ，占总输入有效能的 18.39%。

由以上分析可知，球团工序的有效能利用率较低，不可逆损失主要集中在烟气和传热造成的热量损失。实际生产中，环冷机以及回转窑的高温烟气被返回输送至链箅机进行球团的干燥和预热，在气体传输过程中的传热效率以及烟气携带的物理热在链箅机上的利用率是提升球团工序有效能利用率的关键。

**表 6.16　球团工序有效能平衡**

| 输入 | | 输出 | |
|---|---|---|---|
| 物料 | 有效能/MJ·t$^{-1}$ | 物料 | 有效能/MJ·t$^{-1}$ |
| FeO 氧化 | 607.41 | 氧化球团 | 21.46 |
| 无烟煤 | 569.89 | 干返料 | 1.72 |
| 箅板带入 | 38.49 | 废气 | 235.41 |
| 空气 | 64.06 | 箅板带走 | 138.90 |
| — | — | 水分蒸发损失 | 80.10 |
| — | — | 传热损失 | 297.15 |
| — | — | 燃烧损失 | 63.51 |
| — | — | 其他损失 | 441.60 |
| 合计 | 1279.85 | 合计 | 1279.85 |

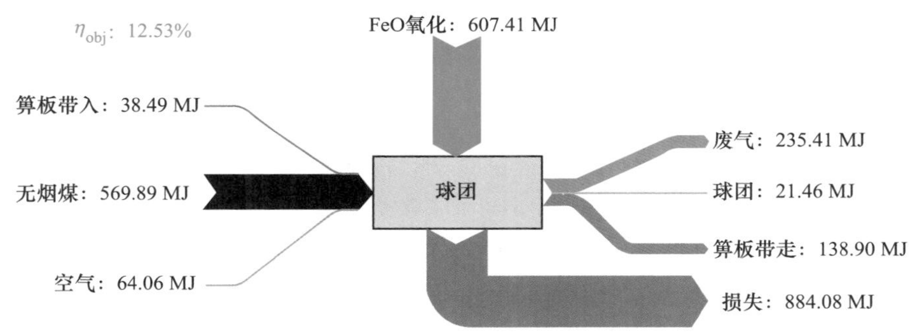


图 6.29　球团工序有效能流桑基图

D　氢基竖炉工序有效能利用评价

采用 900 ℃、$\varphi_{H_2}/\varphi_{CO}=1.5$ 的还原气生产金属化率 92.00%、碳含量 2.50%的 DRI 的有效能平衡见表 6.17，有效能流桑基图如图 6.30 所示。可见，氧化球团经还原气还原后，有效能增加至 6621.23 MJ，而还原气和冷却气天然气输入的有效能经反应后，降低至 11688.78 MJ，其中，炉顶煤气化学有效能为 10958.05 MJ，占有效能输出的 59.85%。

表 6.17 氢基竖炉工序有效能平衡

| 输入 | | 输出 | |
|---|---|---|---|
| 物料 | 有效能/MJ·t$^{-1}$ | 物料 | 有效能/MJ·t$^{-1}$ |
| 氧化球团 | 29.19 | DRI | 6621.23 |
| 还原气 | 18341.75 | 炉顶煤气 | 11688.78 |
| 天然气 | 1850.20 | — | — |
| 合计 | 20221.14 | 合计 | 18310.01 |

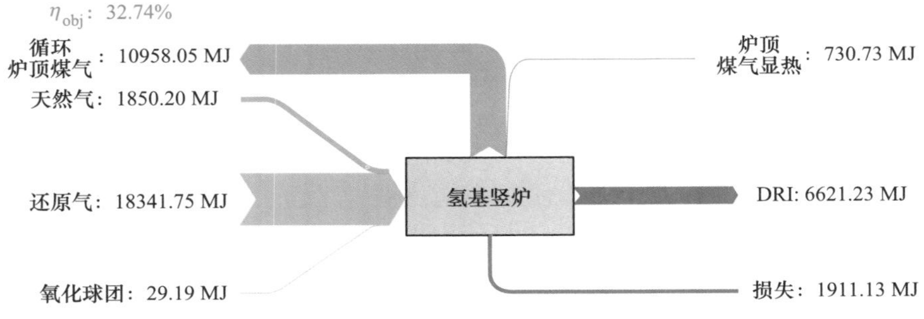


图 6.30 氢基竖炉工序有效能流桑基图

在不考虑炉顶煤气的有效能的情况下，氢基竖炉工序的有效能利用率仅为32.74%，而炉顶煤气的有效能作为有效输出时，系统的普遍有效能利用率则达到了90.55%。从氢基竖炉单一工序来说，提升目的有效能利用率的途径应为减少还原气输入的有效能。相同还原气成分下，提高还原气温度可减少入炉还原气量，从而达到减少还原气化学有效能的目的；而相同还原温度下，还原气氢含量提高，为了维持炉内的热平衡，会造成还原气需求量的大幅上升，而炉内化学反应消耗的量基本不变，因此会导致目的有效能利用率下降，如图 6.31 所示。在氢基竖炉实际生产中，还原气氢含量、温度的选择，应综合炉料的还原行为、有效能利用、经济性、环境绿色性等多方面的指标去考察，而不能依靠单一指标来确定最佳的还原工艺参数。

E 电炉工序有效能利用评价

以 100% DRI 冶炼钢水，电弧炉工序的有效能平衡见表 6.18，相应的有效能流桑基图如图 6.32 所示。由电弧炉工序的物质流和能量流平衡可知，钢水的物理热为 1391.32 MJ，而根据元素化学有效能的计算方法可得其化学有效能为5920.79 MJ，最终输出的产品钢水的总有效能为 7312.11 MJ，占总输入有效能的比例为 73.86%。除钢水外，炉渣和烟尘的物理有效能总量为 410.27 MJ。

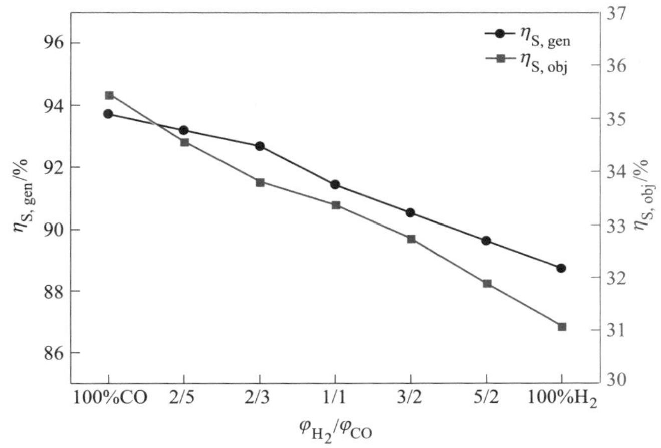


图 6.31 还原气 $\varphi_{H_2}/\varphi_{CO}$ 对氢基竖炉工序有效能利用率的影响（900 ℃）

**表 6.18 电弧炉工序有效能平衡**

| 输入 | | 输出 | |
|---|---|---|---|
| 物料 | 有效能/MJ · $t^{-1}$ | 物料 | 有效能/MJ · $t^{-1}$ |
| DRI | 6891. 58 | 钢水 | 7312. 11 |
| 焦粉 | 932. 99 | 炉渣 | 190. 61 |
| 电 | 1912. 36 | 炉气、烟尘 | 219. 66 |
| 氧气 | 3. 40 | — | — |
| 熔剂及其他 | 159. 95 | — | — |
| 合计 | 9900. 28 | 合计 | 7722. 38 |

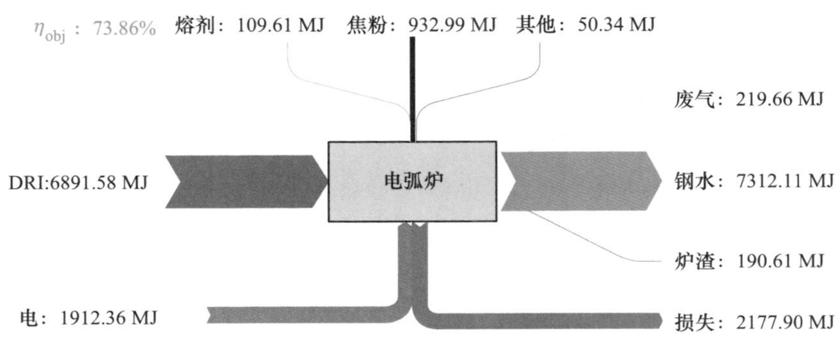


图 6.32 电弧炉工序有效能流桑基图

由以上数据的分析可知，炉渣和烟尘的显热回收可提高系统有效能利用率，但需考虑与余热回收设备的经济性适配问题，因此无法作为提升电弧炉系统能效的主攻方向。电能以及焦粉的有效能占总有效能输入的28.74%，电耗以及碳耗的降低均可提高电弧炉冶炼过程的有效能利用率。降低钢铁料的熔点（如，适当增加DRI的碳含量）可在一定程度上降低熔化期的电耗，而提高DRI纯净度（低脉石成分、高金属化率）不仅可减少渣量降低电耗，还可减少配碳量。此外，针对电弧炉自身冶炼效率的提升，同样可降低能耗，例如，目前正在开发的以氢等离子电磁感应炉为代表的绿色电弧炉技术，具有无污染加热和无碳化加热熔化、底喷粉进行少渣冶炼和高效脱磷的优点，从而降低冶炼过程的电耗以及碳耗。

综合以上五个子系统有效能平衡的分析结果，对基于煤制气的氢基竖炉-电弧炉新工艺全流程有效能利用情况进行量化评价，如图6.33所示。由图可知，100% DRI、$\varphi_{H_2}/\varphi_{CO}=1.5$工艺参数下，全流程的有效能利用率为35.93%，总有效能损失为16486.86 MJ，其中煤制气及净化、加热、球团、氢基竖炉、电弧炉工序有效能损失分别占比64.92%、2.30%、7.51%、12.06%和13.21%。可见，煤制气及净化、氢基竖炉、电弧炉三个工序造成的不可逆损失占比达到了90%以上，应作为重点优化环节提高其有效能利用率。虽然由上节内容可知，球团工序的有效能利用率较低，但球团工序消耗的能源较少，造成的不可逆损失较少，不应作为重点环节进行优化。

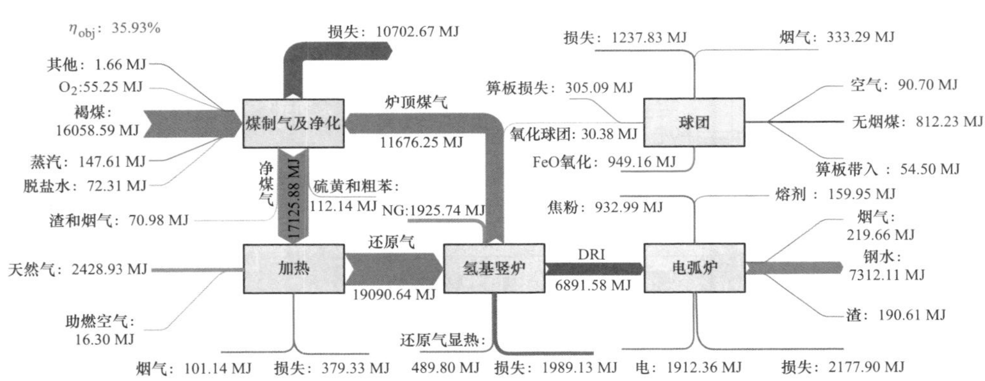


图6.33 基于煤制气的氢基竖炉-电弧炉短流程有效能流桑基图（100% DRI，$\varphi_{H_2}/\varphi_{CO}=1.5$）

根据各子工序的有效能利用评价结果可知，基于煤制气的氢基竖炉-电弧炉短流程新工艺能效提升的重点环节应为煤制气及净化工序。同时，氢基竖炉和电弧炉也具备一定节能的潜力，合理的优化建议如下：

（1）针对煤制气及净化工序，褐煤的有效能向净煤气高效转换是提高煤制气及净化工序有效能利用率的关键。此外，提高气化炉内碳的转化率以及粗煤气的氢含量可减少褐煤消耗以及净化过程中的有效气损失。

（2）针对电弧炉工序，降低钢铁料的熔点，提高 DRI 纯净度（低脉石成分、高金属化率）不仅可降低电耗，还可减少配碳量。

（3）针对氢基竖炉工序，适当提高还原气温度可减少入炉还原气量，从而减少还原气的化学有效能，达到提升能效的目的。

结合前述的有效能计算方法以及质-能平衡，同理可得到基于 COG、NG 以及电解水制氢的氢基竖炉-电弧炉短流程系统煤气平衡以及质-能平衡。

#### 6.2.3.2 基于 COG 重整的氢基竖炉-电弧炉短流程有效能评价

基于 COG 的氢基竖炉-电弧炉新工艺全流程有效能利用评价如图 6.34 所示。由图可知，当电弧炉采用 100% DRI 冶炼时，基于 COG 的氢基竖炉-电弧炉工艺系统输入的总有效能为 69593.33 MJ。其中，焦化工序输入的有效能占比达到 90.29%，输出的焦炭的有效能为 43241.44 MJ。可知，该工序的目的有效能利用率为 68.82%。此外，焦化工序输出的 COG 经净化后剩余的有效能为 9260.99 MJ，此部分有效能驱动重整加热和氢基竖炉完成 DRI 生产。再将焦炭的有效能也视为有效输出，则基于 COG 的氢基竖炉-电弧炉短流程的有效能利用率达到了 72.64%。实际中，焦化工序生产的目的并非制备 COG 供氢基竖炉生产，若不考虑焦化和 COG 净化，则系统输入的总有效能为 16021.65 MJ，此时，系统的有效能利用率为 45.64%。

值得注意的是，焦化工序及 COG 净化工序的总不可逆损失达到了 9494.24 MJ，应作为重点环节优化其能量利用水平，从而提升系统的能效。针对重整加热炉，其有效能的损失主要来自 COG 中 $CH_4$ 的裂解反应造成的不可逆损失以及加入过程中的传热损失。至于球团制备、氢基竖炉直接还原、电弧炉炼钢过程中的不可逆损失的原因以及相应的优化措施在上文已有详细分析，此处不再赘述。

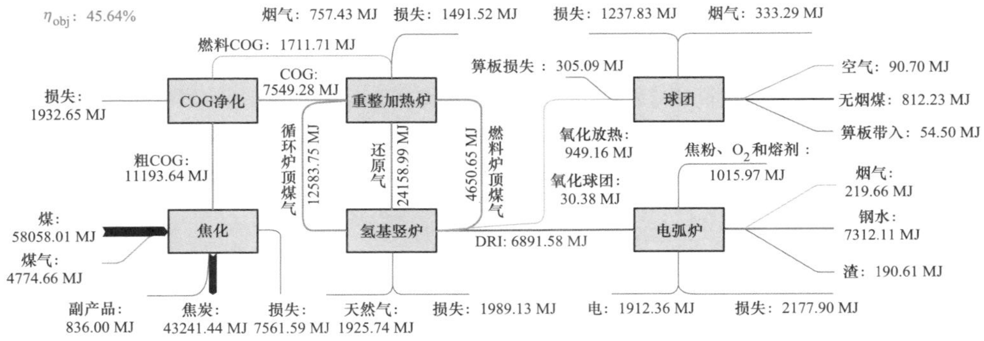


图 6.34 100% DRI 条件下基于焦炉煤气重整的氢基竖炉-电弧炉工艺有效能流桑基图

#### 6.2.3.3 基于NG重整的氢基竖炉-电弧炉短流程有效能评价

图6.35为100% DRI条件下，基于NG的氢基竖炉-电弧炉工艺有效能流桑基图。由图中数据可知，基于NG的氢基竖炉-电弧炉工艺系统输入的总有效能为15111.54 MJ，有效能利用率为48.39%，电弧炉、氢基竖炉和重整加热炉工序的不可逆损失分别为2177.90 MJ、1989.13 MJ和1433.97 MJ。除上文所述的针对电弧炉和氢基竖炉能效优化措施外，NG零重整技术被认为可以在一定程度上节省重整加热过程的能耗，从而降低从外界补充的NG，达到提升能效的目的。但零重整工艺目前还处于不断完善的过程中，能否真正实现节能降耗有待检验。

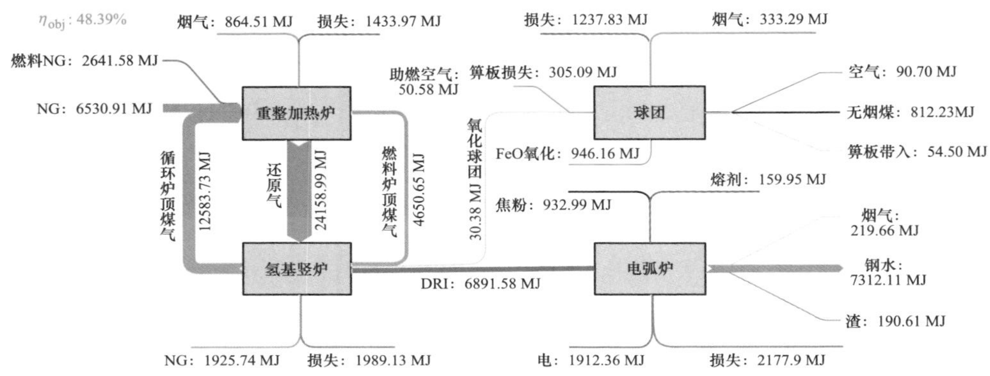


图6.35 100% DRI条件下基于天然气的氢基竖炉-电弧炉工艺有效能流桑基图

#### 6.2.3.4 基于电解水制氢的氢基竖炉-电弧炉短流程有效能评价

当电解水制氢效率为55%时，进行基于电解水制氢的全氢竖炉-电弧炉短流程有效能利用平衡以及有效能利用率的计算，如图6.36所示。由图可知，100% $H_2$、100% DRI条件下，输入至系统的总有效能为23833.85 MJ，系统有效能利用率为30.68%。电解水制氢工序输入的有效能占比达到了64.40%，而其有效能的损失占系统有效能损失的44.51%，其有效能损失的关键之处在于制氢的效率，即电能向 $H_2$ 化学有效能的转换效率，当制氢效率由55%提升至80%时，每立方米 $H_2$ 的电耗降低2 kW·h。此外，由于全氢竖炉的产品采用热装热送至电弧炉使用，DRI携带的物理有效能可降低电弧炉熔化期的电耗，电弧炉工序输入的电能相较其他工艺下降124.23 MJ，有利于提高电弧炉工序的有效能利用率。

值得注意的是，氢基竖炉工序在采用全氢冶炼时，不可逆损失高达4514.16 MJ(折合4111.33 MJ)，有效能利用效率相较其他工艺明显下降。这主要是因为采用纯氢冶炼时，为满足炉料还原所需的温度（即炉内热平衡），入炉还原气量大幅增加，输入的化学有效能未得到高效利用。在炉料还原膨胀

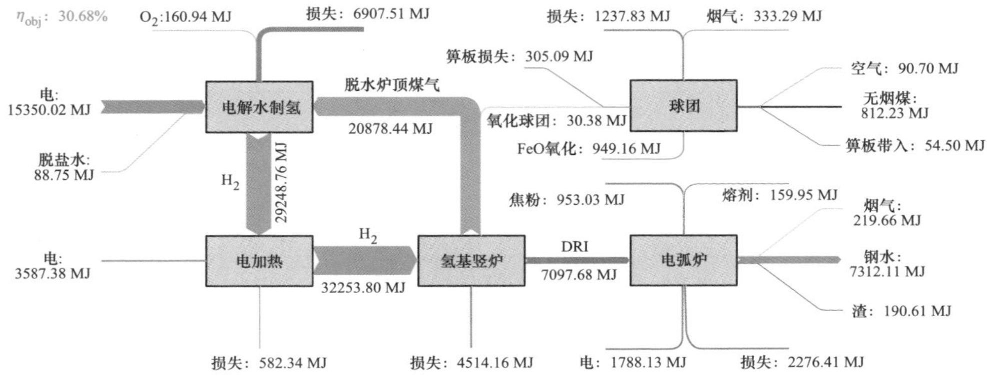


图 6.36　100% DRI 条件下基于电解水制氢的全氢竖炉-电弧炉工艺有效能流桑基图

以及还原黏结指数允许的范围内，尽量提高还原气温度可降低还原气需求量，减少输入的有效能，达到高效低耗冶炼的目的。

### 6.2.4　工艺参数对氢基竖炉短流程有效能利用的影响

为更清晰地掌握工艺参数对氢基竖炉短流程各工序以及系统整体能量利用效率的影响，本节以基于煤制气的氢基竖炉-电弧炉短流程为例，分析电弧炉工序 DRI 配比以及氢基竖炉工序还原气成分对短流程有效能利用率的影响规律，从而为短流程工艺参数及方案的合理选择与搭配提供指导。

#### 6.2.4.1　DRI 配比对短流程有效能利用的影响

图 6.37 为 $\varphi_{H_2}/\varphi_{CO}=1.5$、不同 DRI 配比条件下基于煤制气的氢基竖炉-电弧炉短流程新工艺有效能流桑基图。由图可知，当 DRI 配比由 100%降低至 30%时，基于煤制气的氢基竖炉-电弧炉短流程的有效能利用率由 35.93%增加至 52.75%，有效能利用水平显著提升。随 DRI 配比由 100%降低至 30%，短流程新工艺消耗的主要资源和能源变化情况如下：

（1）含铁原料。品位 70.10%的铁精矿消耗量由 1619.68 kg/t 降低至 471.79 kg/t，废钢消耗量由 0 增加至 714.14 kg/t。

（2）一次能源。褐煤消耗量由 1087.75 kg/t 降低至 281.69 kg/t，无烟煤消耗量由 40.35 kg/t 降低至 9.33 kg/t，天然气 115.11 $m^3/t$ 降低至 38.63 $m^3/t$。

（3）二次能源。低压蒸汽消耗量由 167.57 kg/t 降低至 43.40 kg/t，电耗由 531.21 kW · h 降低至 470.60 kW · h，焦粉消耗量由 18.32 kg/t 降低至 13.75 kg/t。

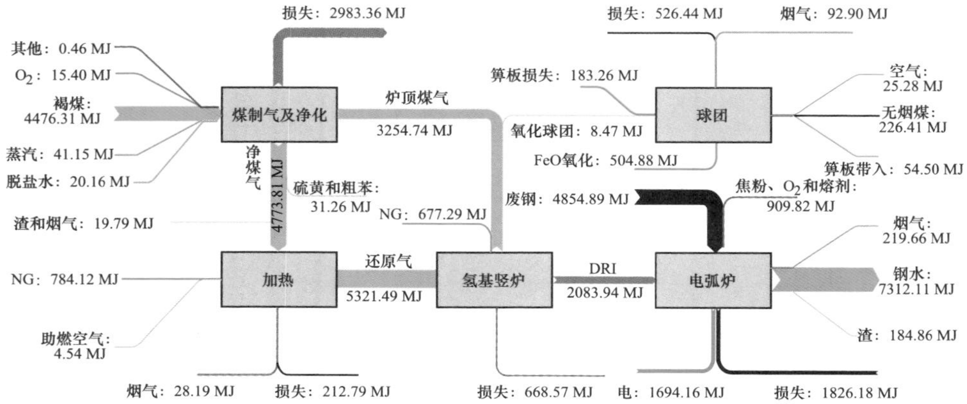

损失：2983.36 MJ
其他：0.46 MJ
$O_2$：15.40 MJ
褐煤：4476.31 MJ
蒸汽：41.15 MJ
脱盐水：20.16 MJ
煤制气及净化
炉顶煤气 3254.74 MJ
净煤气 4773.81 MJ
硫黄和粗苯：31.26 MJ
渣和烟气：19.79 MJ
NG：677.29 MJ
NG：784.12 MJ
加热
还原气 5321.49 MJ
氢基竖炉
DRI 2083.94 MJ
助燃空气：4.54 MJ
烟气：28.19 MJ
损失：212.79 MJ
损失：668.57 MJ
损失：526.44 MJ
烟气：92.90 MJ
箅板损失：183.26 MJ
球团
空气：25.28 MJ
无烟煤：226.41 MJ
氧化球团：8.47 MJ
FeO氧化：504.88 MJ
箅板带入：54.50 MJ
废钢：4854.89 MJ
焦粉、$O_2$和熔剂：909.82 MJ
电弧炉
烟气：219.66 MJ
钢水：7312.11 MJ
渣：184.86 MJ
电：1694.16 MJ
损失：1826.18 MJ

(a)

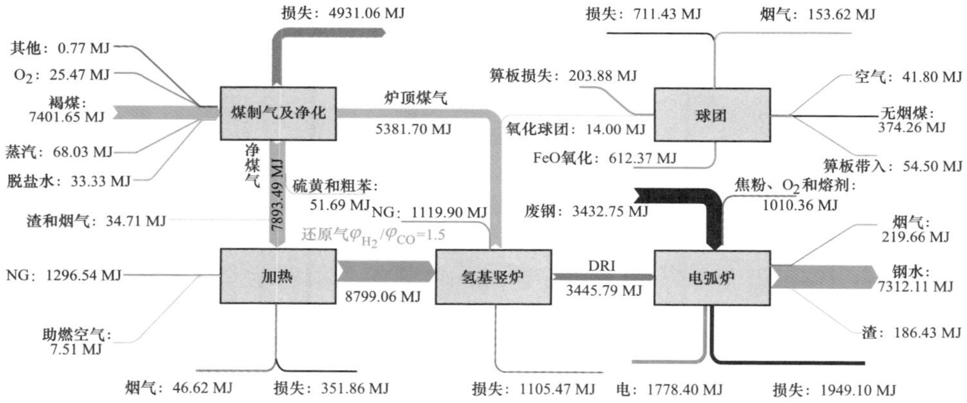

损失：4931.06 MJ
其他：0.77 MJ
$O_2$：25.47 MJ
褐煤：7401.65 MJ
蒸汽：68.03 MJ
脱盐水：33.33 MJ
煤制气及净化
炉顶煤气 5381.70 MJ
净煤气 7893.49 MJ
硫黄和粗苯：51.69 MJ
渣和烟气：34.71 MJ
NG：1119.90 MJ
还原气$\varphi_{H_2}/\varphi_{CO}=1.5$
NG：1296.54 MJ
加热
8799.06 MJ
氢基竖炉
DRI 3445.79 MJ
助燃空气：7.51 MJ
烟气：46.62 MJ
损失：351.86 MJ
损失：1105.47 MJ
损失：711.43 MJ
烟气：153.62 MJ
箅板损失：203.88 MJ
球团
空气：41.80 MJ
无烟煤：374.26 MJ
氧化球团：14.00 MJ
FeO氧化：612.37 MJ
箅板带入：54.50 MJ
废钢：3432.75 MJ
焦粉、$O_2$和熔剂：1010.36 MJ
电弧炉
烟气：219.66 MJ
钢水：7312.11 MJ
渣：186.43 MJ
电：1778.40 MJ
损失：1949.10 MJ

(b)

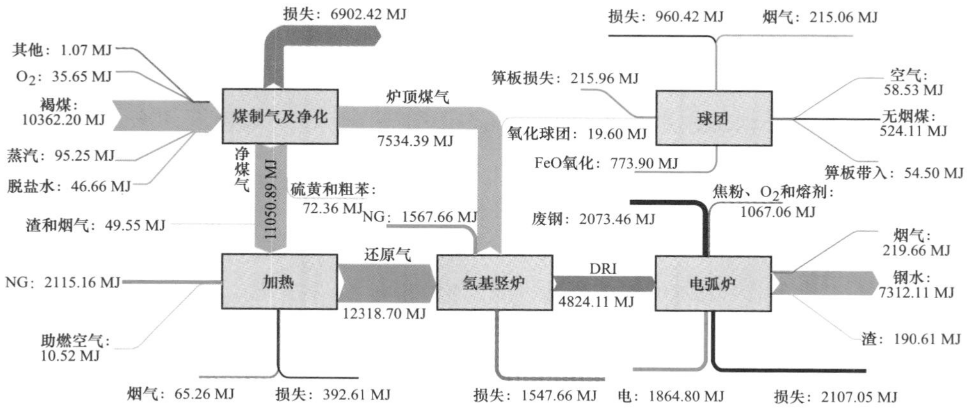

损失：6902.42 MJ
其他：1.07 MJ
$O_2$：35.65 MJ
褐煤：10362.20 MJ
蒸汽：95.25 MJ
脱盐水：46.66 MJ
煤制气及净化
炉顶煤气 7534.39 MJ
净煤气 11050.89 MJ
硫黄和粗苯：72.36 MJ
渣和烟气：49.55 MJ
NG：1567.66 MJ
NG：2115.16 MJ
加热
还原气 12318.70 MJ
氢基竖炉
DRI 4824.11 MJ
助燃空气：10.52 MJ
烟气：65.26 MJ
损失：392.61 MJ
损失：1547.66 MJ
损失：960.42 MJ
烟气：215.06 MJ
箅板损失：215.96 MJ
球团
空气：58.53 MJ
无烟煤：524.11 MJ
氧化球团：19.60 MJ
FeO氧化：773.90 MJ
箅板带入：54.50 MJ
废钢：2073.46 MJ
焦粉、$O_2$和熔剂：1067.06 MJ
电弧炉
烟气：219.66 MJ
钢水：7312.11 MJ
渣：190.61 MJ
电：1864.80 MJ
损失：2107.05 MJ

(c)

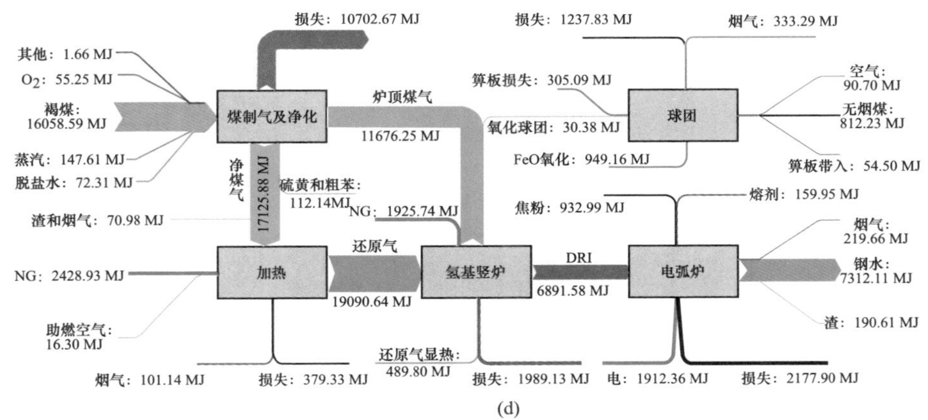


图 6.37 不同 DRI 配比条件下基于煤制气的氢基竖炉-电弧炉短流程新工艺有效能流桑基图

(a) 30% DRI，$\eta_{obj}=52.75\%$；(b) 50% DRI，$\eta_{obj}=47.53\%$；

(c) 70% DRI，$\eta_{obj}=42.98\%$；(d) 100% DRI，$\eta_{obj}=35.93\%$

基于以上资源、能源输入情况的变化，短流程系统输入的总有效能由 25618.28 MJ 降低至 14804.76 MJ，且由外界环境输入至煤制气及净化、煤气加热、球团、氢基竖炉工序的有效能分别由 16335.42 MJ、2445.23 MJ、1906.59 MJ、1925.74 MJ 降低至 4553.48 MJ、1304.05 MJ、811.07 MJ、677.29 MJ，分别降低了 11781.94 MJ、1141.18 MJ、1095.52 MJ、1248.45 MJ。而电弧炉工序由于增加了废钢的使用量，外界输入的有效能由 3005.30 MJ 增加至 7458.87 MJ，增加了 4453.57 MJ。可见，当系统引入 4854.89 MJ 的废钢（质量 714.14 kg）后，由外界环境输入系统的总有效能降低 10813.52 MJ，其中，降低幅度最大的环节为煤制气及净化工序，其不可逆损失由 10702.67 MJ 降低至 2983.36 MJ，占煤制气及净化工序有效能总减少量的 65.52%，占全流程有效能总减少量的 71.39%，再次证明了煤制气及净化工序有效能利用率的提高对于基于煤制气的氢基竖炉-电弧炉短流程新工艺提升能效、节约资源能源的重要性。

综上所述，电弧炉炼钢时配加适量的废钢，有利于降低因还原气制取、球团还原造成的有效能不可逆损失，在一定程度上提升了短流程的能量利用水平。但实际生产中，其配加量受其杂质元素含量以及冶炼钢种的限制，应结合能量利用、生产成本合理设计生产方案。

#### 6.2.4.2 还原气成分对短流程有效能利用的影响

100% DRI、不同还原气成分条件下基于煤制气的氢基竖炉-电弧炉短流程新工艺有效能流桑基图如图 6.38 所示。由图可知，当还原气成分由 $\varphi_{H_2}/\varphi_{CO}=1.5$ 变化为 100% $H_2$ 时，短流程的有效能利用率由 35.93%降低至 32.90%，可见，提高氢基竖炉入炉还原气氢含量会导致短流程能量利用水平的下降。

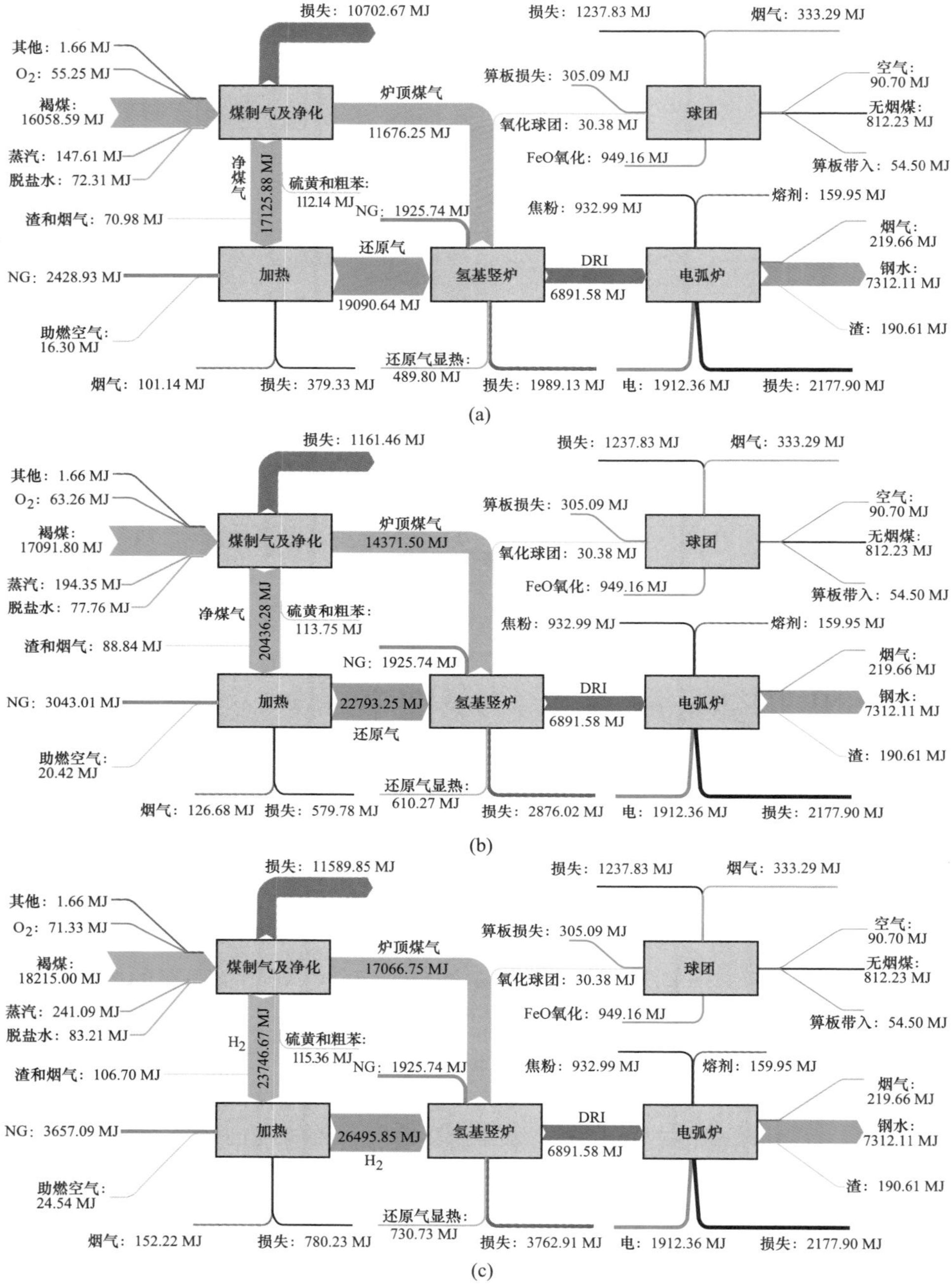

损失：10702.67 MJ
损失：1237.83 MJ
烟气：333.29 MJ
其他：1.66 MJ
$O_2$：55.25 MJ
褐煤：16058.59 MJ
煤制气及净化
炉顶煤气 11676.25 MJ
算板损失：305.09 MJ
氧化球团：30.38 MJ
球团
空气：90.70 MJ
无烟煤：812.23 MJ
FeO氧化：949.16 MJ
算板带入：54.50 MJ
蒸汽：147.61 MJ
脱盐水：72.31 MJ
净煤气 17125.88 MJ
硫黄和粗苯：112.14 MJ
渣和烟气：70.98 MJ
NG：1925.74 MJ
焦粉：932.99 MJ
熔剂：159.95 MJ
还原气 19090.64 MJ
NG：2428.93 MJ
加热
氢基竖炉
DRI 6891.58 MJ
电弧炉
烟气：219.66 MJ
钢水：7312.11 MJ
渣：190.61 MJ
助燃空气：16.30 MJ
还原气显热：489.80 MJ
烟气：101.14 MJ
损失：379.33 MJ
损失：1989.13 MJ
电：1912.36 MJ
损失：2177.90 MJ

(a)

损失：1161.46 MJ
损失：1237.83 MJ
烟气：333.29 MJ
其他：1.66 MJ
$O_2$：63.26 MJ
褐煤：17091.80 MJ
煤制气及净化
炉顶煤气 14371.50 MJ
算板损失：305.09 MJ
氧化球团：30.38 MJ
球团
空气：90.70 MJ
无烟煤：812.23 MJ
FeO氧化：949.16 MJ
算板带入：54.50 MJ
蒸汽：194.35 MJ
脱盐水：77.76 MJ
净煤气 20436.28 MJ
硫黄和粗苯：113.75 MJ
焦粉：932.99 MJ
熔剂：159.95 MJ
渣和烟气：88.84 MJ
NG：1925.74 MJ
NG：3043.01 MJ
加热
22793.25 MJ 还原气
氢基竖炉
DRI 6891.58 MJ
电弧炉
烟气：219.66 MJ
钢水：7312.11 MJ
渣：190.61 MJ
助燃空气：20.42 MJ
还原气显热：610.27 MJ
烟气：126.68 MJ
损失：579.78 MJ
损失：2876.02 MJ
电：1912.36 MJ
损失：2177.90 MJ

(b)

损失：11589.85 MJ
损失：1237.83 MJ
烟气：333.29 MJ
其他：1.66 MJ
$O_2$：71.33 MJ
褐煤：18215.00 MJ
煤制气及净化
炉顶煤气 17066.75 MJ
算板损失：305.09 MJ
氧化球团：30.38 MJ
球团
空气：90.70 MJ
无烟煤：812.23 MJ
FeO氧化：949.16 MJ
算板带入：54.50 MJ
蒸汽：241.09 MJ
脱盐水：83.21 MJ
$H_2$ 23746.67 MJ
硫黄和粗苯：115.36 MJ
NG：1925.74 MJ
焦粉：932.99 MJ
熔剂：159.95 MJ
渣和烟气：106.70 MJ
NG：3657.09 MJ
加热
26495.85 MJ $H_2$
氢基竖炉
DRI 6891.58 MJ
电弧炉
烟气：219.66 MJ
钢水：7312.11 MJ
渣：190.61 MJ
助燃空气：24.54 MJ
还原气显热：730.73 MJ
烟气：152.22 MJ
损失：780.23 MJ
损失：3762.91 MJ
电：1912.36 MJ
损失：2177.90 MJ

(c)

图 6.38　不同还原气成分条件下基于煤制气的氢基竖炉-电弧炉短流程有效能流桑基图

(a) $\varphi_{H_2}/\varphi_{CO}=1.5$，$\eta_{obj}=35.93\%$；(b) $\varphi_{H_2}/\varphi_{CO}=2.5$，$\eta_{obj}=34.53\%$；(c) 100% $H_2$，$\eta_{obj}=32.90\%$

当还原气成分由 $\varphi_{H_2}/\varphi_{CO}=1.5$ 变化为 100% $H_2$ 时，由外界环境输入至煤制气及净化和煤气加热工序的有效能分别由 16335.42 MJ 和 2445.23 MJ 增加至 18612.29 MJ 和 3681.63 MJ，分别增加了 2276.87 MJ 和 1236.40 MJ，此时，输入至系统的总有效能增加至 29131.55 MJ。此外，煤制气及净化、煤气加热、氢基竖炉工序的不可逆损失分别增加至 11589.85 MJ、780.23 MJ、3762.91 MJ，短流程系统总的有效能损失达到了 19548.72 MJ。这意味着，为了提高入炉还原气的氢含量，不仅煤制气及净化和煤气加热工序需增加有效能的输入，而且在粗煤气提质、净煤气加热以及氢基竖炉还原过程中损失更多的有效能，最终导致短流程整体能量利用水平的下降。

因此，对于氢基竖炉还原气氢含量的合理选择，不应仅着眼于氢基竖炉单一工序，还应兼顾全流程的有效能利用、经济成本、环境负荷等多方面的指标。

## 6.3 氢基竖炉短流程热经济学评价

上节采用有效能分析的方法对氢基竖炉-电弧炉短流程新工艺的热力学特性进行了分析，但这一过程仅考虑了系统内能量转换的热力学因素。现实中对某一工程方案的评价与决策，除评价其技术优势外，经济性也必须是合理的，有效能利用分析可在技术上提供最优方案，但无法考虑成本因素。热经济学分析方法可将热力学分析与经济成本统一考虑，可兼顾考虑技术和经济上的优化。为更全面地分析评价氢基竖炉-电弧炉短流程新工艺的系统性能，本节基于矩阵模式热经济学理论，通过构建短流程新工艺的热经济学模型，系统研究主要产品的成本形成的过程以及分布规律，通过敏度分析考察主要原燃料价格对系统主要产品成本的影响规律，从而对短流程新工艺的经济性进行全面分析和把握。

### 6.3.1 热经济学分析模型

#### 6.3.1.1 矩阵模式热经济学理论基础

矩阵模式热经济学基本思想为通过引入一个描述系统的事件矩阵将㶲流以及各子系统联系起来，再根据这一矩阵列出各子系统的㶲成本平衡方程，获得各㶲流的㶲成本（Exergy Cost），最后再赋予其经济学属性即可得到各主要产品的热经济学成本。可见，矩阵模式热经济学理论基础是关于㶲效率的㶲成本理论，此后再进行经济学计算。㶲成本即为在系统内产生某一㶲流所需要支付的㶲量（单位为 MJ/MJ），是与经济学结合的热力学概念，本质上仍属于热力学的范畴，但因其可转换为经济学量纲，成为了将热力学和经济学联系起来的最佳途径。因此，进行矩阵模式热经济学计算需首先定义㶲成本以及矩阵。

（1）㶲成本。Valero 关于㶲成本理论的描述为：在一个给定的㶲流分布确定的系统内在一定条件下求取系统内各物理流的成本。㶲流是最能代表能量系统的物理流，因此，㶲成本即代表单位时间内在系统内产生某一㶲流所需的㶲量，一般以 $E_x^*$ 表示，可用来衡量给定的系统生产该股㶲流的效率。更进一步地，单位㶲成本（Unit Exergy Cost）是指单位时间内生产一个单位的㶲流所需要的支付的㶲，如式（6.38）所示。

$$K = \frac{E_x^*}{E_x} \tag{6.38}$$

由此可知，要想获得某一系统产品的㶲成本或单位㶲成本，需明确这一系统的目的以及其输入的原燃料和输出的产品。在热经济学的范畴内，生产设备是指用来生产下一工序原料或系统最终产品的设备，而其余用于产生或处理废弃物的设备归为耗散设备。根据生产目的将各股㶲流归属为“燃料（Fuel，用 F 表示）”或“产品（Product，用 P 表示）”，F、P 分别泛指系统的输入与输出。确定了一个系统的 F-P 后，即可作为计算条件来确定㶲成本。

（2）描述系统的事件矩阵。若一个系统的物理结构内存在 $m$ 股㶲流，并可划分为 $n$ 个子系统，则可以采用事件矩阵 $\boldsymbol{A}(n \times m)$ 来描述系统内各股㶲流与各子系统的相互作用关系，并反映系统内部所进行的过程。若 $\alpha_{ij}$ 为事件矩阵 $\boldsymbol{A}$ 的任一元素，那么当第 $j$ 股㶲流输入子系统 $i$ 时，$\alpha_{ij}=1$；相反，当第 $j$ 股㶲流流出子系统 $i$ 时，则 $\alpha_{ij}=-1$；而当第 $j$ 股㶲流既不输出也不流出子系统 $i$ 时，记作 $\alpha_{ij}=0$。

将各子系统的㶲损失构成的向量记为 $\boldsymbol{I}$，则其应为一个 $n$ 维的列向量，根据㶲损失的定义可知，必然有 $\boldsymbol{I}=\boldsymbol{A}\times\boldsymbol{E}$，而子系统 $i$ 的㶲损失可表示为

$$\boldsymbol{I}_i = \sum_{j=1}^{m} \alpha_{ij} E_j \tag{6.39}$$

（3）热经济学计算矩阵。将产品的㶲成本赋予经济学属性其实就是对“燃料”进行价格化，并将生产过程中的非能量费用纳入考虑的过程。假设子系统 $i$ 输入 $a$ 股㶲流、输出 $b$ 股㶲流，非能量费用构成的向量为 $\boldsymbol{Z}_i$（折旧、设备运行、管理费用等），$\boldsymbol{C}_x$ 和 $\boldsymbol{C}_y$ 分别为输入和输出的㶲流的现金单价构成的向量，则该子系统的现金流平衡方程可表述为

$$\sum_{x=1}^{a} \boldsymbol{C}_x E_x + \boldsymbol{Z}_i = \sum_{y=1}^{b} \boldsymbol{C}_y E_y \tag{6.40}$$

因系统有 $m$ 个子系统，则共可列 $m$ 个现金平衡式，最终可以矩阵形式列出方程组为

$$\boldsymbol{A} \times \boldsymbol{E}_{\mathrm{D}} \times \boldsymbol{C}^* + \boldsymbol{Z} = 0 \tag{6.41}$$

$$\boldsymbol{A} \times \boldsymbol{\Pi} + \boldsymbol{Z} = 0 \tag{6.42}$$

式中，$\boldsymbol{E}_{\mathrm{D}}$ 为系统所有㶲向量构成的 $n$ 阶对角矩阵；$\boldsymbol{C}^*$ 为单位热经济学成本构成的 $n$ 维列向量；$\boldsymbol{\Pi}$ 为热经济学成本构成的 $n$ 维列向量。

一般来讲，一个能量系统的㶲流总数往往大于子系统数量，要想求得

式（6.41）和式（6.42）的唯一解，必须建立 $n-m$ 个补充方程，使得事件矩阵 $\boldsymbol{A}$ 和非能量向量 $\boldsymbol{Z}$ 转换为扩展事件矩阵 $\overline{\boldsymbol{A}}$ 和扩展非能量向量 $\overline{\boldsymbol{Z}}$，则式（6.41）和式（6.42）分别可转变为

$$\overline{\boldsymbol{A}} \times \boldsymbol{E}_{\mathrm{D}} \times \boldsymbol{C}^* + \overline{\boldsymbol{Z}} = 0 \tag{6.43}$$

$$\overline{\boldsymbol{A}} \times \boldsymbol{\Pi} + \overline{\boldsymbol{Z}} = 0 \tag{6.44}$$

建立补充方程的原则如下：

（1）对于已知输入系统㶲流的㶲价，输入㶲流为 $e$ 股，可建立 $e$ 个补充方程，表示为

$$\boldsymbol{\alpha}_{\mathrm{e}} \times \boldsymbol{E}_{\mathrm{D}} \times \boldsymbol{C}^* = \boldsymbol{W}_{\mathrm{e}} \tag{6.45}$$

式中，$\boldsymbol{\alpha}_{\mathrm{e}}$ 为㶲流倒数矩阵；$\boldsymbol{W}_{\mathrm{e}}$ 为输入系统㶲流的成本向量。

（2）对于多产品的子系统，许多文献中采用㶲价相等的原则建立补充方程。但对于炼铁系统来说，有主产品和副产品之分，产品的地位明显不同，说明这种以㶲价相等原则建立的补充方程并不可靠。为此，引入价格系数 $\lambda$ 来表示多产品系统中两种产品的㶲单价之比[14]，如式（6.46）所示。

$$\frac{1}{\boldsymbol{E}_i} \times \boldsymbol{E}_i \times c_i - \frac{\lambda}{\boldsymbol{E}_k} \times \boldsymbol{E}_k \times c_k = 0 \tag{6.46}$$

（3）对于双线流，则其输入和输出的㶲单价相等。多输入和多输出者同理，且等于多输入㶲流单价的加权平均值，如式（6.47）所示。

$$\frac{1}{\boldsymbol{E}_{\mathrm{in}}} \times \boldsymbol{E}_{\mathrm{in}} \times c_{\mathrm{in}} - \frac{1}{\boldsymbol{E}_{\mathrm{out}}} \times \boldsymbol{E}_{\mathrm{out}} \times c_{\mathrm{out}} = 0 \tag{6.47}$$

在补充方程建立后，扩展事件矩阵满秩，可求得方程组的唯一解。

#### 6.3.1.2 热经济学模型构建

对一个能量系统进行热经济学建模时，需完成以下三个步骤：（1）构建目标系统的物理结构，即通常所说的工艺模型；（2）定义各子系统的 F 和 P，明确每一个子系统输入与输出㶲流的功能；（3）根据生产的目的将所建立物理结构转变成相应的生产结构。本书采用 TAESS（Thermo-economic Analysis of Energy System Software）软件进行热经济学模型构建并求解。TAESS 软件可自动实现以上三个步骤，通过求解可获得系统内所有物理流的成本分布规律。针对本研究，可采用该软件进行㶲成本的计算，并完成对系统的故障诊断和燃料影响评价，在此基础上，进一步求解扩展事件矩阵，得到系统内主要产品的热经济学成本。

（1）系统物理结构。这里所说的物理结构是将复杂系统内功能相似的组件集成为一个子系统或将一个单元拆分为若干单独的组件来分析（即系统划分的集成度的高低）。合理的集成度可为模型的构建以及后续的求解带来便利。集成度的划分没有固定的标准，需根据研究的目的和结果的精度来确定，需考虑组件或单元的物理特征以及要考查的参数（如温度、压力、流量、组分等）。

针对本研究，热经济学所涉及的物理结构可等同于前文所建立的质能平衡模型，该物理结构共包括 5 个生产设备和 1 个耗散设备，共 31 股㶲流。生产设备包括煤制气及净化、煤气加热、球团制备、氢基竖炉直接还原和电弧炉，各生产设备产生的废弃物一般携带一定量的能量，而引入的耗散设备用以废气和废渣等流的汇集，最终以固液气三类形式的㶲流排出系统。

（2）系统生产结构。本研究采用 TAESS 软件来完成基于煤制气的氢基竖炉-电弧炉短流程工艺系统的物理结构到生产结构的转变。在明确了系统的物理结构后，需定义系统的燃料-产品表，即，F-P 表。表 6.19 为通用的 F-P 表，表内是各股流具体的㶲值。TAESS 软件并不能用来计算㶲值，上一节获得的基于煤制气的氢基竖炉-电弧炉短流程㶲平衡桑基图可作为 F-P 表数据的来源。

表 6.19 中每一行元素之和等于该行对应设备的总产品的㶲值，而每一列的元素之和等于该列对应设备的总燃料㶲值，其关系可表示为

$$F_j = E_{0j} + \sum_{i=1}^{n} E_{ij} \tag{6.48}$$

$$P_i = E_{i0} + \sum_{j=1}^{n} E_{ij} \tag{6.49}$$

式中，$E_{0j}$为从外界输入 $j$ 系统的资源的㶲值；$E_{ij}$为工序 $i$ 生产的产品作为燃料输入 $j$ 工序的㶲值；$E_{i0}$表示系统 $i$ 输出的产品的㶲值。

**表 6.19 通用的燃料-产品表**

| 项目 | $F_0$ | $F_1$ | … | $F_j$ | … | $F_n$ |
|---|---|---|---|---|---|---|
| $P_0$ | — | $E_{01}$ | … | $E_{0j}$ | … | $E_{0n}$ |
| $P_1$ | $E_{10}$ | $E_{11}$ | … | $E_{1j}$ | … | $E_{1n}$ |
| ⋮ | ⋮ | ⋮ | … | ⋮ | … | ⋮ |
| $P_i$ | $E_{i0}$ | $E_{i1}$ | … | $E_{ij}$ | … | $E_{in}$ |
| ⋮ | ⋮ | ⋮ | … | ⋮ | … | ⋮ |
| $P_n$ | $E_{n0}$ | $E_{n1}$ | … | $E_{nj}$ | … | $E_{nn}$ |

基于㶲成本核心理论和算法[14-15]，F-P 表根据生产结构提供的信息自动完成计算。表 6.20 给出了基于煤制气的氢基竖炉-电弧炉短流程系统生产结构模型。这一模型可详细描述目标系统内燃料和产品的分布情况，并用来分析各单元的资源/燃料的消耗和产品的输出，产品成本的分布规律，以及解决涉及多产品成本分摊的复杂系统的成本求解以及诊断问题。

**表 6.20　基于煤制气的氢基竖炉-电弧炉短流程系统生产结构模型**

| 设备 | 序号 | 过程 | “燃料” | “产品” |
|---|---|---|---|---|
| 生产设备 | 0 | 外部环境 | $E_{10}+E_{27}+E_{30}+E_{31}$ | $E_1+E_2+E_3+E_4+E_6+E_{11}+E_{12}+E_{15}+E_{16}+E_{17}+E_{18}+E_{21}+E_{23}+E_{24}+E_{25}+E_{26}$ |
| | 1 | 煤制气及净化 | $E_1+E_2+E_3+E_4+E_5+E_6$ | $E_7+E_8+E_9+E_{10}$ |
| | 2 | 煤气加热 | $E_7+E_{11}+E_{12}$ | $E_{13}+E_{14}$ |
| | 3 | 球团 | $E_{15}+E_{16}+E_{17}+E_{18}$ | $E_{19}+E_{20}$ |
| | 4 | 氢基竖炉 | $E_{13}+E_{19}+E_{21}$ | $E_5+E_{22}$ |
| | 5 | 电弧炉 | $E_{22}+E_{23}+E_{24}+E_{25}+E_{26}$ | $E_{27}+E_{28}+E_{29}$ |
| 耗散设备 | 6 | 耗散 | $E_8+E_9+E_{14}+E_{20}+E_{28}+E_{29}$ | $E_{30}+E_{31}$ |

（3）产品生产成本分布活动。在考虑了废弃物的㶲成本的情况下，生产设备的燃料和产品的㶲成本可由式（6.50）和式（6.51）表示。

$$C_{\mathrm{F},i} = E_{i0}^{*} + \sum_{j=1}^{n} E_{ij}^{*} \tag{6.50}$$

$$C_{\mathrm{P},i} = E_{0i}^{*} + \sum_{j=1}^{n} E_{ij}^{*} \tag{6.51}$$

耗散设备的产品成本则由式（6.52）表示。

$$C_{\mathrm{P},i} = R_{i0}^{*} \tag{6.52}$$

由㶲成本平衡方程可知，产品的㶲成本等于输入的燃料的成本和耗散设备产生的成本之和。

$$C_{\mathrm{P},i} = C_{\mathrm{F},i} + C_{\mathrm{R},i} \tag{6.53}$$

而由外部环境输入的资源的㶲成本为

$$C_{\mathrm{e},i} = E_{0i} = c_{\mathrm{e},i}\mathrm{P}_i \tag{6.54}$$

具体到每一股㶲流的成本为

$$C_{i,j} = c_{ij}E_{ii} \tag{6.55}$$

假设<**KR**>是一个包含元素 $\rho_{ij}$ 的 $n$ 阶矩阵，表示 $j$ 设备的产品在设备 $i$ 中耗散成废弃物的比例，其元素为单位㶲的比㶲耗，则单位产品的成本可由式（6.56）进行计算

$$c_{P}(U_{D} - < KP > - < KR >) = c_{e} \tag{6.56}$$

式中，$c_e$ 为一个（$n\times1$）的矢量，由各单元每单位产品所消耗的外部能源的㶲成本构成。

由此，单位㶲成本可以被分解为两部分，一部分为由于内部不可逆形成的单位㶲成本，如式（6.57）所示；另一部分为除主产品以外因耗散产生的单位㶲成本，如式（6.58）所示。

$$c_{P}^{e} = {}^{T}|\mathbf{P}\rangle c_{e} = u + {}^{T}|\mathbf{I}\rangle u \tag{6.57}$$

$$c_{P}^{r} = {}^{T}|\mathbf{P}\rangle c_{R} = {}^{T}|\mathbf{R}\rangle c_{P} \tag{6.58}$$

最终，产品的㶲成本可由式（6.59）求得：

$$c_{P} = c_{P}^{e} + c_{P}^{r} \tag{6.59}$$

通过产品生产成本分布活动的研究，可清晰掌握系统内各处产品成本形成的具体过程，与前述物质流和㶲流分析结合，为研究对象的节能降本优化提供更加合理的建议。

### 6.3.2 基于不同氢源的氢基竖炉-电弧炉短流程热经济学成本分析

根据上节所述的热经济学模型构建方法，本节采用 TAESS 软件进行热经济学成本结果的输出与分析。为方便后续的故障诊断和分析，定义两种热经济学状态参数，其中，以 100% DRI、$\varphi_{H_2}/\varphi_{CO}=1.5$ 工艺条件为基准态，其余工艺条件为运行态，包括 $\varphi_{H_2}/\varphi_{CO}=1.5$ 不变、DRI 配比分别为 70%、50%、30%，以及 100% DRI 不变、还原气氛为 $\varphi_{H_2}/\varphi_{CO}=2.5$ 和 100% $H_2$，共五种运行态。设置以上两种状态的目的主要是考察短流程工艺参数对系统内各主要产品成本的影响。值得注意的是，分析热经济学成本的方法及软件工具是多样性的，本书仅以上述的方法为例进行说明。

热经济学成本即单位时间内系统产生每股㶲流消耗的现金值，而单位热经济学成本为每单位在系统中所产生的㶲流需要的现金值。本节以基准态的短流程为例，在其㶲成本分析的基础上，将热力学分析与经济成本统一考虑，根据系统内的㶲平衡及现金平衡，进行各类量的计算，从而获得兼顾能量利用和经济性的信息来评价系统的综合性能。需要注意的是，物质作为能量的载体，其现金价值往往随市场发生波动，为消除时间维度对理论研究的影响，本研究涉及的各股㶲流的现金单价的参考时间统一为 2022 年 12 月。

#### 6.3.2.1 基于煤制气的氢基竖炉-电弧炉短流程热经济学成本

##### A 煤制气及净化工序热经济学成本分析

根据第 6.3.1 节矩阵模式热经济学理论的描述，首先，写出事件矩阵 $\boldsymbol{A}$、扩

展事件矩阵 $\overline{\boldsymbol{A}}$ 和扩展非能量向量 $\overline{\boldsymbol{Z}}$ :

$$\boldsymbol{A}=[1\quad 1\quad 1\quad 1\quad 1\quad 1\quad -1\quad -1]$$

$$\overline{\boldsymbol{A}}=\begin{bmatrix} 1 & 1 & 1 & 1 & 1 & 1 & -1 & -1 \\ 1/E_1 & 0 & 0 & 0 & 0 & 0 & 0 & 0 \\ 0 & 1/E_2 & 0 & 0 & 0 & 0 & 0 & 0 \\ 0 & 0 & 1/E_3 & 0 & 0 & 0 & 0 & 0 \\ 0 & 0 & 0 & 1/E_4 & 0 & 0 & 0 & 0 \\ 0 & 0 & 0 & 0 & 1/E_5 & 0 & 0 & 0 \\ 0 & 0 & 0 & 0 & 0 & 1/E_6 & 0 & 0 \\ 0 & 0 & 0 & 0 & 0 & 0 & 1/E_7 & -a_1/E_8 \end{bmatrix} \quad \overline{\boldsymbol{Z}}=\begin{bmatrix} Z''_{\mathrm{C}} \\ C_1 \\ C_2 \\ C_3 \\ C_4 \\ C_5 \\ C_6 \\ C_7 \end{bmatrix}$$

矩阵 $\overline{\boldsymbol{A}}$ 中 $E_i(i=1\sim8)$ 表示煤制气及净化工序输入与输出各股流的㶲值，$a_1$ 为主产品与副产品的价格系数，$Z''_C$ 表示本工序的折旧以及运行费用，取 51.40 元[16]，$C_i(i=1\sim7)$ 为各股流的㶲单价。

基于式（6.43）列出方程组，求解后即可获得唯一解，即为本工序产品的单位热经济学成本，其方程组如式（6.60）所示。

$$\begin{cases} C_1E_1+C_2E_2+\cdots-C_7E_7-C_8E_8+Z''_C=0 \\ C_1\times\dfrac{1}{E_1}\times E_1-C_1=0 \\ C_2\times\dfrac{1}{E_2}\times E_2-C_2=0 \\ C_3\times\dfrac{1}{E_3}\times E_3-C_3=0 \\ \vdots \\ C_7\times\dfrac{1}{E_7}\times E_7-\dfrac{a_1}{E_8}\times E_8=0 \end{cases} \tag{6.60}$$

本节采用 MATLAB 软件对方程组进行矩阵计算，计算结果见表 6.21。由表中数据可知，在净煤气成本构成中，褐煤和循环炉顶煤气的成本份额最高，分别达到了 42.51%和 38.33%。在褐煤价格为 400 元/t（单位热经济学成本为 0.020 元/MJ）的条件下，考虑氢基竖炉炉顶煤气脱水除尘后完全循环利用的情况下，炉顶煤气的单位热经济学为 0.030 元/MJ，本工序主产品净煤气的单位热经济学成本为 0.053 元/MJ。

**表 6.21 煤制气及净化工序㶲流的经济学及热经济学成本**

| 输入与输出 | 项目 | 单价/元 · $t^{-1}$ | 㶲值/MJ | 单位热经济学成本/元 · $MJ^{-1}$ | 成本构成/元 |
|---|---|---|---|---|---|
| 输入 | 褐煤 | 400.00 | 16058.59 | 0.024 | 383.26 |
| | $O_2$ | 482.14 | 55.25 | 1.70 | 93.88 |
| | 蒸汽 | 190.00 | 147.61 | 0.18 | 26.66 |
| | 脱盐水 | 10.00 | 72.31 | 0.06 | 4.17 |
| | 循环炉顶煤气 | — | 11676.25 | 0.031 | 345.60 |
| | 催化剂及其他 | 5000 | 1.66 | 4.55 | 7.55 |
| | 折旧及运行 | — | — | — | 51.00 |
| 输出 | 净煤气 | — | 17125.88 | 0.053 | 907.27 |
| | 粗苯和硫黄 | 3260.00 | 112.14 | 0.043 | 4.85 |

B 基于煤制气的氢基竖炉-电弧炉短流程其他工序热经济学成本分析

由于煤制气及净化工序在基于煤制气的氢基竖炉-电弧炉短流程中的特殊性和重要性，上节对其主要产品的热经济学成本计算过程进行了详细解析。本节将给出煤气加热、球团、氢基竖炉和电弧炉四个工序热经济学成本计算结果，过程不再赘述。煤气加热、球团、氢基竖炉和电弧炉四个工序的经济学及热经济学成本分别见表 6.22～表 6.25。

**表 6.22 煤气加热工序㶲流的经济学及热经济学成本**

| 输入与输出 | 项目 | 单价/元 · $m^{-3}$ | 㶲值/MJ | 单位热经济学成本/元 · $MJ^{-1}$ | 成本构成/元 |
|---|---|---|---|---|---|
| 输入 | 净煤气 | — | 17125.88 | 0.053 | 907.67 |
| | 天然气 | 3.40 | 2428.93 | 0.11 | 255.04 |
| | 折旧及运行 | — | — | — | 40.00 |
| 输出 | 还原气 | — | 19090.64 | 0.063 | 1202.71 |

**表 6.23 球团工序㶲流的经济学及热经济学成本**

| 输入与输出 | 项目 | 单价/元 · $t^{-1}$ | 㶲值/MJ | 单位热经济学成本/元 · $MJ^{-1}$ | 成本构成/元 |
|---|---|---|---|---|---|
| 输入 | 铁精矿 | 1516.00 | 946.52 | 2.63 | 2486.32 |
| | 无烟煤 | 1520.00 | 812.23 | 0.064 | 51.62 |
| | 膨润土 | 431.00 | 2.61 | 4.08 | 10.65 |
| | 折旧及运行 | — | — | — | 65.00 |
| 输出 | 氧化球团 | 1724.84 | 30.38 | 86.03 | 2613.59 |

表 6.24 氢基竖炉工序㶲流的经济学及热经济学成本

| 输入与输出 | 项目 | 单价/元·$t^{-1}$ | 㶲值/MJ | 单位热经济学成本/元·$MJ^{-1}$ | 成本构成/元 |
|---|---|---|---|---|---|
| 输入 | 氧化球团 | 1724.84 | 30.38 | 86.03 | 2613.59 |
| | 还原气 | — | 19090.64 | 0.063 | 1202.71 |
| | NG | 2428.57 | 2429.76 | 0.090 | 218.68 |
| | 折旧及运行 | — | — | — | 105.00 |
| 输出 | DRI | 3455.78 | 6276.60 | 0.55 | 3790.38 |
| | 炉顶煤气 | — | 11676.25 | 0.03 | 345.60 |

表 6.25 电弧炉工序㶲流的经济学及热经济学成本

| 输入与输出 | 项目 | 单价/元·$t^{-1}$ | 㶲值/MJ | 单位热经济学成本/元·$MJ^{-1}$ | 成本构成/元 |
|---|---|---|---|---|---|
| 输入 | DRI | 3455.78 | 6891.58 | 0.55 | 3794.38 |
| | 焦粉 | 1550.00 | 800.58 | 0.030 | 24.02 |
| | 电 | 0.60/元·$(kW·h)^{-1}$ | 1912.36 | 0.17 | 282.00 |
| | $O_2$ | 482.14 | 3.40 | 2.27 | 7.72 |
| | 熔剂及其他 | — | 206.84 | — | 184.35 |
| | 折旧及运行 | — | — | — | 100.00 |
| 输出 | 钢水 | 4435.57 | 7312.11 | 0.61 | 4392.47 |

C 基于煤制气的氢基竖炉-电弧炉短流程主要产品热经济学成本分析

对表 6.21~表 6.25 的数据进行整理，可获得基准态下基于煤制气的氢基竖炉-电弧炉短流程主要气体和固体产品的经济学和热经济学成本，如图 6.39 所示。结合表 6.21~表 6.25 和图 6.39 可知，在天然气价格为 3.40 元/$m^3$ 条件下，净煤气经加热后，单位热经济学成本和单位经济学成本分别由 0.053 元/MJ 和 0.71 元/$m^3$ 增长至 0.063 元/MJ 和 0.85 元/$m^3$。氧化球团和还原气在氢基竖炉内反应完成后，生产的 DRI 的单位热经济学和单位经济学成本分别为 0.55 元/MJ 和 3455.78 元/t，产出的炉顶煤气的单位热经济学成本和单位经济学成本分别为 0.03 元/MJ 和 0.38 元/$m^3$。最终，电弧炉采用 100% DRI 冶炼的钢水的单位热经济学和单位经济学成本分别为 0.61 元/MJ 和 4392.47 元/t。

此外，由表 6.24 可知，DRI 成本构成中氧化球团占比达到了 68.88%。而由表 6.23 可知，当高品位铁精矿价格为 1516 元/t 时，经链箅机-回转窑工艺制备的氧化球团的单位经济学成本为 1724.84 元/t，单位热经济学更是达到了 86.03 元/MJ。因此，从热经济学的角度分析可知，氧化球团的成本控制，对于 DRI 乃至钢水的高效低成本生产至关重要；而从有效能分析的角度得知，虽然球团工序的㶲效率最低，但由于氧化球团携带的㶲值较低，对于短流程能效的提升效果并不明显，这也印证了热经济学分析手段在系统综合指标评价方面的先进性。

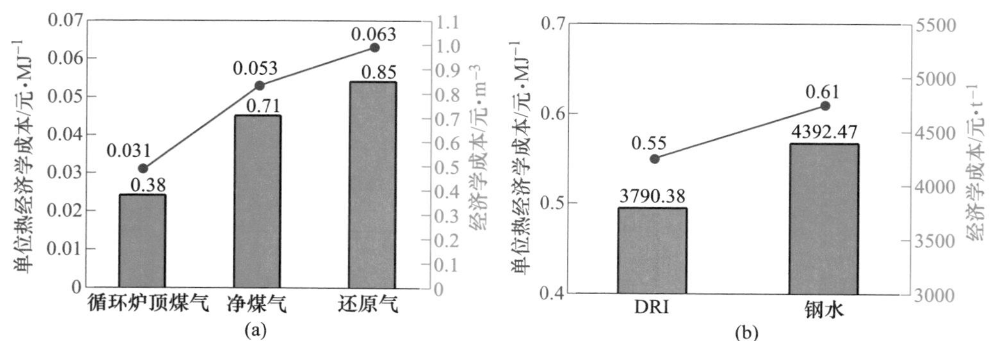

图 6.39 基准态下基于煤制气的氢基竖炉-电弧炉短流程气体（a）和固体（b）产品单位热经济学和经济学成本

综合㶲成本以及热经济学分析的结果可知，煤制气及净化工序的有效能利用率是控制净煤气和还原气㶲成本和热经济学成本的关键，而球团的高效、低成本生产，对于 DRI 以及钢水的成本控制具有重要意义。

6.3.2.2 基于 COG 重整的氢基竖炉-电弧炉短流程热经济学成本

100% DRI 条件下，基于 COG 的氢基竖炉-电弧炉短流程系统内各煤气的单位热经济学和经济学成本如图 6.40（a）所示，DRI 和钢水的单位热经济学和经济学成本如图 6.40（b）所示。由图 6.40（a）可知，焦化工序产出的 COG 单位热经济学和经济学成本分别为 0.059 元/MJ 和 1.13 元/$m^3$。然后，与部分循环的炉顶煤气混合经过重整加热后，制备的还原气的单位热经济学和经济学成本分别

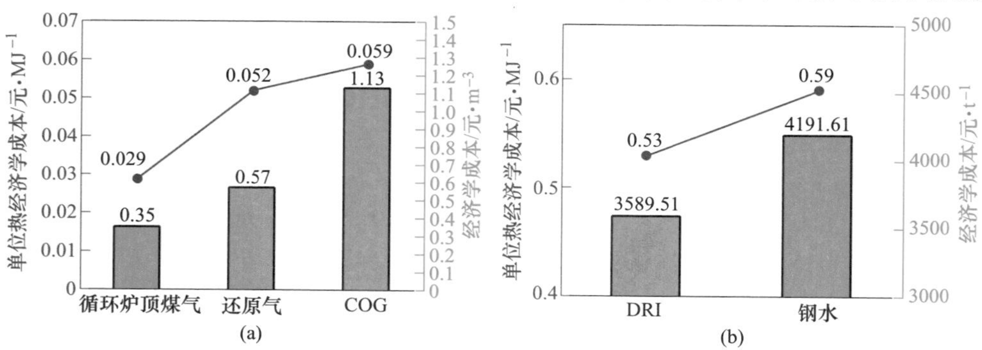

图 6.40 100% DRI 条件下基于 COG 的氢基竖炉-电弧炉短流程气体（a）和固体（b）产品单位热经济学和经济学成本

为0.052元/MJ和0.57元/$m^3$。还原气在氢基竖炉内消耗624 $m^3$，炉顶煤气作为副产品，其成本为0.029元/MJ和0.35元/$m^3$。

在氧化球团和电的单位经济学成本分别为1724.84元/t和0.60元/(kW·h)的条件下，DRI和钢水的单位热经济学和经济学成本分别0.53元/MJ、3589.51元/t和0.59元/MJ、4191.61元/t。

#### 6.3.2.3 基于NG重整的氢基竖炉-电弧炉短流程热经济学成本

在NG、氧化球团和电的单位经济学成本分别为3.4元/$m^3$、1724.84元/t和0.60元/(kW·h)的条件下，基于NG的氢基竖炉-电弧炉短流程采用100% DRI进行冶炼时，主要气体和固体产品的单位热经济学和经济学成本如图6.41所示。

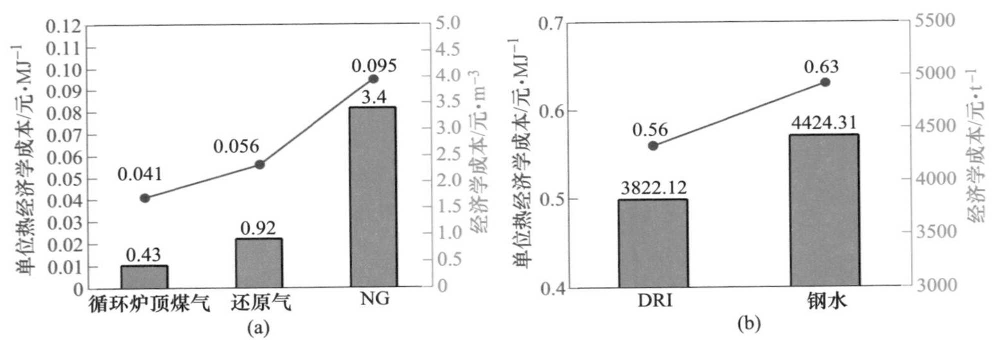


图6.41 100% DRI条件下基于NG的氢基竖炉-电弧炉短流程气体（a）和固体（b）产品单位热经济学和经济学成本

由图6.41（a）可知，当NG的单位经济学成本为3.4元/$m^3$条件下，其热经济学成本为0.095元/MJ，在与炉顶煤气混合催化重整后，还原气的单位热经济学和经济学成本分别达到了0.056元/MJ和0.92元/$m^3$，高于采用COG催化重整和煤制气工艺制备的还原气成本。氢基竖炉主产品DRI和副产品炉顶煤气的单位热经济学成本也相应上涨，分别为0.041元/MJ和0.43元/$m^3$。

在此还原气成本下，DRI和钢水的单位热经济学和经济学成本分别0.56元/MJ、3822.12元/t和0.63元/MJ、4424.31元/t。NG的市场供应以及价格一定程度限制了我国氢基竖炉工艺的发展，我国工业用NG的高成本导致氢基竖炉工艺生产经济性较差，而且NG的供应还容易受到国际形势的影响。因此，完全采用NG重整的氢基竖炉工艺在我国推广应用前景有待提高。

#### 6.3.2.4 基于电解水制氢的氢基竖炉-电弧炉短流程热经济学成本

由上述内容可知，基于电解水制氢的全氢竖炉系统，入炉$H_2$量为2201.50 $m^3$，炉内消耗588 $m^3$。电解水制氢工序需制备588 $m^3$的$H_2$补充至系统内，当制氢效率为55%时，每立方米 $H_2$ 的电耗为6.50 kW·h。参考文献［17-18］设定基于可再生能源发电的电力单价为0.96元/(kW·h)，在此条件下，基于电解水制氢的全氢竖炉-电弧炉短流程采用100% DRI进行冶炼时，系统内各产品的单位热经济学和经济学成本如图6.42所示。

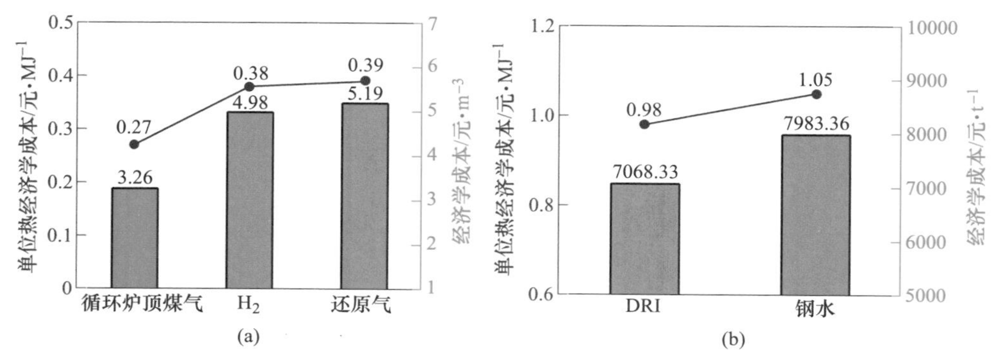


图6.42　100% DRI条件下基于电解水制氢的全氢竖炉-电弧炉短流程气体（a）和固体（b）产品单位热经济学和经济学成本

由图6.42（a）所示，在以上设定的参数下，电解水制氢的单位热经济学和经济学成本分别为0.38元/MJ和4.98元/$m^3$，经过电加热炉加热后，单位热经济学和经济学成本分别上涨至0.39元/MJ和5.19元/$m^3$，可见，在目前的制氢效率和电价条件下，电解水制氢工艺还原气的成本远远高于煤制气、COG重整和NG重整工艺的还原气成本。在此还原气成本下，DRI和钢水的单位热经济学和经济学成本分别0.98元/MJ、7068.33元/t和1.05元/MJ、7983.36元/t。由此，提高制氢效率、降低电价以及减少全氢竖炉还原气需求量不仅是提升系统能效的有效手段，更是降低生产成本的关键。

### 6.3.3　敏度分析

对于一个物理和生产结构确定的系统，其F-P表包含的内容是一定的，即㶲流构成的向量 $\boldsymbol{E}_D$ 和事件矩阵 $\boldsymbol{A}$ 是确定的。但在进行热经济学成本计算时，构建的非能量向量 $\boldsymbol{Z}$ 或扩展的非能量向量却要受到各㶲流的单价或其他非能量费用的影响，这些外界因素对系统热经济学乃至经济学成本的影响，可借助敏度分析来计算主要变量的变化引起经济效益评价指标变动的范围，从而确定影响生产经济效益的敏感因素。

#### 6.3.3.1　敏度分析算法

定义一个矩阵 $\boldsymbol{H}$，如式（6.61）所示。

$$\boldsymbol{H} = -(\boldsymbol{E}_{\mathrm{D}})^{-1} \times \overline{\boldsymbol{A}}^{-1} \tag{6.61}$$

则式（6.43）可转变为

$$\boldsymbol{C}^* = \boldsymbol{H} \times \boldsymbol{Z} \tag{6.62}$$

将式（6.62）对 $\boldsymbol{Z}$ 求导，可得

$$\frac{\partial \boldsymbol{C}^*}{\partial \boldsymbol{Z}} = \boldsymbol{H}^{\mathrm{T}} \tag{6.63}$$

式（6.63）即为 $\boldsymbol{Z}$ 对系统各股㶲流单位热经济学成本的影响的灵敏度，其中，$\boldsymbol{Z}_i$ 影响㶲流 $i$ 的敏度为

$$\frac{\partial \boldsymbol{C}_i^*}{\partial \boldsymbol{Z}_i} = \boldsymbol{H}_i^{\mathrm{T}} = \begin{bmatrix} h_{i1} \\ h_{i2} \\ \vdots \\ h_{in} \end{bmatrix} \tag{6.64}$$

6.3.3.2 氢基竖炉-电弧炉短流程热经济学成本敏度分析

为更全面把握短流程系统内原材料、工艺参数对中间产品及最终产品经济成本的影响，本节仍以包含制气工序的基于煤制气的氢基竖炉-电弧炉短流程为例，根据上述构建的基于煤制气的氢基竖炉-电弧炉短流程热经济学分析模型，以及敏度分析算法，对短流程各工序产品的热经济学成本进行敏度分析，考察各工序产品成本构成中，影响较为显著的因素，为短流程经济学成本优化奠定基础。

A 煤制气及净化工序热经济学成本敏度分析

煤制气及净化工序热经济学成本敏度分析结果见表6.26。由表可知，对该工序的产品净煤气的热经济学成本的敏感性强弱排序为 $O_2$>循环炉顶煤气>褐煤>脱盐水>蒸汽。以“燃料”的价格波动0.01元/MJ来考察净煤气的单位热经济学成本的变化，由表6.26可知，当 $O_2$、循环炉顶煤气、褐煤的单位热经济学成本每增加0.01元/MJ时，净煤气的单位热经济学成本分别增加0.093元/MJ、0.067元/MJ和0.0057元/MJ。

表6.26 煤制气及净化工序热经济学成本敏度分析

| 项目 | 褐煤 | $O_2$ | 蒸汽 | 脱盐水 | 循环炉顶煤气 |
|---|---|---|---|---|---|
| 净煤气 | 0.057 | 0.93 | 0.0032 | 0.0085 | 0.67 |

值得注意的是，在现金流环境中，$O_2$ 的单位热经济学成本增加0.01元/MJ相较褐煤更加困难。由表6.21中数据可知，基准态下，$O_2$ 和褐煤的单位热经济学成

本分别为 1.70 元/MJ 和 0.024 元/MJ。当褐煤单价由 400 元/t 增加至 550 元/t，其单位热经济学成本增加 0.01 元/MJ；而 $O_2$ 的价格则需要由 0.40 元/$m^3$ 增加至 0.73 元/$m^3$，其单位热经济学成本才增加 0.01 元/MJ。实际中，制氧的成本相较褐煤的成本更加稳定，因此，从经济学成本的角度出发，褐煤的成本变化对净煤气的成本影响更显著。

B 煤气加热工序热经济学成本敏度分析

表 6.27 为煤气加热工序产品热经济学成本敏度分析的结果。由表可见，天然气对煤气加热工序的产品还原气的热经济学成本影响最敏感。天然气单位热经济学成本每增加 0.01 元/MJ，净煤气被加热为温度合格的还原气所需的热经济学成本增加 0.0105 元/MJ；而净煤气自身的热经济学成本增加 0.01 元/MJ，还原气的单位热经济学成本仅增加 0.0061 元/MJ。这主要是因为在加热工序，提供能量的物质主要为天然气，虽然净煤气携带的有效能远高于天然气，但其在加热过程中不发生转换以及损失，仅吸收天然气释放的化学有效能，因此，其成本的变化对该工序产品成本的影响低于天然气。

**表 6.27 煤气加热工序热经济学成本敏度分析**

| 项目 | 净煤气 | 天然气 |
|---|---|---|
| 还原气 | 0.61 | 1.05 |

C 球团工序热经济学成本敏度分析

球团工序热经济学成本敏度分析结果见表 6.28，由表可知，作为主要能源的无烟煤对氧化球团的单位热经济学成本影响最敏感，其次为铁精矿。以“燃料”价格变化 0.01 元/MJ 来考察氧化球团热经济学成本的变化，当无烟煤和铁精矿的单位热经济学分别增加 0.01 元/MJ 时，氧化球团的单位热经济学成本分别增加 0.34 元/MJ 和 0.29 元/MJ。

**表 6.28 球团工序热经济学成本敏度分析**

| 项目 | 铁精矿 | 无烟煤 | 膨润土 |
|---|---|---|---|
| 氧化球团 | 29.24 | 34.08 | 0.36 |

由表 6.23 可知，在球团的经济学成本构成中，铁精矿贡献值最高，因此从经济性方面来讲，铁精矿成本的控制是球团工序成本优化的重点。但是，无烟煤作为主要的能源供应来源，是推动氧化焙烧进程的动力，相比控制铁精矿成本，针对球团工序能量利用的优化和节省能源消耗所带来的成本的优化更加明显。

D 氢基竖炉工序热经济学成本敏度分析

氢基竖炉工序热经济学成本敏度分析结果如表 6.29 所示。由表可见，DRI 的单位热经济学成本对还原气成本的变化最敏感，其次为天然气，影响最小的是氧化球团。以“燃料”价格变化 0.01 元/MJ 来考察 DRI 热经济学成本的变化，当还原气、天然气和氧化球团的单位热经济学分别增加 0.01 元/MJ 时，DRI 的单位热经济学成本分别增加 0.025 元/MJ、0.0085 元/MJ 和 0.0032 元/MJ，由表 6.24 可知，基准态下 DRI 的单位热经济学成本为 0.55 元/MJ，可见，天然气和氧化球团热经济学成本的变化对于 DRI 的热经济学成本影响较小。

**表 6.29　氢基竖炉工序热经济学成本敏度分析**

| 项目 | 还原气 | 天然气 | 氧化球团 |
|---|---|---|---|
| DRI | 2.54 | 0.85 | 0.32 |

此外，由表 6.24 同样可知，氧化球团对 DRI 的经济学成本构成的贡献最高，达到了 63.19%，与球团工序类似，单纯从经济学角度分析，应将氧化球团成本的控制作为氢基竖炉生产成本优化的重要措施。但从热经济学的角度分析，优化还原气有效能的利用水平，降低还原气的单位热经济学成本，对于降低氢基竖炉产品成本的效果更加显著。

E　电弧炉工序热经济学成本敏度分析

表 6.30 为电弧炉工序产品热经济学成本敏度分析的结果。由表可见，钢水的单位热经济学成本对 DRI 和焦粉成本变化最敏感，其次为电的成本变化，$O_2$ 的成本变化也存在一定程度的影响，熔剂的影响基本可忽略不计。

**表 6.30　电弧炉工序热经济学成本敏度分析**

| 项目 | DRI | 焦粉 | 电 | $O_2$ | 熔剂 |
|---|---|---|---|---|---|
| 钢水 | 0.49 | 0.48 | 0.25 | 0.11 | 0.00041 |

以“燃料”价格变化 0.10 元/MJ 来考察钢水单位热经济学成本的变化，当 DRI、焦粉、电和 $O_2$ 的单位热经济学成本增加 0.10 元/MJ 时，钢水的单位热经济学成本分别上涨 0.049 元/MJ、0.048 元/MJ、0.025 元/MJ 和 0.011 元/MJ。然而，由表 6.25 可知，焦粉单价为 1550.00 元/t 条件下，焦粉的单位热经济学成本仅为 0.030 元/MJ，上涨 0.10 元/MJ 较为困难。若仅上涨 0.01 元/MJ，则钢水的单位热经济学成本仅上涨 0.0048 元/MJ，相比基准态下钢水的单位热经济学成本 0.61 元/MJ，变化较小。因此，虽然钢水的单位热经济学成本对焦粉的成本变化较为敏感，但影响幅度较小，不应作为主要因素予以考虑。

无论是从经济学还是热经济学的角度分析，DRI 的成本、电价以及电耗是影响钢水成本的重要因素，上文所述的提升氢基竖炉和电弧炉工序有效能利用率的措施均可降低钢水的成本。

净煤气、还原气、球团、DRI 和钢水单位热经济学成本分别对褐煤、天然气、无烟煤、还原气、含铁炉料的成本变化最敏感，短流程新工艺成本的优化应聚焦于以上能源的高效利用，相比仅控制物料的经济成本，提升各工序有效能利用水平对降本的效果更加明显。

## 6.4 氢基竖炉短流程生命周期评价

环境负荷低是氢基竖炉-电弧炉短流程相较传统高炉-转炉长流程的最大优势。然而，针对不同碳减排目标的短流程工艺决策需要科学的理论依据和数据支撑。基于前述构建的基于煤制气的氢基竖炉-电弧炉短流程质能平衡模型，采用生命周期评价方法（Life Cycle Assessment，LCA），量化评价新工艺生产过程中造成的环境影响，并揭示各工序以及不同环境影响类型的累积贡献，找出薄弱环节，从环境影响因子、资源能源消耗、污染物排放情况方面给出优化建议。

国际环境毒理学和化学学会对 LCA 定义如下：生命周期评价是一种评估产品、生产工艺以及活动对环境压力的客观过程，是通过量化其能量物质利用以及废物排放对环境的影响，寻求改善环境的机会以及如何利用这种机会。生命周期评价的基本技术框架包括以下四个相关联的内容[19-20]：

（1）目标与范围界定（Goal and Scope Definition）：确定系统边界和功能单位，建立工艺从“摇篮”到“大门”的生命周期模型。

（2）生命周期清单分析（Life Cycle Inventory，LCI）：生命周期清单的数据主要是基本流的输入输出，在编制清单时需将收集到的实物流数据转化为基本流，并与功能单位产品相关联。

（3）生命周期影响评价（Life Cycle Impact Assessment，LCIA）：将清单数据进行处理并转化为对不同环境影响类型的程度的过程。它主要分为三个步骤：1）影响分类。指将清单数据中各输入或输出分别归到不同的影响类型中，是特征化和归一化的基础；2）特征化。以各影响类型中特定参考物作为基准，根据确定的影响评价模型和特征化因子，将清单数据转化为各环境因子的影响潜力数值的过程；3）标准化。将各影响类型的特征化结果与统一的基准值相比得到相对值的过程，从而使不同影响类型之间具有横向可比性。

（4）结果解释（Interpretation）：结果解释是对前两步内容的分析与总结，包括完整性、敏感性、一致性检查等，最后得出相应结论。目的是找出主要影响环境因素以及在此基础上给出优化建议。因此，在影响结果生成之后，还需要对所选不同影响类型中各工序贡献，各工艺单元输入输出之间的相互关系、能耗和排放情况等进行分析，找出其中关键环节，并提出合理建议。

从产品或工艺整个生命周期评估其环境影响，一方面可以更加全面地获得各生产单元在某一影响类型的作用与贡献，从而可以为降低高污染环节的排放量提供理论依据；另一方面，从经济成本效益来说，随着国家政策对工业环保要求越来越高，钢铁企业生产的环境成本也越来越高。LCA 将各生产单元对环境影响进行量化，不仅能帮助分析出高污染高排放环节，还能分析出各生产单元资源消耗情况，综合直观地体现出工艺流程中的可优化环节，为生产结构优化提出建议。因此，LCA 在钢铁行业中的应用在优化产业结构、提高生产效率、降低成本、降低能耗和减少污染排放方面对钢铁企业具有重要的意义。

本节基于应用范围较广的 Gabi 软件及其搭载的 CML2001 数据库对氢基竖炉-电弧炉短流程进行生命周期影响评价，量化评估整个短流程产品生产过程中资源和能源的消耗情况以及对环境的影响，定量分析不同工序对各种环境影响的贡献大小，找出关键环节，从而为优化工艺、改进方案奠定基础。

### 6.4.1 氢基竖炉短流程生命周期评价模型构建

#### 6.4.1.1 目标及范围界定

本章以基于不同氢源的氢基竖炉-电弧炉短流程为研究对象进行生命周期评价，具体目标为：（1）构建基于不同氢源的氢基竖炉-电弧炉短流程 LCA 模型，并在编制生命周期清单的基础上，分析短流程生产过程中资源能源消耗以及污染物排放情况；（2）进行生命周期影响评价结果的解释，量化分析短流程各工序对不同影响类型的贡献以及各影响类型的累积贡献，找出对环境影响最大的工序并阐明其机理；（3）基于国内某大型钢铁厂的数据，进行高炉-转炉长流程 LCA 分析，并对比分析氢基竖炉-电弧炉短流程与高炉-转炉长流程环境性能的优劣，揭示短流程新工艺环境优势的内在原因；（4）考察电弧炉 DRI 配比以及还原气成分对短流程新工艺的环境绿色性的影响，掌握不同工艺方案下新工艺资源能源消耗和污染物排放情况，依据以上结果提出短流程环境性能优化的合理建议。

基于不同氢源的氢基竖炉-电弧炉短流程评价范围已于前文进行了详述，如图 6.1~图 6.4 所示。为更加清晰地掌握短流程新工艺环境影响的形成过程，下文仍以基于煤制气的氢基竖炉-电弧炉短流程为例详细说明生命周期清单编制与分析、生命周期环境影响评价以及结果分析的具体过程，同时将工艺流程进一步细分为煤制气、脱硫、脱苯萘、水煤气变换、脱碳、煤气加热、球团制备、氢基竖炉直接还原和电弧炉 8 个工序进行详细的输入与输出情况分析。以钢水为最终产品，选择 1 t 电弧炉钢水作为功能单位（Functional Unit，FU），数据主要来源有：国内某大型钢铁厂、国家（国际）相关标准、GaBi database、期刊和其他文献等。电能的相关排放数据基于《中国发电企业温室气体排放核算方法》计算。

#### 6.4.1.2 生命周期清单编制

根据前期数据调研以及理论计算，编制了 $\varphi_{H_2}/\varphi_{CO}=1.5$、100% DRI 条件下基于煤制气的氢基竖炉-电弧炉短流程生命周期清单，结果列于表 6.31。

**表 6.31 基于煤制气的氢基竖炉-电弧炉短流程生命周期清单**

| 输入与输出 | 项目 | 煤制气及净化 | | | | 煤气加热 | 球团 | 氢基竖炉 | 电弧炉 |
|---|---|---|---|---|---|---|---|---|---|
| | | 煤制气 | 脱硫 | 脱苯萘 | 脱碳 | | | | |
| 输入 | 褐煤/kg · $FU^{-1}$ | 1087.75 | — | — | — | — | — | — | — |
| | 无烟煤/kg · $FU^{-1}$ | — | — | — | — | — | 44.35 | — | — |
| | 天然气/$m^3$ · $FU^{-1}$ | — | — | — | — | 124.20 | — | 48.58 | — |
| | 电/kW · h · $FU^{-1}$ | 14.61 | 2.72 | 1.04 | 13.67 | 2.85 | 10.72 | 5.89 | 470.60 |
| | 低压蒸汽/kg · $FU^{-1}$ | — | 39.49 | 14.42 | 93.7 | — | — | — | — |
| | $O_2$/$m^3$ · $FU^{-1}$ | 474.06 | — | — | — | — | — | — | 22.06 |
| | 脱盐水/$m^3$ · $FU^{-1}$ | 403.78 | 13.37 | — | — | — | — | — | — |
| | 焦粉/kg · $FU^{-1}$ | — | — | — | — | — | — | — | 17.83 |
| | 铁精矿/kg · $FU^{-1}$ | — | — | — | — | — | 1555.77 | — | — |
| | 石灰/kg · $FU^{-1}$ | — | — | — | — | — | — | — | 38.98 |
| | 空气/kg · $FU^{-1}$ | — | — | — | — | 833.85 | 3506.56 | — | — |
| | 粗煤气/$m^3$ · $FU^{-1}$ | — | 1290.96 | — | — | — | — | — | — |
| | 循环炉顶煤气（脱水）/$m^3$ · $FU^{-1}$ | — | — | — | 1038.53 | — | — | — | — |
| | 净煤气/$m^3$ · $FU^{-1}$ | — | — | — | — | 1427.89 | — | — | — |
| | 还原气/$m^3$ · $FU^{-}$ | — | — | — | — | — | — | 1427.89 | — |
| | 氧化球团/kg · $FU^{-1}$ | — | — | — | — | — | — | 1415.51 | — |
| | DRI/kg · $FU^{-1}$ | — | — | — | — | — | — | — | 1040.83 |
| 输出产品 | 氧化球团/kg · $FU^{-1}$ | — | — | — | — | — | 1415.51 | — | — |
| | 粗煤气/$m^3$ · $FU^{-1}$ | 1290.96 | — | — | — | — | — | — | — |
| | 净煤气/$m^3$ · $FU^{-1}$ | — | — | — | 1391.59 | — | — | — | — |
| | 还原气/$m^3$ · $FU^{-1}$ | — | — | — | — | 1427.89 | — | — | — |
| | DRI/kg · $FU^{-1}$ | — | — | — | — | — | — | 1040.83 | — |
| | 循环炉顶煤气（脱水）/$m^3$ · $FU^{-1}$ | | — | — | — | — | — | 1038.53 | — |
| | 钢水/kg · $FU^{-1}$ | — | — | — | — | — | — | — | 1000.00 |
| 输出副产品 | 硫黄/kg · $FU^{-1}$ | — | 3.52 | — | — | — | — | — | — |
| | 粗苯/kg · $FU^{-1}$ | — | — | 1.09 | — | — | — | — | — |
| 排放 | $CO_2$/kg · $FU^{-1}$ | 57.14 | 15.75 | 7.93 | 604.16 | 402.90 | 203.51 | 34.05 | 432.20 |
| | CO/kg · $FU^{-1}$ | 0.07 | 0.02 | 2.28 | 126.33 | 0.02 | 21.29 | 0.04 | 21.10 |
| | $SO_2$/kg · $FU^{-1}$ | 0.16 | 0.04 | 0.02 | 0.22 | 0.05 | 0.75 | 0.10 | 1.13 |
| | $NO_x$/kg · $FU^{-1}$ | 0.13 | 0.03 | 0.01 | 0.18 | 0.04 | 0.68 | 0.07 | 0.30 |
| | 粉尘/kg · $FU^{-1}$ | 0.25 | 0.04 | 0.02 | 0.21 | 0.04 | 0.99 | 0.09 | 1.30 |
| | 渣/kg · $FU^{-1}$ | 49.15 | 0 | 0 | 0 | 0 | 0 | 0 | 70.68 |

#### 6.4.1.3　生命周期环境影响评价

A　环境影响分类

环境影响分类是将 LCI 中所有环境因子归于选定的环境影响类型的过程。对于环境影响类型的选择，又与研究所采用的生命周期影响评价方法相关。对于本研究，CLM2001 方法共涵盖八种环境影响类型，分别为：资源消耗（含土地）、酸化、富营养化、全球气候变暖、人体健康毒害、光化学臭氧合成、淡水生态毒性和海洋生态毒性[21]。对于钢铁生产，人们更加关注气体和固体污染物所造成的环境影响，因此选取前六种环境影响类型进行后续的分析，分类结果列于表 6.32。

**表 6.32　基于煤制气的氢基竖炉-电炉短流程（100% DRI）环境影响类型分类结果**

| 影响类型 | 类型参数 | 环境因子 |
| --- | --- | --- |
| 资源消耗（含土地） | kg Sb eq | 铁矿石、褐煤、天然气等 |
| 酸化 | kg $SO_2$ eq | $SO_2$、$NO_x$ |
| 富营养化 | kg $PO_4^{3-}$ eq | $NO_x$ |
| 全球气候变暖 | kg $CO_2$ eq | $CO_2$、CO、$CH_4$ |
| 人体健康毒害 | kg DCB eq | $SO_2$、$NO_x$、粉尘、NMVOC |
| 光化学臭氧合成 | kg Ethene eq | $SO_2$、$NO_x$、CO、$CH_4$、NMVOC |

B　特征化

特征化是以某一环境影响类型中的某一环境因子为参考，将归类后的清单内其他属于该影响类型的环境因子与对应的特征化因子统一为同一单位数值的量化过程，这些数值汇总成为某一影响类型的潜值。针对本研究，六种环境影响类型的潜值分别为资源消耗潜值（ADP）、酸化潜值（AP）、富营养化潜值（EP）、全球变暖潜值（$GWP_{100}$）、人体健康毒害潜值（HTP）和光化学臭氧合成潜值（POCP）。以 $GWP_{100}$为例来说明特征化计算的原理，假设某一产品或生产过程中会造成全球气候变暖的污染物共有 $n$ 种，其中某一种物质 $i$ 的排放量为 $m_i$，而该物质对应的 $GWP_{100}$值为 $x_i$（该值为数据库自带，也可在数据库内查询），则总的 $GWP_{100}$值 $z$ 可通过式（6.65）计算。

$$z = \sum_{i=1}^{n} m_i x_i \tag{6.65}$$

需要注意的是，由于各国家或地区资源储量分布以及利用情况不同，ADP 计算结果往往存在差异，为增加结果的代表性，本研究在确定 ADP 值时，采用了适用于我国国情的本土标准[22]。

C　标准化

特征化后的结果带有各自影响类型的单位，无法进行分析和比较，标准化便是将特征化结果与标准系数做比值进行归一化，该标准系数也属于数据库固有值，获得的相对值可进行初步的分析，但是由于不同的影响类型对环境产生的影响不同，往往还需要进行加权分析，乘以给定的权重系数，得到可供比较的参考值，即完成了影响类型的标准化。

按照上述的三个步骤，100% DRI 条件下基于煤制气的氢基竖炉-电弧炉短流程生命周期归一化和加权结果如图 6.43 所示。最终可知，该条件下短流程新工艺的生命周期总体环境影响为 $4.10\times10^{-11}$。

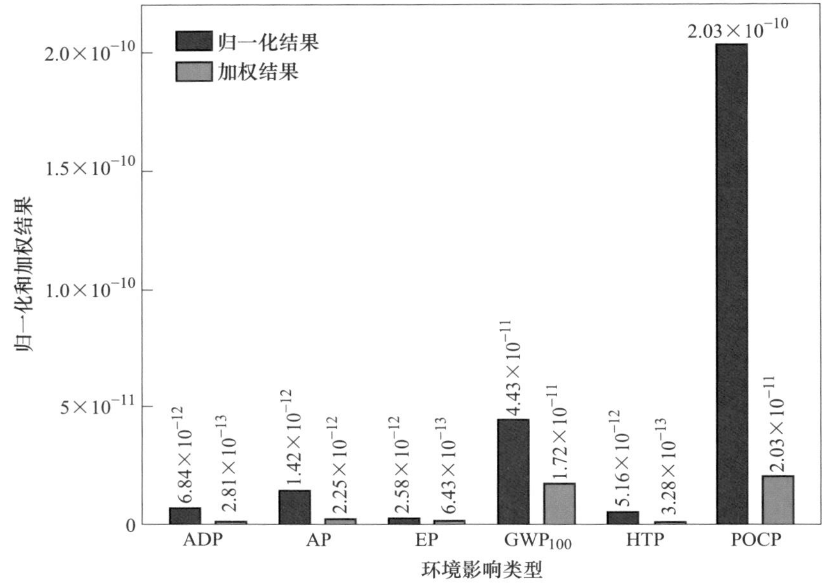


图 6.43 100% DRI 条件下基于煤制气的氢基竖炉-电弧炉短流程归一化和加权结果

#### 6.4.1.4 生命周期评价结果分析

##### A 影响类型累积贡献

100% DRI 条件下基于煤制气的氢基竖炉-电弧炉短流程生命周期影响类型贡献如图 6.44 所示。由图可知，在选定的六种环境影响类型中，光化学臭氧合成和全球气候变暖两种影响类型分别贡献了 49.52%和 41.93%，其次是酸化贡献了 5.49%。因此，温室气体（主要是 $CO_2$）、硫氧化物和 $NO_x$ 的排放是基于煤制气的氢基竖炉-电弧炉短流程环境影响的主要因素，在对新工艺进行深度掌握和进一步优化时，应从降低 $CO_2$、$SO_2$ 及 $NO_x$ 排放量方面着手。

##### B 工序累积贡献

上节分析了各环境影响类型的累积贡献，初步明确了基于煤制气的氢基竖炉-电弧炉短流程生命周期污染物排放情况，为更直观掌握各工序对不同影响类型的贡

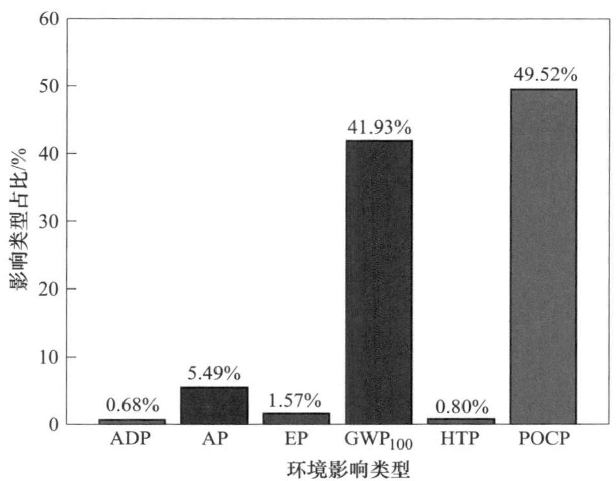


图 6.44 100% DRI 条件下基于煤制气的氢基竖炉-电弧炉短流程生命周期影响类型贡献

献，将选定的六种环境影响类型总潜值定义为 1，计算短流程各工序对影响类型潜值的百分比贡献，结果如图 6.45 所示。由生命周期清单可知，脱碳、煤气加热、球团和电弧炉工序吨钢的 $CO_2$ 排放量分别为 604.16 kg、402.90 kg、203.51 kg 和 432.20 kg。因此，这四个工序对 $GWP_{100}$ 的贡献率分别达到了 40%、21%、11% 和 23%。针对 POCP 的构成，光化学臭氧合成的参考环境因子为 $SO_2$，电弧炉和球团工序吨钢的 $SO_2$ 排放量分别为 1.13 kg 和 0.75 kg，其贡献率分别为 9% 和

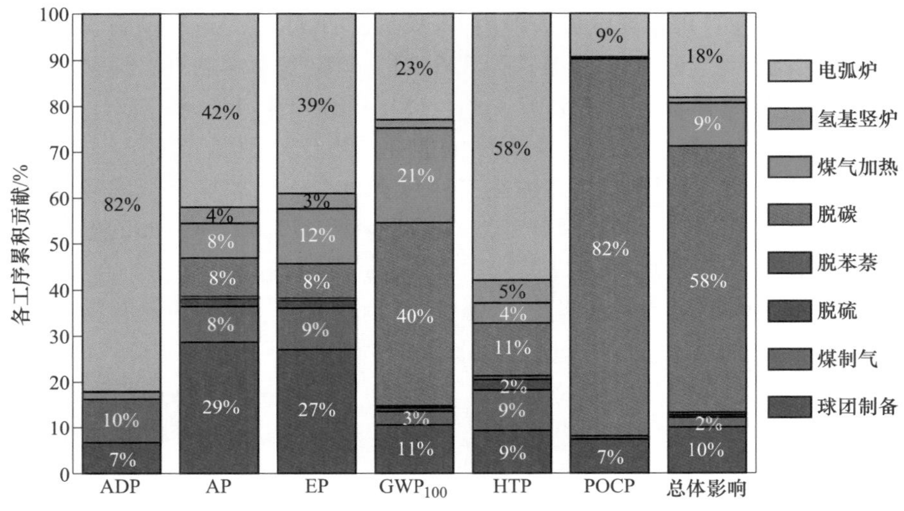


图 6.45 100% DRI 条件下基于煤制气的氢基竖炉-电弧炉短流程生命周期各工序贡献

7%；而由于粗煤气中 $\varphi_{H_2}/\varphi_{CO}$ 约为 1.3，为提高还原气中 $\varphi_{H_2}/\varphi_{CO}$ 使其达到 1.5，在对粗煤气进行脱碳时会同时损失少部分 CO（脱碳工序损失了 CO 126.33 kg），脱碳工序的贡献率达到了 82%。

总之，从总体环境影响方面来看，贡献最大的工序为脱碳（58%），然后依次为电弧炉（18%）、球团（10%）、煤气加热（9%）。由于脱硫、脱苯萘是采用溶液脱除粗煤气中的 $H_2S$ 和苯萘等有害杂质，因此气体污染物排放很少，而且两个工序的吸收液均在催化剂的作用下循环使用，$H_2S$ 和苯萘也转换为硫黄和粗苯等副产品，因此，对环境的影响较小。而氢基竖炉炉顶煤气经脱水除尘后循环使用，无外排气体污染物，环境影响也较小。

综合影响类型累积贡献和工序累积贡献的分析结果可知，针对基于煤制气的氢基竖炉-电弧炉短流程的进一步优化方向应为脱碳、电弧炉、球团制备和加热环节的气体污染物排放以及能源消耗，从而扩大短流程新工艺的绿色清洁冶炼优势。例如，针对脱碳工序可减少其 $CO_2$ 和 CO 的排放，可通过提高煤制气工序粗煤气的 $\varphi_{H_2}/\varphi_{CO}$ 以减少 CO 损失，而提高煤制气工序碳的转化率不仅可以减少制气工序的能源消耗，还可以减少粗煤气中的 $CO_2$，进而降低脱碳工序的碳排放，这也与有效能利用优化的方向一致，应作为重点优化措施进行研究。针对电弧炉工序，因电能的消耗不可避免，未来可采用清洁能源生产的电能进行冶炼，以及采用新一代绿色电弧炉进一步降低碳排放。

C 能耗和污染物排放分析

100% DRI 条件下基于煤制气的氢基竖炉-电弧炉短流程能耗和污染物排放分别如图 6.46（a）和（b）所示。

由图 6.46（a）可知，电弧炉采用 100% DRI 冶炼时，基于煤制气的氢基竖炉-电弧炉短流程综合能耗（标煤）为 726.29 kg/t，其中煤制气、加热和电弧炉工序的能耗（标煤）分别为 327.07 kg/t、152.41 kg/t 和 116.82 kg/t，分别占比 36.04%、29.98%、16.08%，三个工序的能耗总占比达到了 82.10%。煤制气工序主要消耗的能源为褐煤和 $O_2$，加热工序负责将净煤气加热至气基竖炉工艺要求，需消耗大量天然气，而电弧炉工序除需要消耗 470.60 kW·h 的电能外，还需要一定量的焦粉以及熔剂完成炉内的化学反应。由图 6.46（b）可知，100% DRI 条件下基于煤制气的氢基竖炉-电弧炉短流程 $CO_2$、$SO_2$、$NO_x$ 和粉尘的排放量分别为 1757.63 kg/t、2.47 kg/t、2.05 kg/t 和 3.14 kg/t，其中，对 $CO_2$ 排放贡献率较大的三个工序为脱碳（34%）、电弧炉（24%）和加热（23%）；对 $SO_2$ 排放贡献率较大的三个工序为电弧炉（74%）、脱碳（14%）和球团（4%）；对 $NO_x$ 排放贡献率较大的三个工序为电弧炉（74%）、脱碳（14%）和球团（4%）；对粉尘排放贡献率较大的三个工序为煤制气（49%）、球团（31%）和电弧炉（16%）。

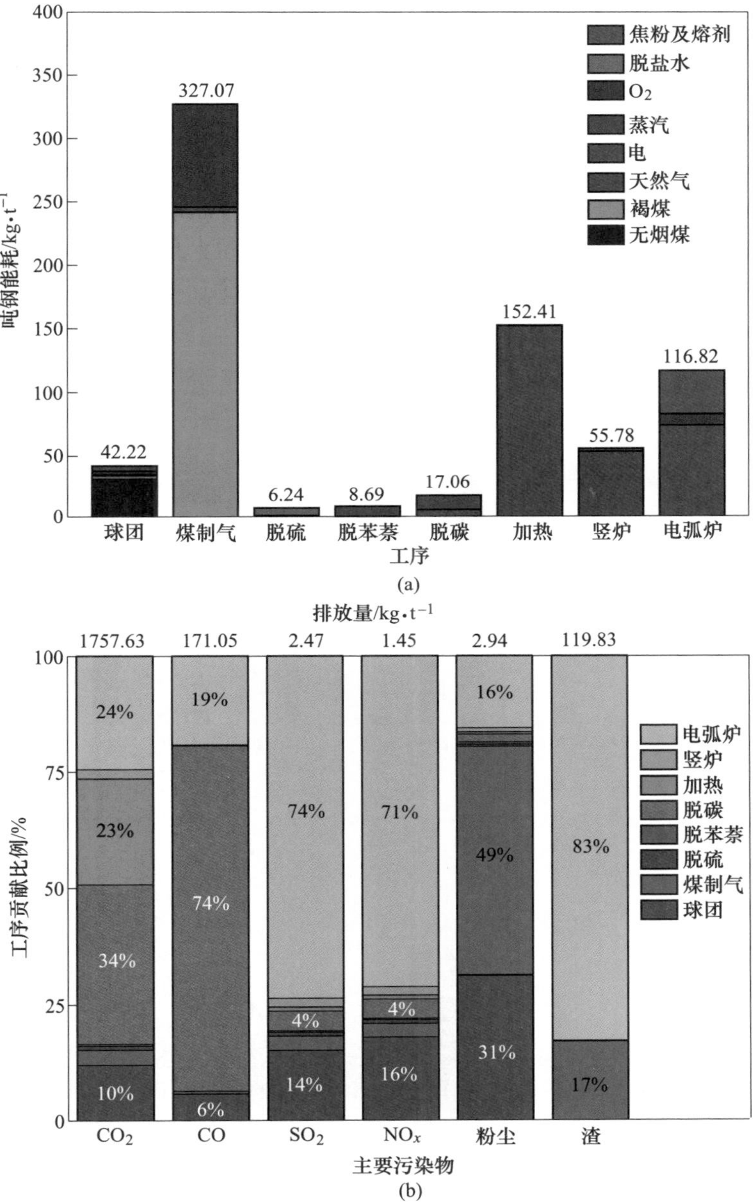


图 6.46 100% DRI 条件下基于煤制气的氢基竖炉-电炉短流程能耗（a）和污染物排放（b）

总之，对能耗和污染物排放情况的分析，可进一步掌握基于煤制气的氢基竖炉-电弧炉短流程造成的环境影响的具体形成过程，为未来新工艺的应用以及优化提供数据量化结果和参考。

### 6.4.2 基于不同氢源的氢基竖炉短流程生命周期评价结果分析

本节采用相同方法，对基于 COG 重整、NG 重整和电解水制氢的氢基竖炉-电弧炉短流程进行生命周期评价。

6.4.2.1 基于 COG 重整的氢基竖炉-电弧炉短流程生命周期评价

100% DRI 条件下，基于 COG 的氢基竖炉-电弧炉短流程生命周期评价结果如图 6.47 所示。由图 6.47（a）所示的加权结果可知，基于 COG 的氢基竖炉-电

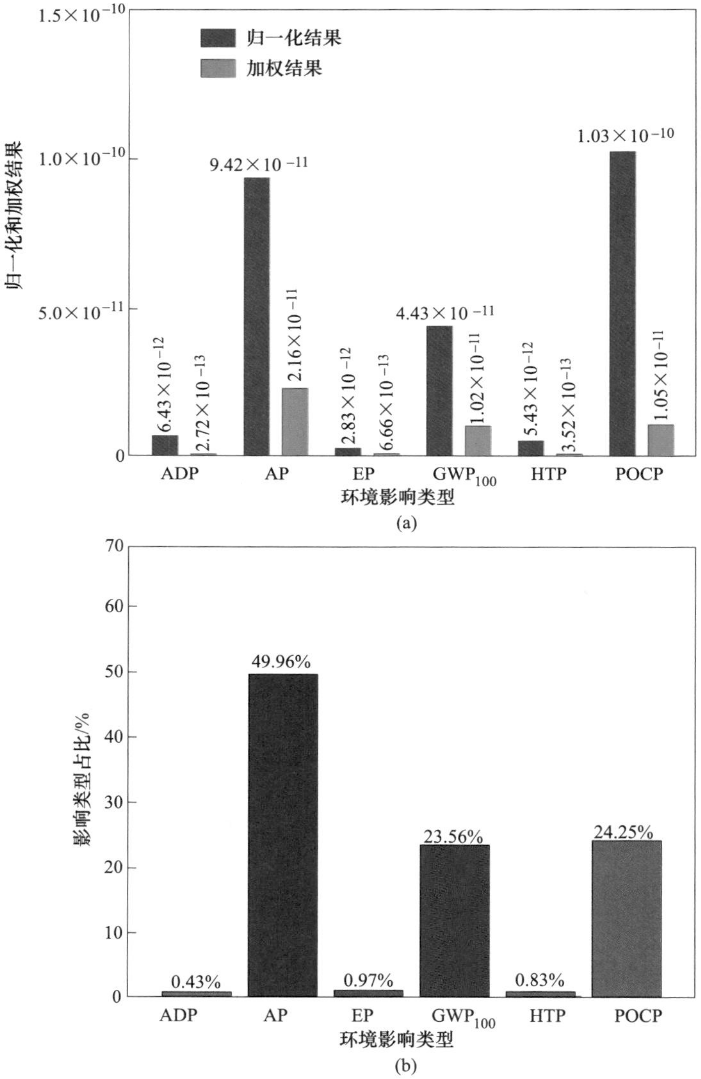

图 6.47 100% DRI 条件下基于 COG 的氢基竖炉-电弧炉短流程 LCA 结果

（a）归一化和加权结果；（b）影响类型贡献

弧炉短流程生命周期总体环境影响为 $4.33\times10^{-11}$，其中，AP、$GWP_{100}$和 POCP 的贡献率分别达到了 49.96%、23.56%和 24.25%，以上三种环境影响类型总占比达到了 97.77%。由于系统内包含焦化工序，焦化工序吨产品（焦炭）的 $SO_2$ 排放强度分别为 1.30 kg 和 2.08 kg。在基于 COG 的氢基竖炉-电弧炉短流程系统内，生产 1t 钢，仅焦化工序排放的 $SO_2$ 达到了 2.91 kg，导致 AP 的总加权结果达到了 $2.16\times10^{-11}$。因此，在将焦化工序包含在评价边界范围内的条件下，焦化工序应作为重点予以关注。

值得注意的是，虽然焦化工序会产生一定量的 $CO_2$，但基于 COG 的氢基竖炉-电弧炉短流程的 $GWP_{100}$的加权结果为 $1.02\times10^{-11}$，低于基于煤制气的氢基竖炉-电弧炉短流程。这主要是因为 COG 中的 $H_2$ 含量为 59.30%，无须脱碳来提高氢含量，且循环的炉顶煤气中的 $CO_2$ 被作为裂解剂将 COG 中 $CH_4$ 裂解，此部分煤气无须脱碳处理，仅作为燃料的炉顶煤气以及新补充的 COG 在重整炉内燃烧排放 $CO_2$。而煤制粗煤气含 23.50%的 $CO_2$，粗煤气以及循环的炉顶煤气需进行脱碳处理，即除加热炉燃料燃烧产生 $CO_2$ 外，在氢基竖炉内反应产生的 $CO_2$ 也必须完全脱除。因此，即使考虑焦化工序，基于 COG 的氢基竖炉-电弧炉短流程的碳排放仍低于基于煤制气的氢基竖炉-电弧炉短流程，由图 6.48 可知，碳排放量为 1233.47 kg/t。在扣除焦炭携带的能量情况下，基于 COG 的氢基竖炉-电弧炉短流程的能耗为 573.29 kg/t。

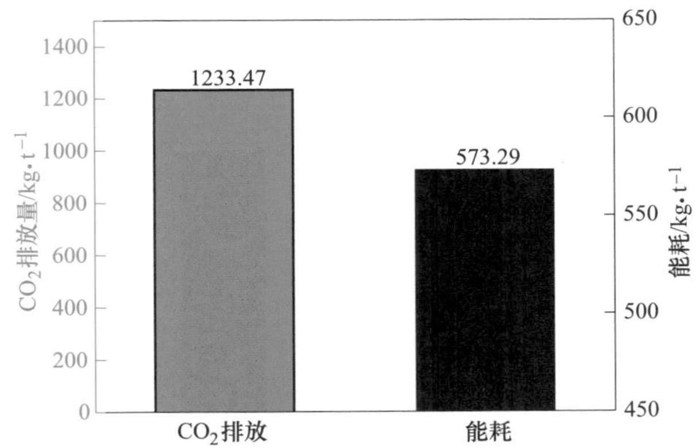


图 6.48 100% DRI 条件下基于 COG 的氢基竖炉-电弧炉短流程碳排放和能耗

#### 6.4.2.2 基于 NG 重整的氢基竖炉-电弧炉短流程生命周期评价

100% DRI 条件下，基于 NG 的氢基竖炉-电弧炉短流程生命周期评价结果如图 6.49。由图 6.49（a）所示的加权结果可知，基于 NG 的氢基竖炉-电弧炉短流程生命周期总体环境影响为 $2.01\times10^{-11}$，而由图 6.49（b）所示的影响类型累积贡献可知，$GWP_{100}$和 POCP 的贡献率分别为 50.25%和 36.68%，可见，该流程的

污染物排放以 $CO_2$ 为主，还伴随部分造成光化学臭氧合成的 $SO_2$ 以及 $NO_x$ 的排放。由图 6.50 所示的 $CO_2$ 排放及能耗情况可知，在给定的工艺条件下，全流程 $CO_2$ 排放量为 764.28 kg/t，能耗（标煤）为 423.96 kg/t。

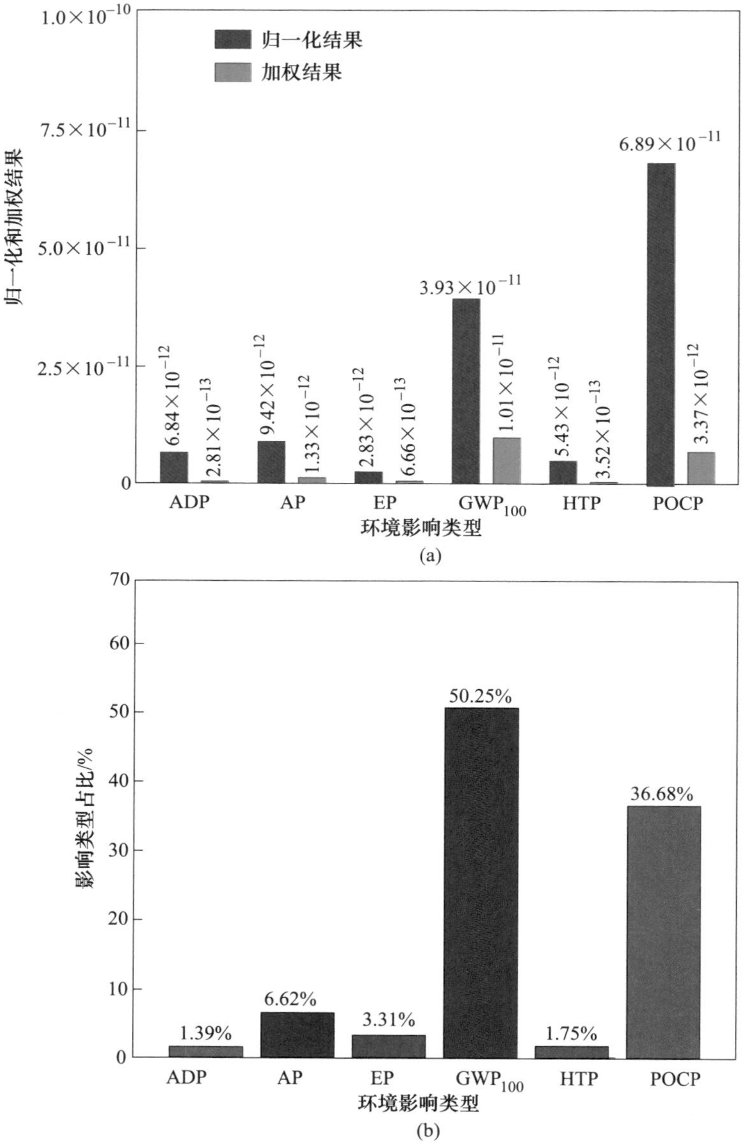

图 6.49 100% DRI 条件下基于 NG 的氢基竖炉-电弧炉短流程 LCA 结果

（a）归一化和加权结果；（b）影响类型贡献

结合图 6.50 可知，该工艺消耗能源的主要环节为重整加热炉和氢基竖炉，而碳排放主要集中在重整加热炉和电弧炉工序。氢基竖炉消耗的能源主要集中在必须的还原气消耗，除调整工艺参数外，其自身的能效提升空间较小。相比氢基竖炉，重整加热炉的有效能利用率不仅决定其自身的能源消耗和污染物排放，还会影响后续工序的用能水平。此外，针对电弧炉工序的进一步优化，降低电耗、配碳量同样可减少吨钢能耗和 $CO_2$ 排放。

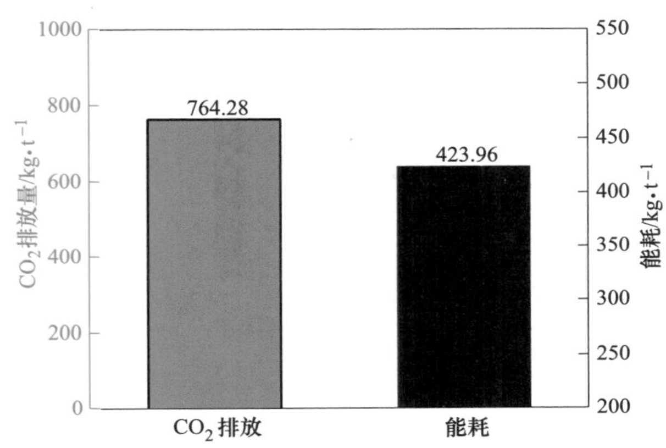


图 6.50　100% DRI 条件下基于 NG 的氢基竖炉-电弧炉短流程碳排放和能耗

#### 6.4.2.3　基于电解水制氢的氢基竖炉-电弧炉短流程生命周期评价

如前所述，环境负荷低是氢基竖炉-电弧炉短流程相比传统高炉-转炉流程的最大优势，炼铁乃至炼钢过程中由“碳还原”向“氢还原”的转变是降低钢铁生产流程污染物排放，提升产品生产环境绿色性的最有效手段。因此，氢基竖炉工艺逐步由富氢向纯氢过渡是必然趋势，但氢气制备过程的碳排放以及成本必须得到有效控制。基于可再生能源发电，通过电解水制备氢气可实现近零排放，是未来最具发展前景的工艺。当可再生能源电力应用于纯氢竖炉-电弧炉工艺时，该工艺将具备怎样的节能减排潜力值得研究。

100% DRI 条件下，基于电解水制氢的全氢竖炉-电弧炉短流程生命周期评价结果如图 6.51。为最大程度扩大该工艺的环境优势，全流程电力均为可再生能源电力（包括电加热炉和电弧炉消耗的电力），在此条件下，由图 6.51（a）所示的加权结果可知，基于电解水制氢的全氢竖炉-电弧炉短流程生命周期总体环境影响仅为 $9.55\times10^{-12}$，而由图 6.51（b）所示的影响类型累积贡献可知，$GWP_{100}$ 和 POCP 的贡献率分别为 56.02% 和 26.07%，与基于 NG 的氢基竖炉-电弧炉短流程类似，基于电解水制氢的全氢竖炉-电弧炉短流程生产过程中造成最大的环境影响类型为全球气候变暖。

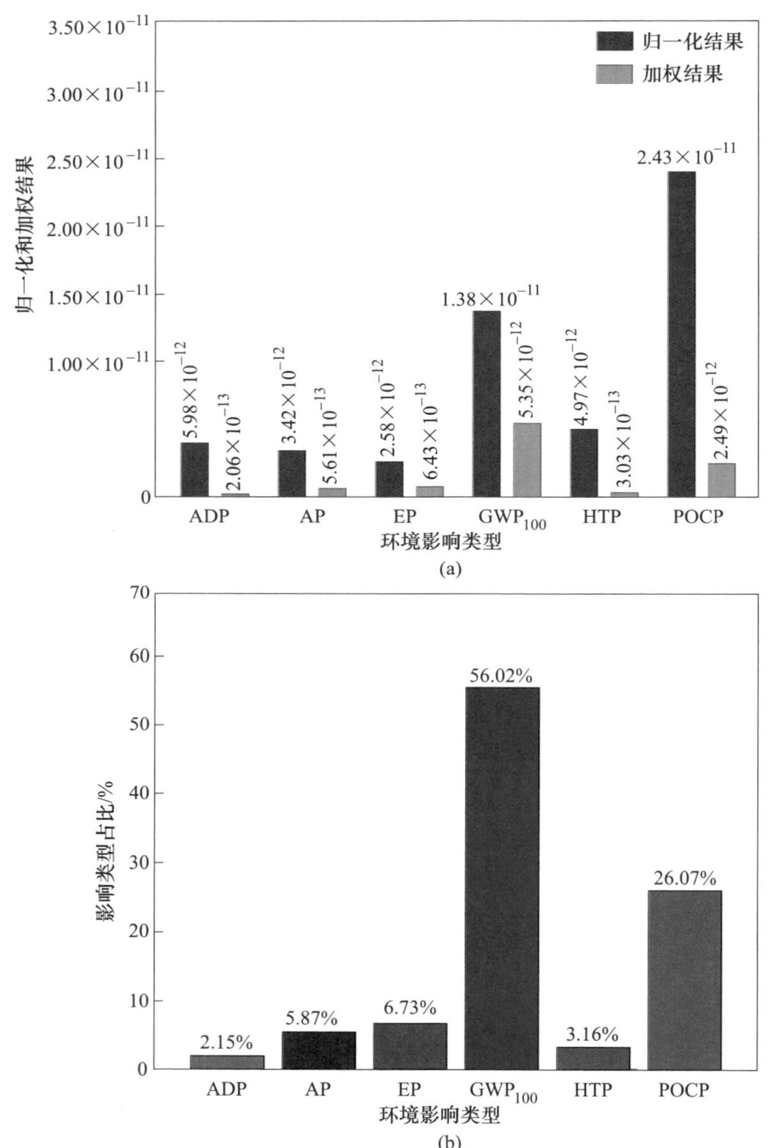


图 6.51　100% DRI 条件下基于电解水制氢的全氢竖炉-电弧炉短流程 LCA 结果

（a）归一化和加权结果；（b）影响类型贡献

图 6.52 给出了 100% DRI 条件下，基于电解水制氢的全氢竖炉-电弧炉短流程的碳排放及能耗，可见，在基于可再生能源电力的充分应用下，该流程的碳排放仅为 278.52 kg/t，其中，球团工序贡献了 73.07%，其余部分为电弧炉工序产

生。但由于目前电解水制氢的效率较低，且采用全氢冶炼时，氢基竖炉入炉煤气量较大，加热炉的负荷较高，导致制氢以及电加热炉消耗的电能较多，最终，全流程工艺能耗达到了 813.25 kg/t。

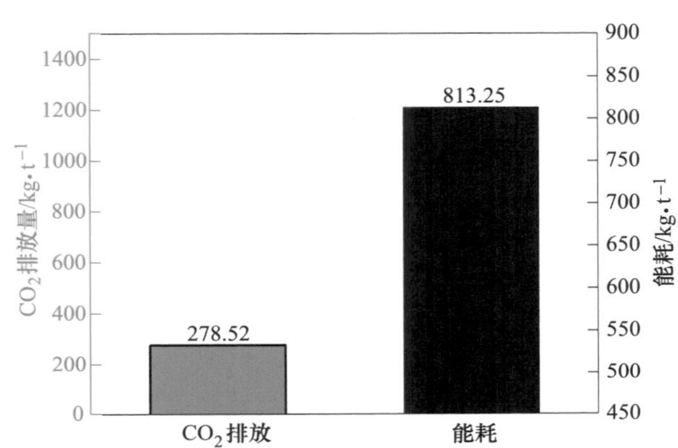


图 6.52　100% DRI 条件下基于电解水制氢的全氢竖炉-电弧炉短流程碳排放和能耗

综上，聚焦于降低能耗，基于电解水制氢的全氢竖炉-电弧炉短流程的优化应从以下三个方向入手。

（1）电解水制氢效率的提升。当制氢效率由 55%提升至 80%时，每 $H_2$ 电耗将降低 2 kW · h/m$^3$；

（2）氢基竖炉工艺参数的调整。在炉料还原行为允许的范围内，提高还原气温度，减少入炉煤气量，可降低电加热炉的负荷；

（3）电弧炉入炉原料质量及电炉自身冶炼效率的提升。降低 DRI 脉石成分可降低熔点以及减少电弧炉冶炼渣量，降低电耗。

### 6.4.3　工艺参数对氢基竖炉短流程环境绿色性的影响

为更清晰地掌握工艺参数对氢基竖炉短流程生命周期环境负荷的影响，本节以基于煤制气的氢基竖炉-电弧炉短流程为例，分析了电弧炉工序 DRI 配比以及氢基竖炉工序还原气成分对短流程生命周期环境负荷的影响规律，从而为短流程工艺参数及方案的合理选择与搭配提供指导。

#### 6.4.3.1　电弧炉 DRI 配比对短流程环境绿色性的影响

不同 DRI 配比下基于煤制气的氢基竖炉-电弧炉短流程的生命周期环境影响、能耗、$CO_2$ 排放和其他污染物排放如图 6.53 所示。由图 6.53（a）可知，当电弧炉炼钢 DRI 配比由 100%降低至 30%时，基于煤制气的氢基竖炉-电弧炉短流程的总体生命周期环境影响由 4. 09×10$^{-11}$下降至 1. 83×10$^{-11}$，相比高炉-转炉流程，降低了 80. 34%。由图 6. 37 可知，当电弧炉配加 70%的废钢时，废钢带入的能量为 4854. 89 MJ，此部分能量不需要经过前序工艺生产，可直接用于产品的生产，因此，在该工艺条件下，基于煤制气的氢基竖炉-电弧炉短流程能耗仅为 281. 56 kg/t，相比高炉-转炉流程实现节能 57. 96%。相应的，$CO_2$、$SO_2$、$NO_x$ 和粉尘排放量分别降低 54. 34%、70. 12%、43. 75%和 58. 12%。

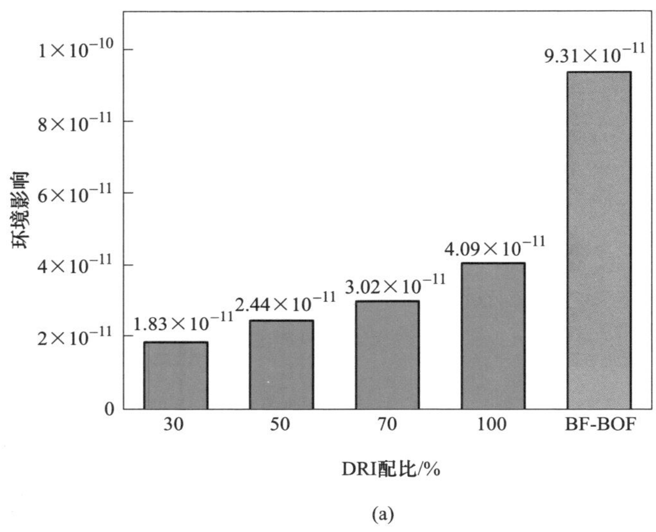


(a)

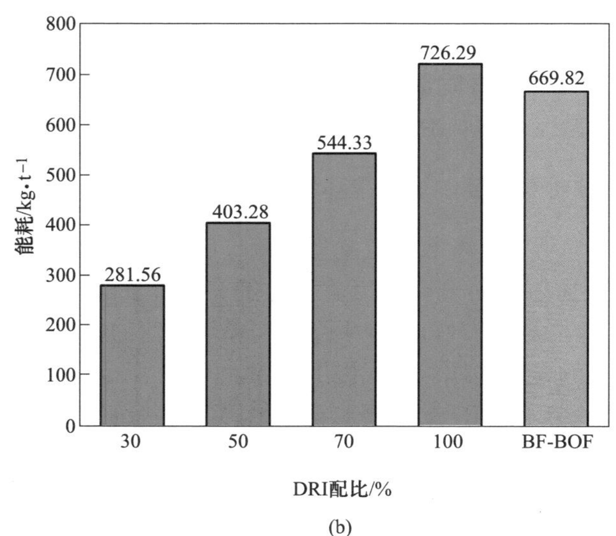


(b)

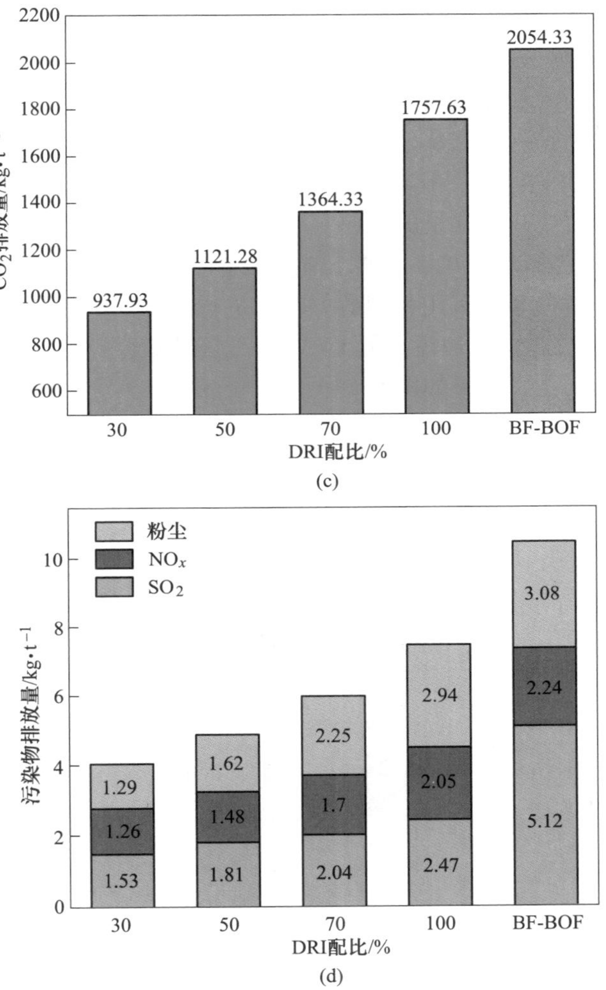


图 6.53 不同 DRI 配比条件下基于煤制气的氢基竖炉-电弧炉短流程的生命周期环境影响（a），能耗（b），$CO_2$ 排放（c）以及其他污染物排放（d）

综合以上分析可知，当基于煤制气的氢基竖炉-电弧炉短流程 DRI 配比由 100%降低至 30%时，其总体生命周期环境影响和 $CO_2$ 排放相较高炉-转炉流程降低的比例分别由 56.07%和 14.27%增加至 80.34%和 54.34%，而能耗也由原来高于高炉-转炉流程 8.43%转变为低于 57.96%。

近年来，我国废钢累积量基本维持在 2.5 亿吨左右，有关数据分析认为 2025 年后废钢资源将进一步快速增长[23-24]，而作为一种可再生资源，废钢的使用可以降低炼钢过程中资源和能源的消耗，从而一定程度上降低污染物的排放。因此，氢基竖炉-电弧炉短流程实际生产中可通过调整电弧炉炼钢的 DRI 配比来实现不同节能减排的目标，确定合理的生产方案。

6.4.3.2　还原气氛对短流程环境绿色性的影响

增加氢基竖炉入炉还原气氢含量，可提高球团还原速率及金属化率，并改善还原膨胀和还原黏结行为，从氢基竖炉单一工序出发，提高入炉还原气氢含量对于 DRI 的生产是有利的。一般来说，采用更高氢含量的还原气可降低炼铁工序的碳排放，但为获得更高氢含量的还原气导致制气、净化、加热等子工序以及全流程的环境影响变化仍未明确，因此，本节选择 $\varphi_{H_2}/\varphi_{CO}=1.5$、$\varphi_{H_2}/\varphi_{CO}=2.5$ 和 100% $H_2$ 三种还原气氛，采用相同的方法，进行 100% DRI 下不同还原气氛的基于煤制气的氢基竖炉-电弧炉短流程 LCA，考察还原气氛对氢基竖炉-电弧炉短流程环境绿色性的影响，结果如图 6.54 所示。

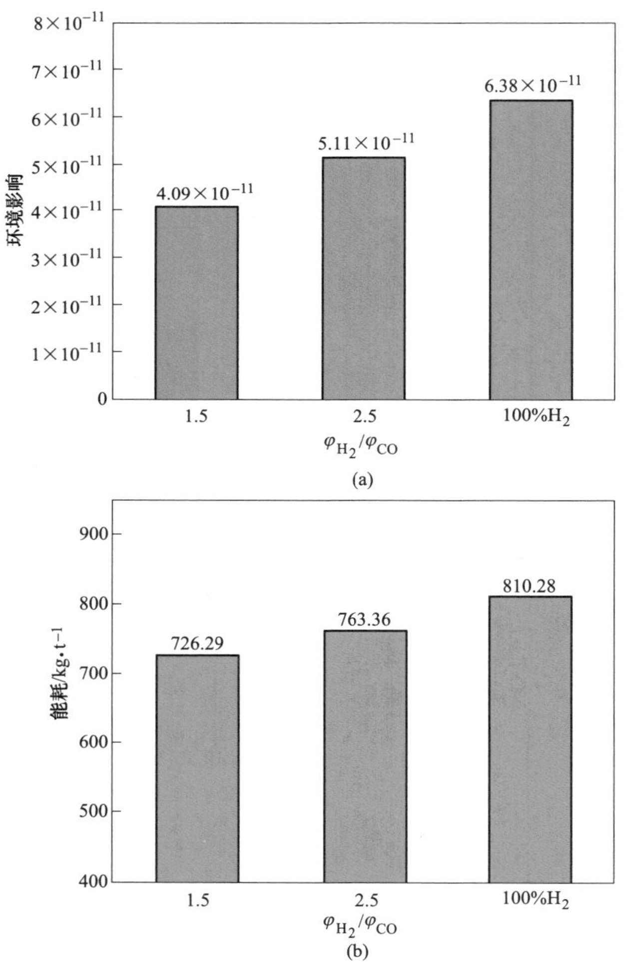

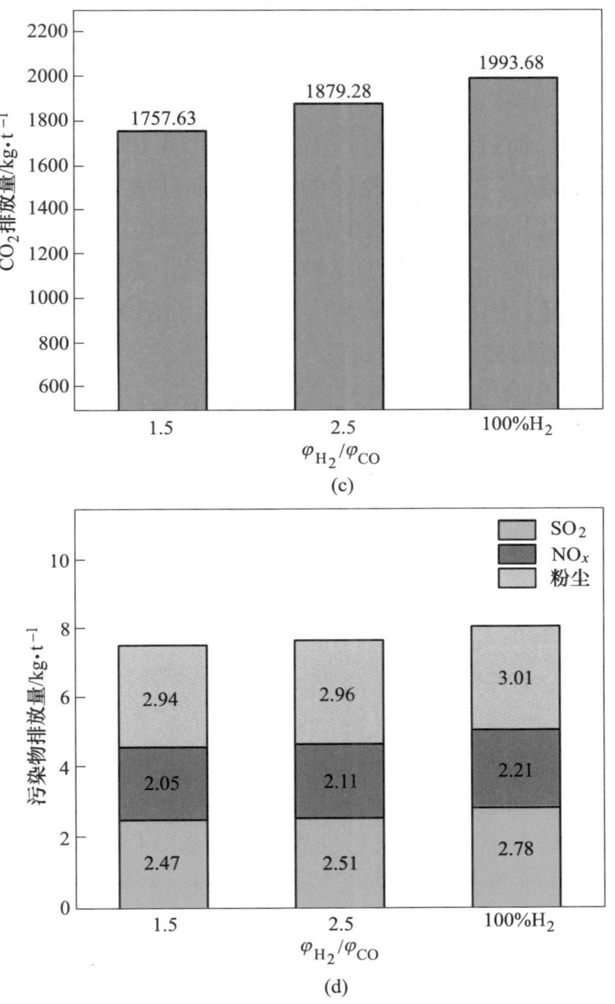


图 6.54　不同还原气氛条件下基于煤制气的氢基竖炉-电弧炉短流程的生命周期环境影响（a）、能耗（b）、$CO_2$ 排放（c）以及其他污染物排放（d）

由第 6.1.2 节内容可知，提高氢基竖炉入炉还原气氢含量，炉内化学反应消耗的还原气量基本一致，仅部分副反应发生的程度有区别（如水煤气反应），在考虑竖炉炉顶煤气全部循环的情况下，实际需要补充的还原性气体（$H_2$ 或 $H_2$+CO）的量也是基本一致的，因此，通过水煤气变换工艺提升入炉还原气氢含量不会对煤制气工序的物质和能源消耗产生影响。然而，不同还原气氛下，还原气需求量的差别较大，由图 6.5 可知，$\varphi_{H_2}/\varphi_{CO}=1.5$ 气氛下，入炉还原气量为 1427.89 $m^3/t$；当还原气氢含量增加至 100%时，还原气量增加至 2201.50 $m^3/t$。因此，短流程的能耗（标煤）由 726.29 kg/t 增加至 810.28 kg/t，如图 6.54（b）

所示，同时，因加热和水煤气变换工序资源和能源消耗导致的 $CO_2$、$SO_2$ 和 $NO_x$ 排放量分别增加了 236.05 kg/t、0.31 kg/t 和 0.16 kg/t，最终，生命周期总体环境影响增加至 $6.38\times10^{-11}$。

综上分析可知，通过煤制氢生产 DRI，并采用 100% DRI 进行电弧炉炼钢，基于煤制气的氢基竖炉-电弧炉短流程的生命周期环境影响、能耗（标煤）和碳排放分别为 $6.38\times10^{-11}$、810.28 kg/t 和 1993.68 kg/t。虽然生命周期环境影响仍低于高炉-转炉流程，但是能耗高于高炉-转炉流程，碳排放接近高炉-转炉流程，环境优势已不再明显。因此，提高还原气氢含量会降低基于煤制气的氢基竖炉-电弧炉短流程的环境优势。

### 6.4.4 氢基竖炉-电弧炉短流程节能减排及降本潜力分析

为明确基于不同氢源的氢基竖炉-电弧炉短流程相较高炉-转炉长流程在节能减排、降低成本的潜力，本节采用相同的方法，以国内某大型钢铁厂实际生产数据为基础，对高炉-转炉长流程从有效能利用、热经济学成本和环境绿色性方面进行评价，以评价结果作为依据，分析基于不同氢源的氢基竖炉-电弧炉短流程与高炉-转炉长流程的优劣。

基于不同氢源的氢基竖炉-电弧炉短流程与高炉-转炉流程有效能利用率对比如图 6.55 所示。由图可知，在将高炉-转炉系统内产生的煤气全部作为有效输出的情况下，高炉-转炉流程的有效能利用率为 62.28%，高于其他四种氢基竖炉-电弧炉短流程。高炉-转炉长流程的发展时间远远大于氢基竖炉-电弧炉短流程，在资源利用、生产效率等方面已发展极为成熟，而且作为我国钢铁生产的主流工艺，针对其能量利用效率提升的技术，如，烟气和炉渣余热回收、煤气发电等已获得应用，因此，高炉-转炉长流程在有效能利用方面具有一定优势。由上文分析可知，针对氢基竖炉-电弧炉短流程，影响其有效能利用的关键环节在于还原气制备工序，如何将系统输入的能源更高效地转换为还原气的化学能是提升制气工序乃至全流程的关键。

由图 6.56（a）所示的基于 LCA 结果分析可知，相比高炉-转炉流程，基于 COG、煤制气、NG 和电解水制氢的氢基竖炉-电弧炉短流程吨钢碳排放可分别减少 39.96%、14.44%、62.80%和 86.44%，其他污染物排放量也均有一定程度降低，最终，生命周期总体环境影响可分别减少 53.59%、56.16%、78.46% 和 89.76%。值得注意的是，虽然基于 COG 的氢基竖炉-电弧炉短流程的碳排放量低于基于煤制气的氢基竖炉-电弧炉短流程，但由于本研究中考虑了焦化过程，$SO_2$ 排放导致的环境影响大幅上升，在此情况下，基于 COG 的氢基竖炉-电弧炉短流程的生命周期环境影响高于基于煤制气的氢基竖炉-电弧炉短流程，若将焦化工序排除在评价边界外，其碳减排的潜力将得到进一步提升。

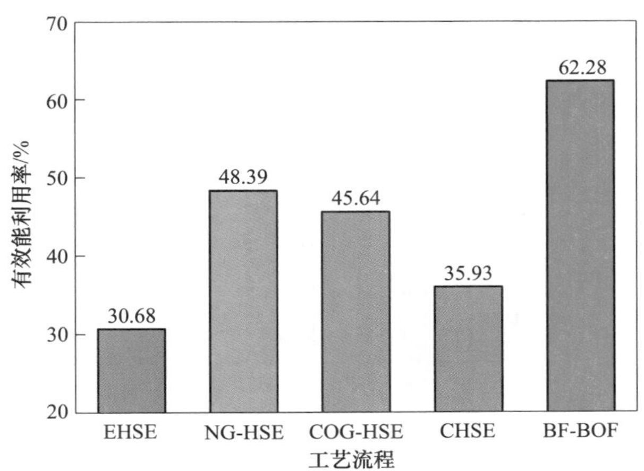


图 6.55　基于不同氢源的氢基竖炉-电弧炉短流程与高炉-转炉流程有效能利用率对比

由图 6.56（c）可知，在采用 100% DRI 进行冶炼时，基于煤制气和电解水制氢的氢基竖炉-电弧炉短流程的能耗（标煤）分别达到了 726.29 kg/t 和 813.25 kg/t，高于高炉-转炉长流程。其中，仅煤制气工序和电解水制氢工序的能耗（标煤）便分别达到了 327.07 kg/t 和 523.77 kg/t，再次印证了针对氢基竖炉-电弧炉短流程，制气工序的有效能利用率的优化对于全流程能效提升的重要性。

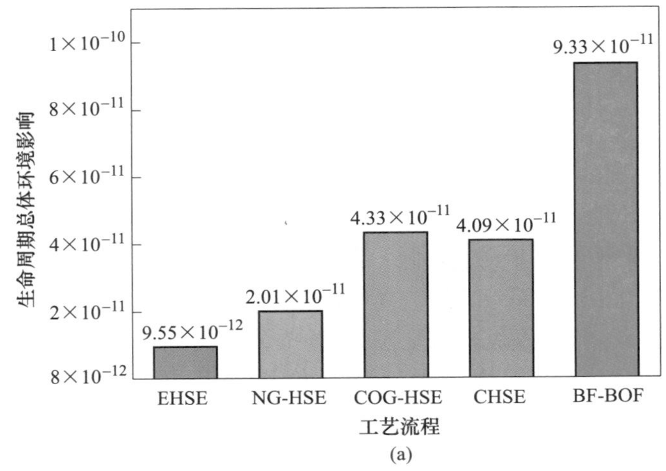


(a)

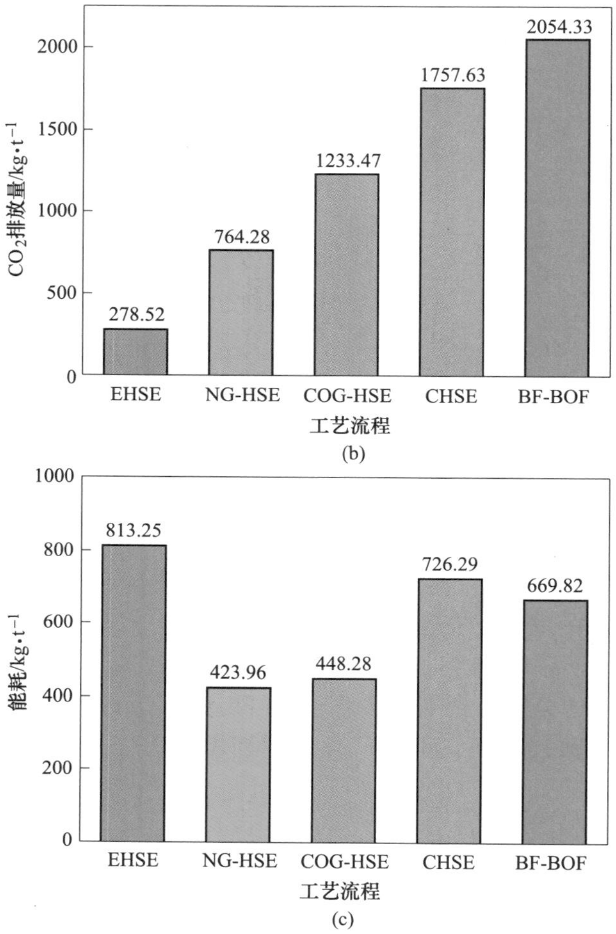


图 6.56　基于不同氢源的氢基竖炉-电弧炉短流程与高炉-转炉流程生命周期总体环境影响（a）、碳排放（b）和能耗（c）的对比

基于不同氢源的氢基竖炉-电弧炉短流程 DRI 与高炉铁水，以及电弧炉钢水和转炉钢水的单位热经济学和经济学成本对比如图 6.57 所示。由图可知，高炉-转炉流程铁水和钢水的单位热经济学成本和经济学成本分别为 0.38 元/MJ、3302.73 元/t 和 0.43 元/MJ、3528.46 元/t，在现有的原燃料价格以及冶炼效率条件下，相比高炉-转炉流程，氢基竖炉-电弧炉短流程在生产成本方面还不具备优势，高昂的原料（如绿电、天然气）价格以及制气过程有效能的大量损失（煤制气工序和电解水制氢工序的有效能损失占各自流程总有效损失的 64.92%和 44.51%），导致系统随“燃料”输入的现金成本大量流失，宏观上表现为产品的现金成本高于有效能利用效率更高的高炉-转炉流程的产品成本。

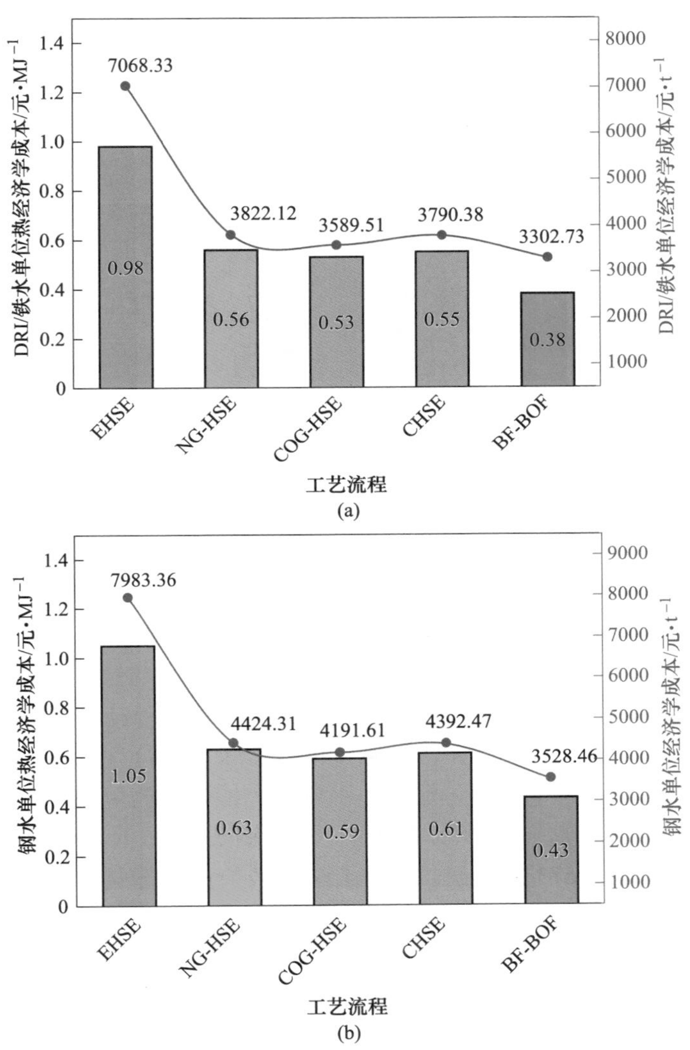


图 6.57 基于不同氢源的氢基竖炉-电弧炉短流程 DRI 与高炉铁水（a）及电弧炉钢水和转炉钢水（b）的单位热经济学和经济学成本对比

图 6.58 为基于不同氢源的氢基竖炉-电弧炉短流程还原气的单位热经济学和经济学成本，可见，基于 COG 的氢基竖炉-电弧炉短流程还原气的单位热经济学和经济学成本均低于其他工艺，进而 DRI 以及钢水的单位热经济学和经济学成本也均低于其他氢基竖炉-电弧炉短流程。由对比分析结果可知，相较高炉-转炉流程，基于 COG 的氢基竖炉-电弧炉短流程总体环境影响和 $CO_2$ 排放可分别降低

53.59%和39.96%，且相较其他氢源的氢基竖炉-电弧炉短流程生产成本最低。

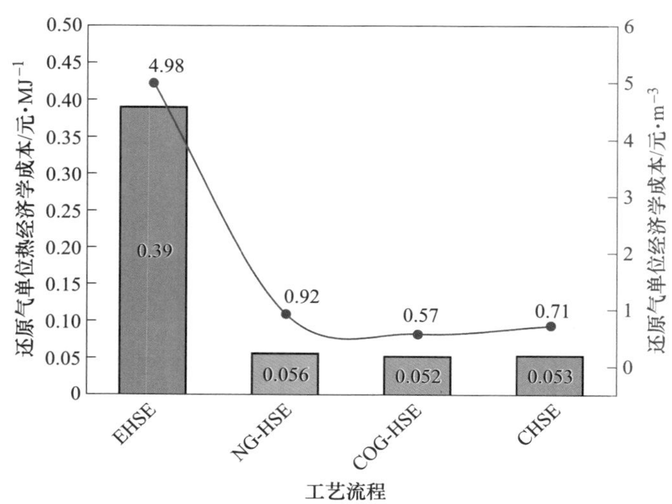


图6.58 基于不同氢源的氢基竖炉-电弧炉短流程还原气单位热经济学和经济学成本对比

如上所述，相比高炉-转炉流程，基于电解水制氢的全氢竖炉-电弧炉短流程可实现88.64%的$CO_2$减排，是未来钢铁行业实现碳中和最有效的途径，但其能耗和生产成本高是限制其工业化应用的关键。针对电解水制氢成本高的问题，本节进行了初步的基于电解水制氢的全氢竖炉-电弧炉短流程经济性优化研究。

图6.59（a）为可再生能源电价为0.96元/(kW·h）不变的条件下，基于电解水制氢的全氢竖炉-电弧炉短流程吨钢成本和能耗随制氢效率的变化。可见，随着制氢效率由55%提高至80%，该工艺吨钢成本降低了893.00元，而能耗（标煤）则降低至673.66 kg，基本与高炉-转炉流程能耗相当。图6.59（b）为制氢效率55%（即每立方米$H_2$耗电6.5 kW·h）不变的条件下，可再生能源电力的单价由0.96元/(kW·h）降低至0.10元/(kW·h）时，基于电解水制氢的全氢竖炉-电弧炉短流程吨钢成本随电解水制氢成本的变化，可见，基于电解水制氢的全氢竖炉-电弧炉短流程吨钢成本可降低至4306.23元，低于基于NG和煤制气的氢基竖炉-电弧炉短流程的成本。由此可知，制氢效率的提升可显著降低基于电解水制氢的全氢竖炉-电弧炉短流程的能耗，而电价的降低可进一步在生产成本上提升该工艺的优势。

综合以上多维度的分析结果可知，在“双碳”背景下，我国近期发展氢冶金工艺的重点应为基于COG的富氢竖炉-电弧炉短流程。未来，结合可再生能源制氢规模化廉价化（可再生能源电力单价降低至0.10元/(kW·h）即与富氢竖炉-电弧炉短流程基本相当），可逐步发展基于电解水制氢的全氢竖炉-电弧炉短流程。

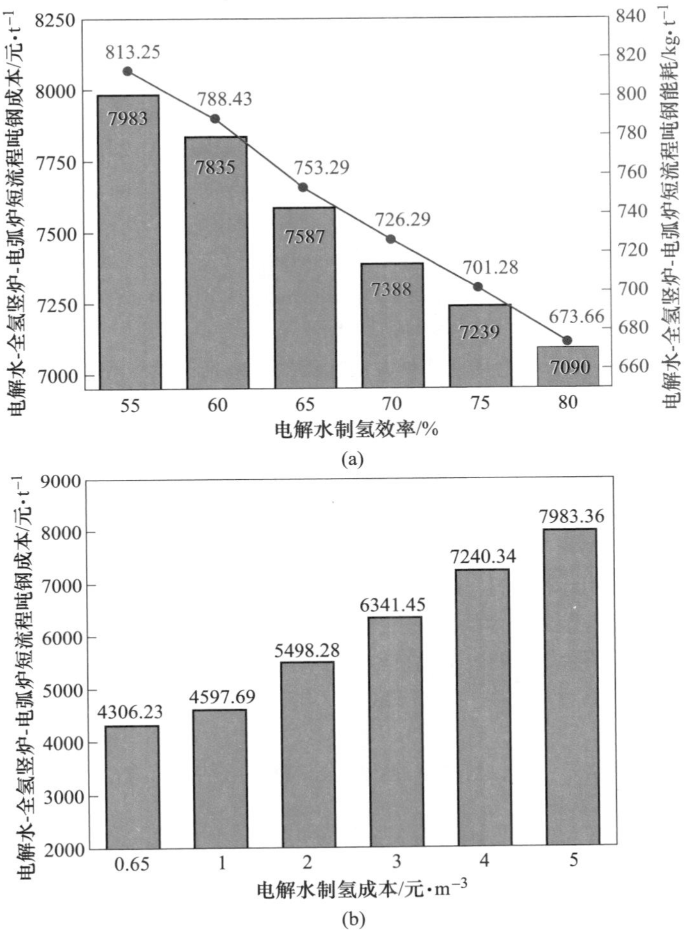


图 6.59　基于不同氢源的氢基竖炉-电弧炉短流程还原气单位热经济学成本（a）和经济学成本（b）对比

## 参 考 文 献

[1] Akiyama T, Takahashi R, Yagi J. Exergy evaluation on the pellets production and direct reduction processes for the fired and no fired pellets [J]. ISIJ International, 1989, 29 (6): 447-454.

[2] Szargut J. Exergetic balance of metallurgical processes [J]. Arch Hutnictwa, 1961 (6): 23-60.

[3] Liu X, Chen L G, Qin X Y, et al. Exergy loss minimization for a blast furnace with comparative analyses for energy flows and exergy flows [J]. Energy, 2015, 93: 10-19.

[4] 丁文武．基于热经济学的蒸汽系统分析及钢厂能源介质成本核算［D]．武汉：华中科技

大学，2015.
[5] 贺东风，贾永伟．基于符号㶲经济模型的转炉-精炼工序热经济分析［J］．工程科学学报，2016，38（S1）：37-44.
[6] Olmez G M，Dilek F B，Karanfil T，et al. The environmental impacts of iron and steel industry：A life cycle assessment study［J］．Journal of Cleaner Production，2016，130：195-201.
[7] Renzulli P A，Notarnicola B，Tassielli G，et al. Life cycle assessment of steel produced in an Italian integrated steel mill［J］．Sustainability，2016，8（8）：719.
[8] Nduagu E I，Yadav D，Bhardwaj N，et al. Comparative life cycle assessment of natural gas and coal-based Directly Reduced Iron（DRI）production：A case study for India［J］．Journal of Cleaner Production，2022，347：131196.
[9] 刘涛，刘颖昊，周烨．生命周期评价方法在钢铁企业低碳发展规划中的应用［J］．中国冶金，2021，31（9）：130-134.
[10] 黄希祜．钢铁冶金原理［M］．北京：冶金工业出版社，2007：284-288.
[11] 陈茂熙，彭国华．直接还原竖炉还原煤气分析［J］．钢铁技术，1995（9）：1-17.
[12] 宫艳春，马清泉，姜天夫，等．恩德粉煤气化装置工艺指标的优化与调整［J］．中氮肥，2008（4）：23-25.
[13] 黄天正．直接还原厂技术改造的经济分析［J］．烧结球团，1995（2）：27-32，46.
[14] 郎冬余．钢铁企业节能技术的㶲分析与热经济学分析［D］．沈阳：东北大学，2011.
[15] 赵晓宇．钢铁工业余热余能及节能技术能效提升研究［D］．沈阳：东北大学，2016.
[16] 金管会，唐兴洲，胡奇，等．恩德流化床气化工艺制取工业燃气的发展与应用［J］．中氮肥，2020（2）：5-9.
[17] 张悦，谢敏，程培军，等．可再生能源绿证价格季节性测算方法研究［J］．南方能源建设，2020，7（3）：46-54.
[18] 孟思琦，孙仁金，刘绪康．中国可再生能源市场化电价机制优化研究［J］．价格月刊，2021（10）：1-7.
[19] 中华人民共和国国家质量监督检验检疫总局，中国国家标准化管理委员会，GB/T 24040—2008 环境管理生命周期评价原则与框架［S］．北京：中国标准出版社，2008.
[20] Society of Environmental Toxicology and Chemistry（SETAC）．A Technical frame framework for life cycle assessment［R］．Brussel：SETAC，1993.
[21] 刘颖昊．钢铁产品的 LCA 方法学研究及其案例分析［D］．北京：钢铁研究总院，2010.
[22] 高峰．生命周期评价研究及其在中国镁工业中的应用［D］．北京：北京工业大学，2008.
[23] 周婧，秦伦明．废钢资源发展现状及废钢分类研究［J］．科技创新与应用，2022，12（11）：88-90.
[24] 王新江．中国电炉炼钢的技术进步［J］．钢铁，2019，54（8）：1-8.

# 7　基于氢冶金的钒钛矿高效低碳利用新工艺

## 7.1　钒钛矿氢基竖炉直接还原-电热熔分新工艺研发背景

钒钛磁铁矿是一种重要的多金属共伴生矿石资源，具有极高的综合利用价值，主要含有铁、钛、钒等元素[1-4]。钒钛磁铁矿是世界公认的战略型资源，广泛应用于钢铁工业、航空航天、化工、电力和军工[5-9]。此外，钒钛磁铁矿储量巨大，广泛分布于中国、南非、加拿大等地区。全球钒钛磁铁矿探明储量已超过400亿吨，其中，中国钒钛磁铁矿探明储量超过180亿吨[10-12]。目前，高炉工艺由于技术成熟、生产规模大，是冶炼钒钛磁铁矿的主导方法[13-14]。高炉冶炼钒钛磁铁矿得到含钒铁水和含钛渣，随后，含钒铁水通过转炉吹炼得到钒渣和半钢，其中钒渣进一步提纯得到含钒产品，而半钢则进一步冶炼得到钢材。然而，高炉工艺冶炼钒钛磁铁矿仍然存在一些瓶颈问题[15-19]，例如渣铁分离困难、含钛炉渣活性低、碳排放强度大、铁钒钛等有价组元利用率低，等等。因此，高炉工艺在未来钒钛磁铁矿的大规模高效清洁综合利用方面应用前景较差。

氢能被视为最具发展潜力的清洁能源。发展氢冶金是钢铁工业实现碳中和的有效途径，也是未来我国钢铁工业实现钒钛资源清洁高效综合利用的重要途径。氢基竖炉直接还原是目前国内外重点研发和应用的主流氢冶金新工艺。基于氢冶金思路，以钒钛磁铁矿资源高效清洁综合利用为目标，提出钒钛磁铁矿氧化焙烧—氢基竖炉直接还原—电热熔分工艺。该工艺流程短、有价组元利用率高、钛渣活性高、环境负荷低、能耗低，可以实现钒钛磁铁矿的高效综合利用，是未来钒钛磁铁矿高效清洁综合利用的主要发展方向。

本章基于钒钛磁铁矿氧化焙烧-氢基竖炉直接还原-电热熔分工艺，以我国某典型钒钛磁铁矿为原料，系统分析其基础特性、氧化球团制备、氢基竖炉直接还原行为、氢基竖炉直接还原过程数值模拟和金属化球团电炉熔分过程，通过热态实验与数值模拟相结合，获得实现典型钒钛磁铁矿高效清洁综合利用适宜的冶炼工艺参数，为钒钛磁铁矿的工业应用提供了理论依据和技术指导，同时也为其他特色冶金资源的综合利用提供参考。

## 7.2 钒钛矿基础特性

### 7.2.1 化学成分

本研究所用钒钛矿的主要化学组成见表 7.1。其中，TFe 含量为 55.55%，$TiO_2$ 含量为 10.57%，$V_2O_5$ 含量为 0.69%，$Cr_2O_3$ 含量低于 0.05%。

**表 7.1 钒钛矿的主要化学组成** （质量分数,%）

| 组分 | TFe | FeO | CaO | $SiO_2$ | MgO | $Al_2O_3$ | $TiO_2$ | $V_2O_5$ | $Cr_2O_3$ | S | P |
|---|---|---|---|---|---|---|---|---|---|---|---|
| 含量 | 55.55 | 25.80 | 0.44 | 3.69 | 3.80 | 3.36 | 10.57 | 0.69 | <0.05 | 0.44 | <0.05 |

### 7.2.2 颗粒性质

首先对钒钛矿精矿粉进行了颗粒形貌分析，主要包括粒度分布、粒径、圆形度、长径比等，颗粒形貌分析可用于考察实验用钒钛矿粉的造球性能。

7.2.2.1 粒度分布

钒钛矿粒度和粒度组成是影响钒钛矿成球性能的重要因素之一。适宜的粒度组成可以提高原料中的毛细作用力，使生球的强度变好，直接影响原料的成球性。采用激光粒度分析仪检测了钒钛矿矿粉的粒度，其粒度分布如图 7.1 所示。可见，钒钛矿矿粉中粒度小于 74 μm 的体积分数为 66.19%，相较于高品位铁精矿，钒钛矿粒度小于 74 μm 的体积分数占比较低。通常用于生产球团矿的铁精矿粉，要求小于 74 μm 的粒级占 70%以上，方可达到较好的成球性能。因此，钒钛矿造球性能可能略差。

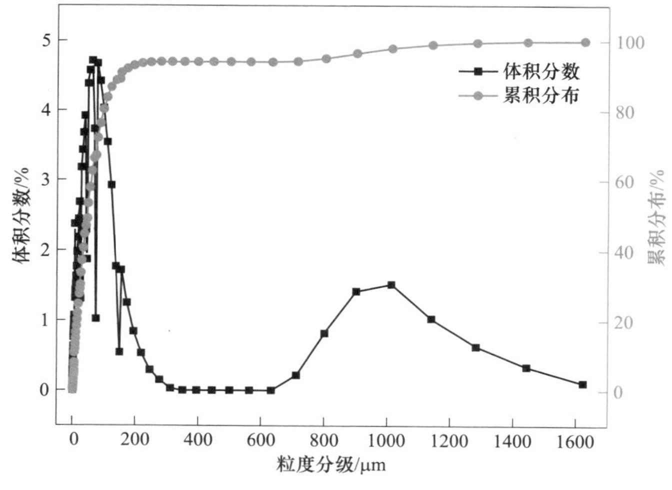

图 7.1 钒钛矿矿粉的粒度分布

#### 7.2.2.2 其他几何特性

除粒度分布外，颗粒的几何特征还主要包括颗粒外形和表面积等。表征颗粒尺寸的主要参数是颗粒物料的粒度以及其分布特性，这些参数很大程度上决定着颗粒加工工艺性质和效率的高低，是选择和评价设备以及进行过程控制的基本依据。对物料的应用而言，颗粒的几何特征是最重要的性质指标之一。

（1）颗粒的形状与圆形度。颗粒的形状是指颗粒存在的表观状态。规则形状的颗粒如球体、圆柱体、正方体等；不规则形状的颗粒如片状、针状、多棱状等。大多数更常见的颗粒是不规则的。颗粒形貌的表征方法在众多表示颗粒形貌的特征参数中，使用球形度和圆形度可用来表征颗粒群接近球或圆的程度。与颗粒投影面积相同的圆的周长与颗粒投影轮廓周长之比称为圆形度，在测量颗粒形状时最常使用的参数是圆形度。圆形度通常表示颗粒接近完全球体的程度，该参数用于评价拥有耐磨损性的颗粒的磨耗特性等。圆形度为 1 代表完全的圆形，形状越复杂，圆形度的值比 1 小得越多。通常，铁矿粉的圆形度并不是越高越好，圆形度越高时，说明铁矿粉颗粒更接近于球形，其表面较为圆滑，铁矿粉颗粒间的接触面积较小，不利于矿粉间结合成球。在造球过程中，矿粉应当有一定的粗糙度，以保证在造球过程中颗粒间有足够的接触面积，从而提高成球指数，改善生球性能。

（2）等效粒径。粒径就是颗粒的直径。从几何学常识可知，只有圆球形的几何体才有直径，其他形状的几何体并没有直径，如多角形、多棱形、棒形、片形等不规则形状的颗粒是不存在真实直径的。但是，由于粒径是描述颗粒大小的所有概念中最简单、直观、容易量化的一个量，所以在实际的粒度分布测量过程中，人们还都是用粒径来描述颗粒大小的。一方面，不规则形状并不存在真实的直径；另一方面，用粒径这个概念来表示它的大小，两者似乎是矛盾的。其实，在粒度分布测量过程中所说的粒径并非颗粒的真实直径，而是虚拟的“等效直径”。等效直径是当被测颗粒的某一物理特性与某一直径的同质球体最相近时，就把该球体的直径作为被测颗粒的等效直径。就是说大多数情况下粒度仪所测的粒径是一种等效意义上的粒径。不同原理的粒度仪器依据不同的颗粒特性做等效对比。如沉降式粒度仪是依据颗粒的沉降速度做等效对比，所测的粒径为等效沉速径，即用与被测颗粒具有相同沉降速度的同质球形颗粒的直径来代表实际颗粒的大小。激光粒度仪是利用颗粒对激光的散射特性做等效对比，所测出的等效粒径为等效散射粒径，即用与实际被测颗粒具有相同散射效果的球形颗粒的直径来代表这个实际颗粒的大小。当被测颗粒为球形时，其等效粒径就是它的实际直径。

（3）中位径 D50。D50 是指累积分布百分数达到 50%时所对应的粒径值，是反映粉体粒度特性的重要指标之一。D 代表粉体颗粒的直径。D50 表示累计 50%点的直径（或称 50%通过粒径），D10 表示累计 10%点的直径。D50 又称平均粒径或中位径，D(4,3) 表示体积平均径，D(3,2) 表示平面平均径。粉体颗粒大小称颗粒粒度。由于颗粒形状很复杂，通常有筛分粒度、沉降粒度、等效体积粒度、等效表面积粒度等几种表示方法。筛分粒度就是颗粒可以通过筛网的筛孔尺寸，以 1 英寸（25.4 mm）宽度的筛网内的筛孔数表示，因而称之为“目数”。在国内外尚未有统一的粉体粒度技术标准，不同国家、不同行业对“目”的含义也难以统一。粉体材料粒度的检测可采用筛分法、沉降法、电阻法、激光法、电镜法等多种方法。每一种方法都有各自的特点，检测结果也可能会有差异。对于粒度较细或比重较小的颗粒，采用后三种方法的检测结果比较可靠。针对造球用铁精矿粉，通常需求的粒度小于 74 μm 的颗粒较多，因此对比本实验检测来说，可以参考为若样品的 D50 = 74 μm，则说明大于 74 μm 的颗粒的体积占总体积的 50%，小于 74 μm 的部分也占 50%。

本实验采用 BT-1600 动态图像颗粒分析仪（见图 7.2）对钒钛矿矿粉进行颗粒几何特性分析。该分析仪的原理为通过对颗粒数量和每个颗粒所包含的像素数量的统计，计算出每个颗粒的等圆面积和等球体积，从而得到颗粒的等圆面积直径、等球体积直径以及长径比等。具体操作流程如下：

（1）实验取样。将大量样品在鼓风干燥箱中 105 ℃条件下烘干 5 h，随后冷却至室温并随机取出 10 g 左右铁矿粉备用。

（2）悬浮液配置。将 50～80 mL 的蒸馏水倒入干燥洁净的烧杯中，随后将 10 g 左右准备好的铁矿粉样品置入配置成悬浮液，将烧杯放入超声波分散器中，开始进行超声波分散处理。

（3）悬浮液取样。利用搅拌器将分散好的悬浮液充分搅拌（通常搅拌时间应当大于 30 s），用胶头滴管吸取烧杯中均匀分布的悬浮液，将少量滴在显微镜载物片上，先人工观察有无颗粒黏结现象。

（4）将盛有试样的载物片放入显微镜的载物台上，打开显微镜及分析测试软件，调整物镜、焦距、亮度，直到图像中颗粒清晰为止，随后保存图像，并点击自动分析，保存处理数据。

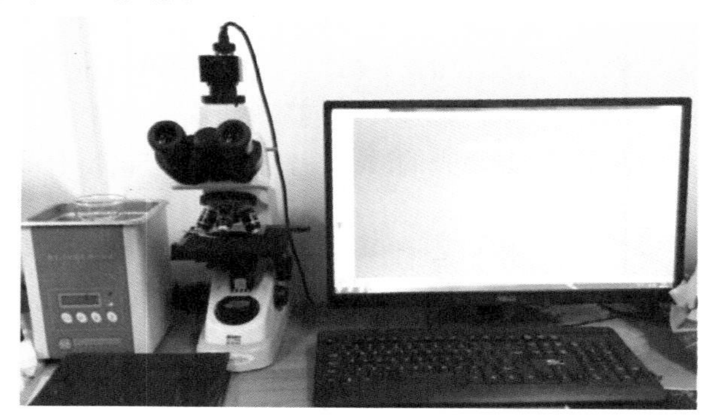

图 7.2 BT-1600 动态图像颗粒分析仪

实验对钒钛矿矿粉进行了颗粒几何特性测试分析，其光学照片如图 7.3 所示，性质参数见表 7.2，圆形度分布见图 7.4。由图 7.3 可知，实验用钒钛矿粉边缘不规则，呈现毛刺状，结合表 7.2 和图 7.4 可知，该矿粉圆形度大部分集中在 0.7~0.8，平均圆形度为 0.79，平均圆形度相对较低。若铁矿粉颗粒边缘不规则呈毛刺状时，说明其铁矿粉表面较为粗糙，在生球制备时，可有效增加矿粉颗粒间接触面积及粒子表面结合力，使分散的颗粒之间紧密地黏结在一起，提高颗粒间的紧密程度，从而使毛细黏结力增大，呈现出较好的成球效果，也可有效提高生球强度。该矿粉的中位径 D50 = 86.38 μm，表明其颗粒粒径略大，相较于铁精矿造块来说，中位径 D50 应当小于 74 μm，其造球性能应当更好。

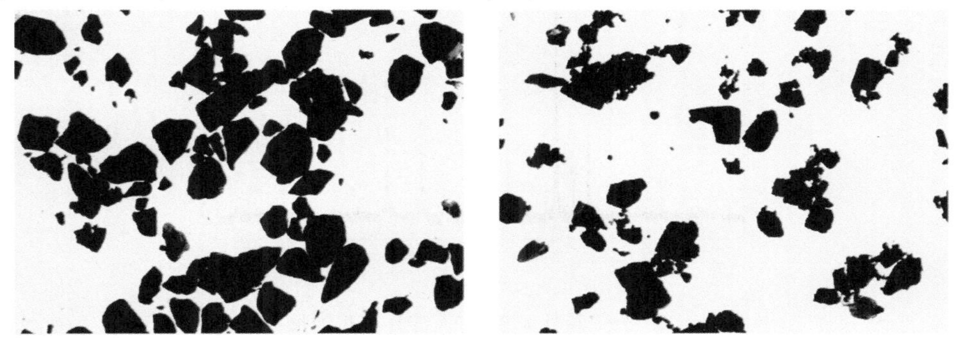

图 7.3　钒钛矿矿粉光学照片（10×）

**表 7.2　钒钛矿矿粉的颗粒学参数**

| 平均圆形度 | 最大粒径/μm | 最小粒径/μm | 平均长径比 | 中位径 D50/μm |
| --- | --- | --- | --- | --- |
| 0.79 | 778.41 | 0.31 | 1.50 | 86.38 |

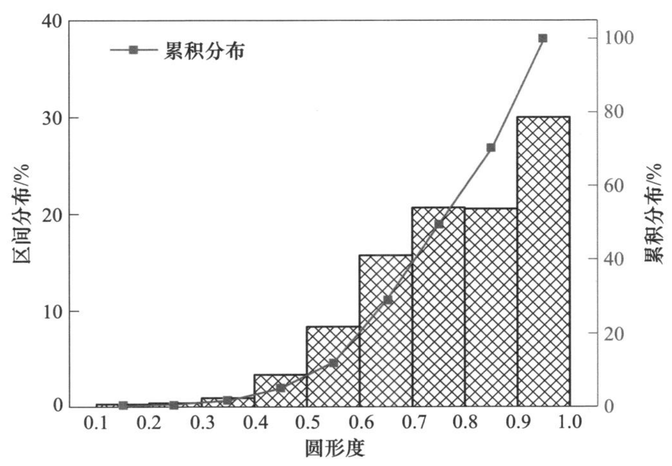


图 7.4　钒钛矿矿粉的圆形度分布

### 7.2.3 物相组成

采用 XRD 分析了实验用钒钛矿的主要物相组成，结果如图 7.5 所示。可见，实验用钒钛矿矿粉的主要物相有 $Fe_3O_4$、$Fe_{2.75}Ti_{0.25}O_4$ 和 $Fe_2VO_4$。

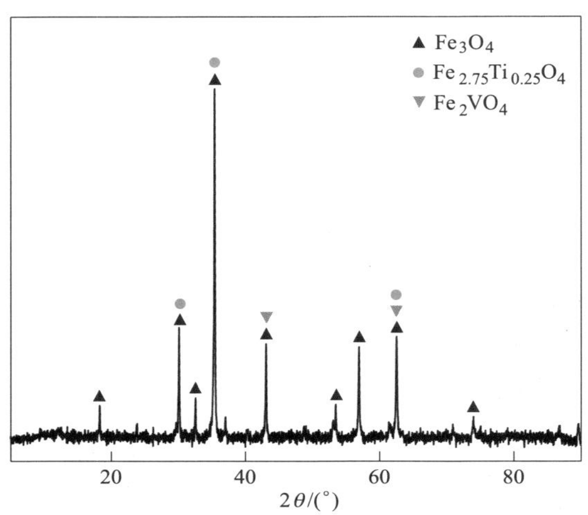


图 7.5 钒钛矿矿粉的 XRD 分析结果

## 7.3 钒钛矿氧化球团制备关键工艺参数

### 7.3.1 钒钛氧化球团制备适宜制度

在膨润土内配 1.8%，预热温度 925 ℃的条件下，不同预热时间对预热、焙烧球团抗压强度（焙烧温度 1200 ℃，焙烧时间 25 min）的影响分别如图 7.6 和图 7.7 所示。当预热时间为 18 min 时，预热球团的抗压强度超过 500 N/个，焙烧球团的抗压强度大于 2000 N/个，满足了实际生产过程中对球团的质量要求，故取预热时间为 18 min。在此预热时间下，进一步延长焙烧时间至 30 min，焙烧球团抗压强度达到 2041 N/个，但是通过对比发现，与焙烧时间 25 min 的焙烧球团强度相差不大，说明此时延长焙烧时间对提高焙烧球团抗压强度影响有限，因此，适宜的焙烧时间应取 25 min。

图 7.8 和图 7.9 分别为在预热时间 18 min 的条件下，不同预热温度对预热、焙烧球团抗压强度（焙烧温度 1200 ℃，焙烧时间 25 min）的影响。当预热温度为 925 ℃时，预热和焙烧球团强度均满足生产要求，故预热温度取 925 ℃。

在适宜的预热制度下，降低焙烧温度至 1190 ℃时，焙烧时间延长至 30 min，

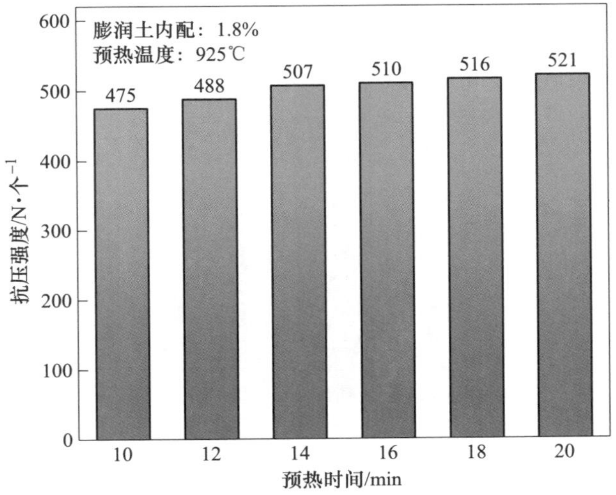


图 7.6 预热时间对预热球团抗压强度的影响

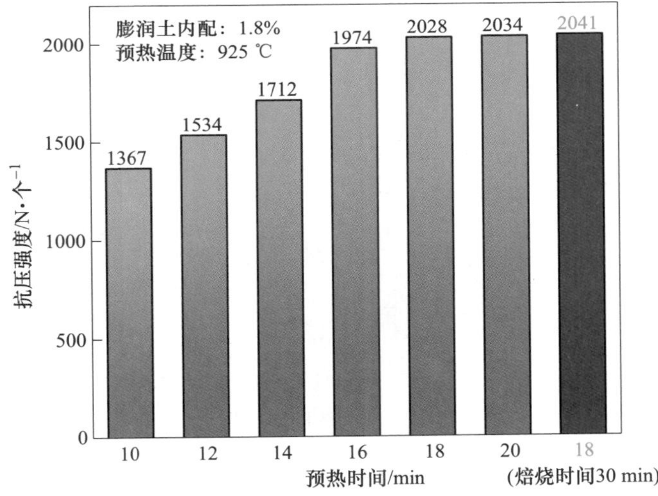


图 7.7 预热时间对焙烧球团抗压强度的影响

此时焙烧球团抗压强度仅为 1854 N/个（小于 2000 N/个），不满足实际生产要求。同时，结合链箅机-回转窑实际生产所能达到的焙烧温度范围，确定钒钛矿球团适宜的焙烧温度为 1200 ℃。

综上所述，钒钛矿球团适宜的预热温度为 925 ℃，预热时间为 18 min，焙烧温度为 1200 ℃，焙烧时间为 25 min。在适宜的预热和焙烧制度下，钒钛矿氧化球团抗压强度见表 7.3。钒钛矿氧化球团的主要化学组成见表 7.4。

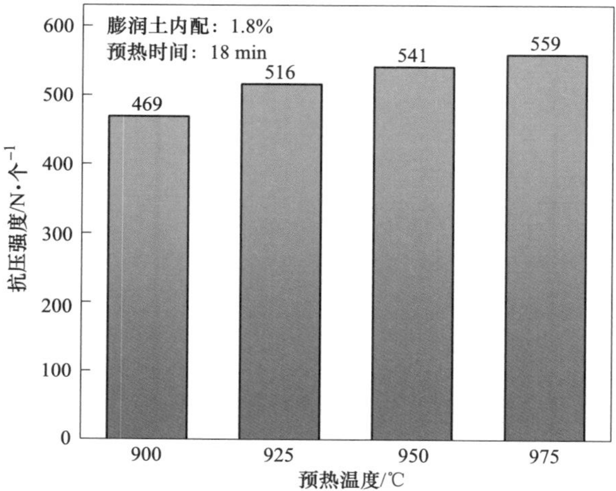


图 7.8　预热温度对预热球团抗压强度的影响

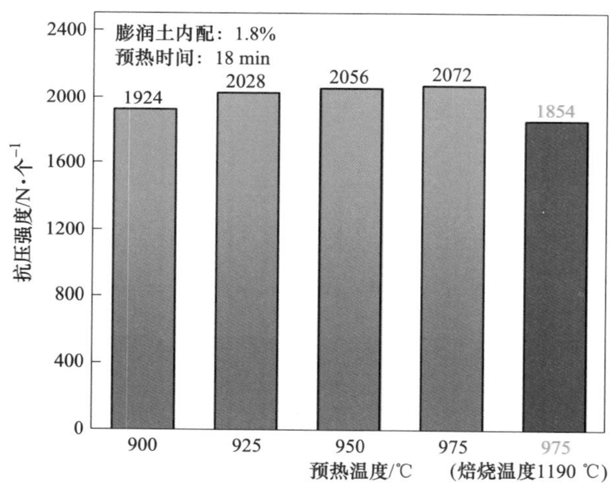


图 7.9　预热温度对焙烧球团抗压强度的影响

**表 7.3　在适宜的预热和焙烧制度条件下制备的氧化球团抗压强度**

| 序号 | 1 号 | 2 号 | 3 号 | 4 号 | 5 号 | 6 号 | 7 号 | 8 号 | 9 号 | 10 号 |
|---|---|---|---|---|---|---|---|---|---|---|
| 抗压强度/N | 2045 | 2003 | 2014 | 2077 | 2002 | 2024 | 2037 | 2010 | 2033 | 2029 |
| 序号 | 11 号 | 12 号 | 13 号 | 14 号 | 15 号 | 16 号 | 17 号 | 18 号 | 19 号 | 20 号 |
| 抗压强度/N | 2053 | 2129 | 2021 | 2042 | 2011 | 2005 | 2011 | 2029 | 2061 | 2041 |
| 序号 | 21 号 | 22 号 | 23 号 | 24 号 | 25 号 | 26 号 | 27 号 | 28 号 | 29 号 | 30 号 |
| 抗压强度/N | 2032 | 2026 | 2051 | 1993 | 2019 | 2024 | 2036 | 2112 | 2097 | 2025 |
| 序号 | 31 号 | 32 号 | 33 号 | 34 号 | 35 号 | 36 号 | 37 号 | 38 号 | 39 号 | 40 号 |
| 抗压强度/N | 2025 | 2032 | 2009 | 2025 | 2015 | 2027 | 2050 | 1982 | 2001 | 2022 |

续表 7.3

| 序号 | 41 号 | 42 号 | 43 号 | 44 号 | 45 号 | 46 号 | 47 号 | 48 号 | 49 号 | 50 号 |
|---|---|---|---|---|---|---|---|---|---|---|
| 抗压强度/N | 1987 | 2012 | 2003 | 2015 | 2027 | 2040 | 2043 | 2008 | 2012 | 2014 |
| 序号 | 51 号 | 52 号 | 53 号 | 54 号 | 55 号 | 56 号 | 57 号 | 58 号 | 59 号 | 60 号 |
| 抗压强度/N | 2010 | 2003 | 2014 | 2027 | 2013 | 2010 | 2005 | 2111 | 2031 | 2007 |

**表 7.4 钒钛矿氧化球团的主要化学组成** （质量分数,%）

| 组分 | TFe | FeO | CaO | $SiO_2$ | MgO | $Al_2O_3$ | $TiO_2$ | $V_2O_5$ | $Cr_2O_3$ | S | P |
|---|---|---|---|---|---|---|---|---|---|---|---|
| 含量 | 52.39 | 0.35 | 0.51 | 3.47 | 3.27 | 3.10 | 9.14 | 0.52 | <0.05 | 0.018 | <0.05 |

### 7.3.2 钒钛氧化球团微观结构分析

不同预热制度条件下所制备的预热球团的 SEM 分析结果如图 7.10 所示。由图 7.10 可知，预热球团表面均较粗糙，颗粒形状不规则、大小分布不均匀且没有形成大范围连晶结构，同时内部孔隙数量和尺寸较大，结构不完整，因此抗压强度较低。通过对比图 7.10 中（a）~（e）可知，随着预热温度与预热时间的提高，预热球团内部结构变化不是很明显，抗压强度缓慢升高。在预热温度为 925 ℃，预热时间为 18 min 的条件下，预热球团抗压强度达到 516 N/个（大于 500 N/个），满足生产要求。

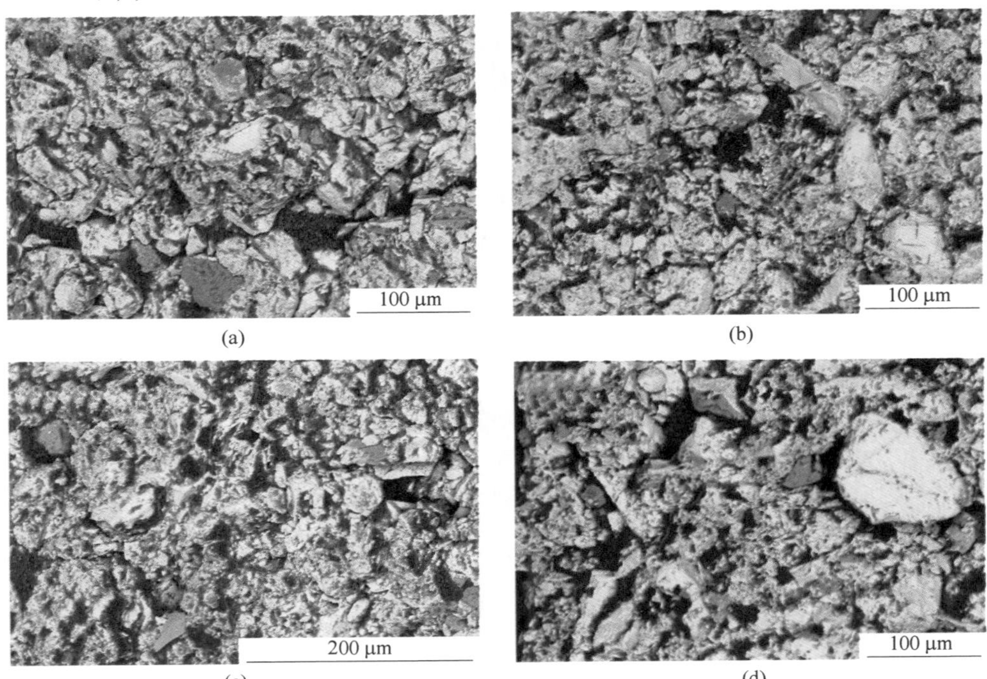

(a) (b) (c) (d)

(e)

图 7.10 不同预热制度条件下所制备的预热球团 SEM 分析结果

(a) 900 ℃，18 min；(b) 925 ℃，14 min；(c) 925 ℃，18 min；
(d) 950 ℃，18 min；(e) 975 ℃，18 min

图 7.11 为不同预热制度和焙烧制度条件下所制备的焙烧球团的 SEM 分析结果。如图 7.11 所示，钒钛矿氧化球团的内部结构相对更加完整且致密。其中，通过对比图 7.11（a）、（c）和（d）可知，随着预热温度从 900 ℃ 提高到 975 ℃，氧化球团内部结构逐渐变均匀，赤铁矿晶粒也逐渐形成大规模连晶结构，内部颗粒之间的孔隙变少，焙烧球团抗压强度升高。由图 7.11（b）和（c）可知，将预热时间从 14 min 延长到 18 min 时，赤铁矿晶粒连晶效果变好，焙烧球团抗压强度升高。当预热温度达到 925 ℃，预热时间 18 min，焙烧温度 1200 ℃，焙烧时间 25 min 时，钒钛矿焙烧球团抗压强度达到 2028 N（>2000 N），满足生产要求。图 7.11（e）为预热温度 975 ℃、预热时间 18 min、焙烧温度 1190 ℃、焙烧时间 30 min 条件下的钒钛矿焙烧球团的 SEM 照片，此时焙烧球团内部结构均较为疏松，孔隙数量偏多且孔径较大，赤铁矿晶粒再结晶不充分，且赤铁矿晶粒的边缘为晶须状和毛刺状，晶粒间不能形成大范围的连晶结构，同时此焙烧球团的抗压强度仅为 1854 N（<2000 N），无法满足生产要求。结合链箅机-回转窑的实际生产能力，钒钛矿球团适宜的预热温度为 925 ℃，预热时间为 18 min；焙烧温度为 1200 ℃，焙烧时间为 25 min。

(a)

(b)

图 7.11 不同预热制度和焙烧制度条件下所制备的焙烧球团 SEM 分析结果
（a）预热：900 ℃，18 min 焙烧：1200 ℃，25 min；（b）预热：925 ℃，14 min 焙烧：1200 ℃，25 min；
（c）预热：925 ℃，18 min 焙烧：1200 ℃，25 min；（d）预热：975 ℃，18 min 焙烧：1200 ℃，25 min；
（e）预热：975 ℃，18 min 焙烧：1190 ℃，30 min

### 7.3.3 典型气氛条件下竖炉球团冶金性能检测

在制备出合格的钒钛矿氧化球团后，以一种典型的氢基竖炉气氛和 HYL 竖炉球团检测标准进行了氢基竖炉还原探索实验。主要包括球团还原性、低温还原粉化、还原黏结、还原膨胀实验。还原温度以 HYL 标准的 950 ℃为基准，每升高 50 ℃为一组，还原气氛为典型氢基竖炉还原气体组成，具体气体成分列于表 7.5。

**表 7.5 钒钛矿氧化球团还原实验结果**

| 系列 | 温度/℃ | 气氛（体积分数）/% | | | | 最终还原度/% | 还原性指数/%·$min^{-1}$ |
|---|---|---|---|---|---|---|---|
| | | $H_2$ | CO | $CO_2$ | $N_2$ | | |
| 1 | 950 | 70 | 8 | 4 | 18 | 88.52 | 1.882 |
| 2 | 1000 | 70 | 8 | 4 | 18 | 89.05 | 1.917 |
| 3 | 1050 | 70 | 8 | 4 | 18 | 92.76 | 2.269 |
| 4 | 1100 | 70 | 8 | 4 | 18 | 94.66 | 2.806 |

在950~1100 ℃下每间隔50 ℃共进行了四组实验。发现在950 ℃条件下，钒钛矿氧化球团的最终还原度为88.52%；随着还原温度逐步升高到1100 ℃，球团的最终还原度明显升高，由88.52%逐渐升高到94.66%。因此，升高温度对钒钛矿氧化球团还原有明显的促进作用。在还原温度的选择中，1050 ℃条件下还原度达到了92.76%，可用于实际生产，但是在不同的还原温度条件下，其还原性指数在最高温度1100 ℃时仅为2.806%/min，难以满足氢基竖炉生产标准的4%/min，因此尚须对工艺进行改进以达到生产标准。还原前后球团形貌如图7.12所示，可知，在升高温度后，球团的还原性能有所提升，还原后部分球团会出现裂纹，但在所有还原温度条件下，氧化球团的还原后形貌未发生明显变化。

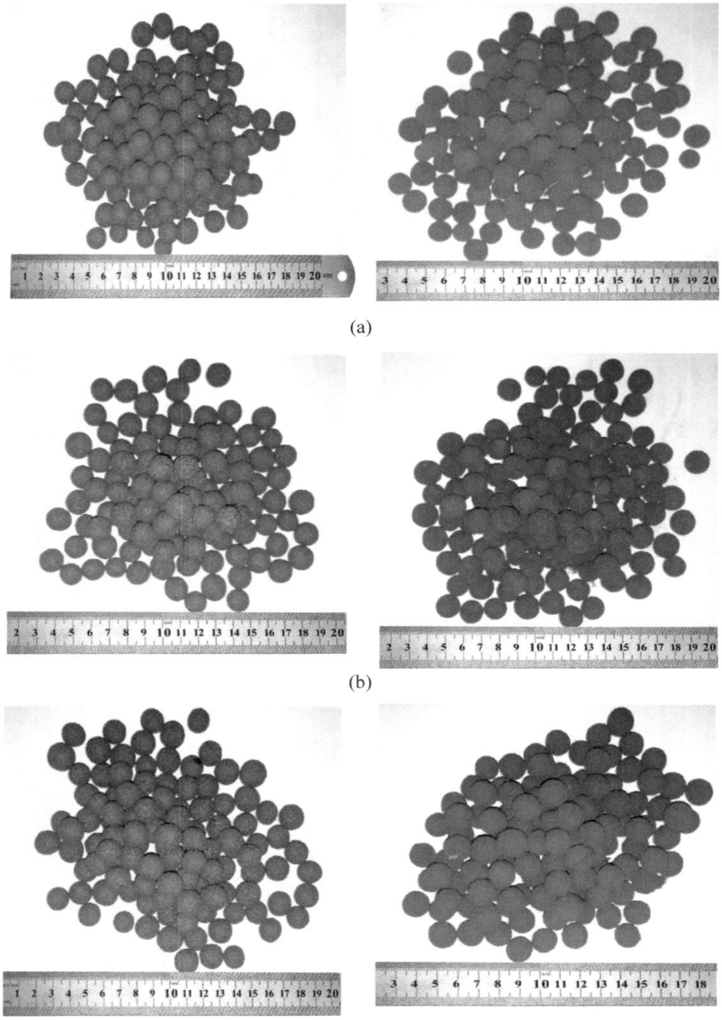

(a)

(b)

(c)

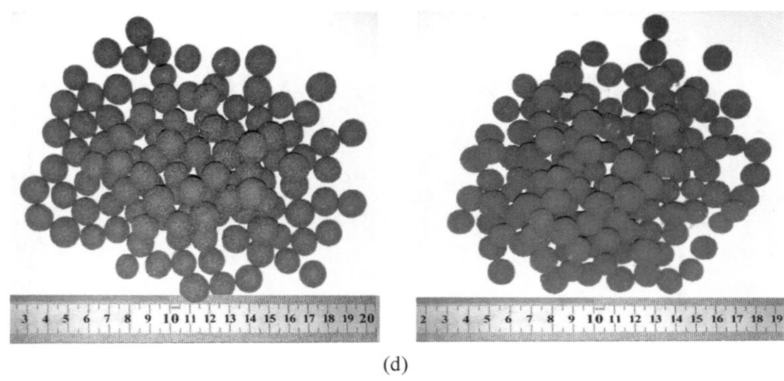


(d)

图 7.12 钒钛矿氧化球团在不同温度条件下还原前和还原后的形貌

(a) 950 ℃；(b) 1000 ℃；(c) 1050 ℃；(d) 1100 ℃

（左侧为球团还原前，右侧为球团还原后）

依据 HYL 标准的还原粉化测定温度 500 ℃，在典型氢基竖炉直接还原气氛条件下进行实验，气体成分和还原粉化指标见表 7.6。HYL 条件下氢基竖炉低温还原粉化指标中，$LTD_{+6.3}$是一个比较好的评价球团还原粉化趋势的指数，此值越高，表明球团在还原过程中的强度越好，对氧化球团来说，此值应该大于 80%才可以被接受。$LTD_{-3.2}$是一个评价球团在还原过程中产生粉末趋势的一个指数，此值越低，表明在还原过程中产生粉末的趋势越小，对氧化球团而言，此值应该小于 10%才可以被接受。$LTD_{up}$也是一个较好的评价球团在还原过程中强度的一个指数，此值越高，表明球团在还原过程中的表现越好，此值应该大于 60%才可以被接受。

**表 7.6 钒钛矿氧化球团低温还原粉化实验结果**

| 系列 | 温度/℃ | 气氛（体积分数）/% | | | | 还原粉化 | | |
|---|---|---|---|---|---|---|---|---|
| | | $H_2$ | CO | $CO_2$ | $N_2$ | HYL | | $RDI_{+3.15}$/% |
| | | | | | | $LTD_{+6.3}$/% | $LTD_{up}$/% | |
| 1 | 500 | 70 | 8 | 4 | 18 | 89.77 | 99.26 | 90.09 |

还原前后球团形貌如图 7.13 所示。实验结果表明，在钒钛矿氧化球团低温还原粉化试验中 $LTD_{+6.3}$ = 89.77%，大于标准的 80%，仅有 1 颗球团出现了破碎现象，$LTD_{up}$ = 99.26%，远高于 HYL 条件下氢基竖炉生产标准的 60%。因此，若要得到更好的粉化指数，应当增加改进各工序的操作制度。由图 7.13 可以看出，低温还原粉化实验后，球团的完整性较好，并无明显的破碎情况，仅有一颗球团破碎。大部分球团仅在表面出现小程度的碎裂粉化，说明在生产过程中出现的粉化并不会影响料柱透气性，可保证竖炉的顺利运行，对高温下的还原过程不会造成影响。

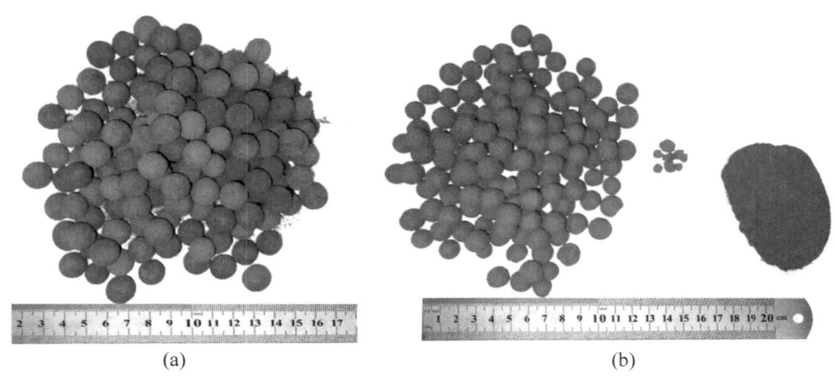

(a) (b)

图 7.13 钒钛矿氧化球团在低温还原粉化实验转鼓前（a）和转鼓后（b）的形貌

还原黏结的实验结果表明（见表 7.7），从还原温度 950 ℃升高到 1050 ℃后，球团的黏结指数并无明显变化。950 ℃时球团的黏结指数为 5%，升高到 1050 ℃后，其黏结指数变为 5.17%，黏结指数均处于较低水准。总体来说，升高还原温度对钒钛矿氧化球团的还原黏结并没有明显的影响。黏结实验结果见图 7.14，可以看出，在载荷条件下试验后将还原后球团取出，不同温度条件下结块部分质量相差不大。在落下过程中，950 ℃条件下球团一次落下即全部摔散，而在 1050 ℃条件下时，第一次落下后仅有两颗球团仍黏结，球团形貌与还原实验中球团还原后形貌无明显区别。

**表 7.7 钒钛矿氧化球团还原黏结实验结果**

| 系列 | 温度/℃ | 气氛（体积分数）/% | | | | 还原黏结指数/% |
|---|---|---|---|---|---|---|
| | | $H_2$ | CO | $CO_2$ | $N_2$ | |
| 1 | 950 | 70 | 8 | 4 | 18 | 5 |
| 2 | 1050 | 70 | 8 | 4 | 18 | 5.17 |

依据 HYL 标准，适合氢基竖炉用的氧化球团还原膨胀率应小于 15%，超过 15%后会影响生产顺行。因此进行了钒钛矿氧化球团膨胀实验，结果见表 7.8。随着还原温度的升高，球团的还原膨胀指数升高幅度并不大，在 950 ℃及 1050 ℃时，膨胀指数分别为 4.57%和 6.84%，膨胀指数均较小，符合 HYL 生产 15%膨胀率以下的标准。还原膨胀前后氧化球团的形貌如图 7.15 所示，可知，球团的还原膨胀指数并不高，从图片中未明显看出体积膨胀，但依旧有明显裂纹，其裂纹产生可能由球团还原过程中体积膨胀而导致。

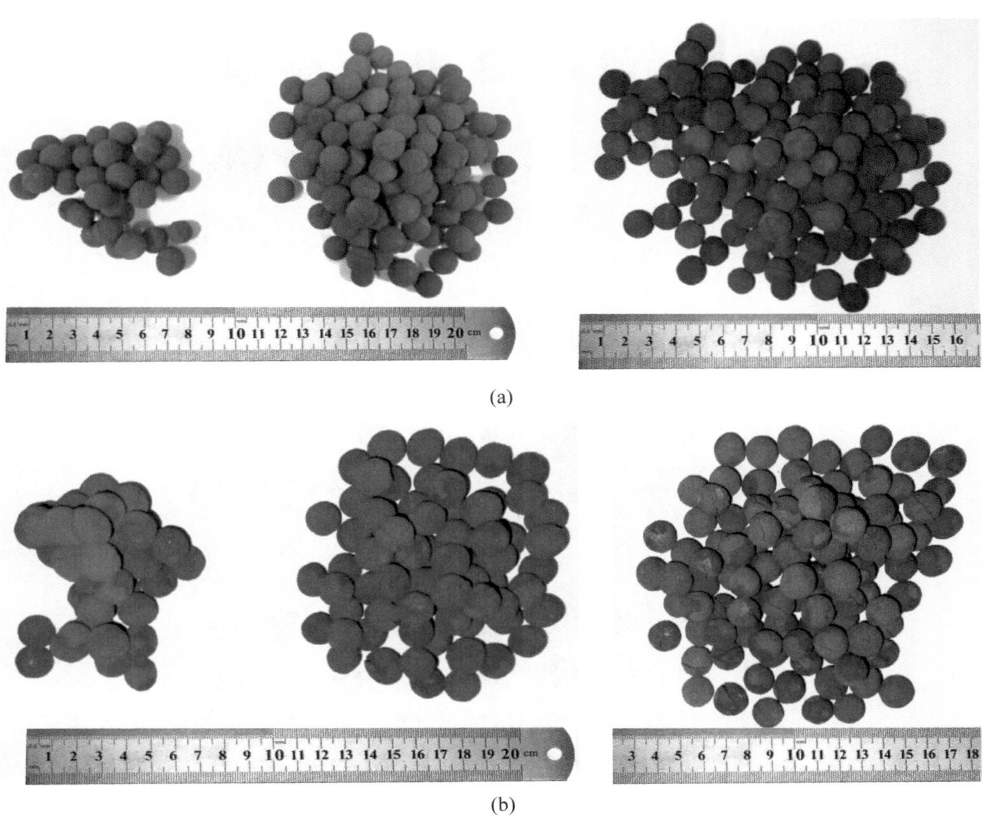

图 7.14 钒钛矿氧化球团在不同温度条件下还原黏结实验落下前和落下后的形貌

(a) 950 ℃;(b) 1050 ℃

(左侧为球团落下前,右侧为球团落下后)

**表 7.8 钒钛矿氧化球团还原膨胀实验结果**

| 系列 | 温度/℃ | 气氛(体积分数)/% | | | | 还原膨胀指数/% |
|---|---|---|---|---|---|---|
| | | $H_2$ | CO | $CO_2$ | $N_2$ | |
| 1 | 950 | 70 | 8 | 4 | 18 | 4.57 |
| 2 | 1050 | 70 | 8 | 4 | 18 | 6.84 |

对钒钛矿氧化球团进行了典型竖炉气氛条件下的冶金性能检测。然而,在上述对钒钛矿氧化球团制备适宜制度的研究过程中发现,钒钛矿氧化球团的抗压强度会随温度的升高而呈现上升的趋势。但是受限于实际生产线的焙烧温度(不大于 1200 ℃),钒钛矿氧化球团的抗压强度较低,这会对后续竖炉球团冶金性能造成不良影响。因此,通过实验研究确定了适用于实际生产过程中的氧化球团制备工艺,但是后续直接还原过程中,需要尽可能地调整还原气氛来改善钒钛矿球团

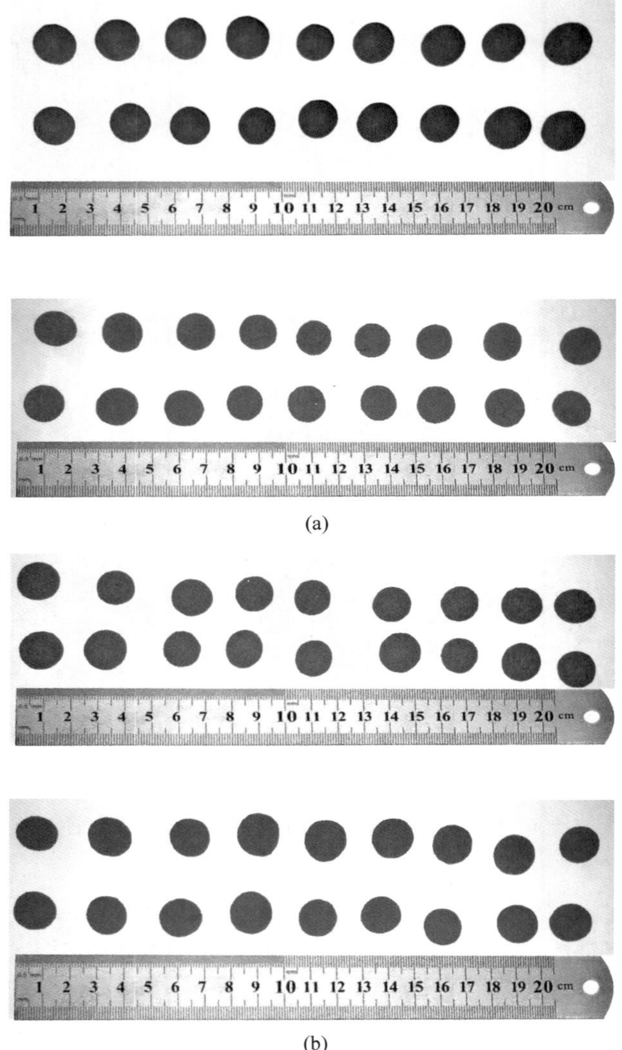


图 7.15 钒钛矿氧化球团在不同温度条件下还原膨胀实验前后的形貌

（a）950 ℃；（b）1050 ℃

（上面为还原前球团，下面为还原后球团）

的还原冶金性能，使其满足直接还原工艺的要求。

## 7.4 钒钛矿球团氢基竖炉直接还原行为研究

氢基竖炉直接还原的实验原料为适宜焙烧制度条件下制备的钒钛矿氧化球团，其预热温度为 925 ℃，预热时间为 18 min，焙烧温度 1200 ℃，焙烧时间

25 min，最终得到的氧化球团抗压强度为 2028 N/个。依据典型还原气氛及先前探索实验得出的还原温度，本节探索了还原温度和还原气氛对钒钛矿球团氢基竖炉直接还原性能的影响。本实验针对钒钛矿氧化球团，基于 HYL 法直接还原实验标准进行了测试，分别检测了氧化球团的还原性指数、还原膨胀率、还原黏结指数、低温还原粉化指数以及还原后抗压强度。在 HYL 标准中，研究氧化球团冶金性能的还原温度为 950 ℃，但钒钛矿氧化球团中，铁氧化物会与钛氧化物结合形成难还原的固溶体，因此在较低的还原温度下，无法还原到还原终点甚至较高的还原度。因此，本实验结合了钒钛矿还原的特点，通过前期探索实验作为基础，选定了 1050 ℃和 1000 ℃两个还原温度开展试验研究。

### 7.4.1 钒钛球团低温还原粉化性能

在不同还原温度下，不同比例 $\varphi_{H_2}/\varphi_{CO}$ 与 $N_2$ 混合后组成还原气，考察 $\varphi_{H_2}/\varphi_{CO}=2$、$\varphi_{H_2}/\varphi_{CO}=4$、$\varphi_{H_2}/\varphi_{CO}=6$ 和 $\varphi_{H_2}/\varphi_{CO}=8$ 以及纯氢五种气氛条件组成对钒钛矿球团低温还原粉化行为的影响，如图 7.16、图 7.17 及表 7.9 所示。随着还原气 $\varphi_{H_2}/\varphi_{CO}$ 比例的增加，钒钛矿球团的低温还原粉化指数呈变好的趋势。在 $\varphi_{H_2}/\varphi_{CO}=2$、$\varphi_{H_2}/\varphi_{CO}=4$、$\varphi_{H_2}/\varphi_{CO}=6$、$\varphi_{H_2}/\varphi_{CO}=8$ 和纯氢五种还原气氛下，钒钛矿球团的 $LTD_{+6.3}$ 分别为 63.09%、65.64%、71.67%、73.85%和 86.23%；$LTD_{up}$ 分别为 53.85%、70.73%、80%、91.25%和 98.72%。仅有纯氢气氛下钒钛矿球团的 $LTD_{+6.3}$ 符合氢基竖炉生产标准，其余气氛条件下均不符合，但随着还原气中、$\varphi_{H_2}/\varphi_{CO}$ 比例的升高。低温还原粉化过程中破损的球团数量减少，$LTD_{up}$ 逐渐升高。当 $\varphi_{H_2}/\varphi_{CO}=4$ 时，$LTD_{up}=70.73\%$，开始满足氢基竖炉的生产需求，同时在这一过程中，$LTD_{+6.3}$ 逐渐升高，因此若调整至合理的还原气氛，有望改善还原粉化指数，以适应氢基竖炉的生产需求。而提高还原气中氢气比例，甚至达到纯氢条件，目前在工业生产中仍需探究，因此也当考虑其他参数对钒钛矿氧化球团的低温还原粉化性能的影响。

(a)

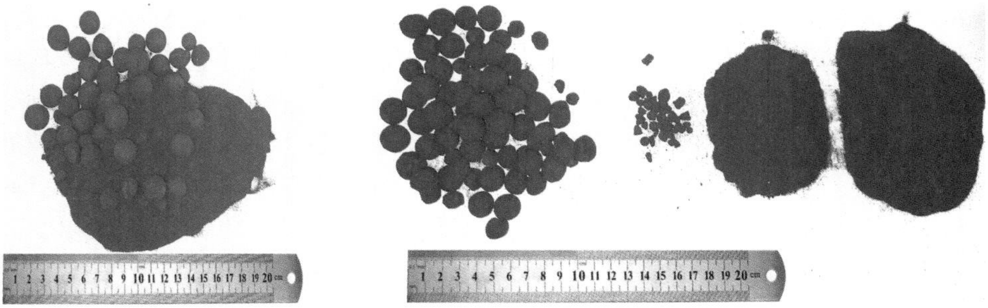

(b)

(c)

(d)

(e)

图 7.16　钒钛矿球团低温还原粉化实验前后的形貌

（a）$\varphi_{H_2}/\varphi_{CO}=2$；（b）$\varphi_{H_2}/\varphi_{CO}=4$；（c）$\varphi_{H_2}/\varphi_{CO}=6$；（d）$\varphi_{H_2}/\varphi_{CO}=8$；（e）100% $H_2$

（左侧为转鼓前，右侧为转鼓后）

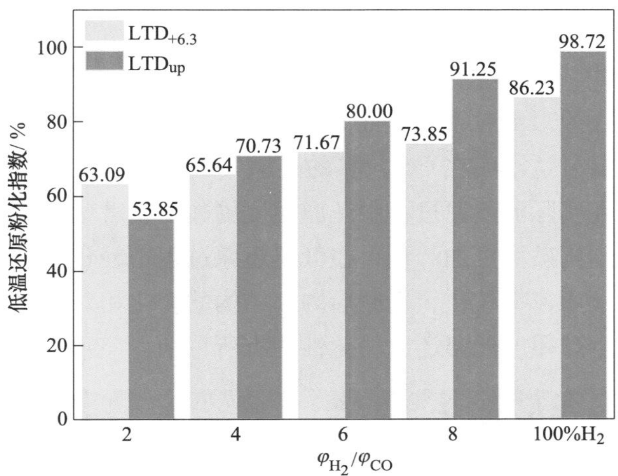


图 7.17　钒钛矿球团低温还原粉化指数随还原气氛变化

**表 7.9　钒钛矿球团低温还原粉化实验结果**

| 系列 | HYL | | $RDI_{+3.15}$/%（国标） |
|---|---|---|---|
| | $LTD_{+6.3}$/% | $LTD_{up}$/% | |
| 1 | 63.09 | 53.85 | 64.65 |
| 2 | 60.64 | 70.73 | 62.05 |
| 3 | 71.67 | 80.00 | 72.50 |
| 4 | 73.85 | 91.25 | 74.73 |
| 5 | 86.23 | 98.72 | 87.73 |

导致球团矿还原粉化的主要原因是 $Fe_2O_3$ 向 $Fe_3O_4$ 还原时由三晶系六方晶格转变为等轴系四方晶格，晶格转变造成结构扭曲并发生体积膨胀产生极大的内应力，导致在机械作用下产生严重的破裂，进而导致了还原粉化问题的出现。而钒钛矿球团由于含有大量的钛，改变了赤铁矿晶粒形貌，球团内部结构变得疏松，加入的 $TiO_2$ 与 $Fe_2O_3$ 结合，嵌布和附着在赤铁矿晶粒上，破坏了赤铁矿晶粒的完整性，导致赤铁矿晶粒分散，不能形成大范围的赤铁矿晶桥连接，进而对球团强度产生影响。在低温还原过程中，球团强度较差难以承受巨大的内应力，相对于铁精矿球团强度较高，钒钛矿球团在低温还原过程中粉化更严重，因此需要密切关注钒钛矿球团的低温还原粉化问题。

图 7.18 为不同还原气氛条件下球团还原后的微观形貌。由图可知，氧化球团的微观状态下颗粒较大，连结致密强度较高，而在低温还原过程中开始发生晶

型转变，原本致密的大颗粒破碎分解，造成球团的粉化，会严重影响生成过程中的顺行。可知，在不同还原气氛下，球团的微观形貌有所差异，在 $\varphi_{H_2}/\varphi_{CO}=8$ 的还原气氛下，球团内部颗粒明显较大，相互连结性好，而还原气氛改为 $\varphi_{H_2}/\varphi_{CO}=2$ 后，低温还原后颗粒明显变小，颗粒间相结合的力较小，球团更易碎裂，粉化现象也更严重。这说明在 CO 较多的还原气氛下，还原速率较慢，且还原过程为放热反应，在实际的还原过程中还原温度更高，使得球团的还原膨胀指数更大，球团的微观结构破坏更加严重，在低温还原过程中粉化性能更差。氢气在低温还原过程中，还原速率较快，还原后内部结构的变化相对较小，减少内应力的产生，因此对改善球团的低温还原粉化性能有所帮助。

(a)

(b)

图 7. 18　不同还原气氛条件下球团还原后的微观形貌

（a）$\varphi_{H_2}/\varphi_{CO}=2$；（b）$\varphi_{H_2}/\varphi_{CO}=8$

### 7. 4. 2　钒钛球团还原性

在不同还原温度条件下，不同比例 $\varphi_{H_2}/\varphi_{CO}$ 与 $N_2$ 混合后组成还原气，考察不同还原温度条件下，$\varphi_{H_2}/\varphi_{CO}=2$、$\varphi_{H_2}/\varphi_{CO}=4$、$\varphi_{H_2}/\varphi_{CO}=6$ 和 $\varphi_{H_2}/\varphi_{CO}=8$ 这 4 种气氛条件组成对钒钛矿球团还原性的影响，实验结果见图 7. 19。图 7. 20 是不同温度条件下还原气氛对球团还原度的影响。可见，几种还原温度条件下的还原率曲线大致相似，即还原初期，球团反应速率较快，随着还原反应进行，产物层逐渐加厚，还原气扩散速率下降，球团还原反应逐渐减慢，最终趋于稳定。在相同还原温度条件下，随着还原气氛中 $H_2$ 含量的增多，还原反应速率加快。这主要是由于 $H_2$ 分子尺寸（碰撞半径 0. 292 nm）小于 CO 分子尺寸（碰撞半径 0. 359 nm），$H_2$ 扩散系数是 CO 的 3 倍以上，因此 $H_2$ 很容易扩散到球团内部发生还原反应。从实验室几种条件下的还原实验结果可以看出，钒钛球团的还原度均大于 90%，甚至接近还原终点。此外，按照 HYL 球团还原性指数的测定方法，分析了钒钛球团的还原性指数，见图 7.21。一般来说，HYL 竖炉工艺要求球团的还原性指数大于4%/min。在1050 ℃条件下，随着$\varphi_{H_2}/\varphi_{CO}$从2增大至8，钒钛矿球团的还原性指数依次为4.36%/min、4.89%/min、4.96%/min 和5.41%/min。在1000 ℃、$\varphi_{H_2}/\varphi_{CO}=2$时，钒钛矿球团的还原性指数小于4%/min，为3.97%/min，不符合 HYL 氢基竖炉需求。

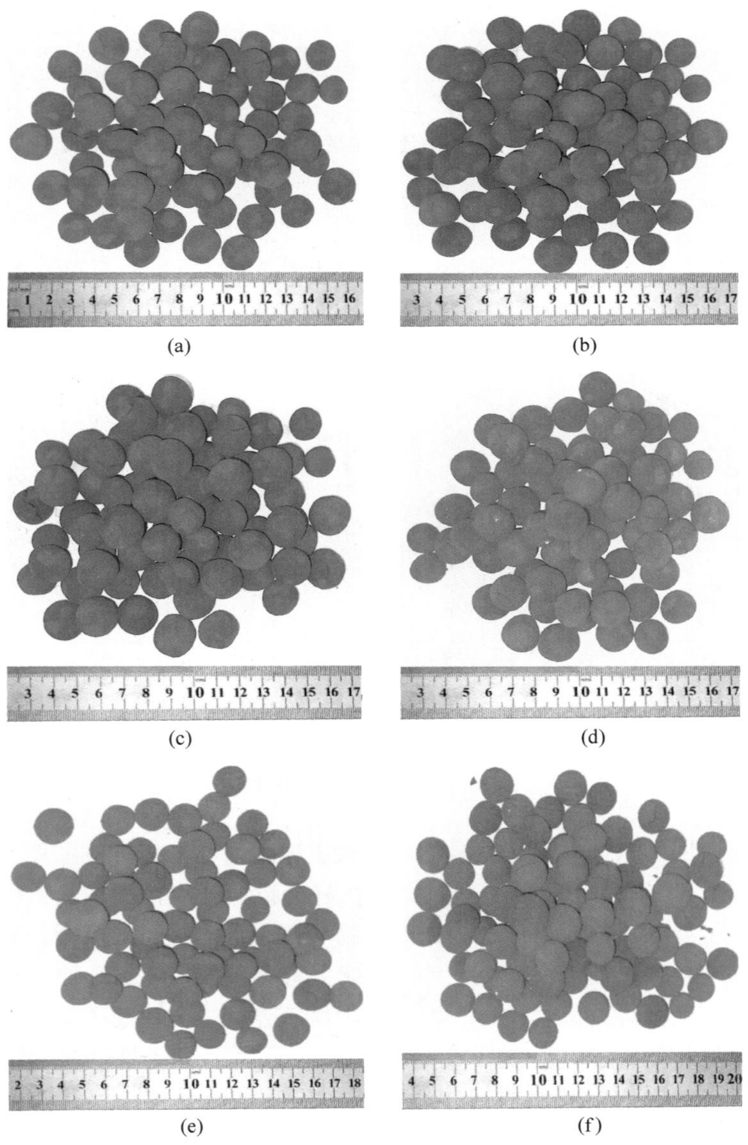

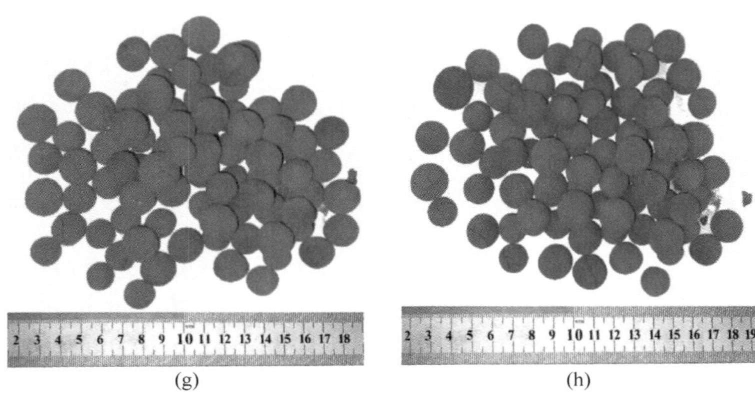


图 7.19　钒钛矿球团在不同还原温度和气氛条件下还原后的形貌

（a）1050 ℃，$\varphi_{H_2}/\varphi_{CO}=2$；（b）1050 ℃，$\varphi_{H_2}/\varphi_{CO}=4$；

（c）1050 ℃，$\varphi_{H_2}/\varphi_{CO}=6$；（d）1050 ℃，$\varphi_{H_2}/\varphi_{CO}=8$；

（e）1000 ℃ $\varphi_{H_2}/\varphi_{CO}=2$；（f）1000 ℃ $\varphi_{H_2}/\varphi_{CO}=4$；

（g）1000 ℃ $\varphi_{H_2}/\varphi_{CO}=6$；（h）1000 ℃ $\varphi_{H_2}/\varphi_{CO}=8$

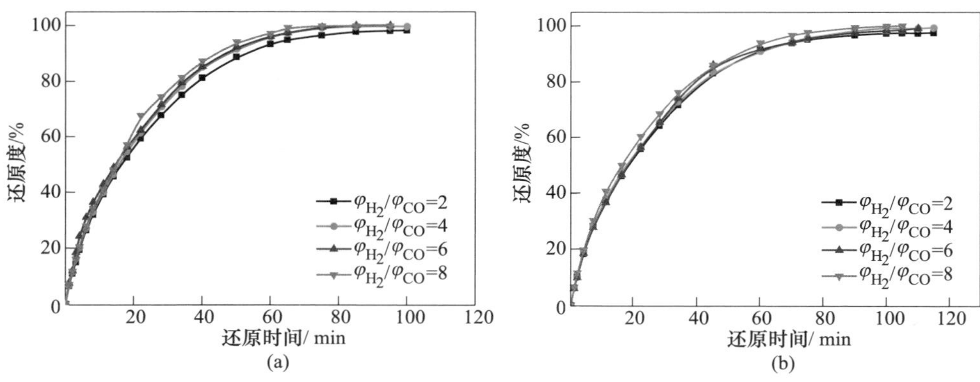


图 7.20　不同还原温度条件下还原气氛对钒钛矿球团还原度的影响

（a）1050 ℃；（b）1000 ℃

在不同还原气氛条件下还原温度对钒钛矿球团还原性的影响如图 7.22 所示。从图中可以看出，升高还原温度能明显增大还原反应速率，因为在钒钛矿球团还原过程中，主要的还原反应依旧为铁氧化物与还原气体之间的反应，其中有少量钒氧化物参与还原，而钒钛矿氧化球团的钒元素含量较少，对还原过程中还原度的影响较小，几乎可以忽略不计，因此实际反应过程中与铁精矿氧化球团反应相类似，是铁氧化物与 $H_2$ 及 CO 之间相互反应，逐渐还原为铁的过程，只是钒钛矿中存在较多的钛铁氧化物固溶体使得还原反应难以进行。依据热力学知识可知，$H_2$ 还原铁氧化物与 CO 还原铁氧化物的还原速率不同，经过计算可得叉子曲

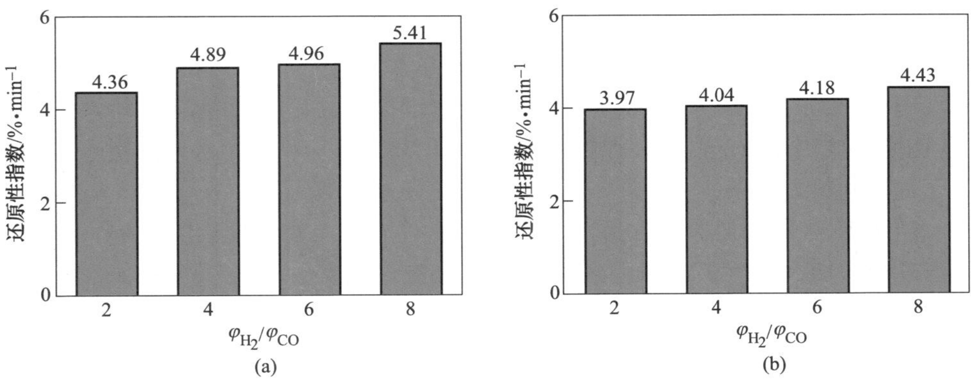


图 7.21　不同还原温度条件下还原气氛对钒钛矿球团还原性指数的影响

（a）1050 ℃；（b）1000 ℃

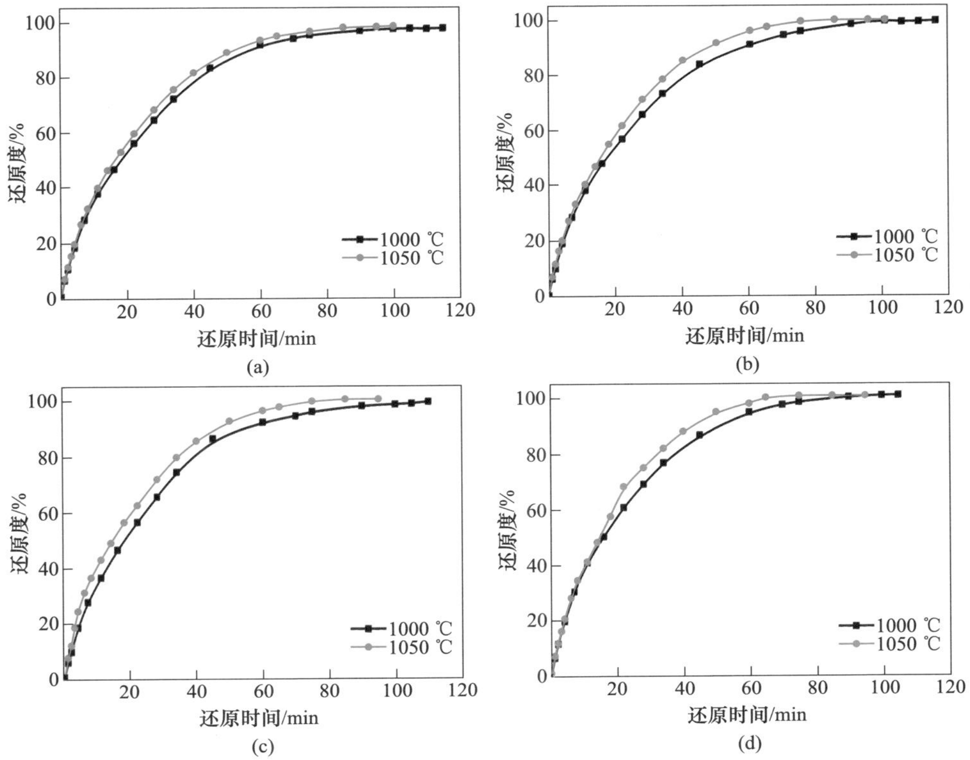

图 7.22　不同还原气氛条件下还原温度对钒钛矿球团还原度的影响

（a）$\varphi_{H_2}/\varphi_{CO}=2$；（b）$\varphi_{H_2}/\varphi_{CO}=4$；（c）$\varphi_{H_2}/\varphi_{CO}=6$；（d）$\varphi_{H_2}/\varphi_{CO}=8$

线，其结果表明当还原温度高于 810 ℃时，$H_2$ 的还原能力大于 CO 的还原能力，在还原温度低于 810 ℃时，CO 的还原能力大于 $H_2$ 的还原能力。针对本实验的还原气氛，均为 $\varphi_{H_2}/\varphi_{CO}$较高，还原气中 $H_2$ 含量大于 CO 含量的富氢还原气氛，还原气中 $H_2$ 为主要还原气。而且对于整个还原过程而言，$H_2$ 还原为吸热反应，而 CO 还原为放热反应。升高还原温度在改善 $H_2$ 还原反应动力学条件的同时，还有助于优化其热力学条件。

图 7.23 为不同还原气氛条件下还原温度对球团还原性指数的影响。随着还原温度的增加，钒钛矿球团的还原性指数呈升高趋势。在还原气中 $\varphi_{H_2}/\varphi_{CO}=2$ 时，当温度由 1000 ℃提高到 1050 ℃时，还原性指数由 3.97%/min 升高到 4.36%/min，而还原气中 $\varphi_{H_2}/\varphi_{CO}=8$ 时，还原性指数在 1000 ℃时为 4.43%/min，还原温度提高到 1050 ℃后，还原性指数提高到了 5.41%/min，还原性指数升高明显。按照 HYL 竖炉生产要求，氧化球团的还原性指数应当大于 4%/min，在实验条件下，1000 ℃时除 $\varphi_{H_2}/\varphi_{CO}=2$ 的还原气氛以外，其余还原气氛下球团的还原性也均符合氢基竖炉生产用含铁炉料需求。若将还原温度提高至 1050 ℃时，

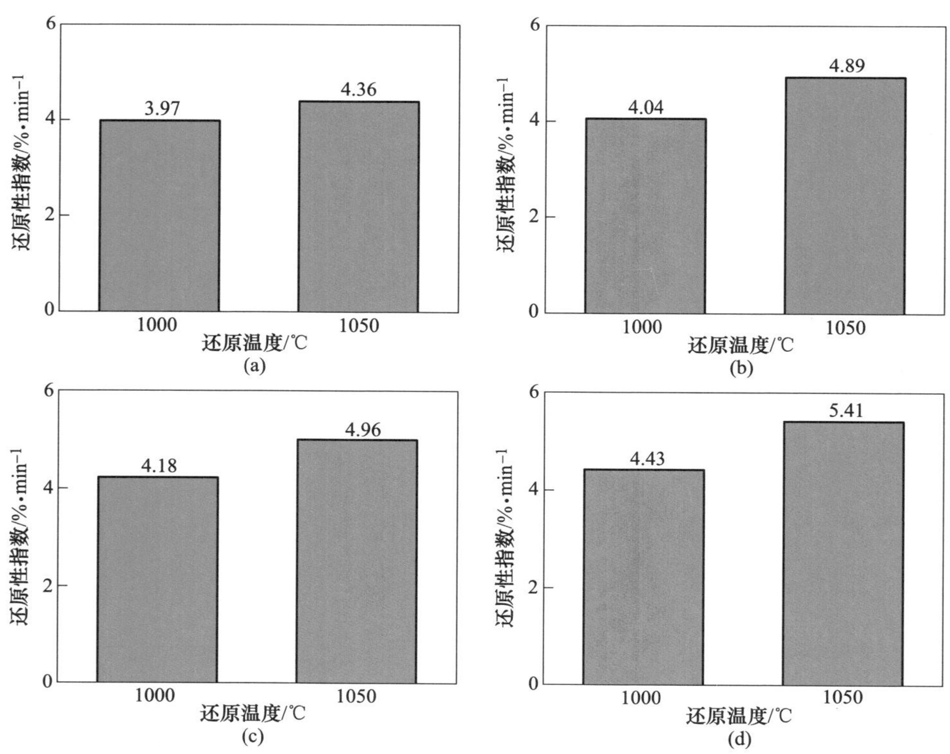


图 7.23 不同还原气氛条件下还原温度对球团还原性指数的影响

(a) $\varphi_{H_2}/\varphi_{CO}=2$；(b) $\varphi_{H_2}/\varphi_{CO}=4$；(c) $\varphi_{H_2}/\varphi_{CO}=6$；(d) $\varphi_{H_2}/\varphi_{CO}=8$

加热炉加热还原气的成本也会有明显提高，同时提高还原温度虽明显提高了还原速率，但也可能加剧球团的还原膨胀以及还原黏结，需要综合考虑钒钛矿球团的各项冶金性能以选择合理的还原温度。因此，虽然在球团还原实验中考察的指标为还原性指数，但也应从球团还原性指数出发，综合考虑还原气体资源配置，合理考虑还原温度和还原气氛的协调匹配。

### 7.4.3　钒钛球团还原膨胀性能

在不同还原温度条件下，考察 $\varphi_{H_2}/\varphi_{CO}=2$、$\varphi_{H_2}/\varphi_{CO}=4$、$\varphi_{H_2}/\varphi_{CO}=6$ 和 $\varphi_{H_2}/\varphi_{CO}=8$ 四种气氛对钒钛矿球团还原膨胀行为的影响，如图 7.24、图 7.25 所示。随着还原气 $\varphi_{H_2}/\varphi_{CO}$ 比例的增加，钒钛矿球团的还原膨胀率呈降低趋势。还原气氛中 $H_2$ 比例的提高，使得球团中铁晶须的生长数量减少，尺寸变小，有效降低球团的还原膨胀率。在 1050 ℃条件下，$\varphi_{H_2}/\varphi_{CO}=2$ 时球团的还原膨胀率最大，为 5.01%，随着 $\varphi_{H_2}/\varphi_{CO}$ 比例的升高，球团的还原膨胀率依次下降，分别为 4.67%、3.04%和 2.45%。在还原温度降低到 1000 ℃后，$\varphi_{H_2}/\varphi_{CO}=2$、$\varphi_{H_2}/\varphi_{CO}=4$、$\varphi_{H_2}/\varphi_{CO}=6$ 和 $\varphi_{H_2}/\varphi_{CO}=8$ 四种气氛条件下球团的还原膨胀率分别为 4.09%、3.35%、1.33%和 1.32%。由此可见，钒钛矿球团的还原膨胀率总体较小，远小于 HYL 氢基竖炉生产标准的 15%，适用于氢基竖炉生产。

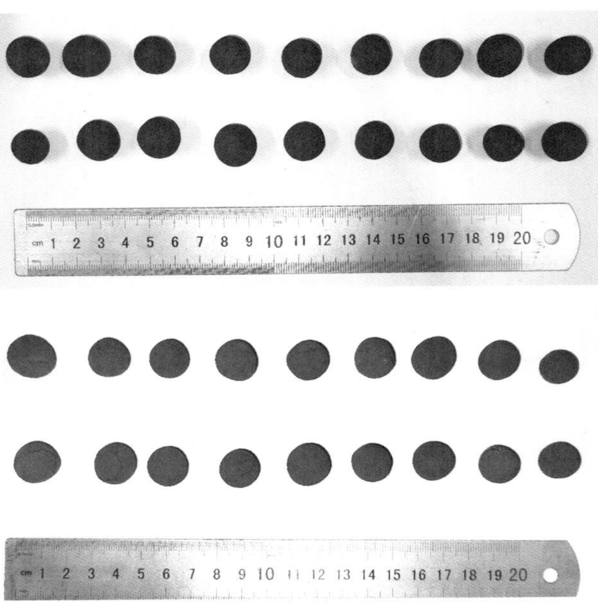


(a)

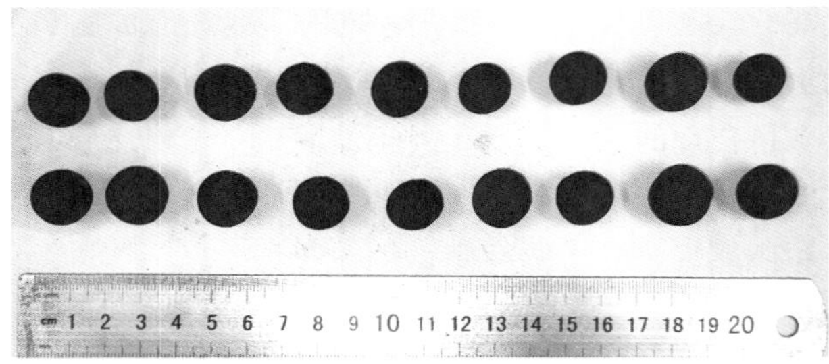

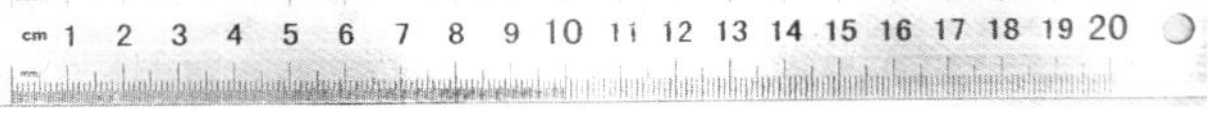

(b)

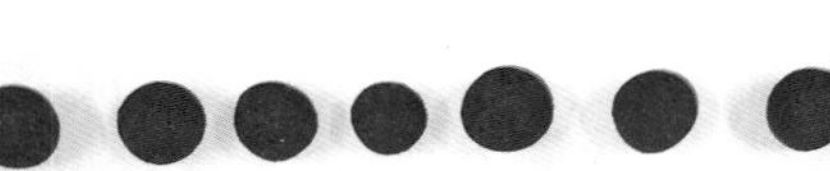

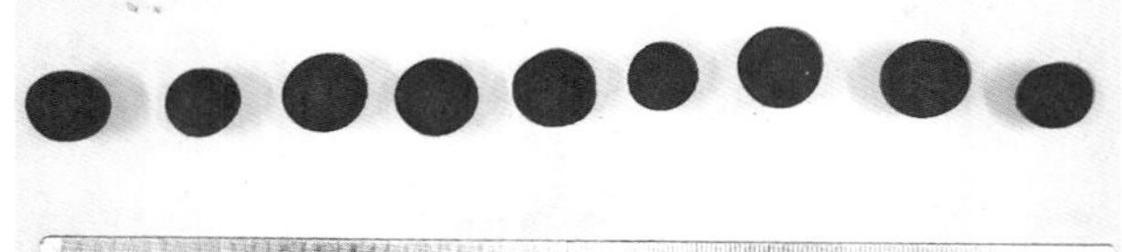

(c)

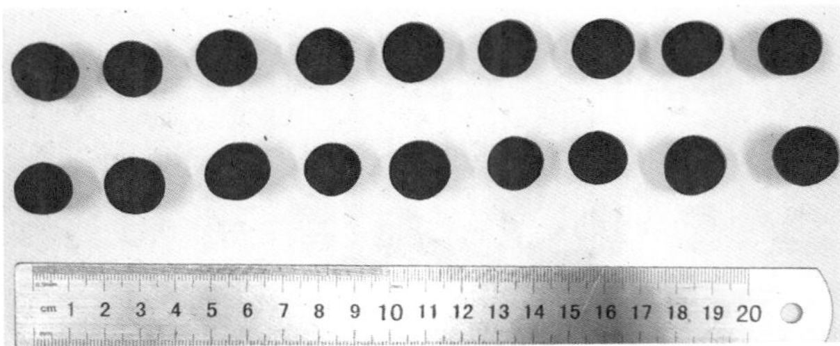
cm 1 2 3 4 5 6 7 8 9 10 11 12 13 14 15 16 17 18 19 20

cm 1 2 3 4 5 6 7 8 9 10 11 12 13 14 15 16 17 18 19 20

(d)

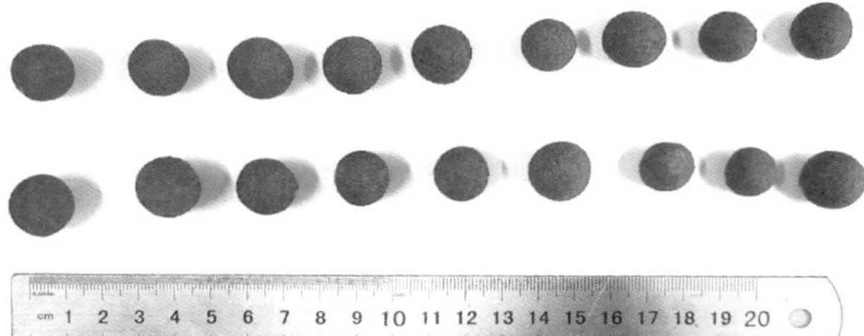
cm 1 2 3 4 5 6 7 8 9 10 11 12 13 14 15 16 17 18 19 20

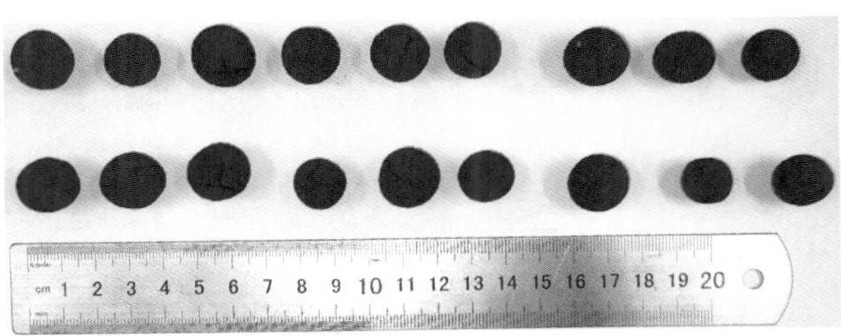
cm 1 2 3 4 5 6 7 8 9 10 11 12 13 14 15 16 17 18 19 20

(e)

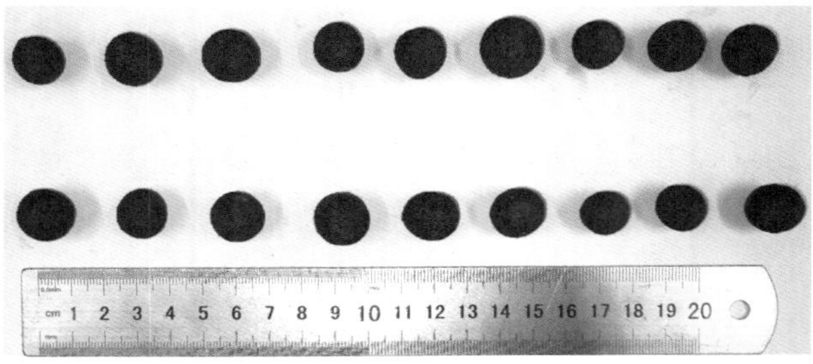
cm 1 2 3 4 5 6 7 8 9 10 11 12 13 14 15 16 17 18 19 20

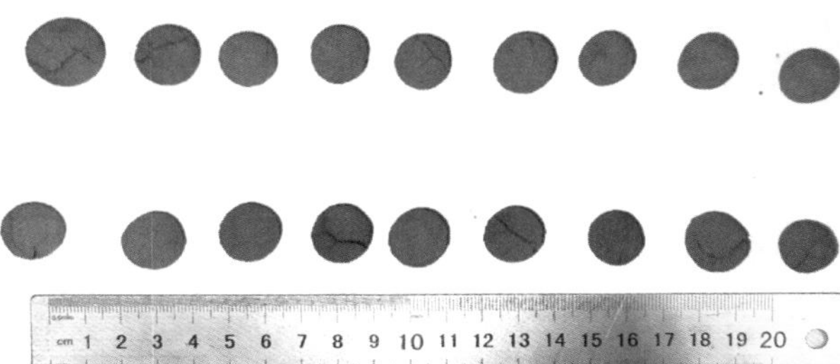
cm 1 2 3 4 5 6 7 8 9 10 11 12 13 14 15 16 17 18 19 20

(f)

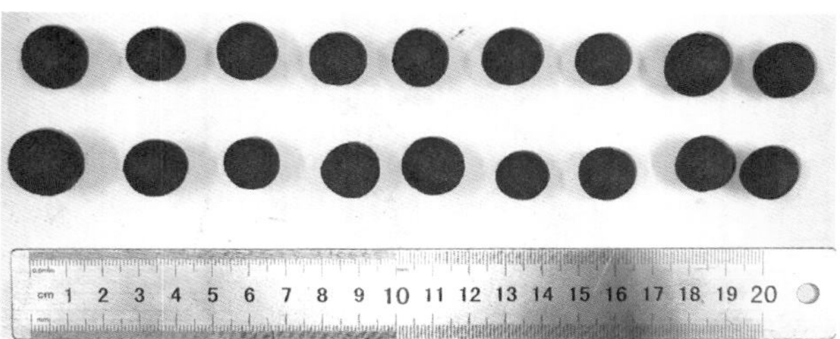
cm 1 2 3 4 5 6 7 8 9 10 11 12 13 14 15 16 17 18 19 20

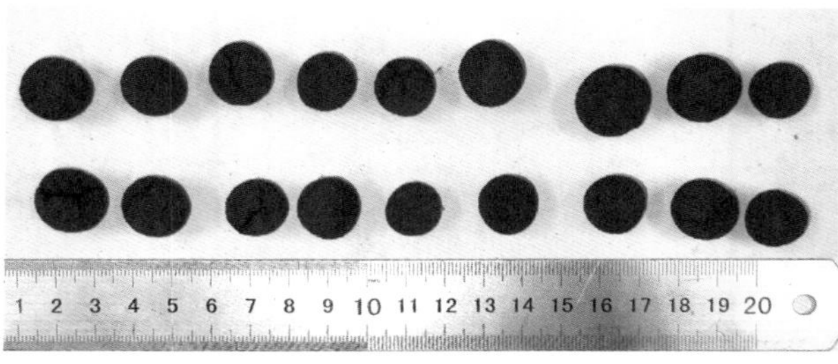
1 2 3 4 5 6 7 8 9 10 11 12 13 14 15 16 17 18 19 20

(g)

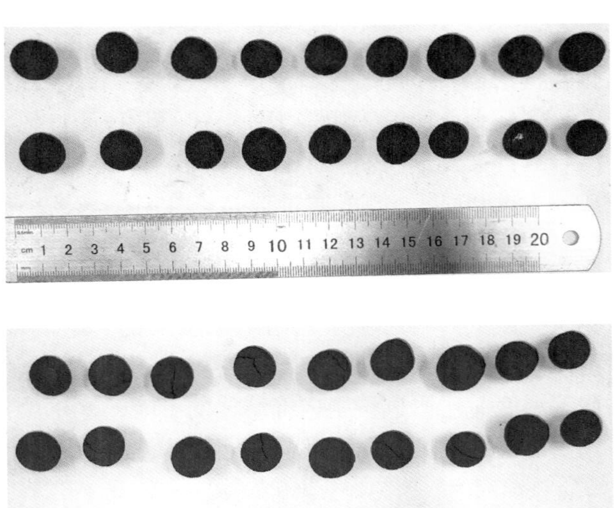

(h)

图 7.24 钒钛矿球团在不同还原温度和还原气氛条件下还原膨胀实验前后的形貌

（a）1050 ℃，$\varphi_{H_2}/\varphi_{CO}=2$；（b）1050 ℃，$\varphi_{H_2}/\varphi_{CO}=4$；

（c）1050 ℃，$\varphi_{H_2}/\varphi_{CO}=6$；（d）1050 ℃，$\varphi_{H_2}/\varphi_{CO}=8$；

（e）1000 ℃，$\varphi_{H_2}/\varphi_{CO}=2$；（f）1000 ℃，$\varphi_{H_2}/\varphi_{CO}=4$；

（g）1000 ℃，$\varphi_{H_2}/\varphi_{CO}=6$；（h）1000 ℃，$\varphi_{H_2}/\varphi_{CO}=8$

（上面为还原膨胀实验前，下面为还原膨胀实验后）

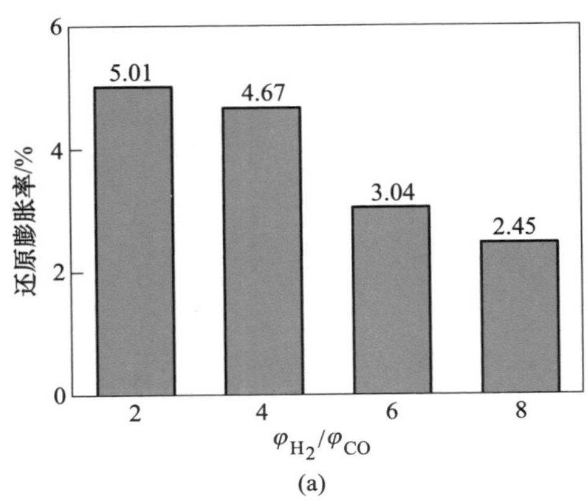


(a)

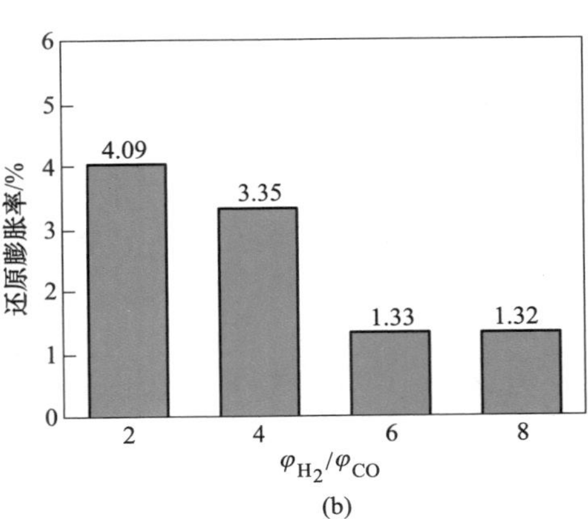


(b)

图 7.25 不同温度条件下还原气氛对钒钛矿球团还原膨胀率的影响

（a）1050 ℃；（b）1000 ℃

氧化球团在还原过程中，产生还原膨胀的主要原因在于铁氧化物的晶型转变、还原过程产生的应力不均、还原过程中铁晶须的生长等。针对钒钛矿氧化球团来说，其铁氧化物含量相较于优质铁精矿球团较少，因此在还原过程中，发生体积变化的成分占比也较少。同时，相较于铁精矿氧化球团，钒钛矿氧化球团强度也相对较低，结合自身氧化球团制备条件，采用链箅机-回转窑氧化焙烧工艺，最终制定的焙烧温度为 1200 ℃，无法通过提高焙烧温度来进一步提高钒钛矿氧化球团的强度，最终强度仅为 2028 N，相应的内部孔隙也较多，有利于承受晶型转变带来的膨胀体积变化，还原过程中的大量形变会倾向于填充内部的大量孔隙，因此其还原膨胀率较低。对于优质铁精矿球团来说，在较高温度下还原时，铁氧化物还原后更倾向于生成铁晶须形貌，即使提高还原气中氢气比例甚至是全氢气氛下也无法抑制温度对还原过程中内部结构的影响，这也是导致球团还原膨胀率较高的原因。而对于钒钛矿氧化球团来说，还原气氛中 $H_2$ 比例的提高会有效降低铁晶须生成的趋势，同时，$Ti^{4+}$ 离子半径（68 pm）与 $Fe^{3+}$ 离子半径（65 pm）接近，钒钛矿中的 $Ti^{4+}$ 进入 $Fe_2O_3$ 晶格中使其在还原时晶体结构稳定，这也有效地抑制了铁晶须的生成。$V_2O_5$ 会促进铁晶核和晶核的生长，在 $V_2O_5$ 质量分数较高时，会促进铁晶须的生长，铁氧化物晶体间的间隙会增大，导致球团矿的还原膨胀率增大，但钒钛矿的 $V_2O_5$ 含量仅为 0.69%，对球团矿还原膨胀影响较小。

为了进一步分析还原气氛对球团还原膨胀的影响，在实验结束后，分别对 1050 ℃还原温度下 $\varphi_{H_2}/\varphi_{CO}=2$ 及 $\varphi_{H_2}/\varphi_{CO}=8$ 气氛条件下球团的微观界面进行了分析，如图 7.26 所示。从图中可以看出，在还原气 $\varphi_{H_2}/\varphi_{CO}=2$ 气氛下，球团还原后铁相生长呈无序状，铁相朝各方向聚集，由原本平整的铁相层生长出明显的突起。总体还原过程中并没有明显的铁晶须出现，钒钛矿中的 $TiO_2$ 含量为 10.57%，$V_2O_5$ 含量为 0.69%，较高的 $TiO_2$ 含量及较低的 $V_2O_5$ 含量会有效地降低球团的还原膨胀，因此即使在高温条件下，钒钛矿球团的还原膨胀率依旧相对

(a)

(b)

图 7.26　不同还原气氛条件下钒钛矿球团还原膨胀实验后的微观形貌

（a）1050 ℃，$\varphi_{H_2}/\varphi_{CO}=2$；（b）1050 ℃，$\varphi_{H_2}/\varphi_{CO}=8$

较小，有利于氢基竖炉的生产。当还原气氛改变为 $\varphi_{H_2}/\varphi_{CO}=8$ 后，球团呈层状生长，还原后的微观形貌以平面为主，球团的异常生长明显减少，相较于在 $\varphi_{H_2}/\varphi_{CO}=2$ 气氛下，球团的突起点较少，以更规则的趋势生长，因此还原膨胀率降低，这也印证了还原气中氢气比例的增加对球团的还原膨胀率降低有明显的影响。

在不同还原气氛条件下，不同还原温度对钒钛矿球团还原性的影响如图 7.27 所示。随着还原温度的增加，钒钛矿球团的还原膨胀率呈增大趋势。提高还原温度后，还原过程中球团会受到更大的热应力，内应力增加，使得球团的新生铁相无序生长，导致还原膨胀率也相应升高。在 $\varphi_{H_2}/\varphi_{CO}=2$ 时，还原温度从 1000 ℃增大到 1050 ℃时，还原膨胀率由 4.09%增大到 5.01%，在 $\varphi_{H_2}/\varphi_{CO}=8$ 时，还原膨胀率由 1.32%增大到了 2.45%。还原温度的降低可以有效降低钒钛矿球团的还原膨胀率，而即使在高温条件下时，钒钛矿氧化球团的还原膨胀率依旧较低，即使在 1050 ℃的还原温度，$\varphi_{H_2}/\varphi_{CO}=2$ 的还原气氛下，整个还原膨胀实验中最大的还原膨胀率也仅为 5.01%，远低于 HYL 标准要求的 15%。各条件下的还原膨胀率均较低，满足氢基竖炉要求。

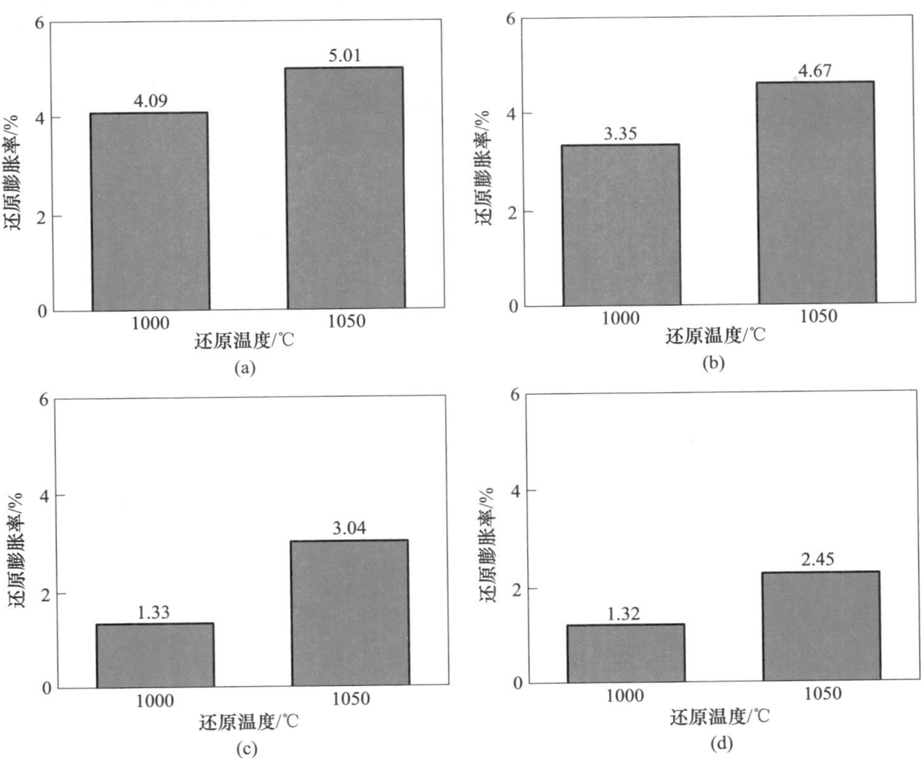


图 7.27 不同还原气氛条件下钒钛矿球团还原膨胀率随还原温度变化

(a) $\varphi_{H_2}/\varphi_{CO}=2$；(b) $\varphi_{H_2}/\varphi_{CO}=4$；(c) $\varphi_{H_2}/\varphi_{CO}=6$；(d) $\varphi_{H_2}/\varphi_{CO}=8$

图 7.28 为 1050 ℃及 1000 ℃条件下 $\varphi_{H_2}/\varphi_{CO}=8$ 时球团还原膨胀实验后的微观形貌，通常在较高的还原温度下，球团的还原膨胀率会明显地偏高，甚至出现异常膨胀的现象。而对于钒钛矿球团来说，在两种还原温度下，球团的还原膨胀率均较低。在 1050 ℃条件下，金属铁相的生长主要以层状生长的形式出现，但在部分区域有异常生长，相较于铁精矿球团，大量的 Ti 有效地抑制了还原过程中铁晶须的生长，因此明显降低了球团的还原膨胀率；而随着还原温度降低至 1000 ℃，球团的微观结构更加平整，无明显铁晶须生成，热应力的降低使得球团的自身形变变小，球团的还原膨胀率相应降低。相同还原气氛下球团的微观界面结构几乎相同，均有明显的平面分布，并伴有少量突起，这也印证了在不同还原温度下还原气氛对球团膨胀的微观结构影响规律是相同的。

(a)

(b)

图 7.28　不同还原温度条件下钒钛矿球团还原膨胀实验后的微观形貌

(a) 1050 ℃，$\varphi_{H_2}/\varphi_{CO}=8$；(b) 1000 ℃，$\varphi_{H_2}/\varphi_{CO}=8$

### 7.4.4 钒钛球团黏结性能

在不同还原温度条件下，考察了 $\varphi_{H_2}/\varphi_{CO}=2$、$\varphi_{H_2}/\varphi_{CO}=4$、$\varphi_{H_2}/\varphi_{CO}=6$ 和 $\varphi_{H_2}/\varphi_{CO}=8$ 四种还原气氛条件对钒钛矿球团还原黏结行为的影响，如图 7.29、图 7.30 所示。可以看出，随着还原气 $\varphi_{H_2}/\varphi_{CO}$ 比例的增加，钒钛矿球团的还原黏结指数呈降低趋势。在 1050 ℃条件下，$\varphi_{H_2}/\varphi_{CO}=2$ 时球团的黏结指数最大，为 8.92%；随着 $\varphi_{H_2}/\varphi_{CO}$ 比例的升高，球团的还原膨胀率依次下降，分别为 6.71%、5.34%和 2.69%。在还原温度为 1000 ℃时，$\varphi_{H_2}/\varphi_{CO}=2$、$\varphi_{H_2}/\varphi_{CO}=4$、$\varphi_{H_2}/\varphi_{CO}=6$ 和 $\varphi_{H_2}/\varphi_{CO}=8$ 四种还原气氛条件下球团的还原膨胀率分别为 2.5%、0%、0% 和 0%，在该温度下随着还原气中氢气比例的提高，钒钛矿球团的黏结指数甚至为 0%，在还原结束后从坩埚中取出后，并无明显的黏结现象发生。总体来说，在不同还原气氛下，钒钛矿球团的黏结指数均较小，符合 HYL 氢基竖炉生产对球团还原黏结性能的要求。

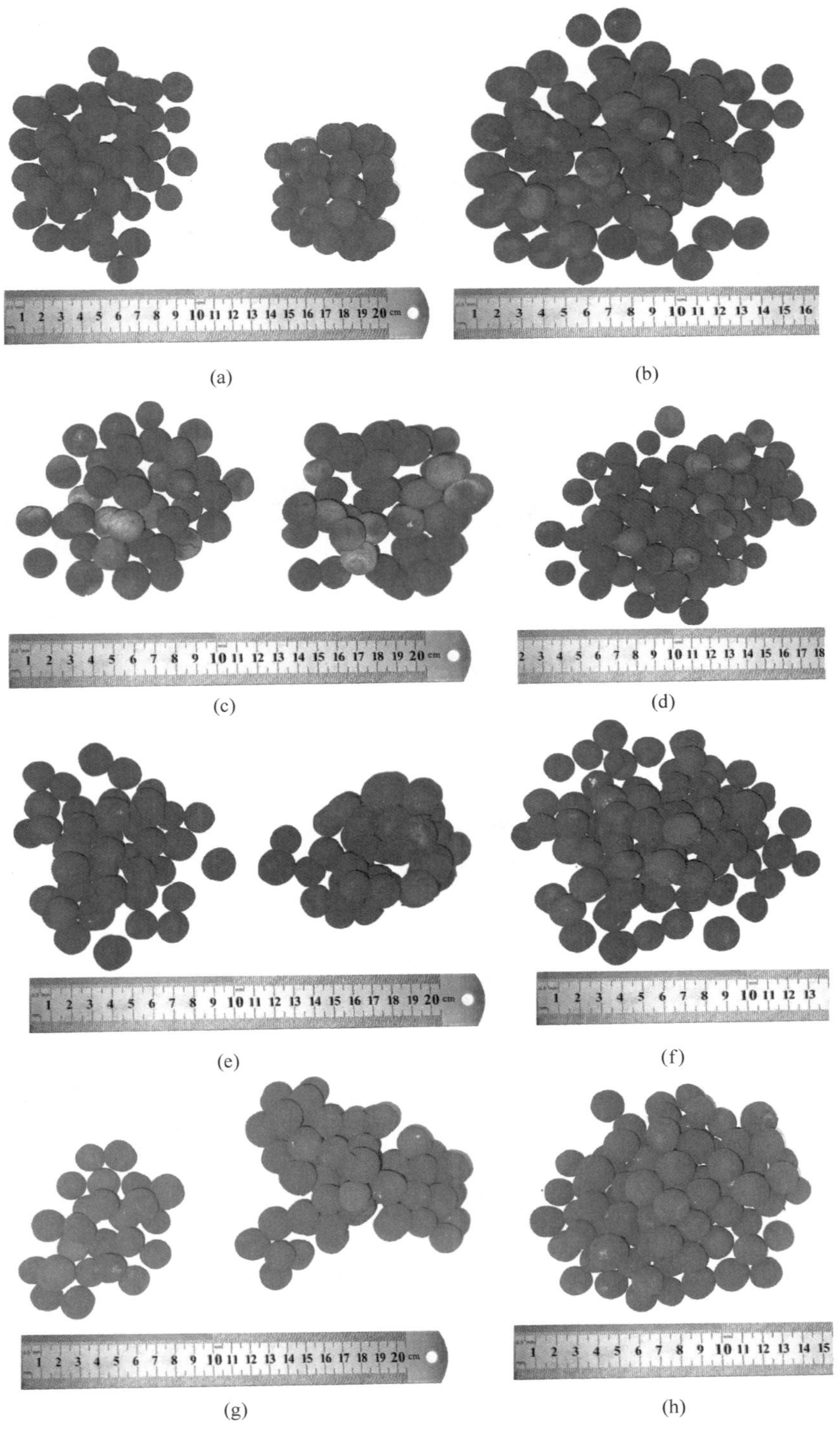

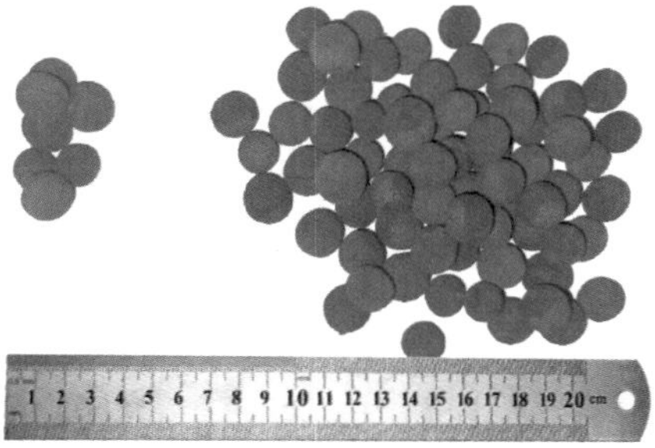

(i)

(j)

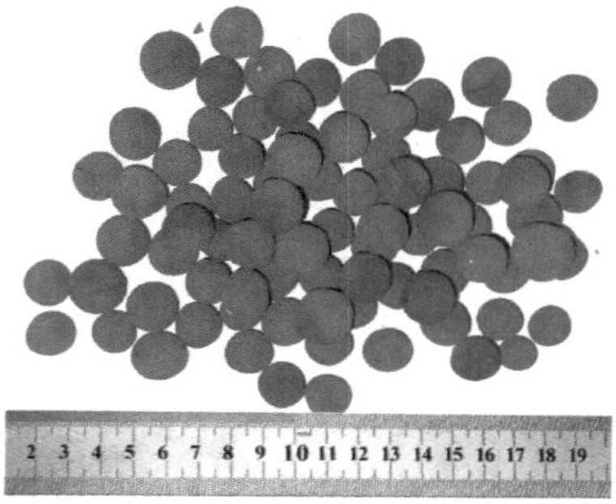

(k)

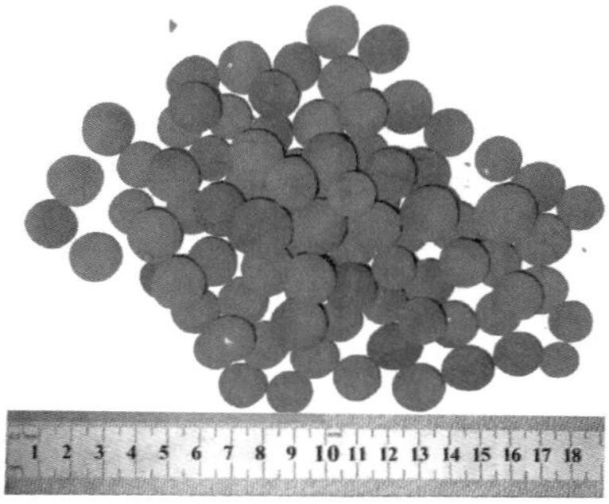

(l)

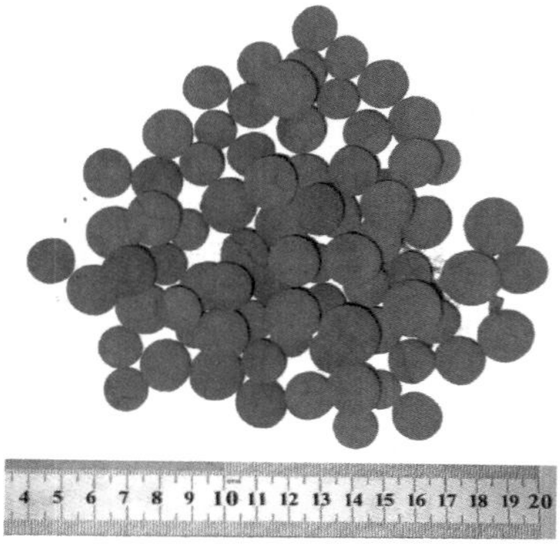

(m)

图 7.29 不同还原温度和还原气氛条件下钒钛矿球团还原黏结实验前后的形貌

(a) 1050 ℃，$\varphi_{H_2}/\varphi_{CO}=2$ 跌落前；(b) 1050 ℃，$\varphi_{H_2}/\varphi_{CO}=2$ 跌落后；(c) 1050 ℃，$\varphi_{H_2}/\varphi_{CO}=4$ 跌落前；(d) 1050 ℃，$\varphi_{H_2}/\varphi_{CO}=4$ 跌落后；(e) 1050 ℃，$\varphi_{H_2}/\varphi_{CO}=6$ 跌落前；(f) 1050 ℃，$\varphi_{H_2}/\varphi_{CO}=6$ 跌落后；(g) 1050 ℃，$\varphi_{H_2}/\varphi_{CO}=8$ 跌落前；(h) 1050 ℃，$\varphi_{H_2}/\varphi_{CO}=8$ 跌落后；(i) 1000 ℃，$\varphi_{H_2}/\varphi_{CO}=2$ 跌落前；(j) 1000 ℃，$\varphi_{H_2}/\varphi_{CO}=2$ 跌落后；(k) 1000 ℃，$\varphi_{H_2}/\varphi_{CO}=4$ 跌落后；(l) 1000 ℃，$\varphi_{H_2}/\varphi_{CO}=6$ 跌落后；(m) 1000 ℃，$\varphi_{H_2}/\varphi_{CO}=8$ 跌落后

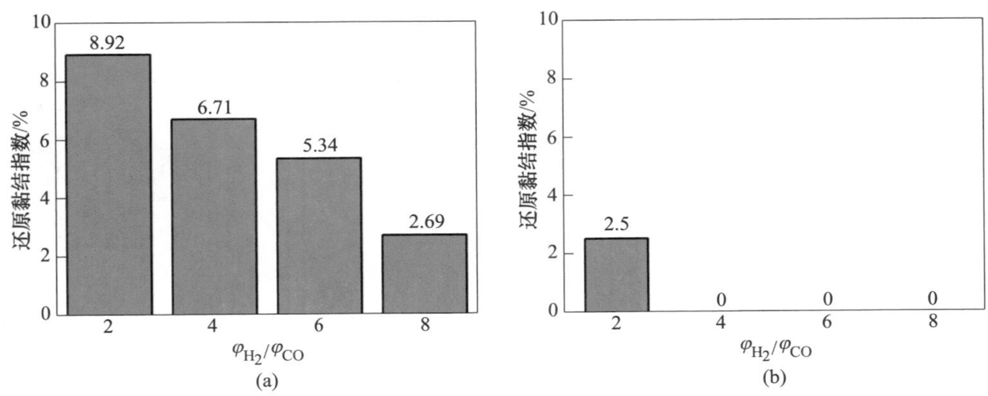


图 7.30　不同还原温度条件下钒钛矿球团黏结指数随还原气氛的变化
（a）1050 ℃；（b）1000 ℃

球团在还原过程中发生黏结的主要原因是还原生成的新生铁相以铁晶须形貌生长，导致球团的还原膨胀率提高，在有限的空间内球团间相互挤压，相互之间挤压增大球团间的接触面积，而铁晶须间也容易互相勾连而造成黏结，同时脉石生成的低熔点化合物也是导致黏结的原因之一。本实验可以看出，钒钛矿球团的还原膨胀率较低，在实验过程中不会因膨胀而使球团间过度挤压而造成新生铁相的接触面积增大，铁相间不会过度接触，因此黏结指数并不会有明显的升高。同时，钒钛矿球团品位相对较低，相对于铁精矿球团来说，新生铁相相对较少，球团间相互黏结点较少，因此黏结指数相对较低。另外，还原气氛中 $H_2$ 比例的增加可以抑制新生铁相铁晶须的生长，以一种层状结构出现，减少了铁相间相互接触面积，有效降低球团的黏结指数。

图 7.31 为不同还原气氛条件下球团黏结界面微观形貌。造成球团在氢基竖炉还原过程中黏结的原因主要为铁相之间铁晶须的相互勾连以及具有高表面能的新生成金属铁之间的接触。在不同还原气氛下，球团的还原膨胀率并不高，因此球团间并不会产生较多的挤压，且金属化球团内并没有明显的铁晶须生成，铁相主要以层状形式生长，因此在还原过程中铁相间的黏结力较小，总体黏结指数并不高。而在不同还原气氛下可以看出，还原过程中氢气的增加会减少铁晶须的生成，且球团之间铁相的相互接触点变少，相较于 $\varphi_{H_2}/\varphi_{CO}=2$ 的还原气氛中，$\varphi_{H_2}/\varphi_{CO}=8$ 的还原气氛下球团之间的黏结点减少。进一步放大观测倍数后，在黏结点处也出现了明显的孔洞，黏结位置的实际接触面积更少，因此相对来说，黏结点变少，两颗球团黏结区域空隙变多，球团的黏结指数变小。

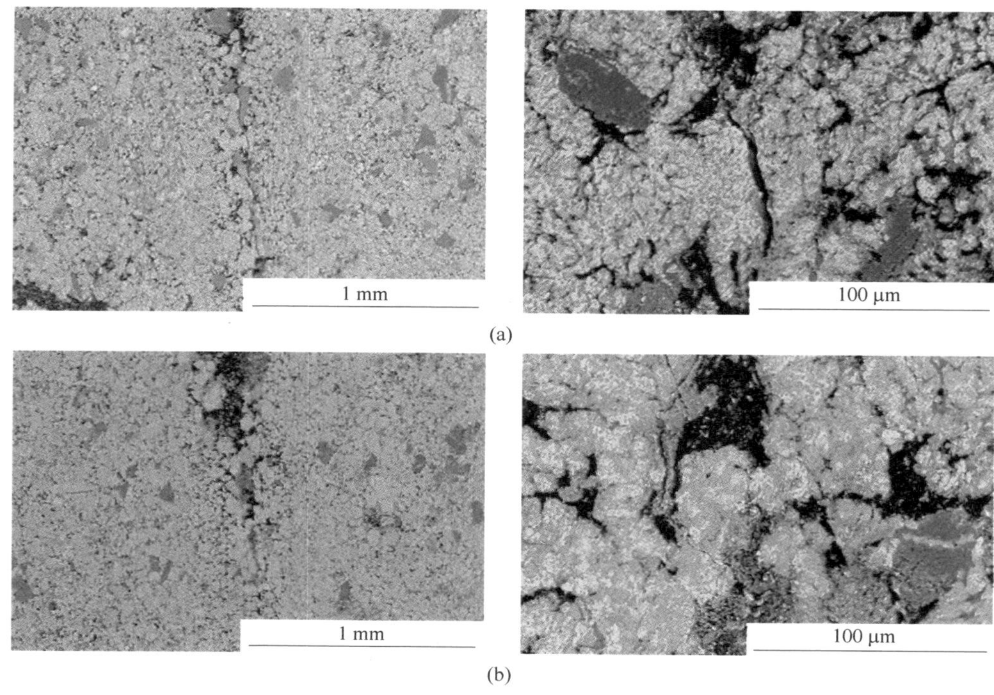


图 7.31 不同还原气氛条件下钒钛矿球团黏结界面的微观形貌
(a) 1050 ℃, $\varphi_{H_2}/\varphi_{CO}=2$; (b) 1050 ℃, $\varphi_{H_2}/\varphi_{CO}=8$

在不同还原气氛条件下，还原温度对钒钛矿球团还原性的影响如图 7.32 所示。随着还原温度的增加，钒钛矿球团的还原黏结指数呈增大趋势。在 $\varphi_{H_2}/\varphi_{CO}=2$ 时，1000 ℃时球团的还原黏结指数为 2.50%，而还原温度升高至 1050 ℃时，黏结指数则增至 8.92%。而在 $\varphi_{H_2}/\varphi_{CO}=8$ 的还原气氛条件下，随着还原温度从

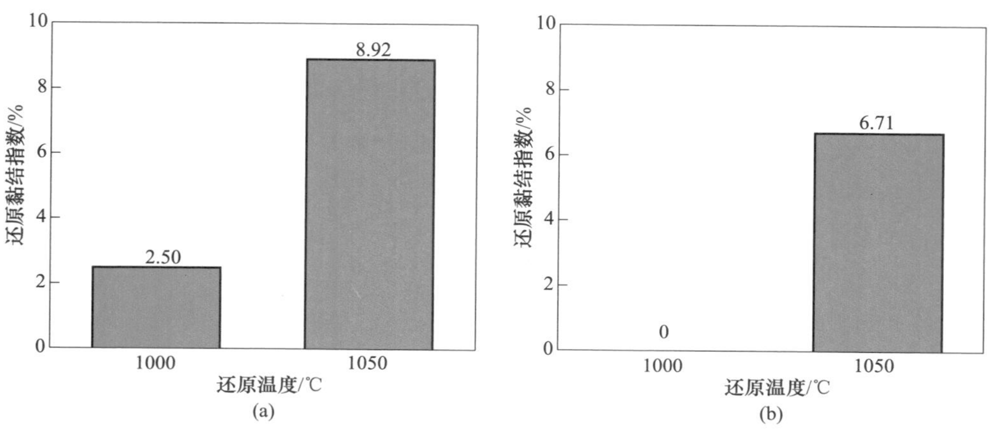

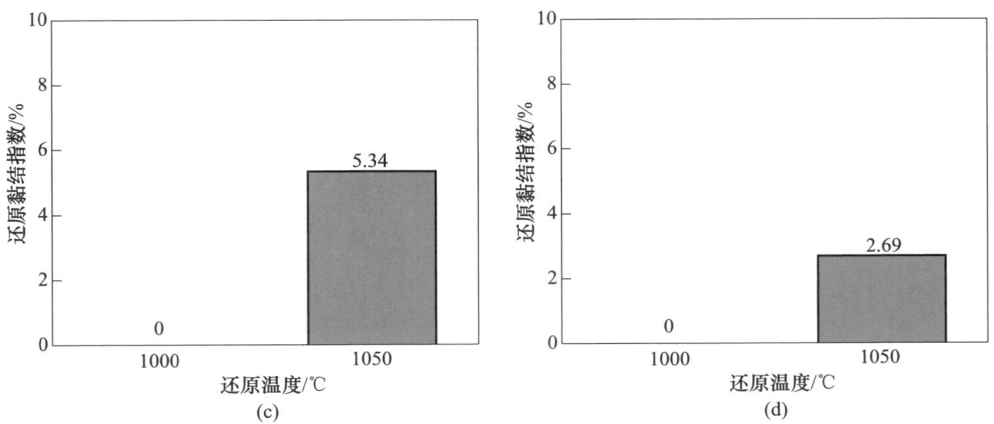


图 7.32 不同还原气氛条件下钒钛矿球团黏结指数随还原温度的变化

(a) $\varphi_{H_2}/\varphi_{CO}=2$；(b) $\varphi_{H_2}/\varphi_{CO}=4$；(c) $\varphi_{H_2}/\varphi_{CO}=6$；(d) $\varphi_{H_2}/\varphi_{CO}=8$

1000 ℃升高至 1050 ℃，钒钛矿氧化球团的还原黏结指数由 0%升高到了 2.69%。在 1000 ℃时将还原后金属化球团从实验坩埚中取出后，并无明显的黏结现象，而还原温度提高至 1050 ℃后，虽然在实验坩埚取出后有部分球团黏结在一起，但在跌落后两次便全部散开，无黏结现象发生。在不同的还原温度下，钒钛矿球团的总体黏结指数均较低，无明显黏结现象，因此适合用于氢基竖炉的生产，能有效保障竖炉顺行。

图 7.33 为不同还原温度条件下钒钛矿球团黏结界面的微观形貌。从图可以看出，还原温度的降低对黏结的影响较大，由于钒钛矿球团的黏结指数均较低，因此在 1050 ℃条件下，球团并未全部黏结在一起，可以看出明显的黏结界面，黏结点处主要为亮白色的金属铁，并有少量小孔洞，黏结力相对较大；当还原温度降低到 1000 ℃时，球团黏结界面的黏结点明显减少，使得在球团间的黏结力明显变小，并在黏结点处孔洞明显变大，黏结力减小。在实验测试过程中，黏结的球团便在一次跌落后全部散开，甚至在提高还原气中氢气比例后，黏结实验中

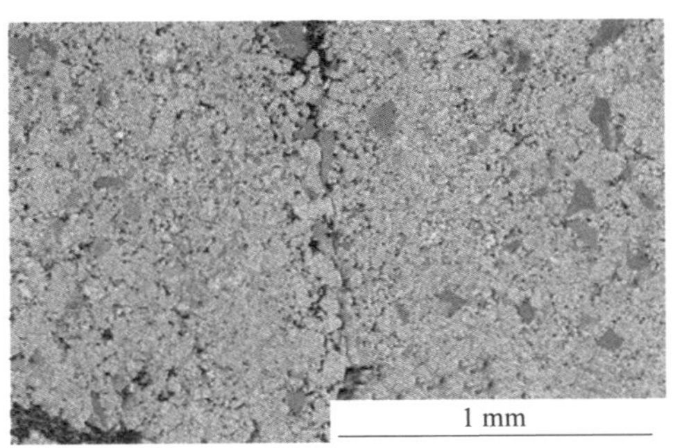

(a)

(b)

图 7.33　不同还原温度条件下钒钛矿球团黏结界面的微观形貌

(a) 1050 ℃，$\varphi_{H_2}/\varphi_{CO}=2$；(b) 1000 ℃，$\varphi_{H_2}/\varphi_{CO}=2$

并无黏结现象发生。对于还原黏结来说，导致黏结的主要原因是铁晶须的勾连，在较高的还原温度时，铁晶须的异常生长会更加明显，进而导致高的黏结指数。

### 7.4.5　钒钛球团还原强度变化规律

不同还原温度及还原气氛条件下的钒钛矿金属化球团抗压强度分别列于表 7.10~表 7.17。其中在 1050 ℃还原温度条件下，还原气氛中 $\varphi_{H_2}/\varphi_{CO}=8$、$\varphi_{H_2}/\varphi_{CO}=6$、$\varphi_{H_2}/\varphi_{CO}=4$、$\varphi_{H_2}/\varphi_{CO}=2$ 条件下的平均抗压强度分别为 711.6 N/个、672.3 N/个、640.8 N/个、586.4 N/个；而在 1000 ℃还原温度下，还原气氛中 $\varphi_{H_2}/\varphi_{CO}=8$、$\varphi_{H_2}/\varphi_{CO}=6$、$\varphi_{H_2}/\varphi_{CO}=4$、$\varphi_{H_2}/\varphi_{CO}=2$ 条件下的平均抗压强度分别为 834.7 N/个、813.5 N/个、762.6 N/个、679.6 N/个。

1050 ℃，$\varphi_{H_2}/\varphi_{CO}=8$ 的条件下钒钛矿金属化球团的抗压强度见表 7.10，其平均抗压强度为 711.6 N/个，通过对 50 颗球团的实验结果观测可知，其强度分布较为均匀，多数金属化球团强度的强度分布在 500~1000 N 的区间内，共计 41 颗，其中有 5 颗金属化球团强度低于 500 N，分别为 381.4 N、423.8 N、455 N、396 N、443 N；而大于 1000 N 的金属化球团有 4 颗，分别为 1123 N、1006 N、1091 N、1072 N。相对来说并没有极低或极高强度的金属化球团，表明在还原过程中球团还原较为均匀。

**表 7.10　1050 ℃，$\varphi_{H_2}/\varphi_{CO}=8$ 条件下钒钛矿金属化球团的抗压强度**

| 序号 | 1 号 | 2 号 | 3 号 | 4 号 | 5 号 | 6 号 | 7 号 | 8 号 | 9 号 |
|---|---|---|---|---|---|---|---|---|---|
| 抗压强度/N | 609.5 | 584 | 593 | 381.4 | 606.5 | 576 | 732 | 423.8 | 869.5 |
| 序号 | 10 号 | 11 号 | 12 号 | 13 号 | 14 号 | 15 号 | 16 号 | 17 号 | 18 号 |
| 抗压强度/N | 726.5 | 639 | 599.5 | 882.2 | 812.5 | 1123 | 817 | 772.5 | 880 |

续表 7.10

| 序号 | 19 号 | 20 号 | 21 号 | 22 号 | 23 号 | 24 号 | 25 号 | 26 号 | 27 号 |
| --- | --- | --- | --- | --- | --- | --- | --- | --- | --- |
| 抗压强度/N | 741.3 | 796.5 | 1006 | 582.5 | 713 | 722 | 571 | 862 | 455 |
| 序号 | 28 号 | 29 号 | 30 号 | 31 号 | 32 号 | 33 号 | 34 号 | 35 号 | 36 号 |
| 抗压强度/N | 561 | 718 | 939 | 514 | 1091 | 545 | 396 | 443 | 783.5 |
| 序号 | 37 号 | 38 号 | 39 号 | 40 号 | 41 号 | 42 号 | 43 号 | 44 号 | 45 号 |
| 抗压强度/N | 547 | 614 | 648 | 783 | 537.8 | 714 | 773 | 819 | 981.5 |
| 序号 | 46 号 | | 47 号 | | 48 号 | | 49 号 | | 50 号 |
| 抗压强度/N | 1072 | | 724 | | 831 | | 528.5 | | 939 |
| 平均抗压强度/N·个$^{-1}$ | 711.6 | | | | | | | | |

1050 ℃，$\varphi_{H_2}/\varphi_{CO}=6$ 的条件下钒钛矿金属化球团的抗压强度见表 7.11，其平均抗压强度为 672.3 N/个。通过对 50 颗球团的实验结果观测可知，球团的强度分布较为均匀，多数金属化球团强度的强度分布在 500~1000 N 的区间内，共计 43 颗，其中有 5 颗金属化球团强度低于 500 N，分别为 288 N、368.8 N、354 N、337 N、394 N；而大于 1000 N 的金属化球团有 2 颗，分别为 1201 N 和 1017.5 N。对比可以看出，在该还原条件下，钒钛矿金属化球团的强度出现了 1201 N 及 288 N 两个较高与较低值，但总体还原后强度较好。

**表 7.11　1050 ℃，$\varphi_{H_2}/\varphi_{CO}=6$ 条件下钒钛矿金属化球团的抗压强度**

| 序号 | 1 号 | 2 号 | 3 号 | 4 号 | 5 号 | 6 号 | 7 号 | 8 号 | 9 号 |
| --- | --- | --- | --- | --- | --- | --- | --- | --- | --- |
| 抗压强度/N | 720.5 | 851 | 760 | 519.5 | 754 | 800 | 970 | 757.5 | 1201 |
| 序号 | 10 号 | 11 号 | 12 号 | 13 号 | 14 号 | 15 号 | 16 号 | 17 号 | 18 号 |
| 抗压强度/N | 672.5 | 623.5 | 288 | 681 | 662.5 | 984.5 | 565.5 | 621 | 678.5 |
| 序号 | 19 号 | 20 号 | 21 号 | 22 号 | 23 号 | 24 号 | 25 号 | 26 号 | 27 号 |
| 抗压强度/N | 876 | 729.5 | 778.5 | 589 | 846.5 | 1017.5 | 749 | 903 | 368.8 |
| 序号 | 28 号 | 29 号 | 30 号 | 31 号 | 32 号 | 33 号 | 34 号 | 35 号 | 36 号 |
| 抗压强度/N | 354 | 835 | 461 | 337 | 509 | 631 | 589.5 | 648 | 530.5 |
| 序号 | 37 号 | 38 号 | 39 号 | 40 号 | 41 号 | 42 号 | 43 号 | 44 号 | 45 号 |
| 抗压强度/N | 621 | 709 | 480 | 574 | 522 | 394 | 670.5 | 506.5 | 616 |
| 序号 | 46 号 | | 47 号 | | 48 号 | | 49 号 | | 50 号 |
| 抗压强度/N | 869 | | 926 | | 628 | | 559 | | 679 |
| 平均抗压强度/N·个$^{-1}$ | 672.3 | | | | | | | | |

1050 ℃，$\varphi_{H_2}/\varphi_{CO}=4$ 的条件下钒钛矿金属化球团的抗压强度见表 7.12，其平均抗压强度为 640.8 N/个，平均强度有所降低。通过对 50 颗球团的实验结果

观测可知，其强度分布较为均匀，多数金属化球团强度的强度分布在 400~900 N 的区间内，共计 45 颗，其中有 3 颗金属化球团强度低于 400 N，分别为 379 N、361.5 N、379 N；而大于 900 N 的金属化球团有 2 颗，分别为 978 N 和 980 N。对比可以看出，在该还原条件下，钒钛矿金属化球团的强度并未超过 1000 N，总体还原后强度较好。

**表 7.12　1050 ℃，$\varphi_{H_2}/\varphi_{CO}=4$ 条件下钒钛矿金属化球团的抗压强度**

| 序号 | 1 号 | 2 号 | 3 号 | 4 号 | 5 号 | 6 号 | 7 号 | 8 号 | 9 号 |
|---|---|---|---|---|---|---|---|---|---|
| 抗压强度/N | 899 | 786 | 744 | 693.5 | 536.5 | 558 | 567 | 539 | 611.5 |
| 序号 | 10 号 | 11 号 | 12 号 | 13 号 | 14 号 | 15 号 | 16 号 | 17 号 | 18 号 |
| 抗压强度/N | 614.5 | 528.5 | 537 | 774 | 600 | 549 | 540.5 | 599 | 978 |
| 序号 | 19 号 | 20 号 | 21 号 | 22 号 | 23 号 | 24 号 | 25 号 | 26 号 | 27 号 |
| 抗压强度/N | 637 | 653.5 | 622.5 | 704 | 712 | 669 | 681.4 | 703 | 568 |
| 序号 | 28 号 | 29 号 | 30 号 | 31 号 | 32 号 | 33 号 | 34 号 | 35 号 | 36 号 |
| 抗压强度/N | 803.5 | 379 | 727 | 361.5 | 414 | 736 | 628 | 551 | 730 |
| 序号 | 37 号 | 38 号 | 39 号 | 40 号 | 41 号 | 42 号 | 43 号 | 44 号 | 45 号 |
| 抗压强度/N | 628 | 787 | 772 | 539 | 462 | 896 | 612 | 980 | 379 |
| 序号 | 46 号 | 47 号 | 48 号 | 49 号 | 50 号 | | | | |
| 抗压强度/N | 599 | 517.5 | 483.6 | 808 | 639.7 | | | | |
| 平均抗压强度/N·个$^{-1}$ | 640.8 | | | | | | | | |

1050 ℃，$\varphi_{H_2}/\varphi_{CO}=2$ 的条件下钒钛矿金属化球团的抗压强度见表 7.13，其平均抗压强度为 586.4 N/个。通过对 50 颗球团的实验结果观测可知，其强度分布较为均匀，多数金属化球团强度的强度分布在 350~900 N 的区间内，共计 46 颗，其中有 3 颗金属化球团强度低于 350 N，分别为 348 N、339.5 N、333.5 N；而大于 850 N 的金属化球团有 1 颗，为 852 N。对比可以看出，在该还原条件下，钒钛矿金属化球团的强度并未超过 900 N，总体还原后强度较好，但相对各工艺参数条件下，该还原条件下的钒钛矿金属化球团抗压强度最低。

**表 7.13　1050 ℃，$\varphi_{H_2}/\varphi_{CO}=2$ 条件下钒钛矿金属化球团的抗压强度**

| 序号 | 1 号 | 2 号 | 3 号 | 4 号 | 5 号 | 6 号 | 7 号 | 8 号 | 9 号 |
|---|---|---|---|---|---|---|---|---|---|
| 抗压强度/N | 554 | 475.5 | 569 | 348 | 587 | 339.5 | 506.5 | 671 | 725 |
| 序号 | 10 号 | 11 号 | 12 号 | 13 号 | 14 号 | 15 号 | 16 号 | 17 号 | 18 号 |
| 抗压强度/N | 673.5 | 593 | 727 | 420.8 | 603 | 438 | 651 | 842 | 572.5 |
| 序号 | 19 号 | 20 号 | 21 号 | 22 号 | 23 号 | 24 号 | 25 号 | 26 号 | 27 号 |
| 抗压强度/N | 818 | 333.5 | 708.5 | 544 | 577.5 | 371 | 395 | 573 | 815 |

续表 7.13

| 序号 | 28 号 | 29 号 | 30 号 | 31 号 | 32 号 | 33 号 | 34 号 | 35 号 | 36 号 |
|---|---|---|---|---|---|---|---|---|---|
| 抗压强度/N | 471 | 639 | 591 | 555 | 590 | 625 | 717 | 488 | 627 |
| 序号 | 37 号 | 38 号 | 39 号 | 40 号 | 41 号 | 42 号 | 43 号 | 44 号 | 45 号 |
| 抗压强度/N | 799 | 839 | 376 | 466 | 825 | 735 | 524 | 601 | 393 |
| 序号 | 46 号 | 47 号 | 48 号 | 49 号 | 50 号 | | | | |
| 抗压强度/N | 497 | 662 | 852 | 419.5 | 596 | | | | |
| 平均抗压强度/N·个$^{-1}$ | 586.4 | | | | | | | | |

1000 ℃，$\varphi_{H_2}/\varphi_{CO}=8$ 的条件下钒钛矿金属化球团的抗压强度见表 7.14，其平均抗压强度为 834.7 N/个。通过对 50 颗球团的实验结果观测可知，其强度分布较为均匀，多数金属化球团强度的强度分布在 550~1100 N 的区间内，共计 41 颗，其中有 4 颗金属化球团强度低于 550 N，分别为 518 N、509.5 N、427 N、472 N；而大于 1100 N 的金属化球团有 5 颗，为 1240 N、1100 N、1110 N、1135 N、1105 N。对比可以看出，在该还原条件下，钒钛矿金属化球团的强度有一颗强度超过了 1200 N，而总体还原后强度较好。

**表 7.14　1000 ℃，$\varphi_{H_2}/\varphi_{CO}=8$ 条件下钒钛矿金属化球团的抗压强度**

| 序号 | 1 号 | 2 号 | 3 号 | 4 号 | 5 号 | 6 号 | 7 号 | 8 号 | 9 号 |
|---|---|---|---|---|---|---|---|---|---|
| 抗压强度/N | 1095 | 616 | 518 | 847.5 | 616.5 | 924 | 759.5 | 621 | 509.5 |
| 序号 | 10 号 | 11 号 | 12 号 | 13 号 | 14 号 | 15 号 | 16 号 | 17 号 | 18 号 |
| 抗压强度/N | 661.5 | 1088 | 1240 | 1100 | 666 | 851.5 | 857 | 682.5 | 1060 |
| 序号 | 19 号 | 20 号 | 21 号 | 22 号 | 23 号 | 24 号 | 25 号 | 26 号 | 27 号 |
| 抗压强度/N | 753 | 660.5 | 877.5 | 986.5 | 911 | 877 | 944 | 890 | 1110 |
| 序号 | 28 号 | 29 号 | 30 号 | 31 号 | 32 号 | 33 号 | 34 号 | 35 号 | 36 号 |
| 抗压强度/N | 722 | 989 | 1024 | 799 | 773 | 692 | 751 | 983 | 815 |
| 序号 | 37 号 | 38 号 | 39 号 | 40 号 | 41 号 | 42 号 | 43 号 | 44 号 | 45 号 |
| 抗压强度/N | 427 | 923 | 991 | 1135 | 923 | 592 | 914 | 592 | 584 |
| 序号 | 46 号 | 47 号 | 48 号 | 49 号 | 50 号 | | | | |
| 抗压强度/N | 912 | 852 | 1105 | 472 | 1042 | | | | |
| 平均抗压强度/N·个$^{-1}$ | 834.7 | | | | | | | | |

1000 ℃，$\varphi_{H_2}/\varphi_{CO}=6$ 的条件下钒钛矿金属化球团的抗压强度见表 7.15，其平均抗压强度为 813.5 N/个。通过对 50 颗球团的实验结果观测可知，其强度分布较为均匀，多数金属化球团强度的强度分布在 500~1050 N 的区间内，共计 45 颗，其中有 2 颗金属化球团强度低于 500 N，分别为 464.5 N 和 478 N；而大于

1050 N 的金属化球团有 3 颗，为 1079 N、1095 N、1101 N。对比可以看出，在该还原条件下，钒钛矿金属化球团的强度总体较好。

**表 7.15 1000 ℃，$\varphi_{H_2}/\varphi_{CO}=6$ 条件下钒钛矿金属化球团的抗压强度**

| 序号 | 1 号 | 2 号 | 3 号 | 4 号 | 5 号 | 6 号 | 7 号 | 8 号 | 9 号 |
|---|---|---|---|---|---|---|---|---|---|
| 抗压强度/N | 1012 | 865 | 611.5 | 757 | 860.5 | 951.5 | 974.5 | 1079 | 1046 |
| 序号 | 10 号 | 11 号 | 12 号 | 13 号 | 14 号 | 15 号 | 16 号 | 17 号 | 18 号 |
| 抗压强度/N | 830.5 | 938.5 | 646.5 | 716.5 | 821.5 | 818 | 464.5 | 795 | 1037 |
| 序号 | 19 号 | 20 号 | 21 号 | 22 号 | 23 号 | 24 号 | 25 号 | 26 号 | 27 号 |
| 抗压强度/N | 826 | 730 | 530.5 | 632 | 871 | 585 | 730 | 992 | 478 |
| 序号 | 28 号 | 29 号 | 30 号 | 31 号 | 32 号 | 33 号 | 34 号 | 35 号 | 36 号 |
| 抗压强度/N | 1101 | 980.5 | 923 | 618 | 669 | 528 | 848 | 921 | 674 |
| 序号 | 37 号 | 38 号 | 39 号 | 40 号 | 41 号 | 42 号 | 43 号 | 44 号 | 45 号 |
| 抗压强度/N | 720 | 833 | 1026 | 942 | 991 | 501 | 985 | 636 | 1095 |

| 序号 | 46 号 | 47 号 | 48 号 | 49 号 | 50 号 |
|---|---|---|---|---|---|
| 抗压强度/N | 834 | 911 | 739 | 699 | 903 |
| 平均抗压强度/N·个$^{-1}$ | 813.5 | | | | |

1000 ℃，$\varphi_{H_2}/\varphi_{CO}=4$ 的条件下钒钛矿金属化球团的抗压强度见表 7.16，其平均抗压强度为 762.6 N/个，平均强度明显降低。通过对 50 颗球团的实验结果观测可知，其强度分布较为均匀，多数金属化球团强度的强度分布在 500～1000 N 的区间内，共计 42 颗，其中有 4 颗金属化球团强度低于 500 N，分别为 495.6 N，415 N，346 N，475 N；而大于 1000 N 的金属化球团有 4 颗，为 1152 N，1251 N，1188 N，1011 N。对比可以看出，在该还原条件下，钒钛矿金属化球团的强度有一颗强度超过了 1200 N，但总体还原后强度较好。

**表 7.16 1000 ℃，$\varphi_{H_2}/\varphi_{CO}=4$ 条件下钒钛矿金属化球团的抗压强度**

| 序号 | 1 号 | 2 号 | 3 号 | 4 号 | 5 号 | 6 号 | 7 号 | 8 号 | 9 号 |
|---|---|---|---|---|---|---|---|---|---|
| 抗压强度/N | 645 | 807.5 | 936 | 986.5 | 759.5 | 956.5 | 1152 | 730.5 | 547 |
| 序号 | 10 号 | 11 号 | 12 号 | 13 号 | 14 号 | 15 号 | 16 号 | 17 号 | 18 号 |
| 抗压强度/N | 1251 | 495.6 | 829 | 763 | 588.5 | 617.5 | 1011 | 821 | 1188 |
| 序号 | 19 号 | 20 号 | 21 号 | 22 号 | 23 号 | 24 号 | 25 号 | 26 号 | 27 号 |
| 抗压强度/N | 625.5 | 657 | 613.5 | 560.5 | 978 | 993 | 673 | 686 | 581 |
| 序号 | 28 号 | 29 号 | 30 号 | 31 号 | 32 号 | 33 号 | 34 号 | 35 号 | 36 号 |
| 抗压强度/N | 572 | 618 | 734 | 415 | 756 | 852 | 761 | 825 | 734 |

续表 7.16

| 序号 | 37 号 | 38 号 | 39 号 | 40 号 | 41 号 | 42 号 | 43 号 | 44 号 | 45 号 |
|---|---|---|---|---|---|---|---|---|---|
| 抗压强度/N | 577 | 942 | 818 | 346 | 751 | 434 | 882 | 912 | 845 |
| 序号 | 46 号 | 47 号 | 48 号 | 49 号 | 50 号 | | | | |
| 抗压强度/N | 892 | 475 | 913 | 823 | 798 | | | | |
| 平均抗压强度/N·个$^{-1}$ | 762.6 | | | | | | | | |

1000 ℃，$\varphi_{H_2}/\varphi_{CO}=2$ 的条件下钒钛矿金属化球团的抗压强度见表 7.17，其平均抗压强度为 679.6 N/个，平均强度明显降低。通过对 50 颗球团的实验结果观测可知，其强度分布较为均匀，多数金属化球团强度的强度分布在 450~900 N 的区间内，共计 42 颗，其中有 4 颗金属化球团强度低于 500 N，分别为 401 N、402 N、418 N、338 N；而大于 1000 N 的金属化球团有 2 颗，为 1070 N 和 1025 N。对比可以看出，在该还原条件下，钒钛矿无强度过高的金属化球团，有一颗球团的还原后强度为 338 N 相对略低，但总体还原后强度较好。

**表 7.17　1000 ℃，$\varphi_{H_2}/\varphi_{CO}=2$ 条件下钒钛矿金属化球团的抗压强度**

| 序号 | 1 号 | 2 号 | 3 号 | 4 号 | 5 号 | 6 号 | 7 号 | 8 号 | 9 号 |
|---|---|---|---|---|---|---|---|---|---|
| 抗压强度/N | 1070 | 652.5 | 784 | 587.5 | 893.5 | 841 | 749.5 | 681 | 545 |
| 序号 | 10 号 | 11 号 | 12 号 | 13 号 | 14 号 | 15 号 | 16 号 | 17 号 | 18 号 |
| 抗压强度/N | 496.5 | 535.5 | 563.5 | 479.6 | 778 | 602 | 698 | 656.5 | 708.5 |
| 序号 | 19 号 | 20 号 | 21 号 | 22 号 | 23 号 | 24 号 | 25 号 | 26 号 | 27 号 |
| 抗压强度/N | 678 | 538.5 | 551.5 | 467 | 877 | 787 | 864 | 452 | 846 |
| 序号 | 28 号 | 29 号 | 30 号 | 31 号 | 32 号 | 33 号 | 34 号 | 35 号 | 36 号 |
| 抗压强度/N | 876 | 1025 | 892 | 555 | 401 | 577 | 773 | 557 | 402 |
| 序号 | 37 号 | 38 号 | 39 号 | 40 号 | 41 号 | 42 号 | 43 号 | 44 号 | 45 号 |
| 抗压强度/N | 418 | 338 | 713 | 888 | 766 | 870 | 765 | 582 | 782 |
| 序号 | 46 号 | 47 号 | 48 号 | 49 号 | 50 号 | | | | |
| 抗压强度/N | 577 | 611 | 828 | 871 | 528 | | | | |
| 平均抗压强度/N·个$^{-1}$ | 679.6 | | | | | | | | |

氧化球团在氢基竖炉直接还原过程中的强度变化为先降低后增高，强度变化曲线呈现为倒 V 形。其转变的规律主要是铁氧化物在还原过程中的晶型转变，主要的转变过程为 $Fe_2O_3 \rightarrow Fe_3O_4 \rightarrow FeO \rightarrow Fe$。晶型转变过程为铁氧化物晶粒先增大后减小，因此在还原初期球团会快速膨胀，其中的过程主要为 $Fe_2O_3$ 转变为 $Fe_3O_4$，在这一阶段，在氧化焙烧过程中赤铁矿晶粒原本相互连结产生的强度较高的结构被改变及破坏，导致球团强度急剧下降，而后在还原过程中，铁氧化物

逐渐还原为最终产物铁，铁相间则再次相互连结，还原后强度进而重新提高。因为 DRI 在还原过程中失氧时会形成大量微气孔，相较于氧化球团间紧密的赤铁矿晶粒连结，DRI 中的气孔则会影响到铁相间的相互连结，因此相较于钒钛矿氧化球团，钒钛矿金属化球团还原后的最终抗压强度也会明显降低。

在不同还原温度条件下，不同还原气氛对钒钛矿球团还原后金属化球团强度的影响如图 7.34 所示。从图中可以看出，在不同的还原温度下，随着还原气氛中 $\varphi_{H_2}/\varphi_{CO}=8$ 降低到 $\varphi_{H_2}/\varphi_{CO}=2$，金属化球团的抗压强度逐渐降低，在 1050 ℃条件下由 711.6 N/个逐渐降低至 586.4 N/个，而在 1000 ℃时抗压强度则由 834.7 N/个逐渐降低至 679.6 N/个。由于钒钛矿中钛含量较高，故其球团的还原膨胀率低，而同时在 $\varphi_{H_2}/\varphi_{CO}$ 较高的条件下，球团的还原膨胀率较低，铁相更倾向于以层状形式生长，不会产生过粗过长的铁晶须，金属化球团内部破坏较小，因此相对来说内部铁相间连结也较优。钒钛矿氧化球团还原后强度随着还原气中氢气比例升高，可以有效地阻止还原后强度的过度降低。

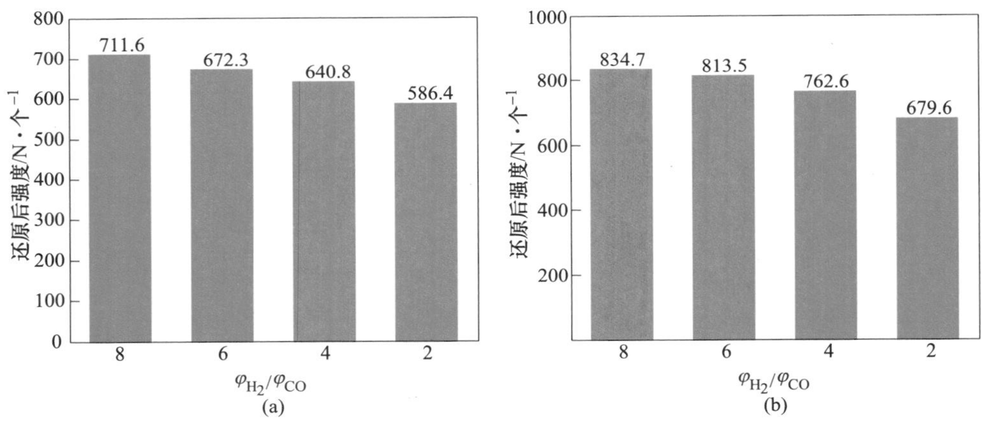


图 7.34 不同还原温度条件下不同还原气氛对钒钛矿球团还原后强度的影响

（a）1050 ℃；（b）1000 ℃

不同还原温度下钒钛矿金属化球团的抗压强度检测结果见图 7.35。从图中可以看出，还原温度降低后，其强度有所升高，而在氢气比例较高的条件下时，其总体强度较高。在较高的还原温度时，球团的还原膨胀率较高，使得同样的球团在还原过程中，1000 ℃条件下相较于 1050 ℃条件下的内部结构破坏较小，因此在后续逐渐达到还原终点的过程中，还原得到的金属铁相更容易相互连结，进而使得金属化球团的强度较高。相对于普通铁精矿来说，钒钛矿球团在还原过程中的还原膨胀率较小，受到温度对还原膨胀率的影响也较小，但可以从图中看出，温度对金属化球团也有明显的影响，而还原后金属化球团的强度总体较好，适用于氢基竖炉。

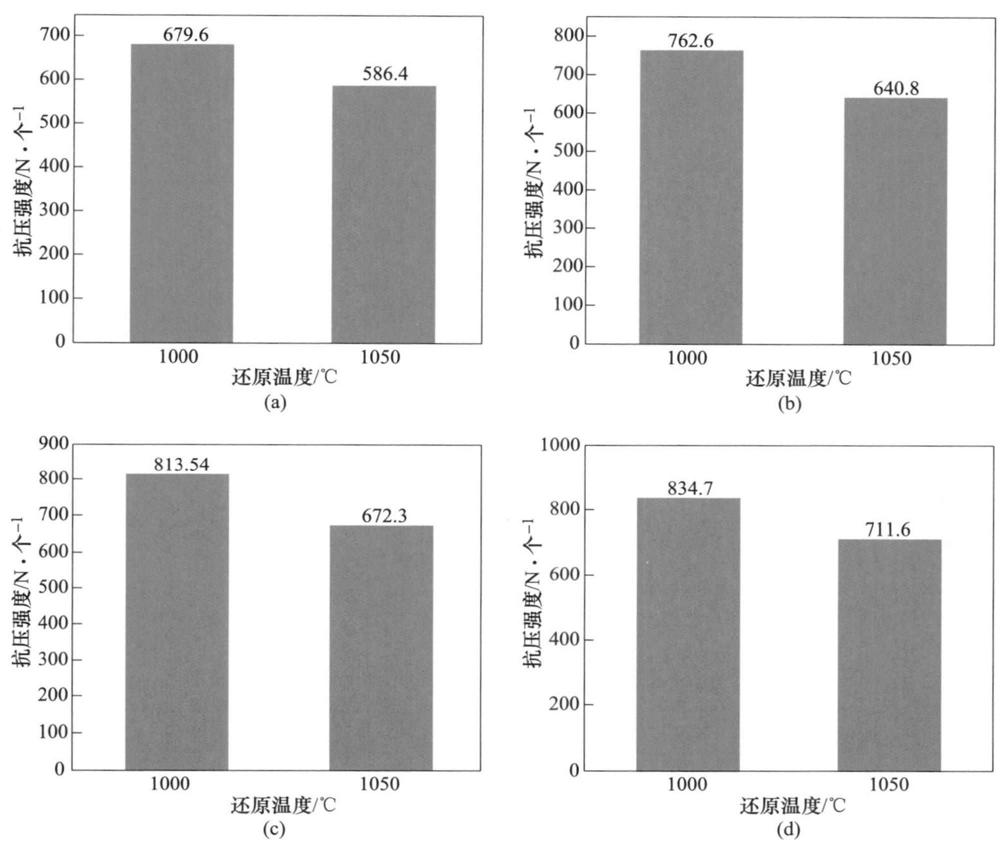


图 7.35 不同还原温度条件下不同还原气氛对钒钛矿球团还原后强度的影响

(a) $\varphi_{H_2}/\varphi_{CO}=2$；(b) $\varphi_{H_2}/\varphi_{CO}=4$；(c) $\varphi_{H_2}/\varphi_{CO}=6$；(d) $\varphi_{H_2}/\varphi_{CO}=8$

### 7.4.6 含 $CO_2$ 还原气氛条件下钒钛球团的还原行为

由上述还原实验结果可以得出，钒钛矿球团的还原性指数、还原膨胀率、还原黏结指数及还原后强度指标优良，但其低温还原粉化性能较差。依据先前钒钛矿氢基竖炉还原分析结果发现，当还原气中存在少部分氧化性气氛时，球团的低温还原粉化指数符合 HYL 竖炉要求。因此，实验室提出在不改变还原气占比的条件下，在 $\varphi_{H_2}/\varphi_{CO}=8$ 的实验气氛中，将 10%$N_2$ 调整为 4%$CO_2$ 与 6%$N_2$ 进行钒钛矿球团低温还原粉化实验，还原气氛见表 7.18。若此气氛条件下球团低温还原粉化符合标准，再同时考虑球团其他性能指标。本节实验方法与先前实验方案相同，因此不再赘述。

**表 7.18　钒钛矿球团在含 $CO_2$ 气氛条件下还原实验条件**

| 温度/℃ | 气氛 | | | | |
|---|---|---|---|---|---|
| | $\varphi_{H_2}/\varphi_{CO}$ | $H_2$/% | CO/% | $CO_2$/% | $N_2$/% |
| 1050/500（低温还原粉化） | 8 | 80 | 10 | 4 | 6 |

### 7.4.6.1　低温还原粉化实验

优先对钒钛矿球团低温还原粉化性能进行了检测，若低温还原粉化指数达标，方可进行下一步研究。具体检测结果如表 7.19、图 7.36 和图 7.37 所示。从图中可以看出，随着 $CO_2$ 在还原气中的少量添加，球团的低温还原粉化性能变好，$LTD_{+6.3}=80.86\%$，高于 HYL 标准的 80%，同时 $LTD_{up}=93.90\%$，在转鼓实验中并无过多的球团破碎，已符合氢基竖炉生产标准，说明在还原气中添加少量的氧化性气氛，可改善球团的低温还原粉化性能。总体可以看出，在还原过程中，还原气氛中添加少量的氧化性气氛会改变内部的气体平衡，会对还原速率有所降低，$CO_2$ 气氛的增加会改变反应 $Fe_2O_3+3CO=2Fe+3CO_2$ 的平衡，相当于变相削弱了 CO 还原部分的占比，而提高了还原气中 $H_2$ 含量的占比，因此对抑制低温还原过程中的粉化问题有所帮助。

**表 7.19　钒钛矿球团在含 $CO_2$ 气氛条件下低温还原粉化实验**

| $LTD_{+6.3}$/% | $LTD_{up}$/% |
|---|---|
| 80.86 | 93.90 |

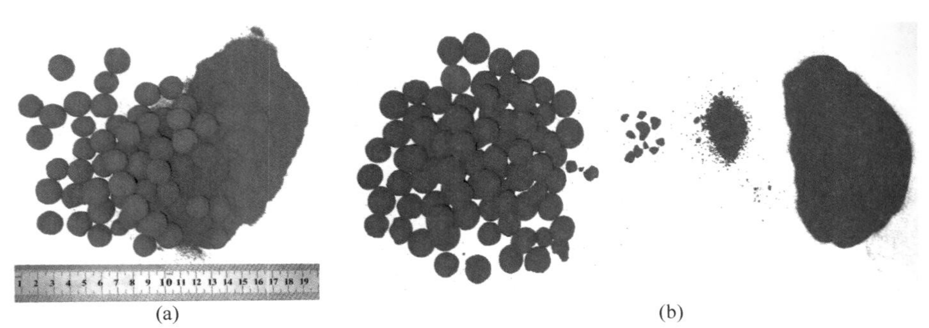


(a)　　(b)

图 7.36　钒钛矿球团在含 $CO_2$ 气氛条件下低温还原粉化实验转鼓前后的形貌

（a）$\varphi_{H_2}/\varphi_{CO}=8(+4\%\ CO_2)$ 转鼓前；（b）$\varphi_{H_2}/\varphi_{CO}=8(+4\%\ CO_2)$ 转鼓后

### 7.4.6.2　还原性实验

在含 4%$CO_2$ 的还原气氛条件下，进行钒钛矿球团还原性实验，具体结果如图 7.38～图 7.40 所示。结果表明，在还原气中添加了少量 $CO_2$ 后，球团的还原

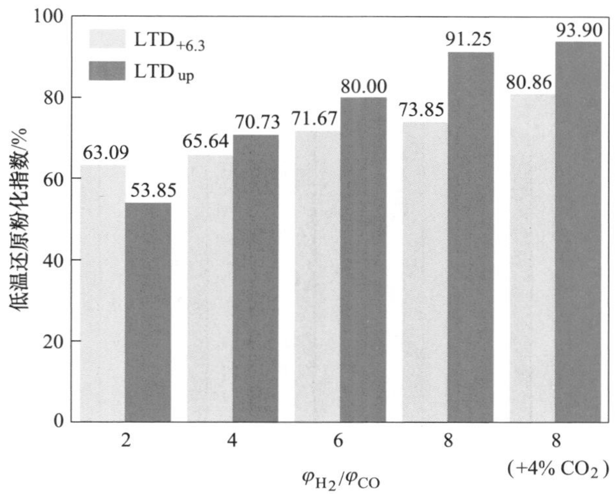


图 7.37　钒钛矿球团低温还原粉化性能检测结果

性指数有所下降，降低到了 4.28%/min，还原速率变缓，但仍满足氢基竖炉生产要求。因为虽然还原气中 $H_2$ 与 CO 的占比相同，但增加了 4%的 $CO_2$，其为氧化性气体，相较于无 $CO_2$ 的还原气氛下，$CO_2$ 的增加在还原过程中改变了反应平衡，会降低球团的还原速率。从图中可以看出，其还原曲线与 $\varphi_{H_2}/\varphi_{CO}=2$ 的还原气氛下还原曲线相当，达到还原终点时所需要的还原时间有所延长，然而还原度依旧达到了 99%以上。

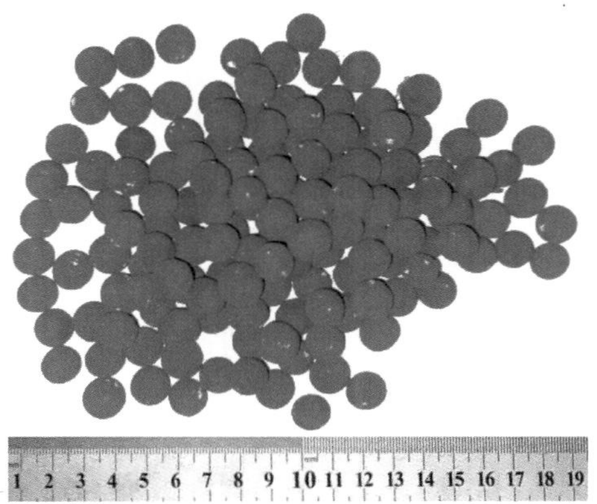


图 7.38　含 $CO_2$ 还原气氛条件下钒钛矿球团还原实验后的形貌

图 7.41 为球团在还原过程中的微观形貌变化，XRD 分析结果如图 7.42 所示。由 XRD 分析可知，氧化球团的成分主要为 $Fe_2O_3$、铁钛固溶体（$Fe_9TiO_{15}$和 $Fe_2TiO_5$）和 $V_2O_3$。$Fe_2O_3$ 的还原过程为 $Fe_2O_3 \to Fe_3O_4 \to FeO \to Fe$，随着还原的进

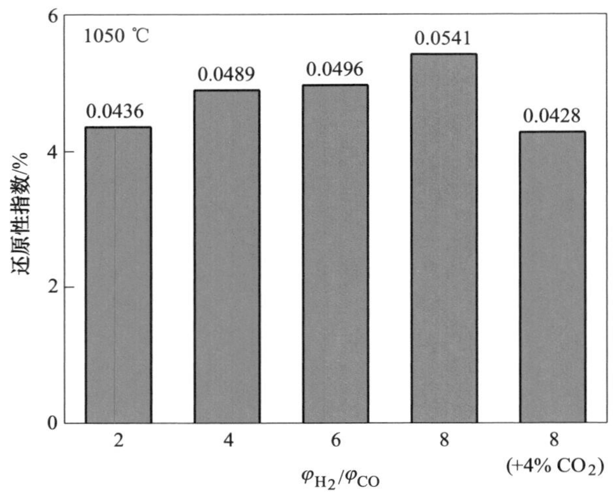


图 7.39　不同还原气氛条件下钒钛矿球团还原性指数检测结果

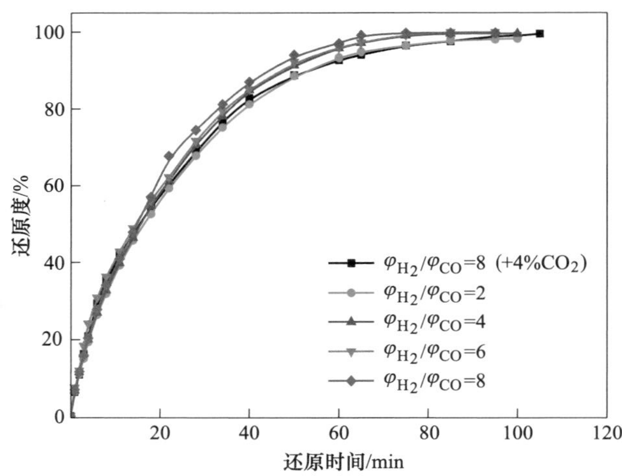


图 7.40　不同还原气氛条件下钒钛矿球团还原度变化曲线

行，铁钛固溶体（$Fe_9TiO_{15}$和 $Fe_2TiO_5$）和 $V_2O_3$ 被逐渐还原为 $FeTiO_3$ 和 $Fe_2VO_4$，达到还原终点的过程中，$Fe_2O_3$ 逐渐被还原为 Fe，磁铁矿与亚铁矿消失，钒钛矿球团还原为高金属化率球团。同时观察钒钛矿球团还原过程的微观分析可知，在还原初期，球团的内部结构先被破坏，此时还原时间较短，球团内部结构较疏松，亮白色的金属铁相较少，随着还原的进行，$Fe_2O_3$、铁钛固溶体（$Fe_9TiO_{15}$和 $Fe_2TiO_5$）和 $V_2O_3$ 逐渐被还原，还原过程中大量失氧，球团内部孔洞变大，但结合微观形貌与 XRD 分析可知，还原出的亮白色铁相越来越多，在达到 80 min 的还原时间后，球团中的含铁物相几乎全部为 Fe，越来越多的 Fe 还原出后开始相互连结，铁颗粒不断长大，还原过程中可以看出原本分散的 Fe 逐渐结合，最终铁氧化物完全还原为 Fe，球团内部孔隙均匀细小，钒铁矿球团被还原为高金属化率球团，金属化率达到 95%以上。

图 7.41 钒钛矿球团还原过程中的微观形貌变化

（a）20 min；（b）40 min；（c）80 min；（d）100 min

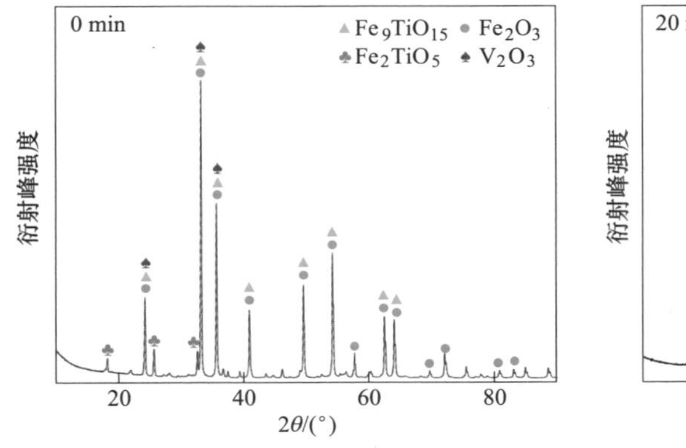


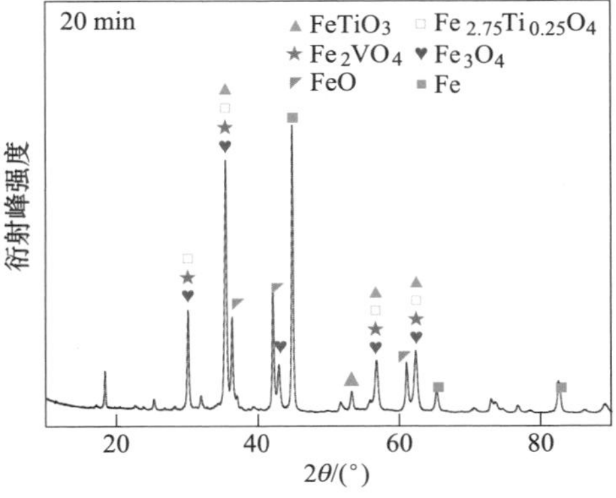

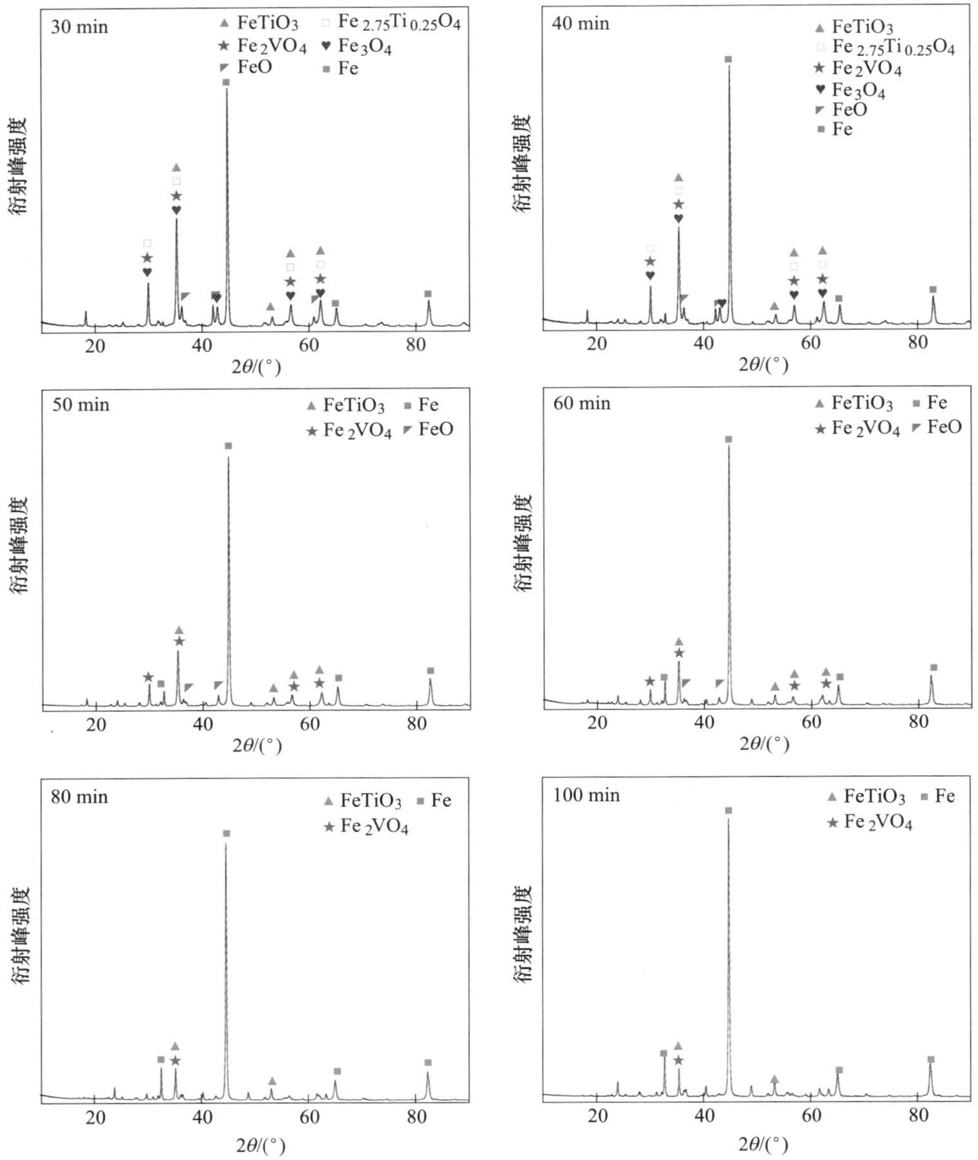

图 7.42 钒钛矿球团还原过程 XRD 分析结果

#### 7.4.6.3 还原膨胀实验

图 7.43 和图 7.44 是含 $CO_2$ 还原气氛条件下钒钛球团的还原膨胀检测结果。从图中可以看出，随着还原气中添加了少量 $CO_2$ 后，球团的还原膨胀率有所下降，降低到 2.32%，满足氢基竖炉要求。

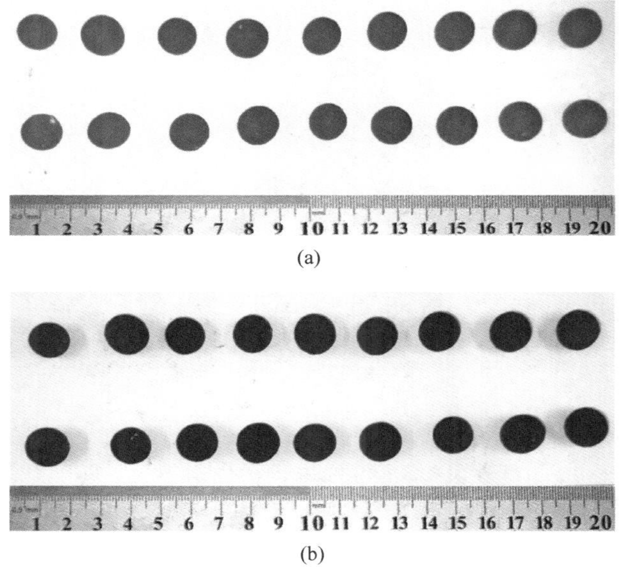


图 7.43　钒钛矿球团在含 $CO_2$ 气氛条件下还原膨胀实验前后的形貌

(a) $\varphi_{H_2}/\varphi_{CO}=8(+4\%\ CO_2)$ 还原膨胀前；(b) $\varphi_{H_2}/\varphi_{CO}=8(+4\%\ CO_2)$ 还原膨胀后

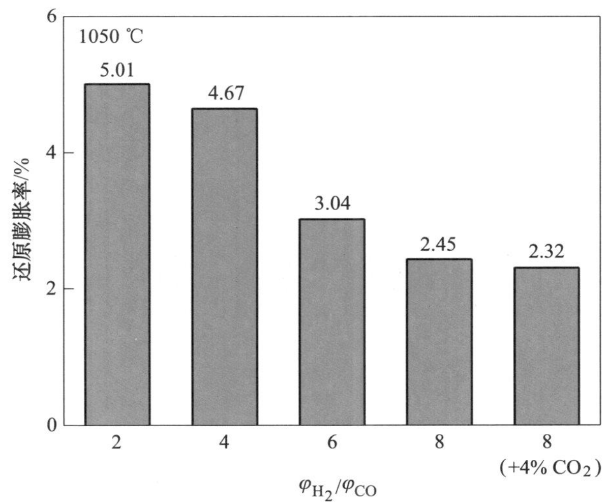


图 7.44　不同还原气氛条件下钒钛矿球团还原膨胀试验结果

#### 7.4.6.4　还原黏结实验

图 7.45 和图 7.46 为含 $CO_2$ 还原气氛条件下钒钛矿球团的还原黏结形貌与还原黏结指数检测结果，可以看出，随着还原气中添加了 4%$CO_2$ 后，球团的还原

黏结指数也有所下降，降低到 5.50%，满足氢基竖炉要求。

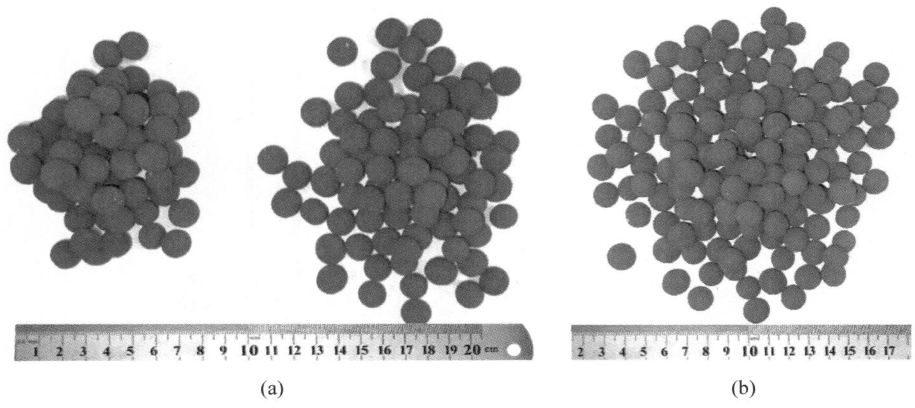


图 7.45 钒钛矿球团在含 $CO_2$ 气氛条件下还原黏结实验前后的形貌

（a）$\varphi_{H_2}/\varphi_{CO}=8(+4\%\ CO_2)$ 跌落前；（b）$\varphi_{H_2}/\varphi_{CO}=8(+4\%\ CO_2)$ 跌落后

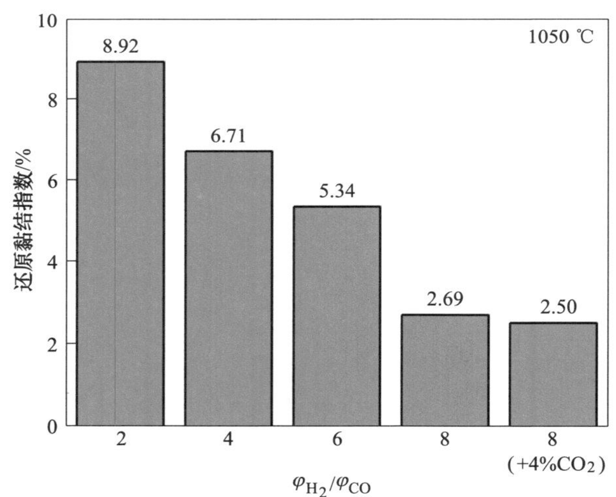


图 7.46 不同还原气氛条件下钒钛矿球团还原黏结指数结果

## 7.5 钒钛矿球团氢基竖炉直接还原过程的数学模拟

### 7.5.1 钒钛矿氢基竖炉还原模型建立及基准条件

#### 7.5.1.1 模型建立

本节的数据均来自于某钢厂竖炉的生产数据与竖炉设计数据。采用 HDRI 炉内冷却至 600 ℃ 的排料方式，其几何模型如图 7.47 所示，基本几何参数见

表 7.20。

为简化模拟计算过程，本文在进行炉内气体流动分析中进行了以下假设：

（1）竖炉内存在明显的压强变化，会导致气体密度变动，考虑其为可压缩理想流体。

（2）假设氧化球团粒度分布均匀，冷却段内 HDRI 粒度分布均匀，为各向同性的多孔介质。

（3）铁氧化物的还原采用逐级还原单界面未反应核模型。

（4）还原段仅考虑 $H_2$ 及 CO 与铁氧化物的三步逐级还原反应和水煤气反应，而冷却段考虑甲烷裂解反应。

（5）假设还原段与冷却段之间气相不互通，只有固相炉料能够由还原段进入冷却段。

（6）由于还原煤气流与颗粒间接触力较小，煤气流速对物料运动影响很小，故在模拟过程中忽略还原煤气对物料运动的影响。

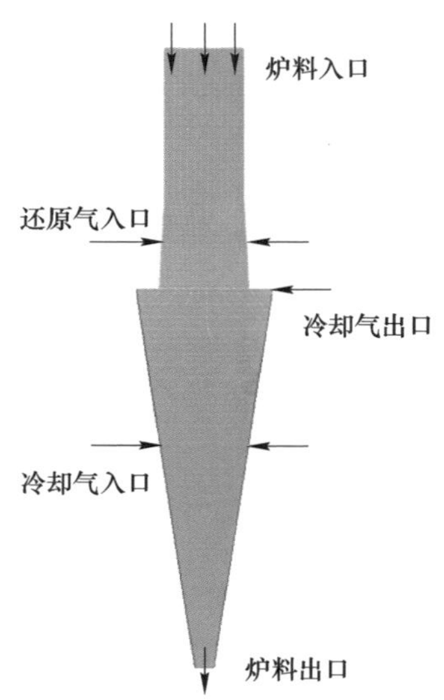

图 7.47　氢基竖炉几何模型

**表 7.20　氢基直接还原竖炉主要的几何参数**

| 几何参数 | 数值 |
| --- | --- |
| 产能/万吨·年$^{-1}$ | 50 |
| 炉身角/(°) | 87 |
| 冷却段炉身角/(°) | 76 |
| 还原段内径/m | 4.4 |
| 还原段高度/m | 9.79 |
| 冷却段高度/m | 13.43 |
| 还原喷管数量/根 | 40 |
| 冷却气喷管数量/根 | 8 |
| 还原喷管内径 $D_1$/mm | $\phi$130 |
| 冷却气喷管内径 $D_2$/mm | $\phi$100 |

竖炉还原段的气固相反应包括氢气与一氧化碳还原铁氧化物过程。竖炉中钛氧化物的主要反应如表 7.21 所示，可以看出，在竖炉还原的过程中，Ti 的氧化物 $TiO_2$ 并未发生价态的变化，最终产物依然为 $TiO_2$。$TiO_2$ 转化为 Ti 的反应，需要有碳参与，而在氢基竖炉的条件下不存在碳直接还原的环境。因此，在氢基竖

炉的反应条件下，$TiO_2$ 并不会被还原为低价产物甚至还原为 Ti 金属单质。

表 7.21 钛氧化物在氢基竖炉中的主要反应

| 序号 | 化学反应 |
| --- | --- |
| 1 | $Fe_2O_3 \cdot TiO_2+CO = 2FeO \cdot TiO_2+CO_2$ |
| 2 | $2FeO \cdot TiO_2+CO = FeO \cdot TiO_2+FeO+CO_2$ |
| 3 | $2(FeO \cdot TiO_2)+CO = FeO \cdot 2TiO_2+Fe+CO_2$ |
| 4 | $1/2(2FeO \cdot TiO_2)+CO = 1/2TiO_2+FeO+CO_2$ |
| 5 | $FeO \cdot TiO_2+CO = TiO_2+CO_2+Fe$ |
| 6 | $Fe_2O_3 \cdot TiO_2+H_2 = 2FeO \cdot TiO_2+H_2O$ |
| 7 | $2FeO \cdot TiO_2+H_2 = FeO \cdot TiO_2+FeO+H_2O$ |
| 8 | $2(FeO \cdot TiO_2)+H_2 = FeO \cdot 2TiO_2+Fe+H_2O$ |
| 9 | $1/2(2FeO \cdot TiO_2)+H_2 = 1/2TiO_2+FeO+H_2O$ |
| 10 | $FeO \cdot TiO_2+H_2 = TiO_2+H_2O+Fe$ |

竖炉中钒氧化物的主要反应见表 7.22。对于反应：$VO+H_2 = V+H_2O$，需要在 $p_{H_2O}/p_{H_2}<1.62\times10^{-6}$的条件下才能发生。在富氢还原的条件下，维持如此低的 $H_2O$ 分压几乎不可能实现。因此，在氢基竖炉的反应条件下，$V_2O_5$ 反应只会向 VO 转变，而不会产生 V 的单质。

表 7.22 钒氧化物在竖炉中的主要反应

| 序号 | 化学反应 |
| --- | --- |
| 1 | $V_2O_5+2CO = 2V_2O_3+2CO_2$ |
| 2 | $V_2O_3+CO = 2VO+CO_2$ |
| 3 | $V_2O_5+2H_2 = 2V_2O_3+2H_2O$ |
| 4 | $V_2O_3+H_2 = 2VO+H_2O$ |

#### 7.5.1.2 基准条件

本节结合某竖炉的实际生产情况及前期对钒钛球团还原实验结果，制定了模拟的基准条件。其中，还原气组分见表 7.23，冷却气组分见表 7.24，模拟基准条件见表 7.25。基准条件下还原气的流量（标态）为 2582 $m^3/min$，还原气温度为 1050 ℃，球团下降速度为 0.0012 m/s，还原气风口喷吹直径为 130 mm；冷却气流量（标态）为 810 $m^3/min$，冷却气温度为常温。

表 7.23 还原气组分 （体积分数，%）

| 组分 | CO | $CO_2$ | $H_2$ | $H_2O$ | $CH_4$ | $N_2$ |
| --- | --- | --- | --- | --- | --- | --- |
| 含量 | 10 | 0 | 80 | 0 | 0 | 10 |

表 7.24 冷却气组分 （体积分数,%）

| 组分 | CO | $CO_2$ | $H_2$ | $H_2O$ | $CH_4$ | $N_2$ |
|---|---|---|---|---|---|---|
| 含量 | 1 | 0.87 | 36 | 11 | 44.13 | 7 |

表 7.25 竖炉模拟基准条件

| 还原气流量 /$m^3 \cdot min^{-1}$ | 还原气温度 /℃ | 还原气风口直径 /mm | 冷却气流量 /$m^3 \cdot min^{-1}$ | 冷却气温度 /℃ |
|---|---|---|---|---|
| 2582 | 1050 | 130 | 810 | 25 |

基于竖炉模拟的基准条件，对不同工艺参数（还原气流量、还原气温度、还原气组分与炉料下降速度）及不同结构优化方案（竖炉高径比）的钒钛矿氢基竖炉进行了数值模拟研究。

### 7.5.2 钒钛矿氢基竖炉还原气流量优化

在保证还原气温度 1050 ℃、冷却气流量（标态）810 $m^3$/min、$\varphi_{H_2}/\varphi_{CO}=8$ 等条件不变的情况下，分别对还原气流量（标态）为 2383 $m^3$/min、2482 $m^3$/min、2582 $m^3$/min、2681 $m^3$/min 和 2780 $m^3$/min 条件下的钒钛矿氢基竖炉进行数值模拟。其中，还原气流量（标态）为 2582 $m^3$/min 对应的工况为基准条件。

不同还原气流量条件下竖炉内还原气分布如图 7.48 所示。随着还原气流量

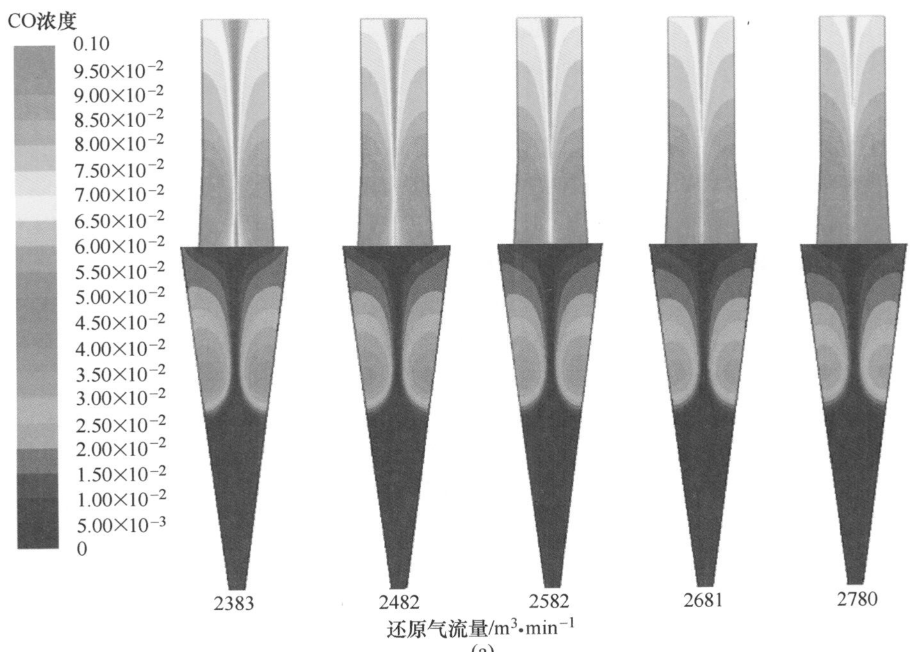

(a)

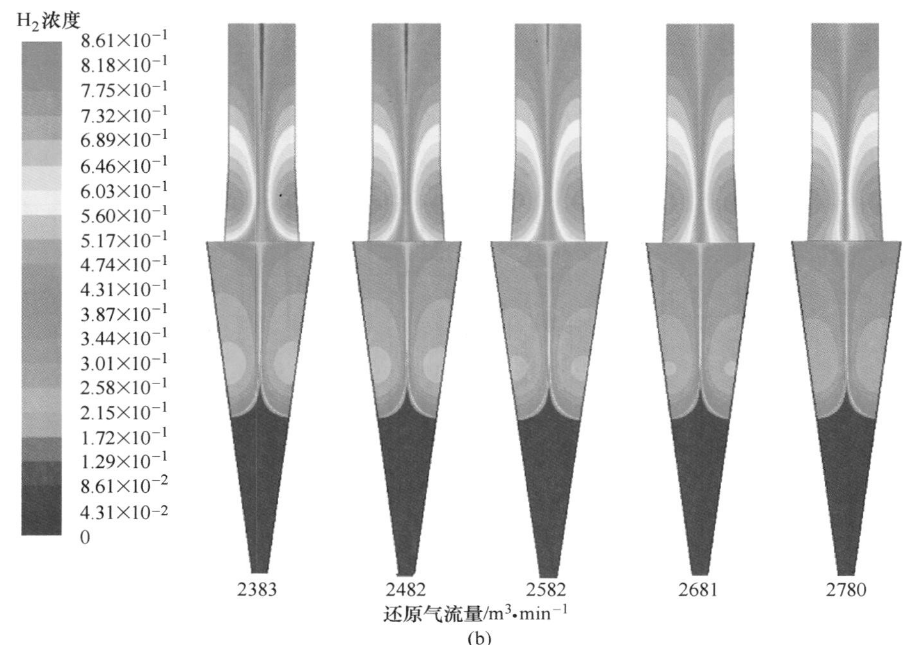


图 7.48 不同还原气流量条件下竖炉内还原气浓度分布

(a) CO；(b) $H_2$

的增加，还原段的 CO 浓度与 $H_2$ 浓度逐渐增加，冷却段内 CO 浓度逐渐降低，$H_2$ 浓度逐渐上升。在还原段内，球团还原主要是 CO 与 $H_2$ 的共同作用，随着还原气流量的增加，进入还原段的 CO 与 $H_2$ 量增加，炉内温度上升，还原速率上升，消耗 $H_2$ 与 CO 的量增加。最终，由还原气流量增加带入竖炉的 CO 与 $H_2$ 的量大于消耗的量，使 CO 和 $H_2O$ 的浓度上升。在冷却段，主要反应为 CO 与 $CH_4$ 渗碳反应。渗碳反应主要消耗 CO 与 $CH_4$，随着冷却气的逐渐深入，冷却段的 CO 浓度逐渐降低，$CH_4$ 裂解渗碳产生 $H_2$，冷却段的 $H_2$ 浓度增加。随着还原气流量的增加，冷却段内的 $H_2$ 浓度逐渐上升，CO 浓度逐渐下降。

不同还原气流量条件下竖炉内固相温度分布如图 7.49 所示。随着还原气流量的增加，竖炉内固相温度逐渐上升，离开竖炉的炉料温度也逐渐升高。基准状态下，离开竖炉的 DRI 温度为 500 ℃，当还原气流量（标态）降低为 2383 $m^3$/min 时，DRI 的温度降低至 412 ℃。当还原气流量（标态）增加至 2780 $m^3$/min 时，DRI 的温度上升至 632 ℃。还原气流量增加，大量的显热进入竖炉内部，提高了竖炉内固相的温度，从而使进入冷却段的 DRI 的温度上升，在冷却气喷吹条件不变的情况下，离开竖炉的 DRI 温度随还原段产物温度的增加而升高。不同还原气流量条件下竖炉顶煤气温度如图 7.50 所示，随着还原气流量逐渐增加，顶煤气温度由 399 ℃逐渐升高至 444 ℃。

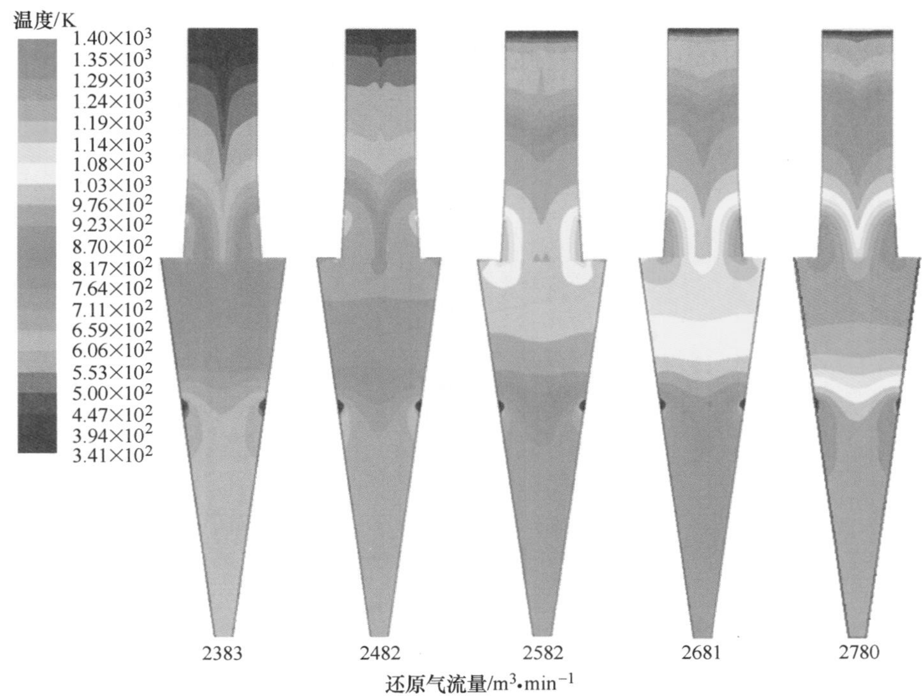


图 7.49 不同还原气流量条件下竖炉内固相温度分布

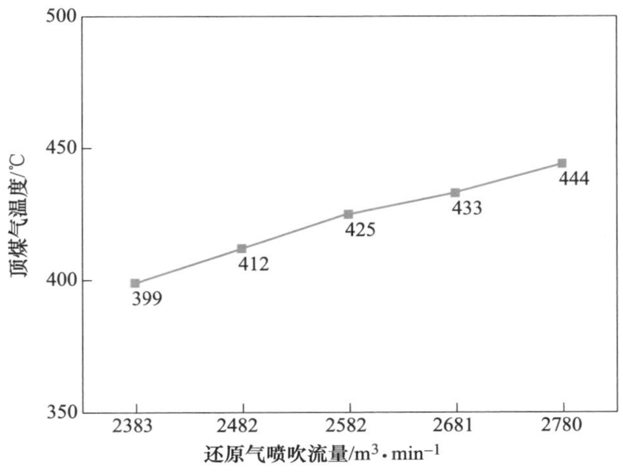


图 7.50 不同还原气流量条件下竖炉顶煤气温度

图 7.51 为不同还原气流量条件下钒钛矿氢基竖炉还原气的利用率，随着还原气流量的增加，$H_2$ 和 CO 的利用率均逐渐下降。在基准条件（2582 $m^3$/min）

下，$H_2$ 的利用率为 40.02%，CO 的利用率为 45.31%。当还原气流量上升至 2780 $m^3$/min，$H_2$ 的利用率降低至 36.12%，CO 的利用率降低为 41.36%。

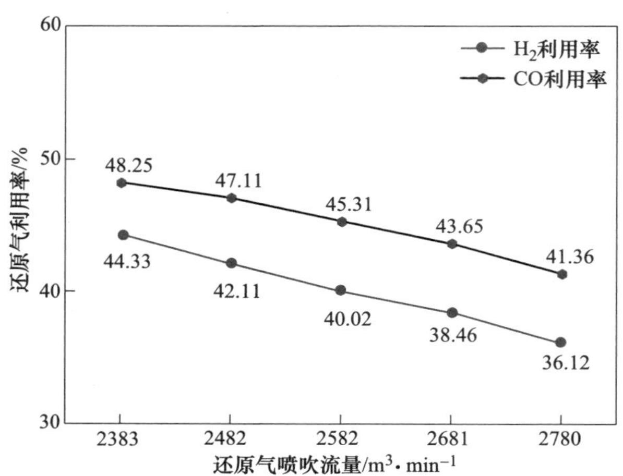


图 7.51　不同还原气流量条件下还原气的利用率

不同还原气流量条件下竖炉内金属化率分布如图 7.52 所示。随着还原气流量的增加，竖炉内球团的金属化率逐渐上升。这是因为还原气流量增加，竖炉内

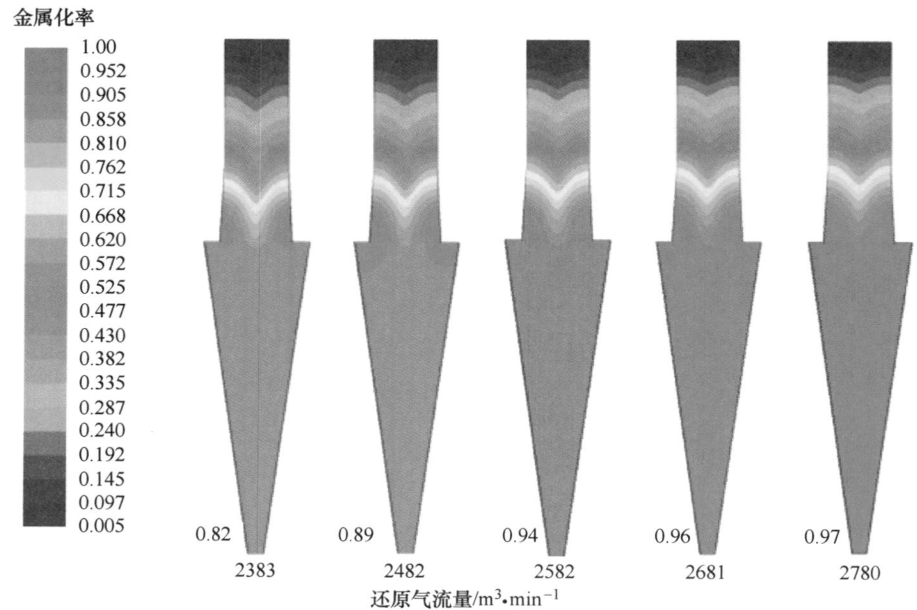


图 7.52　不同还原气流量条件下竖炉内球团金属化率分布

还原气浓度随之上升，此外，竖炉内温度上升，二者共同作用，促进了竖炉内还原的进行，从而使竖炉内球团的金属化率上升。在基准流量下，金属化率达到了0.946，处于较高的水平，还原气流量进一步增高，对金属化率的提升作用有限，而降低还原气流量后，金属化率降低明显，在还原气流量（标态）为2383 $m^3/min$时，金属化率仅为0.82。

图7.53为不同还原气流量条件下氢基竖炉DRI的铁品位。从图中可以看出，还原气流量（标态）从2383 $m^3/min$增加到2780 $m^3/min$时，铁品位由62.46%上升至63.95%，变化幅度不大。适宜的氢基竖炉DRI金属化率应该在0.92以上，而顶煤气温度在400~450 ℃，因此，适宜的还原气流量应为2582 $m^3/min$。

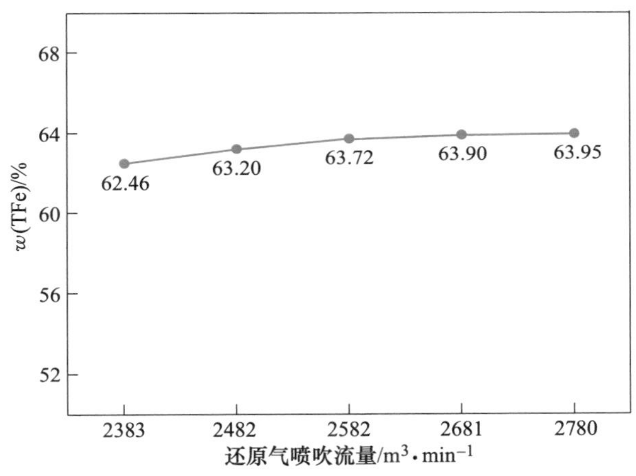


图7.53　不同还原气流量条件下氢基竖炉DRI铁品位

### 7.5.3　钒钛矿氢基竖炉还原气温度参数优化

在保证还原气流量（标态）2852 $m^3/min$、冷却气流量（标态）810 $m^3/min$、$\varphi_{H_2}/\varphi_{CO}=8$等条件不变的情况下，分别对还原气温度为800 ℃、900 ℃、1000 ℃、1050 ℃和1100 ℃条件下的氢基竖炉进行了数值模拟。其中，还原气温度为1050 ℃对应的工况为基准条件。还原气基准温度的选取参考了前期球团还原实验的结果。

不同还原气温度下竖炉内还原气分布如图7.54所示。随着还原气温度的增加，还原段的CO浓度与$H_2$浓度逐渐降低，冷却段内CO浓度逐渐降低，$H_2$浓度逐渐上升。在还原段内，球团还原受CO与$H_2$的共同影响，随着还原气温度的增加，竖炉还原段内固相的温度明显提高，CO和$H_2$与铁氧化物的还原反应在高温下得到促进，反应速率上升，消耗还原气量增加，从而使CO和$H_2O$的浓度降低。冷却段的主要反应为CO与$CH_4$渗碳反应，DRI温度上升，渗碳反应速率增加，CO与$CH_4$消耗增加，CO浓度降低，$CH_4$裂解渗碳产生$H_2$，最终使冷却段的$H_2$浓度增加。

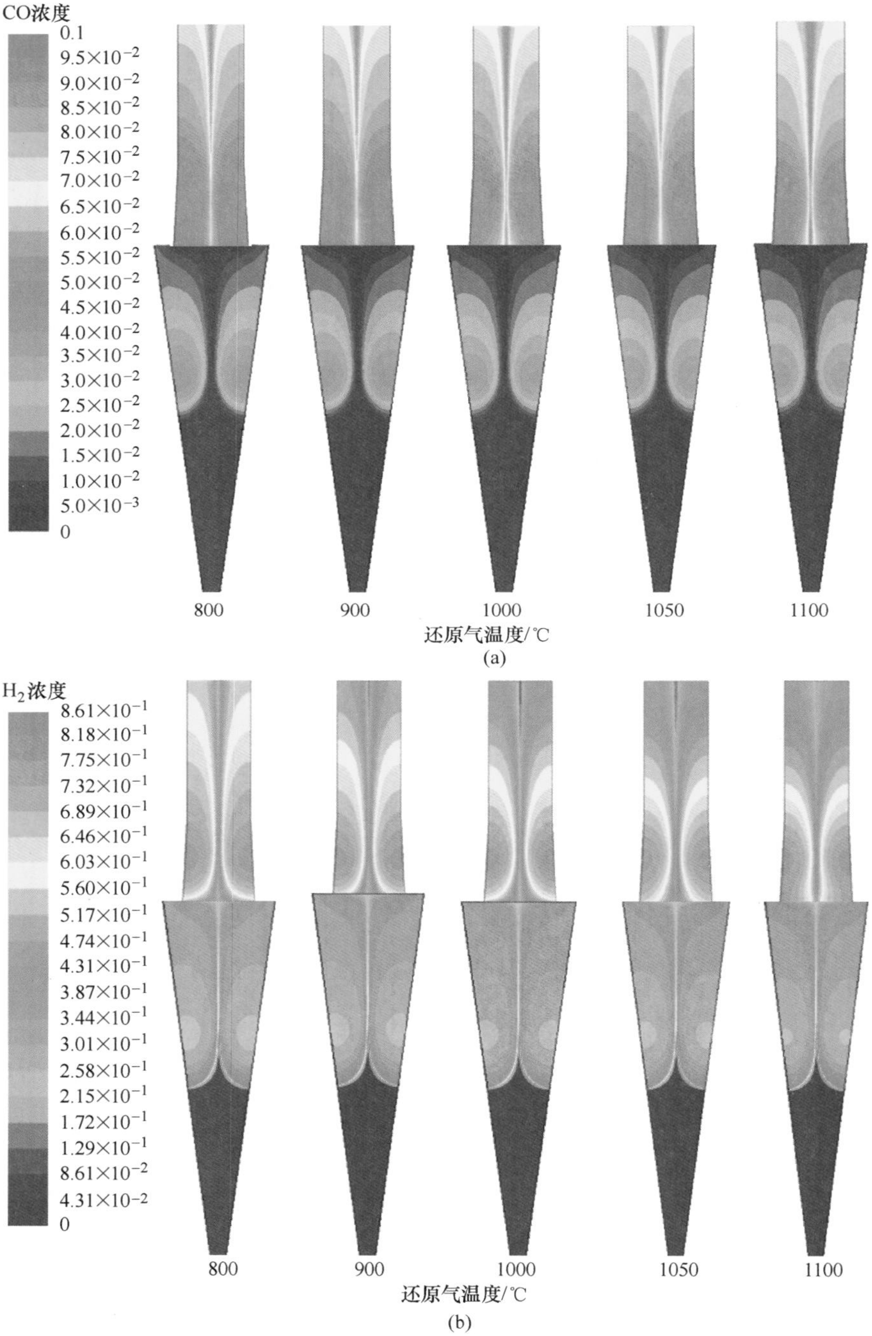

CO浓度

0.1
$9.5\times10^{-2}$
$9.0\times10^{-2}$
$8.5\times10^{-2}$
$8.0\times10^{-2}$
$7.5\times10^{-2}$
$7.0\times10^{-2}$
$6.5\times10^{-2}$
$6.0\times10^{-2}$
$5.5\times10^{-2}$
$5.0\times10^{-2}$
$4.5\times10^{-2}$
$4.0\times10^{-2}$
$3.5\times10^{-2}$
$3.0\times10^{-2}$
$2.5\times10^{-2}$
$2.0\times10^{-2}$
$1.5\times10^{-2}$
$1.0\times10^{-2}$
$5.0\times10^{-3}$
0

800 900 1000 1050 1100

还原气温度/℃

(a)

$H_2$浓度

$8.61\times10^{-1}$
$8.18\times10^{-1}$
$7.75\times10^{-1}$
$7.32\times10^{-1}$
$6.89\times10^{-1}$
$6.46\times10^{-1}$
$6.03\times10^{-1}$
$5.60\times10^{-1}$
$5.17\times10^{-1}$
$4.74\times10^{-1}$
$4.31\times10^{-1}$
$3.87\times10^{-1}$
$3.44\times10^{-1}$
$3.01\times10^{-1}$
$2.58\times10^{-1}$
$2.15\times10^{-1}$
$1.72\times10^{-1}$
$1.29\times10^{-1}$
$8.61\times10^{-2}$
$4.31\times10^{-2}$
0

800 900 1000 1050 1100

还原气温度/℃

(b)

图 7.54 不同还原气温度条件下竖炉内还原气分布

(a) CO；(b) $H_2$

不同还原气温度下竖炉内固相温度分布如图 7.55 所示。随着还原气温度的增加，竖炉内固相温度明显上升，还原段上部的高温区间逐渐扩大，而进入冷却段的炉料温度也大幅增大，达到了 1080 K 左右，离开竖炉的炉料温度随还原气温度的上升而逐渐升高。基准状态下，离开竖炉的 DRI 温度为 500 ℃，当还原气温度降低为 800 ℃时，DRI 的温度降低至 356 ℃，还原气温度增加至 1100 ℃时，DRI 的温度上升至 645 ℃。还原气温度增加，大量的显热进入竖炉内部，提高了竖炉内固相的温度，从而使进入冷却段的 DRI 的温度上升，在冷却气喷吹条件不变的情况下，离开竖炉的 DRI 温度随还原段产物的温度增加而升高。不同还原气温度下竖炉顶煤气温度如图 7.56 所示。随着还原气温度逐渐增加，顶煤气温度由 382 ℃逐渐升高至 432 ℃。

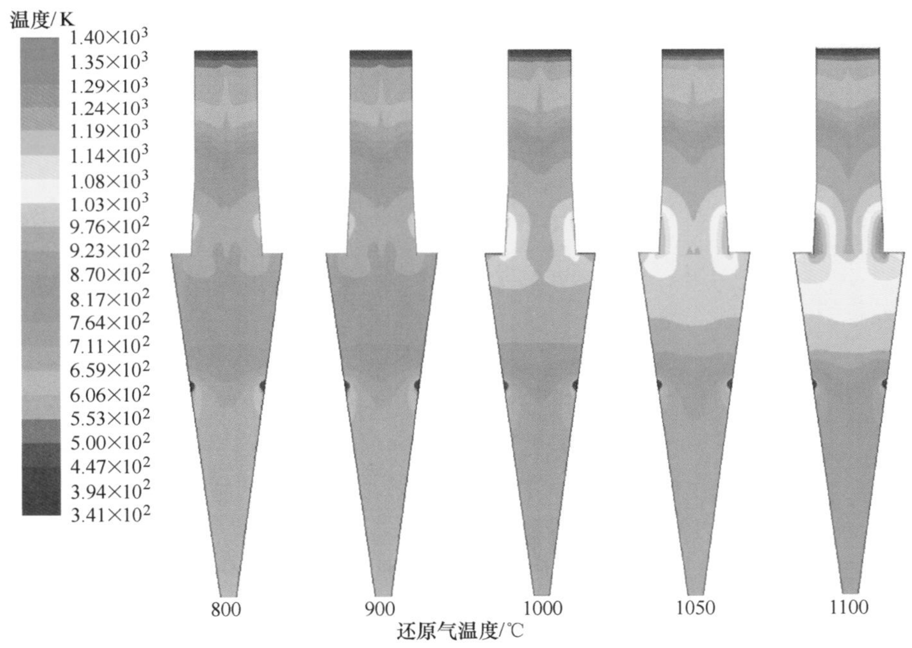


图 7.55　不同还原气温度条件下竖炉内固相温度分布

图 7.57 为不同还原气温度条件下还原气的利用率。随着还原气温度的增加，CO 和 $H_2$ 的利用率逐渐增大，基准条件（1050 ℃）下 $H_2$ 的利用率为 40.02%，CO 的利用率为 45.31%。温度上升至 1100 ℃时，$H_2$ 的利用率上升为 41.47%，CO 的利用率上升为 47.10%。

不同还原气温度条件下竖炉内金属化率分布如图 7.58 所示。随着还原气温度的增加，竖炉内球团的金属化率逐渐上升。这是因为还原气温度上升，竖炉内温度上升，从而促进了竖炉内还原的进行，球团内 DRI 含量上升，竖炉内球团的

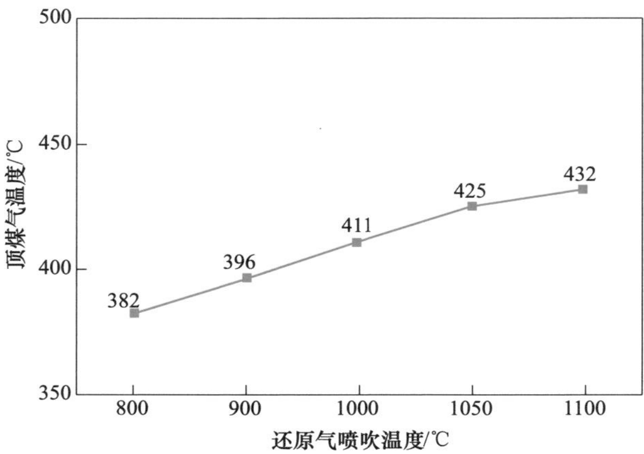


图 7.56 不同还原气温度条件下竖炉顶煤气温度

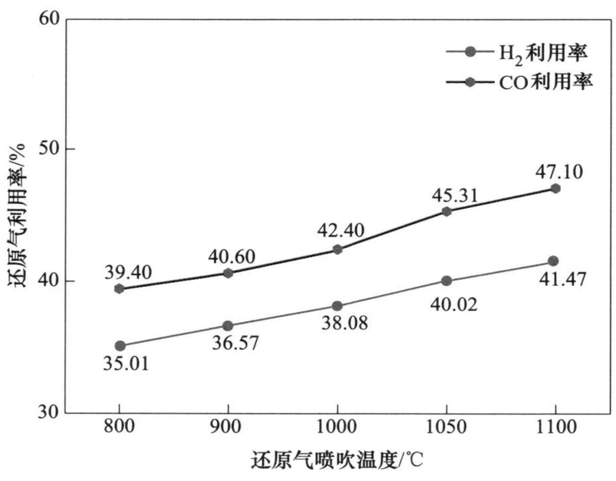


图 7.57 不同还原气温度条件下还原气的利用率

金属化率上升。在基准条件下，球团的金属化率达到了 0.946，处于较高的水平。还原气温度进一步增高至 1100 ℃，球团的金属化率提升至 0.97，而降低还原气温度，金属化率降低明显，在还原气温度为 800 ℃时，金属化率只有 70%左右。

图 7.59 为不同还原气温度条件下的铁品位。当还原气温度从 800 ℃升至 1100 ℃，$w$(TFe) 从 61.31%上升至 64.17%。一般来说，竖炉还原气喷管的受热温度范围在 800~1050 ℃，还原气温度过高，将会加剧喷吹管的损耗。此外，对于普通球团矿，竖炉的还原气温度在 900 ℃左右，而考虑到钒钛球团的难还原性，再考虑到顶煤气温度范围应该在 400~450 ℃，结合模拟与实验结果，适宜的还原气温度为 1050 ℃左右。

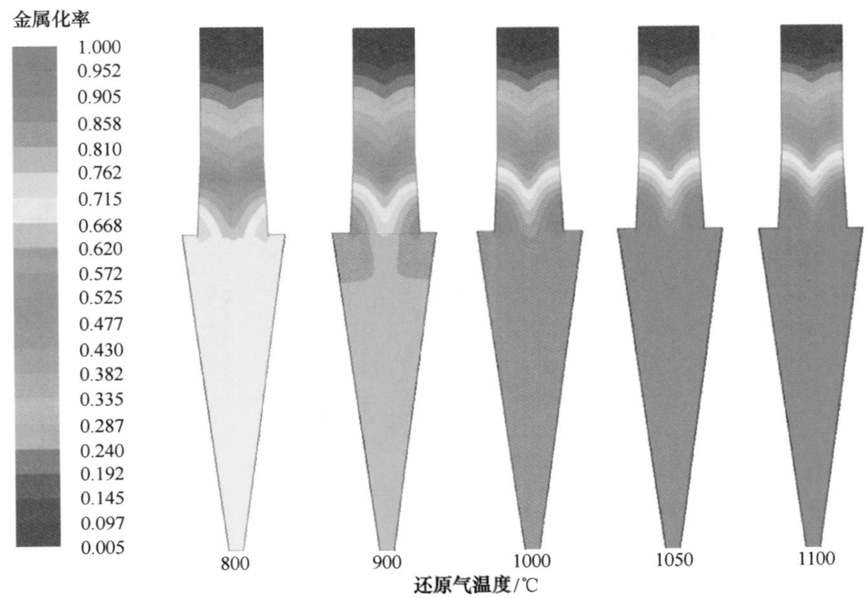


图 7.58　不同还原气温度条件下竖炉内球团金属化率分布

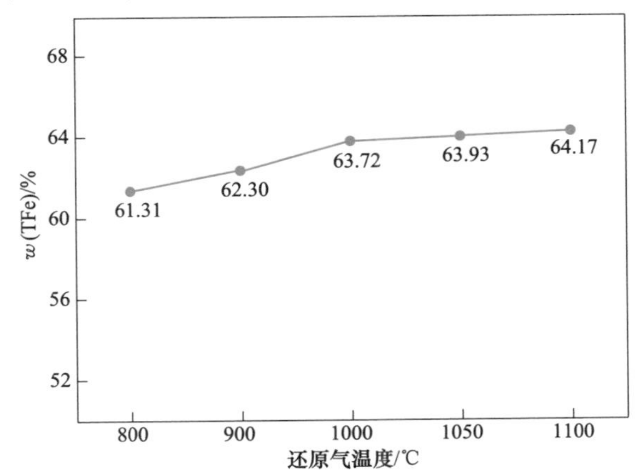


图 7.59　不同还原气温度条件下竖炉 DRI 铁品位变化

### 7.5.4　钒钛矿氢基竖炉还原气组分优化

不同还原气 $\varphi_{H_2}/\varphi_{CO}$条件下的还原气气氛组成见表 7.26。竖炉还原气需求量需同时满足完成铁氧化物的还原和还原反应所需热量，因此在 $\varphi_{H_2}/\varphi_{CO}$改变后，为了对比不同 $\varphi_{H_2}/\varphi_{CO}$对竖炉还原行为的影响，需要调节改变 $\varphi_{H_2}/\varphi_{CO}$后的还原气流量，使还原气流量能够满足热平衡与反应所需还原气量。图 7.60 为 1050 ℃的条件下不同 $\varphi_{H_2}/\varphi_{CO}$时竖炉还原气需求量。从图中可以看出，在 $H_2$ 浓度大于 50%

时，要同时满足热平衡与反应平衡，还原气流量应该要等于或大于满足热平衡的还原气需求量。而随着 $H_2$ 占比的减少，需要的还原气流量是逐渐下降的，经过计算后，得到的研究方案见表 7.27。

**表 7.26　不同 $\varphi_{H_2}/\varphi_{CO}$ 所对应的还原气组分**　　(体积分数,%)

| $\varphi_{H_2}/\varphi_{CO}$ | CO | $CO_2$ | $H_2$ | $H_2O$ | $CH_4$ | $N_2$ |
|---|---|---|---|---|---|---|
| 10 | 8 | 0 | 82 | 0 | 0 | 10 |
| 8 | 10 | 0 | 80 | 0 | 0 | 10 |
| 6 | 12.86 | 0 | 77.14 | 0 | 0 | 10 |
| 4 | 18 | 0 | 72 | 0 | 0 | 10 |
| 2 | 30 | 0 | 60 | 0 | 0 | 10 |

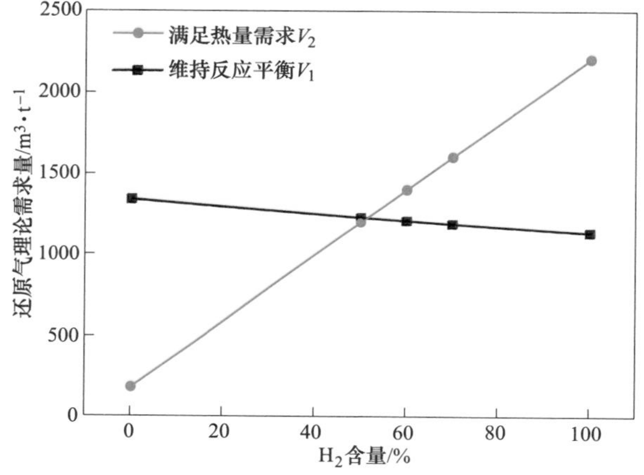


图 7.60　1050 ℃不同 $\varphi_{H_2}/\varphi_{CO}$ 条件下竖炉还原气需求量

**表 7.27　不同 $\varphi_{H_2}/\varphi_{CO}$ 条件下竖炉还原的研究方案**

| 还原气流量 /$m^3\cdot min^{-1}$ | 还原气温度 /℃ | 还原气风口直径/mm | 冷却气流量 /$m^3\cdot min^{-1}$ | $\varphi_{H_2}/\varphi_{CO}$ | 球团料速 /$m\cdot s^{-1}$ | 高径比 |
|---|---|---|---|---|---|---|
| 2642 | 1050 | 130 | 810 | 10 | 0.001 | 1.8 |
| 2582 | | | | 8 | | |
| 2522 | | | | 6 | | |
| 2421 | | | | 4 | | |
| 2182 | | | | 2 | | |

不同 $\varphi_{H_2}/\varphi_{CO}$ 条件下竖炉内还原气浓度分布如图 7.61 所示。$\varphi_{H_2}/\varphi_{CO}$ 分别为 2、4、6、8、10，以图中 $\varphi_{H_2}/\varphi_{CO}$ 为 8 的工况为基准条件。随着还原气中 $\varphi_{H_2}/\varphi_{CO}$ 的增加，$H_2$ 占比增加，CO 占比减小，还原段的 CO 浓度降低，$H_2$ 浓度逐渐增加，冷却段内 CO 浓度与 $H_2$ 浓度变化较不明显。

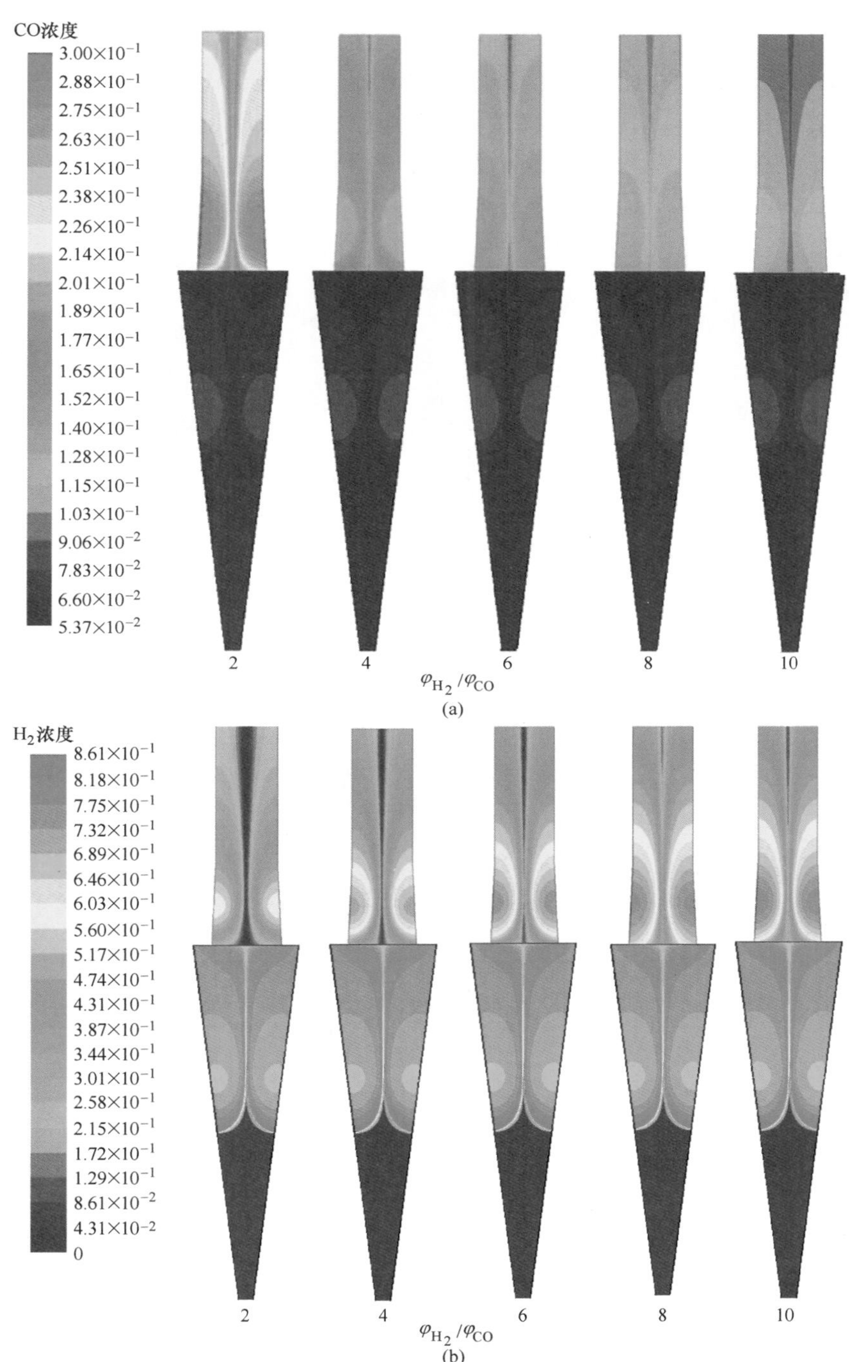


图 7.61 不同 $\varphi_{H_2}/\varphi_{CO}$ 条件下竖炉内还原气浓度分布

(a) CO；(b) $H_2$

不同还原气 $\varphi_{H_2}/\varphi_{CO}$ 条件下竖炉内固相温度分布如图 7.62 所示。随着还原气 $\varphi_{H_2}/\varphi_{CO}$ 的增加，竖炉内固相温度降低。这是由于 $H_2$ 还原 $Fe_3O_3$ 的反应为吸热过程，还原气中 $\varphi_{H_2}/\varphi_{CO}$ 增加，$H_2$ 浓度增加，还原反应中 $H_2$ 还原占比增大，吸热增加，从而使竖炉还原段内温度下降。图 7.63 为不同 $\varphi_{H_2}/\varphi_{CO}$ 条件下竖炉的顶煤气温度。可以看出，当 $\varphi_{H_2}/\varphi_{CO}$ 从 2 上升至 10，顶煤气温度由 436 ℃下降至 417 ℃。

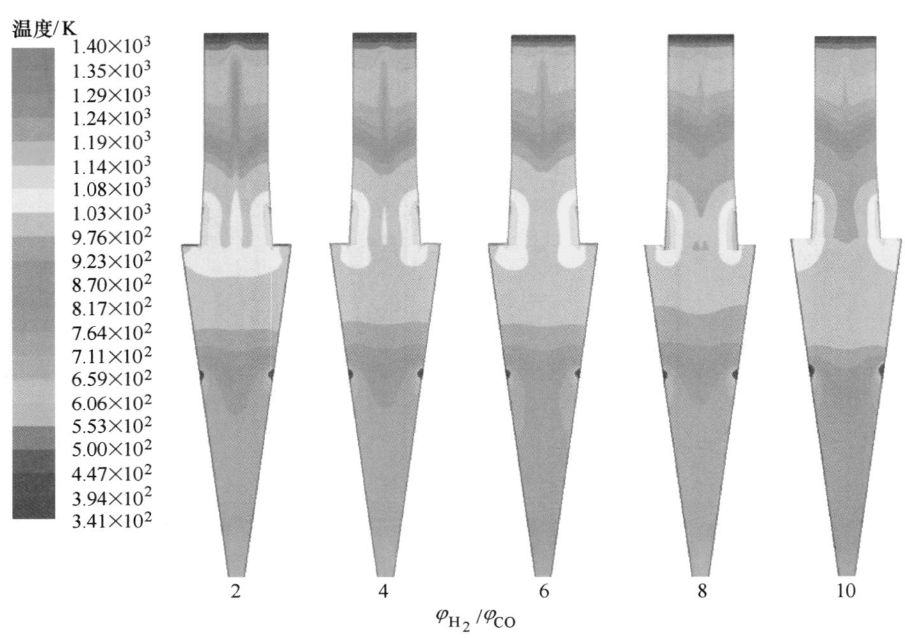


图 7.62 不同 $\varphi_{H_2}/\varphi_{CO}$ 条件下竖炉内固相温度分布

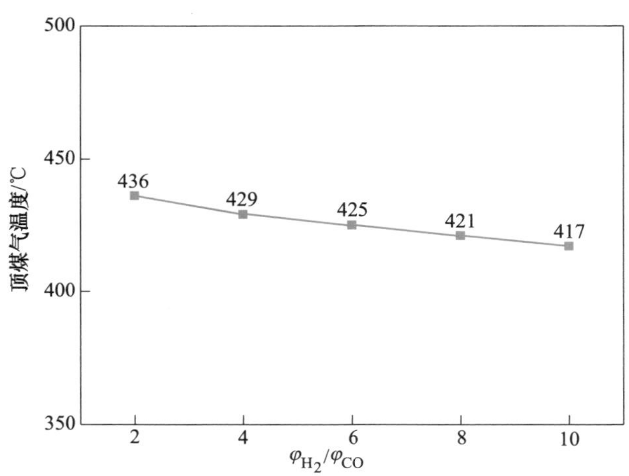


图 7.63 不同 $\varphi_{H_2}/\varphi_{CO}$ 条件下竖炉顶煤气温度变化

图 7.64 为不同 $\varphi_{H_2}/\varphi_{CO}$条件下还原气利用率变化。随着 $\varphi_{H_2}/\varphi_{CO}$的增加，CO 和 $H_2$ 的利用率逐渐降低。CO 与 $H_2$ 的利用率降低，一方面是由于 $H_2$ 含量增加，还原反应吸热增多，竖炉内部温度降低，抑制了竖炉内球团的还原反应，如图 7.62 所示，随着 $H_2$ 占比的增加，竖炉内整体温度呈现下降的趋势；另一方面，过多的 $H_2$ 进入竖炉后，由于 $H_2$ 具有密度小，容易逃逸的特点，在竖炉中，$H_2$ 的行程短，停留时间短，导致 $H_2$ 的利用率降低。根据模拟研究结果，随着 $\varphi_{H_2}/\varphi_{CO}$的增加，顶煤气温度逐渐由 436 ℃降低至 417 ℃，CO 和 $H_2$ 的利用率下降，DRI 的金属化率和铁品位提高，渗碳率在 2.0%附近。同时考虑到高氢气比有助于抑制球团矿的粉化，在实验设计范围内，$\varphi_{H_2}/\varphi_{CO}$控制在 8~10 为宜。

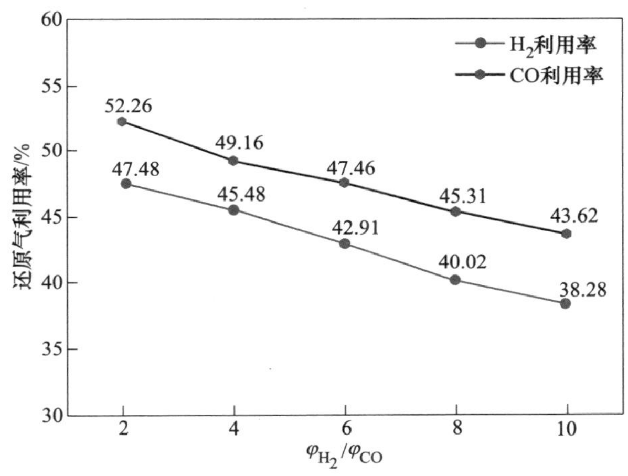


图 7.64 不同 $\varphi_{H_2}/\varphi_{CO}$条件下还原气利用率变化

不同 $\varphi_{H_2}/\varphi_{CO}$条件下竖炉内金属化率分布如图 7.65 所示。随着 $\varphi_{H_2}/\varphi_{CO}$的降低，竖炉内球团的金属化率逐渐下降。在高温条件下，$H_2$ 的还原速率大于 CO 的还原速率。$\varphi_{H_2}/\varphi_{CO}$降低，$H_2$ 占比下降，CO 占比上升，CO 还原占比增加，在相同温度下的还原能力弱于 $\varphi_{H_2}/\varphi_{CO}$较高的工况，DRI 金属化率降低。图 7.66 为不同 $\varphi_{H_2}/\varphi_{CO}$条件下的铁品位。考虑到 DRI 对金属化率有较高的要求，应该选取 $\varphi_{H_2}/\varphi_{CO}$较高的工况，8 为合宜的选择。

### 7.5.5 钒钛矿氢基竖炉入炉炉料品位优化

在保证还原气温度 1050 ℃、冷却气流量（标态）810 $m^3/min$、$\varphi_{H_2}/\varphi_{CO}=8$ 等条件不变的情况下，分别对入炉球团品位为 51.3%、52.5%、54.6%、56.7% 和 58.8%条件下的钒钛矿氢基竖炉进行数值模拟。

不同球团矿品位条件下竖炉内还原气分布如图 7.67 所示。随着预还原后球

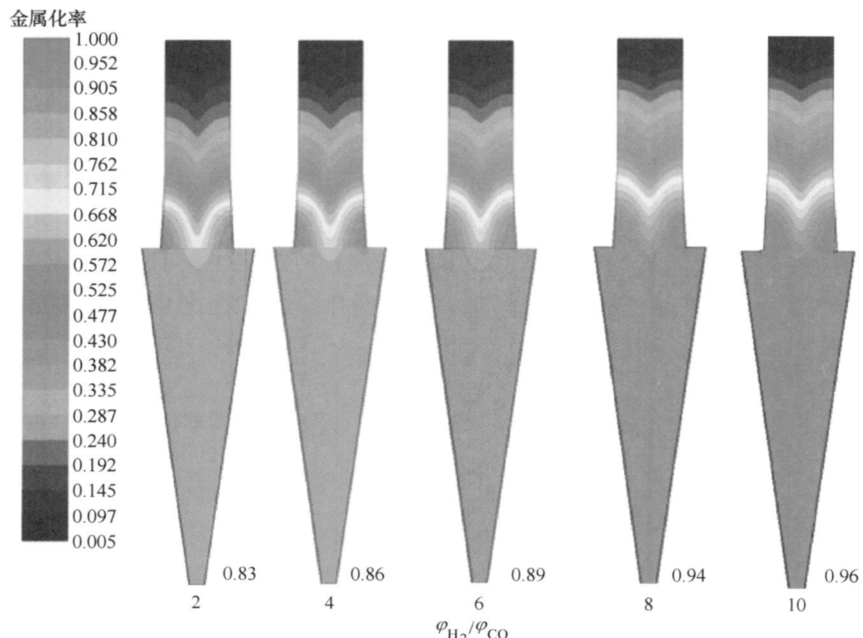


图 7.65　不同 $\varphi_{H_2}/\varphi_{CO}$ 条件下竖炉内球团金属化率分布

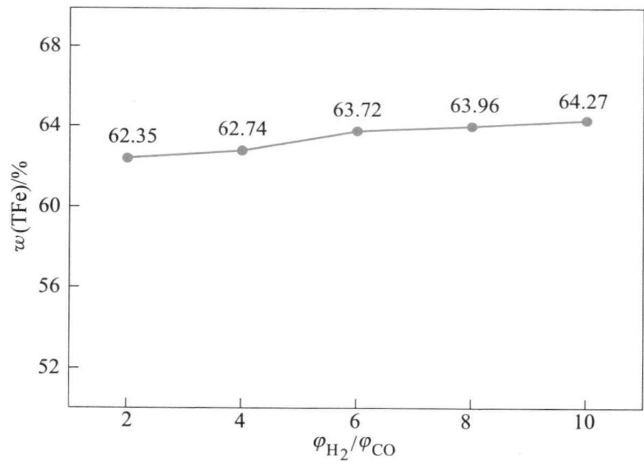


图 7.66　不同 $\varphi_{H_2}/\varphi_{CO}$ 条件下竖炉 DRI 铁品位变化

团矿入炉品位的上升，还原段与冷却段的 CO 浓度与 $H_2$ 浓度均呈现减小的趋势。这主要是因为预还原后的球团矿中，一部分 $Fe_2O_3$ 转化为 $Fe_3O_4$ 等低价铁氧化物，进入竖炉后还原所需的还原气增多，整体 CO 和 $H_2$ 消耗升高，从而导致竖炉内还原气的浓度降低。

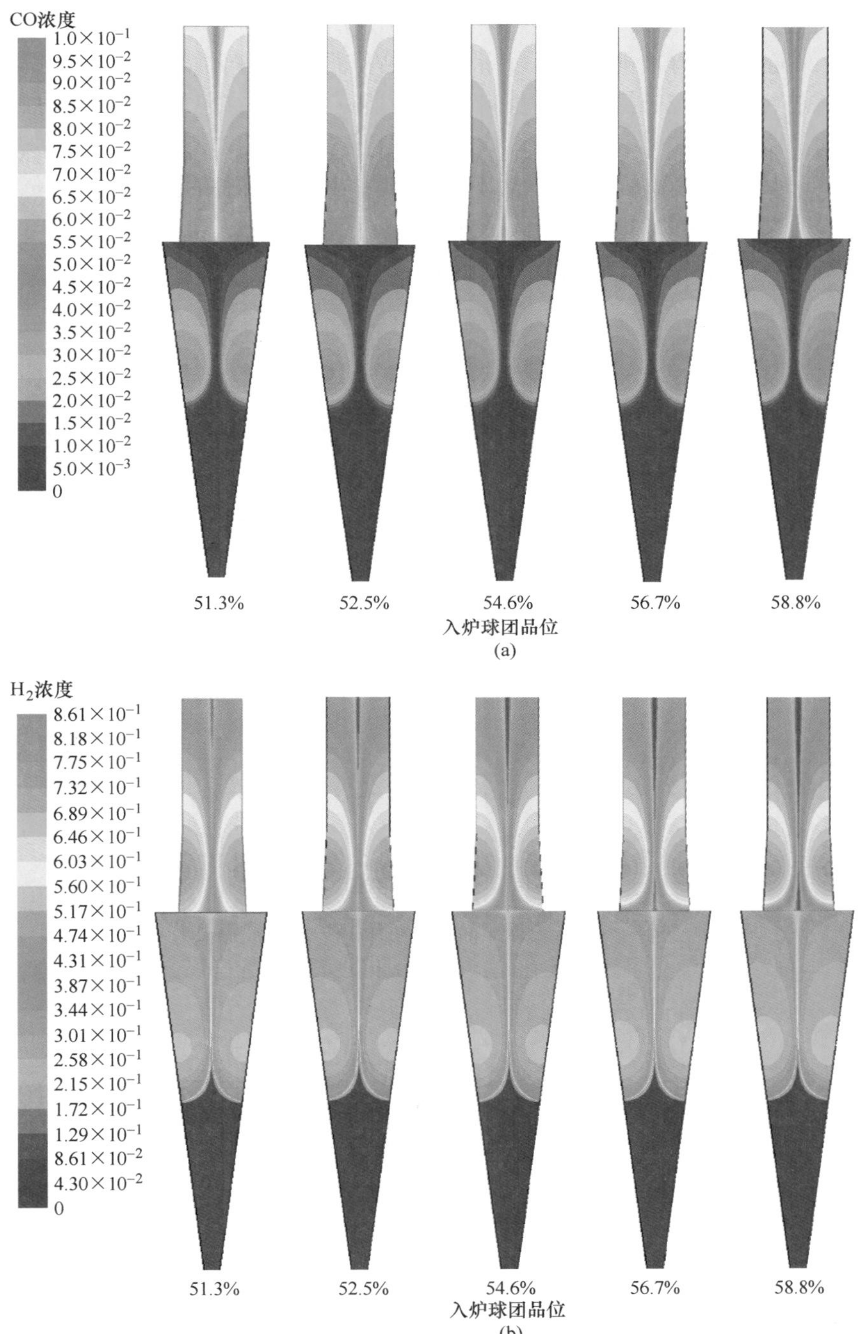


图 7.67 不同入炉球团品位条件下竖炉内还原气浓度分布

(a) CO; (b) $H_2$

不同入炉球团品位条件下竖炉内固相温度分布如图 7.68 所示。图中以球团品位 51.3%的工况为基准条件。入炉球团品位提高，球团内 $Fe_2O_3$ 占比逐渐上升，从 73%提高至 82%，球团还原所消耗的还原气增加，还原反应吸热加剧，导致竖炉内炉料的温度下降，还原段内的高温区缩小。图 7.69 为不同入炉球团品位条件下竖炉顶煤气温度变化。从图中可以看出，当球团品位由 51.3%上升至 58.8%，顶煤气温度从 425 ℃降低至 382 ℃。

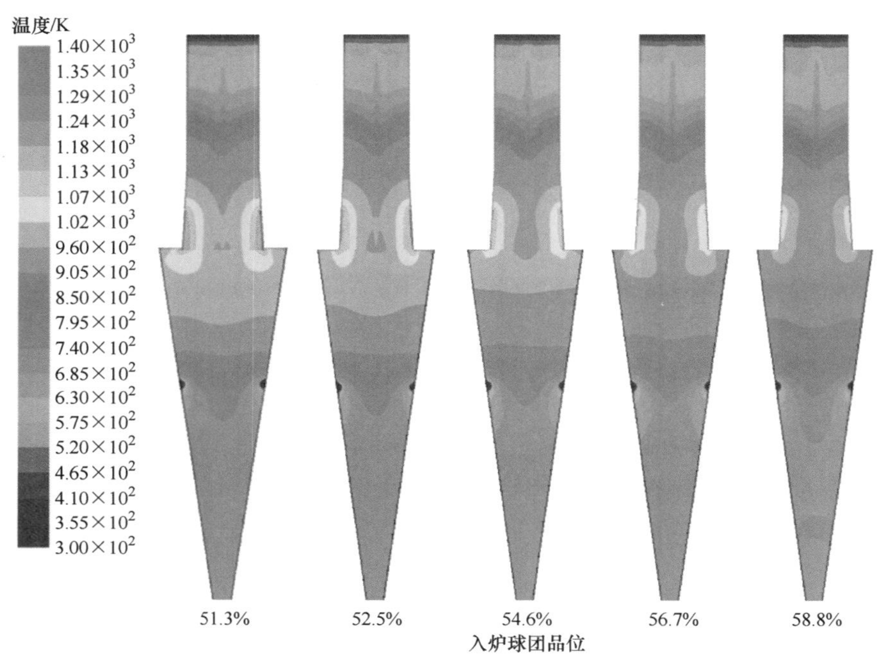


图 7.68 不同入炉球团品位条件下竖炉内固相温度分布

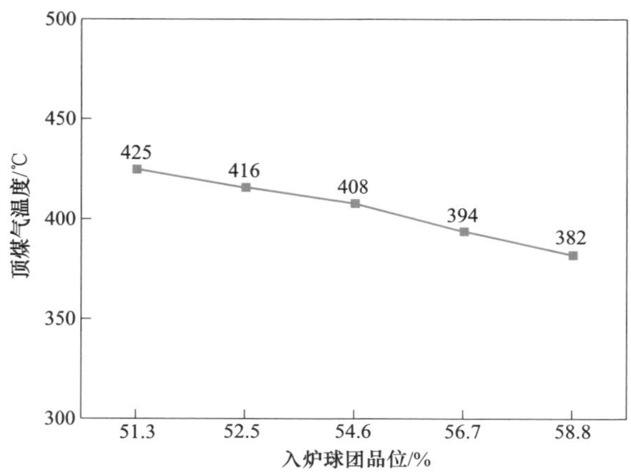


图 7.69 不同入炉球团品位条件下竖炉顶煤气温度变化

图 7.70 为不同入炉球团品位条件下还原气利用率变化。从图中可以看出，当入炉球团品位从 51.3%上升至 58.8%时，$H_2$ 利用率从 40.02%上升至 46.54%，CO 利用率从 45.31%上升至 51.80%。

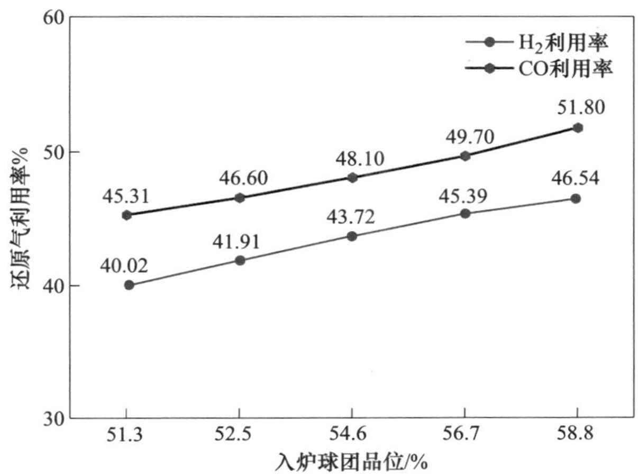


图 7.70 不同入炉球团品位条件下还原气利用率变化

不同入炉球团品位条件下竖炉内金属化率分布如图 7.71 所示。从图中可以

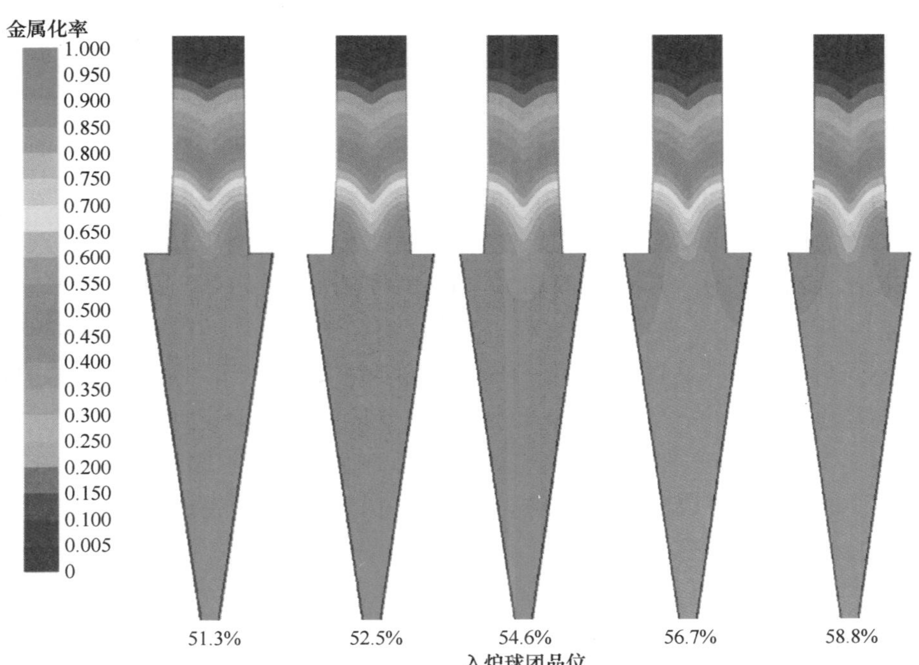


图 7.71 不同入炉球团品位条件下竖炉内球团金属化率分布

看出，随着入炉球团品位的增加，竖炉内 DRI 的金属化率逐渐降低。当球团品位由 51.3%上升至 58.8%，DRI 的金属化率由 94%降低至 82%左右。图 7.72 为不同入炉球团品位条件下竖炉 DRI 铁品位变化。从图中可以看出，虽然高品位球团矿的金属化率略有降低，但是由于其初始品位高，$Fe_2O_3$ 占比更大，在最终还原得到的 DRI 中，TFe 含量依然高于低品位球团。

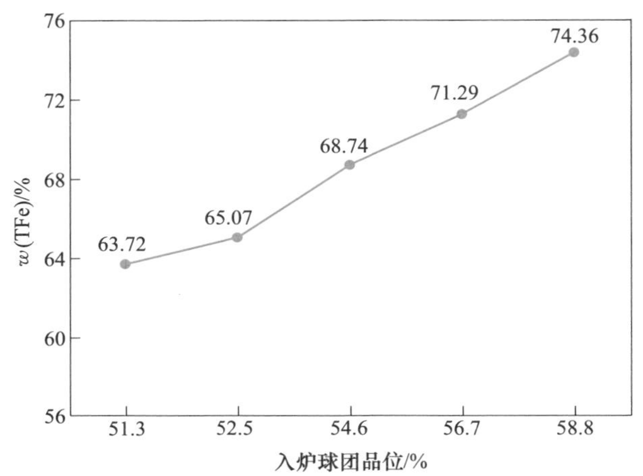


图 7.72 不同入炉球团品位条件下竖炉 DRI 铁品位变化

### 7.5.6 钒钛矿氢基竖炉炉型结构优化

通过改变炉身角的大小调节竖炉的高径比。在模拟过程中，控制由还原段进入冷却段的球团料速不变，竖炉顶部下料速度则由竖炉内的压差决定。分别研究了高径比为 2.2、2.0、1.8、1.6 和 1.4（对应炉身角 0°、1.5°、3°、4.5°和 6°）5 种条件下钒钛矿竖炉氢基还原过程。其中，高径比为 1.8 的工况为基准条件。

不同高径比条件下竖炉内还原气浓度分布如图 7.73 所示。从图中可以看出，随着高径比逐渐降低，竖炉内 CO 和 $H_2$ 的浓度呈现逐渐降低的趋势。虽然在高径比为 2.2 的条件下，竖炉内温度较高，有利于还原反应的进行，但是，在高径比为 2.2 时，炉料下降速度最低，这意味着单位时间内所需还原的炉料相对于基准高径比为 1.8 的条件有所减少，从而使消耗的还原气减少，进而提高了还原气的浓度。此外，高径比降低，在还原气流量与风口直径不变的条件下，还原气渗透深度不变，在径向上所能影响的范围缩小，在竖炉中心、左右两侧的还原气的混合受到影响，也会使中心的还原气浓度降低。

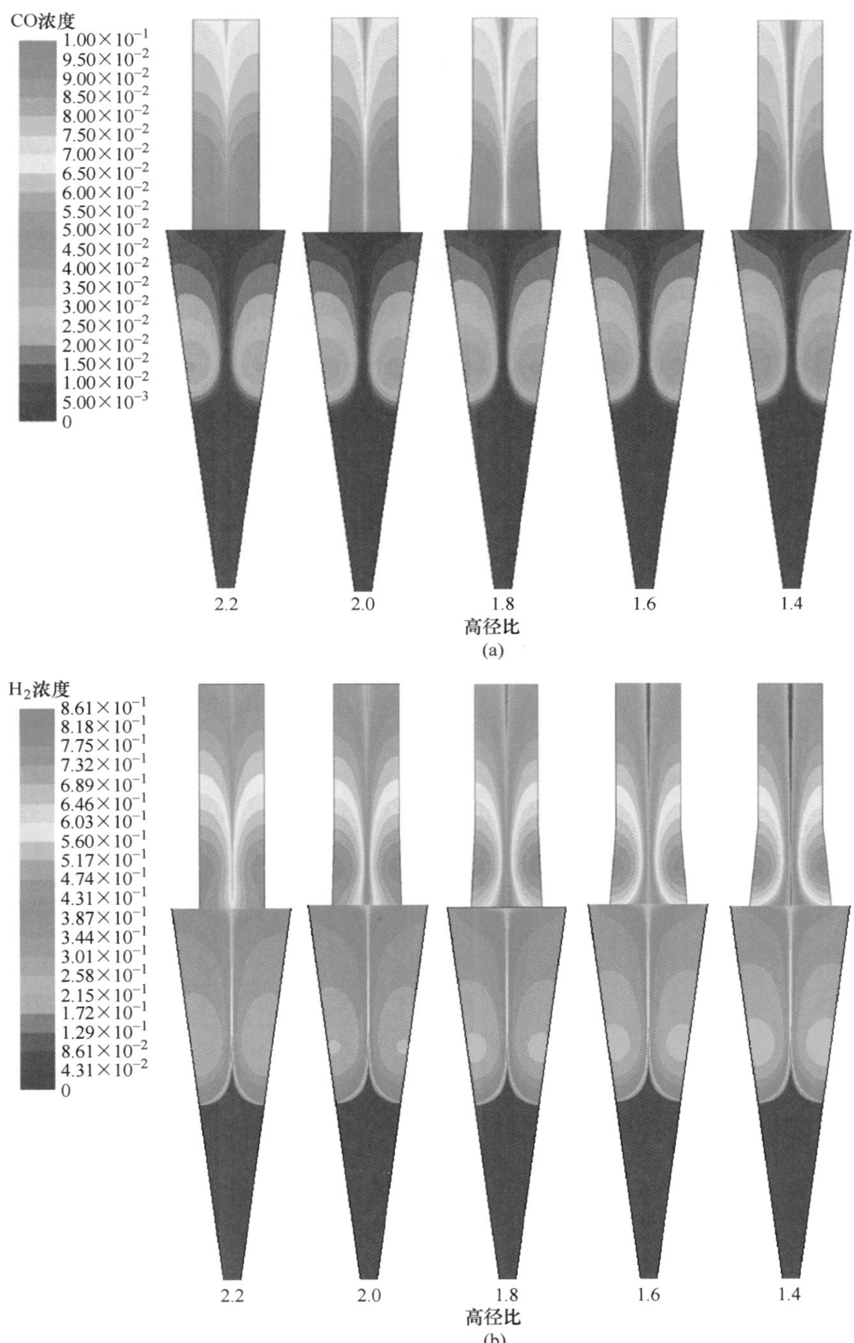


图 7.73 不同高径比条件下竖炉内还原气浓度分布

(a) CO；(b) $H_2$

不同高径比条件下竖炉内固相温度分布如图 7.74 所示。从图中可以看出，在还原气流量、温度不变与炉料排出料速不变的情况下，随着高径比的降低，竖炉还原段内温度降低，进入冷却段的炉料温度下降。炉身角增大，高径比变低，还原段径向距离增宽，在相同的喷吹条件下，还原气的渗透深度一定，意味着高径比越小，还原气在径向上的影响范围越小，竖炉中心的炉料得不到充分的加热与还原，使炉料温度降低。同时，随着高径比的减小，炉料下降速度增快，炉料与还原气换热不充分，使还原段内炉料的温度降低。图 7.75 为不同高径比条件下竖炉顶煤气温度，可见，高径比从 2.2 降低至 1.4 时，顶煤气温度从 452 ℃降低至 398 ℃。

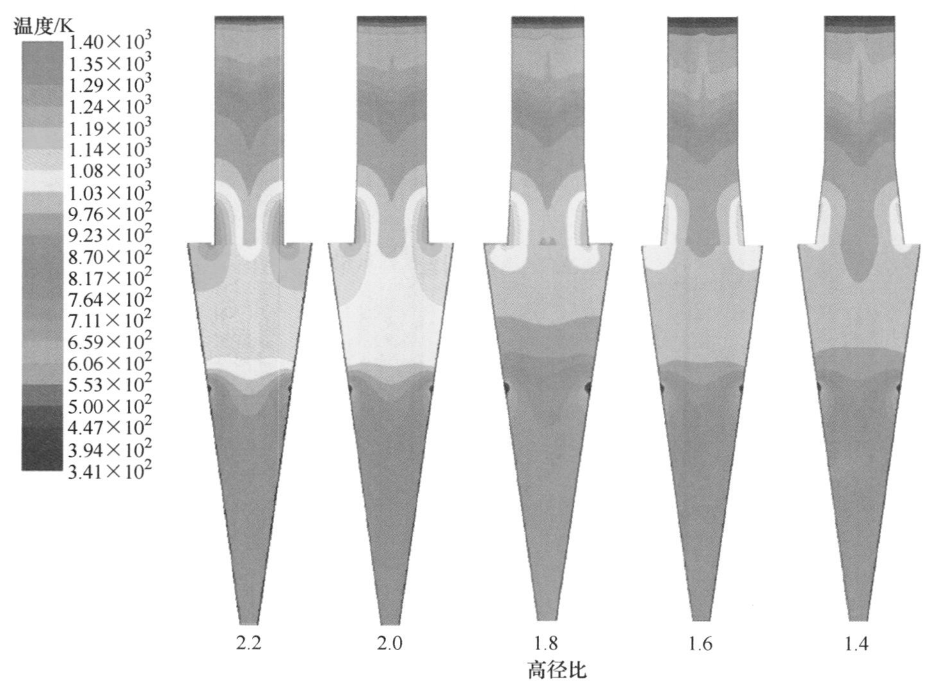


图 7.74 不同高径比条件下竖炉内固相温度分布

图 7.76 为不同高径比条件下还原气的利用率。从图中可以看出，当高径比从 2.2 降低到 1.4 时，$H_2$ 利用率从 35.59% 上升至 46.11%，CO 利用率从 39.20%上升至 48.30%。

不同高径比下竖炉内金属化率分布如图 7.77 所示。随着高径比的降低，竖炉内 DRI 的金属化率越来越低。在高径比为 2.2 的情况下，出竖炉的 DRI 金属化率为 97.2%，而高径比降低至 1.4 时，DRI 金属化率为 87.7%。不同高径比下 DRI 渗碳率如图 7.78 所示。随着高径比的降低，DRI 渗碳率逐渐下降。基准下

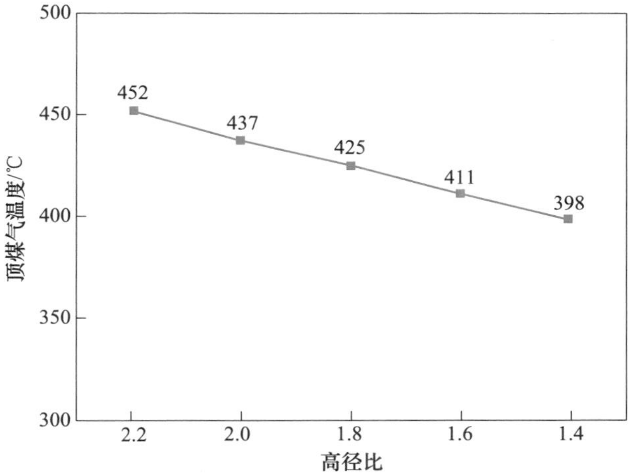


图 7.75 不同高径比条件下竖炉顶煤气温度变化

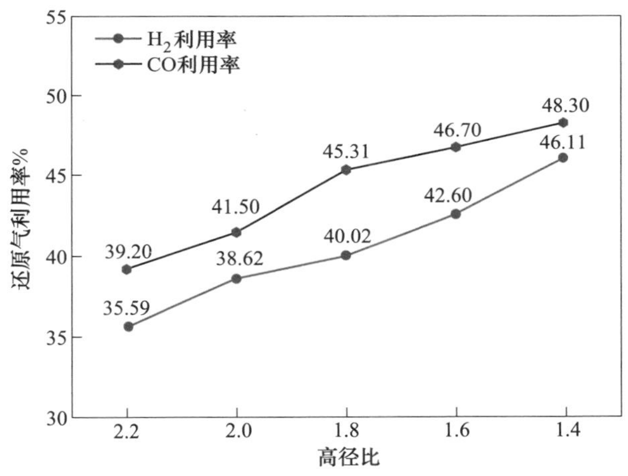


图 7.76 不同高径比条件下还原气利用率变化

渗碳率为 2.0%，当高径比由基准的 1.8 上升至 2.2 时，渗碳率上升至 2.49%。这是由于进入冷却段的炉料温度提高，促进了 CO 与 $CH_4$ 的渗碳反应，生成了更多的 $Fe_3C$，增加了渗碳率。当高径比降低至 1.4，渗碳率降低至 1.71%，这主要是因为上部炉料停留时间缩短，与煤气热交换不足，导致下部炉料偏冷，抑制了渗碳反应的进行，影响了 DRI 质量。竖炉生产 DRI 的渗碳率合格的范围在 2%~4%，适宜的高径比不宜过大。此外，考虑到竖炉喷吹 $CH_4$ 作为还原气的可能，还原段需要一定的空间完成 $CH_4$ 裂解膨胀，以及球团在下降过程中会出现的还原膨胀现象，需要在还原段下部预留一定的空间，因此，实际的高径比选择不宜过高，同时也不能过低，需要根据实际情况进行判断。图 7.79 为不同高径比条件下 DRI 的铁品位，可见，随着高径比的降低，DRI 的铁品位也随之降低。

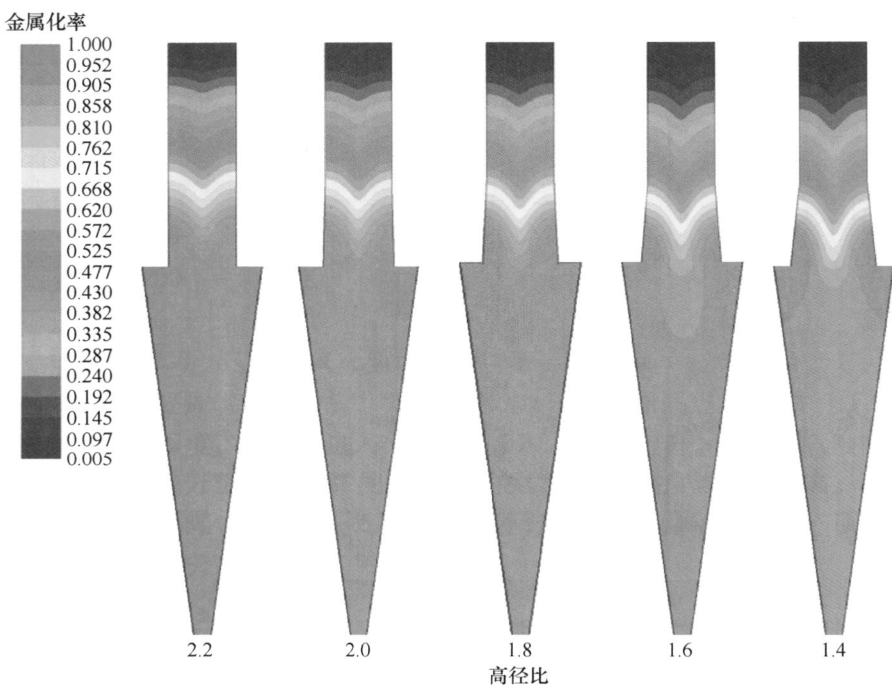


图 7.77　不同高径比条件下竖炉内球团金属化率分布

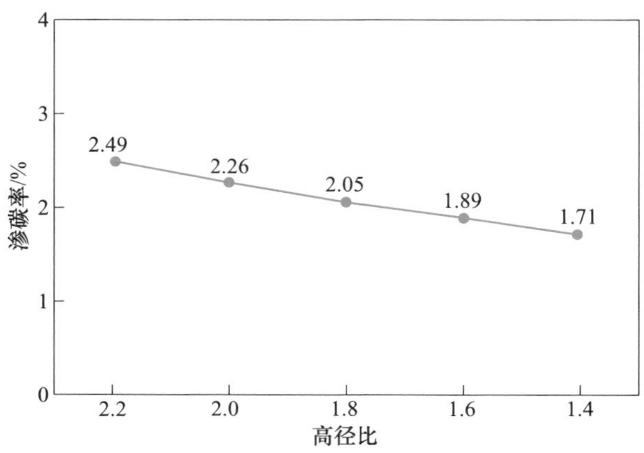


图 7.78　不同高径比条件下竖炉 DRI 渗碳率变化

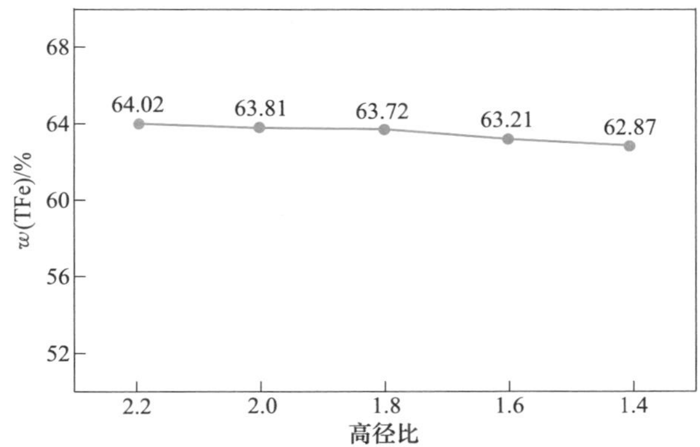


图 7.79 不同高径比条件下竖炉 DRI 铁品位变化

## 7.6 钒钛矿金属化球团电弧炉熔分工艺技术研究

### 7.6.1 技术方法和路线

电弧炉还原熔分金属化炉料是一种实践经验丰富的工艺技术，具有生产效率高、金属化炉料热装时生产能耗低、环境友好等优点，被广泛应用于复合铁矿资源高效综合利用。在之前钒钛矿球团氧化焙烧及氢基竖炉还原行为系统研究的基础上，继续对钒钛矿金属化球团（氢基还原产物）熔分过程开展研究。

本实验以钒钛矿氧化球团经氢基竖炉还原所得的金属化球团（金属化率为92%）为原料，系统分析电热熔分工艺参数（熔分温度、熔分时间、熔分配碳量等）对金属化球团熔分效果（金属化球团铁、钒组元在熔分生铁中的收得率，钒组元在熔分渣中的收得率，$TiO_2$ 在熔分渣中的品位及收得率）的影响，并且考察冷却制度对熔分渣中含钛物相选择性析出调控机制，同时采用 ICP、XRD 和 SEM-EDS 分别对熔分试样的化学组成、物相组成及微观形貌进行分析，提出电热熔分过程金属化球团渣金强化分离及有价金属选择性回收的优化调控技术。

### 7.6.2 钒钛金属化球团熔分工艺流程及方案

熔分实验原料为氢基竖炉还原所得的金属化率约为 92% 的钒钛矿金属化球团，其主要化学组成见表 7.28。其中，TFe 含量为 71.33%，MFe 含量为 65.68%，$TiO_2$ 含量为 13.35%，$V_2O_3$ 含量为 0.78%，$Cr_2O_3$ 含量为 0.072%。

**表 7.28 钒钛矿金属化球团的主要化学组成** （质量分数,%）

| 组分 | TFe | MFe | FeO | CaO | $SiO_2$ | MgO | $Al_2O_3$ | $TiO_2$ | $V_2O_3$ | $Cr_2O_3$ |
|---|---|---|---|---|---|---|---|---|---|---|
| 含量 | 71.33 | 65.68 | 6.37 | 0.57 | 5.55 | 4.43 | 4.83 | 13.35 | 0.78 | 0.072 |

钒钛矿金属化球团熔分过程中，采用纯 CaO 化学试剂适度调控熔分钛渣流动性，同时采用活性炭粉作为还原剂还原球团中的目标氧化物。

本实验采用中频感应炉（郑州市科创电子有限公司生产，型号为 XZ-40B）还原熔分钒钛矿金属化球团，以模拟实际工业电弧炉过程。实验感应炉系统主要包括控制系统、炉体、保护气系统、冷却系统和铜感应线圈。实验过程中，通过调节控制系统输出的振荡频率，实现实验原料的感应加热，使熔分温度在较短时间内达到预设值。实验温度由红外测温仪进行测量。针对实验原料感应加热过程温度变化，使用红外测温仪测温前，采用标准 B 型热电偶对其温度进行校准与标定。感应炉实验系统主要设备截面如图 7.80 所示，实验所使用的红外测温仪如图 7.81 所示，为上海双旭电子有限公司生产，型号为 DT-8869H，测量范围 50~2200 ℃，精度 0.10 ℃。

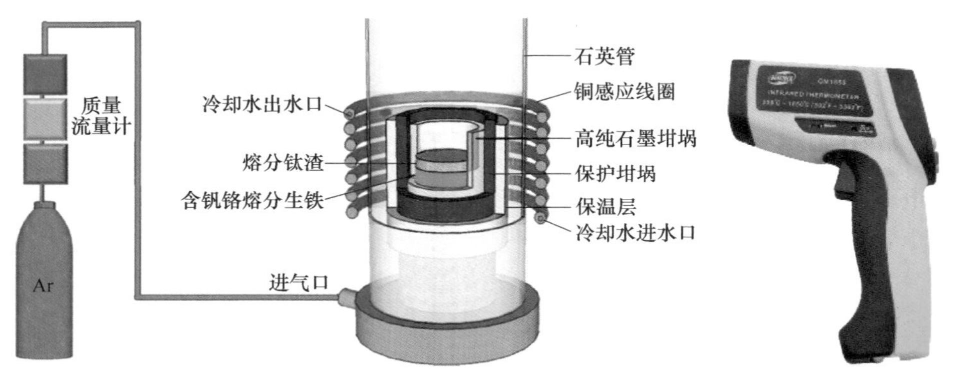


图 7.80　实验用中频感应炉截面示意图　　　图 7.81　红外测温仪

将钒钛矿金属化球团进行适当破碎，与一定量的纯 CaO 化学试剂、活性炭粉混合均匀后，放入致密的高纯石墨坩埚内（坩埚内径 40 mm、外径 50 mm、内高 100 mm、外高 110 mm）。随后，将盛有实验原料的坩埚置于感应炉内指定实验位置，快速升温至预设的熔分温度，升温过程中不断用红外测温仪观测试样温度，待温度到达实验温度后，停止调节振荡电流频率，并开始计时，此后的恒温时间记作熔分时间，恒温温度记作熔分温度。通过高温熔分，实现渣铁分离，可获得含钒铬铁和含钛渣。熔分实验结束后，恢复控制系统输出振荡频率为初始状态，关闭感应炉，熔分生铁及熔分钛渣随炉自然冷却至室温。熔分渣铁经分离、破碎后，对其进行 ICP-OES、XRD 及 SEM 分析。钒钛矿金属化球团熔分实验过程中，Ar 气从炉底通入，以保护炉体、坩埚及防止熔分产物的再氧化。铜感应线圈内通冷却水，防止实验过程线圈局部过热。此外，熔分配碳比是指添加的活性炭与钒钛矿金属化球团中铁、钒、铬氧化物总氧量的物质的量之比，熔分碱度是指实验原料中 CaO 与 $SiO_2$ 的质量之比。通过调整实验过程活性炭粉、CaO 加入量，可实现各熔分配碳比、熔分碱度的实验条件。

本研究采用单因素实验方法，主要考虑熔分温度、熔分时间、熔分配碳比（C/O）及熔分碱度（$CaO/SiO_2$）四个工艺参数对钒钛矿金属化球团熔分效果的影响，具体实验方案见表 7.29。其中，熔分温度为 1500~1625 ℃，熔分时间为 10~50 min，熔分配碳比为 0.90~1.30，熔分碱度为 0.10~0.80。熔分碱度 0.10 为钒钛矿金属化球团原始碱度，实验过程未添加纯 CaO 化学试剂。此外，熔分温度 1600 ℃、熔分时间 30 min、熔分配碳比 1.10 及熔分碱度 0.50 为钒钛矿金属化球团基准还原熔分参数。

**表 7.29 钒钛矿金属化球团熔分实验方案**

| 编号 | 熔分温度/℃ | 熔分时间/min | 熔分配碳比 | 熔分碱度 |
|---|---|---|---|---|
| 1 号 | 1500 | 30 | 1.10 | 0.50 |
| 2 号 | 1550 | 30 | 1.10 | 0.50 |
| 3 号 | 1575 | 30 | 1.10 | 0.50 |
| 4 号① | 1600 | 30 | 1.10 | 0.50 |
| 5 号 | 1625 | 30 | 1.10 | 0.50 |
| 6 号 | 1600 | 30 | 1.10 | 0.10 |
| 7 号 | 1600 | 30 | 1.10 | 0.30 |
| 8 号① | 1600 | 30 | 1.10 | 0.50 |
| 9 号 | 1600 | 30 | 1.10 | 0.60 |
| 10 号 | 1600 | 30 | 1.10 | 0.80 |
| 11 号 | 1600 | 10 | 1.10 | 0.50 |
| 12 号 | 1600 | 20 | 1.10 | 0.50 |
| 13 号① | 1600 | 30 | 1.10 | 0.50 |
| 14 号 | 1600 | 40 | 1.10 | 0.50 |
| 15 号 | 1600 | 50 | 1.10 | 0.50 |
| 16 号 | 1600 | 30 | 0.90 | 0.50 |
| 17 号 | 1600 | 30 | 1.00 | 0.50 |
| 18 号① | 1600 | 30 | 1.10 | 0.50 |
| 19 号 | 1600 | 30 | 1.20 | 0.50 |
| 20 号 | 1600 | 30 | 1.30 | 0.50 |

① 4 号、8 号、13 号和 18 号实验条件为金属化球团基准还原熔分参数。

实验考察还原熔分工艺评价指标为钒钛钒钛矿金属化球团 Fe、V 元素在熔分生铁中的收得率及质量分数和 $TiO_2$ 在熔分钛渣中的收得率及质量分数。根据质量守恒定律，金属化球团熔分过程中各有价组元在熔分生铁与熔分钛渣中的收得率，可按式（7.1）与式（7.2）进行计算：

$$\eta(i) = \frac{w[i] \times m_{PI}}{w_{MPi} \times m_{MP}} \times 100\% \tag{7.1}$$

式中，$\eta(i)$ 为 Fe、V 元素在熔分生铁中的收得率，%；$w[i]$、$w_{MPi}$ 分别为熔分生铁和攀西高铬型钒钛矿金属化球团中 Fe、V 元素的质量分数，%；$m_{PI}$、$m_{MP}$ 分别为熔分生铁和钒钛矿金属化球团的质量，g。

$$\eta(TiO_2) = \frac{w(TiO_2) \times m_S}{w_{MPTiO_2} \times m_{MP}} \times 100\% \tag{7.2}$$

式中，$\eta(TiO_2)$ 为 $TiO_2$ 在熔分钛渣中的收得率，%；$w(TiO_2)$、$w_{MPTiO_2}$ 分别为熔分钛渣和钒钛矿金属化球团中 $TiO_2$ 的质量分数，%；$m_S$ 为熔分钛渣质量，g。采用 ICP-OES 分析 $w(TiO_2)$ 和 $w_{MPTiO_2}$时，是将熔分钛渣和金属化球团中 Ti 元素完全转化为 $TiO_2$ 进行分析的。

### 7.6.3 关键参数对钒钛矿金属化球团熔分效果的影响

#### 7.6.3.1 熔分温度的影响

熔分温度对钒钛矿金属化球团熔分的影响如图 7.82~图 7.86 所示。在二元碱度为 0.50，配碳比 1.10，熔分时间 30 min 的条件下，将破碎后的钒钛矿金属化球团混匀置于高纯石墨坩埚中进行熔分，熔分温度分别为 1500 ℃、1550 ℃、1575 ℃、1600 ℃和 1625 ℃。根据图 7.82~图 7.86 所示的熔分情况，可以看出，随着温度的升高，熔化分离行为逐渐得到加强。但是熔分温度过高也会对熔分效果产生不利影响。

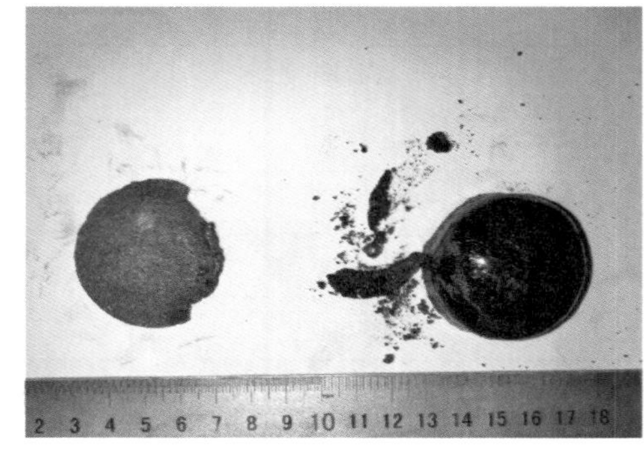


图 7.82 熔分温度 1500 ℃获得的渣铁试样

图 7.83 熔分温度 1550 ℃获得的渣铁试样

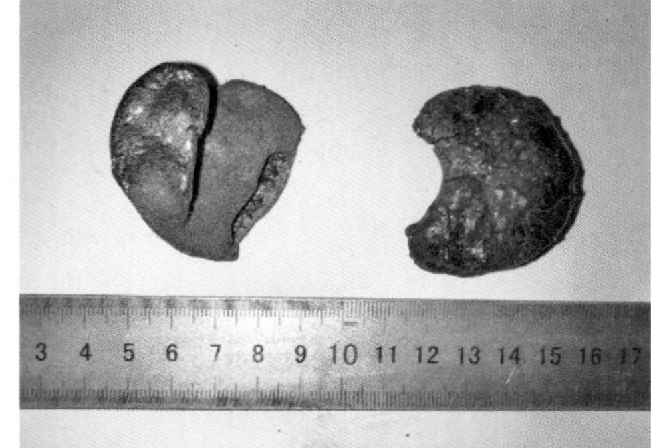

图 7.84 熔分温度 1575 ℃获得的渣铁试样

图 7.85 熔分温度 1600 ℃获得的渣铁试样

在不同熔分温度条件下，钒钛矿金属化球团 Fe 元素和 V 元素在熔分生铁中的收得率如图 7.87 和图 7.88 所示，$TiO_2$ 在熔分钛渣中的收得率如图 7.89 所示。

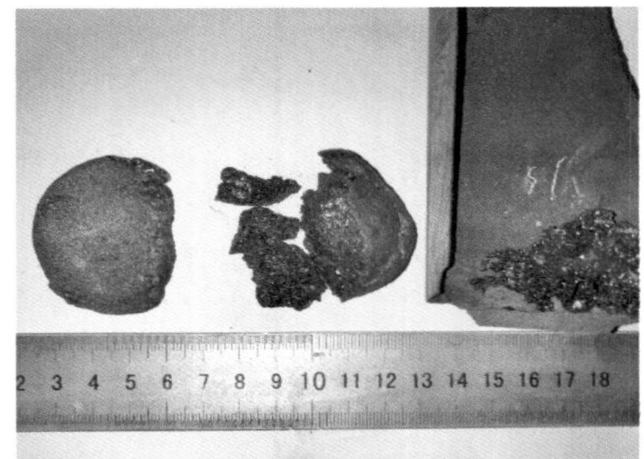


图 7.86 熔分温度 1625 ℃获得的渣铁试样

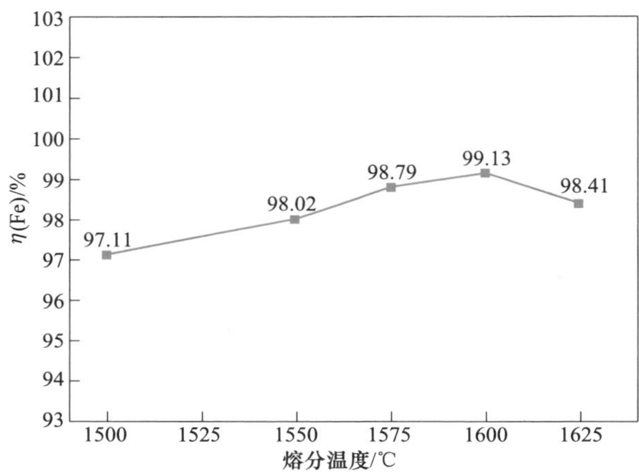


图 7.87 熔分温度对 Fe 元素在熔分生铁中收得率的影响

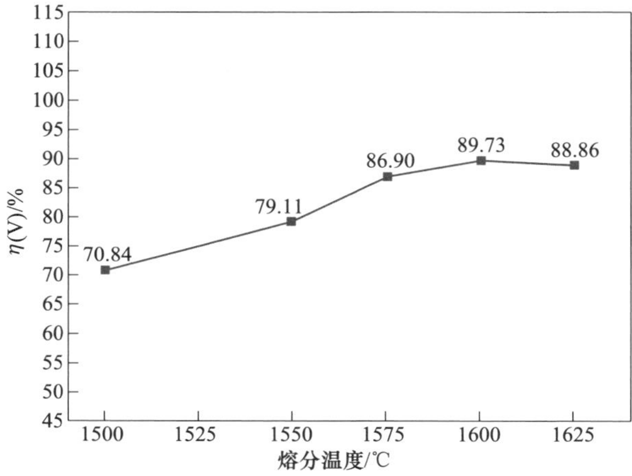


图 7.88 熔分温度对 V 元素在熔分生铁中收得率的影响

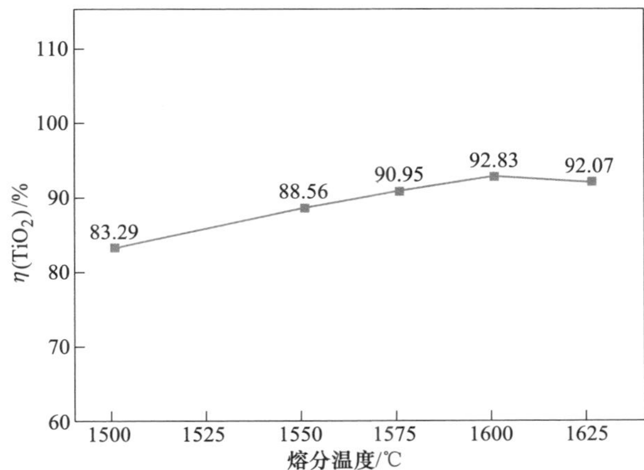


图 7.89 熔分温度对 $TiO_2$ 在熔分钛渣中收得率的影响

钒钛矿金属化球团 Fe 元素和 V 元素在熔分生铁中的质量分数如图 7.90 和图 7.91 所示。$TiO_2$ 在熔分钛渣中的质量分数如图 7.92 所示。可知，当熔分温度由 1500 ℃升高至 1600 ℃时，Fe 元素在熔分生铁中的收得率由 97.11%增长至 99.13%，对应的 Fe 元素在熔分生铁中的质量分数分别为 94.81%和 94.26%。其中，Fe 元素在熔分生铁中的收得率在 1500~1575 ℃增长较快，在 1575~1600 ℃增长较为缓慢。然而，进一步提高熔分温度至 1625 ℃时，Fe 元素在熔分生铁中的收得率由 99.13%下降至 98.41%，此时 Fe 元素在熔分生铁中的质量分数为 94.12%。当熔分温度由 1500 ℃升高至 1600 ℃时，V 元素在熔分生铁中的收得率保持持续增加的趋势，由 70.84%增长至 89.73%，对应的 V 元素在熔分生铁中的质量分数

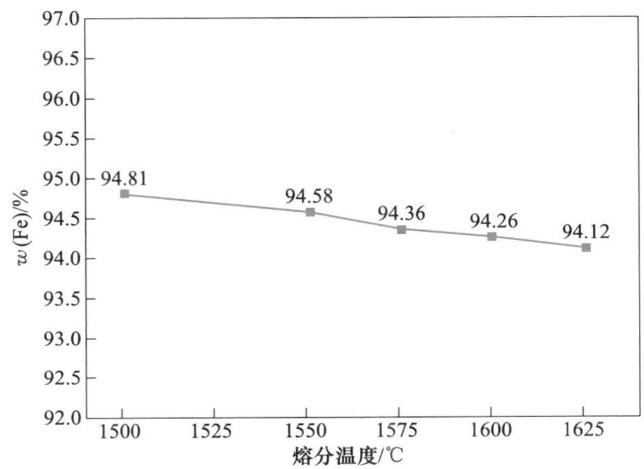


图 7.90 熔分温度对 Fe 元素在熔分生铁中质量分数的影响

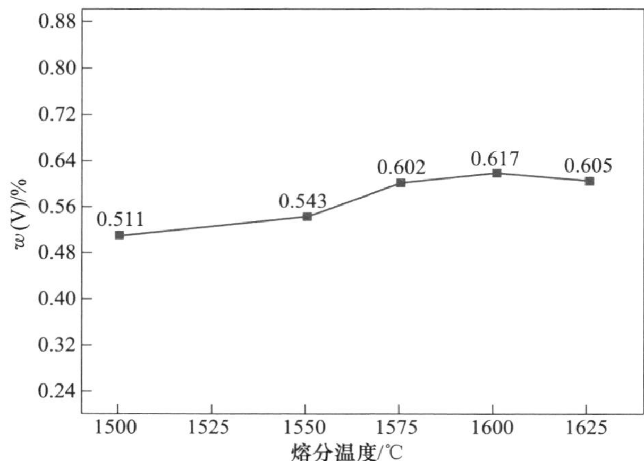


图 7.91 熔分温度对 V 元素在熔分生铁中质量分数的影响

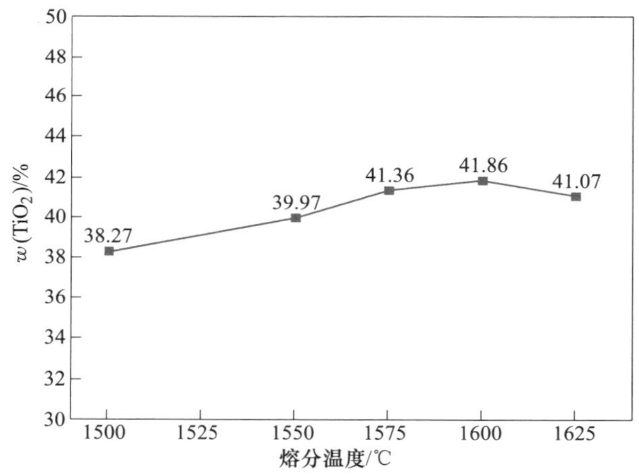


图 7.92 熔分温度对 $TiO_2$ 在熔分钛渣中质量分数的影响

分别为 0.511%和 0.617%。当熔分温度从 1600 ℃升高至 1625 ℃时，V 元素在熔分生铁中的收得率便从 89.73%小幅度降低至 88.86%。其中，V 元素在熔分生铁中的收得率在 1500～1575 ℃的熔分温度增长较快。随着熔分温度的不断提高，$TiO_2$ 在熔分钛渣中的收得率呈现先增加后减小的趋势，在 1500～1600 ℃熔分温度内，$TiO_2$ 在熔分钛渣中的收得率由 83.29%增加至 92.83%，对应的 $TiO_2$ 在熔分钛渣中的质量分数分别为 38.27%和 41.86%。继续提高熔分温度至 1625 ℃，$TiO_2$ 在熔分钛渣中的收得率小幅度降低至 92.07%，此时 $TiO_2$ 在熔分钛渣中的质量分数为 41.07%。因此，适宜的钒钛矿金属化球团的熔分温度为 1600 ℃，此熔分温度下，熔分钛渣中 $TiO_2$ 质量分数达到最大值，为 41.86%。

对不同熔分温度条件下钒钛矿金属化球团熔分得到的熔分渣进行 XRD 分析，结果如图 7.93 所示。由图可知，在 1500 ℃下，熔分渣的主要相为 $MgTi_2O_5$、$MgAl_2O_4$、$Mg_2SiO_4$、金属铁和复杂硅酸盐相。随着温度从 1500 ℃升高到 1600 ℃，XRD 光谱中复杂硅酸盐相的特征衍射峰强度降低，金属铁的特征衍射峰消失。这是由于温度的升高改善了钒钛矿金属化球团熔分的热力学和动力学条件，促进了钒钛矿金属化球团中有价元素氧化物的还原反应。因此，炉分渣的流动性得到改善，促进了生铁中铁和钒元素的富集。随着温度达到 1625 ℃，高熔点 TiC 和金属铁的特征衍射峰强度趋于增加。这表明氧化钛的过度析出程度增强，促进了此时炉渣中 TiC 的形成，从而恶化了炉渣的流动性，降低了有价元素的回收率。

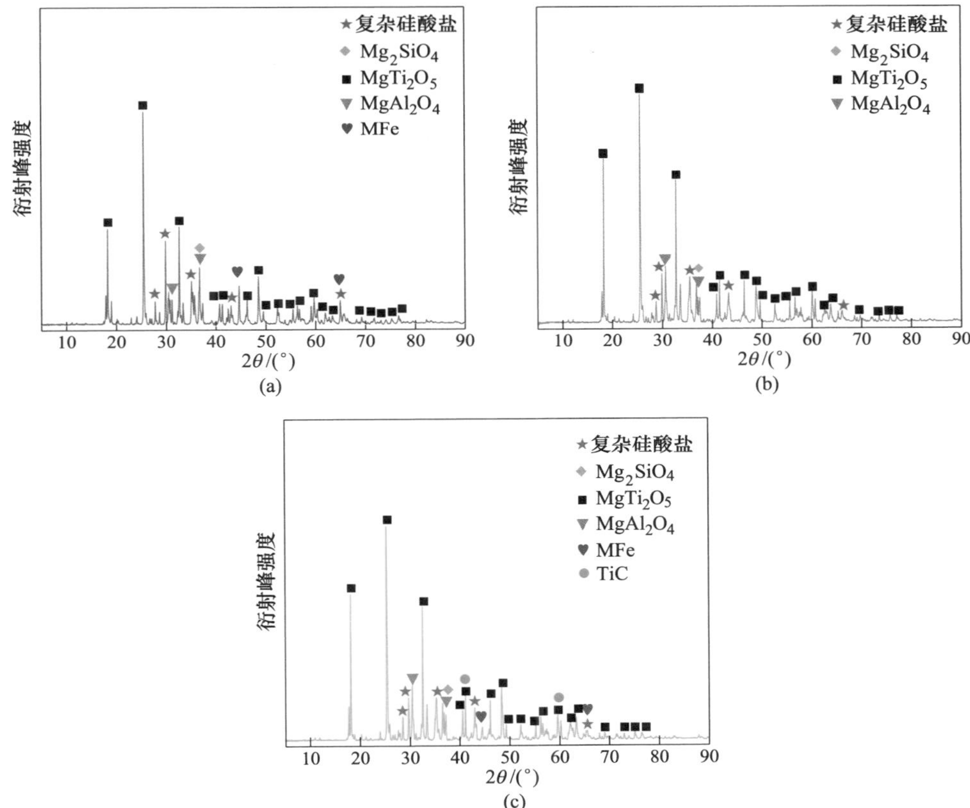


图 7.93 不同熔分温度条件下熔分渣的 XRD 分析结果
(a) 1500 ℃；(b) 1600 ℃；(c) 1625 ℃

为了更深入了解不同熔分温度对钒钛矿金属化球团熔分效果的影响，将不同熔分温度条件下熔分得到的渣样品进行了 SEM-EDS 分析，结果如图 7.94 所示。图 7.94（a）为 1500 ℃熔分温度条件下钒钛矿金属化球团熔分渣样品的形貌，从

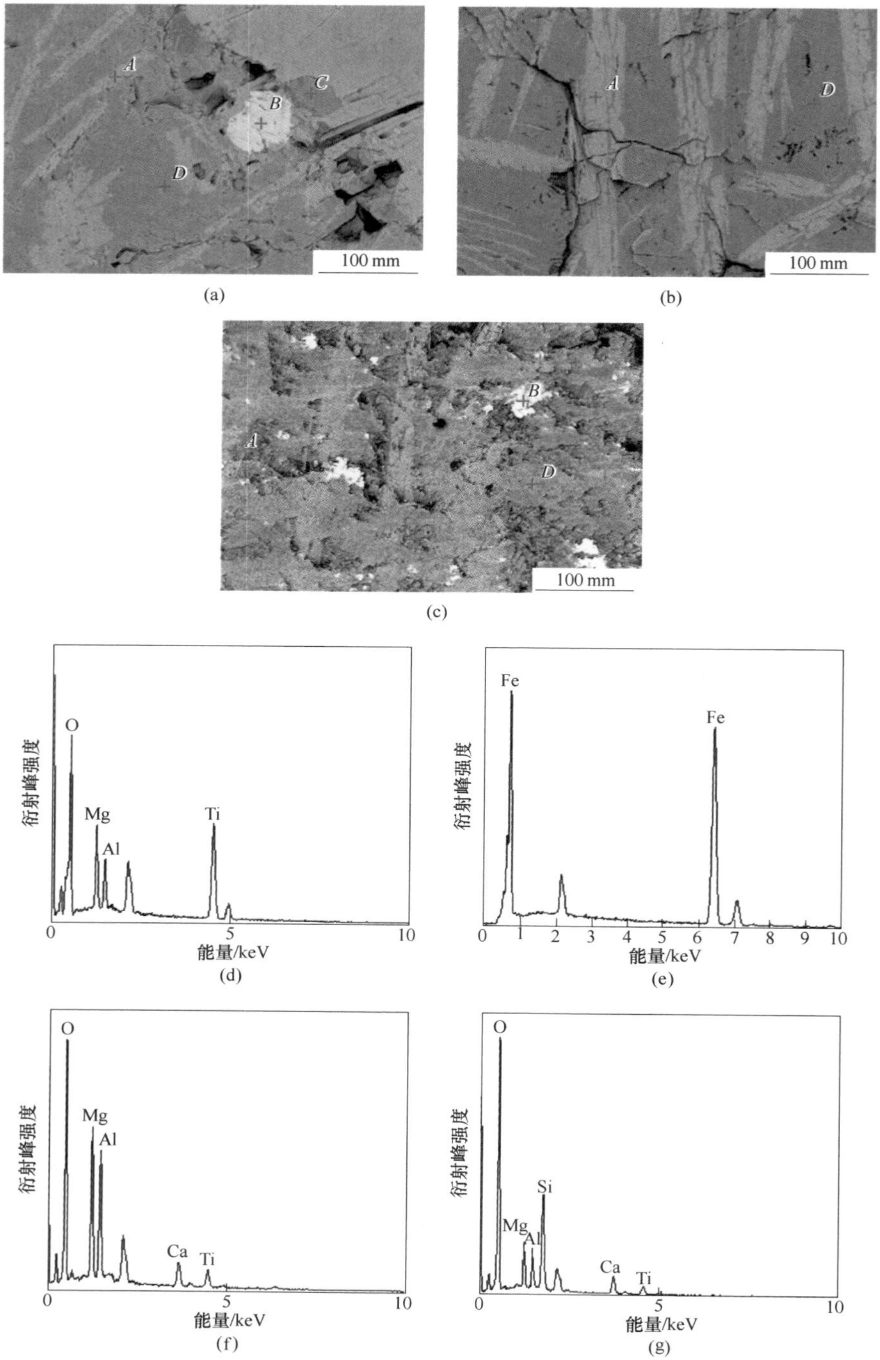

(a) (b)

(c)

(d) (e)

(f) (g)

图 7.94 不同熔分温度条件下熔分渣的 SEM-EDS 分析结果

(a) 1500 ℃；(b) 1600 ℃；(c) 1625 ℃；(d) *A* 点能谱；(e) *B* 点能谱；(f) *C* 点能谱；(g) *D* 点能谱

图中可以明显观察到渣中夹杂的亮白色颗粒为金属铁颗粒，且此时渣中的金属铁颗粒呈大块状分布。这种现象表明熔分过程中的渣黏度大、流动性差，使得金属铁颗粒很难汇聚熔化进入金属铁相而保留在了渣中。长条状灰色部分主要以钛为主，同时含有少量的镁和铝，是钛的主要存在部分，符合黑钛石（$MgTi_2O_5$）的特征，结合 XRD 可知，为 $MgTi_2O_5$ 物相。深灰黑色部分以镁铝为主，其他元素含量较低，结合 XRD 分析，为镁铝尖晶石（$MgAl_2O_4$）。图中浅灰黑色部分的硅钙含量较高，含有少量的镁和铝，结合 XRD 分析，为渣中的硅酸盐相。在 1500 ℃的熔分温度下，硅酸钙镁铝的复杂物相含量较多，使得熔分渣的黏度增加，流动性变差。随着熔分温度提高到 1600 ℃，熔渣中基本观察不到亮白色的金属铁颗粒，说明此时熔渣的黏度降低，流动性变好，有利于渣中金属铁颗粒的汇聚进入铁水，从而减少渣中金属铁颗粒。并且相比于熔分温度 1500 ℃，渣中长条状灰色部分所代表的黑钛石物相明显增多，浅灰黑色部分的硅酸钙镁铝的复杂物相较少。进一步提高熔分温度至 1625 ℃时，熔分渣中开始出现亮白色的金属铁颗粒，并且此时渣中嵌布的金属铁颗粒较为分散，以小颗粒为主。这说明 1625 ℃熔分温度的时候，熔分渣的黏度相比于 1600 ℃时开始增加，结合 XRD 分析，这种现象是由于熔分温度达 1625 ℃时，导致钛氧化物过还原，使得高熔点 TiC 物相增加，从而恶化熔分钛渣的流动性，使 Fe 元素在熔分生铁中的收得率下降。此外，与熔分温度 1600 ℃时相比，此时渣中长条状灰色部分所代表的黑钛石物相进一步增多。

综上所述，通过对不同熔分温度下熔分得到的渣样品进行的 SEM-EDS 分析可知，钒钛矿金属化球团的最佳熔分温度为 1600 ℃，与上述 XRD 分析结果保持高度一致。

#### 7.6.3.2 熔分碱度的影响

熔分碱度对钒钛矿金属化球团熔分的影响结果如图 7.95~图 7.99 所示。在熔分温度为 1600 ℃、配碳比 1.10、熔分时间 30 min 的条件下，将破碎后的钒钛矿金属化球团混匀置于高纯石墨坩埚中进行熔分，熔分碱度分别为 0.10、0.30、0.50、0.60 和 0.80。根据图 7.95~图 7.99 所示的熔分情况可以看出，随着碱度的升高，熔化分离行为逐渐得到加强，但是碱度过高会对熔分效果产生不利影响。

在不同熔分碱度条件下，Fe 元素和 V 元素在熔分生铁中的收得率如图 7.100 和图 7.101 所示。$TiO_2$ 在熔分钛渣中的收得率如图 7.102 所示。Fe 元素和 V 元素在熔分生铁中的质量分数如图 7.103 和图 7.104 所示。$TiO_2$ 在熔分钛渣中的质量分数如图 7.105 所示。由图可以看出，当熔分碱度由原始的 0.10 升高至 0.50 时，Fe 元素在熔分生铁中的收得率由 91.28%较快增长至 99.13%，V 元素在熔分生铁中的收得率由 70.35%增长至 89.73%，此时对应的 Fe 元素在熔分生铁中

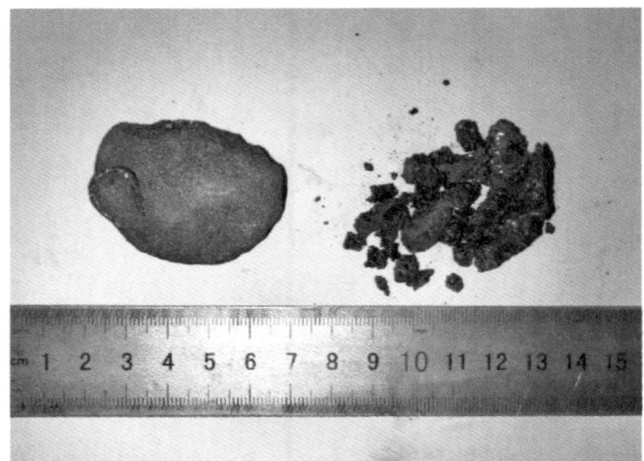


图 7.95 熔分碱度为 0.10 时获得的渣铁试样

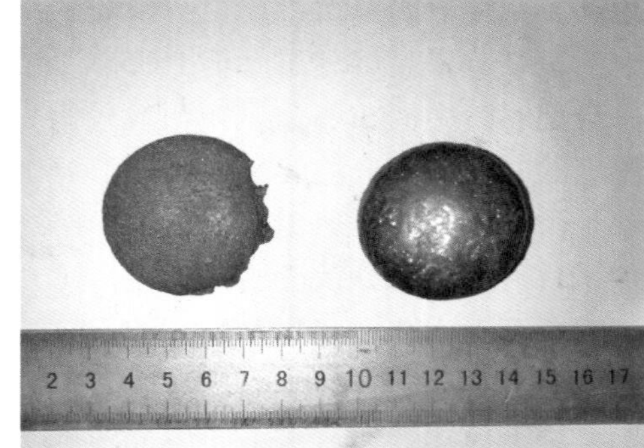


图 7.96 熔分碱度为 0.30 时获得的渣铁试样

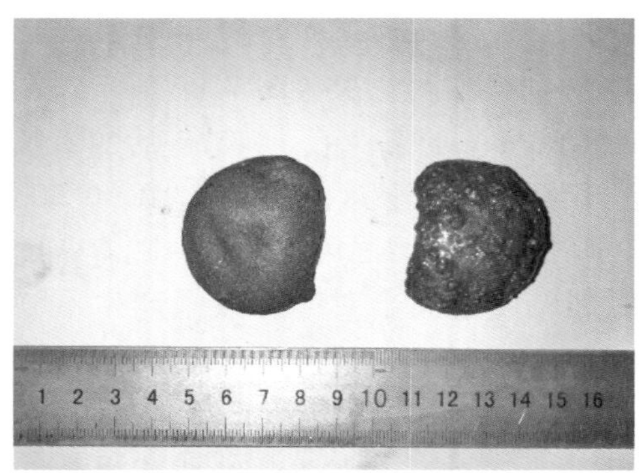

图 7.97 熔分碱度为 0.50 时获得的渣铁试样

的质量分数分别为 93.12%和 94.26%，对应的 V 元素在熔分生铁中的质量分数分别为 0.483%和 0.617%。然而，进一步提高熔分碱度至 0.80 时，Fe 元素在熔分生铁

图 7.98 熔分碱度为 0.60 时获得的渣铁试样

图 7.99 熔分碱度为 0.80 时获得的渣铁试样

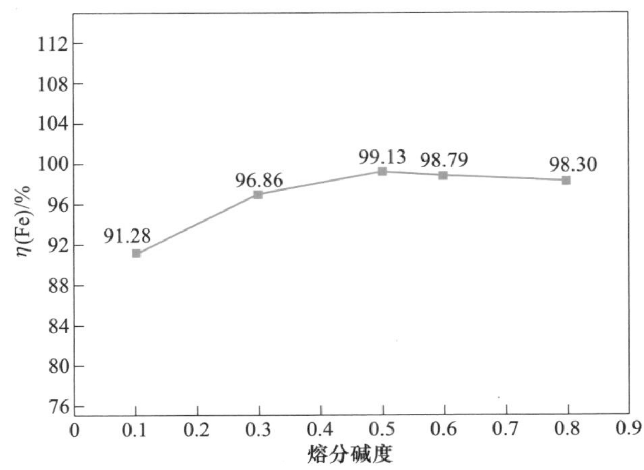


图 7.100 熔分碱度对 Fe 元素在熔分生铁中收得率的影响

中的收得率由 99.13%逐渐下降至 98.30%，V 元素在熔分生铁中的收得率由 89.73%逐渐下降至 86.77%。此时 Fe 元素在熔分生铁中的质量分数为 93.34%，V 元素在熔分生铁中的质量分数为 0.576%。随着熔分碱度的不断提高，$TiO_2$ 在熔分钛渣中的收得率呈现先增加后减小的趋势。在 0.10~0.50 熔分碱度内，$TiO_2$ 在熔分钛渣中的收得率由 89.66%增加至 92.83%，对应的 $TiO_2$ 在熔分钛渣中的质量分数分别为 39.65%和 41.86%；继续提高熔分碱度至 0.80，$TiO_2$ 在熔分钛渣中的收得率小幅度降低至 92.23%，此时 $TiO_2$ 在熔分钛渣中的质量分数为 39.98%。当碱度为 0.50 时，各指标达到峰值，Fe、V、$TiO_2$ 回收率分别为 99.13%、89.73%、92.83%，其对应的质量分数分别为 94.26%、0.617%、41.86%。因此，适宜的钒钛矿金属化球团的熔分碱度为 0.50。

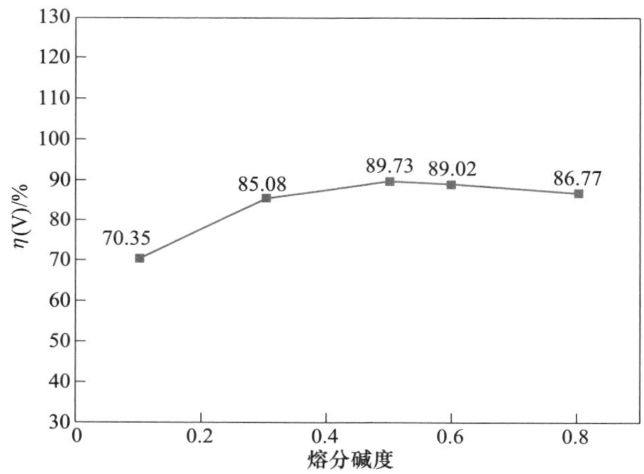


图 7.101　熔分碱度对 V 元素在熔分生铁中收得率的影响

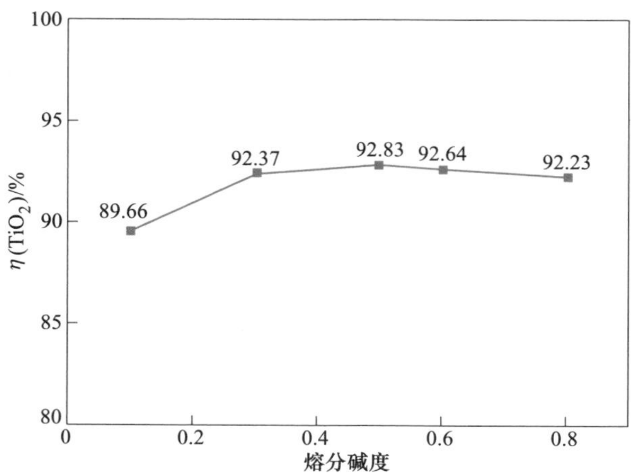


图 7.102　熔分碱度对 $TiO_2$ 在熔分钛渣中收得率的影响

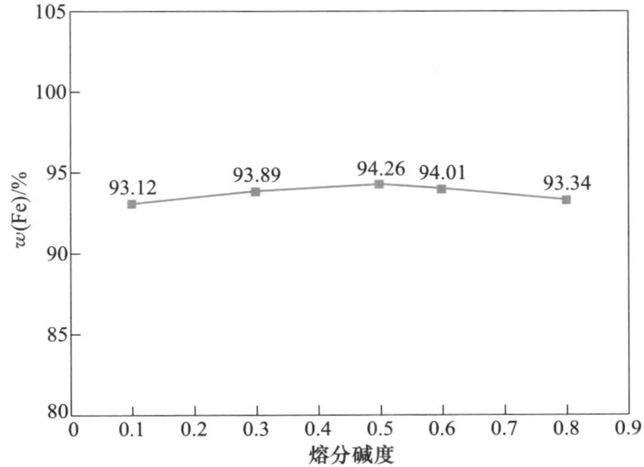


图 7.103　熔分碱度对 Fe 元素在熔分生铁中质量分数的影响

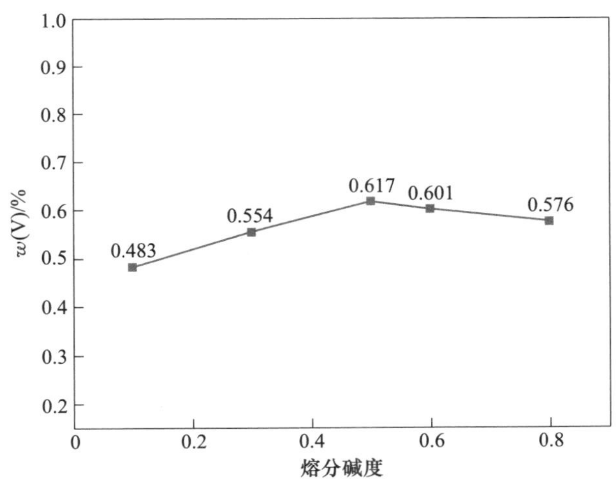


图 7.104　熔分碱度对 V 元素在熔分生铁中质量分数的影响

对不同熔分碱度条件下钒钛矿金属化球团熔分得到的熔分渣进行 XRD 分析，结果如图 7.106 所示。当熔分碱度不同，熔分钛渣物相组成及各物相在熔分钛渣中的含量则相异。随着熔分碱度从 0.10 增加到 0.50，复杂硅酸盐相的特征衍射峰强度增强，而金属铁的特征衍射峰强度降低。这是由于碱度的增加提供了更多的 $O^{2-}$，导致 $SiO_2$ 结构的离解聚合度降低，炉渣的黏度降低。此外，在熔分过程中，促进了有价元素氧化物的还原反应，提高了有价组元的富集能力。因此，随着熔分碱度的增加，炉渣的黏度降低，流动性提高，从而提高了有价元素的回收率。随着熔分碱度增加到 0.80，炉渣中过量的 CaO 与 $TiO_2$ 结合形成了高熔点相

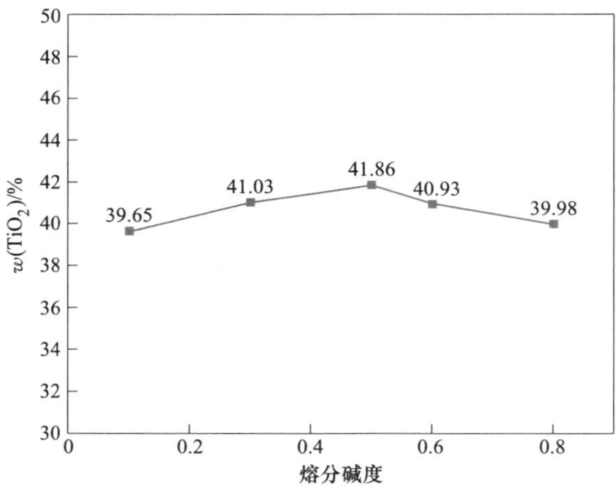

图 7.105　熔分碱度对 $TiO_2$ 在熔分钛渣中质量分数的影响

(a)

(b)

(c)

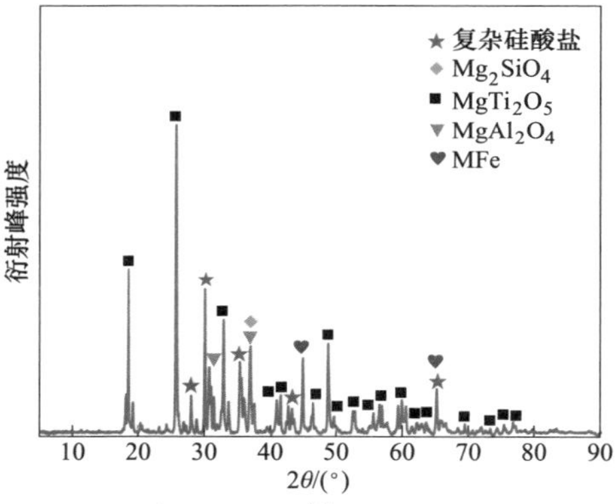

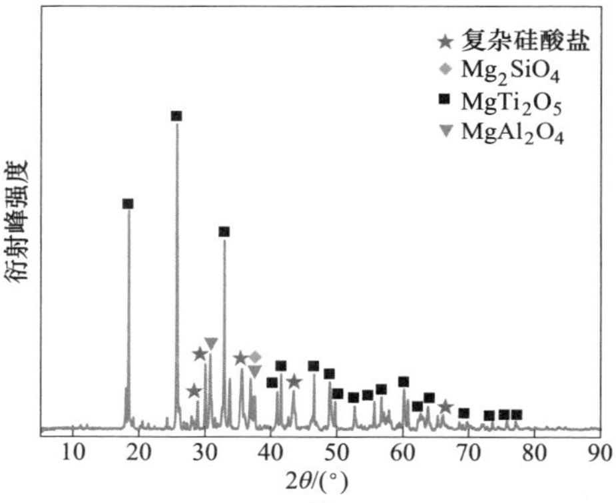

图 7.106　不同熔分碱度条件下熔分渣的 XRD 分析结果

（a）0.10；（b）0.50；（c）0.80

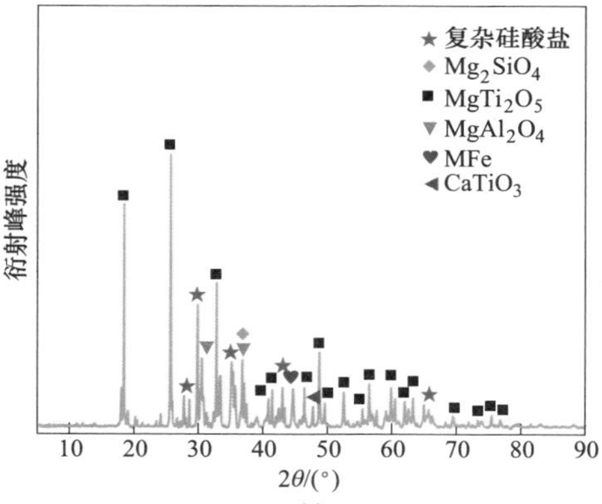

钙钛矿（$CaTiO_3$），导致炉渣熔化温度升高，炉渣黏度增加。此外，渣铁界面的流动性降低，不利于有价元素的还原和扩散。因此，有价元素的回收率下降。

为了解不同熔分碱度对钒钛矿金属化球团熔分效果的影响，将不同熔分碱度下熔分得到的渣样品进行了 SEM-EDS 分析，如图 7.107 所示。从图中可以看出，不同碱度对钒钛矿金属化球团的熔分过程的影响是不同的。由 EDS 分析结果可知，渣中夹杂的亮白色颗粒为金属铁颗粒，长条状灰色部分主要以钛为主，同时含有少量的镁和铝，是钛的主要存在部分，符合黑钛石（$MgTi_2O_5$）的特征，结合 XRD 可知，为 $MgTi_2O_5$ 物相。深灰黑色部分以镁、铝为主，其他元素含量较低，结合 XRD 分析，为镁铝尖晶石（$MgAl_2O_4$）。图中浅灰黑色部分的硅钙含量较高，含有少量的镁和铝，结合 XRD 分析，为渣中的硅酸盐相。当碱度保持在原始碱度 0.10 时，熔分渣的黏度较大，渣的流动性较差，此时渣中有金属铁颗粒嵌布，甚至存在大颗粒的金属铁。当熔分碱度提高到 0.50 的时候，熔分渣中基本不存在金属铁的嵌布，渣相物质尺寸明显增加，表明熔分渣的黏度下降，熔分渣的流动性增强，有利于渣中金属铁颗粒的汇聚进入铁水，减少渣中金属铁颗粒含量。当进一步提高熔分碱度至 0.80 的时候，熔分渣中会嵌布金属铁颗粒，并呈弥散分布。此时在图中出现了雪花状细脉的物质，该物质主要嵌布在硅和钙元素分布的区域。EDS 分析表明，雪花状细脉物质主要为钛和钙，在结合 XRD 分析结果可知，此物质为 $CaTiO_3$。这说明当碱度过高时，CaO 会和 $TiO_2$ 结合生

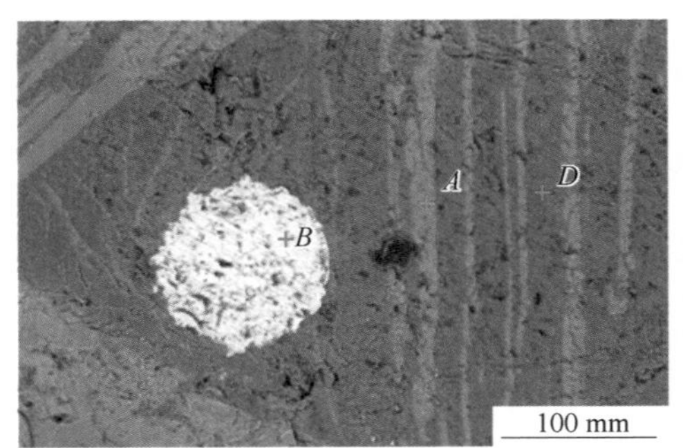

(a)

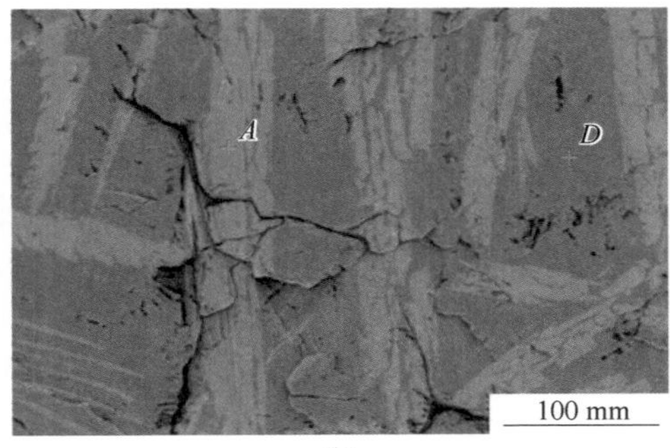

(b)

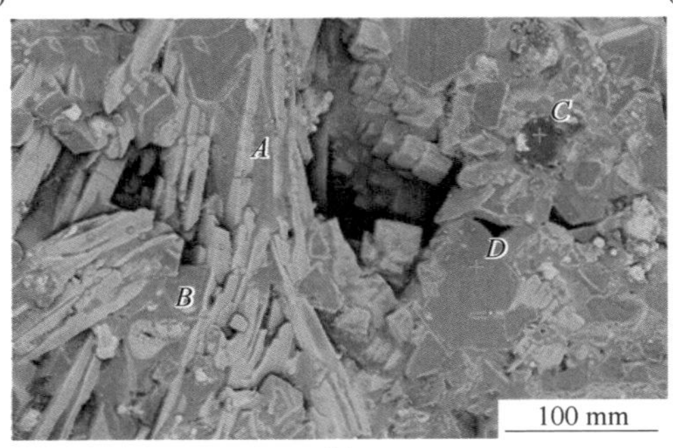

(c)

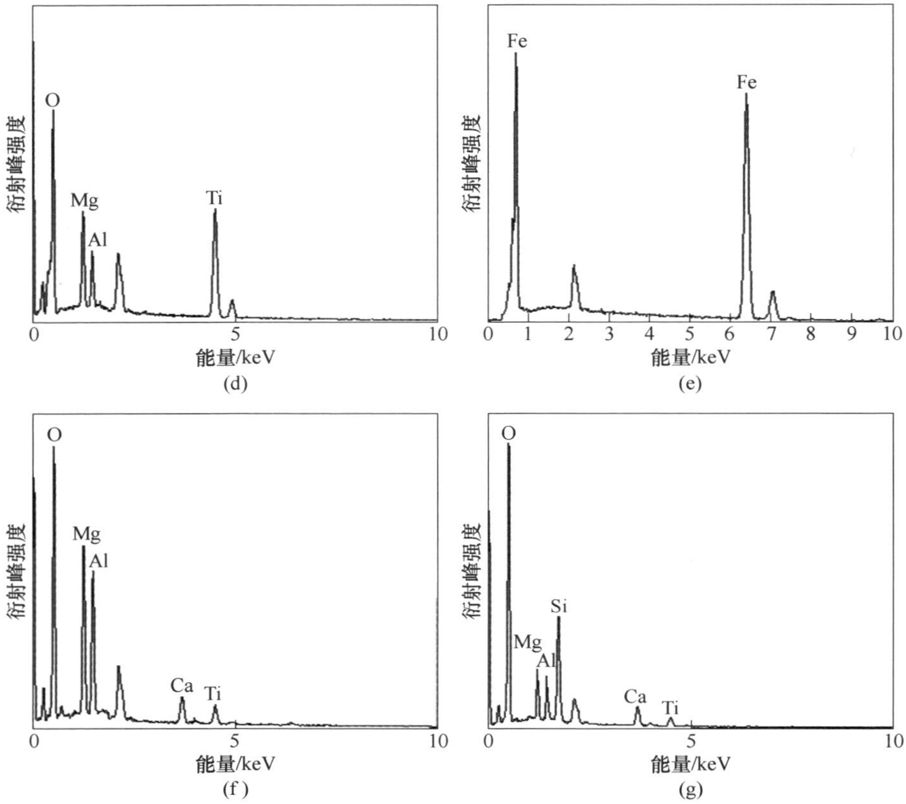

(d)　(e)　(f)　(g)

图 7.107　不同熔分碱度条件下熔分渣的 SEM-EDS 分析结果

(a) 0.10；(b) 0.50；(c) 0.80；(d) *A* 点能谱；(e) *B* 点能谱；(f) *C* 点能谱；(g) *D* 点能谱

成 $CaTiO_3$（钙钛矿）。钙钛矿的熔点高于黑钛石，会增加熔分渣的熔化温度，使熔分渣黏度增加，流动性变差，所以碱度过大不利于渣铁顺利分离。

综上所述，通过对不同熔分碱度条件下熔分得到的渣样品进行了 SEM-EDS 分析可知，钒钛矿金属化球团的最佳熔分碱度为 0.50，与上述 XRD 分析结果保持高度一致。

#### 7.6.3.3　熔分时间的影响

熔分时间对钒钛矿金属化球团熔分的影响的试验结果如图 7.108～图 7.112 所示。在熔分温度为 1600 ℃、配碳比 1.10、熔分碱度 0.50 的条件下，将破碎后的钒钛矿金属化球团混匀置于高纯石墨坩埚中进行熔分，熔分时间分别为 10 min、20 min、30 min、40 min 和 50 min。根据图 7.108～图 7.112 所示的熔分情况可以看出，随着时间的延长，熔化分离行为逐渐得到加强，但是熔分时间过长也会对熔分效果产生不利影响。

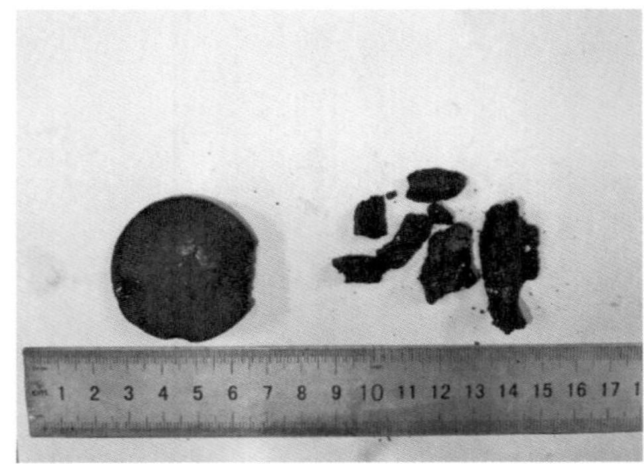

图 7.108　熔分时间 10 min 时获得的渣铁试样

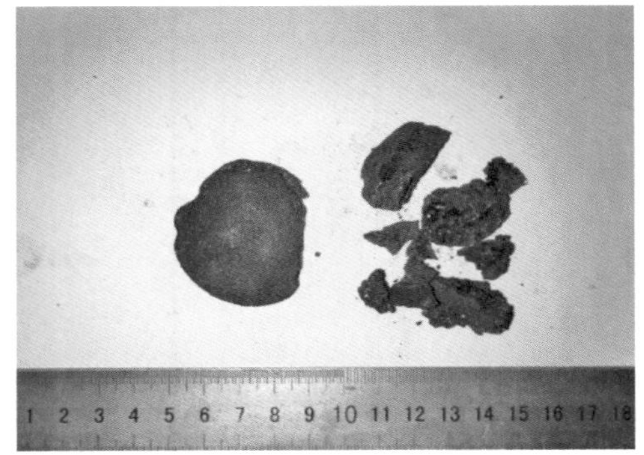

图 7.109　熔分时间 20 min 时获得的渣铁试样

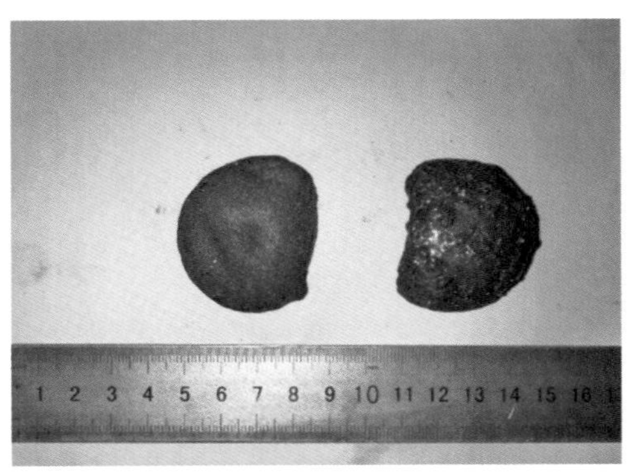

图 7.110　熔分时间 30 min 时获得的渣铁试样

在不同熔分时间条件下，Fe 元素和 V 元素在熔分生铁中的收得率如图 7.113 和图 7.114 所示。$TiO_2$ 在熔分钛渣中的收得率如图 7.115 所示。Fe 元素和 V 元素在熔分生铁中的质量分数如图 7.116 和图 7.117 所示。$TiO_2$ 在熔分钛渣中的质

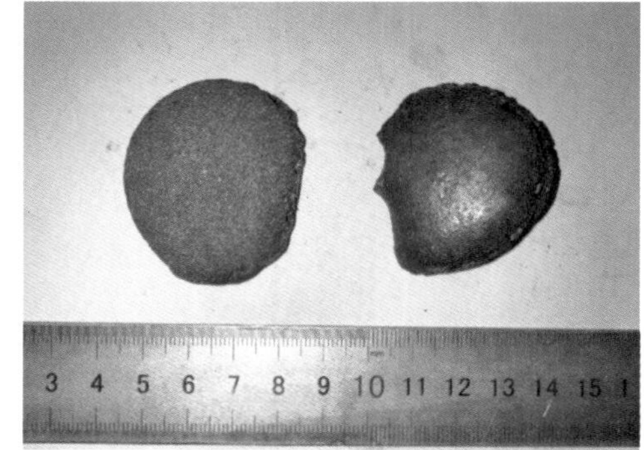


图 7.111 熔分时间 40 min 时获得的渣铁试样

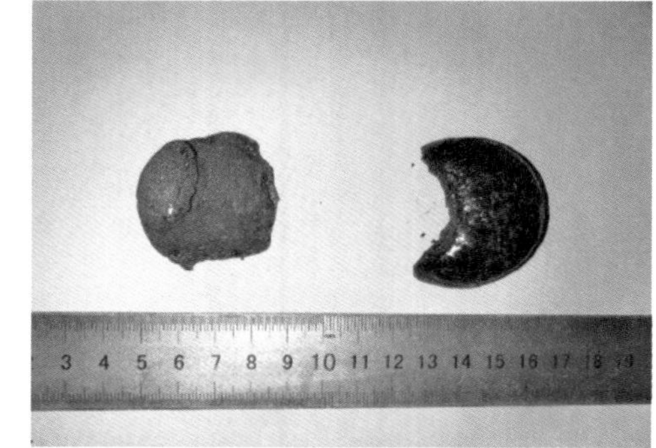


图 7.112 熔分时间 50 min 时获得的渣铁试样

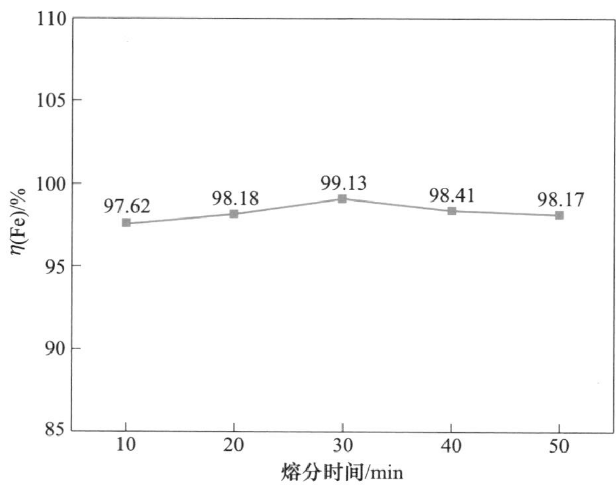


图 7.113 熔分时间对 Fe 元素在熔分生铁中收得率的影响

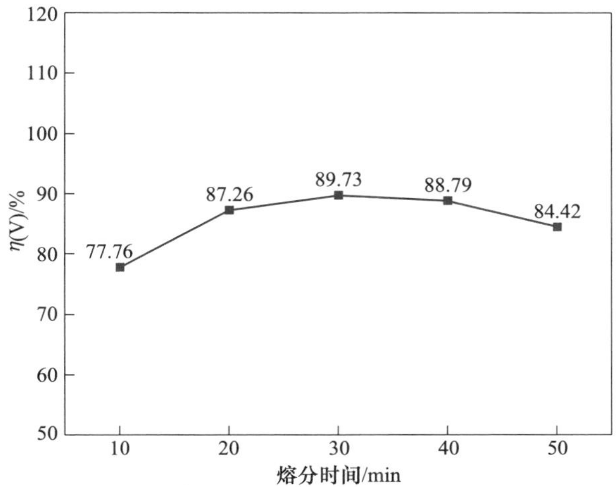


图 7.114　熔分时间对 V 元素在熔分生铁中收得率的影响

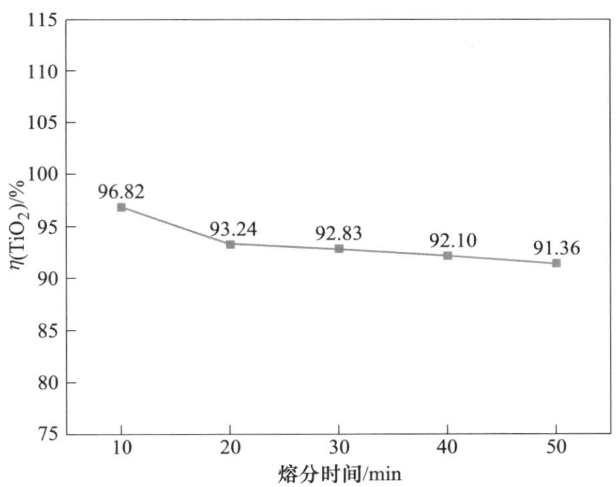


图 7.115　熔分时间对 $TiO_2$ 在熔分钛渣中收得率的影响

量分数如图 7.118 所示。由图可以看出，当熔分时间由 10 min 延长至 30 min 的时候，Fe 元素在熔分生铁中的收得率由 97.62%增长至 99.13%，V 元素在熔分生铁中的收得率 77.76%增长至 89.73%，此时对应的 Fe 元素在熔分生铁中的质量分数分别为 93.07%和 94.26%，对应的 V 元素在熔分生铁中的质量分数分别为 0.521%和 0.617%。然而，进一步延长熔分时间至 50 min 时，Fe 元素在熔分生铁中的收得率由 99.13%逐渐下降至 98.17%，V 元素在熔分生铁中的收得率由 89.73%逐渐下降至 84.42%。此时 Fe 元素在熔分生铁中的质量分数为 93.29%，

V 元素在熔分生铁中的质量分数为 0.572%。随着熔分碱度的不断提高，$TiO_2$ 在熔分钛渣中的收得率呈现出单调减小的趋势。当熔分时间从 10 min 延长至 50 min 时，$TiO_2$ 在熔分钛渣中的收得率由 96.82%减少至 91.36%，对应的 $TiO_2$ 在熔分钛渣中的质量分数分别为 41.97%和 40.03%。因此，适宜的钒钛矿金属化球团的熔分时间为 30 min。

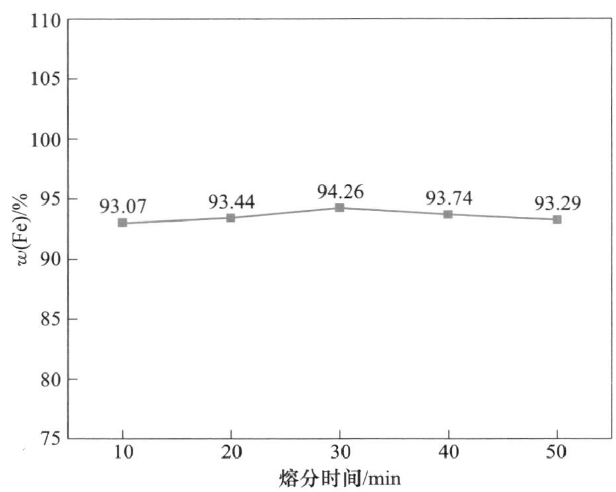


图 7.116　熔分时间对 Fe 元素在熔分生铁中质量分数的影响

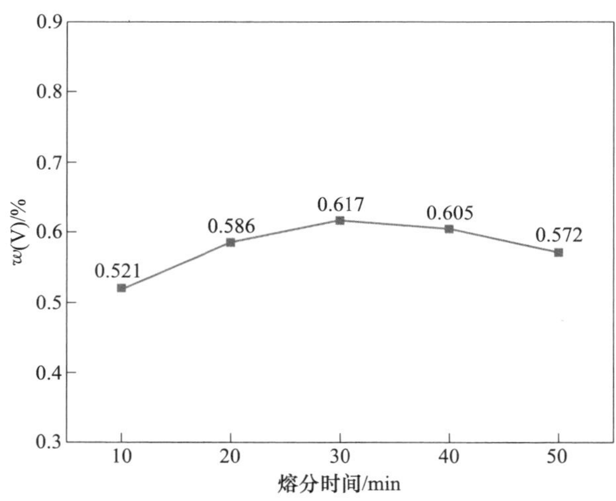


图 7.117　熔分时间对 V 元素在熔分生铁中质量分数的影响

为了考察钒钛矿金属化球团熔分时间对熔分效果的影响，对不同熔分时间条件下的熔分渣进行了 XRD 分析，结果如图 7.119 所示。当熔分时间从 10 min 延

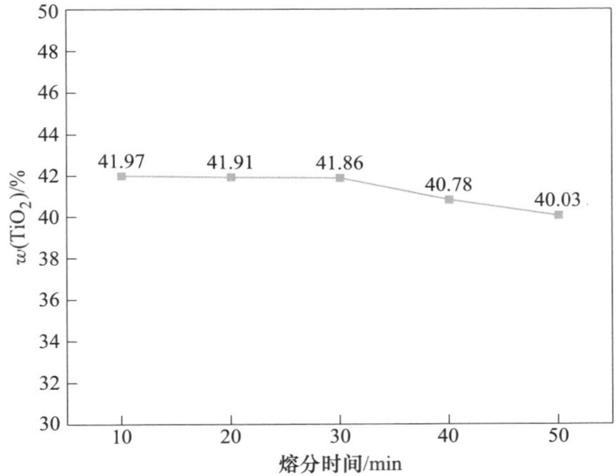

图 7.118 熔分时间对 $TiO_2$ 在熔分钛渣中质量分数的影响

(a)

(b)

(c)

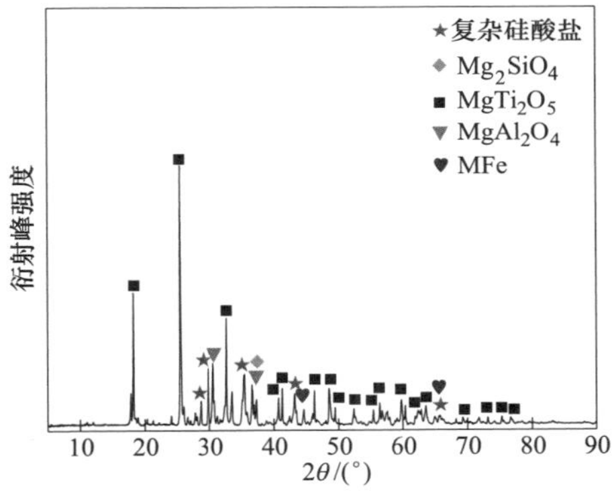

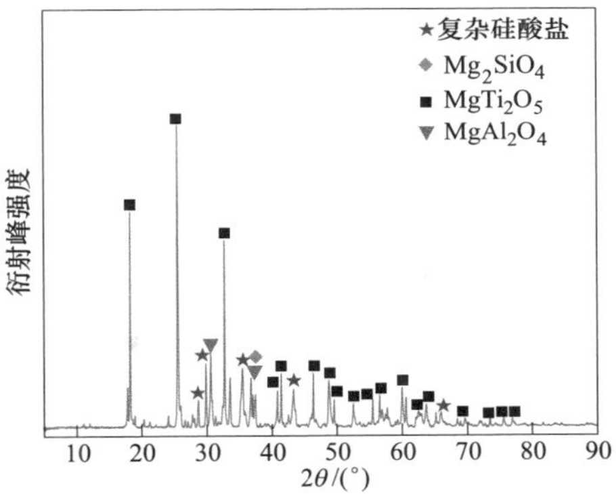

图 7.119 不同熔分时间条件下熔分渣的 XRD 分析结果

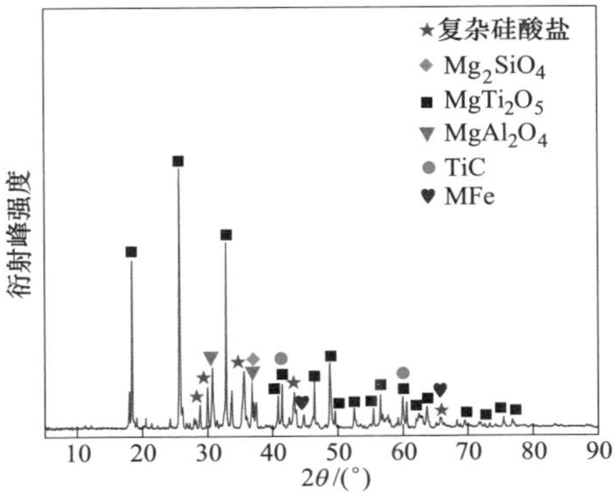

(a) 10 min；(b) 30 min；(c) 50 min

长到 30 min 时，熔分动力学条件得到改善，金属铁的特征衍射峰强度降低。随着时间进一步延长至 50 min，渣中高熔点相 TiC 随着氧化钛的过度析出而出现，导致熔分渣的黏度增加、流动性降低，不利于渣铁分离，降低了有价元素收得率。

为了解不同熔分时间对钒钛矿金属化球团熔分效果的影响，将不同熔分时间下熔分得到的渣样品进行了 SEM-EDS 分析，结果如图 7.120 所示。可以看出，不同熔分时间下的熔分钛渣中，主要物相包括金属铁、黑钛石（$MgTi_2O_5$）、镁铝尖晶石（$MgAl_2O_4$）和硅酸盐相。当熔分时间为 10 min 时，由于熔分时间较短，金属铁在熔分生铁中的富集未达到较高水平，熔分钛渣中分布着大颗粒状的金属铁。当熔分时间延长至 30 min 时，金属铁颗粒向熔分生铁中的聚集得到改善，熔分钛渣中金属铁颗粒数量减少，有利于提高金属化球团 Fe 元素在熔分生铁中的收得率。但是当熔分时间进一步延长至 50 min 时，熔分钛渣呈现出过熔现象，导致熔分渣的黏度增加、流动性变差，不利于渣铁分离。此时许多细小的金属铁颗粒分布包含于熔分钛渣中，反而降低了金属化球团 Fe 元素在熔分生铁中的收得率。这说明当熔分时间过长时，不利于渣铁顺畅分离。综上所述，钒钛矿金属化球团的最佳熔分时间为 30 min。

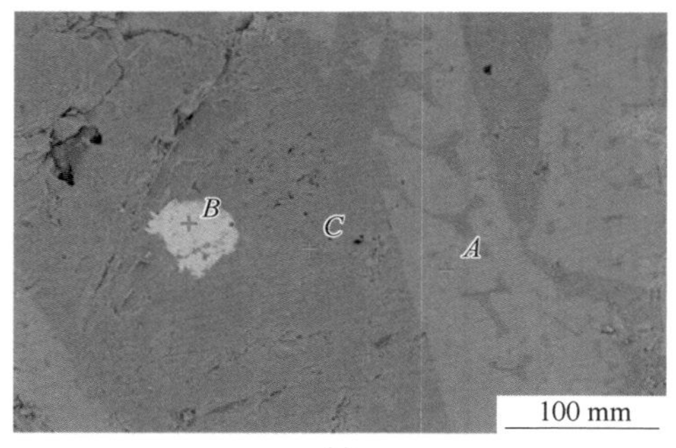

(a)

(b)

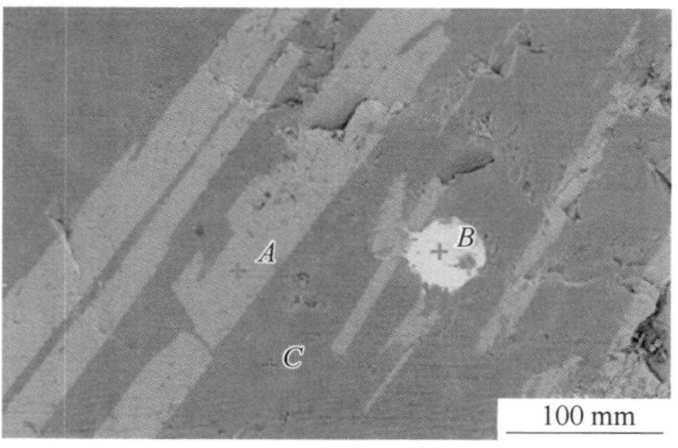

(c)

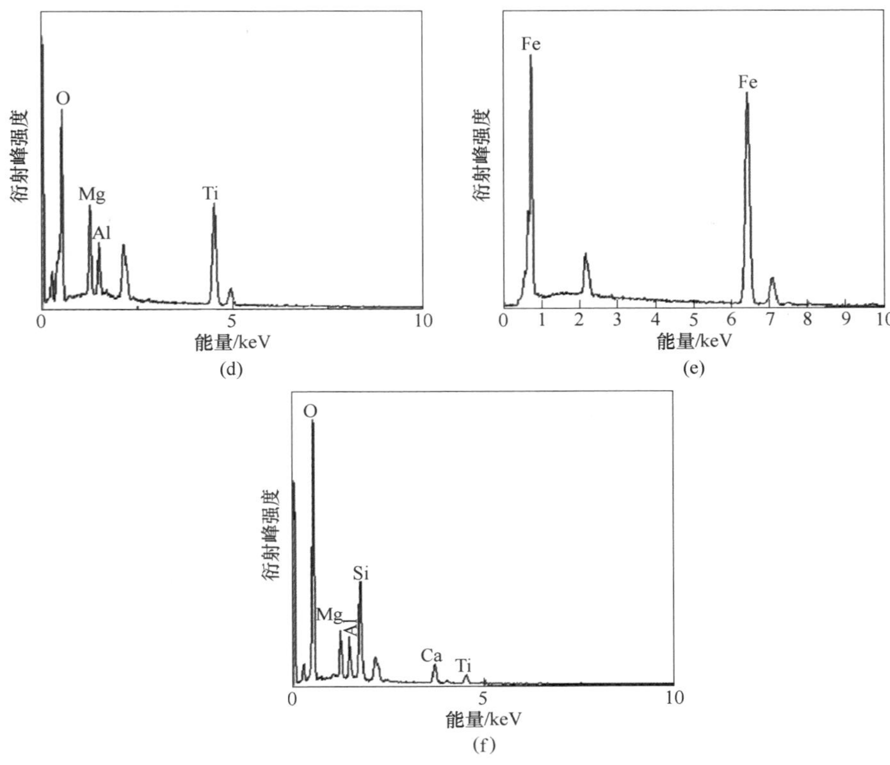


图 7.120 不同熔分时间条件下熔分渣的 SEM-EDS 分析结果

(a) 10 min; (b) 0.50 min; (c) 0.80 min; (d) *A* 点能谱; (e) *B* 点能谱; (f) *C* 点能谱

#### 7.6.3.4 配碳比的影响

配碳比对钒钛矿金属化球团熔分的影响结果如图 7.121~图 7.125 所示。在熔分温度为 1600 ℃、熔分时间 30 min、熔分碱度 0.50 的条件下，将破碎后的钒

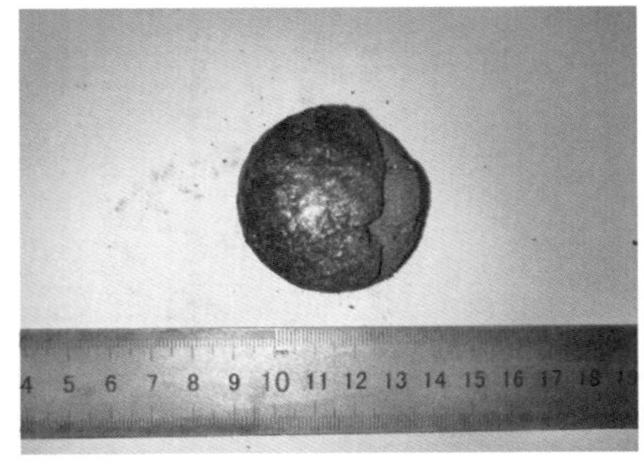


图 7.121 配碳比 0.90 时获得的渣铁试样

钛矿金属化球团混匀置于高纯石墨坩埚中进行熔分，配碳比分别为 0.90、1.00、1.10、1.20 和 1.30。可以看出，随着熔分配碳比的提高，熔化分离行为逐渐得到加强，但是配碳比过高会对熔分效果产生不利影响。

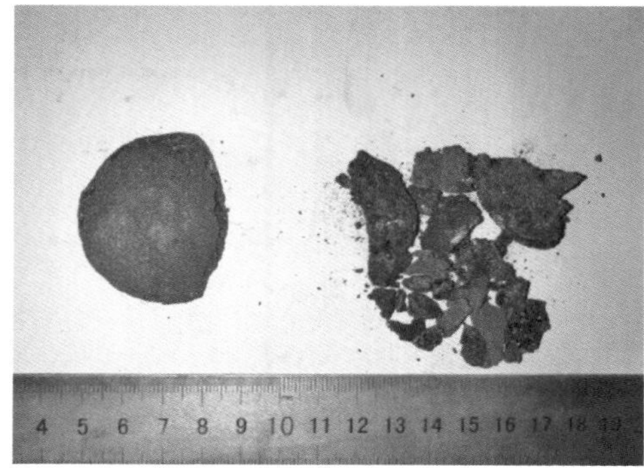

图 7.122 配碳比 1.00 时获得的渣铁试样

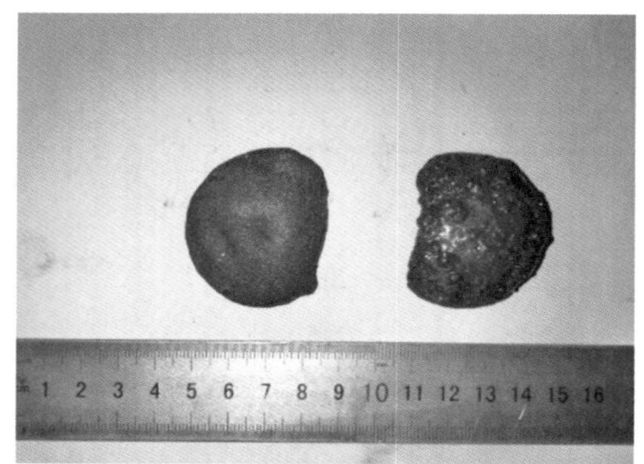

图 7.123 配碳比 1.10 时获得的渣铁试样

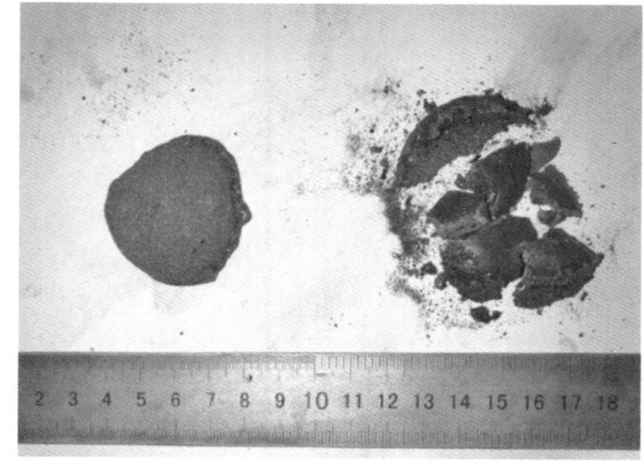

图 7.124 配碳比 1.20 时获得的渣铁试样

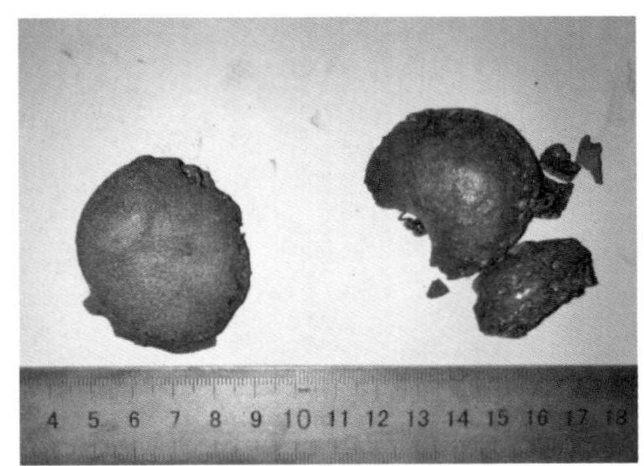


图 7.125 配碳比 1.30 时获得的渣铁试样

在不同配碳比条件下，Fe 元素和 V 元素在熔分生铁中的收得率如图 7.126 和图 7.127 所示。$TiO_2$ 在熔分钛渣中的收得率如图 7.128 所示。钒钛矿金属化球团 Fe 元素和 V 元素在熔分生铁中的质量分数如图 7.129 和图 7.130 所示。$TiO_2$ 在熔分钛渣中的质量分数如图 7.131 所示。由图可以看出，Fe 元素在熔分生铁中的收得率随着配碳比的提高呈现先增高后降低的趋势。当配碳比由 0.90 提高至 1.10 的时候，Fe 元素在熔分生铁中的收得率由 98.03%增长至 99.13%。此时对应的 Fe 元素在熔分生铁中的质量分数分别为 92.88%和 94.26%。继续提高配碳比至 1.30 时，Fe 元素在熔分生铁中的收得率降低至 98.67%，此时 Fe 元素在熔分生铁中的质量分数分别为 92.72%。当配碳比由 0.90 提高至 1.10 的时候，V

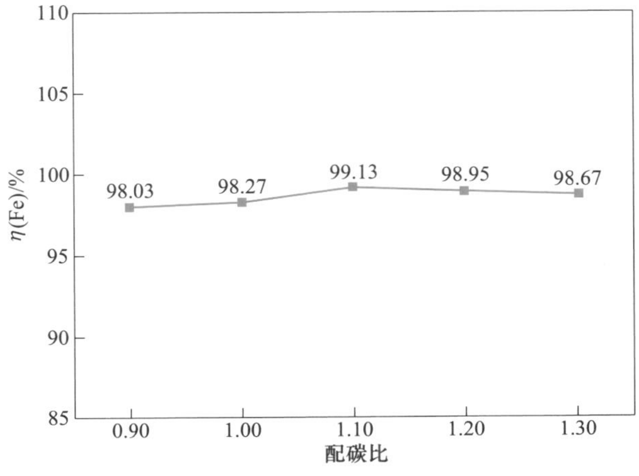


图 7.126 配碳比对 Fe 元素在熔分生铁中收得率的影响

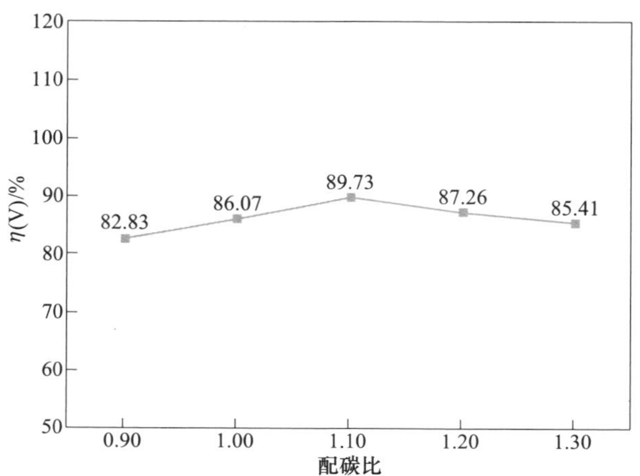


图 7.127 配碳比对 V 元素在熔分生铁中收得率的影响

元素在熔分生铁中的收得率 82.83%增长至 89.73%，对应的 V 元素在熔分生铁中的质量分数分别为 0.566%和 0.617%。然而，进一步延长提高熔分配碳比至 1.30 时，V 元素在熔分生铁中的收得率由 89.73%逐渐下降至 85.41%，V 元素在熔分生铁中的质量分数为 0.583%。当配碳比由 0.90 提高至 1.10 的时候，$TiO_2$ 在熔分钛渣中的收得率由 88.48%增加至 92.83%，对应的 $TiO_2$ 在熔分钛渣中的质量分数分别为 41.57%和 41.86%。继续提高配碳比至 1.30，$TiO_2$ 在熔分钛渣中的收得率逐渐降低至 92.10%。此时，$TiO_2$ 在熔分钛渣中的质量分数为 41.60%。因此，适宜的钒钛矿金属化球团的配碳比为 1.10。

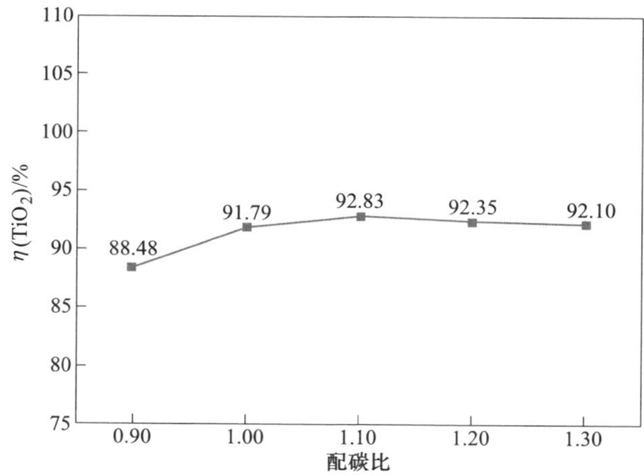


图 7.128 配碳比对 $TiO_2$ 在熔分钛渣中收得率的影响

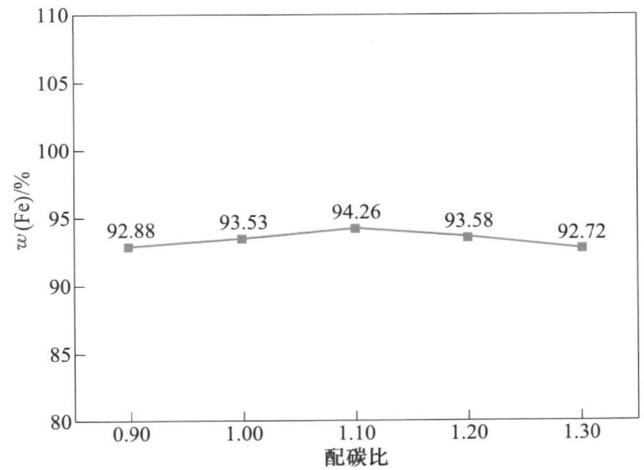


图 7.129 配碳比对 Fe 元素在熔分生铁中质量分数的影响

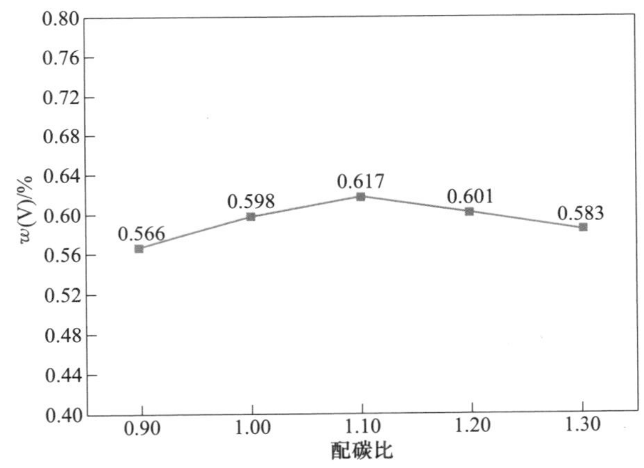


图 7.130 配碳比对 V 元素在熔分生铁中质量分数的影响

对不同配碳比条件下钒钛矿金属化球团熔分得到的熔分渣进行 XRD 分析，结果如图 7.132 所示。从图中可知，当配碳比从 0.90 增加到 1.10 时，$MgTi_2O_5$ 相的特征衍射峰强度略有增加，而金属铁的特征衍射峰值强度降低。这是由于配碳比的增加有效地改善了渗碳和深度还原的条件。因此，炉渣的流动性得到改善，促进了炉渣和铁的分离，以及炉渣中钛元素的富集。这对熔分过程的顺利进行非常有帮助。然而，随着配碳比进一步增加到 1.30，$MgTi_2O_5$ 相的特征衍射峰强度开始降低，而金属铁的特征衍射峰值强度增加。此外，高熔点 TiC 物相的特征衍射峰强度增加。这是由于还原程度加深，导致氧化钛过度析出形成 TiC，增加了炉渣的黏度，降低了炉渣的流动性，阻碍了整个熔分系统的传质和扩散，从而对炉渣和铁的分离产生了不利影响。

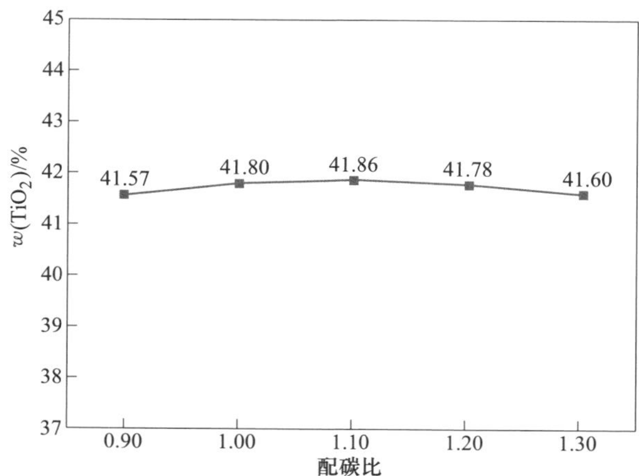


图 7.131 配碳比对 $TiO_2$ 在熔分钛渣中质量分数的影响

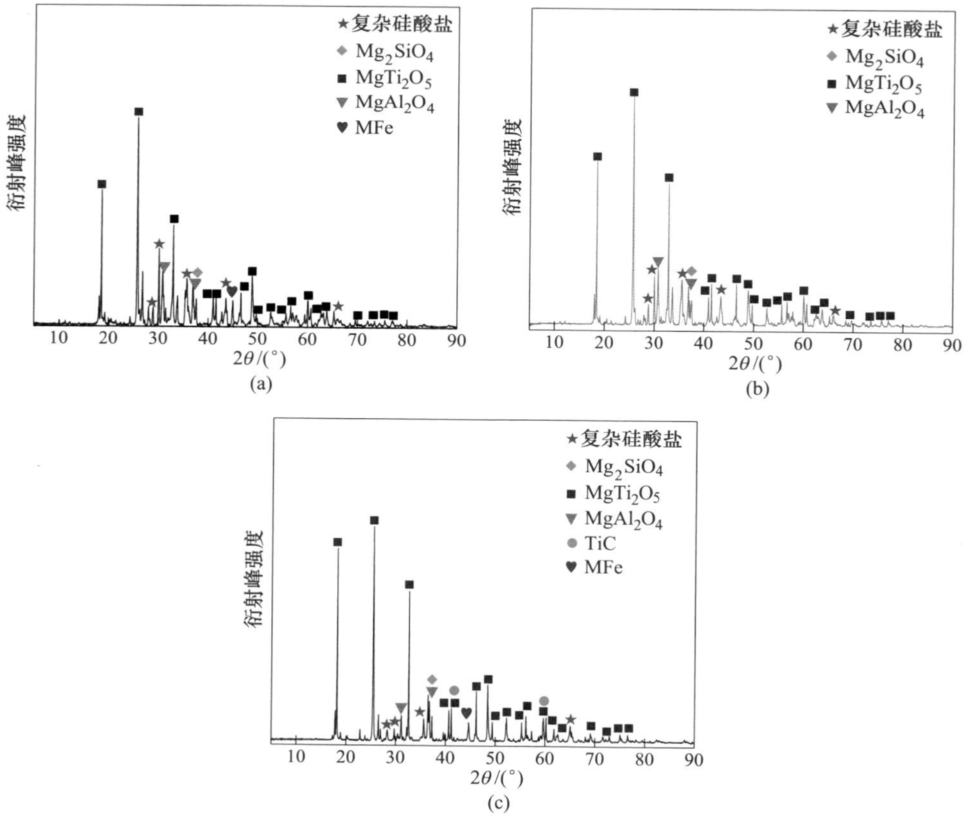

图 7.132 不同配碳比条件下熔分渣的 XRD 分析结果

(a) 0.90；(b) 1.10；(c) 1.30

为了解不同配碳比对钒钛矿金属化球团熔分效果的影响，将不同配碳比条件下熔分得到的渣样品进行了 SEM-EDS 分析，结果如图 7.133 所示。从图中可以看出，不同配碳比对钒钛矿金属化球团的熔分过程的影响是不同的。当配碳比为 0.90 的时候，熔分渣的黏度较大，渣的流动性较差，此时渣中存在大颗粒的金属铁，渣铁分离效果不好。当配碳比提高到 1.10 的时候，熔分渣在扫描电子显微镜中基本上观察不到金属铁的嵌布，含钛物相和渣相物质增加，表明熔分渣的黏度下降，熔分渣的流动性增强，有利于渣中金属铁颗粒的汇聚进入铁水，减少渣中金属铁颗粒含量。当进一步提高配碳比至 1.30 的时候，熔分渣中会出现大

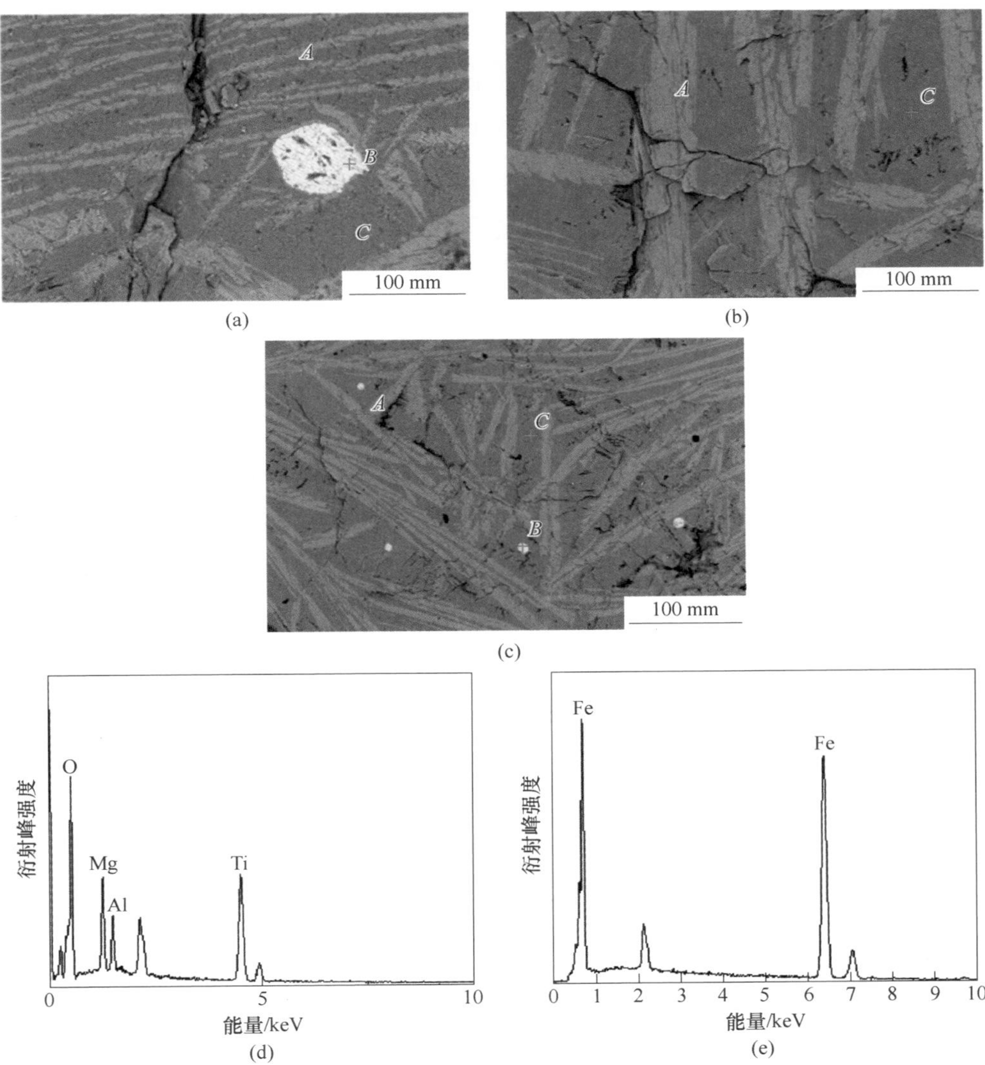

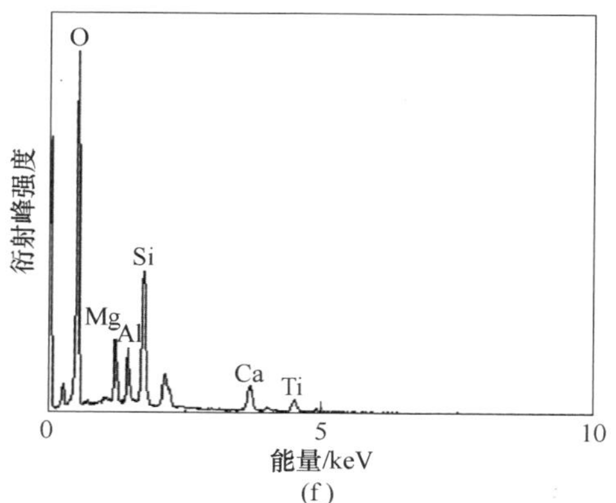


图 7.133 不同配碳比条件下熔分渣的 SEM-EDS 分析结果
（a）0.90；（b）1.10；（c）1.30；（d）*A* 点能谱；（e）*B* 点能谱；（f）*C* 点能谱

颗粒的金属铁，此时渣铁分离较差，说明当配碳量过量时，会使钛还原生成低价钛甚至高熔点的 TiC，造成渣黏度急剧增加，渣中夹杂的金属铁增多。可以看出，配碳量对熔分效果的影响较大。综上所述，钒钛矿金属化球团的最佳配碳比为 1.10。

#### 7.6.3.5 关键参数对熔分渣熔化性温度的影响

图 7.134 为熔分温度对熔分渣熔化性温度的影响。由图可以看出，熔分温度在 1600 ℃以下时，熔分渣的熔化性温度随着熔分温度的升高而下降。在熔分温度为 1500 ℃的时候，熔分渣的熔化性温度为 1391.49 ℃，随着熔分温度的升高，熔分渣的熔化性温度降至 1374.54 ℃。而在熔分温度高于 1600 ℃时，熔分温度

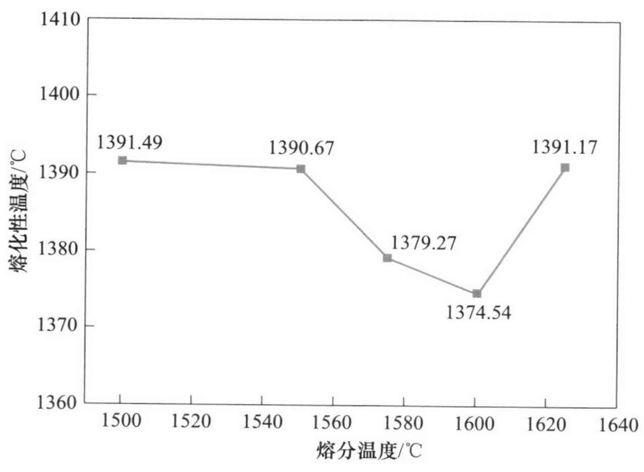


图 7.134 不同熔分温度对熔分渣熔化性温度的影响

对熔分渣的熔化性温度的影响呈现相反的规律，即熔分渣的熔化性温度随着熔分温度的升高而增加。随着熔分温度从 1600 ℃提高至 1625 ℃的时候，熔分渣的熔化性温度从 1374.54 ℃增加至 1391.17 ℃。

不同熔分碱度对熔分渣熔化性温度的影响规律如图 7.135 所示。从图中可以观察到，熔分碱度在 0.50 以下时，熔分渣的熔化性温度随着熔分碱度的升高而下降。在熔分碱度为 0.10 的时候，熔分渣的熔化性温度为 1419.63 ℃，随着熔分碱度增加至 0.50，熔分渣的熔化性温度降至 1374.54 ℃。在熔分碱度高于 0.50 的时候，随着熔分碱度的继续增加，熔分渣的熔化性温度呈增加趋势。随着熔分碱度从 0.50 提高至 0.80 的时候，熔分渣的熔化性温度从 1374.54 ℃增加至 1390.61 ℃。

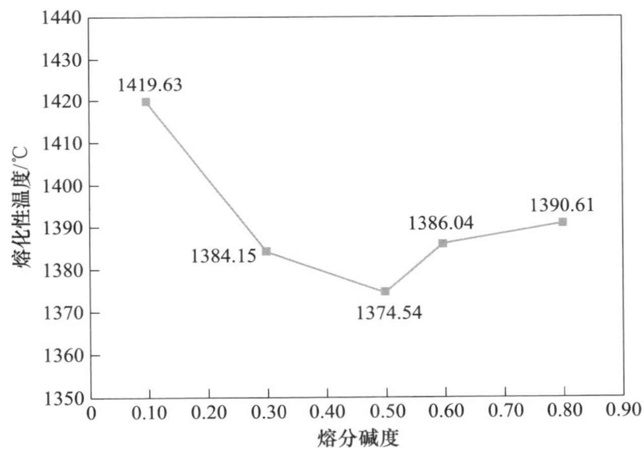


图 7.135 不同熔分碱度对熔分渣熔化性温度的影响

图 7.136 给出了不同熔分时间对熔分渣熔化性温度的影响规律。由图可知，随着熔分时间从 10 min 延长至 30 min 的时候，熔分渣的熔化性温度随着熔分碱度的升高从 1379.54 ℃下降至 1374.54 ℃。并且，当熔分时间在 10~20 min 变化时，熔分渣的熔化性温度变化不明显。继续延长熔分时间至 50 min 的时候，熔分渣的熔化性温度随熔分时间的延长而增加，随着熔分时间从 30 min 延长至 50 min 的时候，熔分渣的熔化性温度从 1374.54 ℃增加至 1387.36 ℃。

配碳比对熔分渣熔化性温度的影响规律如图 7.137 所示。可以看出，随着配碳比从 0.90 提高至 1.10 的时候，熔分渣的熔化性温度随着熔分配碳比的升高从 1376.99 ℃下降至 1374.54 ℃，并且，当熔分碱度在 0.90~1.10 变化时，熔分渣的熔化性温度小幅度降低。继续提高配碳比至 1.30 的时候，熔分渣的熔化性温度随配碳比的增加而增加，随着配碳比从 1.10 提高至 1.30 的时候，熔分渣的熔化性温度从 1374.54 ℃增加至 1393.11 ℃。

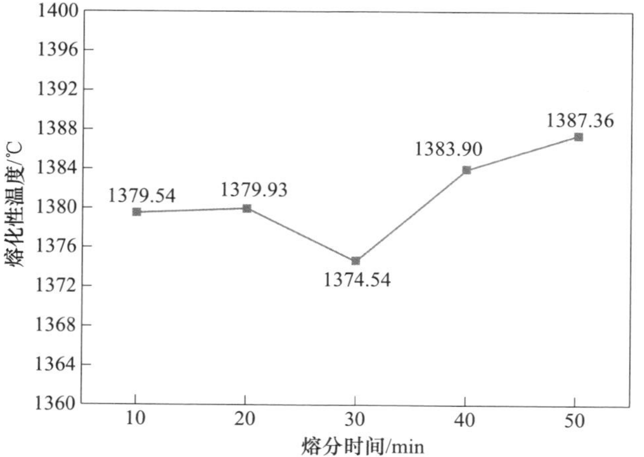


图 7.136　不同熔分时间对熔分渣熔化性温度的影响

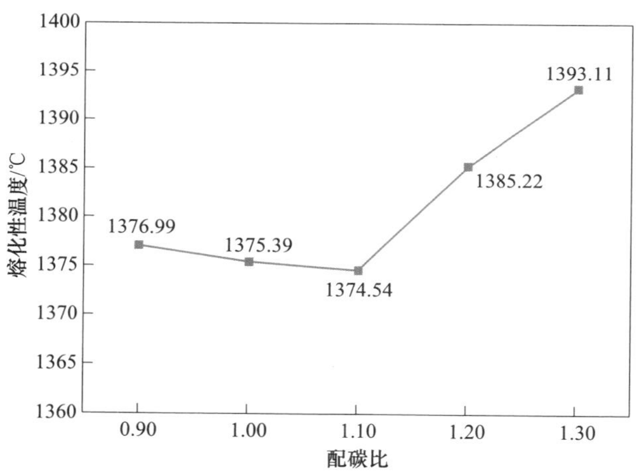


图 7.137　不同配碳比对熔分渣熔化性温度的影响

#### 7.6.3.6　关键参数对熔分渣黏度的影响

熔分渣的黏度对冶炼过程中渣铁分离具有重要影响，熔分渣黏度较低时有利于渣铁顺利分离，过高的熔分渣黏度会造成渣铁分离困难。本节利用 FactSage 热力学软件研究了熔渣的黏度。黏度计算模块采用了与熔分渣结构有关的计算模型，可以准确地反映出熔分渣的黏度。

图 7.138 给出了不同熔分温度对熔分渣黏度的影响规律。由图可知，当熔分温度从 1500 ℃ 提高至 1600 ℃ 时，熔分渣的黏度随着熔分温度的升高从 0.159 Pa · s 下降至 0.116 Pa · s。继续提高熔分温度至 1625 ℃，熔分渣的黏度

随熔分温度的提高而增加。当熔分温度从 1600 ℃提高至 1625 ℃时，熔分渣的黏度从 0. 116 Pa・s 增加至 0. 127 Pa・s。

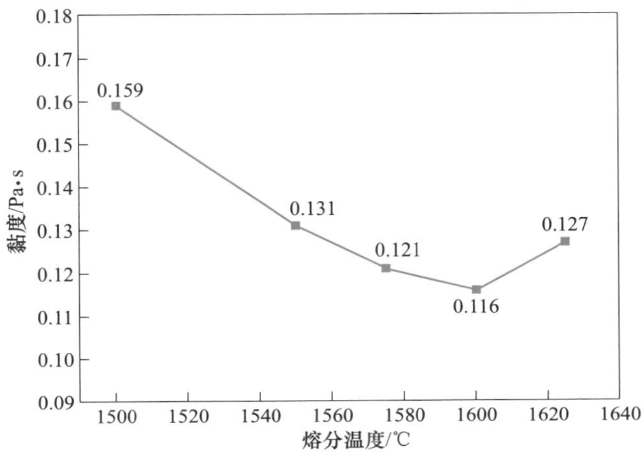


图 7. 138　不同熔分温度对熔分渣黏度的影响

图 7. 139 给出了不同熔分碱度对熔分渣黏度的影响规律。从图中可以看出，熔分碱度在 0. 10~0. 50 变化的时候，熔分渣的黏度随着熔分碱度的升高呈降低趋势。当熔分碱度为 0. 10 时，熔分渣的黏度为 0. 128 Pa・s，随着熔分碱度升高至 0. 50，熔分渣的黏度降低至 0. 116 Pa・s。而当熔分碱度高于 0. 50 时，熔分碱度对熔分渣的黏度的影响呈现出相反的规律，即熔分渣的黏度随着熔分碱度的升高而增加。随着熔分碱度从 0. 50 提高至 0. 80，熔分渣的黏度从 0. 116 Pa・s 增加至 0. 124 Pa・s。

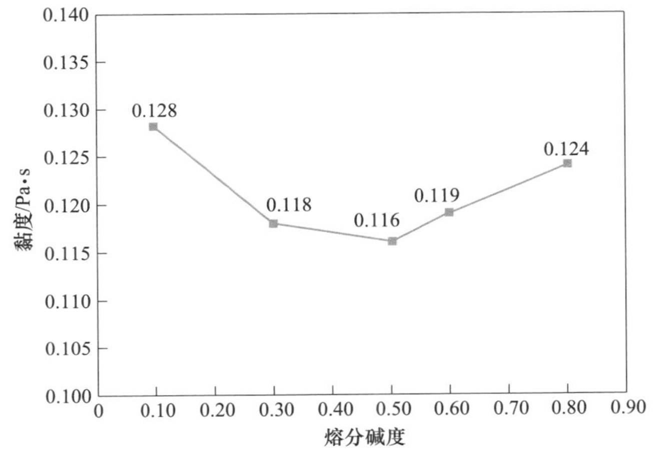


图 7. 139　不同熔分碱度对熔分渣黏度的影响

不同熔分时间条件对熔分渣黏度的影响规律如图 7.140 所示。从图中可以观察到，熔分时间小于 30 min 时，熔分渣的黏度随着熔分时间的延长而逐渐下降。当熔分时间为 10 min 时，熔分渣的黏度为 0.123 Pa·s，随着熔分时间延长至 30 min，熔分渣的黏度降至 0.116 Pa·s。在熔分时间大于 30 min 的时候，随着熔分时间的继续延长，熔分渣的黏度逐渐增加。当熔分时间从 30 min 继续延长至 50 min 的时候，熔分渣的黏度从 0.116 Pa·s 增加至 0.121 Pa·s。

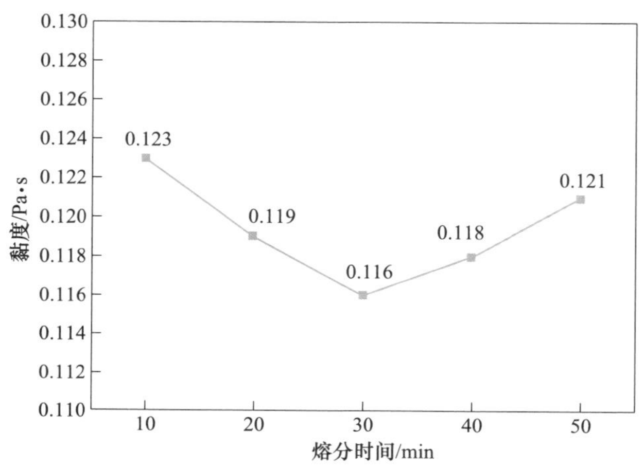


图 7.140 不同熔分时间对熔分渣黏度的影响

图 7.141 给出了不同配碳比对熔分渣黏度的影响规律。从图中可以看出，配碳比小于 1.10 时，熔分渣的黏度随着配碳比的升高而呈降低趋势。在配碳比为 0.90 时，熔分渣的黏度为 0.121 Pa·s，随着配碳比逐渐升高至 1.10，熔分渣的

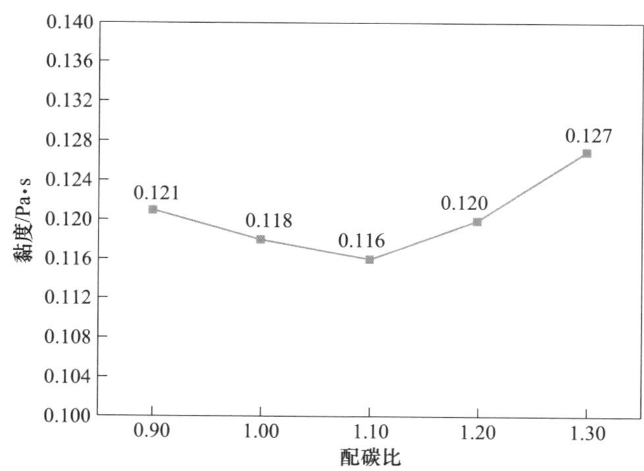


图 7.141 不同配碳比对熔分渣黏度的影响

黏度降低至 0.116 Pa·s。而在配碳比高于 1.10 时，配碳比对熔分渣的黏度的影响呈现出相反的规律，即随着配碳比的升高而增加。配碳比从 1.10 提高至 1.30 时，熔分渣的黏度从 0.116 Pa·s 增加至 0.127 Pa·s。

### 7.6.4 适宜熔分工艺条件下的熔分效果

综上，钒钛矿金属化球团的最佳熔分工艺条件为：熔分温度 1600 ℃、熔分时间 30 min、熔分碱度 0.50、熔分配碳比 1.10。最佳熔分条件下，钒钛矿金属化球团的 XRD 分析结果如图 7.142 所示，SEM-EDS 分析结果如图 7.143 所示，面扫描分析如图 7.144 所示。可以看出，最佳熔分条件下的熔分渣中几乎没有金属铁嵌布，并且含钛物相结晶粒度较大，同时含钛物相中主要含有镁元素，通过分析和 XRD 结果可知为黑钛石矿相（$MgTi_2O_5$）。此外，熔分渣中各矿相元素聚合程度都较高，没有在熔分碱度为 0.80 的条件下的雪花状钙钛矿的形成，熔分渣的黏度较低，流动性较好，动力学条件良好，无论对于渣铁分离和熔分渣中钛在黑钛石中的富集都有利。此时熔分生铁和熔分钛渣的化学成分分别见表 7.30 和表 7.31。

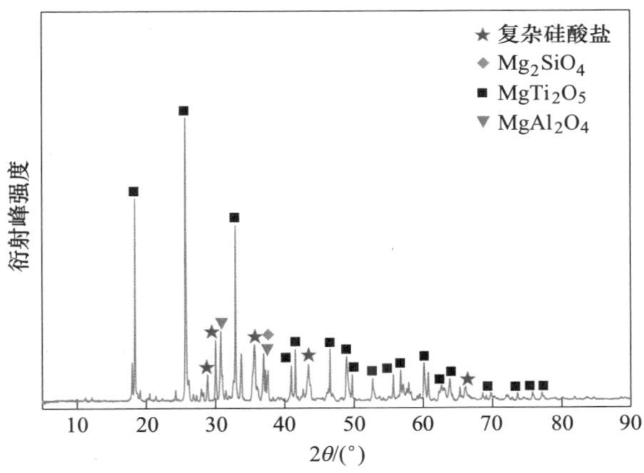


图 7.142 最佳熔分条件下获得的熔分钛渣 XRD 分析结果

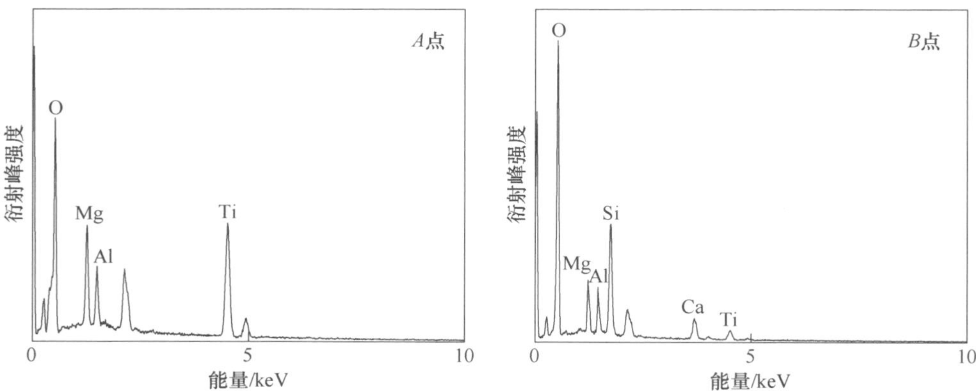


图 7. 143　最佳熔分条件下获得的熔分钛渣 SEM-EDS 分析结果

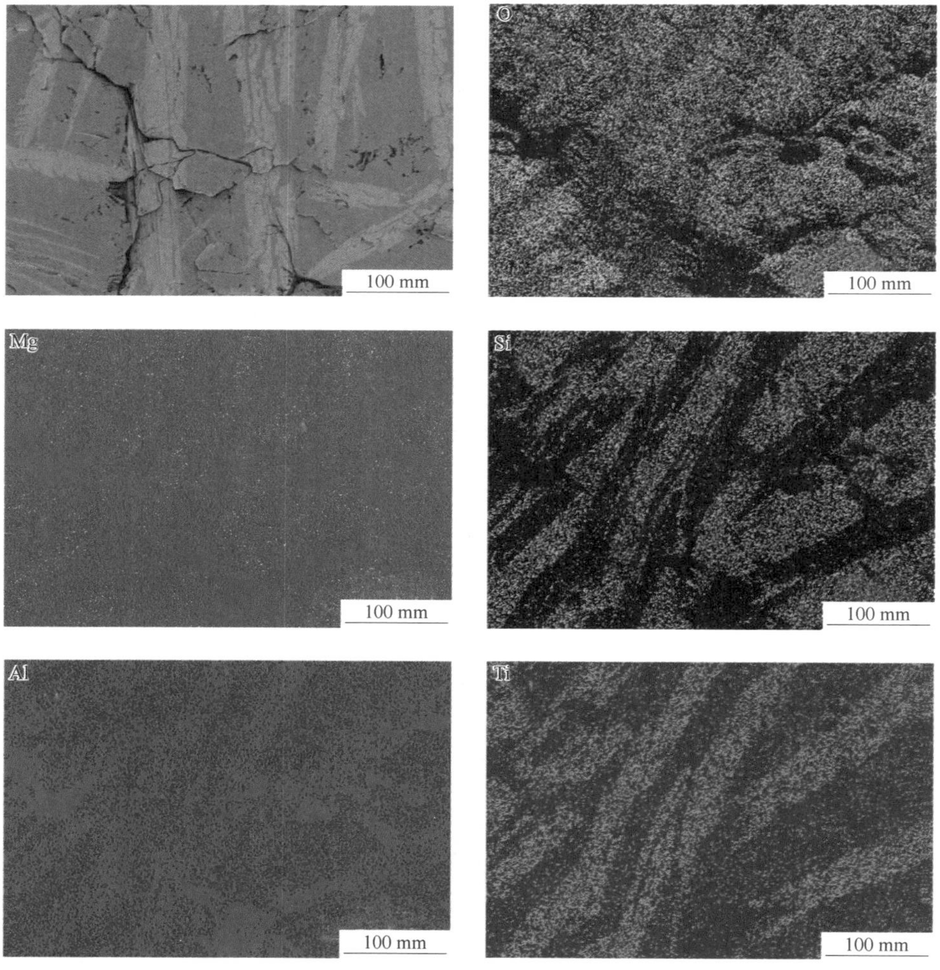

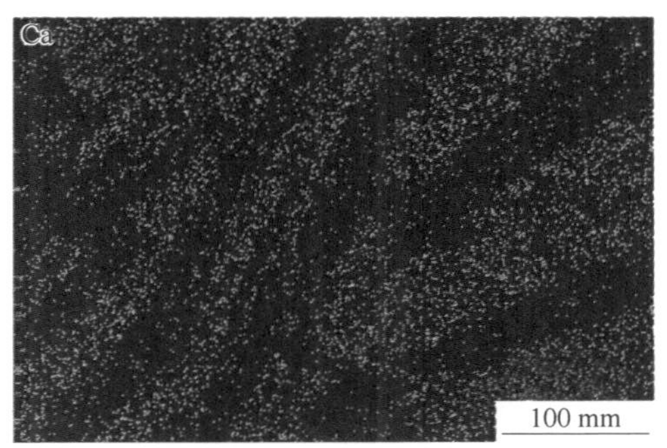

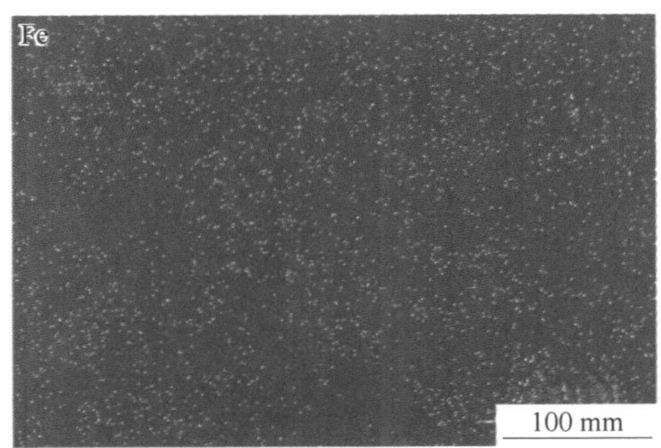


图 7.144 最佳熔分条件下获得的熔分钛渣面扫描分析结果

**表 7.30 适宜熔分条件下熔分生铁的主要化学组成** （质量分数,%）

| 组分 | S | TFe | Si | P | Ti | V | C |
|---|---|---|---|---|---|---|---|
| 含量 | 0.012 | 94.26 | 0.093 | 0.016 | 0.125 | 0.617 | 4.83 |

**表 7.31 适宜熔分条件下熔分钛渣的主要化学组成** （质量分数,%）

| 组分 | TFe | CaO | $SiO_2$ | MgO | $Al_2O_3$ | $TiO_2$ | V | S | P |
|---|---|---|---|---|---|---|---|---|---|
| 含量 | 0.96 | 8.43 | 17.73 | 14.35 | 13.85 | 41.86 | 0.21 | 0.002 | <0.01 |

## 7.7 本章小结

综合本章研究结果，得出的结论如下：

（1）钒钛矿铁品位为 55.55%，$TiO_2$ 含量为 10.57%，主要物相有 $Fe_3O_4$、$FeTiO_3$、$Fe_2VO_4$、$Mg_2VO_4$、$MgFe_2O_4$。矿粉粒度小于 0.074 mm 所占比例为 66.19%，平均圆形度 0.79。

（2）钒钛矿球团适宜的预热温度为 925 ℃、预热时间为 18 min、焙烧温度 1200 ℃、焙烧时间 25 min。该预热焙烧制度下钒钛矿球团的平均抗压强度为 2027.87 N。在典型竖炉还原气氛下，钒钛矿的 $LTD_{-3.2}<10\%$；950 ℃时，黏结指数为 5%、膨胀指数为 4.57%；1050 ℃时，黏结指数为 5.17%、膨胀指数为 6.84%。

（3）还原温度 1000 ℃和 1050 ℃，还原气氛 $\varphi_{H_2}/\varphi_{CO}=8$、6、4、2（不含 $CO_2$），钒钛矿球团的还原性指数（大于 4%/min）、还原膨胀率（小于 10%）、还原黏结指数指标优良（小于 10%），但低温还原粉化性能较差，各气氛条件下 $LTD_{+6.3}<80\%$。而在还原气氛中添加 4% $CO_2$，$\varphi_{H_2}/\varphi_{CO}=8$，还原温度 1050 ℃，钒钛矿球团的低温还原粉化指数 $LTD_{+6.3}=80.86\%$，满足氢基竖炉生产对球团粉化的要求，同时，钒钛球团的还原性指数、还原膨胀率、还原黏结指数有所降低，分别为 0.0428、2.32%、2.5%，均满足 HYL 工艺要求。

（4）用于钒钛矿球团直接还原的 50 万吨级氢基竖炉适宜工艺条件为：还原气流量（标态）2582 $m^3$/min 左右，还原气温度为 1050 ℃，冷却气流量（标态）不低于 810 $m^3$/min（709 $m^3$/tDRI），$\varphi_{H_2}/\varphi_{CO}$ 为 8~10，适宜的高径比为 1.8。在该条件下，DRI 的金属化率为 94.6%，$w$(TFe) 为 64.47%，$H_2$ 利用率为 40.02%，CO 利用率为 45.31%。

（5）钒钛矿金属化球团适宜的熔分条件：熔分温度 1600 ℃、熔分时间 30 min、碱度 0.50、配碳比 1.10。此工艺条件下熔分生铁中 Fe 元素的收得率为 99.31%，质量分数为 94.26%，V 元素的收得率为 89.73%，V 元素的质量分数为 0.617%，渣中 $TiO_2$ 的收得率为 92.83%，$TiO_2$ 的质量分数为 41.86%，此时熔分渣的熔化性温度为 1374.54 ℃，熔分渣黏度为 0.116。

综合所述，该典型钒钛矿造块-氢基竖炉直接还原-电热熔分新工艺的推荐工艺参数与配置如图 7.145 所示。

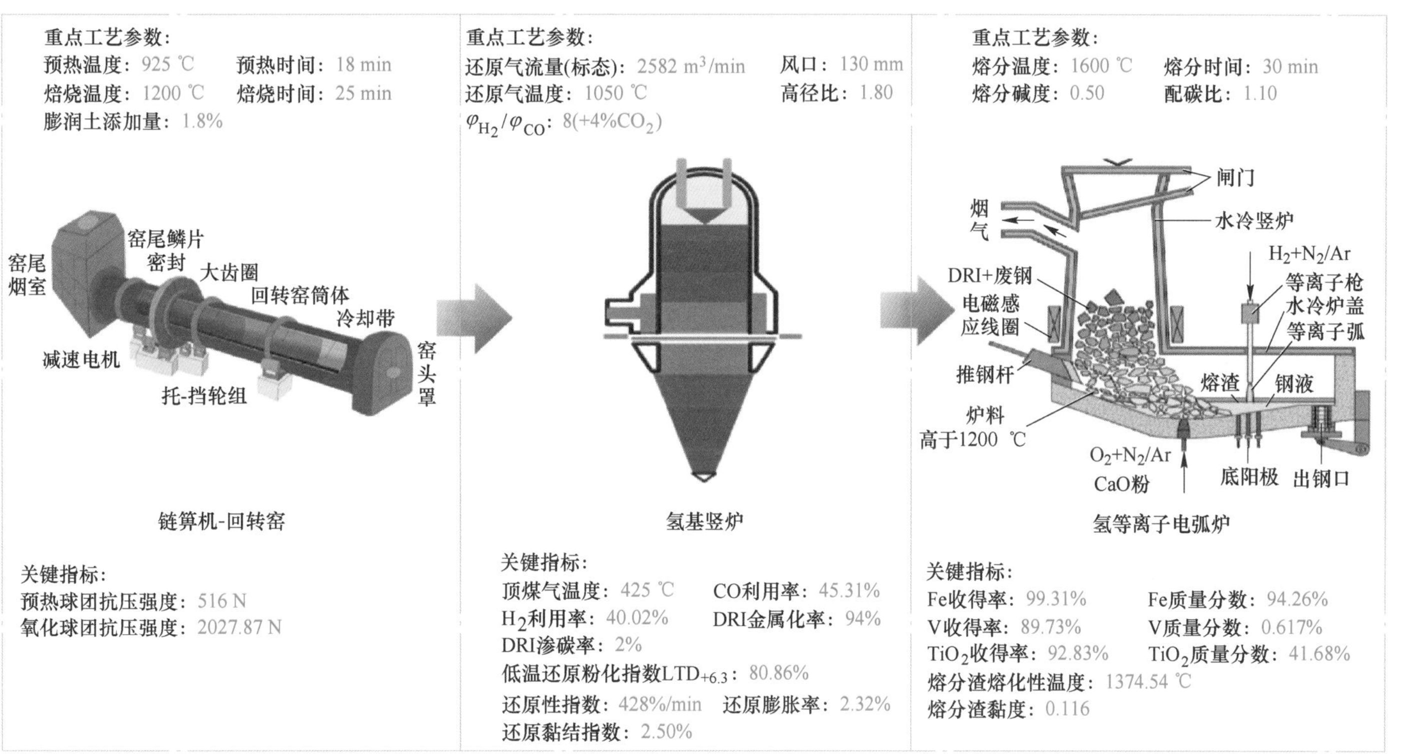


图 7.145 钒钛矿造块-氢基竖炉直接还原-电热熔分新工艺的工艺参数与配置

## 参考文献


[1] Yu J W, Hu N, Xiao H X, et al. Reduction behaviors of vanadium-titanium magnetite with $H_2$ via fluidized bed [J]. Powder Technology, 2021, 385: 83-91.

[2] 吴雪红，王建平，张愚．攀西某钒钛磁铁矿石铁品位对铁精矿品质的影响研究［J］．现代矿业，2024，40（2）：167-169.

[3] Shi Y, Guo Z Q, Zhu D Q, et al. Isothermal reduction kinetics and microstructure evolution of various vanadium titanomagnetite pellets in direct reduction [J]. Journal of Alloys and Compounds, 2023, 953: 170126.

[4] Tong S, Ai L Q, Hong L K, et al. Reduction of chengde vanadium titanium magnetite concentrate by microwave enhanced Ar-$H_2$ atmosphere [J]. International Journal of Hydrogen Energy, 2024, 49: 42-48.

[5] 王帅，郭宇峰，姜涛，等．钒钛磁铁矿综合利用现状及工业化发展方向［J］．中国冶金，2016，26（10）：40-44.

[6] 张礼，王长福．钒钛磁铁矿资源选矿技术及综合利用研究进展［J］．矿产保护与利用，2023，43（5）：127-137.

[7] 杨耀辉，惠博，颜世强，等．全球钒钛磁铁矿资源概况与综合利用研究进展［J］．矿产综合利用，2023，4：1-11.

[8] 王勋，韩跃新，李艳军，等．钒钛磁铁矿综合利用研究现状［J］．金属矿山，2019，6：33-37.

[9] Zhou M, Jiang T, Yang S T, et al. Sintering behaviors and consolidation mechanism of high-chromium vanadium and titanium magnetite fines [J]. International Journal of Minerals, Metallurgy and Materials, 2015, 22: 917-925.

[10] Guo Y F, Liu K, Chen F, et al. Effect of high-pressure grinding rolls pretreatment on the preparation of vanadium-btitanium magnetite pellets [J]. Journal of Materials Research and Technology, 2023, 23: 2479-2490.

[11] 秦文杰．陕南钒钛磁铁矿开发利用的思考［J］．陕西煤炭，2023，42（3）：204-208.

[12] 王禹键，胡鹏．攀钢细粒级高品位钒钛磁铁精矿烧结试验研究［J］．钢铁钒钛，2023，44（6）：126-132.

[13] 白晨光，吕学伟，邱贵宝．攀西钒钛磁铁矿资源高效冶金及清洁提取研究进展［J］．过程工程学报，2022，22（10）：1390-1399.

[14] 何佳，姜鑫，纪恒，等．钒钛磁铁矿直接提钒的研究进展［J］．中国冶金，2023，33（3）：29-38.

[15] 张树石，胡鹏，饶家庭，等．钒钛磁铁矿综合利用现状及 HIsmelt 冶炼可行性分析［J］．中南大学学报（自然科学版），2021，52（9）：3085-3092.

[16] 陆平．攀钢高炉渣综合利用产业化研究进展及前景分析［J］．钢铁钒钛，2013，34（3）：33-38.

[17] 王爱平，赵磊，汪胜东，等．含钛炉渣综合利用技术研究进展［J］．中国资源综合利用，2014，32（10）：32-34.

[18] Li W, Wang N, Fu G Q, et al. Effects of preheating temperature and time of Hongge vanadium titanomagnetite pellet on its gas-based direct reduction behavior with simulated shaft furnace gases [J]. ISIJ International, 2018, 58 (4): 594-603.

[19] Boretti A. The perspective of hydrogen direct reduction of iron [J]. Journal of Cleaner Production, 2023, 429: 139585.

# 8 东北大学万吨级氢气竖炉示范工程

## 8.1 东北大学万吨级氢气竖炉示范工程总体介绍

氢基竖炉直接还原短流程具有低碳乃至零碳的天然属性，是优化钢铁工艺流程、能源结构和产品结构的有效途径，是我国钢铁产业实现碳中和的兜底技术和颠覆性前沿技术，逐渐成为钢铁冶金未来发展的新方向和制高点。但目前我国氢冶金理论和技术体系尚待完善，自主知识产权的核心装备尚未中试，与国外发展水平差距显著，亟待系统研发具有自主知识产权的氢冶金关键技术与装备。面向我国钢铁行业“双碳”战略目标，围绕氢冶金短流程发展关键难题，团队躬耕在氢冶金前沿领域多年，在核心理论以及关键共性技术方面取得了创新突破，遵循“基础研究—小试突破—中试验证—工程示范—推广应用”科技成果转化新模式，构建了氢基竖炉直接还原基础理论体系，形成具有自主知识产权的氢基竖炉直接还原关键技术。在前期技术积累的基础上，自主研发设计了高温高压氢气电加热炉、氢基竖炉等核心装备，团队自主筹措资金，并在国家项目的资助下，全面展开国内首个基于氢气竖炉-绿色电弧炉-高端特钢的氢冶金零碳钢铁冶金短流程示范工程（以下简称示范工程）建设。

示范工程建设地点位于辽宁省沈抚改革创新示范区东北大学工业技术研究院，示范工程占地 16290 $m^2$。东北大学工业技术研究院已建成实验室 4500 $m^2$，拥有完备的基础设施条件以及良好的科研办公环境。

示范工程建设的主要内容如图 8.1 所示，具体包括：（1）建设具有自主知识

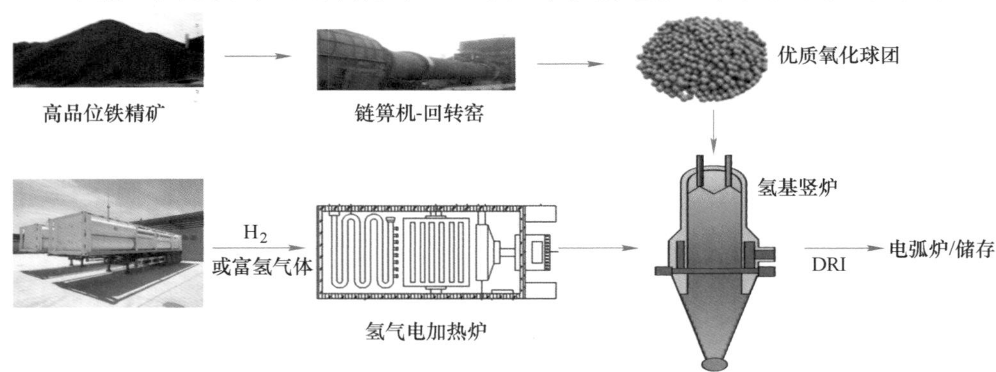


图 8.1　东北大学万吨级氢气竖炉示范工程建设内容

产权的万吨级氢气竖炉氢冶金系统及配套的高温高压氢气电加热装置；（2）为配套氢冶金基础研发，建设国内一流的氢冶金实验室，包含选矿—磨矿—球团制备—冶金性能检测—氢基竖炉火力模型—直接还原铁熔分全流程的实验设备。

示范工程建设周期 3 年，具体安排为：2023 年完成高温高压氢气电加热炉、氢基竖炉工程化设计，2024 年完成项目备案、评价、规划以及施工许可办理，示范线公辅设施建设，氢冶金实验室建设；2025 年万吨级氢气竖炉短流程全面中试，完成中试试验和系统优化，形成面向工业化推广应用的具有自主知识产权的整套工艺技术与装备。

通过工程示范，预期达到如下目标：（1）研发高温高压氢气电加热、氢气竖炉直接还原等原创性、颠覆性、引领性的零碳钢铁冶金短流程前沿技术；（2）实现高温高压氢气电加热炉、氢气竖炉等重大成果转化，重点突破氢冶金前沿工艺与核心装备技术；（3）建成具有自主知识产权的基于氢冶金和绿色电弧炉的超低碳排放特种钢铁短流程中试系统，具备推广应用条件，赶超欧美先进生产国的研发步伐，全面引领我国钢铁碳中和发展方向。

## 8.2 东北大学万吨级氢气竖炉工程化设计

### 8.2.1 东北大学万吨级氢气竖炉工艺流程设计

工艺路线选择的总体原则主要包括以下几个方面：

（1）在自主集成的基础上，工艺技术具有先进性、前瞻性、可靠性、经济性。吸收主流气基直接还原 MIDREX 和 HYL 技术实践成功和经验教训，强化创新，突破技术保护障碍，研发革新的氢基竖炉直接还原工艺，如探索含氢气气量可从 70%~100%变化、努力提高还原气利用率、适合各种铁矿资源条件、降低产品成本等技术途径。

（2）努力创造条件具备使用天然气、纯氢等不同气源，提高开展氢气竖炉直接还原中试生产研究的灵活性，适应后续多种铁矿石资源的高氢、全氢冶炼试验的技术要求。

（3）基本工艺路线选择安全、可靠、运行稳定的模块化试验设备，保证安全稳定运行。

（4）要成为氢冶金中试基地和产业技术的高地，取得具有自主知识产权的标志性成果，重点是氢冶金工艺试验系统、设备先进设计理念双一流的研究成果。

东北大学万吨级氢气竖炉工艺流程如图 8.2 所示，具体工艺流程为：球团矿原料经汽车运输入场后吊运至原料仓，然后经振动筛筛分后，经过皮带和斗提机，落入原料储仓内。在进行试验时，料仓内球团落至皮带机，在输送过程中完成水泥浆喷涂以及喷涂后球团的烘干。烘干后的球团通过斗提机提升至氢气竖炉炉顶的受料仓。受料仓里的氧化球团进入上料锁斗，经锁斗落入布料分配器，再由布料管落入竖炉内，进行直接还原铁生产。

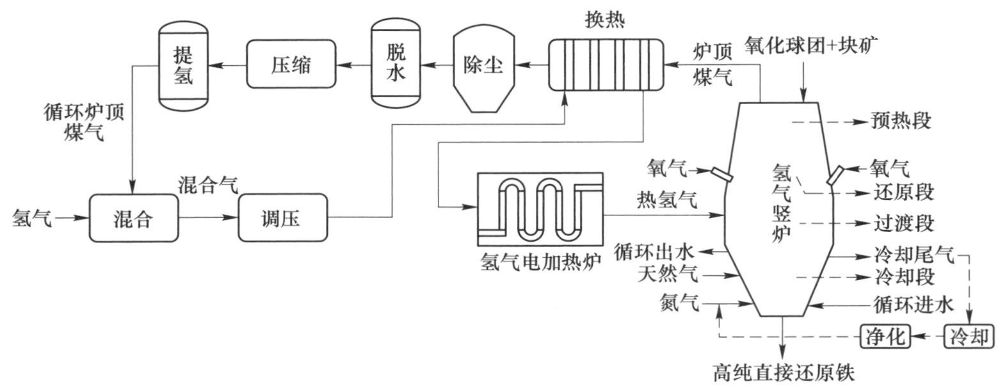


图 8.2 东北大学万吨级氢气竖炉工艺流程

自外界输送来的氢气与处理后循环利用的竖炉炉顶煤气混合，先与竖炉炉顶煤气进行换热，再进入高温高压氢气电加热炉加热。加热至目标温度（950～1000 ℃）的氢气喷入竖炉内，作为还原剂还原氧化球团，最终由炉顶排出。排出的高温炉顶煤气先进行余热回收，然后进行除尘、加压后进入变压吸附工序，脱除水和竖炉采用富氢煤气生产时产生的 $CO_2$ 以回收有效的氢气，最终与补充的氢气混合，完成炉顶煤气处理与循环。在竖炉冷却段，热的 DRI 完成渗碳与冷却后排出竖炉，安全储存或输送至电弧炉炼钢。

### 8.2.2 东北大学万吨级氢气竖炉核心装备设计

#### 8.2.2.1 高温高压氢气电加热炉设计

氢气加热是保障氢基竖炉高温高氢还原气体高效安全稳定供应的关键环节。氢气具有分子量小、流速快、易泄漏的特点，在高温临氢环境下加热炉炉管可能会出现氢损伤腐蚀。而在加热富氢气体时，加热炉管内易发生析碳及渗碳问题。基于富氢气体/氢气的介质特性，研究腐蚀发生机理、析碳/渗碳行为，提出有效抑制方法，优化加热方式和炉型结构，是实现氢气竖炉使用还原气高效安全加热的重要前提。

A 设计方案

高温高压氢气电加热炉技术与装备是为满足万吨级氢气竖炉连续试验的氢气加热需求，其加热介质为氢气或天然气与氢气的混合气体，研发和建设具有自主知识产权的高温高压电氢气加热炉，综合考虑氢气的物化特性与加热炉装置特征，采用如下方案提高加热炉效率以及安全性。

（1）炉内电阻带分层设置，分为若干个加热区，每一个加热区设置一个控温热电偶，通过自动控制电流的方式控制加热功率。通过不同加热区域热负荷的自动匹配，实现热量高效利用。

（2）炉管布设要减少气体上升的阻力损失和压降，使得气体加热升温的过程平稳有序，热辐射升温均匀，提高热效率，节省能耗。

（3）强化保温，降低电耗。炉体保温模块安装完成后，增设补偿毯，减少炉身热损失，同时炉体底部采用耐火砖砌筑的方式作为绝热层，进一步提升保温性能，减少炉体热损失。

（4）高效的安全措施。在输入氢气前，按照开炉程序开始系统惰化，用氮气吹扫加热炉系统管道，同样在停炉前，先切断氢气，随即开启氮气惰化程序，消除氢气与空气混合发生爆燃事故。

（5）炉管材质选用具有良好耐氧化、耐腐蚀、耐酸碱、耐高温性能的耐热钢，在高温下具备较高的蠕变强度，可长期在1200 ℃的高温炉膛环境下服役。

采用上述手段，达到优化设计加热炉炉型结构、余热高效回收系统，解决由于氢气流速快、扩散能力强导致难以被稳定加热至氢气竖炉工艺要求、加热炉效率低等关键难题，建设国内首套具有自主知识产权的配套万吨级氢气竖炉试验生产的高温高压氢气加热装置的目标。

除针对设备本体的优化设计以保证氢气加热炉加热温度、氢气流量及工艺气体流速等关键参数外，还需在确保相应的安全技术措施前提下智能控制运行，具体包括：

（1）氢气温度采用多点检测。从氢气进炉开始到第一阶段设定的预热段温度趋势，在氢气流程上设置若干温度监测点，从进入加热段开始设定若干温度测点，最后还原结束到最后氢气出口，再设置若干温度监测点，所有温度监测点控制精度±1.5%；确保氢气全流程温度可控，在任何一个过程出现异常均能报警并自动关闭氢气进口阀门同时通入氮气，保持炉管内压力，确保生产安全。

（2）氢气流量控制。根据设定的氢气流量通过自动调节阀自动控制并维持所需的流量，流量计实时将流量上传到电脑控制系统，当系统探测到流量有不足或过量的趋势时，系统自动通过调节阀增减流量，确保氢气流量控制在工艺所需的范围内。

（3）氢气流速的控制。为了满足还原反应对氢气流速的要求，控制系统可以自动通过调节设定流量值数据来满足流速的要求。

（4）氢气加热炉控制系统由PLC组成，热电偶采集各加热区的温度信号，通过PID控制单元输出控制信号，驱动大功率固态继电器和过零触发系统，调整电流输出值，通过电流的调节实行加热功率的控制，控制温度的升温速度和升温趋势。

B 主要技术参数

高温高压氢气电加热炉主要技术参数见表 8.1。加热炉设计炉膛内的加热温度为 1200 ℃，炉管出口氢气温度达到 950~1000 ℃。氢气最高流量为 3300 $m^3/h$，氢气压力为 0.2~0.4 MPa，加热炉加热方式为电加热，配套有氢气流量控制、压力调节、炉内分区温度加热控制、炉管吹扫控制、紧急故障停机控制等。氢气电加热炉系统需执行的国家相关标准，行业标准，地方标准或者其他标准、规范情况为：有强制性标准的执行国家强制性标准，没有标准的统一执行最新相关标准、规范。

**表 8.1 高温高压氢气电加热炉主要参数**

| 序号 | 项目 | 参数 |
|---|---|---|
| 1 | 额定功率/kW | 1500 |
| 2 | 加热温度/℃ | 1200 |
| 3 | 介质出口温度/℃ | 950~1000 |
| 4 | 额定电压/V | 380/三相 |
| 5 | 接线方式 | 5 段控温，每段 60 kW |
| 6 | 升温时间/min | 240（空炉） |
| 7 | 炉膛尺寸/mm×mm×mm | 2500×2000×3500 |
| 8 | 外形尺寸/mm×mm×mm | 3000×2500×4000 |
| 9 | 重量/t | 约 6 |

#### 8.2.2.2 氢气竖炉设计

氢还原是强吸热反应。为保证 DRI 产品的目标金属化率，需增大入炉还原气量，带入更多物理热以维持还原温度。在纯氢冶炼的条件下，入炉还原气量远远大于化学需求量（铁氧化物还原消耗的还原气）。在保证金属化率的前提下，采用合理的手段减少入炉还原气量，可有效降低氢气加热炉加热负荷以及氢气竖炉生产成本。因此，需合理设计竖炉本体及附属系统，以避免出现炉内热量不足、金属化率低、氢气消耗量大、生产效率低等问题。

东北大学万吨级氢气竖炉系统包括氢气竖炉本体、上料系统、排料系统、产品处理系统、智能控制系统等，以及原料储运及处理系统、炉顶煤气处理及循环系统等。

A 设计方案

由原料储运及处理系统输送的氧化球团进入竖炉顶部带有称重功能的受料斗，在进行生产时，受料斗内氧化球团落入铁矿石加料锁斗（锁斗共 2 台，1 台进料时，另外 1 台进行氮气惰化及均压），落料完成后，关闭锁斗上部阀门，通入氮气进行惰化及均压，惰化完成后，打开锁斗下部阀门，球团落入分配料斗，再由下料管落入竖炉内，完成布料。同时，由氢气加热炉输出的温度合格的氢气由竖炉中部还原段喷入炉内，与下行的氧化球团逆向流动。完成还原反应后，产品 DRI 进入冷却段，在冷却气的作用下冷却至 80 ℃以下排出炉外，而热的炉顶煤气由炉顶煤气上升管排出炉外，进入煤气处理及循环系统做进一步处理。为实现氢气竖炉高效安全生产，采用如下设计理念：

（1）优化设计氢气竖炉本体，在炉身上设置吹氧口，喷吹 2.5%的氧气，燃烧部分氢气，进而提高入炉还原气温度至 1050 ℃左右，减少入炉气量。

（2）炉顶煤气与进入加热炉之前的还原气进行充分换热，实现炉顶煤气余热的高效回收，进而降低氢气加热炉的热负荷。

（3）炉顶处在圆周方向上均匀布置 3 处测温点，用于监测炉顶煤气温度，作为炉内状态的反馈。

（4）炉顶煤气上升管上设有紧急泄压装置，通过泄爆口泄放压力，设定额定压力、超压压力以及泄放压力。

（5）炉内设置测温热电偶，分布多个测温点，用于实时监测炉内固体炉料的温度，不仅可以用于及时调整工艺参数，维持不同区域的温度，还可采集数据，为系统优化设计提供参考。

（6）高温氢气喷口长期承受较大的热强度以及上方耐火材料的压力，因此，此处采用异形砖结构，喷口预埋至耐火砖中，显著提高热强度，不仅减少更换耐火砖对于生产顺行的影响，也提高了竖炉整体的安全性。

（7）DRI 的冷却采用两段式，上部炉料温度较高，主要采用 $CH_4$裂解渗碳吸热的原理冷却 DRI，在冷却段中下部通入大量 $N_2$ 采用物理换热的方式冷却。

采用上述手段，达到优化设计炉型结构，解决由于氢气还原吸热、扩散能力强导致的氢气竖炉炉内热量不足、氢气利用率低等关键难题。

除竖炉本体结构优化设计外，进出料装置的设计对于氢气竖炉稳定安全运行也尤为重要，采用如下设计以达到附属设备与竖炉本体的高效联动：

（1）炉顶上料系统。炉顶上料系统由受料缓冲料斗、手动料阀、气动料阀、上密封阀、压力料仓、氮气管道、下密封阀组成。受料缓冲料斗用于接收缓冲来自上料斗提机（此设备归属原料系统）的球团原料。当收到加料信号后，下密封阀确认关闭，阀门打开，压力料仓开始受料。受料结束后，关闭阀门，充氮气置换料仓内空气，并调整压力与炉内压力平衡后，打开阀门向炉内加料。两个料仓按照预定的切换时间交替工作，确保加料能力，切换时间受炉内炉料下降速度控制。

（2）出料系统。出料系统由手动料阀、排料机、上密封阀、氮气管道、压力料仓、下密封阀组成。

出料前确认阀门处于关闭状态。接收到出料信号后，排料机连续出料，料仓到达额定料重后，出料机停止工作，阀门关闭，充氮气置换料仓内气体，然后打开阀门出料。两个料仓按照预定的切换时间交替工作，确保出料能力，切换时间由产能计算获得并根据实际运行状态进行调整。

（3）成品储存及运输。成品 DRI 储存系统由输送皮带、低位斗式提升机、高位斗式提升机、DRI 储罐组成。来自出料系统的 DRI 产品经漏斗收集堆落至输送皮带，由两台斗式提升机提升至高处并分配至两个 DRI 储罐。DRI 储罐设置有氮气管道，成品 DRI 在储罐中充氮气以防止氧化。两个储罐可单独工作或同时工作，以满足不同类别的储存需要。储罐下设置有汽车通道，以便于输送成品 DRI，成品 DRI 在储罐内降温至常温即可打包至车间内存放区存放，或运输至炼钢车间。

B　主要技术参数

东北大学万吨级氢气竖炉主要技术参数见表 8.2，其中入炉球团矿含铁品位要求 $w(TFe)$ 67%～70%，DRI 金属化率不小于 92%，入炉工艺煤气成分要求：$\varphi_{H_2}/\varphi_{CO}$>90%，$\varphi_{H_2}/\varphi_{CO}$≥2.5～3.0，含氢量为 70%～100%，甲烷含量低于 5%，煤气入炉温度为 950～1000 ℃，入口压力为 0.4 MPa，炉顶煤气压力为 0.3 MPa，竖炉还原段高度 8 m、过渡带 2 m、冷却段 7.2 m，总设计高度 38 m。

**表 8.2　东北大学万吨级氢气竖炉主要技术参数**

| 序号 | 项目 | 参数 | 备注 |
|---|---|---|---|
| 1 | DRI 设计产能/$t \cdot a^{-1}$ | 10000 | 金属化率 92% |
| 2 | 入炉球团矿量/$kg \cdot h^{-1}$ | 2195 | $w(TFe)$>67% |
| 3 | 球团粒度/mm | 8～16 | |
| 4 | 竖炉工艺煤气流量/$m^3 \cdot h^{-1}$ | 3300 | 100% $H_2$ 时 |
| 5 | 冷却渗碳用 $CH_4$ 流量/$m^3 \cdot h^{-1}$ | 60～120 | DRI 渗碳量 1%～3% |
| 6 | 冷却气流量/$m^3 \cdot h^{-1}$ | 1500 | |
| 7 | 工艺煤气入炉温度/℃ | 950～1000 | |
| 8 | 入炉氢气压力/MPa | 0.4 | |
| 9 | 总高度/m | 38 | |
| 10 | 循环冷却水/$t \cdot h^{-1}$ | 50 | 脱盐水 |
| 11 | 氮气消耗量/$m^3 \cdot h^{-1}$ | 30～80 | |
| 12 | 试验用氧气消耗量/$m^3 \cdot h^{-1}$ | 15～40 | 提温试验用 |

### 8.2.3　东北大学万吨级氢气竖炉自动化控制系统设计

氢气竖炉自动化控制系统涉及的设备主要包括各关键点位的电磁阀、压力表、工控电脑及操作台。此系统主要实现常规操作下以及特殊工况（烘炉、开停炉）下的全系统的密闭以及安全连锁操作，自动化控制系统在各工况下，具体运行方案如下：

（1）系统上料时，在HMI操作页面上启动上料程序，依次运行斗提机电机、带式输送机电机，打开返回仓双电磁阀，送烘炉料，根据炉顶受料仓料仓料位计数值反馈，当炉顶料仓超过料位上限停止原料系统相关设备，从而防止炉料溢出，保障系统安全运行。

（2）在进行烘炉时，自动打开竖炉冷却气入口氮气吹扫电磁阀、氢气电加热炉前氢气吹扫电磁阀，按微正压20~30 kPa控制输出氮气，从而使系统内不存在氧化性气氛，保障系统安全。充入氮气一定时间后自动关闭氮气吹扫电磁阀、氢气加热炉前氢气吹扫电磁阀，根据升温曲线，完成烘炉程序。此外，启动烘炉后，PLC下达指令自动控制，打开煤气净化及循环利用系统的进出口阀门、冷却气进口阀门、氮气吹扫系统阀门（氢气围管吹扫氮气电磁阀、烘炉气入口吹扫氮气电磁阀）、烘炉气进口阀门；关闭煤气放散管电磁阀、氢气加热炉前氢气吹扫电磁阀、冷却气入口氮气吹扫电磁阀。

（3）在进入正式生产时，切断烘炉气，系统执行指令打开加热炉前端和竖炉冷却段氮气进气阀，系统充入大量氮气驱赶系统中的氧化性气氛，实现系统惰化后，切断氮气进气阀，打开氢气阀门，进入系统的氢气逐步升温，达到温度后即标志竖炉正式生产。

（4）氢气竖炉系统在正常生产期间，因其他原因需要停炉，或者临时停炉处理时，立即切换到停炉流程，优先完成竖炉系统惰性化程序。切换到停炉流程时，PLC立即启动氢气加热炉前氮气吹扫电磁阀门和冷却气入口氮气吹扫电磁阀向竖炉系统输入高压氮气，同时切断氢气输入阀门，使高压氮气在不降低炉内压力的条件下，氮气迅速置换竖炉内的系统氢气。在炉顶煤气出口处监测气体成分，当尾气中不含氢气后，即完成惰化程序，完成系统惰性化之后，可立即开始转入氢气竖炉正常生产还原铁状态的流程图，执行氢气竖炉直接还原铁生产任务。

（5）针对过程中的连锁控制，氮气进行惰性化处理时，需要在打开炉顶煤气放散阀的前提下，再打开冷却气和氢气加热炉前的氮气吹扫电磁阀。烘炉时，需关闭烘炉管道的氮气吹扫电磁阀，再打开烘炉管道上的开关阀。各部分的启停次序由系统自动控制，指令输入时，精确完成相应的开停炉、烘炉、系统惰化操作。

（6）自动化控制系统根据运行状态向各子系统发送操作指令，保留一键停止运行功能，并不参与各子系统的实际控制，各子系统的操作由自带的PLC程序完成。

## 8.3 东北大学万吨级氢气竖炉示范工程建设进展

围绕钢铁产业碳中和以及高质化发展的战略目标，针对我国氢气竖炉氢冶金亟待突破的核心技术、关键装备和工程示范等重大需求，通过政产学研用协同创新，研发万吨级氢气竖炉前沿技术与重大装备，预期突破自主知识产权的高温高压氢气电加热技术及装备、氢气竖炉直接还原技术与装备，完成产业化建设，建成我国首个氢冶金零碳特殊钢短流程关键共性技术与装备研发、成果转化和工程应用的创新平台，实现基于氢冶金的低碳/零碳钢铁冶金核心技术、关键装备、标准体系、研发平台和人才队伍的全面引领，推动钢铁行业低碳/零碳化和高质量创新发展。截至目前，示范工程建设进展见表 8.3。

**表 8.3　东北大学万吨级氢气竖炉示范工程建设进展**

| 时间 | 进　展 | 完成情况 |
|---|---|---|
| 2023 年 1 月—2023 年 12 月 | 1. 高温高压氢气电加热、氢气竖炉高品位氧化球团制备、氢气竖炉直接还原工艺理论和关键技术研究<br>2. 资金筹措、工程设计<br>3. 氢气竖炉直接还原系统招投标<br>4. 原材料（氢气、氧化球团等）来源落实 | 已完成 |
| 2024 年 1 月—2024 年 12 月 | 1. 备案审批、规划<br>2. 氢冶金炉料性能检测中心的建设<br>3. 设备加工订货 | 已完成 |
| 2025 年 1 月—2025 年 12 月 | 1. 设备安装，进行万吨级氢气竖炉示范线调试运行，开展工业化试验<br>2. 全流程优化技术开发，短流程智能化研究<br>3. 万吨级氢气竖炉短流程示范线贯通及竣工验收 | 建设中 |

（1）前期备案评价工作进展。完成了项目整体规划、备案审批、安评、环评、能评等工作，已取得建设工程规划许可以及施工许可证。氢气智能化电加热、竖炉用高品质氧化球团制备、氢气竖炉直接还原、氢等离子电炉冶炼和精炼、高端特殊钢材料制备等工艺理论和关键技术研究的基础上，完成全套设备的工程化设计。

（2）氢气竖炉中试系统公辅设计。氢气竖炉中试系统公辅包括新建中控室、辅房，目前已完成全部公辅设施的设计。操作及公辅用房包括制氮间、电气室、操作室、水泵间和凉水塔，制氮间用于制备示范线运行过程中所用的氮气，水泵间用于制备示范线运行过程中所需的循环水，新水给水系统、生活给水系统、直接冷却循环水系统均由给水系统供水。电气室，根据工艺的要求，采用工业控制计算机系统（PLC 系统）进行联锁集中操作及解除联锁后机旁单机操作两种操作方式，联锁功能由 PLC 编程实现。

操作室内设置操作站、工程师站、机柜室、空调机房等。对于无人值守的房间，室内设计温度为 5 ℃。对于操作室等人员经常停留的房间，室内设计温度为 12~18 ℃。对于有消防监控要求的房间，当室内发生火灾时，风机能自动接收火灾信号断电停机。为了保证中试工程区域空气畅通，同时减轻高温辐射热对人体健康的影响，改善操作人员工作条件，在各高温作业点设置移动式轴流风机进行人体通风降温。制氮间站、电气室、操作室、水泵房、地坑及其他有通风换气要求的小房，均设置轴流风机或屋顶风机进行通风换气。

（3）一流氢冶金实验室建设。为配套氢冶金基础研发，建设了国内一流的氢冶金实验室，包含选矿—磨矿—球团制备—冶金性能检测—氢基竖炉火力模型—直接还原铁熔分全流程的实验设备，主要功能为铁精矿选磨、铁矿粉造块、优质高品位氧化球团制备、炼铁炉料冶金性能检测，主要的检测装备包括：铁精矿精选装置、铁精矿过滤装置、铁精矿筛分装置、激光粒度分析仪、全自动造球机、烧结杯、带式焙烧机、智能化氢气加热炉、氢气竖炉火力模型、氢冶金炉料抗压强度测试装置、氢冶金炉料还原性能测试装置、氢冶金炉料还原粉化测试装置、氢冶金炉料黏结性能测试装置、氢冶金炉料热态强度测试装置、氢冶金炉料黏结落下强度测试装置、氢冶金炉料孔隙率测试装置、气氛可控的金属化炉料熔分系统、熔体物性检测装置等。

## 8.4 东北大学万吨级氢气竖炉中试基地未来规划

围绕钢铁产业碳中和以及高质化发展的战略需求，中试基地建设的总体目标如下：针对我国氢气竖炉氢冶金技术体系中亟待突破的核心技术、关键装备和工程示范等重大需求，开展氢气竖炉短流程关键技术和重大装备的研发应用，构建完整的氢冶金技术体系，建成我国首个氢冶金零碳特殊钢短流程关键共性技术与装备研发、成果转化、工程应用的创新平台和产业化示范线，总体指标达到国际先进水平，部分指标国际领先，最终实现基于氢冶金的低碳/零碳钢铁冶金核心技术、关键装备、标准体系、研发平台和人才队伍的全面超越引领。中试基地建设完成后，将成为我国首个拥有氢冶金—绿色电弧炉—新型模铸/水平连铸的新一代零碳特殊钢短流程整套解决方案的示范基地，成为我国首家零碳钢铁生产全流程创新技术研发服务、工程转化以及人才培养的基地。

此外，围绕氢冶金技术以及直接还原铁未来市场需求，开发氢冶金短流程关键技术和重大装备、高品质低碳/无碳直接还原铁新产品，同时还可提供氢冶金零碳钢铁生产全套工艺技术服务。在万吨级示范工程建成的基础上，持续强化氢冶金短流程关键技术创新，凝练成果，着力提升工程转化能力，全面建成后五年内，为有需求企业提供装备和技术服务，实现氢气电加热炉、氢气竖炉等关键装备产业化推广。全面建成后 10 年内，相关设备设计制造能力显著提升，以氢基竖炉短流程新工艺逐步替代高炉—转炉长流程，实现钢铁工艺流程革新、能源结构优化、产品高质化，为低碳或无碳钢铁生产提供新途径。

钢铁行业是典型的能源、资源密集型行业，也是国民经济发展的支柱产业。我国钢铁产业存在着电弧炉短流程占比低、碳排放高、高端产品品种和质量尚不能完全满足下游制造业的需求、冶金资源和能源利用效率低等难题。氢气竖炉直接还原—高端特钢冶炼一体化的零碳钢铁生产短流程是钢铁产业实现碳中和、产品高质化的颠覆性前沿技术，属于国内外研发和应用的热点。在学校以及各级政府的支持下，东北大学万吨级氢气竖炉示范工程正如火如荼建设中，预期形成多项低碳炼铁关键共性技术，技术与装备全部实现国产化，弥补国内工程示范空白，抢占氢冶金前沿高地，氢冶金短流程关键技术获得转化与应用，为我国低碳乃至零碳钢铁冶炼提供全新途径，推动钢铁行业低碳/零碳化和高端化创新发展。